电力工程设计手册

01 火力发电厂总图运输设计

02 火力发电厂热机通用部分设计

03 火力发电厂锅炉及辅助系统设计

04 火力发电厂汽轮机及辅助系统设计

05 火力发电厂烟气治理设计

06 燃气–蒸汽联合循环机组及附属系统设计

07 循环流化床锅炉附属系统设计

08 火力发电厂电气一次设计

09 火力发电厂电气二次设计

10 火力发电厂仪表与控制设计

11 火力发电厂结构设计

12 火力发电厂建筑设计

13 火力发电厂水工设计

14 火力发电厂运煤设计

15 火力发电厂除灰设计

16 火力发电厂化学设计

17 火力发电厂供暖通风与空气调节设计

18 火力发电厂消防设计

19 火力发电厂节能设计

20 架空输电线路设计

21 电缆输电线路设计

22 换流站设计

23 变电站设计

24 电力系统规划设计

25 岩土工程勘察设计

26 工程测绘

27 工程水文气象

28 集中供热设计

29 技术经济

30 环境保护与水土保持

31 职业安全与职业卫生

U0260393

国家出版基金项目
NATIONAL PUBLICATION FOUNDATION

电力工程设计手册

火力发电厂
热机通用部分设计

中国电力工程顾问集团有限公司
中国能源建设集团规划设计有限公司

编著

Power
Engineering
Design Manual

中国电力出版社

内 容 提 要

本书是《电力工程设计手册》系列手册中的一个分册，是按火力发电厂热机专业的设计要求编写的实用性工具书。火力发电厂热机专业通常细分为锅炉专业和汽轮机专业，本书涉及锅炉专业和汽轮机专业通用部分的相关内容，主要包括热机专业各设计阶段设计深度要求及标识系统的规定、热机专业相关的各类燃料和金属材料的特性、管道设计、阀门及执行机构选型、焊接要求、保温及油漆设计、平台扶梯及检修起吊设施的设计等。

本书依据最新规范和标准，充分吸纳了火力发电厂建设的先进理念和成熟技术，全面反映了近年来新建和改建、扩建火力发电厂工程中热机专业的新技术、新设备、新工艺、新规范，列入了大量成熟可靠的设计基础资料、计算案例和技术指标。

本书是供火力发电工程热机专业设计、施工、调试、设备采购和运行管理人员使用的工具书，也可供高等院校热能动力专业的师生参考使用。

图书在版编目（CIP）数据

电力工程设计手册. 火力发电厂热机通用部分设计／中国电力
工程顾问集团有限公司，中国能源建设集团规划设计有限公司编著.
—北京：中国电力出版社，2019.6
  ISBN 978-7-5198-2978-0

Ⅰ. ①电… Ⅱ. ①中… ②中… Ⅲ. ①火电厂—热力发动机—设
计—手册　Ⅳ. ①TM7-62 ②TM621.4-62

中国版本图书馆 CIP 数据核字（2019）第 042483 号

出版发行：中国电力出版社
地　　址：北京市东城区北京站西街 19 号（邮政编码 100005）
网　　址：http://www.cepp.sgcc.com.cn
印　　刷：北京盛通印刷股份有限公司
版　　次：2019 年 6 月第一版
印　　次：2019 年 6 月北京第一次印刷
开　　本：787 毫米×1092 毫米　16 开本
印　　张：29.25
字　　数：1078 千字　3 插页
印　　数：0001—2000 册
定　　价：210.00 元

《火力发电厂热机通用部分设计》
编 写 组

主　　编　叶勇健

参 编 人 员（按姓氏笔画排序）

邓文祥　兰　花　冯琰磊　杜　龙　杨雪平　肖佳元

陈　彦　林　磊　赵宇珉　顾　欣　龚广杰　董伦雄

《火力发电厂热机通用部分设计》
编辑出版人员

编 审 人 员　赵鸣志　柳　璐　刘广峰　黄晓华

出 版 人 员　王建华　邹树群　黄　蓓　朱丽芳　闫秀英　郑书娟

王红柳　赵姗姗　单　玲

改革开放以来，我国电力建设开启了新篇章，经过 40 年的快速发展，电网规模、发电装机容量和发电量均居世界首位，电力工业技术水平跻身世界先进行列，新技术、新方法、新工艺和新材料得到广泛应用，信息化水平显著提升。广大电力工程技术人员在多年的工程实践中，解决了许多关键性的技术难题，积累了大量成功的经验，电力工程设计能力有了质的飞跃。

电力工程设计是电力工程建设的龙头，在响应国家号召，传播节能、环保和可持续发展的电力工程设计理念，推广电力工程领域技术创新成果，促进电力行业结构优化和转型升级等方面，起到了积极的推动作用。为了培养优秀电力勘察设计人才，规范指导电力工程设计，进一步提高电力工程建设水平，助力电力工业又好又快发展，中国电力工程顾问集团有限公司、中国能源建设集团规划设计有限公司编撰了《电力工程设计手册》系列手册。这是一项光荣的事业，也是一项重大的文化工程，彰显了企业的社会责任和公益意识。

作为中国电力工程服务行业的"排头兵"和"国家队"，中国电力工程顾问集团有限公司、中国能源建设集团规划设计有限公司在电力勘察设计技术上处于国际先进和国内领先地位，尤其在百万千瓦级超超临界燃煤机组、核电常规岛、洁净煤发电、空冷机组、特高压交直流输变电、新能源发电等领域的勘察设计方面具有技术领先优势；另外还在中国电力勘察设计行业的科研、标准化工作中发挥着主导作用，承担着电力新技术的研究、推广和国外先进技术的引进、消化和创新等工作。编撰《电力工程设计手册》，不仅系统总结了电力工程设计经验，而且能促进工程设计经验向生产力的有效转化，意义重大。

这套设计手册获得了国家出版基金资助，是一套全面反映我国电力工程设计领域自有知识产权和重大创新成果的出版物，代表了我国电力勘察设计行业的水平和发展方向，希望这套设计手册能为我国电力工业的发展作出贡献，成为电力行业从业人员的良师益友。

汪建平

2019 年 1 月 18 日

总前言

　　电力工业是国民经济和社会发展的基础产业和公用事业。电力工程勘察设计是带动电力工业发展的龙头，是电力工程项目建设不可或缺的重要环节，是科学技术转化为生产力的纽带。新中国成立以来，尤其是改革开放以来，我国电力工业发展迅速，电网规模、发电装机容量和发电量已跃居世界首位，电力工程勘察设计能力和水平跻身世界先进行列。

　　随着科学技术的发展，电力工程勘察设计的理念、技术和手段有了全面的变化和进步，信息化和现代化水平显著提升，极大地提高了工程设计中处理复杂问题的效率和能力，特别是在特高压交直流输变电工程设计、超超临界机组设计、洁净煤发电设计等领域取得了一系列创新成果。"创新、协调、绿色、开放、共享"的发展理念和全面建成小康社会的奋斗目标，对电力工程勘察设计工作提出了新要求。作为电力建设的龙头，电力工程勘察设计应积极践行创新和可持续发展理念，更加关注生态和环境保护问题，更加注重电力工程全寿命周期的综合效益。

　　作为电力工程服务行业的"排头兵"和"国家队"，中国电力工程顾问集团有限公司、中国能源建设集团规划设计有限公司（以下统称"编著单位"）是我国特高压输变电工程勘察设计的主要承担者，完成了包括世界第一个商业运行的 1000kV 特高压交流输变电工程、世界第一个 ±800kV 特高压直流输电工程在内的输变电工程勘察设计工作；是我国百万千瓦级超超临界燃煤机组工程建设的主力军，完成了我国 70% 以上的百万千瓦级超超临界燃煤机组的勘察设计工作，创造了多项"国内第一"，包括第一台百万千瓦级超超临界燃煤机组、第一台百万千瓦级超超临界空冷燃煤机组、第一台百万千瓦级超超临界二次再热燃煤机组等。

在电力工业发展过程中，电力工程勘察设计工作者攻克了许多关键技术难题，形成了一整套先进设计理念，积累了大量的成熟设计经验，取得了一系列丰硕的设计成果。编撰《电力工程设计手册》系列手册旨在通过全面总结、充实和完善，引导电力工程勘察设计工作规范、健康发展，推动电力工程勘察设计行业技术水平提升，助力电力工程勘察设计从业人员提高业务水平和设计能力，以适应新时期我国电力工业发展的需要。

2014年12月，编著单位正式启动了《电力工程设计手册》系列手册的编撰工作。《电力工程设计手册》的编撰是一项光荣的事业，也是一项艰巨和富有挑战性的任务。为此，编著单位和中国电力出版社抽调专人成立了编辑委员会和秘书组，投入专项资金，为系列手册编撰工作的顺利开展提供强有力的保障。在手册编辑委员会的统一组织和领导下，700多位电力勘察设计行业的专家学者和技术骨干，以高度的责任心和历史使命感，坚持充分讨论、深入研究、博采众长、集思广益、达成共识的原则，以内容完整实用、资料翔实准确、体例规范合理、表达简明扼要、使用方便快捷、经得起实践检验为目标，参阅大量的国内外资料，归纳和总结了勘察设计经验，经过几年的反复斟酌和锤炼，终于编撰完成《电力工程设计手册》。

《电力工程设计手册》依托大型电力工程设计实践，以国家和行业设计标准、规程规范为准绳，反映了我国在特高压交直流输变电、百万千瓦级超超临界燃煤机组、洁净煤发电、空冷机组等领域的最新设计技术和科研成果。手册分为火力发电工程、输变电工程和通用三类，共31个分册，3000多万字。其中，火力发电工程类包括19个分册，内容分别涉及火力发电厂总图运输、热机通用部分、锅炉及辅助系统、汽轮机及辅助系统、燃气-蒸汽联合循环机组及附属系统、循环流化床锅炉附属系统、电气一次、电气二次、仪表与控制、结构、建筑、运煤、除灰、水工、化学、供暖通风与空气调节、消防、节能、烟气治理等领域；输变电工程类包括4个分册，内容分别涉及架空输电线路、电缆输电线路、换流站、变电站等领域；通用类包括8个分册，内容分别涉及电力系统规划、岩土工程勘察、工程测绘、工程水文气象、集中供热、技术经济、环境保护与水土保持、职业安全与职业卫生等领域。目前新能源发电蓬勃发展，编著单位将适时总结相关勘察设计经验，编撰有关新能源发电方面的系列设计手册。

《电力工程设计手册》全面总结了现代电力工程设计的理论和实践成果，系统介绍了近年来电力工程设计的新理念、新技术、新材料、新方法，充分反映了当前国内外电力工程设计领域的重要科研成果，汇集了相关的基础理论、专业知识、常用算法和设计方法。全套书注重科学性、体现时代性、强调针对性、突出实用性，可供从事电力工程投资、建设、设计、制造、施工、监理、调试、运行、科研等工作的人员使用，也可供电力和能源相关教学及管理工作者参考。

《电力工程设计手册》的编撰和出版，凝聚了电力工程设计工作者的集体智慧，展现了当今我国电力勘察设计行业的先进设计理念和深厚技术底蕴。《电力工程设计手册》是我国第一部全面反映电力工程勘察设计成果的系列手册，且内容浩繁，编撰复杂，其中难免存在疏漏与不足之处，诚恳希望广大读者和专家批评指正，以期再版时修订完善。

在此，向所有关心、支持、参与编撰的领导、专家、学者、编辑出版人员表示衷心的感谢！

《电力工程设计手册》编辑委员会

2019 年 1 月 10 日

前言

　　《火力发电厂热机通用部分设计》是《电力工程设计手册》系列手册之一。本书与本系列手册中的《火力发电厂锅炉及辅助系统设计》和《火力发电厂汽轮机及辅助系统设计》结合，覆盖了火力发电厂热机专业的主要设计内容。

　　热机专业是火力发电厂设计的龙头专业，涵盖燃煤发电厂三大主机中的锅炉和汽轮机，燃气-蒸汽联合循环发电厂四大主机中的燃气轮机、汽轮机和余热锅炉。从20世纪70年代起，相关电力设计院已编写了一些供内部使用的热机设计手册，但这些手册体系不尽完整，涉及的技术较为陈旧，设计手段相对落后。21世纪以来，火力发电厂的机组型式、参数和容量有了巨大发展，机组的节能、环保性能取得了长足进步，国家和行业组织对相关的法规、技术规范进行了大规模的修订和完善。因此，系统性地梳理热机专业设计方法，编撰一部全面反映近年来热机专业的新技术、新设备、新工艺、新规范的设计手册，对提高火力发电厂热机专业设计质量，提升设计水平，实现设计的标准化、规范化，促进绿色、高效、环保型火力发电厂建设将起到指导作用。

　　本书涉及锅炉专业和汽轮机专业的通用设计内容，也反映了最新的设计流程和质量要求，如各设计阶段设计深度要求及标识系统的规定。近年来随着机组参数的提升，火力发电厂采用了大量新材料。同时，由于对机组安全性和节能环保要求日益提高，热机专业对管道、阀门、焊接、保温等方面的设计要求也有较多变化。本书以实用为原则，遵循现行相关规范和标准，对各类燃料和金属材料的特性、管道设计、阀门及执行机构选型、焊接要求、保温及油漆设计、平台扶梯及检修起吊设施的设计等进行了详细论述，体现了热机设计技术的最新发展。

　　本书主编单位为中国电力工程顾问集团华东电力设计院有限公司。本书由叶勇健担任主编，负责总体框架设计和校稿，并撰写前言。赵宇珉编写第一、第五、第十二章和附录B；叶勇健编写第二章和附录E；顾欣、冯琰磊编写第三章；陈彦、顾欣编写第四章；林磊编写第六章；肖佳元编写第七章和附录 G；董伦雄编写第八章；兰花编写第九章和附录 H；邓文祥编写第十章和附录 D；龚广杰、杨雪平编写第十一章；杜龙编写附录 A 和附录 C；冯琰磊编写附录 F。

  本书是供火力发电工程热机专业设计、施工和运行管理人员使用的工具书，结合使用本书和本系列手册中的《火力发电厂锅炉及辅助系统设计》《火力发电厂汽轮机及辅助系统设计》，可使热机专业设计人员全面掌握本专业在火力发电厂前期工作、初步设计、施工图设计等各设计阶段的设计要求、设计技术和设计方法。本书也可作为新能源等其他行业从业人员的参考书，还可供高等院校热能动力专业的师生参考使用。

《火力发电厂热机通用部分设计》编写组

2019 年 1 月

目录

序言
总前言
前言

第一章　设计深度及提资要求 ·············1

第一节　初步可行性研究阶段 ·············1
　一、初步可行性研究报告内容深度 ·····1
　二、初步可行性研究报告附件 ··········2
第二节　可行性研究阶段 ·················2
　一、可行性研究报告内容深度 ··········2
　二、可行性研究报告附图 ···············4
第三节　初步设计阶段 ···················4
　一、初步设计报告内容深度 ·············4
　二、初步设计图纸 ······················8
　三、初步设计计算书 ··················11
第四节　施工图设计阶段 ················12
　一、施工图设计文件 ··················12
　二、施工图总说明及卷册目录 ·········13
　三、标识系统设计说明 ················15
　四、设备与材料清册 ··················15
　五、主厂房布置图 ·····················16
　六、管道及仪表流程图（P&ID）及计算书·17
　七、系统设计说明 ·····················20
　八、设备安装图 ·······················20
　九、管道安装图 ·······················22
　十、锅炉露天防护设施 ················26
　十一、点火及助燃油系统布置及管道
　　　　安装图 ·························27
　十二、辅助车间 ······················27
　十三、全厂油漆保温 ··················28
　十四、防腐设计说明 ··················29
　十五、套用典型设计部分图纸 ·········29
第五节　竣工图设计阶段 ················29
　一、竣工图内容 ······················29
　二、竣工图内容深度 ··················30
第六节　提资要求 ······················30
　一、勘测设计专业简称 ················30

　二、初步可行性研究阶段提资 ·········30
　三、可行性研究阶段提资 ·············30
　四、初步设计阶段提资 ················33
　五、施工图设计阶段提资 ·············39

第二章　煤 ···························47

第一节　煤的成分、基准及其换算 ·······47
　一、煤的主要成分 ·····················47
　二、煤灰的主要成分和对电厂设备的影响···48
　三、煤成分的分析基准 ················49
第二节　煤的发热量 ····················50
　一、煤的发热量定义 ··················50
　二、高、低位发热量的换算 ············50
　三、不同基的发热量的转换 ············50
　四、煤的发热量的经验计算公式 ········51
第三节　燃煤电厂锅炉用煤种分类 ·······52
　一、我国煤炭分类 ·····················52
　二、我国电站锅炉用动力煤的分类 ·····53
　三、我国各种电站锅炉动力煤的主要特性···53
第四节　燃煤电厂煤种的确定 ···········54
　一、设计及校核煤种 ··················54
　二、煤质分析的项目 ··················54
第五节　煤质特性的评定指标 ···········57
　一、煤的着火、燃尽特性 ··············57
　二、煤灰的结渣特性 ··················57
　三、煤的自燃特性 ·····················59
　四、煤的爆炸特性 ·····················59
　五、煤的可磨性 ·······················60
　六、煤的磨损性 ·······················60
　七、煤的黏结性 ·······················61

第三章　燃油及天然气 ·················62

第一节　石油的分类 ····················62
　一、原油 ·····························62

二、石油产品与石油燃料 ……62
三、燃料油质量指标 ……63
第二节 燃油的主要特性 ……66
一、黏度 ……66
二、密度 ……67
三、发热量 ……67
四、比热容 ……68
五、闪点、燃点及自燃点 ……68
六、凝点 ……68
七、导热系数 ……69
八、水分及机械杂质 ……69
九、硫分 ……69
十、灰分 ……69
十一、爆炸极限 ……69
十二、毒性及腐蚀性 ……69
十三、十六烷值 ……70
十四、残炭 ……70
十五、酸度 ……70
十六、水溶性酸和碱 ……70
第三节 天然气的主要特性 ……70
一、天然气的组成 ……70
二、天然气分类 ……71
三、天然气的主要特性 ……71
四、液化天然气 ……80
第四节 天然气的质量指标 ……81
一、我国天然气的技术指标 ……81
二、国外技术分类 ……82
三、天然气的试验方法 ……83

第四章 金属材料 ……85
第一节 钢及其分类 ……85
一、钢材的化学成分及对性能的影响 ……85
二、钢的分类 ……86
三、钢的选用及替代原则 ……88
四、常用钢牌号、特性及主要应用范围 ……88
第二节 金属材料的性能指标 ……88
一、金属在常温下的机械性能 ……89
二、金属在高温下的机械性能 ……89
三、常用钢材的性能数据 ……89
第三节 中国及其他国家钢号的表示方法 ……97
一、我国钢号表示方法 ……97
二、其他国家钢号表示方法 ……102
第四节 碳素钢 ……107
一、碳素结构钢 ……107
二、优质碳素结构钢 ……109
第五节 不锈钢 ……111
一、不锈钢分类 ……111

二、不锈钢的耐蚀性能 ……112
三、最新不锈钢牌号对照、国家新旧
标准对比 ……112
第六节 耐热合金钢 ……115
一、耐热钢的分类 ……115
二、耐热合金钢在电站中的使用 ……115
第七节 金属腐蚀 ……128
一、金属腐蚀的分类 ……128
二、金属腐蚀的评定方法 ……128
三、常见金属腐蚀 ……129
四、环境腐蚀性等级 ……131
五、防腐方法 ……133

第五章 阀门 ……134
第一节 阀门分类 ……134
一、通用阀门类型 ……134
二、阀门型号编制和代号表示方法 ……135
三、阀门选型 ……138
第二节 闸阀 ……139
一、阀门结构 ……139
二、典型阀门技术规范表 ……139
第三节 截止阀 ……182
一、阀门结构 ……182
二、典型阀门技术规范表 ……182
第四节 止回阀 ……193
一、阀门结构 ……193
二、典型阀门技术规范表 ……193
第五节 蝶阀 ……199
一、阀门结构 ……199
二、典型阀门技术规范表 ……199
第六节 球阀 ……206
一、阀门结构 ……206
二、典型阀门技术规范表 ……206
第七节 疏水阀 ……210
一、阀门结构 ……210
二、典型阀门技术规范表 ……210
第八节 调节阀 ……214
一、阀门结构 ……214
二、调节阀选型 ……214
三、典型阀门技术规范表 ……218
第九节 安全阀 ……219
一、阀门结构 ……219
二、典型阀门技术规范表 ……220
第十节 阀门传动装置及执行机构 ……224
一、阀门传动装置 ……224
二、电动执行机构 ……225
三、气动执行机构 ……225

四、液动执行机构 …………………… 226

第六章 管道组成件 …………………… 227

第一节 管子 …………………………… 227
一、管子的种类 …………………… 227
二、主要管子标准 ………………… 227
三、管子的规格系列 ……………… 230
四、管子的选用 …………………… 231

第二节 管件 …………………………… 231
一、管件的种类 …………………… 231
二、弯头和弯管 …………………… 232
三、支管连接 ……………………… 234
四、异径管 ………………………… 241
五、封头 …………………………… 245

第三节 法兰、垫片和紧固件 ……… 247
一、法兰 …………………………… 247
二、垫片 …………………………… 250
三、紧固件 ………………………… 251

第四节 补偿器 ………………………… 253
一、补偿器的种类 ………………… 253
二、典型补偿器 …………………… 254
三、补偿器的选用 ………………… 256

第七章 管道设计与计算 …………… 257

第一节 管材许用应力 ……………… 257
第二节 管道组成件计算 …………… 258
一、管径的计算和选择 …………… 258
二、管子的强度计算 ……………… 259
三、弯头和弯管的强度计算 ……… 261
四、支管连接的补强计算 ………… 262
五、异径管的强度计算 …………… 266
六、封头及节流孔板的强度计算 … 266
七、法兰及法兰附件的强度计算 … 268
八、金属补偿器相关计算 ………… 268

第三节 管道水力计算 ……………… 273
一、单相流体管道系统的压力损失计算 … 273
二、两相流体管道系统的压力损失计算 … 281
三、节流孔板的压损及孔径计算 … 284

第四节 管道应力计算 ……………… 286
一、管道应力分析计算的范围及方法 … 286
二、应力计算基本要求 …………… 286
三、补偿值的计算 ………………… 287
四、管道的应力验算 ……………… 287
五、力矩和抗弯截面系数的计算 … 288
六、管道对设备的推力和力矩的计算 … 290

第五节 管道布置 …………………… 290
一、管道布置规定 ………………… 290

二、易燃或可燃介质管道的布置 … 298
三、有毒介质管道的布置 ………… 299
四、腐蚀介质管道的布置 ………… 299
五、厂区管道的布置 ……………… 299
六、管沟管道的布置 ……………… 300
七、埋地管道的布置 ……………… 300

第六节 管道支吊架设计 …………… 301
一、基本要求 ……………………… 301
二、支吊架间距 …………………… 302
三、支吊架荷载 …………………… 302
四、支吊架类型选择 ……………… 304
五、支吊架布置的要求 …………… 306
六、支吊架材料 …………………… 307
七、支吊架结构设计 ……………… 307

第七节 管道超压保护设计 ………… 309
一、基本要求 ……………………… 309
二、超压保护装置的选用 ………… 309
三、安全阀及排放相关计算 ……… 309

第八节 管道的检验与试验 ………… 314
一、检验 …………………………… 314
二、试验 …………………………… 315

第九节 临时性管道设计 …………… 316
一、一般要求 ……………………… 316
二、系统设计 ……………………… 316
三、临时管道参数确定 …………… 316
四、临时管道及附件选择 ………… 317
五、临时管道布置及支吊架设计 … 317

第八章 焊接 …………………………… 318

第一节 焊接工艺 …………………… 318
一、焊接方法 ……………………… 318
二、焊接结构 ……………………… 318

第二节 焊接材料 …………………… 321
一、同种钢焊接 …………………… 321
二、异种钢焊接 …………………… 321
三、焊接材料分类 ………………… 321

第九章 保温、油漆和防腐设计 …… 329

第一节 保温的基本规定 …………… 329
第二节 保温材料 …………………… 329
一、保温材料性能要求 …………… 329
二、保温层材料选择 ……………… 330
三、保护层材料选择 ……………… 331
四、防潮层材料选择 ……………… 331

第三节 保温计算 …………………… 332
一、保温计算原则 ………………… 332
二、保温层厚度计算 ……………… 332

三、保温辅助计算 ……………… 336
四、保温计算数据选取 ………… 337
第四节 保温结构 …………………… 339
一、一般规定 …………………… 339
二、保温层 ……………………… 339
三、保护层 ……………………… 340
四、防潮层 ……………………… 341
第五节 油漆与防腐 ………………… 341
一、油漆 ………………………… 341
二、防腐 ………………………… 344

第十章 平台扶梯设计 …………… 346

第一节 适用范围及基本说明 ……… 346
一、适用范围 …………………… 346
二、基本要求 …………………… 346
三、平台扶梯材料选择 ………… 346
四、平台扶梯防腐要求 ………… 346
第二节 平台 ………………………… 346
一、平台的刚度 ………………… 347
二、平台荷载 …………………… 347
第三节 斜梯和直梯 ………………… 347
一、斜梯设计原则 ……………… 347
二、斜梯的宽度 ………………… 347
三、斜梯的踏步高和踏板宽 …… 347
四、斜梯上部净空 ……………… 347
五、斜梯的制作 ………………… 348
六、直梯尺寸 …………………… 348
七、直梯的制作 ………………… 348
八、斜梯的计算 ………………… 348
九、直梯的计算 ………………… 348
第四节 防护栏杆 …………………… 349
一、荷载 ………………………… 349
二、栏杆的制作 ………………… 349
第五节 平台扶梯组合安装 ………… 349
第六节 焊接 ………………………… 351
一、焊接一般规定 ……………… 351
二、角钢的拼接规定 …………… 351
三、槽钢的拼接规定 …………… 351
四、钢板的拼接规定 …………… 352

第十一章 检修起吊设施 ………… 353

第一节 检修起吊设施设置原则 …… 353
一、主厂房区域检修场地设置 … 353
二、主厂房区域检修起吊设施设置 … 353
第二节 桥式起重机 ………………… 354
一、类型与结构 ………………… 354
二、基本参数 …………………… 356
三、主要技术规范 ……………… 357
第三节 过轨起重机 ………………… 357
一、类型与结构 ………………… 357
二、主要技术规范 ……………… 360
第四节 电动悬挂起重机 …………… 361
一、类型与结构 ………………… 361
二、基本参数 …………………… 362
三、主要技术规范 ……………… 362
第五节 电动葫芦及手动葫芦 ……… 363
一、电动葫芦 …………………… 363
二、手动葫芦 …………………… 373

第十二章 标识系统 ……………… 377

第一节 标识规定 …………………… 377
一、标识说明 …………………… 377
二、分段原则 …………………… 379
第二节 标识编码索引 ……………… 380
一、功能索引 …………………… 380
二、设备单元索引 ……………… 391
三、元件索引 …………………… 391

附录 …………………………………… 392

附录A 单位换算 …………………… 392
附录B 热经济指标计算方法 ……… 396
附录C 气体的特性 ………………… 399
附录D 国内部分城市常用的气象条件 … 401
附录E 我国典型煤种的煤质分析 … 407
附录F 我国各主要气田的天然气组成 … 410
附录G 管道设计及水力计算相关数据 … 412
附录H 保温、油漆 ………………… 442

主要量的符号及其计量单位 ……… 451

参考文献 ……………………………… 452

第一章

设计深度及提资要求

火电工程的设计阶段包括初步可行性研究阶段、可行性研究阶段、初步设计阶段、施工图设计阶段和竣工图设计阶段。各阶段热机专业的设计深度可参考本章相关内容，并应符合相关电力行业标准的要求和设计合同约定。

各设计阶段中，各专业应密切配合，需要相互提资。各专业相互提资的内容和深度要求与设计单位的专业设置相关，也与工程的实际情况相关。各专业的设置和专业负责的内容与设计单位的管理模式、部门机构设置和质量管理体系密切联系。因此本章所列举以热机专业为核心的各专业相互提资的要求尽可能覆盖当前各设计单位通常的专业设置和分工，覆盖通常的火电工程类型，供读者参考。

第一节　初步可行性研究阶段

初步可行性研究阶段，是根据地区电力负荷增长的要求以及中长期电力发展规划，按电力工程的建设条件编制的研究报告、工程项目建议书并提出立项申请。在该阶段中，热机专业要负责论证该项目建设热机方面的必要性和初步可行性。

一、初步可行性研究报告内容深度

（一）概述

1. 任务依据

应说明本项目的任务来源和委托单位。

2. 项目概况

应说明本项目规划容量及本期建设的规模等特点。扩建和改建项目，尚应叙述老厂的简况。

3. 工作过程

应简述工作时间、地点及工作过程，包括与政府相关部门、委托单位及协作单位之间的工作联系和配合。

4. 工作组织

应说明参加本项目的工作人员及所在单位、专业、职务和职称。

（二）热负荷分析

（1）说明供热系统的现状、发展和区域（或企业）的热力规划或热电联产规划。

（2）收集或预测近、远期热负荷的大小和特性。

（3）初步确定热电厂的供热介质（工业用汽和/或供热热水、制冷用汽）和供热范围，并初步确定供热参数和供热量。对机组选型提出初步建议。并说明存在的主要问题及对下阶段工作的建议。

（4）应从满足供热需求方面，说明本项目建设的必要性。

（三）燃料供应

1. 燃料来源

应分析研究发电厂燃料可能来源、品种、储量、煤矿近期与远期产量规划、服务年限等，结合发电厂的建设规模和进度，提出电厂燃料的推荐来源，应从资源配置角度说明电厂使用燃料的合理性，并应取得燃料供应原则协议。并说明存在的主要问题及对下阶段工作的建议。

2. 燃料品质

应收集分析推荐燃料的品质资料，燃料的品质资料包括元素分析、灰分、水分、挥发分、灰熔点、可磨系数、发热量和灰的成分等指标。

3. 燃料运输

应分析厂址所在区域的交通运输概况及厂址的自然条件，结合电厂燃料的运输数量，初步确定燃料的运输方式、运距。

当采用其他燃料（如天然气、LNG、油）时，应参照上述内容编写。

（四）工程设想

（1）应论证发电厂规划容量及分期建设规模、机组参数、容量与机组类型的选择以及建设进度的初步设想。

（2）应论述发电厂供热等与初步投资估算有关的初步工程设想。

（3）应说明脱硫、脱硝拟采用的工艺方式；脱硫剂、脱硝还原剂的来源、运输、制备及储存；副产品的初步处理方式等内容。其他单项工程可参照编写。

二、初步可行性研究报告附件

燃料产销方同意供应燃料的原则协议。

第二节 可行性研究阶段

可行性研究是项目建议书被批准后，对项目在技术上和经济上是否可行所进行的科学分析和论证。在该阶段中，热机专业需要论证该项目建设热机方面的必要性和可行性，落实热负荷、燃料等建厂外部条件，并提出主机技术条件，以满足主机招标要求。

一、可行性研究报告内容深度

（一）总论

1. 项目背景

应说明项本项目初步可行性研究阶段的工作情况和审查意见。对扩建、改建工程项目，尚应简述已有工程的情况。

2. 工作简要过程及主要参加人员

应简述工程项目开展的时间、地点和过程以及参加单位主要参加人员的专业、职务和职称。

3. 项目概况

说明拟建项目发电厂规划容量及本期建设规模、主要设计原则及主要技术经济指标。

（二）热负荷分析

（1）说明本项目所在地区供热热源分布、供热方式及热网概况，当地环境的基本现状及存在的主要问题。根据城市总体规划、供热规划及热电联产规划，说明项目在当地（或区域）供热规划中的位置、承担的供热范围及供热现状、与其他热源的关系。结合能源有效利用等方面的特点，论述项目建设的必要性。

（2）按工业和民用分别阐述供热范围内现状热负荷、近期热负荷、规划热负荷的大小和特性，说明热负荷的调查情况及核实方法。考虑热网损失和工业企业最大用汽同时使用系数后，核定本项目的设计热负荷，绘制年持续热负荷曲线。

（3）确定热电厂的供热介质（工业用汽和/或供热热水、制冷用汽），并确定供热参数和供热量。

（4）说明本项目与备用和调峰锅炉的调度运行方式，并说明存在的主要问题及对下阶段工作的建议。

（5）说明对配套的城市供热管网和工业用汽输送管网的建设要求。

（三）燃料供应

（1）项目单位与设计单位应对项目拟定的燃料来源进行调查，收集有关燃料储量、产量、供应点及可供数量，燃料品质、价格、运输距离及运输方式等资料，分析论证燃料在品种、质量、性能与数量上能否满足项目建设规模、生产工艺的要求，提出推荐意见，必要时进行专题论证。项目单位应与拟选择的燃料供应企业签订燃料供应协议文件。对于燃用天然气、液化天然气（LNG）的发电厂，应说明与厂外天然气、液化天然气（LNG）管线接口的位置和参数（管径、压力）。设计燃料品质资料需经项目单位的主管部门确认。

（2）当发电厂建成投产初期采用其他燃料过渡时，应对过渡燃料进行相应的论证。

（3）根据本期工程拟采用的燃料品质资料及机组年利用小时，计算单台机组、本期建设机组和发电厂规划容量机组的小时、日、年消耗量。对扩建工程应有原有机组的小时、日、年消耗量。

（4）应结合煤源（矿点、运量及路径）情况，对发电厂燃煤运输可能采取的运输方式（单独或联合）进行多方案的技术经济比较，经论证提出推荐方案，必要时应提出专题报告。

（5）对锅炉点火及助燃用燃料的品种、来源及运输方式进行论证并落实。

（四）工程设想

1. 装机方案

根据国家产业政策、系统要求、厂址条件及大件运输条件，对装机方案及扩建规模进行论证，提出装机方案推荐意见，必要时提出机组选型报告。

当为供热机组时，应根据核实后的设计热负荷及其热负荷特性，论证所选机组类型及其供热参数的合理性。应对全厂年平均总热效率、年平均热电比等条件是否符合国家有关规定的要求进行说明。

2. 主机技术条件

应对主设备主要技术条件进行论证，并提出推荐意见。

（1）燃煤机组，主要进行如下论证：

1）锅炉类型、锅炉水循环方式、热力参数、燃烧方式及制粉系统、排渣方式、点火方式、炉架结构材料、封闭类型及锅炉的最低效率、对锅炉 NO_x 排放要求、最低稳燃负荷的要求。

当烟气脱硝不与工程项目同步建设时，应说明烟气脱硝装置的预留方案，并要求锅炉厂设计时应预留烟气脱硝装置的建设条件。

当采用节油点火装置方案时，宜将其纳入锅炉供货范围，以便在锅炉设计中统一考虑。

2）汽轮机结构形式（高中压是否合缸、缸数及排汽数）、热力参数（如单背压或双背压、进汽及背压参数）、汽轮机冷却方式（湿冷、直接空冷或间接空冷）、汽轮机的最高热耗值、给水泵驱动方式（电动或汽动）、凝汽器管材等。当为供热机组时，尚应有机组抽汽方式、抽汽参数与供热量等内容。

3）发电机的冷却方式、与汽轮机容量配合选择的原则。

4）随主设备配套提供的热工自动化系统或仪表的范围、规模和主要技术要求。

（2）对燃气机组，尚应进行如下论证：

1）是否联合循环、联合循环机组采用单轴还是多轴机组形式。

2）燃烧初温等级、燃机出力及效率。

3）余热锅炉炉型，单压、双压或三压，有无再热，有无补燃。

4）燃机、余热锅炉、汽轮机参数匹配的环境条件。

3. 热力系统

（1）应拟定原则性热力系统并对系统做相应的描述。提出主要设备选择意见。

（2）拟定厂内供热系统并对系统做相应的描述，对供热系统主要设备的规格、型号、数量等进行研究比选，提出主要设备选择意见。

4. 燃烧制粉系统

应根据煤质条件对系统方案进行论证，拟定燃烧制粉系统，提出主要设备选择意见。

5. 主厂房布置

应对主厂房主要设计尺寸及主辅机设备布置提出建议，并对不同的布置格局进行比较和做必要的说明。

6. 烟气脱硫

应对烟气脱硫的工艺选择、吸收剂消耗量、来源及运输、副产品处理、工程设想等进行必要的说明。

（1）烟气脱硫工艺选择。对可供选择的烟气脱硫工艺进行分析比较后提出推荐方案。根据工程具体情况，必要时应对原煤采用洗煤或循环流化床炉内脱硫、烟气脱硫等脱硫方式进行方案比选，并编写专题报告。

（2）吸收剂来源及消耗量。应对吸收剂的来源、品种质量、数量、主要成分等进行调研论证，并取得相应的协议文件。对于吸收剂的供应（如矿源的选择及是否需要建设新矿或建设区域性协作的石灰石/石灰粉厂等）、厂外或厂内制备方式等进行说明，必要时应进行技术经济比较。

（3）吸收剂运输。根据选定的吸收剂来源，说明运输距离，并对厂外运输方式提出推荐意见。吸收剂的运输应取得相应的协议文件。

（4）烟气脱硫副产品处置。应分别按脱硫副产品抛弃和综合利用两个方案调查，并落实外部条件，其中包括落实脱硫副产品的抛弃堆放场地条件、输送方案等。

（5）烟气脱硫工程设想应包括如下内容：

1）设计基础参数应包括煤质资料、脱硫装置入口烟气量、烟温、入口二氧化硫浓度及烟气成分、入口粉尘浓度、入口/出口烟气压力、脱硫效率、排烟温度等。根据工程具体情况说明主要设计参数和裕度的选取原则。

2）拟定原则性脱硫工艺系统，选择主要设备，并列出有关计算成果表（物料平衡图）。

3）根据发电厂总平面规划，提出主要脱硫装置及主要辅助、附属设施的总体规划等。

4）拟定原则性吸收剂制备系统（包括吸收剂的输送、破碎、储存和制备等），选择主要设备并提出推荐方案。

5）拟定脱硫工艺用水、汽、气的原则。

6）应根据烟气脱硫工程设备及建设特点，提出招标书编制原则。

7. 烟气脱硝

应对烟气脱硝的工艺选择、还原剂选择、来源及运输、工程设想等进行必要的说明。

（1）烟气脱硝装置工艺选择应包括如下内容：

1）烟气脱硝装置与发电厂主体工程同步建设时，应根据工程具体情况，对不同的烟气脱硝工艺进行方案比选，提出推荐方案，必要时编写专题报告。

2）当采用预留烟气脱硝装置空间并拟采用选择性催化还原法（SCR）方案时，应论述锅炉总体结构、还原剂储存制备系统的预留条件，提出空气预热器、电除尘器、引风机等设备的改造方案。

3）确定脱硝效率，并依此计算脱硝剂的单位时间消耗量。

（2）还原剂选择，应对还原剂的品种、来源、消耗数量、主要成分、质量等进行调研比选，并取得相应的协议文件。应说明还原剂的供应，必要时应进行技术经济比较。

（3）还原剂运输根据选定的还原剂来源，说明运输距离、运输路径，并对厂外运输方式提出推荐意见。根据还原剂的特性，必要时应取得承运单位相应的协议文件。

（4）烟气脱硝工程设想应包括如下内容：

1）应包括主要设备参数、煤质资料、入口烟气成分、烟气量、烟气温度、脱硝装置入口 NO_x 浓度、入口粉尘浓度、入口/出口烟气压力、脱硝效率等。根据工程具体情况，说明主要设计参数和裕度的选取原则。

2）拟定原则性脱硝工艺系统，选择主要设备，并列出有关计算成果表（物料平衡图）。

3）根据发电厂总平面规划，提出脱硝装置及主要辅助、附属设施的总体规划等。

4）拟定原则性还原剂储存制备系统（包括还原剂的

储存、制备和输送等），选择主要设备，并提出推荐方案。

5）拟定脱硝工艺用水、汽、气的原则。

6）应根据烟气脱硝工程设备和建设特点，提出招标书编制原则。

（五）结论与建议

热机主要技术经济指标应包括下列内容：

（1）年供电量/年供热量。

（2）发电设备年利用小时。

（3）全厂热效率/热电比。

（4）设计发供电标准煤耗/供热标准煤耗。

二、可行性研究报告附图

1. 原则性热力系统图
2. 原则性燃烧系统图
3. 主厂房平面布置图
4. 主厂房剖面布置图
5. 脱硫平面规划布置图
6. 脱硫工艺原则性系统图
7. 脱硝装置规划布置图
8. 脱硝工艺原则性系统图
9. 热网系统图

第三节　初步设计阶段

初步设计是在可行性研究之后进行的，为了进一步论证项目的技术和经济上的可行性与合理性的阶段。在该阶段中，热机专业需要确定电厂主要工艺系统的功能、控制方式、布置方案以及主要经济和性能指标。

一、初步设计报告内容深度

（一）总论

政府主管部门对项目批准或核准的文件以及审定的可行性研究报告是初步设计文件编制的主要依据，设计单位必须认真执行其中所规定的各项原则，并认真执行国家的法律、法规及相关标准。

设计必须准确掌握设计基础资料。设计基础资料若有变化，应重新取得新的资料，并对设计内容进行复核与修改。

初步设计文件内容深度应满足以下基本要求：

（1）确定电厂主要工艺系统的功能、控制方式、布置方案以及主要经济和性能指标，并作为施工图设计的依据。

（2）满足 DL/T 5427《火力发电厂初步设计文件内容深度规定》。

（3）满足主要辅助设备采购的要求。

（4）满足业主进行施工准备的要求。

初步设计文件应包括说明书、图纸和专题报告三部分；说明书、图纸应充分表达设计意图；重大设计原则应进行多方案的优化比选，提出专题报告和推荐方案供审批确定；设计单位在进行多方案优化时宜采用三维设计等先进设计手段。

工程中应积极采用成熟的新技术、新工艺和新方法，初步设计文件应详细说明所应用的新技术、新工艺和新方法的优越性、经济性和可行性。

初步设计说明书和专题报告表达应条理清楚、内容完整、文字简练，图纸表达清晰完整，符合电力行业制图规定。

（二）初步设计说明书

1. 总的部分（与热机专业相关的内容）

（1）概述部分包括以下内容：

1）概述发电厂的性质、规模、投资方、投资构成、投运期限和发电厂在地区电力系统中的作用等有关结论意见；应说明电厂的运行方式和年利用小时。

2）应说明初步设计的设计依据，主要包括可行性研究报告及其批准文件（包括审查会纪要）。如果是热电厂，应有城市供热规划和热电联产规划的批复文件。

3）应说明设计的内容、范围、与外部协作项目及设计分工界限。

4）对扩建或改建电厂工程，应简述原有部分情况及与本工程的衔接和配合问题以及目前生产运行中存在的问题。

（2）电力负荷、热力负荷及发电厂容量部分包括以下内容：

1）应说明电力及热力负荷的数量、参数、性质及负荷一览表。

2）应说明电厂的规划容量、分期建设规模及本期工程规模。

（3）主要设计原则及方案部分包括以下内容：

1）结合建厂条件，应提出该工程的设计特点和相应的措施。

2）应提出总体规划要求和重大设计方案的论证比较。

3）应概要说明热机专业主要系统的设计原则、技术方案的论证与比选结果。

4）应说明主要设备的确定情况及主要辅机的选型情况。

（4）节约资源措施部分包括以下内容：

1）应说明工艺系统和设备材料选择等方面采取的节能措施。

2）提出通过节约资源措施后的煤耗指标并与要求指标进行对比分析。

3）对热电厂进行总热效率、热电比和热化系数进行分析。

（5）主要技术经济指标部分包括以下内容：

1）设计性能指标。

2）总布置指标。

（6）技术创新措施部分包括以下内容：

1）根据工程特点，应提出创优项目及预期达到的技术经济指标。

2）根据工程具体条件，应简述对某些设计原则和重大设计问题进行的专题论证报告项目和结论意见。

3）应简述在工程所采用的新技术、新工艺和新方法的情况。

4）为提高工程质量，应简述本工程采用的设计管理方法以及设计手段。

（7）存在问题及建议部分包括以下内容：

1）应简述主设备设计资料方面所存在的问题。

2）应简述其他方面存在的问题及建议。

（8）附件部分包括以下内容：

1）热电厂城市供热规划和热电联产规划的批复文件。

2）业主对于燃料的全分析资料的确认意见。

3）燃料供应协议（包括燃煤、点火用油或气）。

4）外委设计单位的设计分工协议。

5）对热电厂应有供热负荷的协议。

6）脱硫吸收剂成分确认和供应协议、脱硝反应剂成分确认和供应协议。

2. 热机部分

（1）概述部分包括以下内容：

1）罗列设计依据：

a. 应说明电厂的设计规模及规划容量，电厂性质及运行要求。

b. 列出主要审批、审查文件清单，重要报告、技术规范书清单等。

c. 列出专业执行的国家及行业的相关标准、规程和规范。

d. 应说明环境及气象条件（如抗震设防烈度、海拔、水源、主要气象要素等）。

2）应说明本专业设计的主要特点，包括系统拟定、主要设备选择、主厂房布置等方面的设计特点。

3）应说明锅炉、汽轮机和发电机的型号、主要技术规范及匹配说明。

4）应说明主厂房设计界限及所负责的辅助生产设施。若为扩建电厂，应概述原有电厂的相关系统及设施情况以及目前电厂运行、检修中所存在的主要问题。应扼要说明原有电厂与本期工程的衔接及配合问题。

5）应重点说明可研审查意见中要求在初设阶段论

述/论证及落实的问题。

6）应说明汽轮机考核工况下的保证热耗、根据电厂运行模式计算的汽轮机加权热耗、锅炉保证效率、锅炉出口及脱硝装置出口的 NO_x 排放量、发电标准煤耗率、厂用电率、供电标准煤耗率、机组热效率等。

对于热电厂，还应说明总热效率、热电比、发电热效率、发电标准煤耗率、供热热效率、供热标准煤耗率、年发电量、年供热量，其中发电热效率、发电标准煤耗率分别按供热工况、纯凝工况、全年平均值提供。

（2）燃料部分包括以下内容：

1）应说明燃料来源、燃料种类（含油页岩、石油焦、石灰石等）、燃料供应量、两种及以上燃料混烧时的配比、设计燃料及校核燃料的常规特性数据（收到基的工业分析、元素分析、低位发热量、可磨性等）和非常规特性数据（磨损特性数据、氟、氯、游离二氧化硅指标等）、石灰石（采用循环流化床锅炉脱硫时）成分分析资料。对于燃用油页岩的电厂，还应说明其矿物质含量及其组成。

2）应说明燃料灰分特性，灰分成分及化学分析，灰熔融性温度（DT、ST、FT），灰渣黏结特性、灰的磨损特性数据、粒度分析及灰的比电阻数据。

3）应说明锅炉点火和启动锅炉所用燃料品种、成分分析资料、运输方式。

（3）燃烧系统及辅助设备选择部分包括以下内容：

1）应说明每台锅炉及本期锅炉的时、日、年的燃料消耗量（包括循环流化床锅炉脱硫用的石灰石消耗量）。

2）应说明燃料制备系统拟定的原则，论证比较系统的形式和特点，辅助设备（特别是磨煤机）的选择及论证，列出有关计算成果表（包括热力及空气动力计算成果及设备选择）。

3）应说明烟、风系统系统拟定的原则，论证比较系统的特点，列出有关计算成果表（包括燃烧及空气动力计算成果及设备选择）。

4）对于循环流化床锅炉，应说明入炉石灰石粉输送系统拟定的原则、系统组成、设备选型等，列出石灰石粉管道管径和阻力选择计算成果表。

5）对于循环流化床锅炉，应分别说明第一次装料的床料输送系统及正常运行所需的床料补充系统的设置原则、系统组成、设备选型等，列出设备选择成果表。

6）应结合工程的燃料成分、气象条件、运行特点等说明锅炉尾部低温防腐措施的选取原则。

7）根据环境评价批复中对除尘器效率的要求及该工程的煤灰特性说明除尘器的形式选择（必要时，可专题论证）。应说明烟囱高度、烟囱个数和布置方式、出口直径、烟气流速，并说明烟囱在各运行方式下的内压分布情况。

8）应说明燃烧系统介质流速及烟、风、煤粉等管道通流断面的选择依据，并列出计算结果表。

9）应说明点火方式、点火助燃燃料系统的拟定原则、设备选择、设计容量、节油措施及油罐容量选择原则等。

（4）烟气脱硝系统及设备选择部分包括以下内容：

1）按预留或同期建设的特点分别说明烟气脱硝系统方案的选择原则及系统说明。

2）还原剂的选择及来源。

3）催化剂、脱硝公用系统的选择原则及系统说明。

4）预留方案的实施原则。

（5）热力系统及辅助设备选择部分包括以下内容：

1）应说明热力系统的主要设计原则，包括母管制、单元制的确定。

2）应说明热力系统的特点、方案论证结论、主要辅助设备的容量参数选择等。包括主蒸汽、再热蒸汽及旁路系统，抽汽系统，辅助蒸汽系统，给水系统，凝结水系统，加热器疏水排气系统，循环水及辅机冷却水系统，凝汽器有关系统及抽真空系统，汽轮机润滑油净化、储存、排空系统、锅炉启动系统等。

3）应列表说明热力系统中主要管道设计参数、介质流速、管材及管径、壁厚，包括主蒸汽、再热热段、再热冷段、汽轮机旁路、抽汽、给水、凝结水、加热器疏水等管道。对直接空冷机组，应说明空冷岛供货范围和工作范围，汽轮机排汽管道布置方式、管径；论述防冻措施（包括机组启动方式、汽轮机旁路系统形式选择及容量分析）、凝结水系统的除氧方式、抽真空系统设备容量等（在相应热力系统中说明）。

4）对间接空冷机组，应说明冷却系统形式、间接空冷岛供货范围和工作范围、系统特点及主要设备规范。

5）应说明厂用蒸汽汽量平衡（不包括施工用汽）情况，包括对各种机组启动、运行方式用汽点、用汽参数、用汽量、用汽时段、供汽汽源、供汽量等。当从已有电厂供汽时，应说明对已有电厂的供汽能力、蒸汽引出方式、管径选择、温度及压降计算、路径选择等。典型工况热平衡数据汇总表，列表说明主、辅设备冷却用水用水量及参数。

（6）厂区热网系统及辅助设备选择部分包括以下内容：

1）对热电厂应说明热力负荷分析，包括热用户概况及热力网特点，热负荷参数（供汽、供水、回水压力和温度）及用量（供热期、非供热期、生活、生产、近期、远期），热负荷性质（重要性、连续性、同时率、回水率、回水品质）。

2）应说明热网首站系统拟定原则及辅助设备选择，包括加热蒸汽系统、热网循环水系统、疏水系统、补充水系统、冷却水系统以及热网补充水方式，凝结水回收方式、主要设备选择及供热系统的安全措施等。

3）应说明厂区外网热网敷设、管径选择、事故备用、对特殊用户的保证以及相应的技术经济比较。

（7）系统运行方式部分包括以下内容：

1）应说明机组启动条件及启动系统相关内容，包括：

a．应说明机组启动汽源、水源等条件。

b．应说明机组启动时厂用汽系统、冷却水和补给水系统、点火油系统、汽轮机旁路系统、润滑油系统、疏水系统、抽真空等系统的投入。

2）应说明汽轮机、锅炉及主要辅机具有的可实现控制功能的条件。

3）应说明机组的启动方式、启动参数，各种启动工况所需时间。

4）应说明机组的负荷模式，最低负荷及负荷变化运行方式、允许的负荷变化率。

5）应说明机组停机后的保护及机组冷却方式；在紧急停机或停炉的事故情况下的处理措施。

6）应论述机组安全保护及运行注意事项，包括：

a．应论述锅炉安全保护、炉膛安全监控系统（FSSS）、安全功能及逻辑条件。

b．应说明汽轮机设备安全保护及防进水措施。

c．应说明主要辅机及主要辅助系统的运行注意事项。

（8）主厂房布置部分包括以下内容：

1）应说明主厂房设计的主要原则，柱距、跨距、各层标高的分析论证、主厂房布置格局及主要设备的布置情况。

2）主厂房布置的优化应提出两个或两个以上的布置方案，并对主厂房各布置方案的特点及技术经济进行论述，提出推荐意见。

3）应说明汽机房桥式吊车的选择（主要起吊尺寸，起吊高度及起重等级）、各主要辅机及炉顶检修用起吊设施的选择、电梯井的布置、汽机房及各部位的检修场地规划、起吊运输机具的路径、主厂房内维护、检修通道的设置情况等。

4）应说明脱硝装置的布置情况（按预留或同期建设的特点编写）。

5）应说明露天布置的特点及防护设施。

6）应说明厂区热网系统（包括热网首站）的布置说明。

（9）辅助设施部分包括以下内容：

1）应说明辅助车间（机炉检修间、材料库、金属试验室）的面积及有关设备等的确定原则，并对布置扼要说明。

2）应说明压缩空气系统的拟定、设备选择及空气压缩机室的布置。

3）应说明启动锅炉的容量、参数、炉型选择以及汽水系统、煤（油）、灰、化水系统的拟定原则和设备布置情况，并说明启动锅炉房在电厂总布置的位置。

4）应说明主保温材料及保护层材料的选择原则。

5）应说明二氧化碳系统、氢气系统、氮气系统的供气来源及系统设置。

（10）节能节水方案部分包括以下内容：

1）必要的辅机余量选取说明。

2）应说明在系统拟定和设备选择方面节能的措施。

3）应说明节约用水及减少工质损失的措施。

（11）劳动安全和职业卫生部分包括以下内容：

1）应说明主厂房内汽轮发电机组油系统和锅炉燃油系统的防火措施。

2）应说明制粉系统的防火措施。

3）应说明压力容器与易爆装置的安全技术措施，包括：

a. 生产过程中存在易爆的主要设备名称、种类、型号、数量以及介质名称、操作压力与温度等情况及其危害程度。

b. 针对上述情况采取的安全防护措施：锅炉防爆措施（包括火焰监测及灭火保护设施）。压力容器防爆措施。制粉系统防爆措施。防爆门爆破时，会引起火灾、危及人身安全时，应说明考虑防爆门的安装方向或采取其他隔离措施。

4）凡产生粉尘、毒气、化学伤害的场所，在设计时应按 GBZ 1—2002《工业企业设计卫生标准》执行，并应说明有害程度。

应说明防尘设计原则及措施，包括：

a. 设计燃料、燃料的表面水分、燃料的干燥无灰基挥发分、燃料的游离二氧化硅含量等。

b. 制粉系统清仓检修时，防止煤粉飞扬采取的措施。应说明其他可能产生有毒或有害烟尘工作场所的防护措施（如汽轮机隔板喷砂防尘措施、抗燃油防毒措施等）。

5）应说明事故时为安全撤离现场工艺所采取的安全措施。回转机械及可能伤害人体的机械设备，应说明装有防护罩或采取其他防护设施。

6）应说明热力设备、管道的保温隔热方式及措施。

7）应说明设备噪声的防治措施，对噪声超标场所采取的措施。

8）应简述主要工作场所的检修、起吊机械及各种减轻体力劳动的安全操作设施。

（12）存在问题及建议部分包括以下内容：

1）应说明在本设计阶段在主机资料、设计依据、布置等方面假设资料设计的情况（如有）或需要进一步落实的问题。

2）根据下阶段深化设计的需要，希望业主方补充提供的原始资料、核实的外部条件或调研的提议等。

（13）附件部分包括以下内容：

1）本专业对外所签订的协议项目。

2）锅炉设备热力及空气动力计算数据表。

3）汽轮机设备典型工况热平衡图 [含汽轮机保证功率（THA）、汽轮机最大连续功率（TMCR）、汽轮机额定功率（TRL）、汽轮机阀门全开功率（VWO）和供热额定工况]。

3. 烟气脱硫工艺部分

（1）概述部分包括以下内容：

1）工程概况：该工程建设的性质、规模、机组容量、脱硫方法、脱硫容量、脱硫效率等；煤质、燃煤量、水源、交通及灰场等与脱硫有关的内容。

2）设计依据：项目核准意见、审批单位对可行性研究报告书审批意见、环境影响评价审批意见等；国家及行业的相关标准、规程和规范；对扩建工程应简述已有的相关部分。

3）设计范围：应说明烟气脱硫工艺系统及布置的设计范围及与其他相关系统的接口；当脱硫公用系统需考虑老厂脱硫或为扩建工程预留时，应说明本期机组与其他机组的设计范围和相互关系。

（2）设计基础数据及主要设计原则部分包括以下内容：

1）设计基础数据：按设计煤质、校核煤质分别列出脱硫设计参数，包括脱硫系统进出口烟气量、脱硫系统进出口 SO_2 浓度、脱硫系统进出口烟尘浓度、脱硫系统脱硫效率、脱硫系统进出口烟气温度、液气比、钙硫比、SO_2 脱除量、脱硫吸收剂耗量、副产物产量、纯度和含水率等。

2）应说明吸收剂的主要特性参数。

3）该工程脱硫用水（含工艺用水和冲洗用水）的种类，各类水的水质和用水量。

4）应说明采用的脱硫工艺、脱硫设计煤质含硫量的确定、脱硫效率、脱硫系统可用率等；应说明脱硫工艺各个子系统和主要设备的设计和配置原则；应说明脱硫装置采用或拟采用的核心技术类别；应说明脱硫装置日利用小时、年利用小时；应说明脱硫工艺装置的布置原则。

5）应说明脱硫工艺部分与电厂主体系统的接口，如烟气、脱硫吸收剂、脱硫副产物、工艺水、冷却水、排水和其他废水流、压缩空气、蒸汽、各种沟道、管架、支架等。应说明本期与老机组脱硫改造的接口或为扩建工程预留设施的接口。

（3）吸收剂供应和脱硫副产物处置情况部分包括以下内容：

1）应说明脱硫吸收剂（石灰石、生石灰、消石灰、海水、氨等）的来源、数量、生产能力或供应数量、供应协议、品质或参数等。

2）应分别列出吸收剂小时耗量、每日耗量和每年耗量。

3）应分别列出脱硫副产物小时数量、每日数量和每年数量，并宜简要注明脱硫副产物的特点和品质。

4）应说明脱硫副产物的综合利用途径或临时储存措施。

（4）工艺系统及主要设备部分包括以下内容：

1）应按可研审查意见确定的脱硫工艺，具体论述烟气脱硫工艺（石灰石/石灰-石膏湿法、干法和海水法等）的各个子系统和主要设备、设施。

2）应论述吸收剂系统的组成、流程，主要设备的配置情况和参数。

3）应论述烟气系统的组成、流程，主要设备的配置情况和参数。

4）应论述吸收系统的组成、流程，吸收塔的结构形式和特点，应说明主要设备的配置情况和参数，以及有关的防腐蚀、磨损的结构要求。

5）应论述副产物（石膏、干法脱硫灰渣、脱硫海水、硫酸铵等）处置系统的组成、流程；应说明主要设备的配置情况和参数。

6）应论述供应来源以及脱硫工艺（业）供水系统的组成、流程，应说明主要设备的配置情况和参数。

7）应论述事故排放系统的组成、流程，应说明主要设备的配置情况和参数。

8）应论述脱硫工艺空气压缩机站的设置原则，应提出设置的数量、出力等，当不单独设置空气压缩机站时，应说明压缩空气来源及储存设施等。

9）应论述蒸汽的用途和系统的组成、流程。

10）应列出主要的物料平衡计算结果。

11）应论述烟气脱硫装置主要工艺设备和设施的选择、相关的参数等，应论述烟气系统的组成、流程，应说明主要设备的配置情况和参数等。

（5）应论述烟气脱硫装置设置检修维护设施的情况。

（6）应论述烟气脱硫装置的保温、油漆、防腐和防冻的要求和设施。

（7）烟气脱硫装置布置部分包括以下内容：

1）应说明脱硫装置的布置原则，应说明主要设备和设施的基本布置情况。

2）应说明脱硫电气控制楼的布置情况。

（8）烟气脱硫工艺系统运行方式部分包括以下内容：

1）应说明脱硫系统投运的最小锅炉负荷、脱硫系统的启动条件、脱硫系统的启动顺序。

2）应说明脱硫系统正常停运的工况情况、脱硫系统的停运条件、脱硫系统的停运顺序。

3）应说明造成脱硫系统紧急停运的工况及措施。

4）应说明脱硫系统装置负荷随锅炉负荷变化时，脱硫装置的主要性能参数的改变。

5）应说明脱硫系统装置停运时应采取的主要措施。

（9）附件部分包括以下内容：

1）吸收剂供应和脱硫副产物综合利用的协议。

2）吸收剂成分分析和测定报告。

3）脱硫工艺有关的专题论证报告。

二、初步设计图纸

（一）图纸目录

（1）燃烧系统管道及仪表流程图（P&ID）（包括制粉系统、烟风及燃料系统，循环流化床锅炉的石灰石系统图、床料系统图）。

（2）燃油系统管道及仪表流程图（P&ID）（包括卸油、储油、炉前油系统）。

（3）热力及辅助系统管道及仪表流程图（P&ID）（按分部系统绘制）。

（4）主厂房远景规划布置图（主厂房分期建设规划时绘制，比例 1:200～1:500）。

（5）主厂房底层平面布置图（可按车间布置内容分别绘制，比例 1:100～1:200）。

（6）主厂房夹层及以上平面布置图（可按车间布置内容分别绘制，比例 1:100～1:200）。

（7）主厂房横剖面图（可按车间布置内容分别绘制，比例 1:100～1:200）。

（8）设备规范表。

（9）汽轮机大部件摆放图（300MW 及以上机组绘制）。

（10）热网首站布置图（可按车间布置内容分层绘制，比例 1:100～1:200）。

（11）热力网引出干管平面走向及断面图（热电厂绘制设计范围内部分）。

（12）供热范围内热用户布置图（设计热网工程时绘制）。

（13）热水网水温图（设计热网工程时绘制）。

（14）热水网水压图（设计热网工程时绘制）。

（15）年热负荷曲线图、年供热量图（热电厂绘制）。

（16）直接空冷排汽及疏水管道系统图（空冷排汽

管道属该工程设计范围时绘制）。

（17）直接空冷排汽管道布置图（空冷排汽管道属该工程设计范围时绘制）。

（18）烟气脱硫工艺系统图。

（19）烟气脱硫工艺分部系统管道及仪表流程图（P&ID）。

（20）烟气脱硫工艺吸收区设施平面布置图 1:100～1:200。

（21）烟气脱硫工艺吸收区设施剖面布置图 1:100～1:200。

（22）烟气脱硫工艺公用区设施平面布置图 1:100～1:200。

（23）烟气脱硫工艺公用区设施剖面布置图 1:100～1:200。

（24）脱硝工艺系统管道及仪表流程图（P&ID）。

（25）脱硝工艺布置图。

（二）图纸内容深度

1. 燃烧系统管道及仪表流程图（P&ID）

（1）应绘出从燃料、空气供给起到烟气排放止的整个燃烧及制粉系统流程中的全部主/辅设备、管道、阀门和其他主要零部件（包括预留装置）。

（2）应表示风机的调节方式、阀门等执行机构类型。

（3）应表示主要仪表配置（如压力、温度、流量等参数的测量仪表）。

（4）应注明介质种类、介质流向。

（5）应注明管道的通流断面或外径、壁厚。

（6）应附图例、设备编号和设备规范明细表。

（7）应列出燃料特性、计算成果汇总表。

（8）应标注电厂编码标识系统。

2. 燃油系统管道及仪表流程图（P&ID）

（1）新建工程。应绘出从卸油起到锅炉燃烧器止的整个油系统流程中的全部主/辅设备、阀门、管道和主要零部件，还应包括冷却、加热和吹扫系统，污油排放系统。

应表示阀门类别及其驱动方式。

（2）应表示阀门类别及其驱动方式。

（3）应表示主要仪表配置（如压力、温度、流量、液位等参数的测量仪表）。

（4）应注明介质种类、介质流向。

（5）应注明管道的外径及壁厚。

（6）应附图例、设备编号和设备规范明细表。

（7）应列出燃油特性、加热蒸汽参数、燃烧器的类型和对点火油参数的要求等。

（8）应标注电厂编码标识系统。

3. 热力及辅助系统管道及仪表流程图（P&ID）

分部热力系统及辅助系统流程图应详细表示本期工程的主蒸汽及再热蒸汽系统、旁路系统、抽汽系统、辅助蒸汽系统、给水系统、凝结水系统、加热器疏水系统、抽真空系统、循环水及冷却水系统、锅炉疏水排污系统等系统主、辅设备、阀门、管道和主要管件。对 300MW 及以上容量机组，还应绘制润滑油净化及储存系统、厂用及仪用压缩空气系统流程图。

热力及辅助系统管道及仪表流程图（P&ID）按一机一炉为单元绘制，公用系统管道及仪表流程图（P&ID）按实际需要绘制，并满足下列各项要求：

（1）应表示阀门类别及其驱动方式。

（2）应分别介质种类、表明介质流向、来源及去向。

（3）应表示主要仪表配置（如压力、温度、流量、液位等参数的测量仪表）。

（4）应注明管道规格。

（5）应附图例符号［可单独绘制，适用于所有热力及辅助系统管道及仪表流程图（P&ID）］。

（6）应表示与老厂、其他专业以及有制造厂设计的分界点。

（7）应标注电厂编码标识系统。

4. 主厂房布置图

（1）应表示厂房的主要尺寸及标高，主要土建结构梁柱外形及门窗、扶梯等建筑内容。

（2）应表示主要设备、辅助设备、主要汽水管道（至少应包括主蒸汽及再热蒸汽管道、旁路管道、给水管道、抽汽管道、辅助蒸汽管道、凝结水管道、循环水管道、辅机冷却水管道、消防水总管道）和六道的布置及其定位尺寸。

（3）应表示主要的电缆架空通道的标高、尺寸、走向。

（4）应表示主要地下设施、管沟和电缆隧道（沟）的布置。

（5）应表示集控室、发电机出线小室、厂用配电室，各辅助车间、检修间等的布置。

（6）应表示主厂房主要维护、检修通道。

（7）应表示主要设备的检修起吊设施和检修时部件抽出所需的位置与空间。

（8）应表示设备编号。

（9）绘制剖视图时，从机头方向投视（如汽轮机为纵向布置）或从加热器侧投视（汽轮机为横向布置）。

（10）非顺列布置方案，应增加必要的纵剖视图。

5. 热网首站布置图（如设置单独的建筑物或集中布置在主厂房区域）

（1）应表示首站的主要尺寸及各层标高。

（2）应表示设备、主要汽水管道的布置及其定位尺寸。

（3）应表示设备编号或名称。

（4）应表示主要地下设施、管沟的布置。

（5）应表示设备的检修起吊设施和检修时部件抽出所需的位置与空间。

6. 热网引出干管平面定向及断面图

（1）应表示管线定位、走向、断面排列布置。

（2）应表示供热干管的补偿方式。

（3）应表示初步确定的支架类型及间距。

（4）应表示与地下、地上管线、构筑物或铁路、公路交叉情况。

（5）应表示与主厂房内管道、热用户管道的设计分界点。

（6）应表示阀门、平台、流量测量装置的规划布置。

（7）应注明管道名称、介质流向、管外径及壁厚。

7. 供热范围热用户布置图

（1）应表示热电厂（站）初步确定的主要热用户的地理位置。

（2）有条件时，应表明厂外热网的规划走向。

（3）应注明主要热用户的热负荷参数、数量。

8. 热水网水温图

（1）应表示热电厂（站）供回水的温度与室外气温的关系。

（2）应表示供热计算温度和不同调节方式下的水温变化。

9. 热水网压图

（1）应表示热电厂（站）供热系统内从热源、管网到用户的全部压力分布情况。

（2）应表示热网补给水泵和热网水泵应达到的压头及热网停运时对静压头保持方式。

（3）应初步指明中间加压站的位置及加压数值（当需要设置中间加压站时）。

10. 年热负荷曲线图、年供热量图

（1）应分别表示热电厂（站）的生产、供热和生活热负荷全年变化情况。

（2）应表示热化程度、各种参数的蒸汽每年供热量。

11. 直接空冷排汽及疏水管道系统图

（1）应表示阀门类别及其驱动方式。

（2）应表明介质流向、来源及去向。

（3）应注明管道规格。

（4）应标注电厂编码标识系统。

12. 直接空冷排汽管道布置图

（1）含平面及剖视图。

（2）应表示排汽管道的规格、主要定位尺寸及布置标高。

13. 烟气脱硫工艺系统图

（1）应绘出流程中主、辅设备和管道以及之间的相互关系。

（2）应附说明和图例符号。

（3）应附设备编号和设备规范明细表。如现有项目脱硫同原有机组脱硫改造同时进行，或为扩建机组脱硫预留设施，脱硫工艺有部分系统全厂公用，应表示出不同机组之间的连接关系，以及有关设备和管道连接的必要过渡措施。

（4）应标出本专业的设计分界线。

14. 烟气脱硫工艺分部系统管道及仪表流程图（P&ID）

（1）应分别绘制脱硫工艺各个分部系统的管道及仪表图。

（2）应绘出流程中所有主、辅设备、阀门、管道和主要零部件等以及之间的相互关系。

（3）应表示阀门类别及其操作和控制方式。

（4）应分别介质种类，表明介质流向。

（5）应注明管道的外径及壁厚。

（6）应附图例、设备编号和设备规范明细表。

（7）如现有项目脱硫同原有机组脱硫改造同时进行，或为扩建机组脱硫预留设施，脱硫工艺有部分系统全厂公用，应表示出不同机组之间的连接关系，以及有关设备和管道连接的必要过渡措施。

（8）应标出本专业的设计分界线。

（9）应标注电厂编码标识系统。

15. 烟气脱硫平面布置图

（1）应表示脱硫工艺设备、设施和各车间的布置以及相互之间的有关尺寸，主要设备和设施的定位尺寸，必要时注出角度和坐标。

（2）如本期脱硫同原有机组脱硫改造同时进行，或为扩建机组脱硫预留设施，且脱硫工艺有部分系统全厂公用时，应清楚表示出不同机组之间的设备布置关系。

（3）应绘出脱硫各区域和各车间的设备，多层厂房应分层表示布置情况，应按规定比例画出各设备与墙（柱）中心线及设备间的相对位置和尺寸，墙柱编号与土建图纸相一致。

（4）应表示检修起吊设施及检修场地的布置。

（5）应表示脱硫控制室的位置。

（6）应表示主要管道和沟道的布置，标出必要的定位尺寸及其管、沟道的规格尺寸。

16. 烟气脱硫剖面布置图

（1）应表示脱硫装置的烟道、吸收塔和各建筑物的主要尺寸、标高并注明相对标高与绝对标高的关系。

（2）吸收塔区域和公用设施应分别绘制剖面图。

（3）应表示各主要设备和辅助设备的安装位置和相关尺寸。

（4）应表示主要设备的检修起吊设施。

三、初步设计计算书

（一）计算书目录

（1）燃烧系统热力计算、空气动力计算（或估算）及设备选择。

（2）制粉系统热力计算、空气动力计算（或估算）及设备选择。

（3）燃油系统设备选择及管径计算。

（4）除尘设备及烟囱口径选择计算（配合环保计算）。

（5）热力系统计算及汽水负荷平衡（老厂改造工程、供热工程及非定型设计机组需计算，热电厂计算冬、夏季代表性负荷工况）。

（6）热力系统主要辅助设备选择计算。

（7）除氧器暂态计算（根据需要进行）。

（8）主要汽水管道设计参数、管材选择、管径壁厚计算及阻力估算。

（9）主蒸汽、再热蒸汽管道应力计算（与前期工程主机、布置模式相同的扩建工程、采用定型机型及已有类似布置模式的工程可不算）。

（10）热电厂供热经济性分析（供热电厂进行计算、供热方式比较如可行性研究中，已有明确结论且初设中无修改补充时，仍可引用原结论）。

（11）热网压降、温度计算（当热网工程包括在本设计中时计算全网，否则只计算引出干管）。

（12）热网水压图计算（当外网工程包括在本设计中时计算）。

（13）热网水温图计算（当外网工程包括在本设计中时计算）。

（14）发电厂经济指标计算（分别按凝汽式机组、供热机组的特点计算）。

（15）空冷排汽管道流动特性及受力分析初步计算（空冷排汽管道属该工程设计范围时计算）。

（16）脱硫物料平衡计算书。

（17）烟气脱硫系统主要设备选型计算书。

（二）计算书内容深度

1. 燃烧和制粉系统热力计算、空气动力计算（或估算）及设备选择

按锅炉最大连续出力工况和设计煤种进行计算，按校核煤种进行核算。当主机资料不全时，空气动力计算部分可按类似工程估算。

2. 燃油系统设备选择及管径计算

包括油罐容积、卸/供油泵选择、加热蒸汽量、管径等的计算。如为扩建工程，应核算原有系统的能力。

3. 除尘设备选择及烟囱口径选择计算

按锅炉最大连续出力工况进行除尘设备设计参数选择计算、烟囱内压分布计算和烟囱出口内径计算。

4. 热力系统计算及汽水负荷平衡

定型设计机组、已有计算成果者，一般可不进行计算。

应按拟定的原则性热力系统进行计算，如果制造厂提供了计算成果，但具体工程的情况有所变化，如厂用汽量、回水率不同，应进行修正，一般应计算低负荷至最大负荷的各种工况，热电厂则应计算冬季最大、冬季平均和夏季三种工况。

5. 热力系统主要辅助设备选择计算

根据上述热力系统计算结果，选择主要辅助设备，应包括锅炉给水泵、凝结水泵、热电厂的各种供热设备的选择计算，给水泵计算中应根据锅炉厂参数要求确定过热器减温水的引出方式。

6. 除氧器暂态计算

定型机组布置方式，已有计算成果者，一般可不进行计算。对新型机组和布置方式，应通过除氧器暂态计算核算当汽轮机甩负荷时，除氧水箱容积及布置高度，低压给水管道布置及管径等是否满足给水泵安全运行的要求。

7. 主要汽水管道设计参数、管材选择、管径壁厚及阻力计算

应按 DL/T 5054《火力发电厂汽水管道设计规范》、DL/T 5366《发电厂汽水管道应力计算技术规程》、GB 50764《电厂动力管道设计规范》的有关要求计算。主要汽水管道设计参数、管材选择、管径壁厚计算包括四（六）大管道，抽汽、辅汽主管，高、中低压给水，给水再循环及减温水、凝结水，加热器疏水，循环水及冷却水母管，空冷排汽管道等。阻力计算应包括主蒸汽、再热蒸汽管道、高压给水管道、抽汽管道、凝结水管道、过热器减温水管道等，以便于设备选择计算用，并核算是否满足汽轮机热平衡图中的压降要求。当设备资料不全时，阻力计算部份可按类似工程估算。

8. 主蒸汽、再热蒸汽管道应力计算

定型布置模式，已有计算成果者，一般可不进行计算。对新型布置方式，应进行应力计算，对超（超）临界机组，还应进行动态响应分析及应力校核，以满足主厂房布置及四（六）大管道订货要求。

9. 热电厂供热经济性分析

当供热方式与可行性研究的结论有变化时，应根据新情况进行修正，必要时应重新进行机组选型。根据各种参数的年供热量，计算燃料消耗量及各项指标。

10. 热网压降、温度计算

对于热网工程设计，应进行热网的压降、温降计算。热网管道与厂内管道计算方法不同，因为热网长

度大，温降很大，所以沿程比体积变化较大（指汽网），压降、温降应同时进行计算。不承担外网设计时，只计算供热引出干管。

11. 热网水压图计算

对于热网工程设计，应计算水网各部分的压力损失，包括热网加热器、供热干管、用户系统所有环节的压力损失，满足热网水压图的绘制要求。

12. 热网水温图计算

对于热网工程设计，应计算热电厂供回水温度在不同调节方式下，随室外气温的变化关系，用以指导热电厂运行调节水温。

13. 发电厂技术指标计算

应包括总热效率、热电比、发电热效率、发电标准煤耗率、供热热效率、供热标准煤耗率、年发电量、年供热量。其中发电热效率、发电标准煤耗率分别按供热工况、纯凝工况、全年平均值计算。

14. 空冷排汽管道流动特性及受力分析初步计算

如空冷岛不含空冷排汽管道，则应进行排汽管道的阻力及受力分析的初步计算，以初步确定其布置形式及管径。

15. 脱硫物料平衡计算

应包括烟气平衡计算、水量计算、浆液平衡计算、吸收剂耗量计算、脱硫副产物量计算和有关图表等。

16. 烟气脱硫系统主要设备选型计算书深度要求

（1）烟道尺寸计算，循环浆液管道计算。

（2）吸收塔高度和直径计算。

（3）循环泵、湿磨和皮带脱水机选型计算。

（4）增压风机、氧化风机、密封风机选型计算。

（5）石灰石浆液输送泵、石膏排出泵选型计算。

（6）工艺水泵和工业水泵选型计算。

（7）旋流器和挡板门选型。

（8）事故浆液箱、石灰石浆液箱、滤液水箱等选型计算。

（9）石灰石仓和石膏库容积计算。

第四节　施工图设计阶段

施工图设计是为了满足工程安装，对各项设计工作进行细化，使其深度可以达到安装和验收要求的阶段。热机专业在该阶段中需要做的工作包括锅炉、汽轮机及其配套的附属设备、附属系统及相关辅助系统的设计、标识系统的设置。

一、施工图设计文件

（一）设计范围

1. 热机范围

火力发电厂中的热机部分应包括锅炉、汽轮机及其配套的附属设备、附属系统及相关辅助系统。

2. 热机部分施工图设计文件

应包括以下设计内容：

（1）锅炉部分。

1）附属系统：烟风系统、原煤系统和煤粉系统等的设计。

2）管道布置：烟道、风道、原煤管道和煤粉管道等的布置、安装设计。

3）附属设备安装：送风机、一次风机、吸风机、磨煤机、除尘器和给煤机等设备的布置、安装设计，锅炉房区域检修用平台扶梯和检修设施布置、安装设计。

（2）汽轮机部分。

1）附属系统：主蒸汽系统、再热蒸汽系统、旁路系统、给水系统、凝结水系统、抽汽系统、辅助蒸汽系统、给水泵及汽轮机本体系统、轴封蒸汽系统、润滑油系统、直流锅炉启动系统、疏水排汽系统、循环冷却水系统和凝汽器抽真空系统等的设计。

2）管道布置：主蒸汽管道、再热蒸汽管道、旁路管道、给水管道、凝结水管道、抽汽管道、辅助蒸汽管道、给水泵及汽轮机本体管道、轴封蒸汽管道、润滑油管道、直流锅炉启动系统管道、疏水排汽管道、循环冷却水管道和凝汽器抽真空管道等的布置、安装设计。

3）附属设备安装：给水泵、凝结水泵、除氧器、加热器和辅助水泵等设备的布置、安装设计，汽机房区域检修用平台扶梯和检修设施布置、安装设计。

（3）其他辅助系统。

1）压缩空气系统：含仪表用和检修用压缩空气系统设计，空气压缩机室设备和管道布置、安装设计。厂区压缩空气管道布置、安装设计。

2）启动锅炉系统：含启动锅炉系统设计，启动锅炉房设备和管道布置、安装设计，厂区蒸汽管道布置、安装设计。

3）柴油发电机系统：含柴油机燃油系统设计，柴油机房设备和管道布置、安装设计。

4）点火及助燃油系统：含点火及助燃油系统的设计，油泵房的设备和管道布置、安装设计，油罐区设备和管道布置、安装设计。卸油区域设备和管道布置、安装设计，污油处理装置设备和管道布置、安装设计，厂区和炉前燃油管道布置、安装设计，节油点火装置系统设计，节油点火装置设备和管道布置、安装设计。

（4）供热机组的热网首站。

1）附属系统：热网加热蒸汽系统、热网加热器疏水、放气系统、一级热网循环水系统、一级热网补水系统、热网首站辅机冷却水系统、热网疏、放水及回收系统。

2）管道布置：热网加热抽汽管道、热网供回水管道、热网补水管道、热网加热器疏水排汽、热网补水除氧器相关管道等的布置、安装设计。

3）附属设备安装：热网加热器、热网循环水泵、热网疏水泵、热网补水泵、热网补水除氧器、热网加热器疏水箱等设备的布置、安装设计，热网首站区域检修用平台扶梯和检修设施布置、安装设计。

（5）烟气脱硫部分。

1）火力发电厂中的脱硫部分宜包括吸收塔、增压风机、石灰石浆液泵、石膏脱水机等脱硫工艺系统、设备。

2）脱硫部分施工图设计文件应包括以下设计内容：

a. 脱硫工艺系统：烟气系统、SO_2 吸收系统、氧化空气系统、吸收剂制备及供应系统、石膏脱水系统、排放系统、工艺水和设备冷却水系统、压缩空气系统、脱硫废水处理系统等的设计。

b. 烟道布置：原烟道和净烟道等的布置、安装设计。

c. 管道布置：吸收塔浆液再循环管道、吸收剂制备和浆液供应管道、石膏排出及脱水管道、排放管道、脱硫废水处理管道、工艺水和工业水管道、氧化空气和压缩空气管道、蒸汽管道等的布置、安装设计。

d. 设备安装：吸收塔、浆液循环泵、氧化风机、石灰石浆液泵、石膏脱水机等设备的安装设计，脱硫岛区域检修用平台扶梯和检修设施布置、安装设计。

（二）设计文件组成

1. 热机部分施工图设计文件

应以卷册为单位出版，其中大部分为图纸卷册，另外还包括设计说明、清册等文本卷册。

2. 热机部分施工图设计文件

应包括以下几个部分：

（1）施工图设计总说明及卷册目录；

（2）标识系统设计说明文件；

（3）设备材料清册；

（4）主厂房布置图；

（5）脱硫装置布置图；

（6）脱硝装置布置图；

（7）系统流程图；

（8）系统设计说明；

（9）设备安装图；

（10）管道布置安装图；

（11）烟道布置安装图；

（12）锅炉露天防护设施；

（13）全厂保温油漆说明及图纸；

（14）防腐设计说明；

（15）露天防护措施；

（16）辅助车间设备布置及管道安装图；

（17）主厂房检修起吊设施安装图；

（18）套用典型设计部分：零部件、箱类和平台扶梯加工制造图。

3. 计算书

不属于必须交付的设计文件，是否交付应根据设计合同的约定。下文对计算书的内容及深度作了规定，供参考。

（三）卷册图纸目录

1. 各图纸目录

各图纸目录的格式应一致。图纸目录首页中应包括以下信息：

（1）卷册检索号；

（2）工程名称；

（3）设计阶段；

（4）专业名称；

（5）卷册序号；

（6）卷册名称；

（7）图纸及卷册内相关设计文件数量；

（8）卷册设计相关人员签署、版本号；

（9）卷册出版日期；

（10）卷册内每张图纸的图号、图名和相关信息等。

2. 目录附页

如果卷册内图纸张数较多，除目录首页外，可带有多张目录附页，以分别按行记录卷册内每张图纸的图号、图名和相关信息等。卷册目录首页及附页宜为A4幅面的图纸。

二、施工图总说明及卷册目录

（一）设计内容

1. 施工图总说明及卷册目录

主要应对热机专业施工图设计的总体情况和基本设计原则进行说明，并提出施工、运行中应注意的事项和存在的问题。说明中还应附有热机专业施工图卷册的汇总目录。

2. 施工图总说明

施工图总说明为文本卷册，应包括以下内容：

（1）工程概况；

（2）设计依据；

（3）主要设计原则；

（4）设计范围；

（5）本期工程燃料分析资料及主机设备规范；

（6）修改初步设计部分的说明；

（7）施工及运行注意事项；

（8）存在的问题；

（9）施工图卷册图纸目录。

（二）内容深度

1. 工程概述

主要包括如下内容：

（1）电厂地理位置、地址和交通条件等基本情况；

（2）本期工程设计规模及规划容量，如为扩建工程，应描述前期工程的相关概况；

（3）本期工程主机设备的生产厂家、型号和类型；

（4）电厂性质及运行模式；

（5）本期工程采用的烟气脱硫工艺、烟气脱硫建设模式等。

2. 设计依据

列出本项目热机专业施工图设计的主要设计输入，以文件清单的形式表示。主要包括以下方面内容：

（1）初步设计文件及其审批文件；

（2）施工图设计总图及其评审意见；

（3）工程合同及附件；

（4）政府主管机构相关文件；

（5）主辅机技术协议文件及生产厂家提供的资料和图纸；

（6）现行的国家和电力行业相关的标准、规程和规范；

（7）其他上级文件。

3. 主要设计原则

说明热机专业施工图设计的主要原则，应包括以下内容：

（1）基本原则。包括主机配置、系统拟定、主要辅机配置、高参数管材选取、保温设计原则等。

（2）主厂房布置的总体格局。

（3）设计规范。施工图设计中所采用的主要设计规范，以文件清单的形式表示。

（4）燃气脱硫部分的设计原则应包含以下内容：

1）应说明本期烟气脱硫工艺、脱硫效率、脱硫装置可用率、脱硫设备年利用小时、脱硫装置设计服务寿命等。

2）应说明本期烟气脱硫烟气系统设置的主要原则，如有无烟气-烟气换热器、增压风机与引风机是否合并、是否采用烟塔合一方案、旁路烟道是否设置等。

3）应说明本期烟气脱硫 SO_2 吸收系统设置的主要原则，如 SO_2 吸收系统采用一炉一塔还是二炉一塔等。

4）应说明石灰石制备系统的设置原则，如外购成品石灰石粉、厂内自建磨制系统、厂外自建干磨粉厂等以及主要设备的配置；若同时进行老机组烟气脱硫改造或为未来机组预留设施等，应说明各设施之间的相互关系。

5）应说明石膏脱水系统的设置原则，如脱水要求、主要设备配置、储存要求等；若同时进行老机组烟气脱硫改造或为未来机组预留脱硫设施等，应说明各设施之间的相互关系。

6）应说明脱硫用水系统的设置原则，如工艺水和设备冷却水的来源、水质等。

7）应说明脱硫装置事故排放系统的设置原则。

8）应说明脱硫装置压缩空气系统的设置原则，含仪用、杂用、检修用气等，如压缩空气的来源。

9）应说明脱硫废水处理系统的设置原则，如主要设备配置、处理后的脱硫废水的排放标准等。

10）脱硫装置的布置原则。

4. 设计范围

确定本期工程热机专业系统设计、设备及管道的安装设计和所负责的辅助生产设施设计的范围。如为扩建电厂，应扼要说明原有电厂与本期工程的衔接及分界情况。对于脱硫设施有全厂公用的情况（如考虑老厂脱硫同时改造或为未来预留等），应说明本期机组与其他机组的设计范围划分和相互关系。

5. 本期工程燃料分析资料及主、辅机设备技术规范

应包括以下内容：

（1）燃料分析资料。

1）电厂设计、校核燃煤收到基的元素分析、工业分析、发热值及相关物理特性数据；

2）灰成分的化学分析、灰熔点、灰的比电阻及相关物理特性数据；

3）锅炉点火、助燃和启动锅炉所用燃料品种、燃料成分分析、发热值及相关物理特性数据。

（2）设计原始资料。

1）说明工程煤质资料、脱硫设计的煤质资料等；

2）说明脱硫装置入口烟气参数，包括烟气成分、烟气量、烟温、污染物成分、烟气压力等数据；

3）说明脱硫负荷的变化范围；

4）说明脱硫用吸收剂供应、运输、成分、吸收剂耗量资料等；

5）说明脱硫用水的水源和水质资料；

6）说明脱硫用压缩空气的来源及品质资料；

7）说明脱硫副产品产量、品质及处理措施等；

8）说明脱硫用蒸汽（如需要）的来源及品质资料。

（3）主设备技术规范。说明锅炉、汽轮机和发电机的制造厂家、类型、型号和主要技术参数等。

（4）主要辅机设备技术规范。

1）锅炉、汽轮机的主要辅机设备的制造厂家、类型、型号、配置数量和主要技术参数等。

2）锅炉主要附属设备包括磨煤机、给煤机、送风机、一次风机、吸风机、密封风机和除尘器等。

3）汽轮机主要附属设备包括高压加热器、低压加

热器、除氧器、凝汽器、给水泵、给水泵汽轮机和凝结水泵等。

4）烟气脱硫主要附属设备如吸收塔、增压风机、烟气换热器、浆液循环泵、氧化风机、磨机、石膏脱水机等主要设备的制造厂家、类型、型号、配置数量和主要技术参数。

6. 修改初步设计部分的说明

应对施工图阶段修改初步设计部分的内容进行说明。

7. 施工及运行注意事项

根据施工图阶段设计的具体情况，说明在设备安装、管道安装及其他施工、运行环节中应注意的事项。

8. 存在的问题说明

在施工图设计阶段由外部不可克服因素所引起的问题，并提出应注意的事项。

9. 施工图卷册目录

应汇总本项目所有热机部分设计文件卷册，宜采用表格的形式。通常有序号、卷册号和卷册名称等栏。

三、标识系统设计说明

（一）设计内容

1. 标识系统设计说明

宜作为一个单独的卷册出版，需根据具体项目所采用的标识系统方案，说明热机专业标识系统编码的规则、设计文件中标识系统编码的具体内容和要求。

2. 标识系统设计说明

应包括以下内容：

（1）项目标识系统编码规则介绍；

（2）各级编码定义；

（3）热机专业编码要求。

（二）内容深度

（1）项目标识系统编码应符合 GB/T 50549《电厂标识系统编码标准》的规定。

（2）项目标识系统编码规则介绍应根据本项目所确定的标识系统方案，简要介绍编码的基本原则，包括编码分层的基本格式、各层次代码编制的规定及与本项目标识系统编码相关的要求等。

（3）各级编码定义应定义热机部分各级编码符号与其所代表的对象之间的对应关系。

（4）热机部分编码要求应介绍在热机部分设计文件中进行标识系统编码时的具体规定、要求和方法。热机部分系统编码宜编至设备级。

四、设备与材料清册

（一）设计内容

设备、材料清册设计文件为文本卷册，汇总热

机专业施工图阶段的主要设备、零部件和材料，应包括设备清册、主要材料清册和阀门清册三类卷册。

（二）设备清册

1. 设计内容

（1）设备清册宜作为一个单独的卷册出版。

（2）设备清册内应包括所有需要向制造厂订货的设备和需要加工配制的设备。应包括以下部分：

1）汽轮机及其辅助设备；

2）锅炉及其辅助设备；

3）热网首站设备（仅供热机组有）；

4）点火及助燃油系统设备；

5）启动锅炉系统设备；

6）空气压缩机及其辅助设备；

7）检修起吊设备；

8）充氮保护系统设备；

9）金属试验室仪器设备；

10）修配设备；

11）烟气系统设备；

12）SO_2 吸收和氧化空气系统设备；

13）吸收剂制备及供应系统设备；

14）石膏脱水系统设备；

15）排放系统设备；

16）工艺水和设备冷水系统设备；

17）脱硫废水处理系统设备；

18）脱硝系统设备。

2. 内容深度

（1）设备清册中的内容宜以在表格的形式开列。表格中有序号、标识系统编码、名称、型号及规范、单位、数量、制造厂和备注等栏。

（2）汽轮机、锅炉部分应按机组编号分别开列，公用设施可以开列在一号机组的项目中，并在备注栏中标明为全厂公用。

（3）随主设备配套供货的辅助设备及附件列在该主设备项目下。

（4）对于有特殊要求的设备，应在"型号及规范"一栏（或备注）中详细注明。如风机、水泵的左右向和出入口安装角度，吊车的操作方式和轨道要求、滑线的方式，要求设备配带的附件等。

（5）设备清册应编写编制说明，其内容包括：本清册按本期工程几台机组编制；本清册包括哪些部分，不包括哪些部分；数量是否包括安装余量和备用量；其他需要特别说明的事项。

（三）主要材料清册

1. 设计内容

（1）主要材料清册应作为一个单独的卷册出版。

（2）主要材料清册应汇总所有施工图卷册中的主

要材料。

（3）主要材料清册可分为管道部分和支吊架部分，具体内容如下：

1）管道部分：包括所有的管材、零部件和型钢等。

2）支吊架部分：包括支吊架管部、支吊架弹簧（包括普通弹簧组件、恒力弹簧组件、液压阻尼器等）等。

2. 内容深度

（1）管道部分和支吊架部分的材料应按施工图各卷册进行汇总，以表格的形式开列，表格中一般有序号、名称、型号及规格、单位、数量、材料、质量和备注等栏。

（2）主要材料清册表格数量栏中的数量值应按各台机组分别开列。公用设施开列在总计的项目中，并在备注栏中标明为公用。

（3）材料清册应编写编制说明，内容包括：本清册包括哪些部分，数量是否包括安装余量和备用量；随设备供应的材料是否开列；其他需要特别说明的事项。

（四）阀门清册

1. 设计内容

（1）阀门清册应包括风门清册、调节阀清册和其他阀门清册三个卷册。

（2）风门清册应包括烟风煤粉管道上配置的所有风门，不包含传动装置部分（该部分由热控专业开列）。

（3）调节阀清册应包括所有的调节阀及其传动装置。

（4）其他阀门清册应包括除调节阀之外的所有电动阀、气动阀、止回阀、真空阀、闸阀、截止阀等及其传动装置。

2. 内容深度

（1）阀门清册中阀门及风门、调节阀均应按施工图各卷册进行汇总，并以表格的形式开列，表格中有序号、标识系统编码、名称、型号及规范、单位、数量、制造厂和备注等栏。

（2）阀门清册数量栏中的数量应按各台机组分别开列。

（3）随主设备供货的阀门可不列入清册内。如锅炉本体范围内的阀门、汽轮机本体范围内的阀门、发电机水冷系统的不锈钢管道和阀门、汽轮机抽汽管道止回阀、氧化风机出口止回阀、石膏脱水机系统、脱硫废水处理系统等。

（4）清册应编写编制说明，内容包括：本清册按本期工程几台机组编制；本清册包括哪些部分，不包括哪些部分；数量是否包括安装余量和备用量；其他工程所需要特别说明的事项。

五、主厂房布置图

（一）设计内容

（1）主厂房布置图应根据各专业最终完成的各施工图卷册的设计成品进行汇总。表达汽机房、锅炉房区域内各专业的构筑物、设备、管道、电缆桥架和其他相关设施的布置情况。

（2）主厂房布置图表达区域应从汽机房 A 排至炉后烟囱中心线。图面表达的范围一般以主厂房四周柱子轴线外 1m 为界限。对于空冷机组，一般应包括空冷凝汽器部分。

（3）主厂房布置图作为图纸卷册出版，应包括卷册图纸目录和以下布置图：

1）汽机房零米平面布置图；

2）汽机房中间层平面布置图；

3）汽机房运转层平面布置图；

4）除氧间各层平面布置图；

5）汽机房除氧间横剖面布置图；

6）锅炉房煤仓间零米及运转层以下平面布置图；

7）锅炉房煤仓间运转层及以上平面布置图；

8）锅炉房煤仓间横剖面布置图；

9）炉后平面布置图（含脱硫）；

10）炉后横剖面布置图（含脱硫）；

11）全厂主厂房平面布置图（含脱硫）；

12）烟气脱硫装置总平面布置图；

13）烟气脱硫装置断面布置图；

14）烟气脱硫附属车间各层平面布置图；

15）烟气脱硫附属车间断面布置图；

16）烟气脱硝装置布置图；

17）设备明细表。

（4）全厂主厂房平面布置图表示本期工程主厂房的全貌，一般在扩建项目及单期工程机组台数超过两台的项目中绘制。具体项目的图纸张数及表达区域的划分可根据具体项目布置特点的不同作相应调整。

（二）内容深度

1. 布置图基本要求

（1）主厂房布置图根据所划分的区域分成多张图纸进行绘制。

（2）主厂房布置图中表达的内容不限于热机专业部分。应全面表达全厂各个专业主要的构筑物、设备、管道、电缆桥架及设施的布置情况。

（3）对于同期工程所建设的机组为两台或两台以上的项目，相关平面布置图应按两台机组进行绘制。一般对于锅炉房区域的平面布置图，两台机组中的左侧机组表达相对标高较低的构筑物、设备、管道、电缆桥架及设施，右侧机组表达相对标高较高的构筑物、设备、管道、电缆桥架及设施；汽机房区域的平面布置图可按两台机组表示同一标高的布置绘制。

（4）平面布置图中应示意主要的检修通道。

（5）部分项目以三台机组为一组进行建设，平面布置图也可按三台机组进行绘制。对于仅有一台机组的项目，根据图面表达的需要，可在一张平面图上绘制机组多个不同标高的平面视图。

（6）对于扩建工程，如果老厂与新厂的主厂房相连，应在平面图中表示新、老主厂房连接处的布置情况。

（7）横剖面布置图应根据图面表达的要求合理剖视。应优先表达相对重要的构筑物、设备、管道、电缆桥架及设施。

（8）锅炉房区域平面布置图的布局宜使烟囱位于图纸的上方，煤仓间位于图纸的下方（侧煤仓布置可不按此执行）；汽机房平面图的布局宜使 A 列位于图纸的下方。当汽轮机为纵向布置时，汽机房横剖面图应从机头方向进行剖视。

（9）图面表达应层次分明，清晰合理。对图中出现重叠的部分，宜采用遮挡的方式进行表达，特殊情况可采用虚线的方式。对于局部复杂区域，可采用前部断开的方式表达各层次的布置情况。

（10）主厂房布置图应按比例绘制，图纸幅面宜为 A1 标准图幅宽度，长度方向可根据需要按照 DL/T 5028《电力工程制图标准》中的规定加长。图面的比例可根据具体情况合理选取。图线、图形符号的使用和引线标注、字体、文字书写及图样画法等要求应按照 DL/T 5028《电力工程制图标准》中规定执行。

2. 布置图设计深度要求

（1）平面布置图中除了表示主厂房的布置外，在图纸视图区域出现的其他构筑物（如集控楼、空气压缩机室、输煤情桥等）及其中的相关专业设施的布置情况也应表示。

（2）烟气脱硫布置图中除了表示脱硫设备、烟道、管道、管沟、箱罐、平台扶梯等布置外，在图纸视图区域出现的还应表示总图运输、建筑、结构、电气、热控、给排水、消防、供热通风机空气调节等相关设施的布置情况。

（3）图中应分层次表达所设定的区域和标高范围内的各工艺专业的主要设备、辅助机械、管道及相关设施。各专业 DN100 及以上的管道均应在图中表示，其中 DN200 及以上的管道应采用双线绘制。

（4）图中应表示主要的检修起吊设施轨道并标注轨底标高，对于汽机房行车等重型起吊设施还应标注出吊钩各方向的极限位置。图中还应用假想线表示出工艺专业主要设备部件检修所需要的空间。

（5）图中应表示土建构筑物与工艺布置相关的柱、梁、门、窗、扶梯及起吊孔等。零米平面图应表示各

类管沟（电缆沟、雨水沟、冲灰渣沟等）、辅助机械基础及各类坑的布置。在横剖面图上还应适当表示柱子基础、设备基础、屋架及屋面结构的主要类型、各层楼板、地下室坑等。主厂房的主柱及锅炉主钢柱（包括集控楼）均应按行、列编号，并应与土建专业图纸的编号一致。

（6）图中应表示电气专业的发电机出线小室、厂用配电装置、电缆竖井、电气和热控专业的柜、屏、箱及电缆桥架。

（7）图中应标注各车间的跨度、柱距及各楼层标高尺寸、工艺专业设备和管道的定位尺寸、管径和标高。尺寸的标注应清晰合理，尽量避免尺寸标注与图面中其他线条重叠。

（8）图中应表示脱硫岛各接口资料，包括烟道、吸收剂、工艺水、工业水、处理后烟气脱硫废水的排水、杂用和仪用压缩空气接口、蒸汽（可选）、消防用水、生活给水及排水、雨水排水、供热热水及回水（可选）、电缆通道等。

（9）构筑物各主要功能区域应标注其名称。图中各工艺专业的主要设备、辅助机械应编制序号，并与设备明细表中的序号对应。主要的工艺管道应标注名称。电气、热控专业的电缆桥架应标注标高。电气、热控专业的柜、屏、箱可直接在图中简要标注其名称。

（10）全厂主厂房平面布置图可简化部分细节内容。

（11）设备明细表单独可由一张图纸表示，设备明细表的格式和深度要求与系统图章节中对设备明细表的要求一致。

六、管道及仪表流程图（P&ID）及计算书

（一）基本要求

（1）热机部分的系统表达时，可采用总系统（一张图汇集多个子系统）或系统流程图（一张图仅表达单一子系统）两种方式。

（2）热机部分的系统应根据介质及功能的不同分为汽水系统，烟风、煤粉系统，锅炉点火及助燃油系统三部分。汽水系统采用总系统方式时称为热力系统图，采用系统流程图方式时称为汽水系统流程图；烟风、煤粉系统采用总系统图方式时称为燃烧系统图，采用系统流程图方式时称为烟风、煤粉系统流程图；点火及助燃油系统一般不采用系统流程图方式表达。

（3）热机部分的系统图（系统流程图）应以卷册的形式出版。可分为汽水系统流程图，烟风、煤粉系统流程图和点火及助燃油系统图三个卷册。

（4）热机部分所有系统图（流程图）图面中的设备、管线和相关附件装置等的表示应按照 DL/T 5028《电力工程制图标准》中规定的图例符号表达方式绘制。

（5）系统图（系统流程图）宜采用 A1 图幅，不需按比例绘制。

（6）热机部分各部分系统图（系统流程图）中的部分基本要素是相同的。其基本要求在此节作统一规定：

1）设备明细表。应包括编号、名称、型号及规范、数量和备注等栏。用于表达系统中设备的信息。

2）图例符号表。应包括符号栏和名称栏，其中符号栏中绘制了与附件、管线和装置等对应的象形符号；名称栏中填写附件、管线和装置等的具体名称。

3）说明。系统图（系统流程图）中部分信息需要通过文字来表达，此时需要采用说明的形式。如果说明中有多项内容，宜分别按序号分行排列。

4）编码对照表。根据项目所确定的标识系统编码方案，将该系统图（系统流程图）中所出现的各层次代码与其所代表的系统、设备及元件等的名称对应起来，一般宜采用表格的形式。

5）管道规格表示。如果没有另外注明，外径管规格表达方式应为φ外径×壁厚（矩形断面为外截面长×宽×壁厚）；内径管规格表达方式应为 ID 最小内径×最小壁厚，单位为 mm。

（二）汽水系统

1. 设计内容

（1）热机专业汽轮机部分系统图表示通流介质为水和蒸汽的热力设备、管道、阀门和管件的连接关系，其表示方式既可绘制完整的热力系统图，也可按子系统分别绘制汽水系统流程图。

（2）汽机部分系统在施工图阶段一般用系统流程图表示。并作为一个单独的汽水系统流程图卷册出版，其中包括卷册图纸目录、各汽水系统流程图（或热力系统图）和图例符号表。

2. 内容深度

（1）汽水系统流程图可按以下主要子系统绘制：

1）主蒸汽、再热蒸汽和汽轮机旁路系统；

2）汽轮机抽汽系统；

3）高、低压加热器疏水放气系统；

4）锅炉给水系统；

5）凝结水系统；

6）辅助蒸汽系统；

7）汽轮机轴封、阀杆漏气和本体疏水系统；

8）凝汽器抽真空系统及凝汽器有关管道系统；

9）锅炉疏水、放水、排污、启动系统；

10）主厂房内循环水系统；

11）开式循环冷却水系统；

12）闭式循环冷却水系统；

13）服务水系统；

14）对于供热机组还应包括热网首站相关系统。

（2）热力系统图应涵盖所有布置在主厂房范围内的汽水系统，应包括以下部分：

1）主蒸汽、再热蒸汽和汽轮机旁路系统、高低压给水及给水再循环系统、汽轮机各级抽汽系统、高低压加热器疏水放气系统、凝结水系统、凝汽器抽真空系统、辅助蒸汽系统、轴封蒸汽系统、除盐水系统、减温水系统、循环水系统、开闭式循环冷却水系统和服务水系统等；

2）锅炉本体有关汽水系统，包括疏放水系统、排污系统、启动系统和排汽系统；

3）汽轮机本体有关汽水系统，包括汽轮机本体疏水系统、汽封及阀杆漏汽系统和发电机外部冷却水系统等；

4）主厂房内所有设备的排汽、放气和溢放水系统等；

5）给水泵汽轮机相关系统；

6）对于供热机组还应包括热网首站相关系统，主要有热网加热蒸汽系统、热网加热器疏水、放气系统、一级热网循环水系统、一级热网补水系统、热网首站辅机冷却水系统、热网疏、放水及回收系统等。

（3）图面设计深度应符合下列要求：

1）图中应绘出流程范围内的所有设备、阀门、热控仪表、汽水管道及其零部件；

2）图中应注明管道的管径和壁厚，如管道材质有特殊要求，还应注明管道材质，对压力管道应说明其等级；

3）图中应表示阀门类别及其操作和控制方式；

4）图中应用不同线型区别介质的种类，同时明确标示出各系统之间设计分界，并标明介质流向，凡与老厂、其他专业以及制造厂设计分界的管道，应在交界处用图例符号表明流向，并注明去何处或来自何处，注册图号；

5）图中对锅炉本体，应绘出省煤器、减温器、过热器、再热器、联箱、排汽管及上述设备的存关管道和阀门。对汽轮机本体，应绘出汽缸及其轴承、主汽阀、调节阀、中联阀等；

6）图中的设备、管道、附件等应根据项目所确定的编码规则，标注标识系统编码；

7）如果需要，还应有说明、设备明细表和其他表格（如用水设备明细表等）；

8）整个卷册的图例符号单独绘制成图，每张系统流程图上可不用重复表示。

3. 计算书

汽水系统计算应包括以下项目：

（1）汽水系统主要管道材料选择计算，管道管径、壁厚选择等计算；

（2）热力系统辅机和设备选择计算；

（3）管道阻力计算。

（三）烟风、煤粉系统

1. 设计内容

（1）热机专业锅炉部分系统图表示通流介质为烟气、空气、煤和煤粉的设备、管道、风门（阀门）和管件的连接关系，其表示方式既可绘制完整的燃烧系统图，也可按子系统分别绘制烟风、煤粉系统流程图。

（2）热机锅炉部分系统在施工图阶段一般用系统流程图表示，并作为一个单独的烟风、煤粉系统流程图卷册出版，其中包括卷册图纸目录、各烟风、煤粉系统流程图（或燃烧系统图）。

2. 内容深度

（1）烟风、煤粉系统流程图应符合下列要求：

1）施工图阶段的流程图可分为锅炉烟、风系统流程图和锅炉煤、粉系统流程图；

2）锅炉烟、风系统流程图应包括一次风系统、二次风系统和烟气系统，另外根据燃烧系统特性的不同，还可包括密封风系统、冷却风系统和高压流化风系统等；

3）锅炉煤、粉系统流程图应包括给煤系统、制粉（送粉）系统。

（2）燃烧系统图应包括所有布置在主厂房范围内的烟风、煤粉系统，具体有一次风系统、二次风系统、烟气系统、给煤系统和制粉（送粉）系统，根据燃烧系统特性，还可包括密封风系统、冷却风系统和高压流化风系统等。

（3）图面设计深度应符合下列要求：

1）图中应根据系统流程的走向，用管线将相关设备连接起来，管线的表达中应包括冷风进口滤网、消声器、暖风器、各类风门、防爆门、煤闸门、可调缩孔、主要变径管和热控测量元件及仪表等实现系统功能所需的附件和装置。

2）图中主要的管线应标注管线名称；管线应标注管道规格；在管线合适的位置宜用标注箭头来表达管道中介质流向；图中的设备、管道、附件和装置等应根据项目所确定的标识系统编码规则，在合适的位置标注编码。

3）图中应附有设备明细表、图例符号表、说明和标识系统编码对照表。锅炉煤、粉系统流程图（燃烧系统图）还应附有燃料特性表，燃料特性表主要表示燃煤的元素分析、工业分析、发热量、可磨性指标和煤灰熔点等相关数据。

4）对于中储制制粉系统，锅炉煤、粉系统流程图（燃烧系统图）应有表示粉仓下部给粉机与锅炉燃烧器对应关系的示意图（表）。

3. 燃烧系统计算

燃烧系统的计算应包括以下项目：

（1）燃烧系统热力计算。

1）燃料消耗量和理论烟风量计算；

2）磨煤机选型计算；

3）制粉系统干燥计算；

4）空气、烟气系统风量计算。

（2）管径计算。计算出燃烧系统中所有管道的管径尺寸，具体管道的截面形态应根据布置的要求确定。

（3）辅机选型计算。应包括原煤仓、给煤机、一次风机、送风机、吸风机和除尘器等设备的选型计算。

（四）燃油系统图

1. 设计内容

（1）燃油系统表示为燃煤锅炉提供启动点火及低负荷助燃用油功能的相关系统，应包括卸油、储存、过滤、输（供）油、管道吹扫及污油处理等。

（2）施工图阶段的燃油系统图应作为一个单独的卷册出版，其中包括卷册图纸目录、厂区点火及助燃油系统图和锅炉本体点火及助燃油系统图。

2. 内容深度

（1）厂区燃油系统图应符合下列要求：

1）厂区燃油系统图表示燃油的卸载、储存、输送及污油处理等流程。图面应根据上述流程的走向，用管线将相关设备连接起来，管线的表达中应包括加热器、滤网、阀门和热控测量元件及仪表等实现系统功能所需的附件和装置。图中还应绘制油系统吹扫用介质的管线。

2）对于主要的管线应标注管线名称；管线应标注管道规格；宜在管线合适的位置标注箭头来表达管道中介质流向；图中的设备、管道、附件和装置等应根据项目所确定的编码规则，在合适的位置标注编码。

3）图中应附有设备明细表、燃油特性表、图例符号表、说明和标识系统编码对照表。其中燃油特性表上要表示燃油的油品、成分、物理特性和发热值等相关数据。

（2）锅炉本体燃油系统图应符合下列要求：

1）锅炉本体燃油系统图应描述锅炉油枪的配置、炉前燃油流量、压力调节系统等。此部分系统通常由锅炉制造厂设计、拟定。设计院引用制造厂的设计，并在本卷册内出版。

2）图纸应根据锅炉制造厂提供的资料绘制。图中的管道、附件和装置等应根据项目所确定的编码规则，在合适的位置标注编码。图中还应绘制油枪、油管道吹扫用介质的管线。

3）图中应附有图例符号表、说明和标识系统编码对照表等。

3．计算书

点火及助燃油系统计算应包括以下项目：

（1）系统容量计算。根据机组配置、煤质特点、油品参数和锅炉本体资料，计算出全厂耗油量和系统回油量，两者之和在考虑余量后即可计算出系统总容量。

（2）管径计算。根据油品参数、系统容量和规程推荐的流速范围，计算出点火及助燃油系统各部分管道的管径。

（3）辅机选型计算。主要包括卸油泵、油罐、供油泵、污油处理装置和加热器等设备的选型计算。

七、系统设计说明

（一）设计内容

（1）系统设计说明热机主要系统（不含设备本体部分）的范围、功能、设计原则和运行要求，应包括主蒸汽、再热蒸汽和汽轮机旁路系统，高、低压给水及给水再循环系统，汽轮机各级抽汽系统，高、低压加热器疏水放气系统，凝结水系统，辅助蒸汽系统，开闭式循环冷却水系统，锅炉一次风系统，锅炉二次风系统，锅炉烟气系统，锅炉制粉系统和锅炉点火及助燃油系统、烟气脱硫系统和脱硝系统等。

（2）系统运行说明为文本卷册，应作为一个单独的卷册出版。

（3）每个系统的系统设计说明应包括以下几个部分：

1）系统功能及设计范围；

2）系统设计原则；

3）系统设计说明；

4）系统运行方式；

5）系统联锁保护；

6）数据表。

（二）内容深度

1．系统功能及设计范围

应包括以下内容：

（1）对系统的功能进行论述。

（2）描述系统从起点到终点的流程，如果主流程上有分支流程，也应进行描述。

2．系统设计原则

应包括以下内容：

（1）系统设计温度、设计压力等主要设计参数。

（2）系统内介质流速范围、管道材质选择、管道壁厚等系统参数指标。

（3）系统主要附件选择原则。

（4）系统设计所遵循的主要规程、规范。

3．系统设计说明

应包括以下内容：

（1）系统中主要设备的配置和布置。

（2）组成系统的各流程中管道附件（阀门、风门等）配置的设计原则。

（3）阐述系统设计中如何采取有效措施避免不安全工况的发生。

4．系统运行方式

应包括以下内容：

（1）启动运行工况下的系统运行方式。

（2）正常运行工况下的系统运行方式。

（3）停机运行工况下的系统运行方式。

（4）非正常运行工况下的系统运行方式。

5．系统联锁保护

应包括系统中联锁、保护的配置要求。

6．数据表

应包括该系统中主要设备规范、主要管道设计参数等数据。

八、设备安装图

（一）基本要求

（1）设备安装图部分应包括热机专业的主要附属机械、辅助设备、检修维护用平台扶梯和检修起吊设施的安装施工图。常规可分为主厂房辅助设备安装图、主厂房平台扶梯安装图和主厂房检修起吊设施安装图。

（2）设备安装图宜采用 A1 图幅，其中的比例、图线、图形符号的使用和引线标注、字体和文字书写和图样画法等要求应按照 DL 5028《电力工程制图标准》的规定执行。

（3）热机部分各类设备安装图中部分基本要素是相同的。部分相同要素定义按照本节"管道及仪表流程图（P&ID）及计算书"的基本要求（6）执行，其他的要素定义如下：设备规范表分为设备本体栏和电动机栏，设备本体栏可分为设备型号、设备各性能参数、设备质量等若干列；电动机栏分为电动机型号、电动机各特性参数和质量等若干列。

（二）主厂房辅助设备安装图

1．设计内容

（1）主厂房辅助设备安装图可分为锅炉房辅助设备安装图和汽机房辅助设备安装图两个卷册。

（2）锅炉房辅助设备安装图卷册应包含布置在煤仓间、锅炉房区域和炉后区域内的热机专业所属的所有附属机械和辅助设备的安装施工图，包括磨煤机、给煤机、送风机、一次风机、吸风机、密封风机、锅炉启动疏水泵和空气预热器冲洗水泵等。

（3）汽机房辅助设备安装图卷册应包含布置在汽

机房及除氧间内的属于热机专业的所有附属机械和辅助设备的安装施工图，包括电动给水泵、凝结水泵、除氧器、高低压加热器、真空泵、冷却水泵和换热器等。

（4）热网首站设备安装图可作为一个单独的卷册出版，也可和汽机房辅助设备安装图卷册合并出版，包含热网加热器、热网循环水泵、热网疏水泵、热网补水泵、热网补水除氧器、热网加热器疏水箱等设备。

（5）烟气脱硫设备安装图的设计内容应包括烟气脱硫部分辅助设备安装图、检修维护用平台扶梯安装图和检修起吊设施安装图三个卷册，布置在脱硫岛内烟气脱硫部分所有辅助设备的安装施工图均属于本卷册设计范围。应包括吸收塔、增压风机、烟气-烟气换热器、浆液循环泵、氧化风机、磨机、石灰石浆液泵、石膏排出泵、石膏脱水机、真空泵、滤布冲洗水箱及泵、吸收塔集水坑泵和搅拌器、箱罐等。

（6）各卷册内的图纸应包括卷册图纸目录、首页图、设备安装图等。

2. 内容深度

（1）首页图应符合下列要求：

1）首页图即设备平面布置图，表示卷册内所有设备在主厂房内的布置位置。

2）同期工程中有多台同型号机组时，可按一台机组绘制首页图。其他机组的设备布置情况可用不同的机组序号和厂房柱网序号表示，若部分设备存在对称布置等情况应在说明中注明。

3）首页图的方位应与主厂房布置图的方位一致。图面应按比例绘制，具体比例可以根据图幅大小合理选取，首页宜采用 A1 图幅。

4）首页图中应表示设备布置的详细信息，主要包括：

a. 各设备简单的外形轮廓；

b. 各设备进、出口中心线与主设备构架、主要建筑结构梁柱中心线的相对定位尺寸；

c. 各设备布置位置的地面标高；

d. 各设备应标有设备序号及标识系统编码；

e. 对于需要抽芯检修的设备，通过示意图表达其所需空间尺寸；

f. 设备明细表和说明等；

g. 如果在同一平面位置的不同标高均布置有设备，宜采用局部视图的方式进行表示。

（2）设备安装图应符合下列要求：

1）设备安装图是指导现场设备安装的施工图，并为与该设备相连的工艺管道的施工图提供接口信息等。通常每个型号的设备对应一张设备安装图。

2）设备安装图通常采用多个视图来表达设备外形和基础结构，图面不宜超过 A1 图幅。

3）设备安装图中应表示设备安装和接口的详细信息，主要包括：

a. 设备的简单外形图，包括联轴器防护罩示意图、电机接线盒的方位等；

b. 设备基础结构，包括基础尺寸、高度、地脚螺栓孔洞尺寸及深度和二次灌浆高度等；

c. 设备接口信息，包括接口用途（名称）、位置、尺寸、压力等级、连接方式等。如果需要，可以采用局部视图的方式表示接口法兰的结构；

d. 其他尺寸。包括设备的定位尺寸、首页图中用来定位的接口中心线与地脚螺栓孔中心线尺寸、设备中心标高和设备外形结构相关尺寸；

e. 如果设备维护所需的平台扶梯与基础结构是一体的，还应表示平台扶梯的外形、尺寸等；

f. 设备规范表、零件（材料）明细表和说明等。

（三）主厂房平台扶梯安装图

1. 设计内容

（1）主厂房平台扶梯安装图可分为锅炉房平台扶梯安装图和汽机房平台扶梯安装图两个卷册。

（2）锅炉房平台扶梯安装图应包括给煤机运行维护平台、磨煤机进口一次风风门维护平台、磨煤机出口风门维护平台、锅炉出口烟道人孔门维护平台、除尘器进出烟道人孔门维护平台、烟道联络风道人孔门维护平台等。

（3）汽机房平台扶梯安装图应包括除氧器维护平台、汽机房区域各种需要维护的汽水管道阀门维护平台等。

（4）各卷册内的图纸应包括卷册图纸目录、首页图、平台扶梯安装图等。

2. 内容深度

（1）首页图应符合下列要求：

1）首页图即平台扶梯平面布置图，表示卷册内所有平台扶梯在主厂房内的平面布置方位。

2）同期工程中内有多台同型号机组时，可按一台机组绘制首页图，其他机组的平台扶梯布置情况可用不同的机组序号和厂房柱网序号表示。

3）首页图的方位应与主厂房布置图的方位一致。图面应按比例绘制，具体比例可以根据图幅大小合理选取，宜采用 A1 图幅。

4）首页图中应表示平台扶梯布置的详细信息，主要包括：

a. 各平台扶梯的外形轮廓尺寸；

b. 各平台扶梯与主设备构架、主要建筑结构梁柱的相对定位尺寸；

c. 各平台的标高尺寸；

d. 各平台扶梯与平台扶梯一览表对应的序号；

e. 平台扶梯一览表和说明等。

（2）平台扶梯安装图应符合下列要求：

1）平台扶梯安装图为平台扶梯设计、安装的施工图。常规每类平台扶梯对应一张平台扶梯安装图。

2）平台扶梯安装图常规采用2～3个视图来表达平台扶梯的结构。图面宜按比例绘制，具体比例可以根据图幅大小合理选取，不宜超过A1图幅。

3）平台扶梯安装图中应包括以下内容：

a．平台扶梯的外形图；

b．平台扶梯的详细结构尺寸，包括支架、栏杆、扶梯和爬梯等各部分的结构尺寸；

c．平台扶梯的定位尺寸、标高；

d．零件（材料）明细表和说明。

3．计算书

平台扶梯计算应包括以下项目：

（1）载荷计算。根据检修件的载荷值、平台应考虑的平均载荷值等计算平台区域的载荷值。

（2）平台受力构件选择计算。与平台扶梯结构件选择非标准件时，其受力构件选择必须进行刚度、强度和稳定性计算。

（四）主厂房检修起吊设施安装图

1．设计内容

（1）主厂房检修起吊设施安装图可分为锅炉房检修起吊设施安装图和汽机房检修起吊设施安装图两个卷册。

（2）主厂房检修起吊设施是指除汽机房桥式起重机外的其他为满足热机专业设备、部件检修所配备的起吊设施。

（3）锅炉房检修起吊设施安装图应包括送风机、一次风机及吸风机的转子和电动机的起吊设施、磨煤机检修起吊设施和炉顶检修起吊设施等。

（4）汽机房检修起吊设施安装图应包括电动给水泵组起吊设施、水环式真空泵组起吊设施、闭式循环换热器起吊设施、各类小型泵组起吊设施和部分存吊起吊要求的阀门的起吊设施等。

（5）脱硫岛检修起吊设施安装图应包括脱硫岛不能利用室外汽车吊的设备，主要有：吸收塔除雾器、烟气-烟气换热器的换热元件、增压风机、浆液循环泵、氧化风机、磨机、石膏脱水机、真空泵等设备本体及其电动机的检修起吊设施。

（6）各卷册图纸应包括卷册图纸目录、首页图和检修起吊设施安装图等。

2．内容深度

（1）首页图应符合下列要求：

1）首页图即检修起吊设施的平面布置图，表示卷册内所有检修起吊设施在主厂房内的平面布置位置，图中附有检修起吊设施一览表，说明检修起吊的配置数量、起吊设备型号、起重量、起吊高度和轨道规格等。

2）同期工程中有多台同型号机组时，可按一台机组绘制首页图。其他机组的检修起吊设施布置情况可用不同的机组序号和厂房柱网序号表示。

3）首页图的方位应与主厂房布置图的方位一致。图面应按比例绘制，具体比例可以根据图幅大小合理选取首页宜采用A1图幅。

4）首页图中应包括以下内容：

a．各检修单轨的布置位置，与主设备构架、主要建筑结构梁柱的相对定位尺寸；

b．被检修设备、部件的简单外形轮廓；

c．各检修单轨的轨底标高；

d．各检修单轨与检修起吊设施一览表中编号对应的序号；

e．检修起吊设施一览表和说明等。

（2）检修起吊设施安装图应符合下列要求：

1）检修起吊设施安装图主要表示供起吊设施行走的检修轨道的设计。

2）通常采用两个主视图来表达检修轨道和生根节点的布置。生根节点通常由土建结构专业设计，其详细结构设计可不在本图中表示。主视图宜按比例绘制，比例可以根据图幅大小合理选取，图纸不宜超过A1图幅。

3）检修起吊设施安装图中应包括以下内容：

a．检修轨道平面定位尺寸、轨底标高和车挡定位尺寸；

b．检修轨道生根节点的布置尺寸；

c．与生根节点连接的梁柱的外形、标高和尺寸；

d．零件（材料）明细表和说明。说明中应包含起吊设施的型号、起重量和轨道的超载试验要求等内容。

九、管道安装图

（一）基本要求

（1）管道安装图应根据系统流程图所拟定的工艺流程和主厂房布置总图确定的布置方案绘制。

（2）管道主要分为烟风煤粉管道和汽水管道两大部分。汽水管道安装图根据其介质类型、参数等级的不同，又可分为高温高压汽水管道、中低压汽水管道和其他管道三部分。

（3）烟道安装图应根据系统流程图所拟定的工艺流程和烟气脱硫装置布置图确定的方案绘制，完成指导现场安装施工所需的工艺管道的布置、安装详细施工图。

（4）管道安装图中的图纸幅面、比例、图线、图形符号的使用和引线标注、字体和文字书写和图样画法等要求宜按照DL/T 5028《电力工程制图标准》的规定执行。

（5）各类管道安装图中部分基本要素是相同的，其基本要求在此作统一规定。

1）零件（材料）明细表中一般有编号、图号、名称及规范、数量、材料、质量和备注等栏，用于表达图中所出现的零件、材料的相关信息。

2）支吊架一览表中一般有编号、名称、数量、管外径、载荷、热位移值和备注等栏，用于表达支吊架的相关信息。

3）传动装置一览表中一般有编号、图名、名称、风门规格、数量和备注等栏，用于表达传动装置的相关信息。

4）管道规格表达：如果没有另外注明，外径管规格表达方式应为ϕ外径×壁厚（矩形断面为外截面长×宽×壁厚）；内径管规格表达方式应为 ID 最小内径×最小壁厚，单位为 mm。

5）对于压力管道，表达内容应符合相关法规和规程的要求。

（二）锅炉烟风煤粉管道安装图

1．设计内容

（1）锅炉烟风煤粉管道应包括原煤管道、冷风管道、冷一次风管道、磨煤机给煤机密封风管道、锅炉安全监控系统冷却风道、热一次风管道、热二次风管道、制粉系统管道、烟道、三次风管道和送粉管道等。

（2）脱硫管道安装图设计应包括脱硫岛入口至脱硫岛出口内所有烟道的设计，并应包括吸收塔入口前的原烟气烟道和吸收塔出口后的净烟气烟道。

（3）每种管道应对应一个卷册的安装图，每个卷册中的图纸可分为卷册图纸目录、布置图、零件加工图、支吊架安装图等几种类型。

2．内容深度

（1）布置图应符合下列要求：

1）同期工程中有多台同型号锅炉时，可按一台锅炉绘制管道布置图，其他锅炉的相同管道布置图可用不同的锅炉序号和厂房柱网序号表示。

2）布置图可分为平面布置和断面布置图。如需要，也可增加三维轴测图。根据管线的复杂程度，平、断面布置图可分为 2～3 张图纸表示，也可在同一张图纸上表示。为了表达局部信息，布置图中还可根据需要绘制局部视图。

3）由于送粉管道布置较为复杂，一般还应根据锅炉燃烧器的，分层情况分别绘制各层管道布置图。如果需要，还应按每根管线单独绘制详细的布置分图。

4）布置图的方位宜与主厂房布置图的方位一致。布置图宜采用 A1 图幅，图面应按比例绘制，具体比例可以根据图面情况合理选定。

5）布置图中应包括以下内容：

a．管道布置的主、辅视图；

b．管道与主、辅机、主要建筑结构梁柱之间的相对定位尺寸；

c．管道的详细规格；

d．管道中各管段、零件、装置等的编号、长度尺寸及定位尺寸；

e．管道上支吊架的定位尺寸、编号；

f．烟道设计界限、挡板门执行机构的方向、挡板门叶片转动空间的示意以及人孔门、排灰孔、补偿器、防腐烟道上的热控测点、冷凝液排放口的设置等；

g．与管道布置相关的主机、辅机、土建结构梁柱等的布置情况；

h．零件（材料）明细表、支吊架一览表、传动装置一览表和说明等。

6）对于部分管线较为复杂的布置图，零件（材料）明细表、支吊架一览表、传动装置一览表等可以汇总起来单独出图。

（2）锅炉烟风煤粉管道中非标准的异型管件常规需绘制零件加工图，其要求如下：

1）根据零件结构的复杂程度，可采用 2～3 个基本视图的形式表示零件的结构。对于结构对称的零件，可以只出一张零件加工图，对称件的要求在说明中注明。零件加工图宜采用 A2 图幅。

2）零件加工图中应包括以下内容：

a．表示零件结构、形状的视图和尺寸；

b．表示加固肋、内撑杆布置、定位的尺寸；

c．标注构成零件的各部件的编号；

d．如果主视图中不能准确表达内撑杆的布置，还应有表示其详细布置的局部视图；

e．零件（材料）明细表和说明。

3）零件结构的焊接要求不必在每张零件加工图中标注，可以绘制通用焊接详图附在本卷册内。

（3）支吊架安装图应符合下列要求：

1）支吊架安装图根据支吊架结构的复杂程度，可绘制 1～2 个基本视图来表达，宜采用 A3 或 A4 标准图幅。对于管系中结构、形式完全相同，仅编号及定位不同的支吊架，可在同一张支吊架安装图中表达，但应在说明中分别列出不同编号支吊架的载荷数据。

2）支吊架的设计应优先选择标准的管部、根部和连接件结构，如果采用非标准设计，必须对根部、管部和连接件等的结构强度进行核算。

3）支吊架安装图中应包括以下内容：

a．表示根部、管部和连接件结构的视图；

b．根部、管部的标高和连接件的尺寸；

c．生根点的结构外形，生根方式，生根点的梁柱断面尺寸；

d. 被支吊的管道的外形、规格；

e. 组成根部、管部和连接件的零件、材料的编号；

f. 支吊架的定位尺寸，多个支吊架合用一张支吊架安装图时，可在说明中注明定位应参考的布置图图号；

g. 零件（材料）明细表和说明。

4）当采用标准形式的支吊架时，根部、管部和连接件的焊接要求可不必在图中标注，仅需在说明中注明。对于采用非标准设计的支吊架，应根据结构强度计算的结果在图中标注焊接要求。

3. 计算书

锅炉烟风煤粉管道安装涉及的计算应包括以下项目：

（1）支吊架载荷计算；

（2）加固肋和内撑杆选择计算；

（3）补偿器选择计算。

（三）汽水系统管道安装图

1. 高温高压汽水管道

（1）高温高压汽水管道应包括主蒸汽管道、高温再热蒸汽管道、低温再热蒸汽管道、高压给水管道。

（2）每种管道应对应一个卷册的安装图，每个卷册中的图纸包括卷册图纸目录、管道系统图、管道坡切布置图、管道平断面布置图（如需要，也可增加三维轴测图）、零件加工图、高温疏水暖管管道布置示意图和支吊架安装图等。

（3）管道系统图应符合下列要求：

1）每个卷册有一张管道系统图，管道系统图应参照汽水流程图绘制。

2）管道系统图图面设计深度要求与汽水管道及仪表流程图（P&ID）图设计深度要求基本相同［参见本节"管道及仪表流程图（P&ID）及计算书"中"汽水系统管道及仪表流程图（P&ID）及计算书"的内容深度］，还应有以下内容：

a. 图面应绘出系统中所有疏、放水及放气管道，并标明规格；

b. 图中应有零件明细表开列未出布置图的小管道的零件及其支吊架的全部材料；

c. 图中应有图例符号表和说明（介质参数、水压试验、未出布置图的小管道及支吊架的施工要求及其他需说明的特殊要求）。

（4）管道坡切布置图应符合下列要求：

1）应绘出设计范围内管系在坡切后（冷紧前）的实际安装状态下的立体图，坡切布置图方位应与主厂房布置图相对应。

2）管道坡切布置图包括如下内容：

a. 标出坐标系，设计界限；

b. 管道规格、管段标高、坡度方向和坡度值；

c. 支吊架编号、类型、定位和安装标高；

d. 如有冷紧点，应标明冷紧点的位置及冷紧值，绘出冷紧两端点的立体详图，并标明在哪些管段上扣除冷紧分配量；

e. 管道弯头处标注考虑坡切后（冷紧前）的安装标高及弯头或弯管在考虑管道坡切后的实际弯曲角度；

f. 应对整个管系的零件进行编号，弯头或弯管按不同的弯曲角度分别编号；

g. 最大应力核算点的编号和位置，应与计算书的节点号一致；

h. 锅炉安全阀和PCV阀的位置和反力值；

i. 管系设计分界处所连接设备或相关卷册的名称；

j. 管系的疏放水、放气管道；

k. 三向位移指示器、蠕胀测点（主蒸汽、高温再热蒸汽管道）的定位；

l. 设计说明，包括应遵循的施工规程规范，蠕变测量、位移测量的安装要求，根据工程具体要求需着重说明的内容；

m. 各种数据表格，包括管道应力计算管种原始数据表、端点附加位移、冷紧口位移表、管道端点作用力和力矩表、应力计算成果表、最大应力成果表、三向位移指示器计算位移表、支吊架一览表及端点允许推力和力矩表等。

（5）管道平、断面布置图（当采用数字化设计软件进行立体图设计时，可不再出管道平、断面布置图）应符合下列要求：

1）同期工程中有多台同型号汽轮机时，可按一台汽轮机绘制管道布置图，其他汽轮机的相同管道布置图可用不同的汽轮机序号和厂房柱网序号表示。

2）布置图的方位应与主厂房布置图的方位一致。图面应按比例绘制，具体比例可以根据图面情况合理选定。图纸大小不宜超过A1图幅宽度，长度可以根据具体布置情况适当加长。

3）布置图可分为平面布置图和断面布置图。根据管线的复杂程度，平、断面布置图可分为2～3张图纸表示。也可在同一张图纸上表示。为了表达局部信息，布置图中还可根据需要绘制局部视图。

4）主蒸汽管道和再热蒸汽管道的疏水、暖管等管道需在分册内单独出布置示意图。

5）布置图应表示下列内容：

a. 管道布置的主、辅视图；

b. 管道与主、辅机及主要建筑结构梁柱之间的相对定位尺寸；

c. 管道规格、管道坡向与坡度、冷紧位置及尺寸；

d. 阀门手轮的安装方向及传动装置的布置位置；

e. 与管道布置有关的主机、辅机、土建结构梁柱等的布置情况；

　　f. 放水、放气引出管位置；

　　g. 支吊架的定位尺寸；

　　h. 管件、零件、支吊架及传动装置编号；

　　i. 三向位移指示器、蠕胀测点（主蒸汽、高温再热蒸汽管道）的位置；

　　j. 传动装置一览表、零件（材料）明细表和说明。

　　6）需要防腐管道布置图在上述要求的基础上应增加下列内容：

　　a. 冲洗、与热控一次门的接口等引出管位置；

　　b. 排放、取样等管道上各管件、阀门、支吊架等布置图；

　　c. 管道弯头处标注安装标高、实际弯头角度；

　　d. 需要在管道、设备防腐前焊接的支架，需要加说明；

　　e. 零件（材料）明细表中材质一栏应标注防腐要求。

　　（6）零件加工图应符合下列要求：

　　1）非标准零件应绘制零件加工图，宜采用 A2 图幅。

　　2）零件加工图应表示以下内容：

　　a. 零件的详细尺寸；

　　b. 零件的材料及质量；

　　c. 加工精度及公差、工艺要求；

　　d. 坡口形式和尺寸；

　　e. 技术条件（包括使用条件及验收条件）。

　　（7）支吊架安装图应符合下列要求：

　　1）设计支吊架时，应优先选择标准的管部、根部和连接件结构，如果采用非标准设计，必须对根部、管部和连接件等的结构强度进行核算。

　　2）支吊架安装图宜采用 A3 图幅，应表示以下内容：

　　a. 表示根部、管部和连接件结构的视图；

　　b. 生根点的结构外形，生根方式，生根点的梁柱断面尺寸；

　　c. 管中心标高和管子外径，管道标高分别标注设计状态、安装状态、冷态和热态的数值；

　　d. 安装的偏装方向及数值、考虑偏装后的根部与生根结构相关的水平定位尺寸；

　　e. 零件（材料）明细表和说明。

　　（8）高温疏水管道（主蒸汽和再热管道的疏水、暖管道）布置示意图应表示管道的布置、支吊架设置、说明、材料表等内容。

　　（9）涉及的计算应包括以下项目：

　　1）设计参数的计算；

　　2）管系应力分析计算（包括动态分析）；

　　3）端点的附加位移的计算；

　　4）支吊架最大间距的计算；

　　5）弹簧选择计算；

　　6）支吊架生根结构强度计算；

　　7）管道坡切计算（主蒸汽、高温再热蒸汽管道）；

　　8）管道压降的核算。

　　2. 中低压汽水管道

　　（1）中低压汽水管道应包括汽轮机各级抽汽管道，辅助蒸汽管道，汽轮机本体疏水、轴封及阀杆漏汽管道，低压给水管道，中压给水管道，凝结水管道，高低压加热器疏水管道，全厂排汽管道，凝汽器抽真空管道，循环水管道，开闭式循环冷却水管道，服务水管道，锅炉本体疏水、放水、排污、启动系统管道等。

　　（2）供热机组还应包括热网加热蒸汽系统，热网加热器疏水、放气系统，一级热网循环水系统，一级热网补水系统，热网首站辅机冷却水系统，热网疏、放水及回收系统等。

　　（3）每种管道对应一个卷册的安装图，每个卷册中的图纸应包括卷册图纸目录、管道系统图、管道平、断面布置图、零件加工图和支吊架安装图。

　　（4）管道系统图设计深度应按照高温高压汽水管道（3）执行。

　　（5）管道平、断面布置图设计深度应按照高温高压汽水管道（5）执行。对于外径为 $\phi 89$ 及以上的管道应在布置图中表示；$\phi 89$ 以下的布置在拥挤区域的管道可出布置示意图，管道可采用单线表示。

　　（6）零件加工图设计深度应按照高温高压汽水管道（6）执行。

　　（7）支吊架安装图设计深度应按照高温高压汽水管道（7）执行，同时可执行以下要求：

　　1）对于管系中结构、类型完全相同，仅编号及定位不同的支吊架，可在同一张支吊架安装图中表达，但应在说明中分别列出不同编号支吊架的载荷数据，并注明定位应参考的布置图图号。

　　2）对于部分参数、规格不高的管道可采用支吊架组装示意图的形式出图，即在同一张图纸中绘制多个不同类型的支吊架。每个支吊架仅绘制主视图，用引出线直接在图中用代号标示管部、连接件和根部。图中附有支吊架一览表，分为支吊架类型、载荷、管部、根部、连接件、热位移和安装位置等多栏。

　　（8）涉及的计算应包括以下项目：

　　1）设计参数的计算；

　　2）管道规格、流速的核算；

　　3）管系应力分析计算；

　　4）端点的附加位移的计算；

　　5）支吊架最大间距的计算；

　　6）弹簧选择计算；

7）支吊架生根结构强度计算。

3. 其他管道

（1）其他管道应包括汽轮发电机润滑油管道、润滑油净化及储存系统管道、发电机密封油管道、汽轮机事故排油、放油管道、发电机排油烟管道、发电机内冷却水管道、给水泵汽轮机润滑油管道、主厂房内压缩空气管道、汽机房氢气、二氧化碳管道、氮气管道和主厂房排水管道等。

（2）每种管道对应一个卷册的安装图，每个卷册中的图纸应包括卷册图纸目录、管道系统（立体）图、管道平（断）面布置图、零件加工图和支吊架安装图。

（3）管道系统（立体）图：根据具体管道特点，部分管道分册要求出管道系统图，部分管道分册可用立体图代替。若出管道系统图，设计深度应按照高温高压汽水管道（3）执行。

（4）管道平（断）面布置图设计深度应按照高温高压汽水管道（5）执行，也可只出立体布置图。

（5）零件加工图设计深度应按照高温高压汽水管道（6）执行。

（6）支吊架安装图设计深度应按照高温高压汽水管道（7）执行，同时可执行以下要求：

1）对于管系中结构、形式完全相同，仅编号及定位不同的支吊架，可在同一张支吊架安装图中表达，但应在说明中分别列出不同编号支吊架的载荷数据，并注明定位应参考的布置图图号。

2）对于部分参数、规格不同的管道可采用支吊架组装示意图的形式出图，即在同一张图纸中绘制多个不同形式的支吊架，每个支吊架仅绘制主视图，用引出线直接在图中用代号标示管部、连接件和根部。图中附有支吊架一览表，分为支吊架类型、载荷、管部、根部、连接件、热位移和安装位置等多栏。

（7）涉及的计算应包括以下项目：

1）设计参数的计算；

2）支吊架结构荷重计算；

3）弹簧选择计算；

4）非标支吊架生根结构强度计算；

5）传动装置的选择计算。

4. 计算机数字化设计对设计深度影响

（1）计算机数字化设计在汽水管道设计中的基本程序为：

1）在具体的数字化设计环境中建立带有空间坐标、介质参数、管道及管件规格、管材特性和支吊架布置等属性参数的管道数字化模型；

2）根据已建成的管道数字化模型通过数据接口结合应力计算程序进行应力计算；

3）从管道数字化模型中进行抽图，产生立体布

置图；

4）根据常规的施工图图纸表达方式，对从数字化软件中抽出的图纸进行修改。

（2）计算机数字化设计对施工图设计深度有以下影响：

1）如果在热机专业管道施工图管道分册设计中采用计算机数字化设计，分册的布置图可从数字化模型中通过抽图并经过适当修改产生，并且该分册中不再需要绘制常规的平面、断面管道布置图。

2）根据数字化设计软件的特点，为了准确、清晰地表达较为复杂的管道布置，允许在抽图过程中形成多张立体布置图作为分册的布置图。

3）采用数字化模型中抽图产生立体布置图时，管道坡切图和立体布置图可合并为一张图纸。

十、锅炉露天防护设施

（一）设计内容

（1）锅炉露天防护设施作为一个单独的卷册，对锅炉区域需要进行防护的露天设施提出防雨雪、防腐蚀措施，应包括以下部分：

1）露天布置锅炉本体及脱硫岛区域各部分的防护；

2）露天布置的锅炉及脱硫岛附属机械和设备的防护；

3）露天布置的管道及其附件的防护；

4）对于海边电厂，应说明防盐雾腐蚀的措施。

（2）该卷册的设计成品应包括卷册图纸目录、锅炉露天防护设施说明、各防护设施图纸和材料汇总表等部分。

（二）内容深度

（1）锅炉露天防护设施说明应包括以下内容：

1）电厂主机设备概况。包括锅炉、汽轮机及发电机的型号和基本参数。

2）当地气象条件。包括气温、湿度、降雨量、气压、风速等气象数据。

3）锅炉本体采取的防护措施。包括炉顶防雨罩、炉顶密封、炉墙及烟道采用的防护措施等。

4）锅炉附近区域采取的防护措施。锅炉前或炉侧区域采取的防护措施。

5）锅炉附属机械和设备的防护措施。包括露天布置的辅机采取的防护措施、露天布置的电控设备采取的防护措施。

6）锅炉管道、附件等的防护措施。包括锅炉区域露天管道的防护措施、管道在屋面和楼板穿孔处的防水措施、风门等烟风道附件的防护措施和露天金属构件的防锈蚀措施等。

（2）锅炉露天防护设施图纸应符合下列要求：

1）锅炉露天防护设施图纸部分主要包括穿孔

部位防护示意图、锅炉附属机械和设备防护示意图、锅炉管道及其附件等的防护示意图和材料汇总表等。

2）各防护示意图应表示以下内容：

a. 表示防护设施结构的视图；

b. 采用引出线用文字标示的部件、结构的名称或规格等。

3）图中宜不标注详细尺寸，不进行零部件编号，也不附零件（材料）明细表。本卷册所需要的全部材料在本卷册的材料汇总表图中统一开列。

十一、点火及助燃油系统布置及管道安装图

（一）设计内容

（1）点火及助燃油系统布置及管道安装可分为卸油部分、储油部分、输送部分、厂区燃油管道部分、锅炉区域燃油管道部分等，各部分主要内容如下：

1）卸油部分。若为铁路来油方式则包括卸油栈台、活动下卸油管或上卸鹤管、栈台相关管道等的布置和安装，卸油泵也属于卸油部分。当布置在燃油泵房内时，其安装图可归并在燃油输送部分的卷册内；若为汽车来油时，卸油泵等归并在其他卷册内，可不需要卸油部分卷册。

2）储油部分。包括油罐区和油罐区供油管道、回油管道、污油管道和吹扫介质管道的布置和安装；油罐本体若不采用直接订货的方式，应有专门的油罐制造图卷册和油罐附件安装图卷册。

3）燃油输送部分。包括燃油泵房设备和管道的布置和安装图。

4）厂区燃油管道部分。包括燃油泵房与锅炉之间的供油管道、回油管道和吹扫介质管道的布置和安装。

5）锅炉区域燃油管道部分。包括锅炉区域的供油管道、回油管道和吹扫介质管道的布置和安装。

（2）若油罐区及油泵房的污油水不考虑由水工部分的处理装置统一处理，而在油罐区设置单独的污油水处理装置，则还应包括污油水系统设备及管道安装。

（3）每个部分应对应一个卷册的安装图。其中管道类安装图卷册内所包括的图纸类型与"管道安装图"基本一致；燃油泵房设备和管道布置和安装图卷册内所包括的图纸类型与"辅助车间"基本一致（不包括系统图）。

（二）内容深度

各部分燃油管道安装图的设计深度可参考管道安装图中对应图纸的设计深度要求执行；燃油泵房设备和管道布置和安装图的设计深度可参考辅助车间中对应图纸的设计深度要求执行。

十二、辅助车间

（一）设计内容

（1）热机部分中有一种设计对象类似于车间系统，其设计内容包括了系统拟定、车间布置、设备安装、管道安装等内容，一般称为辅助车间类别，主要包括空气压缩机室、启动锅炉房和柴油发电机房等。

（2）空气压缩机室设计范围应包括空气压缩机室内的仪表用空气压缩机、检修用空气压缩机、压缩空气后处理装置和空气压缩机室外的储气罐等的布置设计，以及连接上述设备的管道的安装设计。如果设备检修需要起吊装置，还应包括检修起吊设施的安装设计。

（3）启动锅炉房设计范围应包括启动锅炉及其辅机、电控装置等的布置设计，所有管道的安装设计。如果设备检修需要起吊装置，还应包括检修起吊设施的安装设计。

（4）柴油发电机房设计范围应包括柴油发电机和柴油储箱的布置设计，所有管道的安装设计。

（5）每个辅助车间的设计可对应一个卷册。每个卷册中的图纸应包括卷册图纸目录、系统流程图、布置图、设备安装图、零件加工图、支吊架安装图等。

（二）内容深度

（1）系统流程图应符合下列要求：

1）空气压缩机系统流程图可按本节"管道及仪表流程图（P&ID）及计算书"中"汽水系统流程图（热力系统图）"中对系统流程图的设计深度要求进行设计。

2）启动锅炉房系统流程图可根据启动锅炉制造厂提供的资料绘制，宜分别绘制汽水系统流程图和烟风系统流程图，图纸的设计深度要求与本节"管道及仪表流程图（P&ID）及计算书"相同。

3）柴油发电机系统流程图可按柴油发电机制造厂提供的资料等绘制，图纸的设计深度要求与本节"系统图"相同。

（2）布置图应符合下列要求：

1）辅助车间的布置图应表达建筑物、设备、管道及其附件的布置情况。

2）可在同一张图纸中表达布置图的平、断面等视图。图面宜按比例绘制，具体比例可以根据图面情况合理选定，图幅宜采用 A1 图幅。为了表达局部信息，布置图中还可以根据需要绘制局部视图。

3）辅助车间的布置图中应表示以下内容：

a. 车间的建筑图；

b. 设备、管道的布置；

c. 管道的详细规格；

d. 管道中各管段、零件、装置等的序号、长度尺

寸及定位尺寸：

e. 管道上支吊点的定位尺寸、序号；

f. 零件（材料）明细表、支吊架一览表和说明等。

（3）其他图纸应符合下列要求：

1）设备安装图的设计深度应按照设备安装图执行。

2）零件加工图的设计深度应按照管道安装图的汽水系统管道安装图中高温高压汽水管道（6）执行。

3）支吊架安装图的设计深度应按照管道安装图汽水系统管道安装图中低压汽水管道（7）执行。

十三、全厂油漆保温

（一）设计内容

（1）全厂油漆保温应对本项目厂区内所有设备、管道提出保温、油漆的说明和要求，并统计和汇总所需的保温材料和油漆的数量。

（2）全厂油漆保温的设计范围应包括厂区内的设备、管道及其附件的保温、油漆和防腐。

（3）汽轮机本体、锅炉本体、电除尘器、吸收塔、增压风机、烟气-烟气换热器、磨机、箱罐及给水泵汽轮机本体的保温、油漆由设备制造厂家设计，不属于本册设计范围，其材料数量可在本册列出。

（4）全厂油漆保温可作为一个单独的卷册出版，包括卷册图纸目录、全厂保温油漆说明书和保温结构图三部分。

（二）内容深度

（1）全厂保温油漆说明书应由以下几部分组成：

1）概述；

2）保温和保护层材料性能及使用范围；

3）保温施工说明；

4）油漆施工说明；

5）保温说明表；

6）油漆说明表；

7）保温保护层材料汇总表；

8）油漆汇总表。

（2）各部分内容应符合下列要求：

1）概述应包括以下内容：

a. 保温、油漆的设计范围：说明本卷册设计所涵盖的设备、管道的范围及各部分保温、油漆材料的供货情况。

b. 保温的设计原则：说明保温设计所采用的标准、计算方法和设置保温的限制条件。

c. 油漆的设计原则：说明油漆设计所采用的标准和不同条件下油漆、防腐的技术要求。

2）保温和保护层材料性能及使用范围应包括以下内容：

a. 说明所采用的保温材料和保护层材料的性能，主要包括保温材料的容重、导热系数、耐压强度、允许最高使用温度以及保护层的容重、导热系数、耐压强度等。

b. 说明不同的保温材料和保护层材料的使用条件和使用范围。

3）保温施工说明应说明保温施工中的各项要求、施工要点和注意事项，包括以下内容：

a. 保温材料作质量检验的要求；

b. 保温材料的存储要求；

c. 保温结构的施工工序及说明；

d. 垂直管段、伸缩缝的间隙大小及其保温要求；

e. 螺胀测点、流量测量装置、阀门等处的特殊保温结构要求；

f. 分层保温要求；

g. 保护层的施工要求等。

4）油漆施工说明应包括以下内容：

a. 说明管道上标注色环、介质名称及介质流向的位置、形状和尺寸规格；

b. 不同类型管道上油漆颜色和色环颜色的选择规定；

c. 对于海边电厂，应说明防盐雾腐蚀的措施。

5）保温说明表应包括以下内容：

a. 按项目中需要保温的施工图卷册编号的顺序，说明各卷册内需要保温的设备、管道外形规格和运行条件，并列出所采用的保温层和保护层的各项指标。保温层的指标项目主要包括材料类型、厚度和总体积等；保护层的指标项目主要包括材料类型、厚度和总面积等。

b. 保温说明表宜采用表格的形式。

6）油漆说明表应包括以下内容：

a. 按项目中需要油漆的施工图卷册编号的顺序，列出各卷册内需要油漆的设备、管道及设施所采用油漆的类型、度数和用量等；

b. 油漆说明表宜采用表格的形式。

7）保温层及保护层材料汇总表汇总本项目所需的保温材料和保护材料的规格和数量，宜采用表格的形式，可按以下三部分进行统计：

a. 设备本体保温材料汇总表：统计汽轮机、给水泵驱动汽轮机、锅炉、吸收塔、增压风机、烟气-烟气换热器、磨机、油罐和除尘器本体所需的保温、保护层材料。根据本体制造厂提供的资料汇总完成，表格备注栏中应注明材料是否由本体制造厂提供。

b. 阀门保温套材料汇总表：按项目中需要阀门保温套材料的施工图卷册编号的顺序，列出各卷册内配置阀门保温套材料的阀门的规格、安装地点、环境温度、介质温度、材质、壁厚和数量等参数，具体的保温材料规格、数量由阀门保温套材料供货商根据设计院提供的基本设计原则设计确定。

c. 保温层及保护层材料汇总表汇总除上述两部分之外的其他保温层及保护层材料，根据不同的保温层及保护层材料的类型分项汇总。

8）油漆汇总表用于统计本项目所需油漆的类型、数量。

（3）保温结构图用于表示设备、管道及附件、支吊架等采用不同保温材料时的保温结构形式和技术要求，宜采用典型设计图纸。

（4）保温计算应包括保温厚度计算，保温材料和油漆用量计算等。

十四、防腐设计说明

（一）设计内容

（1）防腐设计说明应对脱硫岛内需要进行防腐的设备、管道、坑沟等提出具体的说明和要求，并统计和汇总所需的防腐材料。

（2）吸收塔、箱罐等设备本体的防腐宜由设备制造厂家设计。

（二）内容深度

（1）防腐设计说明应包括以下内容：

1）防腐范围；

2）防腐设计原则；

3）各种不同防腐材料的要求；

4）需要防腐处理卷册图纸目录；

5）各防腐设备规格及防腐面积，防腐面积为本期工程所需。

（2）防腐设计的计算应包括脱硫岛所有需要防腐的烟道、箱罐、坑、沟道等防腐面积计算。

十五、套用典型设计部分图纸

（一）套用规则

（1）对于部分设计对象，热机专业在施工图设计阶段可有条件地套用典型设计的图纸。

（2）套用典型设计时，若套用管道零部件和支吊架的典型设计图纸，只需在零件（材料）明细表开列所套用部件的规格，并在图号或标准号一栏中填写典型设计的编号；若套用设备的典型设计图纸，只需在设备明细表中开列所套用设备的规格，并在备注一栏中填写典型设计的编号。

（二）设计内容

（1）施工图设计阶段套用典型设计的图纸应包括以下几类：

1）烟风煤粉管道支吊架；

2）汽水管道支吊架；

3）钢制平台扶梯设计；

4）箱、罐制造典型图；

5）烟风煤粉管道零部件；

6）汽水管道零部件。

（2）各类典型设计在施工图其他卷册中调用后，每类所涉及的调用图纸应分别汇总作为一个单独的卷册出版，各卷册内容包括卷册图纸目录、所套用的典型设计图纸等。

（三）内容深度

（1）烟风煤粉管道支吊架、汽水管道支吊架和钢制平台扶梯设计部分可提供整本典型设计手册。

（2）烟风煤粉管道零部件、汽水管道零部件等和箱、罐制造典型图部分只选择本工程需要的图纸出版。

第五节 竣工图设计阶段

竣工图设计阶段是指在竣工的时候，按照施工的实际情况绘制的图纸，要求能真实、准确、系统地反映工程实体。在该阶段中，热机专业要将在施工过程中发生的设计变更反映到竣工图中。

一、竣工图内容

1. 一级图

（1）热力系统图或分系统图。

（2）燃烧系统图或烟风系统和制粉系统图。

（3）主厂房布置图。

2. 二级图

（1）烟道布置图。

（2）热机设备及主要材料清单。

（3）启动锅炉房布置图。

（4）主蒸汽管道布置图。

（5）再热蒸汽管道布置图。

（6）高压给水管道布置图。

（7）燃油（天然气）电厂油（气）系统及布置总图。

（8）热风道、制粉管道和送粉管道布置图。

（9）工业水系统图或冷却水系统图。

（10）汽轮机本体有关系统及布置图。

（11）烟气脱硫工艺系统及流程图。

（12）脱硫岛布置图。

3. 三级图

（1）中、低压汽水管道布置图。

（2）原煤管道、冷风道布置图。

（3）锅炉点火系统及布置图。

（4）疏放水及排污系统图。

（5）起吊设施布置图。

（6）柴油发电机室布置图。

4. 四级图

（1）压缩空气系统及布置图。

（2）其他次要工艺系统布置图。

（3）辅助设备及辅机安装图（300MW 以上机组的列入三级）。

（4）复杂支吊架组装图。

二、竣工图内容深度

（1）竣工图的编制范围为一、二、三级图和部分重要的四级图，通常不包括五级图，编制时可根据建设工程项目具体情况和（或）合同约定的内容酌情调整。

（2）因设计图纸修改而引起的修改计算书，不包括在编制竣工图范围内，但该计算书应与修改通知单一并归入原设计单位的内部档案，并注明与原计算书的修改关系。

（3）在竣工图出图范围内的成品深度应符合施工图设计深度规定的要求。

（4）竣工图内容应与施工图设计、设计变更、施工验收记录、调试记录等相符合，应真实反映工程竣工验收时的实际情况。各专业均应编制竣工图，专业之间应相互协调，相互配合；在各分册竣工图中，对于发生变更部分的内容，各相关图纸的变更表示应相互对应一致。

（5）对于隐蔽工程的竣工图，不仅要依据设计工地代表的设计变更通知单、工程联系单，还要依据施工单位、监理单位的施工记录。

（6）竣工图应准确、清楚、完整、规范，并附上必要的修改说明，文字说明应简练。

第六节 提 资 要 求

一、勘测设计专业简称

常规火力发电工程勘测设计各专业简称如下：

机（热机）、煤（运煤）、灰（除灰）、总（总图）、建（建筑）、结（结构）、暖（暖通）、水结（水工结构）、水（供、排水包括污水处理）、电（电气一、二次）、控（热控）、化（化水）、废水（废水处理）、消（消防）、环（环境保护）、信（通信）、继保（继电保护）、远（远动）、系统（电力系统一次）、岩土（岩土工程）、水地（水文地质）、水文（水文气象）、测量（测量）、经（技经）、劳安（劳动安全与工业卫生）、施（施工组织）。

燃气轮机发电工程勘测设计各专业简称如下：

机（热机）、总（总图）、建（建筑）、结（结构）、暖（暖通）、水结（水工结构）、水（供、排水包括污水处理）、电（电气一、二次）、控（热控）、化（化水）、废水（废水处理）、消（水工消防）、环（环境保护）、信（通信）、继保（继电保护）、远（远动）、系统（电力系统一次）、岩土（岩土工程）、水地（水文地质）、水文（水文气象）、测量（测量）、经（技经）。

二、初步可行性研究阶段提资

热机专业提供其他专业资料项目，应符合表 1-1 的要求。

表 1-1　　　　　　　　　　　热机专业提供其他专业资料表

编号	资料名称	资料主要内容	接收专业	备注
1	主厂房平面布置图		总、经	
2	凝汽量或循环水量、淡水耗量		水、水文、环	
3	燃料储存设备及布置	（指燃油、燃气等）	总、经	
4	燃料船运吨位、对码头要求	（指燃油、燃气等）	水文、总、码头设计单位	如水运方式且设计外委
5	燃料分析资料	燃料分析数据	水、环、煤、灰	
6	日、月、年燃料耗量	包括标准煤耗	经、环、煤、灰	
7	烟气排放量		环、经	
8	大件设备运输尺寸及运输质量		总、施	
9	技经资料	主要设备规范及数量	经	
10	脱硫的方案和平面布置图	包括脱硫场地大小	总、经、灰、煤、环	

三、可行性研究阶段提资

常规火力发电工程中，热机专业提供和接受其他专业资料项目，应符合表 1-2 和表 1-3 的要求。燃气轮机发电工程中，热机专业提供和接受其他专业资料项目，应符合表 1-4 和表 1-5 的要求。

表 1-2   常规火力发电工程热机专业提供其他专业资料表

编号	资料名称	资料主要内容	接收专业	备注
1	煤质（含灰成分、低位发热量等）、燃煤量、石子煤量、石灰石成分分析等资料	燃料消耗量、除尘器类型及效率，锅炉台数、容量、灰渣分配比、排渣温度，磨煤机类型及台数、锅炉机械未完全燃烧损失数据。每台炉除尘器、省煤器及脱硝灰斗（如有）数量。对于 CFB 锅炉，还需提供冷渣器类型及数量；石灰石耗量、床料耗量及炉渣量；空气预热器及返料器（如有）灰斗数量及是否需要连续排灰的要求。对于供热机组，需提供锅炉设备年利用小时	煤、灰	
2	厂内用汽量、外供汽量、厂内外杂用除盐水量	包括机炉类型、参数、台数、外用蒸汽回收情况	化	
3	燃油系统有关设备及建筑物的资料	油罐、卸油泵房、输供油泵房、燃油系统污水池、污油池	总、经、控	
4	燃油、燃气系统图		控	
5	含油污水处理后排放量、含油量		水	
6	附属建筑面积空间	启动锅炉房、空气压缩机室、燃油泵房、脱硝还原剂储存区等，其他按建筑规程	总、建、化、电、煤、灰、经、控、暖、消、施	如采用供气中心，空气压缩机室由除灰专业提资
7	主厂房布置平、剖面图	可行性研究阶段深度，平面布置方案和剖面布置图、包括炉后平、剖面布置方案图	总、建、结、化、电、煤、灰、经、控、暖、消、施	
8	机炉主要用电负荷		电、控	
9	汽轮机凝汽量及工业用水量	汽轮机各种工况、各种冷却工业水量，机组类型、参数、台数及最终容量	水	
10	凝结水资料		化	
11	环保资料	煤质、燃煤量、烟气量，包括炉后和除尘器后出灰量、降低 NO_x 排放措施及噪声源资料	环	
12	技经资料	设计概况、主要设备材料清册、煤种、发电标煤（油、气）耗、机组年发电量、年供热（冷）量、热电分摊比、电厂定员等	经	
13	机组资料	包括机炉参数、台数、本期及最终容量及发电机冷却方式	化、水、经、煤、灰、电	
14	施工组织资料	大件设备运输尺寸及质量	施	
15	原则性燃烧系统图、点火油系统图		控	
16	原则性热力系统图	包括脱硫系统原则性系统图	控	
17	脱硫系统出口烟气参数	烟气量、炉后和除尘器后出灰量、降低 NO_x 排放措施及噪声源资料包括脱硫后的有关参数	环	对于采用烟塔合一方案的需要向供水专业提资
18	脱硫电负荷资料		电	
19	脱硫用水资料	包括水量（瞬时最大和平均用水量）及水质、水压、接口位置	水	
20	脱硫装置布置	平面布置图	总、土	
21	脱硫用吸收剂量及副产物量		灰、水、环	

编号	资料名称	资料主要内容	接收专业	备注
22	脱硫废水量及废水水质		化、水、环	
23	压缩空气量及品质要求		灰	
24	脱硫系统技经资料	系统出力、系统特征、主要设备材料清册、脱硫剂耗量及副产品产量	经	
25	脱硝系统技经资料	系统出力、系统特征、主要设备材料清册、脱硝剂耗量及副产品产量	经	
26	地下沟（隧）道工程量资料		总	
27	各生产、辅助生产及附属建筑物布置资料		总	

表 1-3 　　　　　　　　　　**常规火力发电工程热机专业接受其他专业资料表**

编号	资料名称	资料主要内容	接收专业	备注
1	主厂房内电气设备布置配合资料	主要设备方案与要求	电	
2	主厂房内控制间及控制设备布置		控	
3	主厂房水工设备布置		水	
4	厂区总平面规划布置图	可行性研究阶段布置方案	总	
5	循环水系统优化设计数据		水	
6	除尘效率、烟囱高度烟囱出口直径要求	除尘器最低效率、烟囱高度的建议、烟囱出口直径的限制要求	环	
7	脱硫效率		环	当采用半干法时还应提出脱硫出口粉尘浓度要求；当采用海水脱硫时应提供应执行的当地海水功能区域的水质要求
8	脱硝效率		环	
9	环保要求	大气污染物排放浓度标准、污水综合排放标准等要求，综合利用及环保要求	环	
10	凝结水精处理装置布置图		化	
11	气象资料	大气干球温度、风速等	水文	
12	供水接口资料	水量平衡图、地下设施布置图、接口压力	水	
13	脱硫处理后的废水排放要求	包括排放指标的极限值	环、机、化	
14	空冷系统图	直冷：风机数量、空气凝气器的顺逆流结构单元（K/D）的分布、排汽管道直径。间冷：扇段数量及其分布、冷却三角数量、所有控制的阀门、主要循环水管径等。图中应有设备表和图例表	水	
15	空冷系统平面布置图	直冷：柱网平面布置、散热器平面布置、平台高度、柱网、主排汽管道与主厂房 A 列的关系。间冷：塔径、循环水泵房的外形尺寸及其相对位置关系	水	
16	空冷系统清洗和喷雾的用水量资料	用于热态清洗水质（除盐水）要求以及水量、水压要求，用于喷雾降温的水质（除盐水）要求以及水量、水压要求（如果需要）	水	

表1-4　　　　　　　　　　　　燃气轮机发电工程热机专业提供其他专业资料表

编号	资料名称	资料主要内容	接收专业	备注
1	燃气、燃油分析资料	成分分析、耗量	环	
2	机、炉参数等	机炉参数、台数、本期及最终容量、机组的凝结水量、外用蒸汽量及回收量、闭式热水网循环水量、机组启动时除盐水最大补水量、发电机冷却方式、单台发电机充氢容积、漏氢量等	化	
3	烟气成分资料	锅炉台数、燃料耗烟气成分分析	环	
4	燃油系统有关设备及建筑物的资料	油罐、卸油泵房、输供油泵房、燃油系统污水池、污油池	总、建、结、暖、电、消、控	
5	燃油、燃气系统图		经、控	
6	燃机需注水时的注水量及其水质要求		化、水	
7	动力岛厂房布置平、剖面图及暖通资料	可行性研究阶段深度，平面布置方案和剖面布置图，包括炉后平、剖面布置方案图	总、建、结、电、暖、控、化	
8	机炉主要用电负荷		电、控	
9	汽轮机凝汽量及工业用水量	汽轮机各种工况凝汽量、主机及辅机冷却工业水用量，机组类型参数、台数及最终容量	水	
10	技经资料	方案经济比较资料、主要设备清册、气耗	经	
11	机炉参数、台数、本期及最终容量		化、环、经、水、电、控	
12	原则性燃烧系统图		电、控	
13	原则性热力系统图、燃气系统图		电、控	
14	大件运输尺寸及质量		总	
15	工业废水量、排放方式及水质		环、水	

表1-5　　　　　　　　　　　　燃气轮机发电工程热机专业接受其他专业资料表

编号	资料名称	资料主要内容	接收专业	备注
1	循环水水量资料	循环水量、蒸发损失、风吹损失、排污损失	化	
2	化学布置资料	化学各个系统设施布置及土建建筑要求，水处理室外混凝土构筑物工程量资料	化	
3	电气总平面布置规划	包括 A 排外变压器区域、升压站区域布置，厂区内规划的独立电气配电室等	电	
4	主厂房内电气设备布置配合资料	主要设备方案与要求	电	
5	主厂房控制室、电子设备间等平面布置图	可采用联系方式处理	控	
6	厂区总平面布置图		总	
7	烟囱高度	烟囱高度的建议	环	
8	降噪要求	环评报告中提出的降噪措施要求	环	
9	暖通用汽及用水量要求		暖	
10	气象资料	全年平均气压、极端最高和最低气温、平均相对湿度、最高和最低月平均温度、风速等	水文	

四、初步设计阶段提资

常规火力发电工程中，热机专业提供和接受其他专业资料项目，应符合表 1-6 和表 1-7 的要求。燃气轮机发电工程中，热机专业提供和接受其他专业资料项目，应符合表 1-8 和表 1-9 的要求。

表 1-6   常规火力发电工程热机专业提供其他专业资料表

编号	资料名称	资料主要内容	接收专业	备注
1	汽水、燃烧等系统图	机炉、脱硫、脱硝、燃油、燃气的系统、设备	控、水	
2	煤质（含灰成分、低位发热量等）、燃煤量、石子煤量等资料	包括燃料消耗量、除尘器类型、效率及排烟温度等，锅炉台数、容量、灰渣分配比、排渣温度，磨煤机类型及台数、锅炉机械未完全燃烧损失数据。每台炉除尘器、省煤器及脱硝灰斗（如有）数量。对于 CFB 锅炉，还需提供冷渣器类型及数量，石灰石耗量、床料耗量及灰渣量，空气预热器及返料器（如有）灰斗数量及是否需要连续排灰的要求。提供锅炉设备年利用小时	煤	
3	环保资料	煤质、燃煤量、烟气量，包括炉后和除尘器后出灰量、降低 NO_x 排放措施及噪声源资料	环	
4	厂用电任务书	包括用电负荷额定功率、轴功率（只对大容量高压电动机）、电压等级、运行方式及联锁要求、是否保安负荷、布置地点和位置	电、控	
5	系统设计说明、机炉保护及控制联锁要求		控	
6	烟气、灰渣有关资料	包括烟气量、除尘器类型、效率，排烟温度、灰渣量、排渣排灰方式、磨煤机台数及磨煤机类型等	环、煤、灰	
7	汽轮机凝汽量	包括汽轮机主要工况凝汽量、背压、排汽焓等	水	
8	汽轮机油箱容量、油重	汽轮机主油箱和给水泵汽轮机油箱总储油质量，包括有油净化装置时的油处理要求	消	
9	辅机冷却用水量		水	
10	供热通风要求		暖	
11	检修用压缩空气接口资料	压缩空气量及品质要求	灰	仅对供气中心方案
12	主厂房内最大每小时排水量	包括杂用水等，各装置经常性废水排放量、水质，锅炉启动等排放量、水质	水、废水	
13	燃油、燃气、品质分析资料	成分、耗量	环、劳安	
14	燃料消耗量		经	
15	燃油、燃气系统图		经、控	
16	燃油、燃气设备及建筑的防火、防爆要求		总、电、暖、建、结、水、劳安	
17	脱硫系统出口烟气参数	脱硫系统出口烟气参数（包括烟气量、烟温、过量空气系数）	环、结、水	
18	脱硫用水资料	包括水量（瞬时最大和平均用水量）及水质、水压	水	
19	脱硫用吸收剂量及副产物量	吸收剂量品质、粒径及副产物物理、化学特性	水、环、煤、灰	
20	脱硫废水量及废水水质		化、水	
21	脱硫岛电负荷资料		电、控	
22	脱硫、脱硝系统方式		控	
23	烟囱相关资料	烟囱内筒筒型设计资料、酸液排出管资料（如有）、烟囱内冲洗水资料（如有）	结、水	
24	脱硫岛技经资料	系统简况、设备清册等	经	

编号	资料名称	资料主要内容	接收专业	备注
25	主厂房各层平、断面布置图		煤、灰、电、控、总、建、结、暖、化、水	
26	主厂房0.00m层沟道	包括坑、地沟、地下室	结、灰、电	
27	主厂房各层主要荷载	50kN以上荷载	结	
28	大件设备运输尺寸及质量		施	
29	各种管线布置及接口资料	包括油、汽、水、烟道等布置	机、暖、总、建、化、水	
30	辅助车间资料	包括空气压缩机室、启动锅炉房、燃油泵房、脱硝还原剂储存区等，其他按建筑规程	总、建、结	
31	点火油系统布置资料	包括油泵房、油库区布置	总、建、结、消	
32	燃料系统有关设备及建筑的资料	油罐、卸油泵房、输供油泵房燃油系统污水池、污油池	建、结、总、电、暖、经、水	
33	送风机、引风机、烟道等资料	包括烟道等布置	结	
34	脱硫用水资料	接口位置	水	
35	脱硫装置布置	平面布置图，以及重要的断面布置图	总	
36	脱硫岛建构筑物资料		建、结	
37	脱硫岛布置接口	包括与主烟道、电缆桥架及电缆沟、压缩空气、生活给水、消防给水、生活排水、雨水排水、供热供水和回水、废水排水等	水、化、暖、电、控	
38	厂区综合管资料	管架上的管道名称、规格、数量、介质特性及参数、荷载、布置的特殊要求	总、灰、水、化、暖、结、电	当管架规划由热机牵头
39	厂区室外地下沟（隧）道设计资料	管沟的布置图、断面、工程量	总	有厂区室外地下沟道时
40	节能评估报告有关资料		环	
41	热机技经资料	设备材料清册及主厂房区域布置图	经	
42	煤斗资料	煤斗外形及容量提资	结	

表1-7　　　　　　常规火力发电工程热机专业接受其他专业资料表

编号	资料名称	资料主要内容	接收专业	备注
1	锅炉补给水处理的生水量、水温、水压要求	包括生水、软化水、氢气管、蒸汽管、油等管道的管径及接口位置	化	
2	排渣装置，除尘器排灰装置布置	提出要求	灰	
3	除灰系统图		灰	
4	锅炉连续排污率、所需凝结水、闭冷水、蒸汽、压缩空气量、压力等	包括蒸汽管、空气管、闭冷水管等管道的管径及接口位置	化	
5	供热通风用汽、用水量及参数要求、运行方式	包括加热站、冷冻站及空调系统布置图	暖	
6	热力系统、燃烧系统及全厂的消防要求		消	包括注1工程
7	供水系统图		水	
8	环保资料	烟囱高度等要求	环	
9	运行组织资料		各专业	
10	脱硫岛布置平、剖面		机	脱硫工程
11	脱硫效率		环	

编号	资料名称	资料主要内容	接收专业	备注
12	脱硫用水水质资料	至少包括悬浮物、总硬度、Cl^-、SO_4^{2-}、pH值、温度、压力等估算值	水	
13	环保对烟气排放连续监测要求		环	
14	脱硫处理后的废水排放要求	包括排放指标的极限值	环	
15	燃油、燃气设备主厂房布置图	卸油泵房、输供油泵房、天然气增压站、含油污水处理室结构布置	总、结	仅循环流化床电厂工程
16	热控气源要求	气源品质及耗气量	控	
17	煤仓层胶带机布置图	提供初设布置图，含检修起吊和在主厂房需要的开孔等	煤	
18	主厂房内化水设备布置图		化	
19	锅炉房内除灰渣设施布置图		灰	
20	主厂房横、纵向结构布置图		结	
21	主厂房平、立、剖面图		建	
22	厂区总平面布置图	包括厂区建筑物、构筑物、地下沟（管）道	总	
23	厂区竖向布置图		总	
24	全厂总体规划图	包括电厂、区域位置	总	
25	主厂房内电气设施布置资料	厂用封闭母线、高/低压开关柜、励磁设备、变频器、蓄电池、直流、UPS、控制保护设备间、柴油发电机机组等	电	
26	发电机引出线布置	发电机引出裸母线或离相封闭母线、电压互感器（TV）柜及励磁变压器、发电机出口断路器布置，对小机组为发电机出线小间布置	电	
27	主厂房内电缆通道规划	桥架、竖井及沟道的主要走向、标高、桥架层数、层高、宽度	电、控	
28	热控资料	包括单元控制室布置、电子设备间设备布置	控	
29	循环水管汽机房前布置图		水	
30	环保资料	烟囱高度等要求	环	
31	脱硫用水接口资料		水	
32	压缩空气接口资料		灰	
33	环保对烟气排放连续监测要求		环	
34	厂区综合管架规划	管架走向、高度、宽度、层数，电缆桥架层数、宽度	总	
35	空冷系统图	直冷：风机数量、空冷凝汽器顺逆流结构单元（K/D）的分布、排汽管道直径及壁厚、膨胀节类型、真空隔离阀数量；凝结水、抽真空系统及其配套的阀门等。间冷：扇段数量及其分布、冷却三角数量、所有控制的阀门、主要循环水管径及其壁厚等。图中应有设备表和图例表	水	
36	空冷系统平面布置图	直冷：柱网平面布置、散热器平面布置、平台高度、柱网、主排汽管道与主厂房A列的关系。间冷：塔径、循环水泵房的外形尺寸及其相对位置关系	水	
37	空冷系统清洗和喷雾的用水量资料	用于热态清洗水质（除盐水）要求以及水量、水压要求，用于喷雾降温的水质（除盐水）要求以及水量、水压要求（如果需要）	水	

表 1-8　　　　　　　　　　燃气轮机发电工程热机专业提供其他专业资料表

编号	资料名称	资料主要内容	接收专业	备注
1	燃气、燃油分析资料	成分分析、耗量	环保	
2	机组蒸汽参数、各项汽水损失量、凝结水量、凝接水正常运行压力及凝结水泵关闭扬程	机炉参数、台数、本期及最终容量，机组启动时除盐水补充方式及时间，最大补水量及压力，机组的凝结水量及水温、凝结水泵断扬程，外用蒸汽量及回收量，闭式热水网循环水量及补水压力，凝结水处理设备位置，单台发电机充氢容积、漏氢量等	化、暖（漏氢量）	
3	单台发电机充氢容积、漏氢量等		化	
4	燃气轮机、汽轮机油箱容量、油重	汽轮机主油箱和燃气轮机主油箱总储油质量，包括有油净化装置时的油处理要求	消	
5	动力岛厂房各层平、断面图		电、控、总、建、结、暖、化、水	
6	联合循环主机有关资料	燃气轮发电机组、余热锅炉、汽轮发电机组有关资料	结	转提厂家资料
7	动力岛厂房 0.00m 层沟道	包括坑、地沟、地下室	建、结、电	
8	动力岛厂房主要荷载、孔洞	50kN 以上荷载及主要孔洞	建、结	
9	油泵房及油库区布置	包括卸油设施	总、建、结、电、消	
10	各种管线布置及接口资料	包括油、汽、水、烟道等布置	暖、总、建、结、化、水	
11	暖通要求	主厂房及热机专业负责的其余厂房的室内温度、湿度要求，通风要求，可能散发的有害物质，主厂房内主要设备管道散热量及热机专业负责的其他主要设备管道散热量	暖	如有特殊要求
12	厂用电任务书	包括电动机型号、功率、电压等级、运行方式及联锁要求	电、控	
13	烟气成分分析、烟气量、排烟温度		环	
14	燃料供应系统图	包括各系统主要运行参数、压力温度流量等	电、控	
15	机炉保护及控制联锁要求		控	
16	余热锅炉汽水、汽轮机热力系统图		电、控、水	
17	汽轮机凝汽量	包括汽轮机主要工况凝汽量、背压、排汽焓等	水	
18	冷却用水量		水	
19	动力岛厂房内最大每小时排水量、平均排水量、含油污水排放量	包括杂用水等及燃气轮机清洗水、各装置经常性废水排放量	水	
20	辅助车间资料	包括修配厂、铆焊、锻热、启动锅炉房、设备材料库、危险品库等	总、建、结	
21	燃料消耗量燃料系统有关设备及建筑的资料	油罐、卸油泵房、输供油泵房、燃油系统污水池、污油池、调压站	经建、结、总、电、暖、经、水	
22	燃料系统有关设备及建筑的资料，燃油、燃气系统图	油罐、卸油泵房、输供油泵房、燃油系统污水池、污油池、调压站	建、结、总、电、暖、经、水经、控	
23	燃油、燃气系统图，燃油、燃气设备及建筑的防火、防爆要求		经、控总、电、暖、建、水、消	
24	燃油、燃气设备及建筑的防火、防爆要求，启动锅炉房等辅助系统控制、联锁资料		总、电、暖、建、水、消控	

续表

编号	资料名称	资料主要内容	接收专业	备注
25	启动锅炉房等辅助系统控制、联锁资料技经资料		控、经	
26	技经资料		经	
27	厂区综合管资料	管架上的管道名称、规格、数量、介质特性及参数、荷载、布置的特殊要求	总、结	

表1-9　　　　　燃气轮机发电工程热机专业接受其他专业资料表

编号	资料名称	资料主要内容	接收专业	备注
1	用水、用汽资料，精处理系统压损	各水处理系统用水量、排水量、用汽量和水压需求，凝结水精处理系统压损	化	
2	化学用气资料	各系统压缩空气需求量	化	
3	循环水水质资料	循环水水质（含盐量、硫酸根、氯根含量）等，凝汽器管材选择建议	化	
4	化学布置资料	化学各个系统设施布置及土建建筑要求，水处理室外混凝土构筑物工程量、沟道长度和断面尺寸等	化	
5	主厂房内电气一次设施布置图	包括主厂房内中低压配电室、变频器室等布置要求	电	
6	主厂房内电气二次设施布置图	包括主厂房内直流配电室、蓄电池室、电气继电器室、单元控制室、电子设备间、电气工程师站、操作员站等布置要求	电	
7	主厂房内电缆通道规划	包括主厂房内的电缆桥架、电缆隧道、电缆沟及电缆夹层布置等	电	
8	发电机出线资料	包括发电机出线小室、发电机出线连接平断面布置，及封母、共箱（交直流）、励磁变压器、发电机出口断路器（GCB）、发电机出口电压互感器柜、接地变压器等设备布置	电	
9	励磁系统布置	包括备用励磁机、励磁小间、励磁系统盘柜布置	电	
10	共箱母线布置图	共箱母线室内外平断面布置	电	
11	集中控制室、电子设备间等平面布置图	控制盘、台、柜布置，房间划分及有关荷载要求	控	
12	各辅助车间就地控制室和电子设备间平面布置图及要求	控制盘、台、柜布置及有关要求	控	
13	主厂房内控制电缆主通道走向	包括锅炉房、汽机房以及电缆夹层热控电缆主通道及主厂房热控主要就地设备布置要求	控	
14	需要仪用气源耗量资料	包括气动执行机构及其他热控用气设备	控	
15	总平面布置方案图	包括厂区建筑物、构筑物、地下沟（管）道、竖向布置	总	
16	燃油、燃气设备主厂房布置图	卸油泵房、输供油泵房、天然气增压站、含油污水处理室结构布置	总	
17	主厂房平、立、剖面图	主厂房（汽机房、燃机厂房、余热锅炉、集中控制室）建筑平面、立面、剖面图等	建	
18	卸、输供油泵房，天然气调压站，含油污水处理室建筑平面布置图		建	
19	汽机房、燃机房（动力岛厂房）横、纵向结构布置图	包括结构布置图、构件尺寸	建	

编号	资料名称	资料主要内容	接收专业	备注
20	暖通用汽、水量及参数要求、运行方式		暖	
21	加热站、制冷站及空调机房布置图		暖	
22	主厂房通风布置资料		暖	
23	供水系统图		水	
24	循环水管汽机房前布置图		水	
25	循环水接口压力资料	汽机房循环水进口压力	水	
26	厂区综合管架规划	管架走向、高度、宽度、层数，电缆桥架层数、宽度	总	
27	热力系统及燃烧系统	布置要求、消防要求、探测器设置	消	
28	烟囱、氮氧化物控制要求	烟囱形式、高度	环	
29	降噪要求	环评报告中的降噪措施及要求	环	

五、施工图设计阶段提资

常规火力发电工程中，热机专业提供和接受其他专业资料项目，应符合表1-10和表1-11的要求。燃气轮机发电工程中，热机专业提供和接受其他专业资料项目，应符合表1-12和表1-13的要求。

表1-10　　　　　　　　　常规火力发电工程热机专业提供其他专业资料表

编号	资料名称	资料主要内容	接收专业	备注
1	主厂房各层平、剖面布置图	初步设计深度	暖、水、化、煤、灰、信、建、结、消、总、电、控	
2	汽轮发电机组基础资料	外形、孔洞、荷载、预埋件等，以及基座底板荷重、支墩、埋件等（预埋件可分批提）	结	
3	锅炉基础有关资料	锅炉钢架柱脚布置、基础荷重、预埋锚栓详图等（预埋件可分批提）	结	
4	锅炉本体范围有关资料	构架及平台楼梯、电梯井资料	建、结	
5	锅炉房地坪沟道	0.00m层辅机布置、沟道等	结	
6	机、炉辅机和设备资料	设备布置、基础、荷重、外形及相关的沟道、管道	电、控、结	
7	炉后至烟囱平、剖面布置图		灰	
8	烟囱、烟道、送风机室、引风机室资料	尺寸、接口要求、烟气温度、成分以及布置、荷载、孔洞、预埋件等	建、结、总	
9	主厂房荷重、预埋件等资料	汽机房行车、设备、管道荷载、埋件、开孔及小型设备基础等	结	
10	辅助车间任务书	空气压缩机室、启动锅炉房、脱硝还原剂储存区等布置，以及荷重、孔洞、预埋件等	总、建、结、电、消、水、控、暖	如采用供气中心，空气压缩机室由除灰专业提资
11	燃油装置任务书	油泵房、油库、油区、卸油栈台等燃油性质、使用温度及消防要求，以及布置、荷重、孔洞、预埋件等	总、建、结、电、消、水、控、暖	
12	厂区管道任务书	厂区管道支架和沟道布置，荷载、孔洞、预埋件	结构、总	
13	工业用、排水资料	水量、水压、水温、水质、冷却水系统图	水	
14	循环及工业水接口资料	接口位置、标高详图	水	

续表

编号	资料名称	资料主要内容	接收专业	备注
15	耗煤量和煤质及锅炉本体范围有关资料	包括燃料消耗量、除尘器类型、效率及排烟温度等，锅炉台数、容量、灰渣分配比、排渣温度，磨煤机类型及台数、锅炉机械未完全燃烧损失数据。每台炉除尘器、省煤器及脱硝灰斗（如有）数量。对于循环流化床锅炉，还需提供冷渣器类型及数量，石灰石耗量、料床耗量及冷渣量；对于供热机组，需空气预热器及返料器（如有）灰斗数量及是否需要连续排灰的要求。提供锅炉设备年利用小时	煤、灰	
16	汽轮机凝汽量	最终凝汽量（含给水泵汽轮机排汽量）	水	
17	排水资料	各种排水量及接口，压力、管径和材质要求，主厂房 0.00m 排水	水	
18	事故排油量	（按最大一台机组考虑）排油管接口位置	水	
19	热机有关系统图		控	
20	热机汽水、燃料等系统图	成套（岛）设备供货范围外（或内）由设计院负责设计的各系统图，含冲洗、排放、放气、取样管道；介质参数、水压试验、保温、防腐等要求	控	
21	热机各系统的运行参数及运行方式	压力、温度、流量、管径等	控	
22	热机各系统对自动调节的要求	热机各系统运行方式、保护、控制、联锁要求	控、电	含脱硫、脱硝
23	阀门电动执行机构资料	电负荷或单独采购时角行程的力矩或直行程的推力及连接形式	控、电	一体化时可不提力矩
24	热机各系统厂用电任务书	包括用电负荷额定功率、电压等级、运行方式、布置地点、控制联锁要求，是否采用变频器，是否有保安电源、不间断电源及直流电源等特殊供电要求。设备带控制箱应在备注中注明	控、电	含脱硫、脱硝
25	流量测量咨询单		控	
26	局部照明及检修电源要求		电	
27	水处理任务书	热力系统、热平衡热负荷、汽耗、给水减温方式自用汽耗、锅炉汽水取样系统图及最大一台机油系统油量和排污系统图	化	
28	发电机冷却方式	冷却介质参数、数量	化	
29	煤仓间各层布置及煤粉斗资料	煤斗的容量及外形尺寸、煤仓间各层平面布置、各层荷载、开孔埋铁	煤、结构	
30	废水处理资料	废水处理量、性质及接口标高、位置等	化、水	
31	各种管线布置及接口资料	包括油、汽、水、烟风道等接口位置、标高、管径、材质等	总、结、暖、建、化、水、消	
32	电动机通风资料	需要通风的电动机	暖	
33	各风门、挡板、调节阀的驱动力矩或推力和连接形式		控	
34	主厂房消防资料	需要专门设置消防设施的布置及要求，如空气预热器消防用水等	消	
35	埋地油管道、海水管道的化学腐蚀防护要求	阴极保护	电	
36	压缩空气接口资料	压缩空气量、品质要求	灰	仅对供气中心方案
37	厂区综合管架规划资料	管架上的管道名称、规格、数量、介质特性及参数、荷载、布置的特殊要求	总、结	

续表

编号	资料名称	资料主要内容	接收专业	备注
38	厂区室外地下沟（隧）道设计资料	管沟的布置图、荷重、孔洞、预埋件等	总	有厂区室外地下沟道时
39	脱硫装置布置资料	包括总平面布置图及重要断面布置图、各车间布置图及道路引接要求	总、电、控、结、建、化、水、消、暖	
40	脱硫岛建构筑物资料	包括布置图、荷重、孔洞、预埋件等	电、控、结、建、化、水、消、暖	
41	脱硫出口烟气参数	脱硫出口烟气参数（包括烟气量、烟温、过量空气系数）	环、结、水	采用烟塔合一方案的需要向供水专业提资
42	脱硫烟道接口资料	包括荷重、埋铁	结构	
43	脱硫给排水、消防接口资料	脱硫用水量、水质要求、水压、管道接口位置、标高、管径、材质等	水、消	
44	脱硫废水接口资料	脱硫废水量、水质、布置及接口位置、标高、管径、材质等	化、水	
45	脱硫供热负荷		暖	
46	脱硫用固体吸收剂及副产物	吸收剂量品质、粒径及副产物物理、化学特性	灰、水	
47	石灰石二级破碎机平台资料		结构	仅对循环流化床锅炉
48	石灰石粉斗、粗石灰石斗资料	包括石灰石粉斗、粗石灰石斗容积、外形及荷载、埋铁、开孔资料等	结构	仅对循环流化床锅炉
49	石灰石粒度要求		煤	仅对循环流化床锅炉

表1-11　　　　　　常规火力发电工程热机专业接受其他专业资料表

编号	资料名称	资料主要内容	接收专业	备注
1	煤仓层胶带机布置图	煤仓层胶带机布置、进煤仓层胶带机头部布置	煤	
2	主厂房内除灰设施及炉后除灰设施布置图	包括对渣排放方式的要求	灰	
3	启动床料气力输送管道布置图	锅炉区域	灰	仅对循环流化床锅炉
4	煤仓层石灰石输送机土建资料		灰	仅对循环流化床锅炉
5	石子煤系统设备布置		灰	
6	主厂房内化水设备布置资料	炉内加药、给水加联氨、循环水加硫酸亚铁、取样冷却器、凝结水精处理装置等	化	
7	化水管道接口资料	包括凝结水精处理装置进、出凝结管、闭式冷却水进水管和回水管、蒸汽和压缩空气等管径、材质、接口位置及标高	化	
8	厂用电系统资料	高/低压厂用电系统标称电压、额定频率	电	
9	主厂房电气设备布置资料	发电机引出线系统、厂用封闭母线、高低压开关柜、励磁设备、变频器、蓄电池、直流和不间断电源（UPS）、控制保护设备间、柴油发电机组等	电	
10	单元（集中）控制室、电子设备室、信息中心机房平面布置图	炉、机、电等台、盘的布置，净空高度、环境等要求	控	

续表

编号	资料名称	资料主要内容	接收专业	备注
11	单元（集中）控制室、电子设备室、信息中心机房埋件、留孔要求	台、盘的埋件、留孔尺寸等	控	
12	主厂房电缆主通道	走向、标高、桥架层数、层高、单位长度荷载、宽度等	电、控	司2+施工图
13	综合管架上电缆桥架资料	包括布置在综合管架上的电缆桥架的走向、标高、桥架层数、层高、单位长度荷载、宽度等	电	综合管架由热机牵头时
14	热控耗气量资料	气压、容量、布置要求	控	控制中心时无此项
15	发电机封闭母线微正压装置气源要求	气压、容量、品质要求	电	
16	备用励磁资料	安装图及表盘	电	
17	烟气连续排放监测系统（CEMS）测点位置		控	
18	主厂房建筑平、立、剖面图	包括至生产办公楼的天桥等	建	
19	辅助生产建筑物筑平、立、剖面图	包括燃油泵房、空气压缩机室、启动锅炉房、脱硝还原剂储存区等	建	
20	主厂房结构布置图	各层结构平剖面、结构尺寸	结	
21	引风机室、烟囱、烟道结构形式		结	
22	汽轮发电机基座模板图	各层平面布置及立面布置图	结	
23	主控楼结构布置图		结	
24	厂区综合管架结构布置图	含管架的横断面结构布置	结	
25	辅助生产建筑物结构图	包括燃油泵房、空气压缩机室、启动锅炉房、脱硝还原剂储存区等	结	
26	全厂总体规划图	按初设审核意见修改的总体规划图	总	
27	厂区总平面布置图	根据各专业提来资料绘制的总布置图，包括主要管线	总	
28	厂区竖向布置图	包括道路排水等资料	总	
29	厂区地下管、沟布置图		总	
30	厂区综合管线平断面图		总	
31	供热、空调用汽及凝结水回收资料	汽量、凝结水量及回收方式、参数、位置	暖	
32	主厂房内主要暖通设备布置及荷重资料（初版）	设置在主厂房内的供热、通风、空调及除尘主要设备布置及荷重，重点应注意楼面及屋面上布置的设备向结构提出荷重资料	暖	
33	供热、通风、空调、除尘设备及管道布置对相关专业的要求	暖通设备布置要求设置的机房、平台等	暖	
34	主厂房内暖通设备及管道布置	设置在主厂房内的供热、通风、空调及除尘设备布置，主要供热或空调冷（热）水管道、通风空调风管道布置及尺寸	暖	
35	脱硫、脱硝建筑暖通资料	供热、空调、通风设备的布置及风道、沟道布置、荷重、开孔、预埋件等	暖	
36	供热用汽及凝结水回收资料	凝结水量及回收方式	暖	
37	主厂房暖通设备布置图	主厂房内供热、通风、空调、除尘及清扫管道及风道系统及布置	暖	
38	有关专业油漆保温要求		化、水、灰、暖	

编号	资料名称	资料主要内容	接收专业	备注
39	循环水、工业水汽机房前接口资料		水	
40	供水系统图		水	
41	水平衡图		水	
42	浴池及盥洗间资料	蒸汽量及连接点位置	水	
43	供排水管线走廊布置	包括供排水地下管廊及地上管架走廊	水	
44	A排外循环水管资料		水	
45	油区消防管道布置图		消	
46	直接空冷系统图	主厂房内消火栓、水喷雾及气体消防系统布置	消	
47	空冷系统平面布置图	直冷：柱网平面布置、散热器平面布置、平台高度、柱网、主排汽管道与主厂房A列的关系。间冷：塔径、循环水泵房的外形尺寸及其相对位置关系、循环水管道布置等	水	
48	空冷系统清洗和喷雾接管资料	用于热态清洗水质（除盐水）要求以及水量、水压要求，用于喷雾降温的水质（除盐水）要求以及水量、水压要求，接口位置等	水	

表 1-12　　　　　　　　燃气轮机发电工程热机专业提供其他专业资料表

编号	资料名称	资料主要内容	接收专业	备注
1	动力岛厂房各车间布置图		暖、水、化、信、土、消、总、电、控	
2	动力岛厂房0.00m层布置图	地下沟道、排放水要求，荷载、孔洞、预埋件	建、结、总	
3	燃气轮发电机组有关资料	基础外形、孔洞、荷载	结	
4	汽轮发电机组有关资料（含基础与平台）	基础外形、孔洞、荷载	结	
5	锅炉基础有关资料	基础外形、孔洞、荷载、预埋件（预埋件可分批提）	结	
6	锅炉本体范围有关资料	构架及平台楼梯、电梯井资料	结、控	
7	锅炉房地坪沟道	0.00m层辅机布置、冲洗水泵	结	
8	机、炉辅机和设备资料	荷载、基础布置资料	结	
9	辅助车间任务书	修配厂、空气压缩机室、启动锅炉房、调压站、柴油发电机室等资料	建、结、电、控、水、总、暖	
10	燃油装置任务书	油泵房、油库、油区、卸油栈台等布置图，荷重、燃油性质及使用温度、消防要求等	建、结、电、消、水、控、总、环、暖	
11	厂区管道任务书	厂区管道支架和沟道布置、荷载、孔洞及预埋件	结、总	
12	工业用水资料	水量、水压、水温、水质、冷却水系统图	水	
13	循环水及工业水接口资料	接口位置、标高详图	水	
14	汽轮机凝汽量	最终凝汽量（含给水泵汽轮机排汽量）	水	
15	排水资料	各种排水量及接口，主厂房0.00m排水	水	
16	事故排油量及油坑尺寸		结	
17	热机汽水、燃烧等系统图	机炉的系统、设备	控、电	施设阶段司令图深度

编号	资料名称	资料主要内容	接收专业	备注
18	热机各系统的运行参数及运行方式	物位（料位、液位）、压力、温度、流量、管径等	控	
19	汽轮机、锅炉的保护要求		控、电	转提厂家资料
20	阀门电动执行机构资料	包含阀门电机功率	控、电	转提厂家资料
21	热机各系统厂用电任务书	包括用电负荷额定功率、电压等级、运行方式、布置地点、控制联锁要求，是否采用变频器，是否有保安电源、不间断电源及直流电源等特殊供电要求。设备带控制箱应在备注中注明	控、电	
22	热机各系统对自动调节的要求	热机各系统运行方式、保护、控制、联锁要求	控、电	
23	流量测量装置资料	按热控专业的有关要求提供	控	
24	四大管道有关的P&I图及有关测点的布置和开孔要求		控	
25	燃油泵房及油库布置、燃油系统图	设备布置、管道运行参数	控、消	
26	局部照明及检修电源要求		电	
27	水处理任务书	热力系统、热平衡热负荷、汽耗、给水减温方式、自用汽耗、锅炉汽水取样系统图及最大一台机油系统油量和排污系统图、启动时最大补水量及压力	化	
28	发电机冷却方式	冷却介质参数、数量	化	
29	废水处理资料	废水处理量、性质及接口标高、位置	化、水	
30	主厂房与化水管接口位置	沟道剖面尺寸及接口标高、位置	化	
31	电动机通风资料	需要通风的电动机	暖	
32	各调节阀的驱动力矩		控	
33	动力岛厂房消防资料	需要专门设置消防设施的布置及要求	消	
34	油罐消防及喷淋要求		消	
35	柴油发电机平剖面图		结、总、建	
36	燃气轮机燃料系统图		控	
37	燃油、燃气系统厂用电任务书	设备电负荷、运行方式、布置地点、联锁要求	控、电	
38	燃油、燃气设备及建筑物布置图		建、结、总、暖、电、水	
39	燃油、燃气系统辅机布置图	油罐、输供油泵、卸油泵、滤油器	结、总	
40	燃油、燃气管线图		电、水、结、总	
41	输供油泵房、卸油泵房通风要求		暖	
42	埋地油管道的化学腐蚀防护要求		电	
43	油罐基础布置图		结	
44	油池布置图		结	
45	燃气轮机冲洗水池布置图		结	
46	暖通要求	主厂房及热机专业负责的其余厂房的室内温度、湿度要求，通风要求，可能散发的有害物质，主厂房内主要设备管道散热量及热机专业负责的其他主要设备管道散热量	暖	如有特殊要求

表 1-13　　　　　　　　　　　燃气轮机发电工程热机专业接收其他专业资料表

编号	资料名称	资料主要内容	接收专业	备注
1	生水、压缩空气、蒸汽量、工业水量	水处理系统及附属系统用量、压力、温度等要求	化	
2	各水处理设施布置和管道规划图	包括锅炉补给水处理系统、循环水处理系统、氢气站等	化	
3	主厂房内设备布置资料	热力系统加药、硫酸亚铁镀膜、汽水取样、凝结水精处理设备	化	
4	管道接点	生水、除盐水、蒸汽、压缩空气、氢气管道及管沟剖面图	化、水	
5	厂用配电装置初步任务书	布置位置尺寸	电	
6	主厂房中压配电室布置图	配电室设备的平断面布置要求	电	
7	主厂房变频器室布置图	变频器室设备的平断面布置要求	电	
8	主厂房内电气二次设施布置图	包括主厂房内电气继电器室、单元控制室、电子设备间、电气工程站、操作员站等房间的布置要求	电	
9	发电机出线资料	包括发电机出线小室、发电机出线连接平断面布置、封闭母线、励磁母线、励磁变压器、发电机出口断路器（GCB）、发电机出口电压互感器柜等设备的平断面布置	电	
10	共箱母线布置图	共箱母线室内外平断面布置	控	
11	集中控制室及电子设备间平面布置图（初步）	包括交接班室、会议室、更衣室、工程师室等以及机、炉、电等盘、柜的布置	控	
12	集中控制室及电子设备间平面布置图（施工图）	包括交接班室、会议室、更衣室、工程师室等以及机、炉、电等盘的布置	控	
13	集中控制室及电子设备间开孔埋件资料	盘、台的布置，埋件、留孔尺寸等	控	
14	集控楼热控电缆夹层电缆通道布置图及开孔埋件资料		控	
15	主厂房热控电缆主通道走向图	包括电缆通道走向及各层的标高，预埋件及开孔资料	控	
16	热控主要就地设备布置图	包括布置、开孔、埋件、埋管	控	
17	汽轮机机座埋管资料	包括汽轮机、发电机机座埋管资料	控	
18	辅助车间控制室布置图		控	
19	辅助车间电缆通道及热控主要就地设备布置图		控	
20	辅助车间控制室及电缆通道的开孔、埋件资料	包括辅助车间布置，留孔、埋件及埋管、沟道等	控	
21	控制耗气量资料	气压、容量、布置要求	控	
22	四大管道有关的 P&I 图及有关测点的布置和开孔要求		控	
23	总体规划图	根据初设审批意见修改的总体规划图	总	
24	总平面布置图	根据各专业提来资料绘制的总布置图，包括主要管线	总	
25	厂区竖向布置图	包括道路排水等资料	总	
26	卸、输供油泵房，天然气增压站，含油污水处理室平面布置图		总	

编号	资料名称	资料主要内容	接收专业	备注
27	厂区地下设施布置图		总	
28	厂区架空管线平断面图		总	
29	主厂房各层建筑平、立、剖面图	主厂房（汽机房、燃机厂房、余热锅炉、集中控制室）建筑平面、立面、剖面图等	建	
30	卸、输供油泵房，天然气调压站，含油污水处理室建筑平面布置图		建	
31	汽机房、燃机房（动力岛厂房）结构布置图	框架及各层结构布置图，构件断面尺寸	结	
32	汽机房、燃机房（动力岛厂房）地下设施布置图	地下设施布置图	结	
33	汽轮发电机、燃气轮机基础图	基础外形图	结	
34	锅炉区域建（构）筑物结构布置图	余热锅炉给水泵房等结构布置图	结	
35	辅助建筑物结构布置图	启动锅炉房、热网首站、空气压缩机房（机务）结构布置图	结	
36	供热、空调用汽及凝结水回收资料	汽量、凝结水量及回收方式、参数、位置	暖	
37	暖通用水资料	水量、参数、位置	暖	
38	主厂房内暖通设备及管道布置	供热、空调、通风设备的布置及风道、荷重、开孔、预埋件等	暖	
39	供水系统	供水系统图	水	
40	循环水资料	水量、排污量、蒸发、风吹损失等	水	
41	主厂房消防干管走向		水	
42	油、气区消防管道布置图		消	
43	主厂房内消火栓、水喷雾及气体消防系统布置		消	

第二章

煤

煤炭是我国火电厂的主要燃料，煤炭和煤灰的特性对锅炉及其辅助系统、辅助设备的选型、设计、运行有很大的影响。

第一节　煤的成分、基准及其换算

一、煤的主要成分

煤主要由碳、氢、氧、氮、硫五种元素及水分（M）、灰分（A）等成分组成，这些成分都以质量分数计，其总和为 100%。

通过实验和计算，得出煤的水分（M）、灰分（A）、固定碳（FC）和挥发分（V）的质量分数，及煤的全硫量和发热量，称为煤的工业分析。水分（M）、灰分（A）、固定碳（FC）和挥发分（V）的质量分数的总和应为 100%，其中水分（M）、灰分（A）和挥发分（V）通过实验测出，固定碳（FC）是其余量。

通过实验和计算，得出煤的收到基碳、氢、氧、氮、硫，以及水分和灰分的质量分数，称为煤的元素分析。其质量分数的总和应为 100%，其中碳、氢、氮、硫、水分和灰分通过实验测出，氧含量是其余量。

1. 碳（C）

碳是煤中的主要可燃元素，一般占煤成分的 15%～85%。碳元素包括固定碳和挥发分中的碳。煤的埋藏年代愈久，碳化程度愈深，含碳量也愈高，而氢、氧、氮的成分由于挥发而逐渐减少减少。1kg 纯碳完全燃烧生成二氧化碳，可放出 33727kJ 的热量，而 1kg 纯碳不完全燃烧时生成 CO，仅放出 9270kJ 的热量。纯碳不易着火燃烧，因此，含碳量愈高的煤，其着火和燃烧愈困难。

2. 氢（H）

氢是组成有机物的重要元素之一，是燃料中单位发热最高的元素。1kg 氢的低位发热量为 120370kJ，约等于纯碳的 3.6 倍，但是它在煤中的含量不多，一般为 2%～6%。一部分氢存在于有机物中，加热时形成氢原子，易与相近的碳原子一起断裂形成低分子烃类化合物，很易着火和燃烧。

3. 氧（O）和氮（N）

氧和氮是有机物中不可燃成分。氧常与燃料中的氢或碳处于化合状态，如 CO_2、H_2O 等，减少可燃成分，因而是一种不利元素。氧在各种煤中的含量差别很大，煤的地质年龄愈短，其氧含量愈高，无烟煤一般为 1%～3%，而泥煤可达 40%。煤中的氮含量不多，约为 0.5%～2%。氮和空气中的氧在高温下形成氮氧化物（NO_x），属于大气污染物，锅炉设计时应注意减少 NO_x 的生成量。

4. 硫（S）

硫是煤中的有害元素，通常有有机硫、黄铁硫矿和硫酸盐硫三种形态，三者共称为全硫，前两种硫均能燃烧放出热量故称可燃硫，而硫酸盐硫不参与燃烧，故并入灰分中。硫的发热量很低，1kg 硫燃烧后生成 9050kJ 热量。我国电厂用煤中硫含量一般小于 1.5%，个别含量偏高，可达 3%～5%。硫含量增多，会造成锅炉受热面、空气预热器、烟气系统的设备和管道腐蚀和堵灰。硫燃烧产生的 SO_2 和 SO_3 会污染大气，应在炉内和炉后采取脱硫措施，减少其危害。

把燃料中的硫折算到每单位发热量的百分数，称为折算硫分，其意义为每送入炉膛单位发热量带入的硫分。本书中，如不特别说明，计算折算硫分的发热量为煤的收到基低位发热量，单位发热量取为 4182kJ（或 1000kcal）。折算硫分计算式为

$$S_{sp} = 4182 \frac{S_{ar}}{Q_{net,ar}} \quad (2-1)$$

式中　S_{sp}——折算硫分，%；

　　　S_{ar}——煤的收到基硫含量，%；

　　　$Q_{net,ar}$——煤的收到基低位发热量，kJ/kg。

5. 灰分（A）

灰分是煤完全燃烧后生成的固态残余物的统称。各种煤的灰分含量相差很大，详见本章第三节。当管理不善时，商品煤的灰分将有所增大，特别是露天煤

矿的灰分变化更大。

灰分不仅降低煤的发热量，影响着火及燃烧的稳定性，而且容易形成结渣、沾污、磨损、堵灰，影响锅炉运行的经济性和安全性。

把燃料中的灰分等折算到每单位发热量的百分数，称为折算灰分，其意义同折算硫分。折算灰分计算式为

$$A_{sp} = 4182 \frac{A_{ar}}{Q_{net,ar}} \qquad (2-2)$$

式中　A_{sp}——折算灰分，%；

　　　A_{ar}——煤的收到基灰分，%。

6. 水分（M）

水分也是煤中的不可燃成分，不同煤种中水分含量变化也很大。水分增加，影响煤的着火和燃烧速度，会增大烟气量、增加排烟热损失、加剧尾部受热面的腐蚀和堵灰。此外，水分非常大时也会增加煤的运输、给煤和煤粉制备的困难。

原煤的全水分 M_{ar} 由外在（表面）水分 M_f 和内在水分即空气干燥基水分 M_{ad} 组成，三者之间的关系为

$$M_{ar} = M_f + \frac{M_{ad}(100-M_f)}{100} \qquad (2-3)$$

式中　M_{ar}——原煤的全水分，%；

　　　M_f——煤的外在（表面）水分，%；

　　　M_{ad}——内在水分，即空气干燥基水分，%。

把燃料中的水分等折算到每单位发热量的百分数，称为折算水分，其意义同折算硫分。折算水分计算式为

$$M_{sp} = 4182 \frac{M_{ar}}{Q_{net,ar}} \qquad (2-4)$$

式中　M_{sp}——折算水分，%；

　　　M_{ar}——煤的收到基水分，%。

二、煤灰的主要成分和对电厂设备的影响

1. 煤灰的成分

煤灰的成分是指煤中的矿物质经燃烧后生成的各种金属与非金属的氧化物与盐类（如硫酸钙等）。

常见的煤中自然形成的矿物质分类见表 2-1。其中主要成分是黏土矿物质，占矿物质的 50%左右；其次是碳酸盐，占矿物质的 20%左右；然后是 SiO_2，所占比例变化非常大，为 1%～15%；第四类为硫化物，根据各矿不同，最多可达 20；最后为次要成分，如长石、磷酸盐或氯化物等。另外，沙土、砂砾和黏土可固结成页岩，其中包括伊利石、白云母、黑云母等多种矿物质。我国煤中常见的矿物质是黏土矿物质、黄铁矿、石英和方解石。

表 2-1　　煤 中 的 矿 物 质

黏土矿物质	高岭土 $Al_2O_3 \cdot 2SiO_2 \cdot 2H_2O$ 伊利石 $K_2O_3 \cdot (Al, Fe)_2O_3 \cdot 16SiO \cdot 4H_2O$
碳酸盐	方解石 $CaCO_3$ 白云石 $CaCO_3 \cdot MgCO_3$ 菱铁矿 $FeCO_4$
SiO_2 类	石英 SiO_2 玉髓 SiO_2
硫化物	黄铁矿 FeS_2 白铁矿 FeS_2
其他	长石 $(K, Na)AlSi_3O_8$ 磷灰石 $Ca_5F(PO_4)_3$ 赤铁矿 Fe_2O_3 页岩 Na_2O 金红石 TiO_2

如果以氧化物来区别，则灰中主要成分是 SiO_2 和 Al_2O_3，两者占煤灰的 60%～70%，其余 30%～40% 为氧化铁（FeO、Fe_2O_3、Fe_3O_4）、CaO、MgO、TiO_2、SO_3、P_2O_5、Na_2O、K_2O 等。根据《火力发电设备技术手册　第一卷　锅炉》，我国的煤灰主要成分的一般范围见表 2-2。

表 2-2　　　　　　　　　　　　　　我国主要动力用煤灰成分

煤灰成分	无烟煤、贫煤		烟煤		褐煤	
	下限	上限	下限	上限	下限	上限
SiO_2	31.35%	73.50%	19.91%	80.68%	10.16%	56.42%
Al_2O_3	10.19%	47.52%	8.76%	48.60%	5.64%	31.38%
Fe_2O_3	2.02%	12.81%	1.15%	64.50%	4.67%	21.34%
CaO	0.43%	28.20%	0.57%	30.41%	5.03%	39.02%
MgO		1.26%		3.15%	0.11%	2.43%
P_2O_5	0.04%	1.17%	0.01%	4.88%	0.04%	2.53%
TiO_2	0.08%	1.71%	0.15%	5.36%	0.28%	3.76%
SO_3	0.08%	10.59%	0.07%	13..43%	0.63%	35.16%
$K_2O + Na_2O$	0.05%	7.37%		9.57%	0.09%	11.38%

大多数煤灰，SiO_2 含量最多，因而呈弱酸性，相对来说，我国煤灰中的钾钠含量较少（新疆准东地区煤钾钠等碱金属含量很高）。从表 2-2 中看出，褐煤煤灰中 CaO 的含量为 5%～39%，超过了 Al_2O_3 的含量，这是褐煤煤灰的一个特点。

2. 煤灰的熔融性

我国过去用 t_1、t_2、t_3 三个特征温度来表示灰的熔融特性，其中 t_1 为灰的变形温度，t_2 为灰的软化温度，t_3 为灰的流动温度。工业上一般以 t_2 作为衡量其熔融性的主要指标。

我国现行标准 GB/T 219—2008《煤灰熔融性的测定方法》同美国标准一样，增加一个半球温度（HT），它介于软化温度 ST 和流动温度 FT 之间，是灰锥高度等于 1/2 底长时的温度。煤灰的熔融特征见图 2-1。

图 2-1 煤灰的熔融特征示意
DT—变形温度；ST—软化温度；
HT—半球形温度；FT—流动温度

3. 对电厂设备的影响

（1）对锅炉的影响。主要表现为灰的结渣特性，详见本章第五节。

（2）对电除尘器的影响。Na_2O、Fe_2O_3 对除尘效率有着有利的影响，Al_2O_3 和 SiO_2 对除尘效率有着不利的影响。总体而言，当一种煤中低硫、低铁、低钠、低钾以及高灰、超高铝、高硅等不利因素同时出现时，将导致烟尘密度轻、粒度细、比电阻高，属于特别困难的烟尘条件，电除尘器的收尘特性将非常差。其中 Si、Al、Fe 元素对电除尘器除尘效果的影响如下：

1）Si、Al 元素的影响。一般而言，对于以 Si 元素为主要成分的飞灰，往往要求电除尘器在克服电晕方面采取措施；对于以 Al 元素为主要成分的飞灰，往往要求电除尘器对防治粉尘产生二次飞扬采取措施。

2）Fe 元素的影响。灰中的 Fe 元素基本形式为 Fe_2O_3 和 Fe_3O_4，虽然在成分分析中以 Fe_2O_3 来表示飞灰的铁含量，但是 Fe_3O_4 这种物相形式在灰中不仅大量存在，而且由于 Fe_3O_4 带有磁性，能够在飞灰内部形成有序的排列参与电流传导，所以飞灰中的含铁氧化物能够起到降低比电阻的作用。Fe_2O_3 及 Fe_3O_4 所占比率不同，会对电除尘器的运行带来不同影响。

三、煤成分的分析基准

常用的基准有以下四种。

1. 收到基

以收到状态的燃料为基准计算燃料中全部成分的组合称为收到基，以下角标 ar（arrived basis）表示。例如，进厂原煤或炉前煤都以收到基计算各项成分。煤的收到基各成分的关系为

$$\omega(C_{ar})+\omega(H_{ar})+\omega(O_{ar})+\omega(N_{ar})+\omega(S_{ar}) \\ +\omega(A_{ar})+\omega(M_{ar})=100\% \quad (2-5)$$

式中以 $\omega(C_{ar})$ 表示收到基碳的质量分数，其他类推。

2. 空气干燥基

以与空气温度达到平衡状态的燃料为基准，即供分析化验的煤样在实验室的一定温度下，自然干燥失去外在水分，其余的成分组合便是空气干燥基，以下角标 ad（air dry basis）表示。煤的空气干燥基各成分的关系为

$$\omega(C_{ad})+\omega(H_{ad})+\omega(O_{ad})+\omega(N_{ad})+\omega(S_{ad}) \\ +\omega(A_{ad})+\omega(M_{ad})=100\% \quad (2-6)$$

3. 干燥基

以假想无水状态的燃料为基准，用下角标 d（dry basis）表示。干燥基中因无水分，故灰分不受水分变动的影响，含量比较稳定。煤的干燥基各成分的关系为

$$\omega(C_d)+\omega(H_d)+\omega(O_d)+\omega(N_d)+\omega(S_d) \\ +\omega(A_d)=100\% \quad (2-7)$$

4. 干燥无灰基

以假想无水、无灰状态的煤为基准，以下角标 daf（dry ash free basis）表示。煤的干燥无灰基各成分的关系为

$$\omega(C_{daf})+\omega(H_{daf})+\omega(O_{daf})+\omega(N_{daf}) \\ +\omega(S_{daf})=100\% \quad (2-8)$$

干燥无灰基因无水、无灰，剩下的成分便不受水分、灰分变动的影响，是表示碳、氢、氧、氮、硫成分最稳定的基准，可作为燃料分类的依据。

另外，还有如下两种煤的基准。

1. 干燥无矿物质基

以假想无水、无矿物质的煤为基准，以下角标 dmmf（dry mineral-matter free basis）表示。

2. 恒湿无灰基

以假想含最高内在水分、无灰状态的煤为基准，以下角标 maf（moist ashfree basis）表示。

通常情况下，煤质分析所使用的煤样是空气干燥基煤样，分析结果的计算以空气干燥基为基准，这样避免了外在水分的变化对煤样分析的干扰。但是，电厂运行的实际情况是煤的收到基状态，为了使得锅炉及辅机的设计符合电厂运行实际，在锅炉设计、锅炉附属系统设计和辅机选型时，按收到基进行计算。同时，锅炉个别性能的考虑（如结焦特性），又需要以煤的干燥无灰基为基础。因此，需要对煤的各种成分进

行基准的换算。总体换算公式为

$$X=KX_0 \tag{2-9}$$

式中 X_0——按原基准计算的某一成分的质量分数；

X——按新基准计算的同一成分的质量分数；

K——换算系数。

换算系数 K 按表 2-3 计算。

表 2-3   不同基准的换算系数

已知基 X_0	所要换算到的基准 X				
	空气干燥基 ad	收到基 ar	干燥基 d	干燥无灰基 daf	干燥无矿物质基 dmmf
空气干燥基 ad	1	$\dfrac{100-M_{ar}}{100-M_{ad}}$	$\dfrac{100}{100-M_{ad}}$	$\dfrac{100}{100-(M_{ad}+A_{ad})}$	$\dfrac{100}{100-(M_{ad}+MM_{ad})}$
收到基 ar	$\dfrac{100-M_{ad}}{100-M_{ar}}$	1	$\dfrac{100}{100-M_{ar}}$	$\dfrac{100}{100-(M_{ar}+A_{ar})}$	$\dfrac{100}{100-(M_{ar}+MM_{ar})}$
干燥基 d	$\dfrac{100-M_{ad}}{100}$	$\dfrac{100-M_{ar}}{100}$	1	$\dfrac{100}{100-A_d}$	$\dfrac{100}{100-MM_d}$
干燥无灰基 daf	$\dfrac{100-(M_{ad}+A_{ad})}{100}$	$\dfrac{100-(M_{ar}+A_{ar})}{100}$	$\dfrac{100-A_d}{100}$	1	$\dfrac{100-A_d}{100-MM_d}$
干燥无矿物质基 dmmf	$\dfrac{100-(M_{ad}+MM_{ad})}{100}$	$\dfrac{100-(M_{ar}+MM_{ar})}{100}$	$\dfrac{100-MM_d}{100}$	$\dfrac{100-MM_d}{100-A_d}$	1

注 1. MM 为矿物质含量，以质量分数计。

2. 不同基的低位发热量转换不适用于此表。

第二节 煤的发热量

一、煤的发热量定义

煤的发热量有高位发热量 Q_{gr} 和低位发热量 Q_{net} 两种。

高位发热量定义为：1kg 煤完全燃烧时放出的全部热量，包含烟气中水蒸气凝结时放出的热量。

低位发热量定义为：在 1kg 煤完全燃烧时放出的全部热量中扣除水蒸气和氢燃烧生成水的汽化潜热后所得的热量。

煤在锅炉中燃烧后排烟温度一般高于 100℃，烟气中的水蒸气不可能凝结下来，这样就带走了一部分汽化潜热。我国和欧洲大部分国家锅炉设计和电厂热效率计算中通常采用低位发热量作为煤带进锅炉的热量的计算依据，美国和日本则通常采用高位发热量。

二、高、低位发热量的换算

相同基准下高、低位发热量之间的差别主要在于煤中的水分和燃烧时氢与氧燃烧生成水的汽化潜热这部分热量。高、低位发热量换算公式为

对于干燥无灰基

$$Q_{net,daf}=Q_{gr,daf}-225.9H_{daf} \tag{2-10}$$

对于干燥基

$$Q_{net,d}=Q_{gr,d}-225.9H_d \tag{2-11}$$

对于空气干燥基

$$Q_{net,ad}=Q_{gr,ad}-25.1(9H_{ad}+M_{ad}) \tag{2-12}$$

对于收到基

$$Q_{net,ar}=Q_{gr,ar}-25.1(9H_{ar}+M_{ar}) \tag{2-13}$$

式中 Q_{net}、Q_{gr}——不同基准的低位发热量、高位发热量，kJ/kg；

H、M——煤在相应基准下的氢含量和水分含量，%；

25.1——物理含义为水的 0℃时的气化潜热，近似于 2510kJ/kg 除以 100[由于式（2-10）～式（2-13）中氢含量和水分含量以百分数表示]。

三、不同基的发热量的转换

对于高位发热量来说，水分只是占据了质量的一定份额而使发热量降低。但是对于低位发热量，水分不仅占据了质量的一定份额，还要吸收汽化潜热，因此，各种基的高位发热量之间可以直接乘以转换系数（见表 2-3）进行换算。干燥无灰基与干燥基低位发热量之间的换算也可以采用表 2-3。对于其他基低位发热量之间的换算，必须先转化成高位发热量之后才能进行。不同基准低位发热量之间的总体换算公式见式（2-9），各种基低位发热量之间的换算公式见表 2-4。

表 2-4 不同基准低位发热量之间的换算系数

已知基准 X_0	所要换算到的基准 X			
	收到基	空气干燥基	干燥基	干燥无灰基
收到基	$Q_{net,ar}$	$Q_{net,ad}=(Q_{net,ar}+25.1M_{ar})$ $\times\dfrac{100-M_{ad}}{100-M_{ar}}-25.1M_{ad}$	$Q_{net,d}=(Q_{net,ar}+25.1M_{ar})$ $\times\dfrac{100}{100-M_{ar}}$	$Q_{net,daf}=(Q_{net,ar}+25.1M_{ar})$ $\times\dfrac{100}{100-M_{ar}-A_{ar}}$
空气干燥基	$Q_{net,ar}=(Q_{net,ad}+25.1M_{ad})$ $\times\dfrac{100-M_{ar}}{100}-25.1M_{ar}$ M_{ad}	$Q_{net,ad}$	$Q_{net,d}=(Q_{net,ad}+25.1M_{ad})$ $\times\dfrac{100}{100-M_{ad}}$	$Q_{net,daf}=(Q_{net,ad}+25.1M_{ad})$ $\times\dfrac{100}{100-M_{ad}-A_{ad}}$
干燥基	$Q_{net,ar}=Q_{net,d}$ $\times\dfrac{100-M_{ar}}{100}-25.1M_{ar}$	$Q_{net,ad}=Q_{net,d}$ $\times\dfrac{100-M_{ad}}{100}-25.1M_{ad}$	$Q_{net,d}$	$Q_{net,daf}=Q_{net,d}\times\dfrac{100}{100-A_d}$
干燥无灰基	$Q_{net,ar}=Q_{net,daf}$ $\times\dfrac{100-M_{ar}-A_{ar}}{100}-25.1M_{ar}$	$Q_{net,ad}=Q_{net,daf}$ $\times\dfrac{100-M_{ad}-A_{ad}}{100}-25.1M_{ad}$	$Q_{net,d}=Q_{net,daf}\times\dfrac{100-A_d}{100}$	$Q_{net,daf}$

四、煤的发热量的经验计算公式

工程设计中，煤的发热量原则上应采用实验室分析的低位（或高位）发热量。但是，有的工程项目采用混煤，甚至是人为调配的煤种，在无实验室数据时，可以通过煤的元素分析，用式（2-14）～式（2-20）估算。

根据煤的收到基来计算发热量，可用门捷列夫公式，该公式没有对不同煤种进行区分，直接采用了元素分析的收到基，即

$$Q_{gr,ar}=339C_{ar}+1256H_{ar}+109(S_{ar}-O_{ar}) \quad (2-14)$$

$$Q_{net,ar}=Q_{gr,ar}-25.12(9H_{ar}+M_{ar})$$
$$=339C_{ar}+1029.8H_{ar} \quad (2-15)$$
$$-108.8(O_{ar}-S_{ar})-25.12M_{ar}$$

式中
$\quad Q_{gr,ar}$——煤的收到基高位发热量，kJ/kg；

$\quad Q_{net,ar}$——煤的收到基低位发热量，kJ/kg；

C_{ar}，H_{ar}，O_{ar}，S_{ar}，M_{ar}——煤的收到基碳、氢、氧、硫、水分含量，%。

当煤的 $A_d \leqslant 25\%$ 时，实测发热量与按式（2-14）和式（2-15）计算的发热量之差不应超过 600kJ/kg；当煤的 $A_d > 25\%$，该差值不应超过 800kJ/kg。

门捷列夫公式的计算值普遍高于试验实测值，且煤的灰分越高，高出的值越多。中国煤科院提出根据不同煤种利用元素分析的干燥无灰基进行计算煤的高位发热量的经验公式，并给出了标准差区间，相关公式见式（2-16）～式（2-20）。

对无烟煤和贫煤
$$Q_{gr,daf}=334.5C_{daf}+1338H_{daf}$$
$$+92(S_{daf}-O_{daf})-33.5(A_d-10) \quad (2-16)$$

对于瘦煤、焦煤、肥煤、气煤类烟煤
$$Q_{gr,daf}=334.5C_{daf}+1296H_{daf}+92S_{daf}$$
$$-104.5O_{daf}-29(A_d-10) \quad (2-17)$$

对于长焰煤、弱黏煤和不黏煤类烟煤
$$Q_{gr,daf}=334.5C_{daf}+1296H_{daf}+92S_{daf}$$
$$-109O_{daf}-18(A_d-10) \quad (2-18)$$

对于褐煤
$$Q_{gr,daf}=334.5C_{daf}+1275.5H_{daf}+92S_{daf}$$
$$-109O_{daf}-25(A_d-10) \quad (2-19)$$

褐煤、烟煤及无烟煤可共用下列校核式
$$Q_{gr,daf}=334.5C_{daf}+1296H_{daf}+63S_{daf}$$
$$-104.5O_{daf}-21(A_d-12) \quad (2-20)$$

式中
$\quad Q_{gr,daf}$——煤的干燥无灰基高位发热量，kJ/kg；

C_{daf}，H_{daf}，O_{daf}，S_{daf}——煤的干燥无灰基碳、氢、氧、硫含量，%；

A_d——煤的干燥基灰含量，%。

注：式（2-16）中，对于 $C_{daf}>95\%$ 或 $H_{daf}<1.5\%$ 的老年无烟煤，C_{daf} 的系数取 326.6。在式（2-20）中，对 $C_{daf}>95\%$ 或 $H_{daf}\leqslant1.5\%$ 的煤，C_{daf} 的系数取 326.6；对 $C_{daf}<77\%$ 的煤，H_{daf} 的系数取 1254.5。

式（2-16）～式（2-20）的标准误差 σ 见表 2-5。

表 2-5 利用元素分析数据核算煤的高位发热量 $Q_{gr,daf}$ 的标准误差

项目	式（2-16）	式（2-17）	式（2-18）	式（2-19）	式（2-20）
标准误差 σ	268J/g	218J/g	243J/g	301J/g	较式（2-16）～式（2-19）的误差大 30% 左右
95%置信范围的最大误差（1.96σ）	527J/g	427J/g	477J/g	586J/g	

第三节 燃煤电厂锅炉用煤种分类

一、我国煤炭分类

根据 GB/T 5751—2009《中国煤炭分类》，按煤化程度（主要是干燥无灰基的挥发分）将煤炭划分为无烟煤、烟煤和褐煤，见表2-6。

烟煤类别的划分，需同时考虑烟煤的煤化程度和工艺性能（主要是黏结性），烟煤煤化程度的参数采用干燥无灰基挥发分（V_{daf}）作为指标；烟煤黏结性的参数以黏结指数（G）作为主要指标，并以胶质层最大厚度（Y_1）或奥亚膨胀度（B）作为辅助指标。当两者划分的类别有矛盾时，以按胶质层最大厚度划分的类别为准。

表 2-6　　　　　　　　　　　　　　中 国 煤 炭 分 类 简 表

类别		代号	编码	分 类 指 标					
				V_{daf} (%)	G	Y (mm)	b (%)	P_M** (%)	$Q_{gr,maf}$*** (MJ/kg)
无烟煤		WY	01、02、03	≤10.0					
烟煤	贫煤	PM	11	>10.0~20.0	≤5				
	贫瘦煤	PS	12		>5~20				
	瘦煤	SM	13、14		>20~65				
	焦煤	JM	24	>20.0~28.0	>50~65				
			15、25	>10.0~28.0	>65*	≤25.0	≤150		
	肥煤	FM	16、26	>10.0~28.0	>85*	>25.0	>150		
			36	>28.0~37.0	>85*	>25.0	>220		
	1/3 焦煤	1/3JM	35	>28.0~37.0	>65*	≤25.0	≤220		
	气肥煤	QF	46	>37.0	>85*	>25.0	>220		
	气煤	OM	34	>28.0~37.0	>50~65	≤25.0	≤220		
			43、44、45	>37.0	>35				
	1/2 中黏煤	1/2ZN	23、33	>20.0~37.0	>30~50				
	弱黏煤	RN	22、32		>5~30				
	不黏煤	BN	21、31		≤5				
	长焰煤	CY	41、42	>37.0	≤35			>50	
褐煤		HM	51	>37.0				≤30	
			52					>30~50	≤24

注 1. V_{daf}—干燥无灰基挥发分；G—烟煤的黏结指数；Y—烟煤的胶质层最大厚度，mm；b—烟煤的奥亚膨胀度，%；P_M—煤样的透光率，%；$Q_{gr,maf}$—煤的恒湿无灰高位发热量，以恒湿无灰基为基准的高位发热量，MJ/kg。

　　2. 恒湿无灰基高位发热量 $Q_{gr,maf}$ 的计算方法为

$$Q_{gr,maf}=Q_{gr,ad}\times\frac{100(100-MHC)}{100(100-M_{ad})-A_{ad}(100-MHC)}$$

(2-21)

式中　MHC——煤最高内在水分质量分数，%。

* 对 $G>85$ 的煤，再用 Y 值或 b 值来区分肥煤、气肥煤与其他煤类。当 $Y>25.0mm$ 时，应根据其 V_{daf} 的大小划分为肥煤或气肥煤；当 $Y≤25.0mm$ 时，应根据其 V_{daf} 的大小划为焦煤、1/3 焦煤或气煤。按 b 值划分类别时，$V_{daf}≤28.0$%、$b>150$%的为肥煤；当 $V_{daf}>28.0$%时，$b>22$%的为肥煤或气肥煤。如按 b 值和 Y 值划分的类别有矛盾时，以 Y 值划分的类别为准。

** 对 $V_{daf}>37.0$%、$G≤5$ 的煤，再以透光率 P_M 来区分其为长焰煤或褐煤。

*** 对 $V_{daf}>37.0$%、$P_M>30$%～50%的煤，再测 $Q_{gr,maf}$，如其值大于 24MJ/kg（5700cal/g），应划分为长焰煤，否则为褐煤。

二、我国电站锅炉用动力煤的分类

火力发电厂对煤粉锅炉用煤通常按无烟煤、贫煤、烟煤、褐煤分别进行划分。煤质分级划分标准为 GB/T 15224.1《煤炭质量分级　第 1 部分：灰分》、GB/T 15224.2《煤炭质量分级　第 2 部分：硫分》、GB/T 15224.3《煤炭质量分级　第 3 部分：发热量》、MT/T 849《煤的挥发分产率分级》、MT/T 850《煤的全水分分级》、MT/T 853.1《煤灰软化温度分级》，详见表 2-7。

表 2-7　发电用煤的煤质等级分类

项目	级别名称	代号	参数
按挥发分分类等级 V_{daf}（%）（按 MT/T 849—2000 分级）	特低挥发煤	SLV	≤10
	低挥发分煤	LV	>10.00~20.00
	中等挥发分煤	MV	>20.00~28.00
	中高挥发分煤	MHV	>28.00~37.00
	高挥发分煤	HV	>37.00~50.00
	特高挥发分煤	SHV	>50
按发热量分类等级 $Q_{gr,d}$（MJ/kg）（按 GB/T 15224.3—2010 分级）	特高发热量煤	SHQ	>30.90
	高发热量煤	HQ	27.21~30.90
	中高发热量煤	MHQ	24.31~27.20
	中发热量煤	MQ	21.31~24.30
	中低发热量煤	MLQ	16.71~21.30
	低发热量煤	LQ	≤16.70
按灰分分类等级 A_d（%）（按 GB/T 15224.1—2018 分级）	特低灰煤	SLA	≤10.00
	低灰煤	LA	>10.00~20.00
	中灰煤	MA	>20.00~30.00
	高灰煤	MHA	>30.00~40.00
	特高灰煤	HA	>40.00~50.00
按水分分类等级 M_t（%）（按 MT/T 850—2000 分级）	特低全水分煤	SLM	≤6.0
	低全水分煤	LM	>6.0~8.0
	中等全水分煤	MLM	>8.0~12.0
	中高全水分煤	MHM	>12.0~20.0
	高全水分煤	HM	>20.0~40.0
	特高全水分煤	SHM	>40.0
按硫分分类等级 $S_{t,d折算}$（%）（按 GB/T 15224.2—2010 分级）	特低硫煤	SLS	≤0.50
	低硫煤	LS	0.51~0.90
	中硫煤	MS	0.91~1.50
	中高硫煤	MHS	1.51~3.00
	高硫煤	HS	>3.00

续表

项目	级别名称	代号	参数
按煤灰熔融性分类 ST（℃）（按 MT/T 853.1—2010 分级）	低软化温度灰	LST	≤1100
	较低软化温度灰	RLST	>1100~1250
	中等软化温度灰	MST	>1250~1350
	较高软化温度灰	RHST	>1350~1500
	高软化温度灰	HST	>1500

注　按 GB/T 15224.2《煤炭质量分级　第 2 部分：硫分》的规定，动力煤硫分分级应按发热量进行折算，折算的基准发热量值规定为 24000kJ/kg，按式（2-22）进行折算

$$S_{t,d折算} = 24000 \frac{S_{t,d实测}}{Q_{gr,d实测}} \qquad (2-22)$$

式中　$S_{t,d折算}$——折算干燥基全硫分，%；

$S_{t,d实测}$——煤的实测干燥基全硫分，%；

$Q_{gr,d实测}$——煤的实测干燥基高位发热量，kJ/kg。

三、我国各种电站锅炉动力煤的主要特性

1. 无烟煤

无烟煤是生成年龄最老的煤种。由于其挥发分低（通常 $V_{daf}<10\%$），着火困难，不易燃尽。但由于其灰分、水分含量较少（通常 $A_{ar}=6\%\sim25\%$，$M_{ar}=1\%\sim5\%$），发热量一般较高（通常 $Q_{net,ar}=21000\sim30000kJ/kg$）。在无烟煤燃烧方面难度最大的是超低挥发分无烟煤（$V_{daf}\leqslant6.5\%$）。

2. 贫煤

贫煤碳化程度略低于烟煤，挥发分略高于无烟煤（通常 $V_{daf}=10\%\sim20\%$），发热量一般低于无烟煤，其性能介于无烟煤和烟煤之间。贫煤一般着火也比较困难。

3. 烟煤

烟煤挥发分含量较高，范围也较广（通常 $V_{daf}=20\%\sim40\%$，$A_{ar}=7\%\sim30\%$，$M_{ar}=8\%\sim20\%$，$Q_{net,ar}=20000\sim30000kJ/kg$），有一部分烟煤含灰量较大，$A_{ar}$ 达到 40% 以上，发热量低于 16700kJ/kg，称为劣质烟煤。

烟煤由于其各成分适中，是较好的动力用煤。它的着火稳定性好，但是对于低灰熔融温度的烟煤（ST<1250℃），设计和运行时要慎重考虑其防渣问题。烟煤中的次烟煤是指恒湿无灰基高位发热量 20000~24000kJ/kg 的低阶煤。对于部分发热量较低的劣质烟煤着火稳定性和燃烧效率仍是设计和运行中要重点解决的问题。

4. 褐煤

褐煤是年龄最轻的煤种，V_{daf} 为 37% 以上。褐煤水分、灰分较高，因而发热量较低（通常 $Q_{net,ar}=12000\sim$

18000kJ/kg）。褐煤中，水分 M_{ar}=40%～60%可称为高水分褐煤；灰分 A_{ar}=35%～50%可称为高灰分褐煤。褐煤的另一个特点是含氧量高（通常 O_{ar}=8%～12%），因而容易自燃。褐煤在大气中容易失去水分和机械强度，变成碎屑状。

褐煤燃烧中需要注意的问题是防止由于灰熔融温度低（一般 ST<1200℃）而造成的燃烧结渣问题。

第四节　燃煤电厂煤种的确定

一、设计及校核煤种

设计煤种是指电厂运行时最常用的煤种，是燃煤电厂锅炉设计，燃烧、烟风、烟气处理等系统设计及相关系统的辅机设计时所采用的煤种。

校核煤种是指燃煤电厂锅炉设计，燃烧、烟风、烟气处理等系统设计及相关系统的辅机设计时，保证相关设备和系统能够安全运行并满足最基本性能所采用的煤种。

设计煤种和校核煤种应选择可靠的煤源。锅炉实际燃用煤种应在设计煤种和校核煤种范围内，至少应有一种校核煤种发热量低于设计煤种发热量，校核煤种的硫含量、灰分应高于设计煤种的硫含量、灰分，应考虑校核煤种与设计煤种在结渣特性、研磨特性（煤的可磨性系数及磨损指数）、沾污特性、燃烧特性等方面的差异。校核煤种可以是一种煤种、几个不同的煤种、几个煤种按一定比例的混煤。校核煤种也可以采用设定设计煤种煤质特性的变化范围的方法人为确定，即为设计煤种的每项分析数据规定其最大值和最小值。对校核煤种或设计煤质变化范围的确定既要有利于对电厂运行的适应性，又要在锅炉厂设计的适应范围之内。根据 DL/T 5240—2010《火电厂燃烧系统设计计算技术规程》，煤质允许偏离范围见表 2-8。

表 2-8　　　　　　　　　　　　　　　　电站锅炉煤质允许偏差变化范围

煤质	干燥无灰基挥发分 V_{daf}	收到基灰分 A_{ar}	收到基水分 M_{ar}	收到基低位发热量 $Q_{net,ar}$	可磨性指数 HGI	可磨性指数 K_{VTI}	冲刷磨损指数 Ke	灰熔点
无烟煤	−1%	±4%	±3%	±10%	±20%	±10%	±20%	变形温度 DT 允许低 50℃；软化温度 ST 允许−8%
贫煤	−2%	±5%	±3%	±10%	±20%	±10%	±20%	
低挥发分烟煤	±5%	±5%	±4%	±10%	±20%	±10%	±20%	
高挥发分烟煤	±5%	+5%、−10%	±4%	±10%	±20%	±10%	±20%	
褐煤	—	±5%	±5%	±7%	±20%	±10%	±20%	

　　注　表中挥发分、灰分、水分及变形温度 DT 为与设计值的绝对偏差；发热量、可磨性指数、冲刷磨损指数、软化温度 ST 为与设计值的相对偏差值。

二、煤质分析的项目

对于火电厂锅炉及其附属设备，以及脱硫系统、脱硝系统、燃烧制粉系统、烟风系统、输煤系统的辅机设备的招标、相关设备和系统的设计所需的常规煤质分析项目见表 2-9。煤质分析应按照 DL/T 567《火力发电厂燃料试验方法》的规定。我国典型煤种的煤质分析可参见附录 E。

表 2-9　　　　　　　　　　　　　　　　煤质常规分析项目

序号	项目	符号	单位	测试标准	主要用途
一	工业分析				
1	收到基全水分	M_{ar}	%	GB/T 211《煤中全水分的测定方法》	（1）燃烧系统热力计算（M_{tl}、A_{ar}）。（2）燃煤特性评价（V_{daf}、A_{ar}、M_t、FC_{ar}）。（3）选择煤粉细度（V_{daf}）。（4）选择制粉系统和磨煤机类型。（5）制粉系统热力计算（M_{ad}、M_t）。（6）脱硫系统计算
2	空气干燥基水分	M_{ad}	%	GB/T 212《煤的工业分析方法》	
3	收到基灰分	A_{ar}	%		
4	干燥无灰基挥发分	V_{daf}	%		
二	收到基低位发热量	$Q_{net,ar}$	kJ/kg	GB/T 213《煤的发热量测定方法》	（1）燃烧系统热力计算。（2）耗煤量计算
三	元素分析				

序号	项目	符号	单位	测试标准	主要用途
1	收到基碳	C_{ar}	%	DL/T 568《燃料元素的快速分析方法》	（1）燃烧系统热力计算。 （2）烟风量计算。 （3）燃烧产物计算。 （4）脱硫系统计算。 （5）脱硝系统计算
2	收到基氢	H_{ar}	%	DL/T 568《燃料元素的快速分析方法》	
3	收到基氧	O_{ar}	%	DL/T 568《燃料元素的快速分析方法》	
4	收到基氮	N_{ar}	%	DL/T 568《燃料元素的快速分析方法》	
5	收到基全硫	$S_{t,ar}$	%	GB/T 214《煤中全硫的测定方法》	
	收到基可燃硫	$S_{c,ar}$	%	GB/T 215《煤中各种形态硫的测定方法》	
四	研磨特性				
1	哈氏可磨系数	HGI		GB/T 2565《煤的可磨性指数测定方法 哈德格罗夫法》	磨煤机出力计算
2	可磨性指数	K_{VTI}		DL/T 1038《煤的可磨性指数测定方法（VTI）法》	
五	磨损指数				
1	冲刷磨损指数	Ke		DL/T 465《煤的冲刷磨损指数试验方法》	磨煤机选型
2	旋转磨损指数	AI		GB/T 15458《煤的磨损指数测定方法》	
六	煤灰熔融特征温度				
1	变形温度	DT	℃	GB/T 219《煤灰熔融性的测定方法》	（1）结渣特性评定。 （2）锅炉选型及热力计算
2	软化温度	ST	℃		
3	半球温度	HT	℃		
4	流动温度	FT	℃		
七	煤灰成分				
1	二氧化硅	SiO_2	%	GB/T 1574《煤灰成分分析方法》	（1）结渣特性评定。 （2）除尘器设计辅助参量。 （3）磨损特性评定辅助参量。 （4）炉型选择辅助参量。 （5）脱硝 SCR 催化剂选择辅助参量
2	三氧化二铝	Al_2O_3	%		
3	三氧化二铁	Fe_2O_3	%		
4	氧化钙	CaO	%		
5	氧化镁	MgO	%		
6	氧化钠	Na_2O	%		
7	氧化钾	K_2O	%		
8	氧化钛	TiO_2	%		
9	三氧化硫	SO_3	%		
10	氧化锰	MnO_2	%		
11	五氧化二磷	P_2O_5	%		
八	煤灰比电阻				
1	常温	ρ	$\Omega \cdot cm$	DL/T 1287《煤灰比电阻的试验室测定方法》	电除尘器选型
2	80℃	ρ_{80}	$\Omega \cdot cm$		
3	100℃	ρ_{100}	$\Omega \cdot cm$		
4	120℃	ρ_{120}	$\Omega \cdot cm$		
5	150℃	ρ_{150}	$\Omega \cdot cm$		
6	180℃	ρ_{180}	$\Omega \cdot cm$		

序号	项目	符号	单位	测试标准	主要用途
九	煤中微量元素				
1	煤中游离二氧化硅	$SiO_2(F)$	%	DL/T 258《煤中游离二氧化硅的测定方法》	劳动安全卫生保护设计基础资料
2	煤中汞	Hg_{ar}	μg/g	GB/T 16659《煤中汞的测定方法》	
3	煤中氯	Cl_{ar}	%	GB/T 3558《煤中氯的测定方法》	
4	煤中氟	F_{ar}	μg/g	GB/T 4633《煤中氟的测定方法》	
5	煤中磷	P_{ar}	%	GB/T 216《煤中磷的测定方法》	
6	煤中砷	As_{ar}	μg/g	GB/T 3058《煤中砷的测定方法》	
7	煤中钒	V_{ar}	μg/g	GB/T 19226《煤中钒的测定方法》	（1）脱硝 SCR 催化剂选择辅助参量。 （2）脱硫设计辅助参量
8	煤中铬	Cr_{ar}	μg/g	GB/T 16658《煤中铬、镉、铅的测定方法》	
9	煤中镉	Cd_{ar}	μg/g		
10	煤中铅	Pb_{ar}	μg/g		
11	煤中铜	Cu_{ar}	μg/g	GB/T 19225《煤中铜、钴、镍、锌的测定方法》	
12	煤中镍	Ni_{ar}	μg/g		
13	煤中锌	Zn_{ar}	μg/g		

表 2-9 中煤的全硫 S_t 为有机硫 S_o、黄铁矿硫 S_p 及硫酸盐硫 S_s 含量总和。其中 S_o 和 S_p 为可燃硫 S_c；因可燃硫通常占煤中全硫的 90%左右，故对一般煤种的可燃硫 S_c 也可近似地用全硫 S_t 来代替。但在精确的计算中，尤其对于高硫煤，可通过扣除煤灰中硫含量的方法来计算可燃硫 S_c 的含量。

（1）先确定煤空干基全硫 $S_{t,ad}$，空干基灰分 A_{ad} 及煤灰中三氧化硫的质量分数 $[SO_3]_a$；

（2）按式（2-23）计算煤灰中的硫含量 $S_{a,ad}$

$$S_{a,ad} = [SO_3]_a \times \frac{S}{SO_3} = [SO_3]_a \frac{32}{80} \qquad (2\text{-}23)$$
$$= 0.4[SO_3]_a$$

（3）按式（2-24）计算煤中空干基不可燃硫 $S_{ic,ad}$

$$S_{ic,ad} = S_{a,ad} \cdot A_{ad} = 0.4[SO_3]_a \cdot A_{ad} \qquad (2\text{-}24)$$

（4）按式（2-25）计算煤中空干基可燃硫 $S_{c,ad}$

$$S_{c,ad} = S_{t,ad} - S_{ic,ad} \qquad (2\text{-}25)$$

（5）按式（2-26）计算煤中收到基可燃硫 $S_{c,ar}$

$$S_{c,ar} = S_{c,ad} \frac{100 - M_{ar}}{100 - M_{ad}} \qquad (2\text{-}26)$$

采用选择性催化还原工艺（SCR）进行烟气脱硝时，当催化剂采用钒-钛系催化剂（即 TiO_2 作为主要载体、V_2O_5 为主要活性成分）时，催化剂的配方应考虑煤中微量元素对催化剂的影响，并列出这些微量，包括砷 As、钒 V、氟 F、钾 K、钠 Na 和氯 Cl 和灰中的游离氧化钙（CaO）等。

对混煤的煤质分析数据，原则上可按质量加权法来确定，但下列特性数据除外：

（1）干燥无灰基挥发分 $V_{daf,m}$。根据对各单一煤种及一定比例的混煤所实测的着火温度曲线 $IT = f(V_{daf,i})$，按混煤的着火温度 IT_m 在曲线图上确定混煤的相当挥发分 $V_{daf,m}$，如图 2-2 所示。

（2）灰熔点温度。须以混煤煤样的实测数据为准。

（3）可磨性。一般情况下可按质量加权法来确定，但当两种煤的挥发分、密度和可磨性都有较大差异时，宜以实测为准。

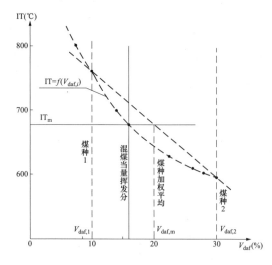

图 2-2　混煤的相当挥发分确定方法

第五节　煤质特性的评定指标

一、煤的着火、燃尽特性

煤粉的着火、燃尽性能表示煤粉在炉膛中在规定的燃烧条件下被燃烧着火以及燃尽的难易程度，与煤化程度、煤质成分、矿物成分有关。在具体炉膛中还与炉膛形式、燃烧器结构、燃烧器的布置、炉内停留时间、炉膛压力、煤粉细度以及与配风状况等诸多空气动力学和热力学因素有关。煤粉的着火、燃尽性能是制粉系统形式选择的重要因素，在煤粉的着火性能较差时，要采用热风送粉等方式以提高其着火性能；在煤粉的燃尽性能较差时，要采用较细的煤粉细度等方式以提高其燃尽性能。

煤的着火、燃尽性能大致随煤中挥发分的含量的降低而逐渐变差。对于中、低挥发煤种，单纯用挥发分进行判断容易引起偏差，此时需用煤粉气流着火温度 IT 以及燃尽率指标 B_P 加以判断。煤的着火性能也可以用着火稳定性指数 R_w 大致判断。

干燥无灰基挥发分含量 V_{daf}、燃尽率指标 B_P、着火稳定性指数 R_w 和煤粉气流着火温度 IT 是评定煤的着火特性的主要指标。燃尽率指标 B_P 是通过一维火焰测试炉法测试所得数据。着火稳定性指数是利用 TGS-2 型热天平对煤样进行热失重分析得到数据根据公式综合推导得出的一个指标。煤粉气流着火温度 IT 是在试验装置规范条件下煤粉-空气混合物在流动过程中受热达到稳定着火所需温度，即通过实测的煤粉-空气混合物射流温度升高到与试验装置的壁温相等，并即将超过时的温度。煤粉气流着火温度 IT 最能准确地判别出各种煤采用煤粉燃烧方式时的着火特性，干燥无灰基挥发分含量 V_{daf} 能直观判断煤的着火特性。根据 DL/T 831—2015《大容量煤粉燃烧锅炉炉膛选型导则》，煤的着火特性判别准则见表 2-10。

表 2-10　煤的着火特性判别准则

IT（℃）	R_w	V_{daf}	煤的着火性能
>800	<4	<15	较难
800～700	4～5	10～25	中等
<700	>5	>20	较易

由于煤粉气流着火温度 IT 是判别煤的着火特性的最准确指标，而煤粉气流着火温度 IT 与干燥无灰基挥发分含量 V_{daf} 的对应关系非常松散，与着火稳定性指数 R_w 的对应关系比较密切，因此由 V_{daf} 来判断煤的着火特性时，表 2-10 需作如下解读：

（1）V_{daf}>25%的煤皆可认为是较易着火煤（IT<

700℃）。

（2）V_{daf}=15%～20%的煤皆可认为是中等着火煤（IT=700～800℃）。

（3）V_{daf}<10%的煤皆可认为是较难着火煤（IT>800℃）。

（4）V_{daf}=20%～25%的煤既可能是较易着火煤，也可能是中等着火煤，应按 IT 值作为判别准则：IT<700℃ 为较易着火煤，IT=700～800℃ 为中等着火煤。

（5）V_{daf}=10%～15%的煤既可能是中等着火煤，也可能是较难着火煤，应按 IT 值作为判别准则：IT=700～800℃ 为中等着火煤，IT>800℃ 为较难着火煤。

煤的燃尽性能和煤的燃尽率指标 B_P 以及煤的挥发分 V_{daf} 的关系见表 2-11。

表 2-11　煤的燃尽性能和煤的燃尽率
指标 B_P 以及煤的挥发分 V_{daf} 的关系

B_P	V_{daf}	煤的燃尽性能
<88	<15	较难
88～95	10～25	中等
>95	>25	较易

注　V_{daf}=10%～15%时燃尽性能有重叠。

二、煤灰的结渣特性

煤的结渣性主要取决于煤灰的特性和煤灰的含量。当某种煤的煤灰结渣性强且灰含量大时，则此煤的结渣性最强，锅炉设计和运行时必须慎重对待。

判断煤的结渣特性有很多种方法，基本可归纳为煤灰熔融特性指标和煤灰成分判别指数两大类。由于煤种特性复杂，各煤种的差异性大，这些方法的准确性均不高，有些方法由特定的国家提出，其指标针对该国的煤可靠性较高，对其他国家的煤种则可靠性较低，或需对这些指标进行修正以符合实际试验结果。

美国电力科学院（EPRI）曾对 130 台 300MW 及以上容量锅炉进行了各种结渣指数的调研。结果表明，没有任何一项指数可以完全正确预报结渣倾向，但任何一项又都有 70%的可靠性，其中软化温度、硅比准确性最高。

国内某单位根据实际结渣情况对 250 种中国煤进行了判别，准确性为 65%以上。

因此，在进行非试验手段对煤种的结渣特性进行判断时，往往对两种方法的多种指标进行综合评定。对于通过初步评价为严重或高结渣性的煤种，宜进行一维火焰试验炉的渣型判别试验。

美国把煤灰分为烟煤型和褐煤型两种，有些指标适用于所有的煤种，有些指标只适用于烟煤型或褐煤型煤种，有些指标对烟煤型和褐煤型煤种的判断准则有所不同。煤灰的这种分类与煤的分类无关，而是根据煤灰中成分进行判别，其判别指标为：

（1）凡 $\dfrac{Fe_2O_3}{CaO+MgO}>1$，称为烟煤型。

（2）凡 $\dfrac{Fe_2O_3}{CaO+MgO}<1$，同时（$CaO+MgO$）$\geqslant$ 20%，称为褐煤型。

（一）煤灰熔融特性指标

1. 灰的软化温度

煤灰熔融性的测量主要用角锥法，也是目前判别结渣性能的主要方法。按照灰的软化程度，判断原则如下：

（1）ST<1260℃，严重结渣性。

（2）ST=1260～1390℃，中等结渣性。

（3）ST>1390℃，轻微结渣性。

2. R_T 指标

R_T 指标适用于褐煤型灰，其判别指标为

$$R_T=\frac{(\max HT)+4(\min IT)}{5} \qquad （2-27）$$

式中　maxHT——在氧化性气氛下测得的较高的半球温度，℃；

　　　minIT——在还原性气氛下测得的较低的初始变形温度，℃。

R_T 指标的判断原则如下：

（1）R_T>1340℃，弱结渣性。

（2）R_T=1340～1230℃，中等结渣性。

（3）R_T=1230～1150℃，强结渣性。

（4）R_T<1150℃，严重结渣性。

（二）煤灰成分判别指数

1. 酸碱比 J

酸碱比适用于烟煤型煤灰。

酸碱比表达式为

$$J=\frac{B}{A} \qquad （2-28）$$

其中

$$B=CaO+MgO+Fe_2O_3+Na_2O+K_2O$$
$$A=SiO_2+Al_2O_3+TiO_2$$

式中　B——碱性氧化物，%；

　　　A——酸性氧化物，%。

一般来说，B 代表碱性氧化物能提高灰渣的流动性，A 代表酸性氧化物则降低灰渣的流动性，故酸碱比 J 能代表结渣程度。德国经验认为：当 J=0.1～0.5 时适于固态排渣，J=0.3～1.0 时适于液态排渣。

对于德国煤质，酸碱比 J 的判断原则为：

（1）J=0.5～1.0 及以上，严重结渣性。

（2）J=0.3～0.5，要考虑防渣措施。

对于中国煤质，酸碱比 J 判断原则：

（1）J>0.4，严重结渣性。

（2）J=0.206～0.4，中等结渣性。

（3）J<0.206，轻微结渣性。

2. 结渣指数 R_s

结渣指数适用于烟煤型煤灰，表达式为

$$R_s=\frac{B}{A}\cdot S_{d,t} \qquad （2-29）$$

其中：

$$B=CaO+MgO+Fe_2O_3+Na_2O+K_2O$$
$$A=SiO_2+Al_2O_3+TiO_2$$

式中　B——碱性氧化物，%；

　　　A——酸性氧化物，%；

　　　$S_{d,t}$——干燥基全硫量，%。

结渣指数 R_s 的判断原则为：

（1）R_s<0.6，弱结渣性。

（2）R_s=0.6～2.0，中等结渣性。

（3）R_s=2.0～2.6，强结渣性。

（4）R_s>2.6，严重结渣性。

3. 硅铝比（SiO_2/Al_2O_3）

硅铝比为煤灰中 SiO_2 和 Al_2O_3 的质量比，适用于所有类型煤种。

对于美国煤种，硅铝比的判断原则为：

（1）SiO_3/Al_2O_3<1.7，软化温度上升，不结渣。

（2）SiO_3/Al_2O_3=1.7～2.8，结渣不显著。

（3）SiO_3/Al_2O_3>2.8，软化温度下降，结渣严重。

对于中国煤种，硅铝比的判断原则为：

（1）SiO_3/Al_2O_3<1.87，轻微结渣性。

（2）SiO_3/Al_2O_3=1.87～2.65，中等结渣性。

（3）SiO_3/Al_2O_3>2.65，严重结渣性。

4. 铁钙比（Fe_2O_3/CaO）

铁钙比为煤灰中 Fe_2O_3 和 CaO 的质量比，适用于所有类型煤种，其判断原则如下：

（1）Fe_2O_3/CaO<0.3 时不结渣，Fe_2O_3/CaO>3.0 时也不结渣。

（2）Fe_2O_3/CaO=0.3～3.0 时结渣，尤其在比值趋向 1 时会引起严重结渣，若 Fe_2O_3 含量为 7%～8%，要特别注意结渣倾向。

5. 硅比 G

硅比适用于烟煤型煤灰，其表达式为

$$G=\frac{SiO_2}{SiO_3+当量Fe_2O_3+CaO+MgO}\times100 \qquad （2-30）$$

式（2-30）的分母大多是助熔剂，SiO_2 的值大，说明灰渣黏度和灰熔融温度也较高，所以 G 值越大，结渣倾向越小。

对于中国煤种，判断原则为：

（1）G>78.8，轻微结渣性。

（2）G=78.8～66.1，中等结渣性。

（3）G<66.1，严重结渣性。

6. 高温黏结灰指标 R_f

高温黏结灰出现的范围较广，主要在温度较高的区域形成。黏结灰能够无限增长，坚硬而不易清除，其黏性由化学反应产物而来。高温黏结灰的形成与高温腐蚀密切相关。一般由式（2-31）表征煤形成高温黏结灰的程度，该指标对于我国褐煤的适用情况有待进一步研究

$$R_f = \frac{B}{A} \cdot Na_2O \tag{2-31}$$

其中

$$B = CaO + MgO + Fe_2O_3 + K_2O + Na_2O$$
$$A = SiO_2 + Al_2O_3 + TiO_2$$

高温黏结灰指标（R_f）的判断原则为：

（1）$R_f < 0.2$，轻微结渣性。

（2）$R_f > 0.2 \sim 0.5$，中等结渣性。

（3）$R_f > 0.5 \sim 1.0$，强结渣性。

（4）$R_f > 1$，严重结渣性。

7. 灰成分综合判别指数 R

由于上述各种判别指标的可靠性有限，普华煤燃烧技术开发中心将上述各种灰成分判别指标与实际煤种的结渣情况进行对比，根据其可靠性大小给予权重，然后得出一个综合指数，一定程度上提高了判别的可靠性。灰成分综合判别指数（R）的计算公式为

$$R = 1.24(B/A) + 0.28(SiO_2/Al_2O_3) \\ - 0.0023ST - 0.19G + 5.42 \tag{2-32}$$

式中　B/A——酸碱比；

G——硅比；

ST——煤灰的软化温度，℃。

灰成分综合判别指数 R 结渣等级判别原则如下：

（1）$R < 1.5$，轻微结渣性。

（2）$R = 1.5 \sim 1.75$，中偏轻结渣性。

（3）$R = 1.75 \sim 2.25$，中等结渣性。

（4）$R = 2.25 \sim 2.5$，中偏重结渣性。

（5）$R > 2.5$，严重结渣性。

三、煤的自燃特性

评判煤自燃特性的指标是煤的热解开始温度 t_{pgr}、氧化煤样的着火温度 $t_{o,a}$ 和堆积煤粉起燃温度 t_{smo}，这些指标越低，表明煤越容易自燃。原煤的热解开始温度 t_{pgr} 和堆积煤粉起燃温度 t_{smo} 与煤种的关系见表 2-12 和表 2-13，含黄铁矿的煤和经过氧化的煤，自燃温度将有明显降低。

表 2-12　　　　　　　　原煤热解开始温度 t_{pgr} 与煤种关系

煤种	无烟煤	贫煤	劣质烟煤	烟煤	褐煤
t_{pgr}（℃）	380～525	365～430	330～395	280～390	190～310

表 2-13　　　　　　　　堆积煤粉起燃温度 t_{smo} 与煤种关系

煤种	无烟煤	贫煤	劣质烟煤	烟煤	褐煤
t_{smo}（℃）	390～525	200～260	250～290	160～220	155～190

原煤热解开始温度 t_{pgr} 的经验公式为

$$t_{pgr} = 434.9584 - 2.8231V_{daf} + 0.494A_d \\ - 10.7752M_{pc} \tag{2-33}$$

式中　t_{pgr}——原煤热解开始温度，℃；

M_{pc}——煤粉中的含水量，%。

堆积煤粉起燃温度 t_{smo} 的经验公式为

$$t_{smo} = 203.1762 - 1.8274V_{daf} + 1.6901A_d \\ + 0.9792M_{pc} \tag{2-34}$$

式中　t_{smo}——堆积煤粉起燃温度，℃。

煤的自燃特性是确定磨煤机出口温度防爆上限值 $t_{m,max}$ 的主要依据，当锅炉设计要求的磨煤机出口温度高于单纯按煤的挥发分高低所推荐的规定值时，宜根据实测的热解特性和堆积煤粉自燃特性来评估其安全性。

四、煤的爆炸特性

煤粉爆炸的过程是悬浮在空气中的煤粉强烈燃烧的过程。判断煤粉爆炸性的分类准则是爆炸指数 K_d，它是考虑燃料的活性（可燃挥发分的含量及其热值）以及燃料中的惰性（燃料中灰分和固定碳的含量）的综合影响的结果。

煤的爆炸性宜按实测方法来评定。在缺乏实测数据及判别依据时，可根据 DL/T 466—2017《电站磨煤机及制粉系统选型导则》对煤粉爆炸性进行分类，见表 2-14。

表 2-14　　　煤　粉　爆　炸　性

煤粉的爆炸指数 K_d	煤粉的爆炸性
$K_d \leq 0.5$	难爆
$0.5 < K_d \leq 1.0$	较难爆
$1.0 < K_d \leq 1.5$	中等
$1.5 < K_d \leq 3.5$	较易爆
$K_d \geq 3.5$	极易爆

煤粉爆炸指数 K_d 按式（2-35）计算

$$K_d = \frac{V_{daf}}{100}\left(\frac{100-V_d}{100}\right)^2$$
$$\times\left(\frac{Q_{net,daf}-32829+315.69V_{daf}}{1260}\right) \quad (2-35)$$
$$+\left(\frac{V_{daf}}{100}\right)\left(\frac{100-V_d}{100}\right)$$

式中　$Q_{net,daf}$——煤的干燥无灰基低位发热量，kJ/kg；

V_{daf}、V_d——煤的干燥无灰基和干燥基挥发分，%。

五、煤的可磨性

煤的可磨性表示煤在被研磨时煤破碎的难易程度，用可磨性指数表示。可磨性指数是将相同质量的煤样在消耗相同的能量下进行磨粉（同样磨粉的时间或磨煤机转数），所得到的煤粉细度与标准煤的煤粉细度的对数比而得到。根据煤的破碎理论，在同样的时间下，可磨性指数可按式（2-36）求得

$$K_x = \left(\frac{\ln\frac{100}{R_x}}{\ln\frac{100}{R_b}}\right)^{\frac{1}{P}} \quad (2-36)$$

式中　R_x——x粒径的煤粉细度，%；

R_b——标准煤的煤粉细度；

P——指数，取决于设备的性质。

通常煤的水分和干燥气体的温度会对煤在运行状况下的可磨性产生影响，其影响因煤种的不同而有所差异。烟煤、无烟煤的可磨性随着原煤全水分的增加而下降；褐煤的可磨性随着原煤全水分的增加呈复杂的变化关系。$V_{daf}<30\%$的褐煤，其可磨性随着原煤全水分的增加大部分呈下降的趋势；$V_{daf}>30\%$的褐煤，其可磨性随着原煤全水分的增加大部分呈上升的趋势。烟煤、无烟煤的可磨性随温度的变化不明显，褐煤的可磨性随温度的变化关系较复杂。$V_{daf}<30\%$的褐煤，其可磨性随着温度的增加呈抛物线上升；$V_{daf}>30\%$的褐煤，其可磨性随着温度的增加呈N形变化的趋势。不同的煤种在温度上升的过程中可磨性变化的幅度也不同。因此磨煤

机磨制褐煤时的出力不能套用烟煤、无烟煤的出力计算曲线，而必须采用试磨或经验的计算方法。

灰分对可磨性的影响主要是灰分增加后由于煤的密度增加使煤在磨煤机内循环量增大而使磨煤机出力下降。对于中速磨煤机，当煤的收到基灰分大于20%后表现较为明显。

煤的可磨性的测试方法国际上通常采用哈德格罗夫法，所测得的可磨性指数称为哈氏可磨性指数（HGI），国际测试标准为 ISO 5074 *Hard Coal-Determination of Hardgrove grindability index*。我国测试标准为 GB/T 2565《煤的可磨性指数测定方法　哈德格罗夫法》。根据 MT/T 852—2000《煤的哈氏可磨性指数分级》，煤的可磨损性分级见表2-15。

表 2-15　　　煤 的 可 磨 性 分 级

序号	哈氏可磨性 HGI	分级
1	≤40	难磨
2	>40～60	较难磨
3	>60～80	中等可磨
4	>80～100	易磨
5	>100	极易磨

另一种煤的可磨性指数的测试方法为VTI法，按 DL/T 1038《煤的可磨性指数测定方法（VTI法）》测试得到可磨性指数 K_{VTI}。

K_{VTI}用于钢球磨煤机的出力计算，HGI用于除钢球磨煤机以外所有磨煤机的出力计算。可磨性指数 HGI 和 K_{VTI} 可近似用式（2-37）进行换算

$$K_{VTI}=0.0149HGI+0.32 \quad (2-37)$$

六、煤的磨损性

煤的磨损特性表示煤在被破碎时，煤对研磨件磨损的强弱程度，用磨损指数来表示。煤的磨损性按 DL/T 465《煤的冲刷磨损指数试验方法》测定，得到煤的冲刷磨损指数 Ke，也可按 GB/T 15458《煤的磨损指数测定方法》，得到煤的旋转磨损指数 AI。煤的磨损性分级见表2-16。

表 2-16　　　　　　　　　　　　　煤 的 磨 损 性 分 级

按 DL/T 465—2007 测试标准			按 GB/T 15458—2006 测试标准		
序号	煤的冲刷磨损性指数 Ke	分级	序号	煤的旋转磨损指数 AI(mg/kg)	分级
1	$Ke<1.0$	轻微	1	$AI<30$	轻微
2	$1.0\leqslant Ke<2.0$	不强			
3	$2.0\leqslant Ke<3.5$	较强	2	$AI=31\sim60$	较强
4	$3.5\leqslant Ke<5.0$	很强			
5	$5.0\leqslant Ke<7.0$	一级极强	3	$AI=61\sim80$	很强
6	$7.0\leqslant Ke<10.0$	二级极强			
7	$Ke>10.0$	三级极强	4	$AI>80$	极强

在未取得煤的磨损指数情况下，可按煤灰成分粗略判别煤的磨损性 Ke。

a）灰中 $SiO_2<40\%$ 时，磨损性属轻微；$SiO_2>40\%$ 时难以判别。

b）灰中 $SiO_2/Al_2O_3<2.0$，磨损性在"较强"以下；$SiO_2/Al_2O_3>2.0$ 时，难以判别。

c）灰中石英含量小于 6% 时，磨损性在"不强"以下；灰中石英含量大于 6% 时，难以判别。

灰中石英含量可按式（2-38）估计

$$(SiO_2)_q=(SiO_2)_t-1.5(Al_2O_3) \tag{2-38}$$

式中　$(SiO_2)_q$——灰中石英含量，%；

$(SiO_2)_t$——灰中 SiO_2 含量，%；

Al_2O_3——灰中 Al_2O_3 含量，%。

七、煤的黏结性

由于水分的存在，在散状物料颗粒之间及物料颗粒和料仓壁之间会形成毛细力，使颗粒之间或颗粒与料仓壁之间因毛细力和机械冲击力等作用而产生黏结。物料黏结性能的高低用成球性指数来评价。成球性指数按式（2-39）计算求得

$$K_c=\omega_f/(\omega_m-\omega_f) \tag{2-39}$$

式中　K_c——煤的成球性指数；

ω_f——最大分子水，%；

ω_m——最大毛细水，%。

成球性指数 K_c 综合反映了细粒物料的天然性质（颗粒表面的亲水性、颗粒形状及结构状态，如粒度组成、孔隙率等）对物料黏结性强弱的影响。煤的黏结性和煤的矿物组成、粒度组成、颗粒形貌及机械强度性能有关。煤中蒙脱石、多水高岭石含量越高，煤的黏结性越强；煤的粒度越细，煤的黏结性越强；多棱角的针状、片状颗粒越多，煤的黏结性越强；煤的机械强度越低，煤的黏结性越强。

煤的黏结性可按成球性指数 K_c 分级，根据 DL/T 466—2017《电站磨煤机及制粉系统选型导则》，煤的黏结性分级见表 2-17。

表 2-17　　煤 的 黏 结 性 分 级

序号	成球性指数 K_c	分级
1	<0.2	无黏结性
2	0.2～0.35	弱黏结性
3	0.35～0.60	中等黏结性
4	0.60～0.80	强黏结性
5	>0.80	特强黏结性

在工程中，表征煤的黏结性的重要指标还包括煤的摩擦角和堆积角。

1. 煤的摩擦角

摩擦角分为外摩擦角和内摩擦角。外摩擦角是指物料置于水平的平板上，平板的一端下降至物料开始运动时平板与水平面的夹角。为了使煤能顺利流动，实际料壁与水平面的夹角应比外摩擦角大 5°～10°。内摩擦角（陷落角）是指物料在陷落过程中其自由表面与水平面所能形成的最小夹角，是计算料仓容积的重要参数。

2. 煤的堆积角

堆积角是指煤在下泻时所形成料堆的斜面与水平面的夹角（也称安息角），是设计磨煤机入口斜角的重要依据。

第三章

燃 油 及 天 然 气

石油是一种黏稠的、深褐色液体，主要成分是各种烷烃、环烷烃、芳香烃的混合物。地壳上层部分地区有石油储存。

天然气是指天然蕴藏于地层中的烃类和非烃类气体的混合物。天然气主要由气态低分子烃和非烃气体混合组成，是优质燃料和化工原料。

第一节　石 油 的 分 类

石油是由碳氢化合物组成的复杂化合物。石油成分复杂，目前已鉴定出上千种有机化合物，主要为液态烃类，还含有数量不等的非烃类化合物和多种微量元素。石油实际上是多种有机化合物的混合体。

从油井开采出来，未经加工炼制的石油，称为原油。

原油既不能直接作为汽车、飞机、轮船等交通工具的发动机燃料，也不能直接作为润滑油、溶剂油、工业用油等。原油必须经过炼制生产成为符合质量要求的石油产品方可使用。

火电厂中用作燃料的油一般为渣油、重油等重质油。锅炉点火有时也用一些轻柴油。

一、原油

原油是一种黑褐色的流动或半流动黏稠液，相对密度为0.80~0.93，重质原油相对密度一般大于0.93，轻质原油相对密度一般小于0.80。原油中碳元素占83%~87%，氢元素占12%~14%，硫、氮、氧占1%~3%，此外还包括一部分金属杂质等。原油的基本元素类似，但不同产区和不同地层的原油物理性质有很大的差别。

（一）原油计量

原油的常用计量单位为桶和吨，中国和俄罗斯等国家常用吨，欧美等国家常用桶。二者的换算关系是

$$1t（原油）=7.35 桶（原油） \tag{3-1}$$

加仑（gal）和升（L）是比桶小的两个计量单位，换算关系是

$$1 桶=42gal（美） \tag{3-2}$$
$$1gal（美）=3.785L \tag{3-3}$$
$$1gal（英）=4.546L \tag{3-4}$$

式中，gal（美）是美制单位，gal（英）是英制单位。

（二）原油的分类

原油的分类有多种方法，按组成可分为石蜡基原油、环烷基原油和中间基原油三类，按比重（世界石油会议规定）可分为轻质原油、中质原油、重质原油以及特重质原油四类，按硫含量可分为低硫原油、含硫原油和高硫原油三类，其中含硫量特别低的原油也称超低硫石油，按胶含量可分为低胶质原油、中胶质原油和高胶质原油三类，详见表3-1。

表3-1　　　原油的常用分类方法表

分类标准	数值	原油类别
比重API	>31.1	轻质原油
	22.3~10	中质原油
	22.3~10	重质原油
	<10	特重原油
含硫量	<0.5%	低硫原油
	0.5%~2.0%	含硫原油
	>2.0%	高硫原油
胶质含量	<5%	低胶质原油
	5%~15%	中胶质原油
	>15%	高胶质原油

二、石油产品与石油燃料

石油经炼制可生产汽油、煤油、柴油等燃料及化学工业原料。石油做原料也可加工有机化工原料。

（一）石油产品的分类

石油产品种类繁多，用途各不相同，GB/T 498—2014《石油产品及润滑剂　分类方法和类别的确定》，将石油产品分为五大类，见表3-2。

表 3-2 石油产品分类

类别	类别的含义
F	燃料
S	溶剂和化工原料
L	润滑剂、工业润滑油和有关产品
W	蜡
B	沥青

1. 燃料

大部分石油产品均可用作燃料，但燃料油在不同的地区却有不同的解释。在欧洲，燃料油一般是指原油经蒸馏而留下的黑色黏稠残余物，或其与较轻组分的掺和物，主要用作蒸汽炉及各种加热炉的燃料或大型慢速柴油燃料及各种工业燃料；在美国，燃料油是指任何闪点不低于 37.8℃ 的可燃烧的液态或可液化的石油产品，既可以是残渣燃料油（residual fuel oil，亦称 heavy fuel oil）也可以是馏分燃料油（heating oil）。馏分燃料油不仅可直接由蒸馏原油得到（即直馏馏分），也可由其他加工过程如裂化等再经蒸馏得到。

2. 润滑剂

从石油制得的润滑剂约占总润滑剂产量的95%以上，其除了润滑性能外，还具有冷却、密封、防腐、绝缘、清洗、传递能量的作用。

除燃料和润滑剂外，炼油装置还可得到一些在常温下是气体的产物，总称炼油炼厂气，可直接做燃料或者加压液化分出液化石油气做原料（或化工原料）。另外，还有一些固体产物，如蜡、沥青、石油焦等。

（二）石油燃料分类

石油燃料占总石油产品产量的90%以上，主要为汽油、柴油发动机燃料。根据 GB/T 12692.1—2010《石油产品 燃料（F类）分类 第1部分：总则》，石油燃料分类见表3-3。

表 3-3 石油燃料分类

组别	副组	组别定义
G	—	气体燃料： 主要由来源于石油的甲烷和/或乙烷组成的气体燃料
L	—	液化石油气： 主要由 C_3 和 C_4 烷烃或烯烃或其混合物组成，并且更高碳原子数的物质液体体积小于5%的气体燃料
D	(L)(M)(H)	馏分燃料： 由原油加工或石油气分离所得的主要来源于石油的液体燃料。轻质或中质馏分燃料中不含加工过程的残渣，而重质馏分

续表

组别	副组	组别定义
D	(L)(M)(H)	可含有在调合、储存和/或运输过程中引入的、规格标准限定范围内的少量残渣。具有高挥发性和很低闪点（闭口）的轻质馏分燃料要求有特殊的危险预防措施
R	—	残渣燃料： 含有来源于石油加工残渣的液体燃料。规格中应限制非来源于石油的成分
C	—	石油焦： 由原油或原料油深度加工所得，主要由碳组成的来源于石油的固体燃料

（三）馏分燃料油分类

馏分燃料（表3-3中的D类燃料）分为汽油燃料、柴油机燃料、喷气发动机燃料及锅炉燃料。

1. 汽油燃料

汽油由原油分馏及重质馏分裂化制得。汽油的主要成分为 C_5～C_{12} 脂肪烃和环烷烃类，以及一定量芳香烃，汽油具有较高的辛烷值（抗爆震燃烧性能），按辛烷值的高低分为90、93、95、97号等牌号。

汽油产品根据用途可分为航空汽油、车用汽油、溶剂汽油三大类。航空汽油用于活塞式航空发动机、快速舰艇发动机；车用汽油用于汽油机汽车、摩托车、舰艇汽油发动机；溶剂汽油用于合成橡胶、油漆、油脂、香料等生产。

汽油在常温下为无色至淡黄色的易流动液体，很难溶解于水，易燃，馏程为 30～220℃，空气中含量为 74～123g/m^3 时即遇火爆炸。汽油的热值约为46000kJ/kg。

2. 柴油燃料

柴油是轻质石油产品，为复杂烃类（碳原子数为10～22）混合物，主要由原油蒸馏、催化裂化、热裂化、加氢裂化、石油焦化等过程生产的柴油馏分调配而成，也可由页岩油加工或煤液化制取，用作柴油机燃料，广泛用于大型车辆、船舰。

与汽油相比，柴油杂质多，燃烧时更容易产生烟尘，但柴油不会产生有毒气体，更环保、健康。柴油按凝固点分级，如 10、−20 等（表示最低使用温度）。

柴油燃料包括高速柴油机燃料、中速柴油机燃料及大功率低速柴油机燃料。

（1）高速柴油机燃料为轻柴油、军用柴油。

（2）中速柴油机燃料为重柴油。

（3）大功率低速柴油机燃料为船用柴油。

三、燃料油质量指标

燃料油主要用作锅炉燃料，以提供热能，广泛用于电力、冶金、炼焦等工业。电厂锅炉主要燃用残渣燃料，锅炉点火用油采用柴油机燃料。

（一）炉用燃料油

锅炉燃料油，是利用石油中的重质馏分。电厂及工业锅炉燃用的主要为渣油、蜡油、重油，同时辅以柴油。

1. 产品代号

根据 GB 25989—2010《炉用燃料油》，炉用燃料油分为馏分型和残渣型两类，根据运动黏度细分，馏分型分为 2 个牌号，残渣型分为 4 个牌号。

产品代号表示方法见图 3-1，如 F-R3 代表黏度为 25.0～50mm²/s 的残渣型燃料油。

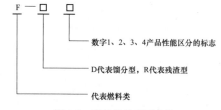

图 3-1 产品代号表示方法

（图中标注）
- 数字1、2、3、4产品性能区分的标志
- D代表馏分型，R代表残渣型
- 代表燃料类

2. 质量指标

燃料油是均质的烃类油，不含无机酸，无过量固定物质或外来纤维物。根据 GB 25989—2010《炉用燃料油》，炉用燃料油的技术要求见表 3-4。

表 3-4 燃料油的技术要求

序号	项目		馏分型		残渣型				试验方法
			F-D1	F-D2	F-R1	F-R2	F-R3	F-R4	
1	运动黏度 (mm²/s)	40℃	≤5.5	>5.5～24.0	—	—	—	—	GB/T 265《石油产品运动黏度测定法和动力黏度计算法》、GB/T 11137《深色石油产品运动黏度测定法（逆流法）和动力黏度计算法》
		100℃	—	—	5.0～15.0	>15.0～25.0	>25.0～50	>50～185	
2	闪点（℃）	闭口	≥55	≥60	≥80	≥80	≥80	—	GB/T 261《闪点的测定 宾斯基-马丁闭口杯法》、GB/T 267《石油产品闪点和燃点的测定（开口杯法）》
		开口	—	—	—	—	—	≥120	
3	硫含量（质量分数，%）		≤1.0	≤1.5	≤1.5	≤2.5	≤2.5	≤2.5	GB/T 17040《石油和石油产品硫含量的测定 能量色散×散线荧光光谱法》、GB/T 387《深色石油产品硫含量测定法（管式炉法）》、SH/T 0172《石油产品硫含量测定法（高温法）》
4	水和沉淀物（体积分数，%）		≤0.50	≤0.50	≤1.00	≤1.00	≤2.00	≤3.00	GB/T 6533《原油中水和沉淀物测定法（离心法）》
5	灰分（质量分数，%）		≤0.05	≤0.10	报告	报告	报告	报告	GB/T 508《石油产品灰分测定法》
6	酸值（以 KOH 计，mg/g）		报告		≤2.0				GB/T 7304《石油产品和润滑剂酸值测定方法（电位滴定法）》
7	馏程（250℃回收体积分数，%）		—		报告				GB/T 6536《石油产品蒸馏测定法》
8	倾点（℃）		报告						GB/T 3535《石油产品倾点测定法》
9	密度（20℃，kg/m³）		报告						GB/T 1884《原油和液体石油产品密度实验室测定法（密度计法）》、GB/T 1885《石油计量表》

注 表中馏分型燃料油第 1～5 项要求为强制性，残渣型燃料油第 1、2、3、6 项技术要求为强制性，其余为推荐性。

3. 特点

（1）黏度低。便于管道输送，有利于喷吹雾化改善燃烧效率。重油因含石蜡量多而黏度大，使用时需进行预热，使其达到 100℃或 100℃以上，以降低黏度。

（2）凝固点低。一般重油凝固温度为 22～36℃；对石蜡量多、凝固点高的重油，应采取适当的加热措施，以便于运输和装卸。

（3）闪点温度高。可采用较高的预热温度，便于输送和雾化，一般重油的闪点为 180～330℃，高于需要预热的温度。

（4）油中的机械杂质和含水量少。重油杂质多、含水量高，不仅会降低发热量，而且使用时会引起烧嘴堵塞和火焰波动，故需进行过滤，如将油和水形成乳状液，则可以改善燃烧效果。

（5）含硫低。一般含硫量为 0.15%～0.30%，但也有少数重油含硫高达 2%，含硫量高的重油在燃用时易造成不良后果。

（二）重油

炉内燃料油一般为重油，呈暗黑色，比较黏稠，难挥发。重油主要以原油加工过程中的常压油、减压渣油、裂化渣油、裂化柴油和催化柴油等为原料调合而成，特点是分子量大、黏度高。重油中的可燃成分较多，含碳86%～89%，含氢10%～12%，其余成分如氮、氧、硫等很少。重油的发热量一般为40000～42000kJ/kg，比重一般为0.82～0.95，燃烧温度高，火焰的辐射能力强，是发电和炼钢的优质燃料。

重油产品按照80℃时的恩氏黏度划分为5个牌号，分别为20、60、100、200、250，其质量标准见表3-5。

表3-5 重油的质量指标

质量指标	牌　号				
	20 号	60 号	100 号	200 号	250 号
恩氏黏度（80℃，°E）	≤5.0	≤11.0	≤15.5	（°E100）5.9～9.5	（°E100）25
闪点（开口，℃）	≥80	≥100	≥120	≥130	—
凝点（℃）	≤15	≤20	≤25	≤36	≤45
灰分（%）	≤0.3	≤0.3	≤0.3	≤0.3	—
水分（%）	≤1.0	≤1.5	≤2.0	≤2.0	—
硫（%）	≤1.0	≤1.5	≤2.0	≤3.0	—
机械杂质（%）	≤1.5	≤2.0	≤2.5	≤2.5	—

（三）柴油

1. 标号及用途

柴油分为轻柴油（沸点范围180～370℃）和重柴油（沸点范围350～410℃）两大类。轻柴油多作电厂锅炉点火用油，重柴油则作为锅炉燃料。

通常，轻柴油按凝点分10、5、0、-10、-20、-30、-50号7个牌号，重柴油按凝点分为10、20、30号3个牌号。环境气温低，应选用凝点较低的柴油；反之，则应选用凝点较高的柴油。10号轻柴油适用于有预热设备的柴油机；5号轻柴油适合于风险率为10%，最低气温在8℃以上的地区使用；0号轻柴油适合于风险率为10%，最低气温在4℃以上的地区使用；-10、-20、-35、-50号轻柴油分别适合于风险率为10%，最低气温在-5、-14、-29℃及-44℃以上的地区使用。

环境温度如果低于选用柴油的牌号，发动机中的燃油系统就可能结蜡，堵塞油路，从而影响发动机的正常工作。

2. 质量指标

（1）轻柴油。技术要求见表3-6。

表3-6 轻柴油的技术要求

质量指标	牌　号						
	10 号	5 号	0 号	-10 号	-20 号	-35 号	-50 号
色度（号）	≤3.5						
氧化安定性（总不溶物，mg/100mL）	≤2.5						
硫（%）	≤0.2						
酸度（以 KOH 计，mg/100mL）	≤7						
灰分（%）	≤0.01						
10%蒸余物残炭（%）	≤0.3						
铜片腐蚀（50℃，3h，级）	≤1						
水分（%）	痕迹						
机械杂质	无						
运动黏度（20℃，mm²/s）	3.0～8.0				2.5～8.0	1.8～7.0	
凝点（℃）	≤10	≤5	≤0	≤-10	≤-20	≤-35	≤-50

续表

质量指标		牌　号						
		10 号	5 号	0 号	−10 号	−20 号	−35 号	−50 号
冷滤点（℃）		≤12	≤8	≤4	≤−5	≤−14	≤−29	≤−44
闪点（℃）		≥55					≥45	
着火性（满足下列要求之一）	十六烷值	≥45						
	十六烷指数	≥43						
馏程	50%回收温度（℃）	≤300						
	90%回收温度（℃）	≤355						
	95%回收温度（℃）	≤365						
密度（20℃，kg/s）		实测						

（2）重柴油。一般用作中速及低速的柴油机燃料，有的电厂也用作锅炉燃料。其质量指标见表3-7。

表 3-7　　　　　　　　　　　　　重柴油的质量指标

质量指标	牌　号		
	10 号	20 号	30 号
运动黏度（20℃，mm²/s）	≤13.5	≤20.5	≤36.2
灰分（%）	≤0.04	≤0.06	≤0.08
残炭（%）	≤0.5	≤0.5	≤0.8
水分（%）	≤0.5	≤1.0	≤1.5
闪点（闭口，℃）	≥65	≥65	≥65
凝点（℃）	≤10	≤20	≤30
水溶性酸或碱	无	无	—
硫（%）	≤0.5	≤0.5	≤1.5
机械杂质（%）	≤0.1	≤0.1	≤0.5

第二节　燃油的主要特性

在火力发电厂的设计中，涉及的燃油特性有黏度、密度、发热量、比热、闪点、燃点及自燃点、凝点、水分及机械杂质、硫分、灰分等。

一、黏度

黏度是燃料油最重要的性能指标，是划分燃料油等级的主要依据，用于表征油品输送机械雾化的难易程度，与燃料油的供给量、雾化性、燃烧性和润滑性均有密切的关系。目前国内常用的是 40℃运动黏度（馏分型燃料油）和100℃运动黏度（残渣型燃料油）。火力发电厂燃油系统设计中宜采用运动黏度作为燃油黏度的判定依据。

（1）动力黏度，也称动态黏度、绝对黏度或简单黏度，定义为应力与应变速率之比，其数值上等于面积为 1m² 相距 1m 的两层平板液体，以 1m/s 的速度做相对运动时，由于二者之间存在的流体互相作用所产生的内摩擦力。

一定温度下燃油的动力黏度和运动黏度换算关系为

$$\mu_t = \mu_t \rho_t \tag{3-5}$$

式中　ρ_t——温度 t 下燃油的密度，g/cm³；

μ_t——温度 t 下燃油的动力黏度，mPa·s（也称厘泊，用 cP 表示）；

μ_t——温度 t 下燃油的运动黏度，mm²/s（也称厘斯，用 cSt 表示）。

（2）一定温度下燃油等恩氏黏度、赛氏黏度或雷氏黏度与运动黏度换算关系为

$$\mu_t = 7.31°E - \frac{6.31}{°E} \tag{3-6}$$

$$\mu_t = 0.22SU - \frac{180}{SU} \tag{3-7}$$

$$\mu_t = 0.26R_1 - \frac{171}{R_1} \qquad (3-8)$$

式中　°E ——温度 t 下，燃油的恩氏黏度，°E；

　　　 SU ——温度 t 下，燃油的通用赛氏黏度，s；

　　　 R_1 ——温度 t 下，燃油的雷氏 1 号黏度，s。

燃料油的黏度随温度的升高而降低，随压强的升高而升高。当压强较小时，压强对黏度的影响可忽略。

二、密度

（1）燃油的密度随温度的变化可按式（3-9）计算

$$\rho_t = \rho_{20} - \gamma(t - 20) \qquad (3-9)$$

式中　 ρ_t ——燃油在温度 t 时的密度，kg/m³；

　　　 ρ_{20} ——燃油在温度 20℃时的密度，kg/m³；

　　　 γ ——温度修正系数，1/℃，可按表 3-8 取值。

表 3-8　　燃油密度的温度修正系数 γ

密度 ρ_{20}（kg/m³）	温度修正系数 γ
806.4～829.1	0.71
829.2～853.3	0.68

续表

密度 ρ_{20}（kg/m³）	温度修正系数 γ
853.4～970.3	0.65
879.3～970.3	0.62
970.4～938.2	0.59
938.3～972.9	0.56
973.0～1013.1	0.53

（2）燃油的相对密度随温度的变化可按式（3-10）或式（3-11）计算

$$\rho_4^t = \rho_4^{20} - \alpha(t - 20) \qquad (3-10)$$

$$\rho_4^t = \frac{\rho_4^{20}}{1 + \beta(t - 20)} \qquad (3-11)$$

式中　 ρ_4^t ——燃油在温度 t 时对于参比温度为 4℃纯水的相对密度，无量纲；

　　　 ρ_4^{20} ——燃油在温度 20℃时对于参比温度为 4℃纯水的相对密度，无量纲；

　　　 α ——温度修正系数，1/℃，按表 3-9 取值；

　　　 β ——体胀系数，1/℃，按表 3-9 取值。

表 3-9　　　　　　　　　　　燃油相对密度的温度修正系数 α 和体胀系数 β

相对密度 ρ_4^{20}	温度修正系数 α（1/℃）	体胀系数 β（1/℃）	相对密度 ρ_4^{20}	温度修正系数 α（1/℃）	体胀系数 β（1/℃）
850.0～859.9	0.699	0.000818	960.0～0.969.9	0.554	0.574
860.0～869.9	0.686	0.000793	970.0～979.9	0.541	0.555
870.0～879.9	0.673	0.000769	980.0～989.9	0.528	0.536
880.0～889.9	0.660	0.000746	990.0～999.9	0.515	0.518
890.0～899.9	0.647	0.000722	1000.0～1009.9	0.502	0.499
900.0～909.9	0.633	0.000699	1010.0～1019.9	0.489	0.482
910.0～919.9	0.620	0.000677	1020.0～1029.9	0.476	0.464
920.0～929.9	0.607	0.656	1030.0～1039.9	0.463	0.447
930.0～939.9	0.594	0.635	1040.0～1049.9	0.450	0.431
940.0～949.9	0.581	0.615	1050.0～1059.9	0.437	0.414
950.0～959.9	0.567	0.594	1060.0～1069.9	0.424	0.398

（3）燃油加热后的体积膨胀数值可按式（3-12）计算

$$V_2 = V_1[1 + \beta(t_2 - t_1)] \qquad (3-12)$$

式中　 V_2、V_1 ——加热后和加热前的体积，m³；

　　　 t_2、t_1 ——加热后和加热前的温度，℃。

三、发热量

（1）燃油高位发热量和低位发热量之间的换算可按式（3-13）进行计算

$$Q_{net,var} = Q_{gr,var} - 25(9H_{ar} + M_{ar}) \qquad (3-13)$$

式中　 $Q_{net,var}$ ——燃油的收到基低位发热量，kJ/kg；

　　　 $Q_{gr,var}$ ——燃油的收到基高位发热量，kJ/kg；

　　　 H_{ar} ——燃油的收到基氢元素含量，%；

　　　 M_{ar} ——燃油的收到基水分含量，%。

（2）燃油系统设计中缺少燃油发热量实测资料时可按以下方法进行估算。

根据元素分析资料按式（3-14）估算

$$Q_{net,var} = 339C_{ar} + 1030H_{ar} - 109(O_{ar} - S_{ar}) - 25M_{ar} \qquad (3-14)$$

式中　 C_{ar} ——燃油的收到基碳元素含量，%；

　　　 O_{ar} ——燃油的收到基氧元素含量，%；

S_{ar}——燃油的收到基硫元素含量，%。

根据燃料密度按式（3-15）进行估算

$$Q_{net,var}=46415.6+3.1677\rho_{15}-0.008879\rho_{15}^2 \quad (3-15)$$

式中　ρ_{15}——燃油在15℃时的密度，kg/m^3。

燃料油的低位发热量一般为38000～42000kJ/kg。由于燃料油中的氢含量高，氧和灰分的含量小，所以燃料油的发热量较高。

四、比热容

比热容，也称比热容量，是热力学中常用的一个物理量，表示物体吸热或散热能力。比热容越大，物体的吸热或散热能力越强。比热容指单位质量的某种物质升高或下降单位温度所吸收或放出的热量，其国际单位制中的单位是J/（kg·K），即1kg的物质的温度上升1K所需的能量。

比热容的定义式为

$$c=\frac{Q}{m\cdot\Delta T} \quad (3-16)$$

式中　c——比热容，J/（kg·K）；

　　　Q——热量，J；

　　　m——质量，kg；

　　　ΔT——温度变化值，K。

燃料油的比热容随温度及比重变化而变化。当温度变化范围为20～100℃时，燃料油的比热容值增加不多。

五、闪点、燃点及自燃点

1. 闪点

闪点是在大气压力下，燃料油的蒸气与空气混合物在标准条件下接触火焰，发生短促闪火现象时的油品最低温度，用于表征燃料油着火的难易程度。

闪点有两种测量方法，分别是开口杯法和闭口杯法。闪点是油品安全性的指标。除GB 25989—2010《炉用燃料油》中的F-R4残渣型燃料油以外，燃油的闪点宜采用闭口杯法测定。

根据闪点的高低，燃料油可分为四个等级，详见表3-10。

表3-10　　　油 品 分 级 表

油品等级	闪点（℃）	油品名称	油品组别
一级	≤28	汽油、苯等	易燃油品
二级	>28～45	原油、煤油等	
三级	>45～120	轻柴油、重柴油、重油等	可燃油品
四级	≥120	重柴油、重油、润滑油等	

注　轻柴油的闪点（闭口）为50～55℃，重柴油的闪点（闭口）不低于65℃。各种牌号的重油闪点（闭口）为80～140℃。

按照闪点的高低，GB 50074—2014《石油库设计规范》将燃油的火灾危险性分为5类，见表3-11。闪点愈低愈危险，愈高愈安全。

表3-11　　　燃 油 的 火 灾 危 险 性

类　　别		燃油闪点（℃）
甲	B	甲A类以外，<28
乙	A	28～<45
	B	45～<60
丙	A	60～120
	B	>120

注　甲A类油品的定义为15℃时，蒸气压力大于0.1MPa的烃类液体及其他类似的液体。

2. 燃点

达到闪点温度的油品尚未能提供足够的可燃蒸气以维持持续燃烧，再受热达到更高的温度时，油与火源相遇构成持续燃烧，此时的温度称为燃点（fire point）或着火点（ignition point）。

在大气压力下，燃料油加热到所确定的标准条件时燃料油的蒸气和空气的混合物与火焰接触即燃烧，且燃烧时间不少于5s，此时的最低温度称为燃点。一般油品的燃点比闪点略高，仅个别油品高得比较多。

3. 自燃点

自燃点是指油品缓慢氧化而开始自行着火燃烧的温度。自燃点的高低主要取决于燃料油的化学组成，且随压力的变化而变化，压力愈高，油质愈重，自燃点就愈低。如汽油的自燃点（在空气中）为510～530℃，而减压渣油的自燃点为230～240℃。

六、凝点

凝点是表征油品流动性的物料量，指油品丧失流动状态时的温度，即油品在试管里倾斜45°，经过5～10s尚不流动时的温度，称为凝点。国外用倾点表示油品流动性的，测得的凝点加2.5℃即为倾点的数值。

水分会影响燃料油的凝点，随着含水量的增加，燃料油的凝点逐渐上升。此外，水分还会影响燃料机械的燃烧性能，可能会造成炉膛熄火、停炉等事故。

与黏度一样，凝点也是一项很重要的技术指标，一般来说，温度在凝点以上的油品，可自流到泵的入口或由管内流出，所以对卸油方式、重油加热系统及燃油系统的拟定都有影响。但是，某些情况下用标准方法测定的凝点和重油实际丧失流动性时的温度不相符，如裂化渣油处于标准方法测定的凝点时还能流动。在设计中，相应温度下的黏度和不同形式泵所适应的黏度范围对加热和卸油有着更精确的实际意义。

石油产品比重越大，凝点越高。最轻的馏分（汽油）凝点为−80℃或更低，而燃料油凝点可达+35℃。凝点还取决于石油产品中的石蜡含量，石蜡量含高则凝点就高。

七、导热系数

导热系数在数值上等于单位时间内单位长度温度相差 1℃时单位面积所通过的热量，用 λ 表示，是表征燃料油导热能力的物理量，是进行油品传热计算的重要数据，随温度及油品比重的变化而变化。

八、水分及机械杂质

水分和机械杂质是不可燃成分，大部分是在燃料油运输、卸油及吹扫过程中带入的，会降低燃料油的发热量和锅炉的效率，有时会引起或加剧泵的气蚀现象。对于以含硫重油为燃料的锅炉，水分增加会加剧锅炉尾部受热面的腐蚀。

储存高比重高黏度油品时，罐内可能发生油水分层（层状和片状），从而引起火焰波动或间断，导致锅炉熄火，甚至会导致锅炉爆炸。燃料油中水分应控制在 2%以下，因为水分达到 3%会使锅炉燃烧不稳定，达到 5%会使锅炉熄火。如果采用循环加热的方法或采用特殊燃烧器使水以细水珠的形成均匀分布于油中，则重油水分大于 5%时，锅炉也可稳定地燃烧。

油罐内燃料油因周期性的加热和冷却引起的较强对流会影响水和机械杂质的沉淀。所以燃料油加热后，在沉淀时间内应保持温度恒定。

燃料油脱水的难易程度不仅与比重、黏度、含硫量有关，还与油水乳化物的形成及乳化稳定剂有关。

比重大于 0.99 的高黏度燃料油，因水积聚在油上面或在油中形成夹层，脱水困难。所以，200 号燃料油应尽可能用管道送往用户，100 号燃料油在卸油时应尽量不用蒸汽直接加热。

用蒸汽直接加热高硫和高黏度燃料油时容易形成很稳定的分散乳化物，其特征和油水混合物或低硫燃料油用蒸汽直接加热所形成的乳化物不同，所以经过多次加热也难使油水分离而脱水。

高硫及含硫燃料油含有沥青及树脂的乳化稳定剂，因沥青和树脂容易吸附在燃料油和水的界面上使水滴不易扩大，所以脱水困难。例如直馏含硫燃料油加热到 50~70℃并放置 5 天后只分离了所含水分的20%，高硫裂化渣油加热到 80~90℃时乳化物几乎未被破坏从而不能分离水。

机械杂质在燃料油中的含量为 0.1%~2%。机械杂质会堵塞过滤网，造成喷嘴、阀门、抽油泵的堵塞和磨损，影响正常燃烧，因此要用过滤器过滤掉。

九、硫分

燃料油按含硫量分为三种：含硫量不超过 0.5%的称为低硫燃料油；含硫量 0.6%~1.0%的称为含硫燃料油；含硫量 1.1%~3.5%的称为高硫燃料油。

燃料油中硫分燃烧后生成的三氧化硫与水化合生成硫酸，会对金属产生腐蚀，因此燃烧含硫量高于 1%的燃料油时，必须注意锅炉尾部受热面的低温腐蚀问题。

十、灰分

燃料油的灰分主要由水力钻探开采或转运时掉落进去的灰，及溶解于石油中的盐类组成，含量一般不高，为 0.1%~0.4%。灰分的主要成分是钠、钙、镁、钒、铝、铁。低硫燃料油的钒含量很少，而高硫燃料油的钒含量较高，钒和钠会引起锅炉受热面的高温腐蚀，同时，燃料油灰分易引起锅炉受热面的积灰。燃油锅炉应设吹灰设施。

灰分是燃烧后剩余不能燃烧的部分，特别是催化裂化循环油和油浆燃料油后，硅铝催化剂粉末会使泵、阀磨损加速。另外，灰分还会覆盖在锅炉受热面上，降低其传热性。

十一、爆炸极限

当空气中易燃的油品蒸气达到一定比例时，遇明火就会发生爆炸。在空气中所含的可能引起爆炸的油品蒸气的最小浓度和最大浓度称为该种油品的爆炸低限和爆炸高限，通常以容积百分比表示。在爆炸低限和爆炸高限之间的混合气浓度范围，称为爆炸范围。爆炸范围大的油品爆炸危险性大。

当空气中油气浓度低于爆炸低限时，混合气体不会发生爆炸；当油气浓度高于爆炸高限时，混合气体可能发生燃烧，在燃烧过程中油气浓度降低到爆炸高限即会发生爆炸。

原油及重油的爆炸极限目前尚无统一数据。

油品的爆炸极限还可用温度划分，爆炸温度的低限为油品的闪点。

所以衡量油品的安全性质时，应根据闪点、爆炸极限和自燃点等全面分析。

十二、毒性及腐蚀性

原油及其产品的蒸气对人身健康是有危害的，特别是含硫、磷较多的油品，其危害更严重。空气中油品蒸气含量达到危害健康的危险极限：汽油、溶剂油及煤油为 0.3mg/kg，硫化氢为 0.01mg/kg。

油品中含硫会引起金属容器及管路的腐蚀。

十三、十六烷值

轻柴油喷入气缸内遇到高温高压空气而自燃发火的性能，以十六烷值表示。十六烷值高，表示轻柴油的发火性好，柴油机工作平稳、柔和，低温启动性好；十六烷值低，则发火迟缓，气缸内积累的可燃混合气多，发火后压力和温度猛烈上升，柴油机工作粗暴，运转不平稳，噪声大，并可能损伤轴瓦。如果十六烷值过高（超过 65～70），则轻柴油发火过快，与空气来不及充分混合即燃烧，会造成后燃期长，燃烧不完全，油耗增多。轻柴油的十六烷值为 45。

十四、残炭

残炭是石油产品在试验或加热时由于加热而形成的焦炭残留物，用质量百分率表示。油品的黏度愈大，胶质和沥青含量也愈多，则残炭也愈大。残炭可造成磨损和喷嘴堵塞。

十五、酸度

酸度是以中和 100mg 试验油品所含有的有机酸所需氢氧化钾的毫克数来表示的。有机酸会使金属腐蚀。

十六、水溶性酸和碱

水溶性酸和碱的测定是以水的抽出液来判断的。水溶性的碱包括能溶于水的碱和碱的氮化物。产生水溶性酸和碱的原因是：炼制过程中清洗程度不够，或使用和储存过程中污染和氧化。水溶性酸和碱会引起结垢和腐蚀。

第三节 天然气的主要特性

天然气是指在不同地质条件下生成、运移，并以一定压力储集在地下构造中的气体。它埋藏在深度不同的地层中，蕴藏在地下多孔隙岩层中，可通过井筒引至地面。在石油地质学中，通常指油田气和气田气，其他还有煤层气、泥火山气和生物生成气等，也有少量出于煤层。大多数气田的天然气是可燃性气体，主要成分是气态烃类，还含有少量非烃气体；但有的天然气非烃气体含量超过 90%。

天然气是优质燃料和化工原料，主要用途是作燃料，可制造炭黑、化学药品和液化石油气，由天然气生产的丙烷、丁烷是现代工业的重要原料。

一、天然气的组成

1. 烃类

主要包括烷烃（C_nH_{2n+2}）、烯烃（C_nH_{2n}）、环烷烃、芳香烃等，其中烷烃是目前已发现的大部分天然气的主要成分。烯烃（C_nH_{2n}）、环烷烃、芳香烃等在大部分天然气中含量很少。

烷烃是饱和的脂肪族链状烃类化合物。在常压20℃时，甲烷、乙烷、丙烷和丁烷为气态，戊烷以上至 $C_{17}H_{38}$ 为液态，$C_{18}H_{40}$ 以上为固态。在天然气中的烷烃，绝大多数为甲烷，另有少量的乙烷、丙烷和丁烷，庚烷以上的烷烃含量极少。

2. 非烃类

天然气中含有的非烃类气体有氧气、氮气、二氧化碳、一氧化碳、硫化氢、氢气、氦气、氩气、水蒸气等。

3. 其他化合物

其他化合物有多硫化氢和沥青质等。

我国常用的有代表性的气体燃料成分及特性见表3-12。

表 3-12　　　　　　我国常用的有代表性的气体燃料成分及特性

序号	燃气种类	成分（体积分数，%）										标准工况下低位热值 $Q_{net,var}$（kJ/m³）
		H_2	CO	CH_4	C_3H_6	C_3H_8	C_4H_{10}	N_2	O_2	CO_2	H_2S	
1	天然气[①]			98.0	C_mH_n 0.4	0.3	0.3	1.0	—	—	—	36533
2	油田伴生气	—	C_2H_6 7.4	80.1	C_mH_n 2.4	3.8	2.3	0.6		3.4		43572
3	炼焦煤气	59.2	8.6	23.4	2.0	—	—	3.6	1.2	2.0		17589
4	混合煤气	48.0	20.0	13.0	1.7	—	—	12.0	0.8	4.5		13836
5	高炉煤气	1.8	23.5	0.3				56.9		17.5		3265

序号	燃气种类	成分（体积分数，%）										标准工况下低位热值 $Q_{net,var}$（kJ/m³）
		H_2	CO	CH_4	C_3H_6	C_3H_8	C_4H_{10}	N_2	O_2	CO_2	H_2S	
6	矿井气	—	—	52.4	—	—	—	36.0	7.0	4.6	—	18768
7	高压气化气	59.3	24.8	14.0	—	—	0.2	0.8	—	—	0.9	14797
8	液化石油气	—	C_4H_8 54.0	1.5	10.0	4.5	26.2	—	—	—	—	114875
9	液化石油气	—	—	—	—	50.0	50.0	—	—	—	—	108199

① 仅指气井气。

二、天然气分类

1. 按天然气在地下存在的状态分类

天然气按在地下存在的相态可分为游离态、溶解态、吸附态和固态水合物。只有游离态的天然气经聚集形成天然气田，才可开发利用。

2. 按天然气生成条件分类

（1）气田天然气。主要成分为甲烷，其含量占 85%～95%，乙烷（C_2H_6）、丙烷（C_3H_8）含量不大，丁烷（C_4H_{10}）及以上含量甚微。气田天然气可分为凝析气田天然气和纯气田天然气，凝析气田天然气在地层中为均质的气相，但当气体通过井口后，压力降低，温度低于该状态的露点后，气体中的丙烷、丁烷会形成凝析液，伴有部分水化物；纯气田天然气则几乎不含重烃，主要可燃组分为甲烷。

（2）油田伴生气。与石油共生的气体，或凝聚于油层顶部（称为气顶气），或溶于石油中（称为溶解气）。其组分以甲烷为主，含有较多的乙烷和乙烷以上的烃类，热值比气田气高。

（3）煤层气。与煤层共同生成并聚集于地质构造中的可燃气，主要成分为甲烷，伴有一些二氧化碳等气体。

（4）矿井气。在采掘煤炭的过程中，由煤层中释放出来的伴生气，由于与矿井中的空气混合故名矿井气，热值较低。

3. 按天然气烃组分含量分类

（1）干气。在压力 0.1MPa，20℃条件下，1m³ 井口天然气中，戊烷重烃含量低于 13.5cm³ 的天然气。

（2）湿气。在压力 0.1MPa，20℃条件下，1m³ 井口天然气中，戊烷重烃含量高于 13.5cm³ 的天然气。湿气必须经过分离处理后方能输送。

三、天然气的主要特性

我国各主要气田的天然气组成见附录F。

1. 密度

天然气作为一种混合气体燃料，干态的密度计算式为

$$\rho = \Sigma \frac{\phi_i}{100} \rho_i \qquad (3-17)$$

式中　ρ——计算状态下混合气体的平均密度，kg/m³；

ϕ_i——各单一气体的体积分数，%；

ρ_i——计算状态下各单一气体密度，kg/m³。

相对密度是指在相同的规定压力和温度条件下，气体的密度除以具有标准组成的干空气密度，常见的单一气体相对密度见表 3-13（15℃、101.325kPa），混合气体的相对密度计算式为

$$d = \frac{\rho}{1.2254} \qquad (3-18)$$

式中　d——混合气体相对密度；

ρ——标准状态下混合气体的平均密度，kg/m³；

1.2254——15℃、101.325kPa 状态下空气密度，kg/m³。

如果考虑天然气中的水蒸气，则湿天然气密度计算式为

$$\rho' = (\rho + d)\frac{0.790}{0.790 + d} \qquad (3-19)$$

式中　ρ'——15℃、101.325kPa 下湿天然气密度，kg/m³；

ρ——标准状态下混合气体的平均密度，kg/m³；

d——混合气体相对密度；

0.790——15℃、101.325kPa 水蒸气的密度，kg/m³。

表 3-13　常用单一气体的相对密度和燃烧产物中 CO_2 的体积分数（15℃、101.325kPa）

成分	相对密度 d	理论干烟气中 CO_2 体积分数（%）
空气（air）	1.0000	—
氧（O_2）	1.1053	—
氮（N_2）	0.9671	—
二氧化碳（CO_2）	1.5275	—
一氧化碳（CO）	0.9672	34.72

续表

成分	相对密度 d	理论干烟气中 CO_2 体积分数 (%)
氢（H_2）	0.06953	—
甲烷（CH_4）	0.5548	11.74
乙烯（C_2H_4）	0.9745	15.06
乙烷（C_2H_6）	1.0467	13.19
丙烯（C_3H_6）	1.4759	15.06
丙烷（C_3H_6）	1.5496	13.76
1-丁烯（C_4H_8）	1.9663	15.06
异丁烷（$i-C_4H_{10}$）	2.0722	14.06
正丁烷（$n-C_4H_{10}$）	2.0852	14.06
丁烷（C_4H_{10}）	2.0787	14.06
戊烷（C_5H_{12}）	2.6575	14.25

注 1. C_4H_{10} 的体积分数，$i-C_4H_{10}$=50%；$n-C_4H_{10}$=50%。

2. 干空气的真实密度（288.15K、101.325kPa）为 1.2254kg/m³。

3. 干空气的体积分数：O_2%=21%，N_2%=79%。

4. 燃烧和计量的参比条件均为 15℃、101.325kPa。

考虑到气体的非理想性，在计算体积发热量、密度、相对密度以及沃泊指数时，需要对气体体积进行修正。将给出的参比条件下的已知物性值，分别乘以换算系数，就可以得到另一参比条件下的具有相同单位的物性值。密度、相对密度在不同温度条件下的换算系数见表 3-14。

天然气密度的精确计算见 GB/T 11062《天然气 发热量、密度、相对密度和沃泊指数的计算方法》。

表 3-14 密度、相对密度及压缩因子的换算系数

物性值	计量温度变化时的换算系数		
	20℃ 换算到 15℃	20℃ 换算到 0℃	15℃ 换算到 0℃
理想密度	1.0174	1.0732	1.0549
理想相对密度	1.0000	1.0000	1.0000
压缩因子	0.9999	0.9995	0.9996
真实密度	1.0175	1.0738	1.0553

2. 饱和含水量和水露点

单位体积的天然气中所含水蒸气的质量称为天然气的含水量（或绝对湿度），其数值等于水蒸气在其分压力与温度下的密度，单位为 g/m³（标准工况）。在一定压力和温度下，一定体积的天然气所含的水蒸气量存在一个最大值。当含水率等于最大值时，天然气中的水蒸气达到饱和状态。饱和状态的含水量称为天然气的饱和含水量。

在一定条件下，与天然气的饱和含水量对应的温度称为天然气的水露点。

商品天然气已经过脱水处理（高温高压分离等），使含水量低于-30℃的饱和状态［即低于 0.3g/m³（标准工况）］，输送过程可看作等温降压或升温降压过程，因此不会析出冷凝水，沿途不设排水装置。

各国标准规定的天然气含水量（或露点）不相同，我国为低于气体最低管输温度 5℃；法国为 0.055g/m³（标准工况）；美国为 0.11g/m³（标准工况）；加拿大为不超过 0.064g/m³（标准工况）；荷兰为露点-10℃；俄罗斯为-20~0℃。天然气的饱和含水量可根据压力和温度查表 3-15 和图 3-2（图中为相对密度等于 0.6 时与水的平均值，如果相对密度不同，需要修正）。

表 3-15 不同压力和温度下天然气的饱和含水量 （g/m³）

天然气绝对压力（$\times 10^2$kPa）	天然气温度（℃）						
	−30	−20	−10	0	+10	+20	+30
1	0.30	0.83	1.89	4.65	8.97	18.46	31.65
2	0.15	0.42	1.05	2.47	4.95	9.50	17.6
3	0.10	0.28	0.70	1.65	3.30	6.35	11.7
5	0.06	0.17	0.42	0.99	1.98	3.80	7.04
10	0.03	0.08	0.21	0.50	0.99	1.90	3.52
20	0.02	0.04	0.11	0.25	0.50	0.95	1.76
30	0.01	0.03	0.07	0.17	0.33	0.64	1.17
50	0.01	0.02	0.04	0.10	0.20	0.38	0.70

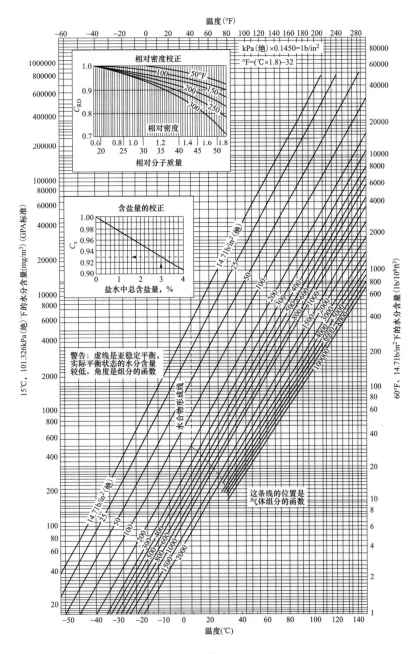

图 3-2 天然气的水露点

3. 热值

工程中使用的混合气体的发热量一般采用试验测得，也可根据混合燃气的组成成分计算，各组分的发热量见表 3-16 和表 3-17。在工程中也可对燃气发热量做如下近似考虑：

（1）当燃气中含有少量（体积分数在 3%以下）成分不明的不饱和烃时，该不饱和烃的热量可按乙烯（C_2H_4）的发热量计算。

（2）当天然气中的重烃（C_2H_6、C_3H_8…）含量不明时，其不明部分的饱和碳氢化合物可按体积分数 80%的 C_2H_6 和 20%的 C_3H_8 计算，或按 C_mH_n=100%的 C_3H_8 计算。

（3）一般情况下，燃气中的含水量极少，可忽略不计，故可取 $Q_{net,ar}=Q_{net,d}$。

（4）当天然气中甲烷含量在 95%～98%，而其他成分不明时，收到基低位发热量可取 $Q_{net,ar}=35160kJ/m^3$。

表 3-16　　　　　　　　天然气各组分在不同燃烧参比条件下的理想气体质量发热量

序号	组分	理想质量发热量 $\hat{H}^0$ （MJ/kg）							
		25℃		20℃		15℃		0℃	
		高位	低位	高位	低位	高位	低位	高位	低位
1	甲烷	55.516	50.029	55.545	50.032	55.574	50.035	55.662	50.043
2	乙烷	51.90	47.51	51.93	47.51	51.95	47.52	52.02	47.53
3	丙烷	50.33	46.33	50.35	46.34	50.37	46.34	50.44	46.35
4	丁烷	49.51	45.72	49.53	45.72	49.55	45.72	49.62	45.74
5	2-甲基丙烷	49.35	45.56	49.37	45.56	49.39	45.57	49.45	45.57
6	戊烷	49.01	45.35	49.03	45.35	49.04	45.35	49.10	45.36
7	2-甲基丁烷	48.91	45.25	48.93	45.25	48.95	45.25	49.01	45.26
8	2,2-二甲基丙烷	48.71	45.05	48.73	45.05	48.75	45.06	48.81	45.06
9	己烷	48.68	45.10	48.70	45.10	48.72	45.11	48.77	45.11
10	2-甲基戊烷	48.59	45.01	48.61	45.02	48.63	45.02	48.69	45.02
11	3-甲基戊烷	48.62	45.04	48.64	45.05	48.66	45.05	48.72	45.06
12	2,2-二甲基丁烷	48.48	44.90	48.49	44.90	48.51	44.91	48.57	44.91
13	2,3-二甲基丁烷	48.57	44.99	48.59	44.99	48.60	45.00	48.66	45.00
14	庚烷	48.44	44.92	48.45	44.92	48.47	44.93	48.53	44.93
15	辛烷	48.25	44.78	48.27	44.79	48.29	44.79	48.34	44.79
16	壬烷	48.12	44.68	48.13	44.69	48.15	44.69	48.21	44.69
17	癸烷	48.00	44.60	48.02	44.60	48.04	44.60	48.09	44.61
18	乙烯	50.30	47.16	50.32	47.17	50.34	47.17	50.39	47.17
19	丙烯	48.91	45.77	48.92	45.77	48.94	45.77	48.99	45.78
20	1-丁烯	48.42	45.28	48.44	45.29	48.46	45.29	48.51	45.29
21	顺-2-丁烯	48.30	45.16	48.32	45.16	48.33	45.17	48.39	45.17
22	反-2-丁烯	48.24	45.10	48.25	45.10	48.27	45.10	48.32	45.11
23	2-甲基丙烯	48.13	44.99	48.14	44.99	48.16	44.99	48.21	44.99
24	1-戊烯	48.13	44.99	48.14	44.99	48.16	44.99	48.21	45.00
25	丙二烯	48.50	46.30	48.51	46.30	48.52	46.30	48.55	46.30
26	1,2-丁二烯	47.95	45.51	47.96	45.51	47.98	45.51	48.01	45.51
27	1,3-丁二烯	46.97	44.53	46.98	44.53	47.00	44.53	47.03	44.53
28	乙炔	49.97	48.28	49.97	48.28	49.98	48.27	50.00	48.27
29	环戊烷	47.33	44.19	47.35	44.20	47.37	44.20	47.43	44.21
30	甲基环戊烷	47.16	44.03	47.18	44.03	47.20	44.03	47.25	44.04
31	乙基环戊烷	47.14	44.00	47.16	44.00	47.17	44.01	47.23	44.01
32	环己烷	46.97	43.83	46.99	43.83	47.01	43.84	47.06	43.85
33	甲基环己烷	46.86	43.72	46.87	43.72	46.89	43.72	46.94	43.73
34	乙基环己烷	46.90	43.76	46.92	43.77	46.94	43.77	46.99	43.78
35	苯	42.26	40.57	42.27	40.58	42.28	40.58	42.31	40.58

序号	组分	理想质量发热量 $\hat{H}^0$（MJ/kg）							
		25℃		20℃		15℃		0℃	
		高位	低位	高位	低位	高位	低位	高位	低位
36	甲苯	42.85	40.94	42.86	40.94	42.87	40.94	42.90	40.94
37	乙苯	43.40	41.32	43.41	41.32	43.42	41.33	43.45	41.33
38	邻二甲苯	43.29	41.22	43.30	41.22	43.31	41.22	43.35	41.23
39	甲醇	23.85	21.10	23.86	21.10	23.88	21.10	23.92	21.11
40	甲硫醇	25.76	23.93	25.77	23.93	25.78	23.93	25.81	23.93
41	氢气	141.79	119.95	141.87	119.93	141.95	119.91	142.19	119.83
42	水	2.44	0	2.45	0	2.47	0	2.50	0
43	硫化氢	16.49	15.20	16.50	15.20	16.50	15.20	16.52	15.19
44	氨	22.48	18.60	22.50	18.60	22.52	18.61	22.58	18.61
45	氰化氢	24.85	24.03	24.85	24.03	24.85	24.03	24.86	24.03
46	一氧化碳	10.10	10.10	10.10	10.10	10.10	10.10	10.10	10.10
47	硫氧碳	9.13	9.13	9.12	9.12	9.12	9.12	9.12	9.12
48	二氧化碳	14.51	14.51	14.50	14.50	14.50	14.50	14.50	14.50

注　水蒸气的非零发热量是通过高位发热量的定义推导出来的，即要求燃烧产物中所有的水蒸气均冷凝为液态。换句话说，存在于干气中的任何水蒸气将为混合物的高位发热量贡献汽化潜热。

表3-17　　　　　　　　天然气各组分在不同燃烧参比条件下的理想气体体积发热量

序号	组分	理想体积发热量 $\bar{H}^0$（MJ/m³）											
		15℃/15℃		0℃/0℃		15℃/0℃		25℃/0℃		20℃/20℃		25℃/20℃	
		高位	低位	高位	低位	高位	低位	高位	低位	高位	低位	高位	低位
1	甲烷	37.706	33.948	39.840	35.818	39.777	35.812	39.735	35.808	37.044	33.367	37.024	33.365
2	乙烷	66.07	60.43	69.79	63.76	69.69	63.75	69.63	63.74	64.91	59.39	64.88	59.39
3	丙烷	93.94	86.42	99.22	91.18	99.09	91.16	99.01	91.15	92.29	84.94	95.25	84.93
4	丁烷	121.79	112.40	128.66	118.61	128.48	118.57	128.73	118.56	119.66	110.47	119.62	110.47
5	2-甲基丙烷	121.40	112.01	128.23	118.18	128.07	118.16	127.96	118.15	119.28	110.09	119.23	110.08
6	戊烷	149.66	138.38	158.07	146.00	157.87	145.98	157.75	145.96	147.04	136.01	146.99	136.01
7	2-甲基丁烷	149.36	138.09	157.76	145.69	157.57	145.67	157.44	145.66	146.76	135.72	146.70	135.72
8	2,2-二甲基丙烷	148.76	137.49	157.12	145.06	156.93	145.04	156.80	145.02	146.16	135.13	146.11	135.13
9	己烷	177.55	164.40	187.53	173.45	187.30	173.43	187.16	173.41	174.46	161.59	174.39	161.58
10	2-甲基戊烷	177.23	164.08	187.19	173.11	186.96	173.09	186.82	173.07	174.14	161.27	174.07	161.26
11	3-甲基戊烷	177.34	164.19	187.30	173.23	187.08	173.20	186.93	173.19	174.25	161.38	174.18	161.37
12	2,2-二甲基丁烷	176.82	163.66	186.75	172.67	186.53	172.65	186.38	172.63	173.73	160.86	173.66	160.86
13	2,3-二甲基丁烷	177.15	163.99	187.10	173.02	186.87	173.00	186.73	172.98	174.05	161.19	173.99	161.18
14	庚烷	205.42	190.39	216.96	200.87	216.70	200.84	216.53	200.82	201.84	187.13	201.76	187.12
15	辛烷	233.28	216.37	246.38	228.28	246.10	228.25	245.91	228.23	229.22	212.67	229.13	212.66
16	壬烷	261.19	242.40	275.85	255.74	275.53	255.71	275.32	255.69	256.64	238.25	256.54	238.24

序号	组分	理想体积发热量 $\bar{H}^0$（MJ/m³）											
		15℃/15℃		0℃/0℃		15℃/0℃		25℃/0℃		20℃/20℃		25℃/20℃	
		高位	低位	高位	低位	高位	低位	高位	低位	高位	低位	高位	低位
17	癸烷	289.06	268.39	305.29	283.16	304.94	283.13	304.71	283.11	284.03	263.80	283.92	263.79
18	乙烯	59.72	55.96	63.06	59.04	63.00	59.04	62.96	59.03	58.68	55.01	58.66	55.00
19	丙烯	87.10	81.46	91.98	85.94	91.88	85.93	91.82	85.93	85.58	80.07	85.55	80.06
20	1-丁烯	114.98	107.46	121.42	113.38	121.29	113.36	121.21	113.36	112.98	105.63	112.94	105.62
21	顺-2-丁烯	114.59	107.18	121.12	113.08	120.99	113.06	120.91	113.05	112.70	105.34	112.66	105.34
22	反-2-丁烯	114.54	107.02	120.96	112.91	120.83	112.90	120.75	112.89	112.55	105.19	112.51	105.19
23	2-甲基丙烯	114.27	106.76	120.67	112.63	120.55	112.62	120.47	112.61	112.29	104.93	112.25	104.93
24	1-戊烯	142.85	133.46	150.86	140.80	150.70	140.79	150.59	140.77	140.37	131.18	140.32	131.17
25	丙二烯	82.21	78.46	86.79	82.76	86.73	82.76	86.69	82.76	80.79	77.12	80.78	77.12
26	1,2-丁二烯	109.75	104.12	115.87	109.84	115.78	109.83	115.72	109.83	107.85	102.34	107.83	102.34
27	1,3-丁二烯	107.51	101.87	113.51	107.47	113.42	107.47	113.36	107.46	105.65	100.13	105.62	100.13
28	乙炔	55.04	53.16	58.08	56.07	58.06	56.08	58.05	56.08	54.09	52.25	54.09	52.26
29	环戊烷	140.50	131.11	148.40	138.34	148.22	138.31	148.10	138.28	138.05	128.86	138.00	128.85
30	甲基环戊烷	168.00	156.73	177.43	165.37	177.23	165.34	177.10	165.31	165.08	154.04	165.01	154.03
31	乙基环戊烷	195.90	182.74	206.89	192.81	206.65	192.78	206.50	192.75	192.48	179.61	192.41	179.60
32	环己烷	167.31	156.03	176.70	164.64	176.50	164.60	176.36	164.58	164.39	153.36	164.33	153.35
33	甲基环己烷	194.72	181.56	205.64	191.57	205.41	191.53	205.26	191.51	191.32	178.45	191.25	178.44
34	乙基环己烷	222.75	207.72	235.25	219.16	234.98	219.13	234.81	219.10	218.87	204.16	218.79	204.15
35	苯	139.69	134.05	147.45	141.42	147.36	141.41	147.29	141.40	137.27	131.76	137.24	131.75
36	甲苯	167.05	159.53	176.35	168.31	176.22	168.29	176.13	168.28	164.16	156.80	164.12	156.80
37	乙苯	194.95	185.55	205.81	195.76	205.65	195.74	205.55	195.73	191.57	182.38	191.52	182.37
38	邻二甲苯	194.49	185.09	205.32	195.27	205.17	195.26	205.06	195.24	191.12	181.93	191.07	181.92
39	甲醇	32.36	28.60	34.20	30.18	34.13	30.17	34.09	30.16	31.78	28.11	31.76	28.10
40	甲硫醇	52.45	48.70	55.40	51.37	55.33	51.37	55.30	51.37	51.54	47.86	51.52	47.86
41	氢气	12.102	10.223	12.788	10.777	12.767	10.784	12.725	10.788	11.889	10.050	11.882	10.052
42	水	1.88	0	2.01	0	1.98	0	1.96	0	1.84	0	1.83	0
43	硫化氢	23.78	21.91	25.12	23.10	25.09	23.11	25.07	23.11	23.37	21.53	23.36	21.53
44	氨	16.22	13.40	17.16	14.14	17.11	14.14	17.08	14.13	15.93	13.17	15.91	13.17
45	氰化氢	28.41	27.47	29.98	28.97	29.97	28.98	29.96	28.98	27.92	27.00	27.91	27.00
46	一氧化碳	11.96	11.96	12.62	12.62	12.62	12.62	12.63	12.63	11.76	11.76	11.76	11.76
47	硫氧碳	23.18	23.18	24.45	24.45	24.46	24.46	24.46	24.46	22.79	22.79	22.79	22.79
48	二硫化碳	46.70	46.70	49.26	49.26	49.27	49.27	49.28	49.28	45.71	45.91	45.91	45.91

注 1. 水蒸气的非零发热量是通过高位发热量的定义推导出来的，即要求燃烧产物中所有的水蒸气均冷凝为液相。换句话说，存在于干气中的任何水蒸气将为混合物的高位发热量贡献其汽化潜热。

2. 在任何情况下，燃烧和计量的参比压力均为 101.325kPa。

3. 表头中"t_1℃ / t_2℃"分别指燃烧和计量参比温度。

天然气热值的精确计算见 GB/T 11062《天然气发热量、密度、相对密度和沃泊指数的计算方法》。

4. 着火温度

可燃气体与空气的混合物发生着火燃烧的最低温度称为着火温度。着火温度与燃气的种类、在混合可燃气体中的含量、混合气的均匀程度、压力有关，也与燃烧设备的构造、周围介质的热容量、有无催化作用、燃烧体系的散热条件有关。大气压下部分可燃气在标准状态下的着火温度见表 3-18。

表 3-18　部分可燃气体在空气中的着火温度

可燃气	分子式	着火温度（℃）
氢	H_2	530～590
一氧化碳	CO	610～658
甲烷	CH_4	645～850
乙烷	C_2H_6	530～594
丙烷	C_3H_8	530～558
丁烷	C_4H_{10}	490～569
己烷	C_6H_{14}	300～630
辛烷	C_8H_{18}	275
乙炔	C_2H_2	335～500
硫化氢	H_2S	290～487
高炉煤气		530
焦炉煤气		300～500
发生炉煤气		530
天然气		530

5. 着火极限（爆炸极限）

可燃气体和空气的混合物遇明火而引起爆炸时的可燃气体含量（体积分数）范围称为爆炸极限。当可燃气体的含量减少到不能形成爆炸混合物时的含量（体积分数）时，称为可燃气体的爆炸下限；当可燃气体的含量增加到不能形成爆炸混合物时的含量（体积分数）时，称为可燃气体的爆炸上限。

在 GB 50016《建筑设计防火规范》中，生产和储存物品火灾危险性分类时，甲类易爆气体的爆炸下限是小于 10%，其他可燃气体则归为乙类。

天然气着火极限可以通过计算得到。

（1）对于不含惰性气体的可燃气体的混合物，着火极限为

$$L = \frac{100}{\sum \dfrac{\phi_i}{L_i}} \qquad (3-20)$$

式中　L——可燃气体混合物的着火极限（上限或下限，体积分数），%；

ϕ_i——单一可燃气体在不含惰性气体的燃气中的体积分数，%；

L_i——单一可燃气体的着火极限（上限或下限），%。

（2）对于含惰性气体的可燃气体的混合物，着火极限为

$$L_D = \frac{L\left(1 + \dfrac{\phi_D}{100 - \phi_D}\right) \times 100\%}{100 + L\left(1 + \dfrac{\phi_D}{100 - \phi_D}\right)} \qquad (3-21)$$

式中　L_D——含有惰性气体的混合燃气着火极限（上限或下限，体积分数），%；

L——按不含惰性气体的混合可燃气体的着火极限（上限或下限，体积分数），%；

ϕ_D——惰性气体在混合燃气中所占的体积分数，%。

影响可燃气体着火极限的因素很多，主要有：

1）容积尺寸的影响。内径小的容器，着火极限范围变窄。

2）温度的影响。燃气-空气混合物的温度升高，着火极限范围将扩大。

3）压力的影响。高压时，对碳氧化合物而言，随压力升高，着火极限范围将扩大；而对 CO 则相反，随压力升高，着火极限范围将变窄。

4）惰性气体的影响。随着惰性气体含量增加，下限和上限均将提高。

5）水分的影响。水分对碳氢化合物的着火起抑制作用，而对 CO 的着火起促进作用。

6）氧气的影响。一般在氧气中，燃气的着火极限范围将扩大。

单一可燃气体的着火极限见表 3-19。

表 3-19　单一可燃气体的着火极限

燃料	着火范围	
	下限（%）	上限（%）
甲烷	5.00	15.00
乙烷	3.22	12.45
丙烷	2.37	9.50
丁烷	1.86	8.41
戊烷	1.40	8.00
己烷	1.25	6.90
庚烷	1.00	6.00
乙烯	3.00	34.00
丙烯	2.00	11.10
丁烯	1.70	9.00
汽油气	1.00	6.00
煤油气	1.40	7.50
天然气	5.00	16.00

续表

燃料	着火范围	
	下限（%）	上限（%）
一氧化碳	12.50	74.20
氢	4.00	74.20

6. 导热系数

天然气的导热系数不能按混合法则计算，应选用实测资料。当天然气中甲烷含量大于 95% 时，其导热系数可近似取甲烷的相应值，甲烷不同温度和压力下的导热系数见表 3-20。

表 3-20　　　　　　　　　不同温度和压力下甲烷的导热系数 $\lambda \times 10^3$　　　　　　　　[W/（m·K）]

压力（MPa）	温度（℃）											
	−30	−20	−10	0	10	20	30	40	50	60	70	80
0.1	26.51	27.67	28.84	26.0	26.9	28.0	29.2	30.4	31.7	32.7	37.7	34.8
2	28.72	30.23	31.05	27.7	28.7	30.2	30.5	31.5	32.7	34.0	35.7	37.7
5	32.21	33.14	34.16	31.0	31.2	32.0	32.3	32.5	35.4	36.5	37.7	38.8
10	45.12	43.02	41.97	36.0	37.2	38.5	38.8	39.5	40.2	40.5	41.4	41.5
15	—	55.81	53.48	—	—	45.5	—	45.1	—	45.0	—	—

7. 天然气的比热容和绝热指数

天然气及其燃烧产物各组分的平均体积定压比热容见表 3-21。

表 3-21　　　　　　　　　　　　部分气体定压比热容　　　　　　　　　　　[kcal/（m³·℃）]

t（℃）	甲烷 CH_4	乙烷 C_2H_6	丙烷 C_3H_8	丁烷 C_4H_{10}	戊烷 C_5H_{12}	乙炔 C_2H_2	乙烯 C_2H_4	丁烯 C_4H_8	氢 H_2	一氧化碳 CO	硫化氢 H_2S	二氧化硫 SO_2	二氧化碳 CO_2	氧 O_2	氮 N_2
0	0.374	0.525	0.733	1.005	1.245	0.447	0.445	0.915	0.306	0.311	0.350	0.380	0.3805	0.3116	0.3088
100	0.395	0.598	0.844	1.135	1.417	0.489	0.496	1.026	0.309	0.311	0.361	0.422	0.4029	0.3145	0.3093
200	0.422	0.668	0.950	1.250	1.584	0.522	0.547	1.133	0.310	0.313	0.371	0.452	0.4290	0.3190	0.3106
300	0.452	0.735	1.051	1.365	1.742	0.547	0.593	1.233	0.311	0.315	0.382	0.472	0.4469	0.3240	0.3122
400	0.483	0.797	1.146	1.480	1.894	0.566	0.636	1.329	0.312	0.318	0.393	0.487	0.4628	0.3291	0.3146
500	0.512	0.853	1.225	1.583	2.025	0.583	0.676	1.414	0.312	0.321	0.402	0.497	0.4769	0.3339	0.3173
600	0.542	0.909	1.303	1.686	2.155	0.599	0.716	1.498	0.313	0.325	0.411	0.507	0.4895	0.3385	0.3203
700	0.569	0.959	1.378	1.780	2.262	0.615	0.756	1.576	0.314	0.328	0.420	0.515	0.5008	0.3226	0.3235
800	0.596	1.005	1.443	1.866	2.365	0.628	0.788	1.645	0.315	0.332	0.429	0.522	0.5110	0.3464	0.3266
900	0.620	1.046	1.506	1.944	2.452	0.641	0.819	1.710	0.317	0.335	0.437	0.528	0.5204	0.3498	0.3297
1000	0.644	1.085	1.558	2.017	2.533	0.653	0.848	1.770	0.318	0.338	0.445	0.538	0.5288	0.3529	0.3325

注　1kcal=4.184kJ。

气体的摩尔定压热容（c_p）与摩尔定容热容（c_V）之比，称为绝热指数。天然气各组分的绝热指数见表 3-22。

表 3-22　　　　　　　　　　　　部分气体的绝热指数

气体种类及分子式	k	气体种类及分子式	k	气体种类及分子式	k
甲烷 CH_4	1.314	乙烯 C_2H_4	1.258	硫化氢 H_2S	1.320
乙烷 C_2H_6	1.202	丙烯 C_3H_6	1.170	二氧化碳 CO_2	1.304
丙烷 C_3H_8	1.138	丁烯 C_4H_8	1.404	氧 O_2	1.401
丁烷 C_4H_{10}	1.097	氨 NH_3	1.330	氮 N_2	1.404
戊烷 C_5H_{12}	1.077	氢 H_2	1.407	水蒸气 H_2O	1.335
乙炔 C_2H_2	1.269	一氧化碳 CO	1.403	空气	1.400

8. 天然气黏度

天然气在不同压力和温度下的黏度可按图 3-3 查得，由于天然气以甲烷为主，当甲烷含量大于 95% 时，天然气的黏度可取甲烷的黏度，见表 3-23。

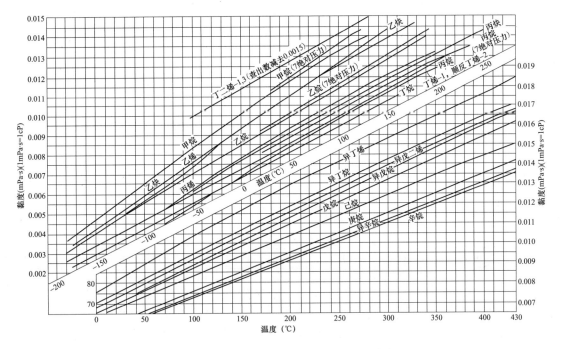

图 3-3　部分烷烃类气体黏度图《天然气燃烧及技术应用》

表 3-23　　　　不同温度和压力下甲烷的运动黏度 υ（m^2/s）和动力黏度 μ（$Pa \cdot s$）

温度 （℃）	p=0.1MPa（绝对压力）		p=2MPa		p=4MPa		p=5MPa		p=6MPa	
	$\upsilon \cdot 10^7$	$\mu \cdot 10^7$	$\upsilon \cdot 10^7$	$\mu \cdot 10^7$	$\upsilon \cdot 10^7$	$\mu \cdot 10^7$	$\upsilon \cdot 10^7$	$\mu \cdot 10^7$	$\upsilon \cdot 10^7$	$\mu \cdot 10^7$
−50	—	83.3	4.826	92	2.363	102.3	1.883	110	1.753	134
−40	—	86	5.351	96	2.634	105	2.083	110	1.625	110
−30	100.8	90	5.87	100	2.919	109.2	2.282	110.8	1.832	112.5
−20	115.3	93	6.478	105	3.165	110	2.475	112	2.044	115
−10	132	96.7	6.919	107.5	3.54	116.5	2.669	113.4	2.24	117.4
0	143.7	102	7.526	112	3.847	120	2.863	115	2.438	120
10	158.1	103.8	8.006	113.9	—	—	3.077	117	2.634	122.4
20	174	107	8.492	116.5	4.411	125	3.344	120	2.839	125
30	193.1	110.7	9.177	120.7	4.674	127.4	3.541	121.9	3.039	128
40	212	114	9.889	125	4.982	130	3.808	125	3.486	140
50	233.1	117.5	10.03	125	5.211	130	4.103	130	3.56	140
60	255	121	10.57	126	5.358	130	4.429	135	3.773	140
70	—	124.7	11.16	128	5.67	132.4	4.675	137.4	3.92	140
80	—	128	11.69	130	5.975	135	4.903	140	4.06	140
90	—	131.5	12.49	135	6.304	137.9	5.153	142.5	4.431	147.6
100	254.6	135	13.33	140	6.603	140	5.409	145	4.812	155

续表

温度 (℃)	p=8MPa		p=10 MPa		p=15 MPa		p=20 MPa	
	$\upsilon \cdot 10^7$	$\mu \cdot 10^7$	$\upsilon \cdot 10^7$	$\mu \cdot 10^7$	$\upsilon \cdot 10^7$	$\mu \cdot 10^7$	$\upsilon \cdot 10^7$	$\mu \cdot 10^7$
−50	1.47	183	1.308	227	1.145	276	1.282	350
−40	1.454	150	1.244	180	1.132	245	1.191	300
−30	1.585	143.6	1.323	164.4	—	—	—	—
−20	1.706	140	1.377	150	1.171	205	1.163	250
−10	1.826	137.1	1.472	145	—	—	—	—
0	1.95	135	1.555	140	1.259	180	1.183	220
10	2.133	133.7	1.714	142.6	—	—	—	—
20	2.23	135	1.857	145	1.425	175	1.263	205
30	2.388	137.3	2.005	147.7	—	—	—	—
40	2.558	140	2.142	150	1.614	175	1.389	200
50	2.699	142.5	2.25	152.5	—	—	—	—
60	2.885	145	2.437	155	1.855	180	1.546	200
70	3.048	147.4	2.587	157.6	—	—	—	—
80	3.223	150	2.737	160	—	—	—	—
90	3.438	154	2.883	162.6	—	—	—	—
100	3.693	160	3.037	165	2.318	190	1.938	210

四、液化天然气

1. 液化天然气的一般特性

处理液化天然气（liquefied natural gas，LNG）时，潜在的危险主要来自液化天然气的三个重要特性：

（1）液化天然气的温度极低，其沸点在大气压力下约为−160℃，并与其组分有关；在这一温度条件下，其蒸发气密度高于周围空气的密度，见表3-24。

（2）极少量的液化天然气可以转变为很大体积的气体。$1m^3$ 的液化天然气可以转变为约 $600m^3$ 的气体。

（3）类似于其他气态烃类化合物，天然气是易燃的，在大气环境下，与空气混合时，其体积占 5%～15%的情况下是可燃（爆炸）的。

表 3-24　　液化天然气典型实例

常压下泡点时的性质		LNG 例 1	LNG 例 2	LNG 例 3
摩尔分数 （%）	N_2	0.5	1.79	0.36
	CH_4	97.5	93.9	87.20
	C_2H_6	1.8	3.26	8.61
	C_3H_8	0.2	0.69	2.74
	iC_4H_{10}		0.12	0.42
	nC_4H_{10}		0.15	0.65
	C_5H_{12}		0.09	0.02
相对分子质量（kg/kmol）		16.41	17.07	18.52

续表

常压下泡点时的性质	LNG 例 1	LNG 例 2	LNG 例 3
泡点温度（℃）	−162.5	−165.3	−161.3
密度（kg/m³）	431.6	448.8	468.7
0℃和101325Pa 条件下单位体积液体生成的气体体积（m³/m³）	590	590	568
0℃和101325Pa 条件下单位质量液体生成的气体体积（m³/10³kg）	1367	1314	1211

2. 液化天然气的性质

（1）组成。液化天然气是以甲烷为主要组分的烃类混合物，其中含有通常存在于天然气中的少量的乙烷、丙烷、氮等其他组分。按 GB/T 19204《液化天然气的一般特性》的适用范围，液化天然气中甲烷的含量应高于 75%，氮的含量低于 5%。

（2）密度。液化天然气的密度取决于其组分，通常 为 430～470kg/m³，在某些特殊情况下可高达 520kg/m³。液化天然气的密度还是液体温度的函数，其变化梯度约为 1.35kg/（m³·℃）。密度可以直接测量，通常用气相色谱法分析得到的组分通过计算求得。

（3）温度。液化天然气的沸腾温度取决于其组分，在大气压力下通常为−166～−157℃。沸腾温度随蒸汽压力的变化梯度约为 1.25×10^4℃/Pa。

液化天然气的温度通常采用铜/铜镍热电偶或铂电阻温度计测量。

天然气可以通过混合法计算临界温度和临界压力，各组分的临界温度和临界压力见表3-25。

表3-25 天然气平均临界温度和平均临界压力

组分	体积分数 v_j（%）	单组分临界温度 T_{cj}（K）	单组分临界压力 p_{cj}（kPa）	平均临界温度 T_{me}（K）	平均临界压力 p_{me}（kPa）
CH_4	83.19	190.6	4604	158.6	3830
C_2H_6	8.48	305.4	4880	25.9	414
C_3H_8	4.37	369.8	4249	16.2	186
iC_4H_{10}	0.76	408.1	3648	3.1	28
nC_4H_{10}	1.68	425.2	3797	7.1	64
iC_5H_{12}	0.57	460.4	3381	2.6	19
nC_5H_{12}	0.32	469.6	3369	1.5	11
C_6H_{14}	0.63	507.4	3012	3.2	19
总和				318.2	4571

注 $T_{me}=\Sigma v_j T_{cj}$，$p_{me}=\Sigma v_j p_{cj}$。

（4）液化天然气的蒸发。液化天然气作为一种沸腾液体大量储存在绝热罐中，任何传导至储罐中的热量都会导致一些液体蒸发为气体，这种气体称为蒸发气。其组分与液体的组分有关，一般情况下，蒸发气包括20%的氮、80%的甲烷和微量的乙烷，其含氮量是液体液化天然气中含氮量的约20倍。

当液化天然气蒸发时，氮和甲烷先从液体中气化，剩余的液体中较高相对分子质量的烃类组分增大，对于蒸发气体，不论是温度低于–113℃的甲烷，还是温度低于–85℃含20%氮的甲烷，都比周围空气重。在标准条件下，这些蒸发气体的密度大约是空气密度的0.6倍。

当液化天然气已有的压力降低至沸点压力以下时，如经过阀门后，部分液体蒸发，而液体温度也将降到此时压力下的新沸点，即为闪蒸。由于液化天然气为多组分的混合物，闪蒸气体的组分与剩余液体的组分不一样，估算方法为：在压力为$1\times10^5\sim2\times10^5$Pa的沸腾温度条件下，压力每下降$1\times10^3$Pa，$1m^3$的液体产生大约0.4kg的气体。

（5）液化天然气的溢出。当液化天然气倾倒至地面上时（如事故溢出），最初会猛烈沸腾，然后蒸发速率将迅速衰减至一个固定值，该值取决于地面的热性质和周围空气供热情况。根据实验数据，不同材质下蒸发速率见表3-26。

表3-26 不同材质条件下液化天然气的蒸发速率

材料	60s后单位面积的速率[kg/（$m^2\cdot h$）]
骨料	480
湿沙	240

续表

材料	60s后单位面积的速率[kg/（$m^2\cdot h$）]
干沙	195
水	190
标准混凝土	130
轻胶体混凝土	65

第四节 天然气的质量指标

一、我国天然气的技术指标

根据GB 17820《天然气》，天然气按高位发热量、总硫、硫化氢和二氧化碳含量分为一类和二类。一类气体主要用作民用燃料和工业原料或燃料，二类气体主要作为工业用气。我国天然气气质技术指标分类见表3-27。

表3-27 我国天然气技术指标

项目	一类	二类
高位发热量[1][2]（MJ/m^3）	≥34.0	≥31.4
总硫（以硫计）[1]（mg/m^3）	≤20	≤100
硫化氢[1]（mg/m^3）	≤6	≤20
二氧化碳摩尔分数（%）	≤3.0	≤4.0

① 气体体积的标准参比条件是101.325kPa，20℃。
② 高位发热量以干基计。

天然气作为燃料，还可根据华白数（沃泊指数）分为不同的类别。天然气的类别及特性指标见表3-28。

表3-28 天然气的类别及特性指标（15℃，101.325kPa，干态）

类　别		高华白数 W_g（MJ/m³）		燃烧势 CP	
		标准	范围	标准	范围
天然气	3T	13.28	12.22～14.35	22.0	21.0～50.6
	4T	17.13	15.75～18.54	24.9	24.0～57.3
	6T	23.35	21.76～25.01	18.5	17.3～42.7
	10T	41.52	39.06～44.84	33.0	31.0～34.3
	12T	50.73	45.67～54.78	40.3	36.3～69.3

注　3T、4T为矿井气，6T为沼气，其燃烧特性接近天然气。10T和12T满足GB 17820《天然气》的要求。

沃泊指数（华白数）指在规定的参比条件下的体积高位发热量除以在相同的规定计量参比条件下的相对密度的平方根，即

$$W = \frac{H}{\sqrt{d}} \quad (3-22)$$

式中　W——沃泊指数（华白数），MJ/m³；
　　　H——天然气热值，MJ/m³；
　　　d——天然气的相对密度（空气的相对密度为1）。

燃烧势是表示燃烧速度的指数，用 CP 表示，即

$$CP = K \times \frac{1.0H_2 + 0.6(C_mH_n + CO) + 0.3CH_4}{\sqrt{d}} \quad (3-23)$$

$$K = 1 + 0.0054 \times O_2 \quad (3-24)$$

式中　CP——燃烧势；
　　　H_2、CO、CH_4、O_2——燃气中 H_2、CO、甲烷和 O_2 的

体积分数，%；
　　C_mH_n——燃气中除甲烷外碳氢化合物的体积分数，%；
　　d——燃气的相对密度（空气的相对密度为1）；
　　K——燃气中含氧量修正系数。

另外，GB 50251《输气管道工程设计规范》规定，进入输气管道的气体必须清除机械杂质；水露点应比输送条件下的最低环境温度低 5℃；烃露点应低于最低环境温度；气体中硫化氢含量不应大于 20mg/m³。DL/T 5174《燃气-蒸汽联合循环电厂设计规定》要求进厂天然气的气质应符合GB 50251《输气管道工程设计规范》规定，同时满足燃气轮机制造厂的要求。

二、国外技术分类

一些国外公司的天然气气质标准见表3-29。

表3-29 国外天然气气质标准

国别	英国	荷兰	法国	美国
企业	British Gas	Gas Unie	Gas de France	ACA
H_2S（mg/m³）	5	5	7	5.7
硫醇硫（mg/m³）	6/16*	15	16.9	11.5
总硫（mg/m³）	120/150*	150	150	22.9
CO_2（摩尔分数，%）	2	1.5	3	—
O_2（摩尔分数，%）	0.5/3**	0.5	0.5	—
水露点（℃）	地面温度***	−10		
水含量（mg/m³）			55	110
烃露点（℃）	地面温度	−5	—	—

*　"/"线右为短期允许值。但实际上该公司硫醇硫均未达到小于等于6mg/m³的水平。
**　"/"线左为湿分配管，线下为干分配管允许值。
***　为管线压力下的地面温度。

在管输天然气方面，各国对天然气的 H_2S 或总硫含量控制标准有所不一：加拿大管输标准 H_2S 含量为不大于 23mg/m³；苏联由伊朗进口的天然气规定 H_2S 含量为不大于 10mg/m³；美国由加拿大进口的天然气总硫含量规定为不大于 23mg/m³。

俄罗斯等国天然气标准大多来自苏联，分为供给公共生活用户标准（见表3-30）以及干线输送天然气气质标准（见表3-31）。

表 3-30　　　　　　　　　　　　　　天然气气质标准（苏联 TOCT 5542）

H₂S（mg/m³）	硫醇（mg/m³）	CO₂（体积分数，%）	O₂（体积分数，%）	水露点（℃）
20	36	2	1	冬季-35；夏季-20

表 3-31　　　　　　　　　　　　　　干线输送天然气气质标准

指标	气候地区的标准（按以下日期执行）			
	温暖地区		寒冷地区	
	5月1日~9月30日	10月1日~4月30日	5月1日~9月30日	10月1日~4月30日
水露点（℃）	0	-5	-10	-20
烃露点（℃）	0	0	-5	-10
机械杂质（mg/m³）	≤3	≤3	≤3	≤3
H₂S（mg/m³）	≤20	≤20	≤20	≤20
硫醇（mg/m³）	≤36	≤36	≤36	≤36
氧（体积分数，%）	≤1	≤1	≤1	≤1

一些国际组织和国家对天然气烃露点的要求见表 3-32。

表 3-32　　　　　　　　　　　　　　对天然气烃露点的要求

序号	组织或国家	烃露点的要求
1	ISO	在交接温度压力下，不存在液相的水和烃（见 ISO 13686：1998）
2	EASEE-Gas[①]	在 0.1~7MPa*下，-2℃。2006 年 10 月 1 日实施
3	奥地利	在 4 MPa 下，-5℃
4	比利时	高达 6.9 MPa 下，-3℃
5	加拿大	在 5.4 MPa 下，-10℃
6	意大利	在 6 MPa 下，-10℃
7	德国	地温/操作压力
8	荷兰	压力高达 7MPa 时，-3℃
9	英国	夏：6.9MPa，10℃。冬：6.9MPa，-1℃
10	俄罗斯	温带地区：0℃。寒带地区：夏-5℃，冬-10℃

①　EASEE-Gar 为欧洲能量合理交换协会—气体分会（European Association for the Streamlining of Energy Exchange-Gas）。
*　1bar=10⁵ Pa=0.1MPa。

三、天然气的试验方法

天然气高位发热量的计算应按 GB/T 11062《天然气　发热量、密度、相对密度和沃泊指数的计算方法》执行，其所依据的天然气组成的测定应按 GB/ T 13610《天然气的组成分析　气相色谱法》执行。

天然气中总硫含量的测定应按 GB/T 11060.4《天然气　含硫化合物的测定　第 4 部分：用氧化微库仑法测定总硫含量》或 GB/T 11060.5《天然气　含硫化合物的测定　第 5 部分：用氢解-速率计比色法测定总硫含量》执行，仲裁试验以 GB/T 11060.4《天然气　含硫化合物的测定　第 4 部分：用氧化微库仑法测定总硫含量》为准。

天然气中硫化氢含量的测定应按 GB/T 11060.1《天然气　含硫化合物的测定　第 1 部分：用碘量法测定硫化氢含量》、GB/T 11060.2《天然气　含硫化合物的测定　第 2 部分：用亚甲蓝法测定硫化氢含量》或 GB/T 11060.3《天然气　含硫化合物的测定　第 3 部分：用乙酸铅反应速率双光路检测法测定硫化氢含量》执行，仲裁试验以 GB/T 11060.1《天然气　含硫化合物的测定　第 1 部分：用碘量法测定硫化氢含量》为准。

天然气中二氧化碳含量的测定应按 GB/T 13610《天然气的组成分析　气相色谱法》执行。

天然气水露点的测定应按 GB/T 17283《天然气水露点的测定　冷却镜面凝析湿度计法》执行，对于在已知压力下的水露点，可按 GB/T 22634《天然气含水量与水露点之间的换算》将其换算到其他压力下的水露点，仲裁试验以 GB/T 17283《天然气水露点的测定　冷却镜面凝析湿度计法》为准。

天然气的取样应按 GB/T 13609《天然气取样导则》执行，取样点应在合同规定的天然气交接点。

第四章

金　属　材　料

金属分为黑色金属和有色金属。

黑色金属是指铁和碳的合金，主要包括铁、碳钢及合金钢，如钢、生铁、铁合金、铸铁等。在实际生产中，钢往往根据用途的不同含有不同的合金元素，如锰、镍、钒等。人类对钢的应用和研究历史相当悠久，但是直到19世纪贝氏炼钢法发明之前，钢的制取都是一项高成本低效率的工作。如今，钢以其较为低廉的价格、可靠的性能成为世界上使用最多的材料之一，是建筑业、制造业和人们日常生活中不可或缺的成分。有色金属又称非铁金属，是指除黑色金属外的金属和合金，主要包括轻有色金属、重有色金属及稀土金属，如铜、锡、铅、锌、铝以及黄铜、青铜、铝合金和轴承合金等，及在工业上采用的铬、镍、锰、钼、钴、钒、钨、钛等。这些金属主要用作合金附加物，以改善金属的性能，其中钨、钛、钼等多用以生产刀具用的硬质合金。

黑色金属及其制品在电厂中得到了广泛的运用，包括管道、设备材料、钢架等，本章主要介绍与电厂设计密切相关的钢类产品。

第一节　钢 及 其 分 类

根据 GB/T 13304.1—2008《钢分类　第 1 部分：按化学成分分类》，钢是以铁为主要元素、含碳量一般在 2% 以下（部分铬钢的含碳量允许大于 2%），并含有其他元素的材料。为了保证钢的韧性和塑性，含碳量一般不超过 1.7%。

一、钢材的化学成分及对性能的影响

碳钢的主要化学成分元素除铁、碳外，还有硅、锰、硫、磷等，另外，在炼钢过程中不可避免地会混入气体，因此还含有氧、氢、氮。这些元素的存在会对碳钢的性能产生影响。

（1）碳（C）。存在于所有的钢材，是最重要的硬化元素，有助于增加钢材的强度。土木工程用钢材含碳量一般不大于 0.8%，在此范围内，随着钢中碳含量的提高，强度和硬度相应提高，而塑性和韧性则相应降低。碳还可显著降低钢材的可焊性，增加钢的冷脆性和时效敏感性，降低抗大气锈蚀性，当含碳量超过 0.23% 时，钢的焊接性能变坏，因此用于焊接的低合金结构钢，含碳量一般不超过 0.20%。含碳量高还会降低钢的耐大气腐蚀能力，在露天料场的高碳钢就易锈蚀，此外，碳能增加钢的冷脆性和时效敏感性。

（2）硅（Si）。有助于增强强度。如果钢中含硅量超过 0.50%～0.60% 时，硅就算合金元素。硅能显著提高钢的弹性极限、屈服点和抗拉强度，而对塑性和韧性影响不明显，故广泛用作弹簧钢。在调质结构钢中加入 1.0%～1.2% 的硅，强度可提高 15%～20%。硅和钼、钨、铬等结合，能提高抗腐蚀性和抗氧化性，可用于制造耐热钢。含硅 1%～4% 的低碳钢，具有极高的导磁率，可做矽钢片，用于电器工业。但是，硅量增加，会降低钢的焊接性能。

（3）锰（Mn）。锰是重要奥氏体稳定元素，有助于生成纹理结构，增加坚固性和强度及耐磨损性，还能消减硫和氧引起的热脆性，改善钢材的热加工性，是我国低合金钢的主加合金元素。在炼钢过程中，锰是良好的脱氧剂和脱硫剂，一般钢中含锰 0.30%～0.50%。在碳素钢中加入 0.70% 以上时就算"锰钢"，较一般含量的钢不但有足够的韧性，且有较高的强度和硬度，能提高钢的淬性，改善钢的热加工性能，如 16Mn 钢比 A3 钢屈服点高 40%。含锰 11%～14% 的钢有极高的耐磨性，可用作挖土机铲斗、球磨机衬板等。但是，锰量增高，会减弱钢的抗腐蚀能力，降低焊接性能。

（4）硫（S）。硫为有害元素。呈非金属硫化物夹杂物存在于钢中，具有强烈的偏析作用，会降低各种机械性能。硫化物造成的低熔点使钢在焊接时容易产生热裂纹，显著降低可焊性，降低耐腐蚀性。所以通常要求硫含量小于 0.055%，优质钢要求小于 0.040%。在钢中加入 0.08%～0.20% 的硫，可以改善切削加工性，通常称易切削钢。

（5）磷（P）。磷为有害元素，磷含量提高，钢材的强度提高，塑性和韧性显著下降，特别是温度愈低，对韧性和塑性的影响愈大。磷具有强烈的偏析作用，会使钢材冷脆性增大，并显著降低钢材的可焊性，从而使冷弯性能变差。因此通常要求钢中含磷量小于0.045%，优质钢要求更低些。磷还可提高钢的耐磨性和耐腐蚀性，在低合金钢中可配合其他元素作为合金元素使用。

（6）氧（O）。氧为有害元素。主要存在于非金属夹杂物内，可降低钢的机械性能，特别是韧性，氧有促进时效倾向的作用，氧化物造成的低熔点亦使钢的可焊形变差。

（7）氮（N）。氮对钢材性质的影响与碳、磷相似，会使钢材的强度提高，塑性特别是韧性显著下降。氮可加剧钢材的时效敏感性和冷脆性，降低可焊性。在铝、铌、钒等的配合下，氮可作为低合金钢的合金元素使用。

为了改善和提高钢的工艺性能和综合力学性能，在钢的冶炼过程中有目的地加入一定量的合金元素，含有合金元素的钢称为合金钢。常用的合金元素有铬（Cr）、钼（Mo）、钨（W）、钒（V）、钛（Ti）、铌（Nb）、镍（Ni）、硼（B）、钴（Co）、铜（Cu）、铝（Al）、稀土等。

（1）铬（Cr）。在结构钢和工具钢中，铬能显著提高强度、硬度和耐磨性，但同时会降低塑性和韧性。铬还能提高钢的抗氧化性和耐腐蚀性，因而是不锈钢、耐热钢的重要合金元素。

（2）镍（Ni）。镍能提高钢的强度，而且还能保持良好的塑性和韧性。镍对酸碱有较高的耐腐蚀能力，在高温下有防锈和耐热能力。但由于镍是较稀缺的资源，故应尽量采用其他合金元素代用镍铬钢。

（3）钼（Mo）。钼能使钢的晶粒细化，提高淬透性和热强性能，在高温时能保持足够的强度和抗蠕变能力（长期在高温下受到应力发生变形称为蠕变）。结构钢中加入钼，能提高机械性能，还可以抑制合金钢由火引起的脆性。

（4）钛（Ti）。钛是强脱氧剂，能显著提高强度，改善韧性和可焊性，减少时效倾向，是常用的合金元素。

（5）钒（V）。钒是强的碳化物和氮化物形成元素，能有效提高强度，并减少时效倾向，但会增加焊接时的淬硬倾向。

（6）钨（W）。钨熔点高，比重大，是贵重的合金元素。钨与碳形成碳化钨有很高的硬度和耐磨性。在工具钢中加钨，可显著提高红硬性和热强性，用作切削工具及锻模具。

（7）铌（Nb）。铌能细化晶粒并降低钢的过热敏感性及回火脆性，提高强度，但塑性和韧性会下降。在普通低合金钢中加铌，可提高其抗大气腐蚀及高温下抗氢、氮、氨腐蚀能力；在奥氏体不锈钢中加铌，可防止晶间腐蚀现象。铌还可改善焊接性能。

（8）钴（Co）。钴是稀有的贵重金属，多用于特殊钢和合金中，如热强钢和磁性材料。

（9）铜（Cu）。铜能提高强度和韧性，特别是大气腐蚀性能。缺点是在热加工时容易产生热脆，铜含量超过0.5%时塑性显著降低；当铜含量小于0.5%时对焊接性无影响。

（10）铝（Al）。铝是钢中常用的脱氧剂。钢中加入少量的铝，可细化晶粒，提高冲击韧性。铝还具有抗氧化性和抗腐蚀性能，与铬、硅合用，可显著提高钢的高温不起皮性能和耐高温腐蚀性能。缺点是会影响钢的热加工性能、焊接性能和切削加工性能。

（11）硼（B）。钢中加入微量的硼就可改善钢的致密性和热轧性能，提高强度。

（12）稀土（Xt）。稀土元素是指元素周期表中原子序数为57～71的15个镧系元素。钢中加入稀土，可以改变钢中夹杂物的组成、形态、分布和性质，从而改善钢的各种性能，如韧性、焊接性、冷加工性能。

二、钢的分类

根据《最新金属材料牌号、性能、用途及中外牌号对照速用速查实用手册》对钢分类的说明，钢的分类多种多样，主要分类方法见表4-1。

表4-1　　　　　　　　　　钢的主要分类方法表

分类方法	分类名称	说　　明
按化学成分	碳素钢	碳素钢是指含碳量低于2%，钢中除铁、碳外，还含有少量锰、硅、硫、磷等元素的铁碳合金，按其含碳量的不同，可分为： （1）工业纯铁。含碳量C≤0.04%的铁碳合金。 （2）低碳钢。含碳量C≤0.25%的钢。 （3）中碳钢。含碳量0.25%＜C≤0.60%的钢。 （4）高碳钢。含碳量C＞0.60%的钢。 此外，按照钢的质量和用途的不同，碳素钢通常又分为普通碳素结构钢、优质碳素结构钢和工具碳素钢三类

分类方法	分类名称	说　　明
按化学成分	合金钢	为了改善钢的性能，在碳素钢的基础上，加入一些合金元素（如铬、锰、镍、钨等）而炼成的钢，如铬钢、锰钢、铬锰钢、铬镍钢等。按其合金元素的总含量，可分为： （1）低合金钢（合金元素总含量不大于5%）。 （2）中合金钢（合金元素总含量5%～10%）。 （3）高合金钢（合金元素总含量大于10%）
按钢的品质分	普通钢	钢中含杂质元素较多，一般含硫量 S≤0.050%，含磷量 P≤0.045%，如碳素结构钢、低合金结构钢等
	优质钢	钢中含杂质元素较少，含硫量及含磷量一般不大于0.035%，如优质碳素结构钢、合金结构钢、碳素工具钢和合金工具钢、弹簧钢、轴承钢等
	高级优质钢	钢中含杂质元素极少，一般 P≤0.035%，S≤0.030%，如合金结构钢和工具钢等。高级优质钢在钢号后面，通常加符号"A"或汉字"高"，以便识别
按冶炼设备的不同分	平炉钢	用平炉炼制的钢，按炉衬材料的不同分为酸性和碱性两种，一般平炉钢多为碱性
	电炉钢	用电炉炼制的钢，有电弧炉钢、感应炉钢及真空感应炉钢等，工业上大量生产的是碱性电弧炉钢
	转炉钢	用转炉吹炼的钢，可分为底吹、侧吹、顶吹和空气吹炼、纯氧吹炼等转炉钢；根据炉衬的不同，又分酸性和碱性两种
按浇注前脱氧程度分	沸腾钢	属脱氧不完全的钢，浇注时在钢锭模里产生沸腾现象。其优点是冶炼损耗少、成本低、表面质量及深冲性能好；缺点是成分和质量不均匀、抗腐蚀性和力学强度较差，一般用于轧制碳素结构钢的型钢和钢板
	镇静钢	属脱氧完全的钢，浇注时在钢锭模里钢液镇静，没有沸腾现象。其优点是成分和质量均匀；缺点是金属的收得率低，成本较高。一般合金钢和优质碳素结构钢都为镇静钢
	半镇静钢	脱氧程度介于镇静钢和沸腾钢之间的钢，因生产较难控制，目前产量较少
按钢的用途分	结构钢	（1）建筑及工程用结构钢。简称建造用钢，它是指用于建筑、桥梁、船舶、锅炉或其他工程上制作金属结构件的钢。如碳素结构钢、低合金钢、钢筋钢等。 （2）机械制造用结构钢。是指用于制造机械设备上结构零件的钢。这类钢基本上都是优质钢或高级优质钢，主要有优质碳素结构钢、合金结构钢、易切结构钢、弹簧钢、滚动轴承钢等
	工具钢	一般用于制造各种工具，如碳素工具钢、合金工具钢、高速工具钢等。按用途又可分为刃具钢、模具钢、量具钢
	特殊钢	具有特殊性能的钢，如不锈耐酸钢、耐热不起皮钢、高电阻合金、耐磨钢、磁钢等
	专业用钢	这是指各个工业部门专业用途的钢，如汽车用钢、农机用钢、航空用钢、化工机械用钢、锅炉用钢、电工用钢、焊条用钢等
按制造加工形式分	锻钢	锻钢是指采用锻造方法而生产出来的各种锻材和锻件。锻钢件的质量比铸钢件高，能承受大的冲击力作用，塑性、韧性和其他方面的力学性能也都比铸钢件高，所以凡是一些重要的机器零件都应当采用锻钢件
	铸钢	铸钢是指采用铸造方法而生产出来的一种钢铸件。铸钢主要用于制造一些形状复杂、难于进行锻造或切削加工成形而又要求较高的强度和塑性的零件
	热轧钢	热轧钢是指用热轧方法而生产出来的各种热轧钢材。大部分钢材都是采用热轧轧成的，热轧常用来生产型钢、钢管、钢板等大型钢材，也用于轧制线材
	冷轧钢	冷轧钢是指用冷轧方法而生产出来的各种冷轧钢材。与热轧钢相比，冷轧钢的特点是表面光洁、尺寸精确、力学性能好。冷轧常用来轧制薄板、钢带和钢管
	冷拔钢	冷拔钢是指用冷拔方法而生产出来的各种冷拔钢材。冷拔钢的特点是精度高、表面质量好。冷拔主要用于生产钢丝，也用于生产直径在50mm以下的圆钢和六角钢，以及直径在76mm以下的钢管

分类方法	分类名称	说　明
按金相组织进行分类	按退火后的金相组行分	（1）亚共析钢。含碳量小于 0.80%，组织为游离铁素体-珠光体。 （2）共析钢。含碳量为 0.80%，组织全部为珠光体。 （3）过共析钢。含碳量大于 0.80%，组织为游离碳化物-珠光体。 （4）莱氏体钢。实际上也是过共析钢，但其组织为碳化物和奥氏体的共晶体
	按正火后的金相组织分	（1）珠光体钢、贝氏体钢。当合金元素含量较少，空气中冷却可得到珠光体或索氏体、屈氏体组织的为珠光体钢，若得到贝氏体组织的就属于贝氏体钢。 （2）马氏体钢。当合金元素含量较高，与空气中冷却可得到马氏体组织的为马氏体钢。 （3）奥氏体钢。当合金元素含量很多时，在空气中冷却，奥氏体直到室温仍不转变的，称为奥氏体钢。 （4）碳化物钢。当含碳量较高并含有大量碳化物组成元素时，于空气中冷却，可得到碳化物及其基体组织（珠光体或马氏体、奥氏体）所构成的混合物组织的称为碳化物钢，最典型的碳化物钢是高速钢
	按加热、冷却时有无相变和室温时的金相组织分	（1）铁素体钢。这类钢含碳量很低且含有多量的形成和稳定铁素体的元素，如铬、硅等，以致加热或冷却时，始终保持铁素体组织。 （2）半铁素体钢。这类钢含碳量较低并含有较多的形成或稳定铁素体的元素（如铬、硅等），在加热或冷却时，只有部分发生 α、γ 相变，其他部分始终保持 α 相的铁素体组织。 （3）半奥氏体钢。这类钢含有一定的形成或稳定奥氏体的元素（如镍、锰），以致在加热或冷却时，只有部分发生 α、γ 相变，其他部分始终保持 γ 相的奥氏体组织。 （4）奥氏体钢。这类钢含有多量的形成或稳定奥氏体的元素，如锰、镍等，以致加热或冷却时，始终保持奥氏体组织

三、钢的选用及替代原则

金属材料是火力发电厂热力设备及其他机械设备、管道的重要材料，常用的有数十种，其物理、化学和高温机械性能不但可以满足热力设备的要求，而且具有较好的工艺特性。火电机组选材的原则应基于部件的受力状态、服役温度、服役环境（如腐蚀介质等）和预安全服役寿命，综合考虑材料的物理性能、化学性能、力学性能、工艺性能、组织稳定性和经济性等因素，并遵循以下选用和替代原则：

（1）火力机组选用的各种金属材料应符合国家有关标准、行业标准、企业标准或国外相关标准及订货技术条件。

（2）金属产品合格证及质量证明书应齐全，宜包括金属产品的基本信息、制作工艺信息和性能检验信息。

（3）进口金属产品应有报关单、商检报告、原产地证书，检验人员应对报关单、商检报告、原产地证书和产品标记进行确认。

（4）金属产品质量证明书中若性能检验信息缺项或数据不全，应补做所缺项目检验。检验范围、数量和检验方法应符合相关标准，合格后才能使用。

（5）选用代用材料时，应选化学成分、设计性能和工艺性能相当或略优者；若代用材料工艺性能不同于设计材料，应经工艺评定验证后方可使用。

（6）制造、安装（含工艺配管）中使用代用材料，应得到设计单位的同意，若涉及现场焊接，还需要得到使用单位的许可，并由设计单位出具修改通知单，使用单位应予以见证。

（7）检修中使用代用材料应征得金属技术监督专职工程师的同意，并经总工程师批准。

（8）代用前和组装后，应对代用材料进行材质复查，确认无误后，方可投入运行。

（9）采用代用材料后，应做好记录，同时应及时修改相应图纸并在图纸上注明。

（10）其余选用和替代细则请参见 DL/T 715《火力发电厂金属材料选用导则》及 DL/T 438《火力发电厂金属技术监督规程》的相关要求。

四、常用钢牌号、特性及主要应用范围

电站设计中常用钢牌号、特性及主要应用范围可参照 DL/T 715—2015《火力发电厂金属材料选用导则》附录 A 进行设计，常用钢材性能数据可参照 GB/T 150.2—2011《压力容器　第 2 部分：材料》中的数据表进行选取，金属材料和重要部件的国内外技术标准清单请参见 DL/T 438—2016《火力发电厂金属技术监督规程》中的附录 B。

第二节　金属材料的性能指标

火电厂中的金属材料以合金为主，因为合金的机械性能和工艺性能比纯金属好，而且成本也低。在纯金属中加入一定量的其他金属或非金属，经熔炼后，

可以获得某些特殊性能合金，如轴承合金、耐热钢、凝汽器冷却管材料等。

选择材料时必须综合考虑材料的使用性能、工艺性能和经济合理性等。对于一般机器零件，主要考虑材料的使用性能。

一、金属在常温下的机械性能

这里所指的机械性能，是指在常温下金属材料受到外力作用时的性能，即力学性能。主要指标包括弹性、塑性、强度、硬度、冲击韧性和疲劳强度等，下面做简要介绍：

（1）弹性。金属受外力作用产生变形，当外力去掉后变形恢复的性能称为弹性，随外力的消失而消失的变形称为弹性变形。

（2）塑性。金属受外力作用产生变形，当外力去掉后变形不恢复的性能称为塑性，外力消失而不能恢复的变形称为塑性变形。

（3）强度。金属材料在外力作用下抵抗变形和断裂的性能称为强度。工程上金属材料的强度指标主要是屈服极限和抗拉强度。金属材料在超过屈服极限的应力下工作，会使零件产生塑性变形；在超过抗拉强度的应力下工作时，会引起零件断裂破坏。

（4）硬度。金属材料抵抗更硬的物体压入其内的能力称为硬度。材料的硬度值高，表示其在表面一个很小的体积范围抵抗变形和破坏的能力愈强，塑性变形愈困难，所以硬度是一个与强度、塑性密切相关的重要性能指标，而不是单纯的物理量。

（5）冲击韧性。金属材料抵抗瞬间冲击载荷的能力称为冲击韧性。

（6）疲劳强度。长期承受应变载荷作用的零件，在发生断裂时的应力，远低于材料的屈服强度，这种现象称为疲劳损坏。金属材料在无数次交变载荷作用下，不致引起断裂的最大应力称为疲劳强度。

二、金属在高温下的机械性能

电厂热力设备在高温、应力下长期工作，金属的性能与室温性能差别很大，主要是因为金属内部组织会发生显著的变化。在室温下，金属受外力作用后，如零件没有立即损坏，那么基本上不会因为时间的延长而损坏，即强度与承载时间无关；但在高温下，零件在加载时不一定损坏，但随着时间延长，即使载荷值不变，零件也可能损坏，即强度与承受载荷时间有关。

金属在高温下的机械性能主要包括以下几个方面：

（1）蠕变。即金属在一定的温度和应力作用下，随着时间增加发生缓慢的塑性变形现象。蠕变现象严重会造成管壁减薄，甚至引起爆管。

（2）持久强度。即金属在高温和应力长期作用下抵抗断裂的能力，它是在 定温度和规定持续时间内引起断裂的最大应力值。一般情况下，热力设备在定高温值下工作 10^5h 产生断裂的应力值，即为该温度时的持久强度。

（3）应力松弛。即零件在高温和应力长期作用下，虽然总变形量不变，但应力随着时间的增加而逐渐下降的现象。

（4）热疲劳。金属受热时，如果膨胀受阻出现温度梯度或材料本身不均匀会产生热应力。如金属零件的温度梯度出现周期性改变（如汽轮机启动时转子表面温度高于心部温度，在停机时转子表面温度低于心部温度），热应力也会产生周期性变化。金属材料经受多次周期性热应力作用而遭到的破坏称为热疲劳破坏。

（5）热脆性。指钢在某一温度区间长期受热后会出现冲击韧性明显下降的现象。

（6）低温脆性。指低碳钢和高强度合金钢在某些工作温度下有较高的冲击韧性，但当温度下降到某一温度后，其冲击韧性值和断裂韧性值显著降低而造成材料的脆化现象，该温度称为低温脆性转变温度FATT。

三、常用钢材的性能数据

（一）常用钢管材料在各种温度下的机械性能及许用应力值

根据 DL/T 5366—2014《发电厂汽水管道应力计算技术规程》的相关说明，电站设计中常用钢管材料在各种温度下的机械性能及许用应力值可参照附录 G。

（二）常用钢材高温性能

根据 GB/T 150.2—2011《压力容器 第2部分：材料》，常用钢材高温性能见表4-2～表4-13。

表 4-2　　碳素钢和低合金钢钢板高温屈服强度数据表

钢号	板厚（mm）	在下列温度（℃）下的 $R_{p0.2}$（R_{eL}）（MPa）									
		20	100	150	200	250	300	350	400	450	500
Q245R	3～16	245	220	210	196	176	162	147	137	127	
	>16～36	235	210	200	186	167	153	139	129	121	

钢号	板厚（mm）	在下列温度（℃）下的 $R_{p0.2}$（R_{eL}）（MPa）									
		20	100	150	200	250	300	350	400	450	500
Q245R	>36~60	225	200	191	178	161	147	133	123	116	
	>60~100	205	184	176	164	147	135	123	113	106	
	>100~150	185	168	160	150	135	120	110	105	95	
Q345R	3~16	345	315	295	275	250	230	215	200	190	
	>16~36	325	295	275	255	235	215	200	190	180	
	>36~60	315	285	260	240	220	200	185	175	165	
	>60~100	305	275	250	225	205	185	175	165	155	
	>100~150	285	260	240	220	200	180	170	160	150	
	>150~200	265	245	230	215	195	175	165	155	145	
Q370R	10~16	370	340	320	300	285	270	255	240		
	>16~36	360	330	310	290	275	260	245	230		
	>36~60	340	310	290	270	255	240	225	210		
18MnMoNbR	30~60	400	375	365	360	355	350	340	310	275	
	>60~100	390	370	360	355	350	345	335	305	270	
13MnNiMoR	30~100	390	370	360	355	350	345	335	305		
	>100~150	380	360	350	345	340	335	325	300		
15Cr1MoR	6~60	295	270	255	240	225	210	200	189	179	174
	>60~100	275	250	235	220	210	196	186	176	167	162
	>100~150	255	235	220	210	199	185	175	165	156	150
14Cr1MoR	6~100	310	280	270	255	245	230	220	210	195	176
	>100~150	300	270	260	245	235	220	210	200	190	172
12Cr2Mo1R	6~150	310	280	270	260	255	250	245	240	230	215
12Cr1MoVR	6~60	245	225	210	200	190	176	167	157	150	142
	>60~100	235	220	210	200	190	176	167	157	150	142
12Cr2Mo1VR	30~120	415	395	380	370	365	360	355	350	340	325
16MnDR	6~16	315	290	270	250	230	210	195			
	>16~36	295	270	250	235	215	195	180			
	>36~60	285	260	240	225	205	185	175			
	>60~100	275	250	235	220	200	180	170			
	>100~120	265	245	230	215	195	175	165			
15MnNiDR	6~16	325	300	280	260						

续表

钢号	板厚（mm）	在下列温度（℃）下的 $R_{p0.2}$（R_{eL}）（MPa）									
		20	100	150	200	250	300	350	400	450	500
15MnNiDR	>16~36	315	290	270	250						
	>36~60	305	280	260	240						
15MnNiNbDR	10~16	370	340	320	300						
	>16~36	360	330	310	290						
	>36~50	350	320	300	280						
09MnNiDR	6~16	300	275	255	240	230	220	205			
	>16~36	280	255	235	225	215	205	190			
	>36~60	270	245	225	215	205	195	180			
	>60~120	260	240	220	210	200	190	175			
07MnMoVR	12~60	490	465	450	435						
07MnNiVDR	12~60	490	465	450	435						
07MnNiMoDR	12~50	490	465	450	435						
12MnNiVR	12~60	490	465	450	435						

表 4-3　　　　　　　　高合金钢钢板高温屈服极限值

钢号	板厚（mm）	在下列温度（℃）下的 $R_{p0.2}$（MPa）									
		20	100	150	200	250	300	350	400	450	500	550
S11306	≤25	205	189	184	180	178	175	168	163			
S11348	≤25	170	156	152	150	149	146	142	135			
S11972	≤8	275	238	223	213	204	196	187	178			
S30408	≤80	205	171	155	144	135	127	123	119	114	111	106
S30403	≤80	180	147	131	122	114	109	104	101	98		
S30409	≤80	205	171	155	144	135	127	123	119	114	111	106
S31008	≤80	205	181	167	157	149	144	139	135	132	128	124
S31608	≤80	205	175	161	149	139	131	126	123	121	119	117
S31603	≤80	180	147	130	120	111	105	100	96	93		
S31668	≤80	205	175	161	149	139	131	126	123	121	119	117
S31708	≤80	205	175	161	149	139	131	126	123	121	119	117
S31703	≤80	205	175	161	149	139	131	126	123	121		
S32168	≤80	205	171	155	144	135	127	123	120	117	114	111
S39042	≤80	220	205	190	175	160	145	135				
S21953	≤80	440	355	335	325	315	305					
S22253	≤80	450	395	370	350	335	325					
S22053	≤80	450	395	370	350	335	325					

表 4-4 碳素钢和低合金钢钢管高温屈服强度值

钢号	壁厚（mm）	在下列温度（℃）下的 $R_{p0.2}$（R_{eL}）（MPa）									
		20	100	150	200	250	300	350	400	450	500
10	≤16	205	181	172	162	147	133	123	113	98	
	>16～30	195	176	167	157	142	128	118	108	93	
20	≤16	245	220	210	196	176	162	147	132	117	
	>16～40	235	210	200	186	167	153	139	124	110	
16Mn	≤16	320	290	270	250	230	210	195	185	175	
	>16～40	310	280	260	240	220	200	185	175	165	
12CrMo	≤16	205	181	172	162	152	142	132	123	118	113
	>16～30	195	176	167	157	147	137	127	118	113	108
15CrMo	≤16	235	210	196	186	176	162	152	142	137	132
	>16～30	225	200	186	176	167	154	145	136	131	127
	>30～50	215	190	176	167	158	146	138	130	126	122
12Cr2Mol	≤30	280	255	245	235	230	225	220	215	205	194
1Cr5Mo	≤16	195	176	167	162	157	152	147	142	137	127
	>16～30	185	167	157	152	147	142	137	132	127	118
12Cr1MoVG	≤30	255	230	215	200	190	176	167	157	150	142
08Cr2AlMo	≤8	250	225	210	195	185	175				
09CrCuSb	≤8	245	220	205	190						

表 4-5 高合金钢钢管高温屈服强度值

序号	钢号	在下列温度（℃）下的 $R_{p0.2}$（MPa）										
		20	100	150	200	250	300	350	400	450	500	550
1	0Cr18Ni9	205	171	155	144	135	127	123	119	114	111	106
2	00Cr19Ni10	175	145	131	122	114	109	104	101	98		
3	0Cr18Ni10Ti	205	171	155	144	135	127	123	120	117	114	111
4	0Cr17Ni12Mo2	205	175	161	149	139	131	126	123	121	119	117
5	00Cr17Ni14Mo2	175	145	130	120	111	105	100	96	93		
6	0Cr18Ni12Mo2Ti	205	175	161	149	139	131	126	123	121	119	117
7	0Cr19Ni13Mo3	205	175	161	149	139	131	126	123	121	119	117
8	00Cr19Ni13Mo3	175	175	161	149	139	131	26	123	121		
9	0Cr25Ni20	205	181	167	157	149	144	139	135	132	128	124
10	1Cr19Ni9	205	171	155	144	135	127	123	119	114	111	105
11	S21953	440	355	335	325	315	305					
12	S22253	450	395	370	350	335	325					
13	S22053	485	425	400	375	360	350					

序号	钢号	在下列温度（℃）下的 $R_{p0.2}$（MPa）										
		20	100	150	200	250	300	350	400	450	500	550
14	S25073	550	480	445	420	400	385					
15	S30408	210	174	156	144	135	127	123	119	114	111	106
16	S30403	180	147	131	122	114	109	104	101	98		
17	S31608	210	178	162	149	139	131	126	123	121	119	117
18	S31603	180	147	130	120	111	105	100	96	93		
19	S32168	210	174	156	144	135	127	123	120	117	114	111

注 序号1~9为GB/T 13296《锅炉、热交换器用不锈钢无缝钢管》和GB/T 14976《流体输送用不锈钢无缝钢管》的参考值，序号10为GB 9948《石油裂化用无缝钢管》和GB 13296《锅炉、热交换器用不锈钢无缝钢管》的参考值，序号11~14为GB/T 21833《奥氏体 铁素体型双相不锈钢无缝钢管》的参考值，序号15~19为GB/T 12771《流体输送用不锈钢焊接钢管》的参考值。

表 4-6 碳素钢和低合金钢锻件高温屈服强度值

钢号	公称厚度（mm）	在下列温度（℃）下的 $R_{p0.2}$（R_{eL}）（MPa）									
		20	100	150	200	250	300	350	400	450	500
20	≤100	235	210	200	186	167	153	139	129	121	
	>100~200	225	200	191	178	161	147	133	123	116	
	>200~300	205	184	176	164	147	135	123	113	106	
35	≤100	265	235	225	205	186	172	157	147	137	
	>100~300	245	225	215	200	181	167	152	142	132	
16Mn	≤100	305	275	350	225	205	185	175	165	155	
	>100~200	295	265	245	220	200	180	170	160	150	
	>200~300	275	250	235	215	195	175	165	155	145	
20MnMo	≤300	370	340	320	305	295	285	275	260	240	
	>300~500	350	325	305	290	280	270	260	245	225	
	>500~700	330	310	295	280	270	260	250	235	215	
20MnMoNb	≤300	470	435	420	405	395	385	370	355	335	
	>300~500	460	430	415	405	395	385	370	355	335	
20MnNiMo	≤500	450	420	405	395	385	380	370	355	335	
35CrMo	≤300	440	400	380	370	360	350	335	320	295	
	>300~500	430	395	380	370	360	350	335	320	295	
15CrMo	≤300	280	255	240	225	215	200	190	180	170	160
	>300~500	270	245	230	215	205	190	180	170	160	150
14Cr1Mo	≤300	290	270	255	240	230	220	210	200	190	175
	>300~500	280	260	245	230	220	210	200	190	180	170
12Cr2Mo1	≤300	310	280	270	260	255	250	245	240	230	215
	>300~500	300	275	265	255	250	245	240	235	225	215
12Cr1MoV	≤300	280	255	240	230	220	210	200	190	180	170
	>300~500	270	245	230	220	210	200	190	180	170	160

钢号	公称厚度（mm）	在下列温度（℃）下的 $R_{p0.2}$（R_{eL}）（MPa）									
		20	100	150	200	250	300	350	400	450	500
12Cr2Mo1V	≤300	420	395	380	370	365	360	355	350	340	325
	>300～500	410	390	375	365	360	355	350	345	335	320
12Cr3Mo1V	≤300	420	395	380	370	365	360	355	350	340	325
	>300～500	410	390	375	365	360	355	350	345	335	320
1Cr5Mo	≤500	390	355	340	330	325	320	315	305	285	255
16MnD	≤100	305	275	250	225	205	185	175			
	>100～200	295	265	245	220	200	180	170			
	>200～300	275	250	235	215	195	175	165			
20MnMoD	≤300	370	340	320	305	295	285	275			
	>300～500	350	325	305	290	280	270	260			
	>500～700	330	310	295	280	270	260	250			
08MnNiMoVD	≤300	480	455	440	425						
10Ni3MoVD	≤300	480	455	440	425						
09MnNiD	≤200	280	255	235	225	215	205	190			
	>200～300	270	245	225	215	205	190	180			
08Ni3D	≤300	260									

表 4-7 　　　　　　　　　　　高合金钢锻件高温度屈服强度值

钢号	公称厚度（mm）	在下列温度（℃）下的 $R_{p0.2}$（MPa）									
		20	100	150	200	250	300	350	400	450	500	550
S11306	≤150	205	189	184	180	178	175	168	163			
S30408	≤300	205	171	155	144	135	127	123	119	114	111	106
S30403	≤300	175	147	131	122	114	109	104	101	98		
S30409	≤300	205	171	155	144	135	127	123	119	114	111	106
S31008	≤300	205	181	167	157	149	144	139	135	132	128	124
S31608	≤300	205	175	161	149	139	131	126	123	121	119	117
S31603	≤300	175	147	130	120	111	105	100	96	93		
S31668	≤300	205	175	161	149	139	131	126	123	121	119	117
S31703	≤300	195	175	161	149	139	131	126	123	121		
S32168	≤300	205	171	155	144	135	127	123	120	117	114	111
S39042	≤300	220	205	190	175	160	145	135				
S21953	≤150	390	315	300	290	280	270					
S22253	≤150	450	395	370	350	335	325					
S22053	≤150	450	395	370	350	335	325					

表 4-8　碳素钢和低合金钢螺柱高温屈服强度值

钢号	螺栓规格（mm）	在下列温度（℃）下的 $R_{p0.2}$（R_{eL}）（MPa）									
		20	100	150	200	250	300	350	400	450	500
20	≤M22	245	220	210	196	176	162	147			
	M24～M27	235	210	200	186	167	153	139			
35	≤M22	315	285	265	245	220	200	186			
	M24～M27	295	265	250	230	210	191	176			
40MnB	≤M22	685	620	600	580	570	540	500	440		
	M24～M36	635	570	550	540	530	500	460	410		
40MnVB	≤M22	735	665	645	625	615	590	550	490		
	M24～M36	685	615	600	585	575	550	510	460		
40Cr	≤M22	685	620	600	580	570	550	520	470		
	M24～M36	635	570	550	540	530	510	480	440		
30CrMoA	≤M22	550	495	480	470	460	450	435	405	375	
	M24～M56	500	450	435	425	420	410	395	370	340	
35CrMoA	≤M22	735	665	645	625	615	605	580	540	490	
	M24～M80	685	620	600	585	575	565	540	510	460	
	M85～M105	590	530	510	500	490	480	460	430	390	
35CrMoVA	M52～M105	735	665	645	625	615	605	590	560	530	
	M110～M140	665	600	580	570	560	550	535	510	480	
25Cr2MoVA	≤M48	735	665	645	625	615	605	590	560	530	480
	M52～M105	685	620	600	590	580	570	555	530	500	450
	M110～M140	590	530	510	500	490	480	470	450	430	390
40CrNiMoA	M52～M140	825	785	760	740	720	695	660			
S45110（1Cr5Mo）	≤M48	390	355	340	330	325	320	315	305	285	255

表 4-9　高合金钢螺柱高温屈服强度值

钢号	螺柱规格（mm）	在下列温度（℃）下的 $R_{p0.2}$（MPa）										
		20	100	150	200	250	300	350	400	450	500	550
S42020	≤M27	400	410	390	370	360	350	340	320			
S30408	≤M48	205	171	155	144	135	127	123	119	114	111	106
S31008	≤M48	205	181	167	157	149	144	139	135	132	128	124
S31608	≤M48	205	175	161	149	139	131	126	123	124	119	117
S32168	≤M48	205	171	155	144	135	127	123	120	117	114	111

表 4-10　碳素钢和低合金钢钢板高温持久强度极限平均值

钢号	在下列温度（℃）下的 10 万 h R_D（MPa）								
	400	425	450	475	500	525	550	575	600
Q245R	170	127	91	61					
Q345R	187	140	99	64					

续表

钢号	在下列温度（℃）下的 10 万 h R_D（MPa）								
	400	425	450	475	500	525	550	575	600
18MnMoNbR			265	176					
15CrMoR				201	132	87	56		
14Cr1MoR				185	120	81	49		
12Cr2Mo1R			221	179	133	91	69	56	
12Cr1MoVR					170	123	88	62	
12Cr2Mo1VR			290	244	201	156	108		

表 4-11　　　　　　　　　　碳素钢和低合金钢钢管高温持久强度极限平均值

钢号	在下列温度（℃）下的 10 万 h R_D（MPa）								
	400	425	450	475	500	525	550	575	600
10	170	127	91	61					
20	170	127	91	61					
16Mn	187	140	99	64					
12CrMo					111	75			
15CrMo				201	132	87	56		
12Cr2Mo1			221	179	133	91	69	56	
1Cr5Mo			160	125	93	69	53	39	27
12Cr1MoVG					170	123	88	62	

表 4-12　　　　　　　　　　碳素钢和低合金钢锻件高温持久强度极限平均值

钢号	在下列温度（℃）下的 10 万 h R_D（MPa）								
	400	425	450	475	500	525	550	575	600
20	170	127	91	61					
35	170	127	91	61					
16Mn	187	140	99	64					
20MnMo			196	126	74				
20MnMoNb			265	175					
35CrMo			225	167	118	75			
15CrMo				201	132	87	56		
14Cr1Mo				185	120	81	49		
12Cr2Mo1			221	179	133	91	69	56	
12Cr1MoV					170	123	88	62	
12Cr2Mo1V			290	244	201	156	108		
1Cr5Mo			160	125	93	69	53	39	27

表 4-13　　　　　　　　　　低合金钢螺柱高温持久强度极限平均值

钢号	在下列温度（℃）下的 10 万 h R_D（MPa）								
	400	425	450	475	500	525	550	575	600
30CrMoA			225	167	118				
35CrMoA			225	167	118				
25Cr2MoVA					196	108	59		
S45110（1Cr5Mo）			160	125	93	69	53	39	27

高合金钢钢板、高合金钢焊接钢管、双相钢无缝管以及高合金钢焊接锻件近似钢号对照参见 GB/T 150.2—2011《压力容器 第2部分：材料》附录C。

第三节 中国及其他国家钢号的表示方法

钢的牌号简称钢号，是对每一种具体钢产品所取的名称。不同国家对钢铁产品都有自己的命名原则，本节列出了我国以及国际标准化组织、日本、德国和美国钢号命名方法。

一、我国钢号表示方法

（一）基本原则

根据 GB/T 221《钢铁产品牌号表示方法》的规定，钢铁产品牌号的表示，通常采用大写汉语拼音字母、化学元素符号和阿拉伯数字相结合的方法表示。为了便于国际交流和贸易的需要，也可采用大写英文字母或国际惯例表示符号，常用化学元素符号见表4-14。

表4-14 化学元素符号表

元素名称	符号	元素名称	符号	元素名称	符号
铬	Cr	铌	Nb	铅	Pb
镍	Ni	钽	Ta	铋	Bi
硅	Si	氢	H	锕	Ac
锰	Mn	碳	C	铈	Ce
铝	Al	氧	O	铍	Be
磷	P	钠	Na	硒	Se
钨	W	镁	Mg	锆	Zr
钼	Mo	硫	S	镧	La
钒	V	氯	Cl	钡	Ba
钛	Ti	钾	K	汞	Hg
铜	Cu	锌	Zn	钙	Ca
铁	Fe	银	Ag	碘	I
硼	B	锡	Sn	溴	Br
钴	Co	锑	Sb	氟	F
氮	N	金	Au	稀土	Re 或 Xt

采用汉语拼音字母或英文字母表示产品名称、用途、特性和工艺方法时，一般从产品名称中选取有代表性的汉字的汉语拼音的首位字母或英文单词的首位字母。当和另一产品所取字母重复时，改取第二个字母或第三个字母，或同时选取两个（或多个）汉字或英文单词的首位字母。采用汉语拼音字母或英文字母，原则上只取一个，一般不超过三个。

产品牌号中各组成部分的表示方法应符合相应规定，各部分按顺序排列，如无必要可省略相应部分。除有特殊规定外，字母、符号及数字之间应无间隙。

产品牌号中的元素含量用质量分数表示，如：

（1）钢号中化学元素采用表4-14中的国际化学符号表示，如 Si、Mn、Cr 等。混合稀土元素用 Re（或 Xt）表示。

（2）产品名称、用途、冶炼和浇注方法等，一般采用汉语拼音的缩写字母表示。

（3）钢中主要化学元素含量（%）采用阿拉伯数字表示。

（二）我国钢号表示方法的分类说明

1. 碳素结构钢

碳素结构钢的牌号通常由四部分组成：

第一部分：前缀符号+强度值（以 N/mm^2 或 MPa 为单位），其中通用结构钢前缀符号为代表屈服强度的拼音的字母 Q。专用结构钢的前缀符号为特殊符号表示，如管线用钢前缀符号为 L。

第二部分：必要时钢号后面可标出钢的质量等级，用英文字母 A、B、C、D、E、F…表示。

第三部分：必要时钢号后面可标出表示脱氧方法

的符号。脱氧方式表示符号即沸腾钢、半镇静钢、镇静钢、特殊镇静钢分别以 F、b、Z、TZ 表示。镇静钢、特殊镇静钢表示符号常可以省略。如 Q235-AF 表示最小屈服强度为 235N/mm² 的 A 级沸腾钢。

第四部分：必要时加上产品用途、特性和工艺方法表示符号，见表 4-15。

示例：Q345R 为锅炉和压力容器用钢，表示最小屈服强度 345N/mm²。

表 4-15　　**GB/T 221—2008《钢铁产品牌号表示方法》中所采用的缩写字母及其含义**

产品名称	采用的汉字及汉语拼音或英文单词			采用字母	位置
	汉字	汉语拼音	英文单词		
锅炉和压力容器用钢	容	RONG	—	R	牌号尾
锅炉用钢（管）	锅	GUO	—	G	牌号尾
低温压力容器用钢	低容	DI RONG	—	DR	牌号尾
桥梁用钢	桥	QIAO	—	Q	牌号尾
耐候钢	耐候	NAI HOU	—	NH	牌号尾
高耐候钢	高耐候	GAO NAI HOU	—	GNH	牌号尾
汽车大梁用钢	梁	LIANG	—	L	牌号尾
高性能建筑结构用钢	高建	GAO JIAN	—	GJ	牌号尾
低焊接裂纹敏感性钢	低焊接裂纹敏感性	—	Crack Free	CF	牌号尾
保证淬透性钢	淬透性	—	Hardenability	H	牌号尾
矿用钢	矿	KUANG	—	K	牌号尾
船用钢	采用国际符号				

2. 优质碳素结构钢

优质碳素结构钢的牌号通常由五部分组成：

第一部分：以二位阿拉伯数字表示平均碳含量（以万分之几计）。

第二部分（必要时）：较高含锰量的优质碳素结构钢，加锰元素符号 Mn。

第三部分（必要时）：钢材冶金质量，即高级优质钢、特级优质钢分别以 A、E 表示，优质钢不用字母表示。

第四部分（必要时）：脱氧方式表示符号，即沸腾钢、半镇静钢、镇静钢分别以 F、b、Z 表示，但镇静钢表示符号通常可以省略。

第五部分（必要时）：增加产品用途、特性或工艺/方法表示符号。

表 4-16 列出了 GB/T 221—2008《钢铁产品牌号表示方法》中优质碳素结构钢的示例。

表 4-16　　　　　　　　　　**优质碳素钢和优质碳素结构钢的示例表**

序号	产品名称	第一部分	第二部分	第三部分	第四部分	第五部分	牌号示例
1	优质碳素结构钢	碳含量 0.05%～0.11%	锰含量 0.25%～0.50%	优质钢	沸腾钢		08F
2	优质碳素结构钢	碳含量 0.47%～0.55%	锰含量 0.50%～0.80%	高级优质钢	镇静钢		50A
3	优质碳素结构钢	碳含量 0.48%～0.56%	锰含量 0.70%～1.00%	特级优质钢	镇静钢	—	50MnE
4	优质淬透性用钢	碳含量 0.42%～0.50%	锰含量 0.50%～0.85%	高级优质钢	镇静钢	保证淬透性钢表示符号 H	45AH
5	优质碳素弹簧钢	碳含量 0.62%～0.70%	锰含量 0.90%～1.20%	优质钢	镇静钢	—	65Mn

3. 合金结构钢

合金钢根据用途可分为合金结构钢、合金工具钢以及特殊性能钢（包括不锈钢、耐热钢、耐磨钢），与

电站设计有关的主要为合金结构钢及特殊性能钢，下面介绍合金结构钢的牌号组成，特殊性能钢见本章第五节和第六节。

合金结构钢牌号通常由四部分组成：

第一部分：以二位阿拉伯数字表示平均碳含量（以万分之几计）。

第二部分：合金元素含量，以化学元素符号及阿拉伯数字表示。具体表示方法为：平均含量小于1.50%时，牌号中仅标明元素，一般不标明含量；平均含量为1.50%~2.49%、2.50%~3.49%、3.50%~4.49%、…时，在合金元素后相应写成2、3、4、…。

注：化学元素符号的排列顺序推荐按含量值递减排列。如果两个或多个元素的含量相等时，相应符号位置按英文字母的顺序排列。

第三部分：钢材冶金质量，即高级优质钢、特级优质钢分别以A、E表示，优质钢不用字母表示。

第四部分（必要时）：加上产品用途、特性或工艺方法的表示符号。

GB/T 221—2008《钢铁产品牌号表示方法》中的合金结构钢示例见表4-17。

4. 低合金高强度钢

（1）钢号的表示方法，基本上和合金结构钢相同。

（2）对专业用低合金高强度钢，应在钢号最后标明。如16Mn钢，用丁桥梁的专用钢种为16Mnq，用于汽车大梁的专用钢种为16MnL，用于压力容器的专用钢种为16MnR。

合金结构钢的中外牌号对照表请见表4-18。

表4-17 合金结构钢示例表

序号	产品名称	第一部分	第二部分	第三部分	第四部分	牌号示例
1	合金结构钢	碳含量6.22%~0.29%	铬含量1.50%~1.80% 钼含量0.25%~0.35% 钒含量0.15%~0.30%	高级优质钢	—	25Cr2MoVA
2	锅炉和压力容器用钢	碳含量不大于0.23%	锰含量1.20%~1.60% 钼含量0.45%~0.65% 铌含量0.025%~0.050%	特级优质钢	锅炉和压力容器用钢	18MnMoNbER

表4-18 合金结构钢中外牌号对照表

中国 GB	国际标准 ISO	俄罗斯 ГOCT	美国 ASTM	美国 UNS	日本 JIS	德国 DIN	英国 BS	法国 NF
20Mn2	22Mn6	20Г2	1320 1321 1330 1524	—	SMn420	20Mn5 PH355	150M19	20M5
30Mn2	28Mn6	30Г2	1330 1536	G13300	SMn433 SMn433H	28Mn6 30Mn5 34Mn5	28Mn6 150M28	28Mn6 32M5
35Mn2	36Mn6	35Г2	1335	G13350	SCMn443 SMn438 SMn438H	36Mn5	150M36	35M5
40Mn2	42Mn6	40Г2	1340	G13400	SMn438 SMn443 SMn443H	—	—	40M5
45Mn2	42Mn6	45Г2	1345	G13450	SMn443	46Mn7	150M36	45M5
50Mn2	—	50Г2	H13450	G13450	—	50Mn7	—	50M5
20MnV	—	—	—	—	—	20MnV6	—	—
27SiMn	—	27CT	—	—	—	—	—	—
35SiMn	—	35CT	—	—	—	37MnSi5	En46	38MS5
42SiMn	—	42CT	—	—	—	46MnSi4	—	41S7
20SiMn2MoV	—	—	—	—	—	—	—	—
25SiMn2MoV	—	—	—	—	—	—	—	—
37SiMn2MoV	—	—	—	—	—	—	—	—
40B	—	—	1040B TS14B35	—	—	—	170H41	—

中国 GB	国际标准 ISO	俄罗斯 ГOCT	美国		日本 JIS	德国 DIN	英国 BS	法国 NF
			ASTM	UNS				
45B	—	—	1045B 50B46H	—	—	—	—	—
50B	—	—	1050B TS14B50	—	—	—	—	—
40MnB	—	—	1541B 50B40	—	—	—	185H40	30MB5
45MnB	—	—	1047B 50B44	—	—	—	—	—
20MnMoB	—	—	8B20	—	—	—	—	—
15MnVB	—	—	—	—	—	—	—	—
20MnVB	—	—	—	—	—	—	—	—
40MnVB	—	—	—	—	—	—	—	—
20MNTiB	—	—	—	—	—	—	—	—
25MnTiBRE	—	—	—	—	—	—	—	—
15Cr	—	15X	5115	G51150	SCr415	17Cr3 15Cr3	527A17 523M15	— 12C3
15CrA	—	15XA	5115	G51150	SCr415	17Cr3	527A17	—
20Cr	20Cr4	20X	5120	G51200	SCr420 SCr420H	20Cr4	590M17 527A19 527M20	18C3
30Cr	34Cr4	30X	5130	G51300	SCr430	34Cr4 28Cr4	34Cr4 530A30	34Cr4
35Cr	34Cr4	35X	5135 5132	G51350	SCr435 SCr435H	34Cr4 37Cr4 38Cr2	34Cr4 530A32 530A35	34Cr4 32C4 38C2 38C4
40Cr	41Cr4	40X	5140	G51400	SCr440 SCr440H	41Cr4	41Cr4 520M40 530A40 530M40	41Cr4 42C4
45Cr	41Cr4	45X	5145 5147	G51450	SCr445	41Cr4	41Cr4 534A99	41Cr4 45C4
50Cr	—	50X	5150	—	SCr445	—	—	50C4
38CrSi	—	38XC 37XC	—	—	—	—	—	—
12CrMo	—	12XM	A182 -F11 F12	—	—	13CrMo44	620Cr·B	12CD4
15CrMo	—	15XM	A-387Cr·B	—	STC42 STT42 STB42 SCM415	13CrMo45 16CrMo44 15CrMo5	1653	12CD4 15CD4·05
20CrMo	18CrMo4 (7)	20XM	4118	—	SCM22 STC42 STT42 STB42	25CrMo4 20CrMo44	25CrMo4 708rM20 CDS12 CDS110	25CrMO4 18CD4
30CrMo	1 2	30XM	4130	G41300	SCM420 SCM430	25CrMo4	25CrMo4 1717COS110	25CrMo4 25CD4
30CrMoA	2	30XMA	4130	—	SCM430	34CrMo4	34CrMo4	34CrMo4
35CrMo	34CrMo4	35XM AS38XTM	4137 4135	—	SCM435 SCM432 SCCrM3	34CrMo4	34CrMo4 708A37	34CrMo4 35CD4

中国 GB	国际标准 ISO	俄罗斯 ГOCT	美国		日本 JIS	德国 DIN	英国 BS	法国 NF
			ASTM	UNS				
42CrMo	42CrMo4	38XM 40XMA	4140 4142	G41400	SCM440	42CrMo4 41CrMo4	42CrMo4 708M40	42CrMo4 42CD4 42CD4TS
12CrMoV	—	12XMФ	—	—	—	—	—	—
35CrMoV	—	35XMФ	—	—	—	—	—	—
12Cr1MoV		12X1MФ	—	—	—	13CrMoV42	—	—
25Cr2MoVA	—	25X2MФA	—	—	—	—	—	—
25Cr2Mo1VA	—	25X2M1ФA	—	—	—	24CrMoV55	—	—
38CrMoA1	41CrA1Mb74	38X2MЮOA （38XMЮOA）	—	—	SACM645	41CrA1Mo7 34CrA1Mo5	905M39 905M31	40CAD6.12 30CAD6.12
40CrV	—	40XФAA	—	—	—	—	—	—
50CrVA	13	50XФA	—	G61500	SUP10	51CrV4	51CrV4 735A51 735A50	51CrV4 50CV4
15CrMn	—	15XГ 18XГ	—	— G51150	—	16MuCr5	—	16MC5
20CrMn	20MnCr5	20XГ 18XГ	—	G51200	SMnC420	20MnCr5	—	20MC5
40CrMn	41Cr4	40XГ	—	—	—	41Cr4	41Cr4	41Cr4
20CrMnSi	—	20XГCA	—	—	—	—	—	—
25CrMnSi	—	25XГCA	—	—	—	—	—	—
30CrMnSi	—	30XГC	—	—	—	—	—	—
30CrMnSiA	—	30XГCA	—	—	—	—	—	—
35CrMnSiA	—	35XГCA	—	—	—	—	—	—
20CrMnMo	—	18XГM	—	—	SCM421	20GrMo5	—	18CD4
40CrMnMo	42CrMo4	40 XГM 38XГM	4140 4142	G41420	SCM440	42GrMo4	42CrMo4 708A42	42CrMo4
20CrMnTi	—	18XГT	—	—	SMK22 SCM421	—	—	—
30CrMnTi	—	30XГT	—	—	—	30MnCrTi4	—	—
20CrNi	—	20XH	—	—	—	—	637M17	NF
40CrNi	—	40XH	3140	G31400	SNC236	40NiCr6	640M400	—
45CrNi	—	45XH	3145					
50CrNi	—	50XH	—	—	—	—	—	—
12CrNi2	—	12XH2	—	—	SNC415	14NiCr10	—	14NC11
12CrNi3	15NiCr13	12XH3A	—	G33100	SNC815	14NiCr14	832H13 655M13 665A12	14NC12
20CrNi3	—	20XH3A	3316 E3316	—	—	20NiCr14	—	20NC11
30CrNi3	—	30XH3A	3325 3330	—	SNO631 SNC631H SNC836	28NiCr10	653M31	30NC12
37CrNi3	—	—	—	—	—	—	—	—

续表

中国 GB	国际标准 ISO	俄罗斯 ГОСТ	美国		日本 JIS	德国 DIN	英国 BS	法国 NF
			ASTM	UNS				
12Cr2Ni4	—	12X2H4A	E3310 3310H	—	SNC815	14NiCr18	655A12 659A15 655M13 659M15 655H13	12NC15
20Cr2Ni4	—	20X2H4A	—	—	—	—	—	—
20CrNiMo	20CrNiMo2（12）	20XHM	8720	a86200	SNCM220	21NiCrMo2	805M20	20NCD2
40CrNiMoA	—	40XH2MA（40XHMA）	4340	G43400	SNCM439	40NiCrMo6 36NiCrMo4	3S97 3S99	40NCD3
18CrNiMnMoA	—	—	—	—	—	—	—	—
45CrNiMoVA	—	45XH2 MФA（45XHMФA）	—	—	—	—	—	—
48Cr2Ni4WA	—	18X2 H4MA（18X2H4BA）	—	—	—	—	—	—
25Cr2Ni4WA	—	25X2H4MA（25X2H4BA）	—	—	—	—	—	—

注 摘自《最新金属材料牌号、性能、用途及中外牌号对照速用速查实用手册》。

5. 不锈钢和耐热钢

牌号采用表 4-14 规定的化学元素符号和表示各元素含量的阿拉伯数字表示。

（1）钢号中碳含量以千分数表示。如 2Cr13 钢的平均碳含量为 0.2%；若钢中含碳量不大于 0.03% 或不大于 0.08%，钢号前分别冠以 00 及 0 表示，如 00Cr17Ni14Mo2 等。

（2）对钢中主要合金元素以百分数表示，而钛、铌、锆、氮等则按上述合金结构钢对微合金元素的表示方法标出。

二、其他国家钢号表示方法

（一）国际标准化组织 ISO 金属材料牌号表示方法

ISO 是 International Organization for Standardization 的缩写，是国际标准化组织的标准代号。1986 年以后颁布的 ISO 钢铁标准，其牌号主要采用欧洲标准（EN）牌号系统。而 EN 牌号系统基本上是在德国 DIN 标准牌号系统基础上制定的，但有一些改进，这样更有利于交流。

1. 以力学性能为主牌号的示例

（1）非合金钢牌号表示方法。非合金钢这里是指结构用非合金钢和工程用非合金钢。结构用非合金钢牌号首部为 S，如 S235；工程用非合金钢牌号首部为 E，如 E235。数字 235 表示屈服强度不小于 235MPa，相当于我国的 Q235 钢。过去，此类钢牌号最前面为化学元素符号 Fe，并附有抗拉强度值，如 Fe360（相当于

E235），360 是指抗拉强度（MPa）最低值，后来有的改为屈服强度值，但其牌号仍为 Fe×××，选用时应注意。

牌号尾部字母为 A、B、C、D、E 是表示以上两类钢不同的质量等级，并表示不同温度下冲击吸收功最低保证值。

（2）低合金高强度钢牌号表示方法。这类钢牌号表示方法与工程用非合金钢相同，在 ISO 4950 和 ISO 4951 两个标准中，屈服强度范围值为 355～690MPa，牌号为 E355～E690。

（3）耐候钢牌号的表示方法。耐候钢有时亦称耐大气腐蚀钢，牌号表示方法与工程用非合金钢基本相同，为表示这类钢铁的特性，在牌号尾部加字母 W。

2. 以化学成分为主表示钢牌号的示例说明

（1）适用于热处理的非合金钢。相当于我国的优质碳素结构钢。牌号字头为 C，其后数字为平均碳量×10^4。如平均碳含量为 0.45% 的热处理非合金钢，其牌号为 C45。当为优质钢和高级优质钢时，牌号尾部加字母 E×或 M×以示区别。

（2）合金结构钢（含弹簧钢）牌号表示方法。表示方法与欧洲 10027-1 标准规定一致，但其牌号后面附加的表示热处理状态的字母与德国的含义完全不同。根据《袖珍世界钢号手册》对 ISO 标准中表示热处理状态等的后缀字母及其含义的整理，牌号后面的附加字母及含义见表 4-19。

表 4-19 合金钢（含弹簧钢）牌号后面的附加字母及含义（ISO）

附加字母	含义	附加字母	含义
TU	未经热处理	TQB	经等温淬火
TA	经退火（软化退火）	TQF	经形变热处理
TAC	经球化退火	TP	经沉淀硬化处理
TM	经热机械处理	TT	经回火
TN	经正火处理或控轧	TSR	经消除应力处理
TS	经固溶处理	TS	为改善冷剪切性能的处理
TQ	经淬火		
TQA	经空冷淬火	H	保证淬透性的
TQW	经水淬	E	用于冷镦的
TQO	经油淬	TC	经冷加工的
TQS	经盐浴淬火	THC	经热/冷加工的

（3）易切削钢牌号表示方法。ISO 683-9《热处理钢、合金钢和易切削钢 第9部分：锻造易切削钢》将易切削钢按热处理的不同分为非热处理、表面硬化用和直接淬火用三大类。将易切削钢按化学成分可分为硫易切削钢、硫锰易切削钢和加铅易切削钢三类，其牌号表示方法和合金结构钢相同。

（4）冷镦和冷挤压用钢牌号表示方法。ISO 4954《冷镦和冷挤压用钢》中将冷镦和冷挤压钢分为非热处理和热处理两大类。非热处理的冷镦和冷挤压用钢均为非合金钢，牌号前冠以字母 CC，后面数字表示平均碳含量。经热处理的冷镦和冷挤压用钢包括非合金多见和合金钢，非合金钢牌号最前面冠以字母 CE，其余部分和高级优质非合金钢牌号表示方法相同；合金钢则在牌号尾部加字母 E，E 字前面牌号表示方法和合金结构钢相同。

（5）不锈钢牌号表示方法。ISO/TR 15510：2003《不锈钢 化学成分》采用与欧洲（EN）一致的牌号表示方法，即牌号开始冠以字母，随后用数字表示碳含量。1、2、3、5、6、7 分别表示 w（C）≤0.020%、w（C）≤0.30%、w（C）≤0.040%、w（C）≤0.070%、w（C）≤0.080% 和 w（C）=0.040%～0.080%，后面

按合金元素含量排出合金元素符号，最后用组合数字标出合金元素的含量。

（6）耐热钢牌号表示方法。ISO 4955：1994《耐热钢》中有两种牌号表示方法：一种是与不锈钢相同的牌号表示方法；另一种是原有的旧牌号表示方法，即在牌号前面标注字母 H，后面加数字顺序号，如 H1～H7 表示铁素体耐热钢，H10～H18 表示奥氏体耐热钢等。

（二）日本钢号表示方法

日本现行钢铁牌号是按 JIS 标准规定表示的，JIS（Japanese Industrial Standard）是日本工业标准的英文缩写。JIS 钢铁材料标准大致分为铁与钢两大类。铁类分生铁、铁合金和铸铁，钢类分普通钢、特殊钢、铸钢和锻钢。特殊钢按特性分成结构钢、工具钢和特殊用途钢。钢材按形状分为条钢、厚板、薄板、钢管、线材和钢丝等。

JIS 钢铁牌号中大多采用英文字母，少部分采用假名拼音的罗马字，钢号的主体结构基本上由三部分组成：

（1）第一部分。采用前缀字母，表示材料分类，如 S 表示钢（steel）、F 表示铁（ferrum）、M 表示磁性材料或纯金属（magnet、metallic）等。但 S 为首的牌号也有例外，如 SP 表示镜铁（spiegeleisen）、SXX 表示冷轧硅钢片（S 是 silicon 的缩写）、SiMn 表示硅锰合金（silicon-manganese）。

（2）第二部分。采用英文或假名罗马字拼音词首表示钢材种类、用途和铸锻制品等。大部分钢号第二位字母为 P—plate（钢板）、C—Casting（铸件）、T—Tube（钢管）、F—Forging（锻件）、K—Kogu（工具钢）、W—Wire（钢丝）、U—Use（特殊用途钢）。

为了进一步区分，钢号第二部分常采用几个字母组合来表示，结构钢的第一、第二部分代表字母见表 4-20。

（3）第三部分。采用数字，表示钢类或钢材的序号或强度值下限，钢号序号有一位、二位、三位数，如 SUP3、SUP12（弹簧钢）、SUP401（不锈钢）、SS400（碳素结构钢）。

表 4-20 各钢组的代表字母（JIS）

钢组	符号	钢组	符号	钢组	符号
碳素钢	SXXC	锰铬钢	SMnC	铬钼钢	SCM
硼钢	SBo	锰铬硼钢	SMnCB	镍铬钢	SNC
锰钢	SMn	铬钢	SCr	镍铬钼钢	SNCM
锰硼钢	SMnB	铬硼钢	SCrB	钼铬钼钢	SACM

注 摘自《袖珍世界钢号手册》。

在钢号主体（包括第一、二、三部分）之后，根据情况需要，可附加表示钢材形状、制造方法及热处理的后缀符号，如 SS400-D2，按 2 级公差冷拔的，抗拉强度不低于 410MPa 的碳素结构用钢材；SUS410-A-D，经退火的冷拉 410 不锈钢。

根据《袖珍世界钢号手册》，表示形状的符号、表示制造方法的符号以及表示热处理的符号见表 4-21~表 4-23。

表 4-21　表示形状的符号及含义（JIS）

形状符号	含义	形状符号	含义
-CP	冷轧板	-WR	线材
-CS	冷轧带	-HP	热轧板
-TB	锅炉热交换器用钢管	-HS	热轧带
		-TP	管道用钢管

表 4-22　表示制造方法的符号及含义（JIS）

制造方法符号	含义	制造方法符号	含义
R	沸腾钢	-A	铝（脱氧）镇静钢
-K	镇静钢	-S-H	热轧无缝钢管
-S-C	冷拔无缝钢管	-E	电阻焊管
-B	对接焊管	-D9	冷拔（9 代表精度等级）
-G7	磨削（7 代表精度等级）	-T8	8 切削（8 代表精度等级）

表 4-23　表示热处理的符号及含义（JIS）

热处理符号	含义	热处理符号	含义
-A	退火	-SR	试样消除应力处理
-Q	淬火回火	-S	固溶处理或调质处理
-N	正火		

（三）德国钢号表示方法

1. 概述

DIN（Deutsche Industrie Norm）是德国工业标准的代号。DIN 17006 系统按照钢铁材料强度值和按照化学成分含量来表示钢的牌号，铸钢和铸铁牌号有单独的表示方法；而 DIN17007 系统标准，用 7 位数字组合成材料号，一般情况下可用 5 位数字表示，可以与牌号并用，符号（代号）为 W-Nr。如 42CrMo4 为牌号、1.7725 为材料。

2. DIN 17006 系统钢铁牌号表示方法

该系统的钢号是由三部分组成：

（1）表示钢的强度或化学成分的主体部分；

（2）冠在主体前面的表示冶炼或原始特性的缩写字母；

（3）附在主体后面的代表保证范围的数字和处理状态的缩写字母。

上述的主体部分以及所采用的字母和数字的含义见表 4-24，不过（2）、（3）在非必需时应予省略。

表 4-24　DIN 17006 系统钢号的主体部分以及所采用的字母和数字的含义

熔炼方法（代表字母）	原始特征（代表字母）	主体部分	保证范围（代表字母）	处理状态（代表字母）
B—贝氏炉钢 E—电炉钢 　（一般的） F—反射炉钢 I—感应电炉钢 LE—电弧炉钢 PP—熟铁 SS—焊接用钢 T—托马斯钢 TI—坩埚钢 W—转炉钢 Y—氧气转炉钢 附加字母： B—碱性 Y—酸性	A—抗时效的 G—含较高的磷和（或）硫 H—半镇静钢 K—含较低的磷和（或）硫 L—抗碱脆的 P—可压焊的（可锻焊的） Q—可冷镦的（可挤压的，可冷变形的） R—镇静钢 S—可熔焊的 U—沸腾钢 Z—可拉拔的	（1）按照材料强度表示： 　主体符号 St 抗拉强度下限 （2）按照化学成分表示： 碳素符号 碳含量 合金元素符号 合金含量 或前置字母 X 碳含量 合金元素符号合金含量	1—屈服点 2—弯曲或顶锻试验 3—冲击韧度 4—屈服点和弯曲或顶锻试验 5—弯曲或顶锻试验及冲击韧度 6—屈服点及冲击韧度 7—屈服点和弯曲或顶锻试验及冲击韧度 8—高温强度或蠕变强度 9—电气特性或磁性 无数字—弯曲或顶锻试验（每炉一个试样）	A—经回火 B—经处理获得最佳可切削性 E—经渗碳淬火 G—经软化退火 H—经淬火 HF—经表面火焰淬火 HI—经表面高频感应淬火 K—经冷加工（如冷轧、冷拉等） N—经正火 NT—经渗氮 S—经消除应力退火 U—未经处理 V—经调质

DIN 17006 系统的两种钢号表示方法为：

（1）按强度等级表示钢铁牌号示例说明。该牌号表示方法仅适用于非合金钢。如 S235JR 为 DIN-EN 标准牌号，相当于旧牌号 St37-2。近年来，德国多采用欧洲标准表示非合金钢牌号，即 S×××，S 表示钢，×××表示屈服点下限值（MPa），必要时可加后缀符号用来表示质量等级或供货状态。根据钢材直径或厚度的不同，允许对同一牌号用钢的碳含量进行调整。

（2）按化学成分表示钢的牌号示例说明。该牌号表示方法适用于非合金钢、低合金钢和高合金钢。

1）非合金钢牌号示例。非合金钢通称碳素钢，即技术条件中其他性能要求高于强度指标的钢，常用化学成分的表示方法来表示牌号。牌号前缀符号为 C，后面为碳平均含量（以万分之几计）百分数，特殊要求需另加符号。如 C20 表示平均碳含量为 0.20% 的碳素钢；C20E 表示需经渗碳淬火的平均碳含量为 0.20% 的渗碳钢；C35E 表示需经正火处理，平均碳含量为 0.35% 的碳素钢。

2）碳素工具钢牌号表示方法。碳素工具钢亦属非合金钢，常列入工具钢系列。牌号用非合金钢牌号表示方法来表示，另用后缀字母 W、W1 和 W2 等表示不同牌号。近几年，为与欧洲标准（EN）和国际标准（ISO）接轨，部分碳素工具钢牌号也可用 ISO 标准的牌号，如 C70U 相当于 C70W1。

3）低合金钢和合金钢牌号表示方法。只有当 Si＞0.50%、Mn＞0.80%、Al≥0.10%、Ti≥0.10%、Cu＞0.25% 时，这些元素才能称为合金元素，这与我国合金元素含量界限值略有不同。牌号组成为 00××–×，00 为碳平均含量值，×× 为合金元素符号及含量，–× 为特定后缀符号。

DIN 标准的钢号主体是由表示含碳量为万分数的数字、合金元素符号和表示其含量的数字组成。合金元素采用化学符号来表示，并按其含量的多少依次排列。合金钢中合金元素含量的表示方法用合金元素平均含量乘以表 4-25 中的系数表示合金元素含量值。

表 4-25　合金元素的系数（DIN）

合金元素	系数［平均含量（%）×］
Cr、Co、Mn、Ni、Si、W	4
Al、Be、Cu、Mo、Nb、Pb、Ta、Ti、V、Zr	10
Ce、N、P、S	100
B	1000

注　表中数据来源于 EN 10027-1。

合金元素含量不大于 5% 时，乘表 4-25 中的系数；合金元素含量大于 5% 时，不再乘以系数，而是用数字直接标出。

由于钢号中元素符号后的数字是表示合金元素平均含量与表 4-25 中系数的乘积，所以求该钢号中的化学成分时应除以原来的数，如 13Cr2 表示平均含碳 0.13%，平均含铬（2/4×100%）0.5% 的铬钢；25CrMo4 表示平均含碳 0.25%，平均含铬（4/4×100%）1%，还含

钼的铬钼钢。

4）高合金钢牌号表示方法：某种合金元素含量大于 5% 的钢通常称为高合金钢。牌号组成是先冠以字母 X（表示高合金），随后是表示平均碳含量数字（以万分数计）和按合金含量高低排出的合金元素符号及各主要合金元素含量的平均百分整数值。如 X10CrNi18-8 表示含碳 0.10%，含铬 18%，含镍 8% 的不锈钢。

5）高速工具钢牌号表示方法：牌号字母最前面冠以字母 S 表示高速工具钢，随后用组合数字（三组或四组）表示合金元素的质量百分数，每组数字之间用短线断开。一般情况下，Cr 含量不标出，然后按 W、Mo、V、Co 的顺序标出。不含 Mo 的高速工具钢，其组合数字用 0 表示；不含钴的高速工具钢，只用前三组数字表示。同样，为与欧洲标准（EN）和国际标准（ISO）接轨，也可用 HS 代替 S，两者通用。如 S18-0-1（HS18-0-1）相当于我国的 W18Cr4V 工具钢。

3. DIN 17007 系统数字材料号表示方法

（1）材料号（W-Nr）系由 7 位数字组成，数字表示的含义见图 4-1。

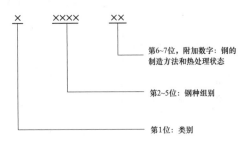

图 4-1　材料号表示方法

（2）材料号第 1 位数字中：0 表示生铁和铁合金；1 表示钢和铸钢；2 表示重金属（除钢铁外）；3 表示轻金属；4～8 表示非金属材料。

（3）在钢和铸钢的材料号中其中主要的是第 2 位和第 3 位的数字表示钢种组别，其中：00～06 表示碳素钢，其中 01 的大部分钢种已并入 "00" 组；90～96 表示碳素钢的专用钢；07 和 97 表示硫、磷含量较高的易切削钢；08～09、98～99 表示硅、锰含量较高的钢种，其中 08 的大部分钢种已并入 04、05 组，09 的一部分钢种已并入 06 组；10 表示特殊物理性能的碳素钢及电工纯铁；11～12 表示优质碳素工具钢；15～18 表示碳素工具钢；20～28 表示合金工具钢（包括铸钢）；32～33 表示高速工具钢；34～35 表示耐磨钢和轴承钢；36～39 表示具有特殊物理性能的材料（包括磁性材料）；40～45 表示不锈钢；47～48、49 表示耐热钢和高温材料；50～85 表示合金结构钢；88

表示硬质合金。

此外，一些数字如 13、14、55、64 等是暂予保留的，以便今后用于新发展的材料。

（4）材料号第 4 位和第 5 位数字无一定规律，或按其碳含量或按合金含量区分。

（5）材料号第 6 位和第 7 位为附加数字，一般不予标出，但亦常用。第 6 位数字用于表示钢的冶炼和浇注工艺，第 7 位用于表示热处理状态，具体含义见表 4-26。

表 4-26　　　材料号中附加数字
（第 6 位数字和第 7 位数字）的含义

第 6 位数字	具体含义	第 7 位数字	具体含义
0	不定的或不重要的	0	不经材料或自由处理（在变形加工后不希望或不保证进行热处理）
1	碱性转炉沸腾钢	1	正火
2	碱性转炉镇静钢	2	软化退火
3	特殊冶炼法沸腾钢	3	热处理后具有良好的可切削性
4	特殊冶炼法镇静钢	4	韧性调质
5	平炉沸腾钢	5	调质
6	平炉镇静钢	6	硬性调质
7	氧气吹炼沸腾钢	7	冷变形
8	氧气吹炼镇静钢	8	弹簧硬化冷变形
9	电炉钢	9	根据特殊规定的处理

注　摘自《袖珍世界钢号手册》。

（四）美国钢号表示方法

1. ASTM 标准钢铁牌号表示方法

（1）结构钢牌号表示方法。大多数牌号表示方法符合 SAE 系统的规定，少数情况例外。

1）碳素结构钢棒材：1005～1095 共 49 个牌号，10 代表碳素钢。

2）较高锰含量碳素钢棒材：1513～1572 共 16 个牌号，15 代表较高锰含量碳素钢。

3）易切削结构钢：1108～1151、1211～1215 和 12L13～12L15 共 23 个牌号。11 表示硫系易切削结构钢，12 表示硫磷复合易切削结构钢，12L 表示铅硫复合易切削结构钢。

4）合金结构钢：1330～E9310 和硼钢 50B44～94B30 共 90 个牌号。牌号前两位数字的代表钢类均符合 SAE 系统规定。

5）弹簧钢：1050 碳素弹簧钢、5160 合金弹簧钢和含硼弹簧钢 51B60 等均分别属于碳素钢和合金结构钢标准。

以上各类钢详况可参考 ASTMA29/A29M 标准。

6）H 钢（保淬透性钢）：碳素结构钢（H 钢）有 1038H～15B62H 共 12 个牌号；合金结构钢（H 钢）有 1330H～94B30H74 共 86 个牌号。除牌号尾部加字母 H 和化学成分略有差异（调整）外，其余均与碳素钢和合金结构钢相同。可参考 ASTMA304 标准。

7）高碳铬轴承钢：ASTMA295 标准中共有 52100、5195、K19526、1070M、5160 共 5 个牌号，无规律。

8）低合金高强度钢：涉及 ASTM（A242、A441、A529、A572、A588、A606、A607、A618、A633、A656、A690、A707、A715、A808、A812、A841、A871）共 17 个标准。Type1、Gr42、GrA、Gr1a、GrII、65 和 80 共 49 个牌号，其中有的无牌号，仅有化学成分。

（2）不锈钢和耐热钢牌号表示方法。不锈钢和耐热钢按其金相组织分为奥氏体（含高氮）型、铁素体型、奥氏体型、马氏体型和沉淀硬化型五大类。牌号用×××（如 304）、×M（如×M-16）和×-×-×（如 26-3-3）表示，共 125 个牌号。可参考 ASTMA484 标准。

2. UNS 系统简介

UNS 是 UNIFIED NUMBER INGSYSTEM（统一编号系统）的缩写，这是由美国机动车工程师学会（SAE）和美国材料与试验协会（ASTM）于 1967 年共同开始设计的一种简便的编号系统，其目的在于代替或补充现行各标准组织的材料牌号系统和各生产厂的商品名称。目前该编号系统已在 SAE 和 ASTM 标准中形成文件说明，其 SAE 标准号为 T1086，ASTM 标准号为 E527，名称为金属和合金编号推荐方法（UNS）。该 UNS 编号系统便于读者了解许多相似牌号之间的关系和对照使用各种材料的编号。但是，具有同一 UNS 编号的金属材料，并不表示它们的化学成分完全相同，而是相似。此外，相应标准在不断修订，其化学成分也有可能改变。由于 UNS 编号系统基本上是反映美国的状况，目前 UNS 编号数量还有限，加上各国的资源、合金化特点、要求等各不相同，所以，除美国以外的其他许多国家的牌号，尚不能在 UNS 编号系统中找到相同或相似的牌号。UNS 系统共分 18 大类，编号由前置字母和五位数组成。根据《最近金属材料牌号、性能、用途及中外牌号对照速查实用手册》，UNS 编号系统大类见表 4-27。

表 4-27   UNS 编号系统大类

有色金属与合金	黑色金属与合金
A00001-A99999 铝和铝合金 C00001-C99999 铜和铜合金 E00001-E99999 稀土和稀土类合金（细分 18 小类） L00001-L99999 低熔点金属和合金（细分 14 小类） M00001-M99999 其他有色金属和合金（细分 12 小类） N00001-N99999 镍和镍合金 P00001-P99999 精密金属和合金（细分 8 小类） R00001-R99999 活性和耐热金属和合金（细分 14 小类） Z00001-Z99999 锌和锌合金	D00001-D99999 规定机械性能的钢 F00001-F99999 灰铸铁、可锻铸铁、铁光体可锻铸铁、球墨铸铁 G00001-G99999AISI 和 SAE 碳素钢和合金钢（工具钢除外） H00001-H99999AISIH-钢 J00001-J99999 铸钢（工具钢除外） K00001-K99999 其他钢材和黑色合金 S00001-S99999 耐热的耐腐蚀（不锈）钢 T00001-T99999 工具钢 W00001-W99999 金属焊料、药皮焊条和管形电极

UNS 系统的牌号系列，基本上是在美国各团体机构标准原有牌号系列的基础上稍加变动、调整和统一编制出来的。采用不同的前缀字母代表钢或铁及合金，连同后面 5 位数字共同组成系列牌号。

如 D00001～D99999 表示要求力学性能的钢；F00001～F99999 表示铸铁；G00001～G99999 表示碳素和合金结构钢（含轴承钢）；H00001～H99999 表示 H 钢（保证淬透性钢）；J00001～J99999 表示铸钢（工具钢除外）；K00001～K99999 表示其他类钢（含低合金钢）；S00001～S99999 表示不锈钢和耐热钢；T00001～T99999 表示工具钢（含工具用锻扎材和铸钢）；W00001～W99999 表示焊接材料。

焊接材料又细分为：W00001～W09999 表示碳素钢；W10000～W19999 表示 Mn-Mo 低合金钢；W20000～W29999 表示 Ni 低合金钢；W30000～W39999 表示奥氏体不锈钢；W40000～W49999 表示铁素体不锈钢；W50000～W59999 表示 Cr 低合金钢。

与其他牌号相比，有的 UNS 系列牌号过长，如

ASTM 标准牌号为 8822，UNS 则为 G88220，这可能是未被广泛采用的原因之一，有关内容不再详细介绍，必要时请查阅相关标准。

第四节 碳 素 钢

碳素钢是指钢中不含有特意加入的金属元素，除铁和碳以外只含有少量硅、锰、硫、磷等杂质元素的铁碳合金。碳素钢中碳含量低于 2%，工业上应用的碳素钢碳含量一般不超过 1.4%。碳素钢按其质量不同可分为普通碳素结构钢和优质碳素结构钢两类。优质碳素结构钢的硫、磷允许含量比普通碳素钢低，所以综合机械性能比普通碳素钢好。

一、碳素结构钢

（一）钢的牌号

按照 GB/T 700—2006《碳素结构钢》，钢的牌号和主要化学成分（熔炼分析）应符合表 4-28 的要求。

表 4-28   碳素结构钢牌号及主要化学成分

牌号	统一数字代号*	等级	厚度（或直径）（mm）	脱氧方法	化学成分（质量分数，%）				
					C	Si	Mn	P	S
Q195	U11952	—	—	F、Z	≤0.12	≤0.30	≤0.50	≤0.035	≤0.040
Q215	U12152	A	—	F、Z	≤0.15	≤0.35	≤1.20	≤0.045	≤0.050
	U12155	B							≤0.045
Q235	U12352	A	—	F、Z	≤0.22	≤0.35	≤1.40	≤0.045	≤0.050
	U12355	B			≤0.20**				≤0.045
	U12358	C		Z	≤0.17			≤0.040	≤0.040
	U12359	D		TZ				≤0.035	≤0.035
Q275	U12752	A		F、Z	≤0.24	≤0.35	≤1.50	≤0.045	≤0.050
	U12755	B	≤40	Z	≤0.21			≤0.045	≤0.045
			>40		≤0.22				

续表

牌号	统一数字代号[*]	等级	厚度（或直径）（mm）	脱氧方法	化学成分（质量分数，%）				
					C	Si	Mn	P	S
Q275	U12758	C	—	Z	≤0.20	≤0.35	≤1.50	≤0.040	≤0.040
	U12759	D		TZ				≤0.035	≤0.035

* 表中为镇静钢、特殊镇静钢牌号的统一数字，沸腾钢牌号的统一数字代号如下：Q195F—U11950；Q215AF—U12150；Q215BF—U12153；Q235AF—U12350；Q235BF—Ul2353；Q275AF—U12750。

** 经需方同意，Q235B 的碳含量可不大于 0.22%。

（二）力学性能

（1）按照 GB/T 700—2006《碳素结构钢》，钢材的拉伸和冲击试验应满足表 4-29 的规定。

（2）按照 GB/T 700—2006《碳素结构钢》，钢材的弯曲试验应满足表 4-30 的规定。

（三）许用应力、弹性模量、线膨胀系数

常用国产碳素结构钢的许用应力、弹性模量、线膨胀系数见附录 G。

表 4-29　　　　　　　　　　　　　碳素结构钢材的拉伸和冲击试验

牌号	等级	屈服强度[*] R_{eH}（N/mm²）						抗拉强度[**] R_m（N/mm²）	断后伸长率 A（%）					冲击试验（V 形缺口）	
		厚度（或直径）（mm）							厚度（或直径）（mm）					温度（℃）	冲击吸收功（纵向）（J）
		≤16	>16~40	>40~60	>60~100	>100~150	>150~200		≤40	>40~60	>60~100	>100~150	>150~200		
Q195	—	≥195	≥185	—	—	—	—	315~430	≥33	—	—	—	—	—	—
Q215	A	≥215	≥205	≥195	≥185	≥175	≥165	335~450	≥31	≥30	≥29	≥27	≥26	—	—
	B													+20	≥27
Q235	A	≥235	≥225	≥215	≥215	≥195	≥185	370~500	≥26	≥25	≥24	≥22	≥21	—	—
	B													+20	≥27[***]
	C													0	
	D													−20	
Q275	A	≥275	≥265	≥255	≥245	≥225	≥215	401~540	≥22	≥21	≥20	≥18	≥17	—	—
	B													+20	≥27
	C													0	
	D													−20	

* Q195 的屈服强度值仅供参考，不作交货条件。

** 厚度大于 100mm 的钢材，抗拉强度下限允许降低 20N/mm²。宽带钢（包括剪切钢板）抗拉强度上限不作交货条件。

*** 厚度小于 25mm 的 Q235B 级钢材，如供方能保证冲击吸收功值合格，经需方同意，可不作检验。

表 4-30　　　　　　　　　　　　　碳素结构钢材的弯曲试验性能

牌号	试样方向	冷弯试验（180°，$B=2a$[*]）		牌号	试样方向	冷弯试验（180°，$B=2a$[*]）	
		钢材厚度（直径）[**]（mm）				钢材厚度（直径）[**]（mm）	
		≤60	>60~100			≤60	>60~100
		弯心直径 d				弯心直径 d	
Q195	纵	0		Q235	纵	a	2a
	横	0.5a			横	1.5a	2.5a
Q215	纵	0.5a	1.5a	Q275	纵	1.5a	2.5a
	横	a	2a		横	2a	3a

* B 为试样宽度，a 为试样厚度（或直径）。

** 钢材厚度（或直径）大于 100mm 时，弯曲试验由双方协商确定。

二、优质碳素结构钢

（一）钢的牌号

根据 GB/T 699—2015《优质碳素结构钢》，优质碳素结构钢的牌号、统一数字代码及主要化学成分应符合表 4-31 的规定。

表 4-31 优质碳素钢的牌号、统一数学代号及化学成分

序号	统一数字代号	牌号	化学成分（质量分数，%）							
			C	Si	Mn	P	S	Cr	Mi	Cu**
						≤				
1	U20082	08*	0.05～0.11	0.17～0.37	0.35～0.65	0.035	0.035	0.10	0.30	0.25
2	U20102	10	0.07～0.13	0.17～0.37	0.35～0.65	0.035	0.035	0.15	0.30	0.25
3	U20152	15	0.12～0.18	0.17～0.37	0.35～0.65	0.035	0.035	0.25	0.30	0.25
4	U20202	20	0.17～0.23	0.17～0.37	0.35～0.65	0.035	0.035	0.25	0.30	0.25
5	U20252	25	0.22～0.29	0.17～0.37	0.50～0.80	0.035	0.035	0.25	0.30	0.25
6	U20302	30	0.27～0.34	0.17～0.37	0.50～0.80	0.035	0.035	0.25	0.30	0.25
7	U20352	35	0.32～0.39	0.17～0.37	0.50～0.80	0.035	0.035	0.25	0.30	0.25
8	U20402	40	0.37～0.44	0.17～0.37	0.50～0.80	0.035	0.035	0.25	0.30	0.25
9	U20452	45	0.42～0.50	0.17～0.37	0.50～0.80	0.035	0.035	0.25	0.30	0.25
10	U20502	50	0.47～0.55	0.17～0.37	0.50～0.80	0.035	0.035	0.25	0.30	0.25
11	U20552	55	0.52～0.60	0.17～0.37	0.50～0.80	0.035	0.035	0.25	0.30	0.25
12	U20602	60	0.57～0.65	0.17～0.37	0.50～0.80	0.035	0.035	0.25	0.30	0.25
13	U20652	65	0.62～0.70	0.17～0.37	0.50～0.80	0.035	0.035	0.25	0.30	0.25
14	U20702	70	0.67～0.75	0.17～0.37	0.50～0.80	0.035	0.035	0.25	0.30	0.25
15	U20752	75	0.72～0.80	0.17～0.37	0.50～0.80	0.035	0.035	0.25	0.30	0.25
16	U20802	80	0.77～0.85	0.17～0.37	0.50～0.80	0.035	0.035	0.25	0.30	0.25
17	U20852	85	0.82～0.90	0.17～0.37	0.50～0.80	0.035	0.035	0.25	0.30	0.25
18	U21152	15Mn	0.12～0.18	0.17～0.37	0.70～1.00	0.035	0.035	0.25	0.30	0.25
19	U21202	20Mn	0.17～0.23	0.17～0.37	0.70～1.00	0.035	0.035	0.25	0.30	0.25
20	U21252	25Mn	0.22～0.29	0.17～0.37	0.70～1.00	0.035	0.035	0.25	0.30	0.25
21	U21302	30Mn	0.27～0.34	0.17～0.37	0.70～1.00	0.035	0.035	0.25	0.30	0.25
22	U21352	35Mn	0.32～0.39	0.17～0.37	0.70～1.00	0.035	0.035	0.25	0.30	0.25
23	U21402	40Mn	0.37～0.44	0.17～0.37	0.70～1.00	0.035	0.035	0.25	0.30	0.25
24	U21452	45Mn	0.42～0.50	0.17～0.37	0.70～1.00	0.035	0.035	0.25	0.30	0.25
25	U21502	50Mn	0.48～0.56	0.17～0.37	0.70～1.00	0.035	0.035	0.25	0.30	0.25

序号	统一数字代号	牌号	化学成分（质量分数，%）							
			C	Si	Mn	P	S	Cr	Mi	Cu**
						≤				
26	U21602	60Mn	0.57～0.65	0.17～0.37	0.70～1.00	0.035	0.035	0.25	0.30	0.25
27	U21652	65Mn	0.62～0.70	0.17～0.37	0.90～1.20	0.035	0.035	0.25	0.30	0.25
28	U21702	70Mn	0.67～0.75	0.17～0.37	0.90～1.20	0.035	0.035	0.25	0.30	0.25

注　未经用户同意不得有意加入本表中未规定的元素。应采取措施防止从废铜或其他原料中带入影响钢性能的元素。

*　用铝脱氧的镇静钢，碳、锰含量下限不限，锰含量上限为 0.45%，硅含量不大于 0.03%，全铝含量为 0.020%～0.070%，此时牌号为 08A1。

**　热压力加工用钢铜含量应不大于 0.20%。

（二）力学性能

根据 GB/T 699—2015《优质碳素结构钢》，优质碳素结构钢力学性能、硬度等见表 4-32。

表 4-32　　　　　　　　　　　　　　　优质碳素钢的力学性能

序号	牌号	试样毛坯尺寸*（mm）	推荐的热处理制度***			力学性能					交货硬度 HBW	
			正火	淬火	回火	抗拉强度 R_m（MPa）	下屈服强度 R_{eL}****（MPa）	断后伸长率 A（%）	断面收缩率 Z（%）	冲击吸收能量 KU_2（J）	未热处理钢	退火钢
			加热温度（℃）			≥					≤	
1	08	25	930	—	—	325	195	33	60	—	131	—
2	10	25	930	—	—	335	205	31	55	—	137	—
3	15	25	920	—	—	375	225	27	55	—	143	—
4	20	25	910	—	—	410	245	25	55	—	156	—
5	25	25	900	870	600	450	275	23	50	71	170	—
6	30	25	880	860	600	490	295	21	50	63	179	—
7	35	25	870	850	600	530	315	20	45	55	197	—
8	40	25	860	840	600	570	335	19	45	47	217	187
9	45	25	850	840	600	600	355	16	40	39	229	197
10	50	25	830	830	600	630	375	14	40	31	241	207
11	55	25	820	—	—	645	380	13	35	—	255	217
12	60	25	810	—	—	675	400	12	35	—	255	229
13	65	25	810	—	—	695	410	10	30	—	255	229
14	70	25	790	—	—	715	420	9	30	—	269	229
15	75	试样**	—	820	480	1080	880	7	30	—	285	241
16	80	试样**	—	820	480	1080	930	6	30	—	285	241

序号	牌号	试样毛坯尺寸*（mm）	推荐的热处理制度***			力学性能					交货硬度 HBW	
			正火	淬火	回火	抗拉强度 R_m（MPa）	下屈服强度 R_{eL}****（MPa）	断后伸长率 A（%）	断面收缩率 Z（%）	冲击吸收能量 KU_2（J）	未热处理钢	退火钢
			加热温度（℃）			≥					≤	
17	85	试样**	—	820	480	1130	980	6	30	—	302	255
18	15Mn	25	920	—		410	245	26	55		163	
19	20Mn	25	910	—		450	275	24	50		197	
20	25Mn	25	900	870	600	490	295	22	50	71	207	
21	30Mn	25	880	860	600	540	315	20	45	63	217	187
22	35Mn	25	870	850	600	560	335	18	45	55	229	197
23	40Mn	25	860	840	600	590	355	17	45	47	229	207
24	45Mn	25	850	840	600	620	375	15	40	39	241	217
25	50Mn	25	830	830	600	645	390	13	40	31	255	217
26	60Mn	25	810			690	410	11	35	—	269	229
27	65Mn	25	830			735	430	9	30	—	285	229
28	70Mn	25	790			785	450	8	30	—	285	229

注　1. 表中的力学性能适用于公称直径或厚度不大于 80mm 的钢棒。

　　2. 公称直径或厚度大于 80～25mm 的钢棒，允许其断后伸长率、断面收缩率比本表的规定分别降低 2%（绝对值）和 5%（绝对值）。

　　3. 公称直径或厚度大于 120～250mm 的钢棒允许改锻（轧）成 70～80mm 的试料取样检验，其结果应符合本表的规定。

　*　钢棒尺寸小于试样毛坯尺寸时，用原尺寸钢棒进行热处理。

　**　留有加工余量的试样，其性能为淬火+回火状态下的性能。

　***　热处理温度允许调整范围：正火±30℃，淬火±20℃，回火±50℃；推荐保温时间；正火不少于 30min，空冷；淬火不少于 30min，75、80 和 85 钢油冷，其他钢棒水冷；600℃回火不少于 1h。

　****　当屈服现象不明显时，可用规定塑性延伸强度 $R_{p0.2}$ 代替。

（三）许用应力、弹性模量、线膨胀系数

常用国产优质碳素结构钢的许用应力、弹性模量、线膨胀系数见附录 G。

第五节　不 锈 钢

不锈钢（stainless steel）是不锈耐酸钢的简称，耐空气、蒸汽、水等弱腐蚀介质或具有不锈性的钢种称为不锈钢；而耐化学腐蚀介质（酸、碱、盐等化学浸蚀）腐蚀的钢种称为耐酸钢。由于两者在化学成分上的差异而使它们的耐蚀性不同，普通不锈钢一般不耐化学介质腐蚀，而耐酸钢则一般均具有不锈性。从金相学角度分析，因为不锈钢含有铬使表面形成很薄的铬膜，隔离钢与侵入钢内的氧气，因而起耐腐蚀的作用。为了保持不锈钢所固有的耐腐蚀性，钢必须含有 12% 以上的铬。

一、不锈钢分类

不锈钢可以按用途、化学成分、金相组织、耐蚀类型及功能特点来分类。

1. 按用途分类

以奥氏体系类的钢由 18%铬-8%镍为基本组

成，各元素的加入量变化的不同，而开发各种用途的钢种。

2. 按化学成分分类

基本上可分为铬不锈钢和铬镍不锈钢两大系统。

（1）Cr 系列。包括铁素体系列、马氏体系列。

（2）Cr-Ni 系列。包括奥氏体系列、异常系列、析出硬化系列。

3. 按金相组织分类

（1）奥氏体不锈钢。即在常温下具有奥氏体组织的不锈钢。钢中含铬18%、含镍8%～10%、含碳0.1%时，具有稳定的奥氏体组织。奥氏体铬镍不锈钢包括18Cr-8Ni 钢和在此基础上增加 Cr、Ni 含量并加入 Mo、Cu、Si、Nb、Ti 等元素发展起来的高 Cr-Ni 系列钢。奥氏体不锈钢无磁性而且具有高韧性和塑性，但强度较低，不可能通过相变使之强化，仅能通过冷加工进行强化。由于奥氏体不锈钢具有全面的和良好的综合性能，在各行业中应用广泛。

（2）铁素体不锈钢。即在使用状态下以铁素体组织为主的不锈钢。含铬量为 11%～30%，具有体心立方晶体结构。一般不含镍，有时还含有少量的 Mo、Ti、Nb 等元素，具有导热系数大、膨胀系数小、抗氧化性好、抗应力腐蚀优良等特点，多用于制造耐大气、水蒸气、水及氧化性酸腐蚀的零部件。但是因为其塑性差、焊后塑性和耐蚀性明显降低等缺点，限制了其应用。

（3）奥氏体铁素体双相不锈钢。指在其固溶组织中铁素体相与奥氏体相约各占一半，一般量少相的含量也需要达到30%。在含 C 较低的情况下，Cr 含量为18%～28%，Ni 含量为 3%～10%，有的还含有 Mo、Cu、Nb、Ti、N 等合金元素。兼有奥氏体和铁素体不锈钢的特点，与铁素体相比，塑性、韧性更高，无室温脆性，耐晶间腐蚀性能和焊接性能均显著提高，同时还保持有铁素体不锈钢的 475℃脆性以及导热系数高、具有超塑性等特点。与奥氏体不锈钢相比，强度高且耐晶间腐蚀和耐氯化物应力腐蚀有明显提高。双相不锈钢具有优良的耐孔蚀性能，也是一种节镍不锈钢。

（4）马氏体不锈钢。指通过热处理可以调整其力学性能的不锈钢，即可硬化的不锈钢。典型牌号为Cr13 型，如 2Cr13、3Cr13、4Cr13 等。淬火后硬度较高，不同回火温度具有不同的强韧性，主要用作蒸汽轮机叶片等。根据化学成分的差异，可分为马氏体铬钢和马氏体铬镍钢两类；根据组织和强化机理的不同，还可分为马氏体不锈钢、马氏体和半奥氏体（或半马氏体）沉淀硬化不锈钢以及马氏体时效不锈钢等。

4. 按耐蚀类型分类

分为耐点蚀不锈钢、耐应力腐蚀不锈钢、耐晶间腐蚀不锈钢等。

5. 按功能特点分类

分为无磁不锈钢、易切削不锈钢、低温不锈钢、高强度不锈钢等。

二、不锈钢的耐蚀性能

（一）腐蚀的定义

一种不锈钢可在许多介质中具有良好的耐蚀性，但在另外某种介质中，却可能因化学稳定性低而发生腐蚀，所以一种不锈钢不可能对所有介质都耐蚀。在众多工业用途中，不锈钢都能提供满意的耐蚀性能。根据使用的经验来看，除机械失效外，不锈钢的腐蚀主要是局部腐蚀，即应力腐蚀开裂、点腐蚀、晶间腐蚀、腐蚀疲劳以及缝隙腐蚀。这些局部腐蚀所导致的失效事例几乎占失效事例的一半以上，事实上，很多失效事故是可以通过合理选材而避免。

（二）腐蚀的种类

金属的腐蚀分类详见本章第六节。实际生活、工程中的金属腐蚀大多属于电化学腐蚀。

（三）常用不锈钢的耐腐蚀性能

1. 304 型

广泛使用的材料。在建筑中能经受一般的锈蚀，可抵抗食品加工介质浸蚀（但含有浓酸和氯化物成分的高温状态下可能出现腐蚀），能抵抗有机化合物、染料和各种无机化合物。304L 型（低碳）耐硝酸性好，并耐用中等温度和浓度的硫酸，广泛地用作液态气体储罐、低温设备（304N）、器具及其他消费产品，如厨房设备、医院设备、运输工具、废水处理装置。

2. 316 型

含镍比 304 型稍多，并含有 2%～3%的钼，耐蚀性比 304 型好，特别是在倾向于引起点腐蚀的氯化物介质中。而且，它的用途已扩大到加工工业，用于处理多种化学制品。

3. 317 型

含有 3%～4%的钼（系列中较高水平），并含有比 316 型较多的铬，具有更高的耐点腐蚀和裂缝腐蚀性能。

4. 2205 型

比 304 型和 316 型优越，因为它对氯化物应力腐蚀裂纹具有高抵抗力，且具有大约两倍强度。

三、最新不锈钢牌号对照、国家新旧标准对比

根据 GB/T 20878—2007《各国不锈钢和耐热钢牌号对照表》附录 B.1，列出了电站设计中常用的不锈钢牌号对照以及国家新旧标准对比，见表4-33。

表 4-33

电站设计中常用的不锈钢牌号以及国家新旧标准对照表

序号	中国 GB 新牌号统一数字代号	中国 GB 新牌号 (GB 24511)	中国 GB 旧牌号	日本 JIS	美国 ASTM	美国 UNS	韩国 KS	欧盟 EN	印度 IS	德国 DIN 钢号
					奥氏体不锈钢					
1	S35350	12Cr17Mn6Ni5N	1Cr17Mn6Ni5N	SUS201	201	S20100	STS201	1.4372	10Cr17Mn6Ni4N20	×12CrMnNiN17-7-5
2	S35450	12Cr18Mn9Ni5N	1Cr18Mn8Ni5N	SUS202	202	S20200	STS202	1.4373		×12CrMnNiN18-9-5
3	S30110	12Cr17Ni7	1Cr17Ni7	SUS301	301	S30100	STS301	1.4319	10Cr17Ni7	×5CrNi17-7
4	S30408	06Cr19Ni10	0Cr18Ni9	SUS304	304	S30400	STS304	1.4301	07Cr18Ni9	×5CrNi18-10
5	S30403	022Cr19Ni10	00Cr19Ni10	SUS304L	304L	S30403	STS304L	1.4306	02Cr18Ni11	×2CrNi19-11
6	S30458	06Cr19Ni10N	0Cr19Ni9N	SUS304N1	304N	S30451	STS304N1	1.4315		×5CrNiN19-9
7	S30478	06Cr19Ni9NbN	0Cr19Ni10NbN	SUS304N2	XM21	S30452	STS304N2			
8	S30453	022Cr19Ni10N	00Cr18Ni10N	SUS304LN	304LN	S30453	STS304LN			×2CrNiN18-10
9	S30510	10Cr18Ni12	1Cr18Ni12	SUS305	305	S30500	STS305	1.4303		×4CrNi18-12
10	S30908	06Cr23Ni13	0Cr23Ni13	SUS309S	309S	S30908	STS309S	1.4833		×12CrNi23-13
11	S31008	06Cr25Ni20	0Cr25Ni20	SUS310S	310S	S31008	STS310S	1.4845		×8CrNi25-21
12	S31608	06Cr17Ni12Mo2	0Cr17Ni12Mo2	SUS316	316	S31600	STS316	1.4401	04Cr17Ni12Mc2	×5CrNiMo17-12-2
13	S31668	06Cr17Ni12Mo2Ti	0Cr18Ni12Mo2Ti	SUS316Ti	316Ti	S31635		1.4571	04Cr17Ni12MoTi20	×6CrNiMoTi17-12-2
14	S31603	022Cr17Ni12Mo2	00Cr17Ni14Mo2	SUS316L	316L	S31603	STS316L	1.4404	~02Cr17Ni12Mo2	×2CrNiMo17-12-2
15	S31658	06Cr17Ni12Mo2N	0Cr17Ni12Mo2N	SUS316N	316N	S31651	STS316N			
16	S31653	022Cr17Ni13Mo2N	00Cr17Ni13Mo2N	SUS316J1	316LN	S31653	STS316LN	1.4429		×2CrNiMoN17-13-3
17	S31688	06Cr18Ni12Mo2Cu2	0Cr18Ni12Mo2Cu2	SUS316J1			STS316J1			
18	S31683	022Cr18Ni14Mo2Cu2	00Cr18Ni14Mo2Cu2	SUS316J1L			STS316J1			
19	S31708	06Cr19Ni13Mo3	0Cr19Ni13Mo3	SUS317	317	S31700				

续表

序号	新牌号统一数字代号	中国 GB 新牌号（GB 24511）	中国 GB 旧牌号	日本 JIS	美国 ASTM	美国 UNS	韩国 KS	欧盟 EN	印度 IS	德国 DIN 钢号
20	S31703	022Cr19Ni13Mo3	00Cr19Ni13Mo3	SUS317L	317L	S31703	STS317L	1.4438		×2CrNiMo18-15-4
21	S32168	06Cr18Ni11Ti	0Cr18Ni10Ti	SUS321	321	S32100	STS321	1.4541	04Cr18Ni10Ti20	×6CrNiTi18-10
22	S34778	06Cr18Ni11Nb	0Cr18Ni11Nb	SUS347	347	S34700	STS347	1.455	04Cr18Ni10Nb40	×6CrNiNb18-10
奥氏体-铁素体型不锈钢（双相不锈钢）										
23			0Cr26Ni5Mo2	SUS329J1	329	S32900	STS329J1	1.4477		×2CrNiMoN29-7-2
24	S21953	022Cr19Ni5Mo3Si2N	00Cr18Ni5Mo3Si2	SUS329J3L		S31803	STS32913L	1.4462		×2CrNiMoN22-5-3
铁素体型不锈钢										
25	S11348	06Cr13Al	0Cr13Al	SUS405	405	S40500	STS405	1.4002	04Cr13	×6CrAl13
26	S11163	022Cr11Ti		SUH409	409	S40900	STS409	1.4512		×2CrTi12
27	S11203	022Cr12	00Cr12	SUS410L			STS410L			
28	S11710	10Cr17	1Cr17	SUS430	430	S43000	STS430	1.4016	05Cr17	×6Cr17
29	S11790	10Cr17Mo	1Cr17Mo	SUS434	434	S43400	STS434	1.4113		×6CrMo17-1
30	S11873	022Cr18NbTi				S43940		1.4509		×2CrTiNb18
31	S11972	019Cr19Mo2NbTi	00Cr18Mo2	SUS444	444	S44400	STS444	1.4521		×2CrMoTi18-2
马氏体型不锈钢										
32	S40310	12Cr12	1Cr12	SUS403	403	S40300	STS403			
33	S41010	12Cr13	1Cr13	SUS410	410	S41000	STS410	1.4006	12Cr13	×12Cr13
34	S42020	20Cr13	2Cr13	SUS420J1	420	S42000	STS420J1	1.4021	20Cr13	×20Cr13
35	S42030	30Cr13	3Cr13	SUS420J2			STS420J2	1.4028	30Cr13	×30Cr13
36	S44070	68Cr17	7Cr17	SUS440A	440A	S44002	STS440A			

第六节 耐热合金钢

耐热指在高温下能保持足够和强度和良好的抗氧化性，耐热钢通常是指在高温下具有较高的强度和良好的化学稳定性的合金钢，包括抗氧化钢和热强钢两类。抗氧化钢一般要求有较好的化学稳定性，但承受的载荷较低；热强钢是指在高温下具有良好的抗氧化性能并具有较高的高温强度的钢。耐热钢常用于制造锅炉、汽轮机、动力机械、工业炉和航空、石油化工等工业中在高温工作的零部件，这些部件除要求高温强度和抗高温氧化腐蚀外，根据用途不同还要求有足够的韧性、良好的可加工性和焊接性，以及组织稳定性。

一、耐热钢的分类

耐热钢按其正火组织可分为奥氏体耐热钢、马氏体耐热钢、铁素体耐热钢及珠光体耐热钢等。

1. 珠光体耐热钢

合金元素以铬、钼为主，总量一般不超过 5%。其组织除珠光体、铁素体外，还有贝氏体。在 500～600℃有良好的高温强度及工艺性能，价格较低，广泛用于制作 600℃以下的耐热部件，如锅炉钢管、汽轮机叶轮、转子、紧固件及高压容器、管道等。典型钢种有 16Mo、15CrMo、12Cr1MoVG、12Cr2MoWVTiB、10Cr2Mo1、25Cr2Mo1V、20Cr3MoWV 等。

2. 马氏体耐热钢

含铬量一般为 7%～13%，在 650℃以下有较高的高温强度、抗氧化性和耐水汽腐蚀能力，但焊接性较差。含铬 12%左右的 1Cr13、2Cr13，以及在此基础上发展出来的钢号如 1Cr11MoV、1Cr12WMoV、2Cr12WMoNbVB 等，通常用来制作汽轮机叶片、轮盘、轴、紧固件等。此外，作为制造内燃机排气阀用的 4Cr9Si2、4Cr10Si2Mo 等也属于马氏体耐热钢。

3. 铁素体耐热钢

含有较多的铬、铝、硅等元素，形成单相铁素体组织，有良好的抗氧化性和耐高温气体腐蚀的能力，但高温强度较低，室温脆性较大，焊接性较差，如 1Cr13SiAl、1Cr25Si2 等，一般用于制作承受载荷较低而要求有高温抗氧化性的部件。

4. 奥氏体耐热钢

含有较多的镍、锰、氮等奥氏体形成元素，在 600℃以上时，有较好的高温强度和组织稳定性，焊接性能良好。通常用来制作在 600℃以上工作的热强材料。典型钢种有 1Cr18Ni9Ti（321）、1Cr23Ni13（309）、0Cr25Ni20（310S）、1Cr25Ni20Si2（314）、2Cr20Mn9Ni2Si2N、4Cr14Ni14W2Mo 等。

二、耐热合金钢在电站中的使用

（一）亚临界、超（超）临界机组锅炉主要耐热钢材料

超（超）临界锅炉对所用材料的热强性、抗高温腐蚀和蒸汽侧抗氧化能力都有更高的要求，所以研发新型锅炉用材料成为发展先进机组的技术核心。

当前普遍采用的耐热钢有以下几类：

（1）细晶粒强韧化耐热钢、含铁素体耐热钢和马氏体耐热钢。

1）T23。日本住友金属株式会社在 T22 基础上，结合我国 G102（12Cr2MoWVTiB）的优点改进，通过将碳含量从 0.08%～0.15%降低至 0.04%～0.10%、Mo 含量从 0.50%～0.65%降低至 0.05%～0.30%、W 量从 0.30%～0.55%提高至 1.45%～1.75%，并形成以 W 为主的 W-Mo 的复合固溶强化，加入微量 Nb 和 N 形成碳氮化物（主要为 VC、VN、M23C6、M7C3）弥散沉淀强化，而研制成功的低碳低合金贝氏体型耐热钢，后来由 ASME Code Case2199-1 批准，牌号为 T23。T23 在 600℃时强度比 T22 高 93%，但含碳量更低，焊接性和加工性更好，可用于制造大型电站锅炉金属壁温不超过 600℃的过热器和再热器。

2）T24。与 T22 的化学成分相比较，增加了 V、Ti、B，减少了含碳量，焊接性能良好。T23、T24 钢金相组织为贝氏体和马氏体。如果冷却速度极缓慢会得到铁素体和珠光体，力学性能变差。在超超临界压力锅炉中，水冷壁的壁温有时候会达到 550℃，碳素钢不能满足需要，T23、T24 成为水冷壁的最佳选材。

3）T91。改良的 9Cr-1Mo 型高强度马氏体耐热钢，是一种综合性能优异的 9%Cr 钢，通过降低含碳量，添加合金元素 V 和 Nb，控制 N 和 Al 的含量，使钢具有高的冲击韧性、热强性和抗腐蚀性，且其线膨胀系数小、导热性好，主要用于亚临界参数、超临界参数锅炉中壁温不大于 593℃的联箱及蒸汽管道。

4）T92。是在 T91 的基础上通过减少 Mo 的含量，增加 W 的含量，并控制 B 的含量得到的新型 9%Cr 的马氏体耐热钢，力学性能与 T91 相当，焊接性能有所改善。600～650℃的蠕变强度有很大提高。许用应力比 T91 高 34%，强度是 TP347H 的 1.12 倍。

5）E911。是一种 9%Cr 的马氏体耐热钢，是在 T91 基础上以 1.0%的 W 取代部分 Mo，利用 W、Mo 复合固溶强化，同时 B 能够起到填充晶间空位，强化晶界的作用，而且 B 能形成碳硼化合物，稳定碳化物沉淀强化效果，从而提高了钢的热强性。

6）WB36。WB36 钢是德国在 20 世纪 60 年代开发的钢种，多用于超（超）临界机组的主给水管道，使用温度不超过 450℃。在 EN 10216-2 中的牌号为

15NiCuMoNb5-6-4，在 ASME SA335 中为 P36，在 ASME SA213 中为 T36，在 ASME SA182 中为 F36，在 GB/T 5310《高压锅炉用无缝钢管》中为 15Ni1MnMoNbCu，在 V&M 钢管公司编写的 WB36 手册（The WB36 Book）中定名为 WB36。

（2）细晶粒奥氏体耐热钢，奥氏体钢晶粒细化可以明显提高其许用应力。

1）SUPER304H。是 TP304H 的改进型，添加了 3%的 Cu 和 0.4%的 Nb，由于细晶粒结构和细铜相的沉淀强化作用，获得了极高的蠕变强度，在 600～650℃下的许用应力比 TP304H 高 30%，在高温下具有优良的机械性能、抗蒸汽氧化和耐热腐蚀性能，可以在 650℃以下长期运行，是超（超）临界锅炉过热器、再热器的首选材料。SUPER304H 钢是日本住友金属株式会社和三菱重工在 TP304H 的基础上，通过降低 Mn 量上限，添加 Cu、Nb 和一定量的 N 研发的钢种。SUPER304H 为日本住友金属株式会社的专利牌号，日本 JIS 标准中牌号为 SUS304JIHTB，ASME SA 213 中 UNS 号为 S30432，GB/T 5310 中为 10Cr18Ni9NbCu3BN。拉伸性能高于常规的 18-8 不锈钢，而塑性与 TP347H 相当，在 625℃以上的许用应力比 TP347H 高 30%～50%，抗蒸汽氧化性大大优于 TP321H 和 TP347H，耐腐蚀性能优于 TP304H，略逊于 TP347H，焊接热裂纹敏感性低于 TP347H。根据 TSG G0001，SUPER304H 用于锅炉受热面管时，烟气侧管子外壁温度不超过 705℃，目前用作蒸汽温度小于等于 600/620℃、压力小于等于 30MPa 的过热器和再热器管。

2）TP347HFG。TP347H 型不锈钢通过特定的热加工和热处理工艺，晶粒细化到 8 级以上，许用应力提高了 20%以上，大大提高了材料抗蒸汽氧化的能力。TP347HFG（Fine-Grain）是 20 世纪 80 年代日本住友公司通过改进 TP347H 成材工艺研发的奥氏体耐热钢。除碳含量略高于 TP347H 外，其余元素的含量与 TP347H 完全相同。该钢在 GB/T 5310 中为 08Cr18Ni11NbFG，在 NF EN10216-5《承压不锈钢管技术条件》（*Seamless steel tubes for pressure purposes technical delivery conditions part 5：Stainless steel tubes*）中为 X7CrNiNb18-10。TP347HFG 比其他 18-8 型不锈钢更适合制作蒸汽温度 565～620℃的超超临界末级过热器和末级再热器。具有优异的抗腐蚀特性和较高的持久强度。根据 TSG G0001，TP347HFG 用于锅炉受热面管时，烟气侧管子外壁温度不超过 700℃。

（3）高铬镍奥氏体钢，包括 HR3C 和 NF709 两种锅炉常用钢。

1）HR3C。HR3C 钢（25Cr-20Ni-Nb-N 钢）是日本研制出的一种新型不锈钢。通过限制 C 含量，并添加 0.20%～0.60%的 Nb 和 0.15%～0.35%的 N，利用弥散析出的强化相，具有优良的高温强度和抗高温蒸汽氧化性能，是 650℃超（超）临界电站锅炉中末级过热器和再热器的主要耐热钢管材之一。HR3C 是在 TP310H 中添加 Nb 和 N 元素研发的 25Cr-20Ni 型奥氏体耐热钢，是 20 世纪 80 年代日本住友公司成功研制出的一种新型不锈钢。在 ASME SA-213 中为 TP310HCbN（Cb 是铌元素的一种写法，现在多用 Nb 表示铌元素符号），在日本 JIS 标准中为 SUS 310JITB。在 GB/T 5310 中为 07Cr25Ni21NbN。根据 TSG G0001，HR3C 用于锅炉受热面管时，烟气侧管子外壁温度不超过 730℃。

2）NF709（20Cr-25Ni-Mo-Nb-Ti-N-B）。是在常规奥氏体不锈钢基础上，严格控制杂质，对成分做了进一步完善研制而成的，专用于超临界机组锅炉的新型奥氏体不锈钢。Ni 含量 25%左右，Cr 含量 20%左右，有很高的持久强度及优良的抗氧化性和耐蚀性，焊接性能与常规的 18-8 不锈钢相当。与目前超超临界使用的 HR3C 相比，NF709R 钢管在 650～730℃的强度比 HR3C 高约 30%～50%，抗腐蚀性能接近，可代替 HR3C。

（4）其他锅炉常用低合金耐热钢，包括 12Cr1MoVG、A335P11、A335P22 等。

1）12Cr1MoVG。属合金元素总量不超过 5%的珠光体耐热钢。用途广泛，是 480～580℃高温区域时用得最多的材料之一。韧性、淬透性与耐磨性均优于碳素工具钢，具有较好的回火稳定性，热处理时变形小。多运用于高温/高压机组、亚临界机组上管壁温度不超过 580℃的锅炉过热器管、联箱、蒸汽管道和管路附件及超超临界锅炉的水冷壁等，是最广泛的锅炉用钢之一。生产执行 GB/T 5310《高压锅炉用无缝钢管》。

2）T11。是 ASTM 发行的一种合金钢材质代号，成分为 1.25Cr-0.5Mo，与 15CrMo 成分最为接近。具有良好的抗高温氧化性、较高的高温强度和优良的耐腐蚀性能，由于 Cr 含量相对较高，因此在 500～550℃时具有较高的热强性。

3）T22。属于 2.25Cr-1Mo 型钢材，具有较高的热强性。有一定的冷裂和淬硬倾向，因此必须采取焊前预热、控制层间温度、焊后后热、消氢及热处理等工艺措施，常用于壁温不超过 580℃的过热器和再热器管子。与 12Cr2MoG 以及 ISO、EN 标准中的 1OCrMo9-10 成分较为接近。

（二）亚临界、超（超）临界机组主蒸汽、再热蒸汽热段管道材料

主蒸汽、再热蒸汽热段管道是目前火电厂设计单位设计范围内温度和压力最高的压力管道，其材料的

选择对火电厂的安全运行至关重要。下面着重介绍温度等级在538~620℃的亚临界、超（超）临界机组主蒸汽、再热蒸汽热段管道最常用的两种材料。

（1）P91钢。

1）钢材类型。91等级的钢是钒、铌元素微合金化并控制氮元素含量的铁素体钢（9%Cr、1%Mo）。

2）优点。具有很好的耐高温强度和蠕变性能，抗腐蚀性和抗氧化性能高于22等级钢，可减轻锅炉和管道部件的质量，提高抗热疲劳的性能。与其他奥氏体钢相比有较好的热传导性和较低的膨胀率。

3）许用应力。采用GB 50764《电厂动力管道设计规范》推荐的许用应力值。

4）适用范围。适用于额定蒸汽温度在566℃及以下的参数机组的主蒸汽、再热蒸汽热段管道。

（2）P92钢。为了提高铁素体耐热钢的蠕变强度，在P91钢成分的基础上加入W代替部分Mo，形成以W为主的W-Mo复合固溶强化，同时加入微量B用于提高晶界强度。作为9%~12%Cr铁素体耐热钢的代表钢种，P92钢凭借优异的综合性能逐渐成为600℃参数的超超临界机组的理想用钢，在超超临界机组

中已经得到了广泛运用。

1）钢材类型。是钒、铌元素微合金化并控制硼和氮元素含量的铁素体钢（9%Cr、1.75%W、0.5%Mo）。

2）优点。具有比其他铁素体合金钢更强的高温强度和蠕变性能。抗腐蚀性和抗氧化性能等同于其他含9%Cr的铁素体钢。由于其较高的蠕变性能，可以减轻锅炉和管道部件的质量。抗热疲劳性强于奥氏体不锈钢，热传导和膨胀系数远优于奥氏体不锈钢。

3）许用应力。采用GB 50764《电厂动力管道设计规范》推荐的许用应力值。

4）适用范围。适用于额定蒸汽温度在620℃及以下的超临界参数机组的主蒸汽、再热蒸汽热段管道。

（三）亚临界、超（超）临界机组主要部件用钢

根据DL/T 715—2015《火力发电厂金属材料选用导则》，目前国内亚临界、超（超）临界机组四大管道及锅炉、汽轮机和汽轮发电机的主要部件常用钢钢号、特性及其主要应用范围见表4-34~表4-38。

表4-34　　　　　　　　四大管道、锅炉联箱和受热面钢管常用钢钢号、特性及其主要应用范围

钢号与技术条件	特性	主要应用范围	类似钢号
20G（GB 5310、NB/T 47019.3）	在450℃以下具有满意的强度和抗氧化性能，但在470~480℃高温下长期运行过程中，会发生珠光体球化和石墨化。冷热加工性能和焊接性能良好	壁温不大于430℃的蒸汽管道、联箱；壁温不大于460℃的受热面管子及省煤器管等	SA-210A-1、SA-106B（ASME），STB410（JIS），P235GH（EN），PH26（ISO），C22、CK22、St45.8/Ⅲ（DIN），TU48C、XC18（NF），N2024（ČSN），CT20（ГОСТ）
15MoG、20MoG（GB 5310、NB/T 47019.3）	成分最简单的低合金热强钢，正火后的组织为铁素体+珠光体，有时有少量贝氏体。其热强性和腐蚀稳定性优于碳素钢，工艺性能与碳素钢差异不大。焊接性能良好，厚壁管焊前需预热，焊后需热处理。在500~550℃长期运行会产生珠光体球化和石墨化，导致钢的蠕变强度和持久强度降低，甚至引起钢管的脆性断裂	壁温不大于450℃的蒸汽管道、联箱；壁温不大于480℃锅炉受热面管	T1、P1/T1a（ASME），STBA12/STPA13（JIS），16Mo 3（ISO、EN），15Mo3（DIN），15020（ČSN），16M（ЧМТУ）
20MnG、25MnG（GB 5310、NB/T 47019.3）	在室温与中温具有较高的强度。450℃以下的强度明显高于20G，略高于15MoG/20MoG。抗氧化性能与20G相当，450℃以上的持久强度低于15MoG/20MoG。工艺性能良好，但锰含量过高时，钢的韧性下降，焊接性能变差	壁温不大于430℃的蒸汽管道、联箱；壁温不大于460℃的受热面管子及省煤器管等	SA-210A-1、SA-106B、SA-210C、SA-106C（ASME），STB410/STB510（JIS），P235GH/P265GH（EN），PH26/PH29（ISO）
SA-672B70CL32、SA-672B70CL22（ASME SA672）	材料为中温和高温压力容器用碳钢中厚板，抗拉强度为485MPa级。钢板经950℃正火，性能和质量应符合SA-515技术规范。焊制钢管的工艺、性能和质量应符合SA-672技术规范	超临界机组冷再管道	

钢号与技术条件	特性	主要应用范围	类似钢号
12CrMoG、15CrMoG（GB 5310、NB/T 47019.3）	正火+回火后的组织为铁素体+珠光体，有时有少量贝氏体。在 520℃下具有足够的热强性和组织稳定性，综合性能良好，无热脆性现象，无石墨化倾向。冷热加工性能和焊接性能良好。在 520℃以下，具有较高的持久强度和良好的抗氧化性能，但长期在 500～550℃运行会发生珠光体球化，使强度下降	壁温不大于 520℃的蒸汽管道、联箱；壁温不大于 550℃的受热面管子	T2/P2、T12/P12（ASME），STBA20/STBA22（JIS），13CrMo4-5（ISO），13CrMo4-5、13CrMo5-5（EN），12MX/15XM（ГОСТ），13CrMo44（DIN），15CD2（法国）
12Cr1MoVG（GB 5310、NB/T 47019.3）	钢中加入少量的钒，可降低铬、钼元素由铁素体向碳化物中转移的速度，提高钢的组织稳定性和热强性，弥散分布的钒的碳化物可以强化铁素体基体。正火+回火后的组织为铁素体+贝氏体，或铁素体+珠光体，或铁素体+贝氏体+珠光体；淬火+回火后的组织为贝氏体，或铁素体+贝氏体，或铁素体+贝氏体+珠光体，或铁素体+珠光体。在 580℃时仍具有高的热强性和抗氧化性能，并具有高的持久塑性。冷热加工性能和焊接性能较好，但对热处理规范敏感性较大，常出现冲击吸收能量不均匀现象。在 500～700℃回火时具有回火脆性现象；长期在高温下运行，会出现珠光体球化以及合金元素向碳化物转移，使热强性能下降	壁温不大于 560℃的蒸汽管道、联箱；壁温不大于 580℃的受热面管子	12X1MΦ（ГОСТ4543），13CrMoV42（DIN），15225（ČSN）
15Cr1Mo1V	俄罗斯钢号。与 12Cr1MoV 钢相比，含钼量有所提高，故热强性能稍高。在 450～550℃下，其持久强度比 12Cr1MoV 钢高 19.6MPa，570℃时高 9.8MPa，但持久塑性稍低于 12Cr1MoV 钢。在 570℃以下长期使用时，组织稳定，具有良好的抗氧化性能。焊接性能与 Cr1MoV 钢相当。存在的问题是有些炉号钢的冲击吸收能量较低，焊缝易出现裂纹，且钢中含有 0.013%～0.08%的残铝，对钢的韧性不利	壁温不大于 580℃的蒸汽管道和联箱	15X1M1Φ（ГОСТ4543）
12Cr2MoG（GB 5310、NB/T 47019.3）	非常成熟的低合金热强钢。正火+回火后的组织为铁素体+贝氏体，或铁素体+珠光体，或铁素体+贝氏体+珠光体；淬火+回火后的组织为贝氏体，或铁素体+贝氏体，或铁素体+贝氏体+珠光体，或铁素体+珠光体。若进行等温退火，则组织为铁素体+珠光体。具有良好的冷热加工性能和焊接性能。长期在 540℃以上运行，会出现碳化物从铁素体基体中析出并聚集长大的现象，导致钢的蠕变强度和持久强度降低	壁温不大于 580℃的过热器管、再热器管；壁温不大于 570℃的蒸汽管道、联箱	T22、P22（ASME、ASTM），STBA24、STPA24（JIS），10CrMo9-10（ISO、EN），HT8（SA-NDVIK）
SA-6911-1/4 Cr CL22	为高温高压用带纵焊缝合金焊接钢管。钢板经正火+回火，性能和质量应符合 SA-387 技术规范。焊制钢管的工艺、性能和质量应符合 SA-691 技术规范	超超临界机组冷再管道	
12Cr2MoWVTiB（钢 102）（GB 5310、NB/T 47019.3）	属贝氏体低合金热强钢。正火+回火后的组织为贝氏体，具有良好的综合力学性能、工艺性能和相当高的持久强度，组织稳定性高，于 620℃经 5000h 时效后，力学性能无明显变化。但易出现混晶组织，且蒸汽侧氧化较严重（即使用于亚临界锅炉的高温再热器管）	壁温不大于 575℃的过热器管和再热器管	
07Cr2MoW2VNbB（GB 5310、NB/T 47019.3）	属贝氏体低合金热强钢。正火+回火后的组织为贝氏体，具有良好的综合力学性能、工艺性能和相当高的持久强度，组织稳定性高，在 580℃下长期服役具有良好的综合力学性能、相当高的持久强度（580℃/10⁵h 持久强度大于等于 101MPa），高温烟气腐蚀与抗蒸汽氧化性能与 T22 钢相近。该钢焊接时产生再热裂纹敏感性较高，因此焊接前应预热，焊后热处理。形状复杂的水冷壁系统建议不采用	壁温不大于 575℃的过热器和再热器管；壁温不大于 570℃的联箱、管道	T/P23（ASME），STBA23（JIS），7CrWVMoNb9-6（EN），HCM2S（日本住友金属）

续表

钢号与技术条件	特性	主要应用范围	类似钢号
15NilMnMoNbCu（GB 5310、NB/T 47019.3）	通常将 15Ni1MnMoNbCu 称为 WB36，为 VOLLOR-EC&MANNESMANN，（V&M，瓦卢瑞克·曼内斯曼钢管公司）生产的 Ni-Cu-Mo 低合金钢。该钢具有较高的室温、中温强度，用于锅炉给水管道可使管壁厚度减薄，从而有利于加工、制造、安装和运行。由于钢中含有 Cu，因此提高了钢的抗腐蚀性能，但通常含 Cu 钢具有红脆性，为了避免在热成型过程中的脆性，将 Cu/Ni 比控制在 0.5 左右。焊接性能良好	壁温不大于 450℃的联箱、锅筒、压力容器等	WB36（V&M），T/P36、F36（ASME），15NiCuMoNb5-6-4（EN），15NiCuMoNb5（VdTUV），59I（BS）
10Cr9MolVNbN（GB 5310、NB/T 47019.3）	马氏体型热强钢。T/P91 高的 Cr 量大大提高了钢的抗氧化、抗腐蚀性，Cr、Mo、Mn 元素的加入保证了钢的基体强度，少量的 N 与 V、Nb 在钢中可形成氮化物或复合碳/氮化物 Nb（C，N）产生沉淀强化效应。低的含 C 量增强了钢的组织稳定性，Mo 可提高钢的再结晶温度，延缓高温运行下马氏体的分解。具有良好的高温强度和抗氧化、抗蒸汽腐蚀性能。焊接时应采用低的线能量，严格执行焊接工艺	炉内壁温不大于610℃，炉外壁温不大于 630℃的过热器管、再热器管；壁温不大于 610℃的蒸汽管道、联箱	T91/P91、F91（ASME），X10CrMoVNb9-1（EN），Xl0CrMoVNb9-1（ISO），STBA26（JIS），TUZ10CDVNb09.01，（NFA-49213）
10Cr9MoW2VNbBN（GB 5310、NB/T 47019.3）	马氏体型热强钢，是 T/P91 钢的基础上，添加 2%W，降低 Mo 含量，W、Mo 同时添加可有效提高钢的持久强度，微量的 B 可增加钢的晶界强度。该钢具有良好的高温强度和抗氧化、抗蒸汽腐蚀性能。C 含量的降低可提高组织稳定性和焊接性能。与 T/P91 一样，焊接时应采用低的线能量，严格执行焊接工艺，焊后需尽快热处理	炉内壁温不大于620℃，炉外壁温不大于 650℃的过热器管、再热器管；壁温不大于 630℃的蒸汽管道、联箱	T/P92、F92（ASME），NF616（日本新日铁公司），STPA29（JIS），X10CrWMoVNb9-2（EN）
10Cr11MoW2VNbCu1BN（GB 5310）	马氏体型耐热钢，与 T/P92 钢相比，提高了 Cr 含量、添加了 Cu、提高了 W、降低了 Mo 含量，其余元素的含量与 T/P92 几乎相同。正火+回火后为回火马氏体，持久强度高于 T/P91 低于 T/P92，抗汽氧化及高温烟气腐蚀性能与 T/P92 钢相当，但明显优于 T/P91。焊接时应采用低的线能量，严格执行焊接工艺，焊后需尽快热处理	壁温不大于 650℃的过热器和再热器管；壁温不大于 621℃的蒸汽管道和联箱	T/Pl22、Fl22（ASME），HCMl2A（日本住友公司），SUS410J3TB（单相钢），（METI-日本通产经济省），SUS410J3DTB（双相钢）（METI-日本通产经济省）
11Cr9Mo1W1NbBN（GB 5310）	马氏体型耐热钢，成分与 T/P92 非常相近，仅有 W、Mo 含量有微小差异。正火+回火后为回火马氏体，610℃下持久强度高于 T/P91 低于 T/P92，抗汽氧化及高温烟气腐蚀性能与 T/P92 钢相当。焊接性能与 T/P92 相同	炉内壁温不大于 620℃，炉外壁温不大于 650℃的过热器管、再热器管；壁温不大于 630℃的蒸汽管道、联箱	T/P911、F911（ASME），X11CrMoWVNb 9-1-1（EN），E911（欧洲煤炭钢铁协会）
07Cr19Ni10（GB 5310、NB/T 47019.3）	18Cr-8Ni 型奥氏体耐热钢。600℃以上的持久强度高于 TP321H 低于 TP347H，抗蒸汽氧化及高温烟气腐蚀性能与 TP321H、TP347H 相当，冷变形能力、焊接性能良好，但对晶间腐蚀比较敏感。晶粒度不粗于 3 级	烟气侧壁温不大于670℃的过热器和再热器管	TP304H（ASME），X6CrNi18-10（EN），SUS304HTB（JIS），X7CrNi18-9（ISO）
07Cr19Ni11Ti（GB 5310、NB/T 47019.3）	用钛稳定的 18Cr-8Ni 型奥氏体耐热钢。600℃以上的持久强度低于 TP304H 与 TP347H，抗蒸汽氧化及高温烟气腐蚀性能与 TP304H、TP347H 相当，冷变形能力、焊接性能良好。晶粒度不粗于 3 级	烟气侧壁温不大于670℃的过热器和再热器管	TP321H（ASME），X6CrNiTi18-10（EN），SUS321HTB（JIS），X7CrNiTi18-10（ISO），12X18H12T（ГОСТ）
07Cr18Ni11Nb（GB 5310、NB/T 47019.3）	用铌稳定的 18Cr-8Ni 型奥氏体耐热钢。持久强度高于 TP304H 与 TP321H，抗蒸汽氧化及高温烟气腐蚀性能与 TP304H、TP347H 相当，冷变形能力、焊接性能良好。晶粒度不粗于 3 级。经内壁喷丸的管子抗氧化性能优异，适宜于超临界环境下工作	烟气侧壁温不大于670℃的过热器和再热器管	TP347H（ASME），X7CrNiNb18-10（EN），SUS347H TB（JIS），X7CrNiNb18-10（ISO），08X18H12 Б（ГОСТ）
08Cr18Ni11NbFG（GB 5310、NB/T 47019.3）	相对于 07Cr18Ni11Nb，碳含量下限由 0.04%提高到 0.06%，其余元素成分完全相同。主要在钢管制作中采用了细化晶粒工艺，钢的晶粒度 7~10 级，增强了钢的蒸汽氧化抗力，但不如内壁喷丸的 TP347H	烟气侧壁温不大于700℃的过热器和再热器管	TP347HFG（ASME）

钢号与技术条件	特性	主要应用范围	类似钢号
0Cr17Ni12Mo2（GB 13296）	含 2%～3%钼的奥氏体热强钢。600℃以上的持久强度低于 TP347H，高于 TP304H、TP321H。由于含Mo，提高了钢的抗点腐蚀能力。晶粒度不粗于 3 级	烟气侧壁温不大于670℃的过热器和再热器管	TP316H（ASME），SUS316H TB（JIS）
10Cr18Ni9NbCu3BN（GB 5310、NB/T 47019.3）	奥氏体耐热钢。在 TP304H 的基础上，略微增加 C 量，降了 Mn、Si 量，添加约 3%Cu、0.45%Nb 和一定量的 N。适量的 Cu 使钢产生微细弥散富铜的金属间化合物ε相沉淀于奥氏体内，以提高钢的强度、抗腐蚀性和抗蒸汽氧化性能，Nb、N 形成的氮化物产生沉淀强化以提高钢的强度、塑性和韧性，降低 Si、Cr含量有利于防止 σ 相的析出。持久强度远高于TP347H、TP304H、TP321H，细的晶粒（7～10 级）有利于提高钢的抗蒸汽氧化能力，抗汽氧化性能大大优于 TP321H 和 TP347H，抗腐蚀性能优于 TP304H、略低于 TP347H，焊接热裂纹敏感性低于 TP347H	烟气侧壁温不大于705℃的过热器和再热器管	S30432（ASME SA-213），Super304H（日本住友公司），SUS304JIHTB（JIS），DMV304HCu（德国 SMST 公司）
07Cr25Ni21NbN（GB 5310、NB/T 47019.3）	25Cr-20Ni 型奥氏体耐热钢，钢中铬量为 25%时氮可达到最大溶解度，所以，该钢的 N 含量明显高于S30432，增加 N 含量有利于增加 NbCrN 以提高钢的高温强度，同时可稳定奥氏体相。钢的持久强度高于TP347H、TP304H，具有优异的抗蒸汽氧化与抗烟气腐蚀能力	烟气侧壁温不大于730℃的过热器和再热器管	TP310HCbN（ASME），HR3C（日本住友公司），SUS310JITB（JIS），DMV310N（DMV 公司）
S31035（ASME SA213）	奥氏体耐热钢。在低碳、低硫、磷的 20Cr-25Ni 钢基础上添加 3%W、1.5%Co、2.8%Cu 以及微量的 Nb、B、N。高的 Cr 含量有利于提高钢的抗蒸汽氧化及高温抗腐蚀性，高的 Ni 含量增强了钢的奥氏体稳定性，同时析出 Nb（C，N）、NbCrN、M23C6 和富 Cu 沉淀相。具有优异的高温持久强度、抗氧化及抗腐蚀性能。该钢热导率优于 HR3C，线膨胀系数低于 HR3C，抗腐蚀性能优于 NF709，抗蒸汽氧化性能优于 HR3C 和 NF709。600～700℃间的持久强度比 HR3C 高45%以上	烟气侧壁温不大于730℃的过热器和再热器管	Sanicro25（瑞典山特维克公司 Sandvik Materials Co.）
NF709（20Cr25NiMoNbTiN）NF709R（0.03C22Cr25NiMoNb）ASME Code case2581	奥氏体耐热钢。在低碳、低硫、磷的 20Cr-25Ni 钢基础上添加 1.5%Mo、0.3%Nb、0.1%Ti 以及微量的 B、N，高的 Cr 含量提高了钢的抗蒸汽氧化及高温抗腐蚀性，高的 Ni 含量增强了钢的奥氏体稳定性，同时阻止或减少了σ相的形成，添加 Mo 增强了钢的抗点蚀能力，Nb、Ti 同时在钢中形成复合 Nb-Ti 碳氮化物产生弥散沉淀强化，另一方面可避免 Cr23C6 在晶界上析出引起的晶间腐蚀。NF709R 钢管具有优异的高温强度和抗腐蚀性能，热膨胀系数也较低。与 HR3C 相比，NF709R 钢管在 650～730℃间的强度比 HR3C 高约 30%～50%，抗腐蚀性能接近	烟气侧壁温不大于730℃的过热器和再热器管	SUS310J2TB（JIS）

表 4-35 汽轮机及汽轮发电机主要部件常用钢钢号、特性及其主要应用范围

钢号与技术条件	特 性	主要应用范围	类似钢号
35、40、45（GB/T 699）	强度较低。可调质处理，但淬透性低。优质钢的硫、磷含量低，脱氧好，有良好的塑性和韧性。焊接性尚可	用于中压以下、强度级别为 280MPa、温度不大于 400℃的汽轮机主轴或汽轮发电机转子	
35SiMn（GB/T 3077）	具有较好的淬透性、良好的韧性、较高的强度，疲劳强度也较好，但有一定的过热敏感性及回火脆性倾向，并有白点敏感性。冶炼时易污染非金属夹杂物，造成热加工工艺上的困难。与 40Cr 钢相比，除低温冲击吸收能量稍差、缺口敏感性较高外，其他力学性能相当	用于工作温度不大于 400℃的汽轮机主轴，轮毂厚度为 170mm以下的叶轮，汽轮发电机中心环等	

钢号与技术条件	特　性	主要应用范围	类似钢号
35CrMo（GB/T 3077）34CrMol 34CrMolA（JB/T 1265、JB/T 1266、JB/T 1267）	34CrMol 是 JB/T 1265—2002 中的牌号，34CrMolA 是 JB/T 1266—2002 和 JB/T 1267—2002 中的牌号。属 Cr-Mo 合金结构钢。强度较高、韧性好，有较好的淬透性，冷变形性中等，切削性能尚可。具有高的蠕变强度和持久强度，长期使用组织比较稳定。焊接时需预热，预热温度为 150～400℃。34CrMol 钢由于提高了 Mo 含量，更适于生产大型锻件	35CrMo 用于工作温度 480℃以下的汽轮机主轴和叶轮。34CrMol 用于 294MPa 强度级别的汽轮发电机转子和 50MW 以下汽轮机主轴、轮盘	
24CrMoV JB/T 1266—2014 35CrMoV（GB/T 3077、JB/T 1266）	两种钢的强度均较高，淬透性也较好，冲击吸收能量较高。24CrMoV 钢的工艺性能不如 35CrMoV 钢。35CrMoV 钢有时会出现冲击吸收能量不稳定的现象，热处理时如果采用水油急冷，对提高冲击韧性有较好的效果。该钢在 550℃时的蠕变强度和持久强度均超过 34CrMo，但经 5000h 时效后，其力学性能急剧下降，因此使用温度不超过 500～520℃。该钢的焊接性能差，焊前预热温度为 300℃以上	24CrMoV 钢用于直径小于 500mm、在 450～500℃下工作的叶轮、转子主轴。35CrMoV 钢用于 500～520℃以下工作的转子及叶轮	
30CrlMoIV（JB/T 1265、JB/T 7027）	300MW 和 600MW 亚临界汽轮机组中应用最广泛的高、中压转子钢。该钢具有较好的热强性和淬透性，良好的综合力学性能，切削加工性良好，锻造工艺性能也较好，抗腐蚀性和抗氧化性尚可	用于工作温度在 560℃以下的汽轮机高中压转子	ASTM A470 Class8
28CrNiMoV（JB/T 1265）	具有较高的蠕变强度和持久强度、一定的持久塑性和组织稳定性、良好的室温力学性能及均匀的组织、较好的工艺性能及抗脆性破坏能力。高温性能稍低于 27Cr2MoV 钢	用于蒸汽参数为 500～540℃、9.8～15.7MPa 的汽轮机高、中压转子	
25CrNiMoV（JB/T 1266）25CrNilMoV（JB/T 1267、JB/T 8706）	属贝氏体类型钢。用于汽轮机轮盘、叶轮的 25CrNiMoV 与用于发电机转子的 25CrNilMoV 的 Cr、Ni 含量完全一致，Mo、V 含量略有差异。25CrNilMoV 的 S、P 含量低于 25CrNiMoV。用于发电机转子时，其强度要求低于汽轮机叶轮、轮盘规定的强度。该钢有较好的焊接性能，冶炼、锻造及热处理工艺性能良好，但对回火温度及回火时间较敏感	用于 200MW 以下汽轮机低压转子、低压轮盘、压气机转子和 200MW 以下发电机转子	
34CrNilMo 34CrNi3Mo（JB/T 1265、JB/T 1266、JB/T 1267、JB/T 8706）	是大截面高强度钢，淬透性高，综合性能良好。回火稳定性好，回火温度范围较宽（540～660℃），有利于调整强度和韧性。冷热加工工艺性能良好。该钢限制在 400℃以下使用，当温度达到 400～450℃时，力学性能急剧下降，超过 450℃时持久强度和蠕变强度都很低。由于含碳量较高，钢的裂纹敏感性和白点敏感性大	用于 200MW 以下汽轮机低压转子、低压轮盘和 200MW 以下发电机转子	
25Cr2NiMolV 25Cr2NilMolV（JB/T 11030）	高低压复合转子锻件材料。采用分区热处理，高压侧鼓风喷雾冷却，低压侧喷水淬火。两种材料除 Mn、Ni 含量有差异外，其余元素含量基本相同。其拉伸强度与 30CrlMolV 相当，但塑性、韧性和韧脆转变温度高于 30CrlMolV	汽轮机高低压复台转子锻件	
25Cr2Ni4MoV 30Cr2Ni4Mov（JB/T 1265、JB/T 1266、JB/T 7027、JB/T 8706）	与 34CrNi3Mo 钢相比，C 含量低，合金元素含量增加，并严格控制杂质元素，提高了导磁性能，增加了淬透性，综合性能好，韧脆转变温度低。但具有回火脆性。这主要与杂质元素 P、Sn、As 等含量有关，脆化温度范围大致为 350～575℃	用于制造 300MW 及以上汽轮机低压转子、低压轮盘和发电机转子	
12Cr10NiMoWVNbN（JB/T 11019、TLV9258）	欧洲 COST501 研发的含 W 的马氏体耐热钢，其元素含量与 E911 钢的成分基本相同。转子锻件经真空除气或电渣重熔后整体锻造。锻后进行预备热处理和性能热处理。性能热处理需两次回火，第二次回火温度要高于第一次，且尽量提高第二次回火温度。具有高的持久强度，若热加工工艺控制不佳，冲击吸收能量较低	用于制造 600℃左右的超超临界汽轮机高、中压转子	12CrMoWVNbN10-1-1（西门子公司）
13Cr10NiMoVNbN（JB/T 11019）	日本神户制钢所研发的改良的不含 W 的 10%Cr 马氏体耐热钢，具有高的持久强度，但冲击吸收能量较低。性能热处理需两次回火，第二次回火温度要高于第一次，且尽量提高第二次回火温度	用于制造 600℃左右的超超临界汽轮机高中压转子	TMK-1（日本神户）Cr10.5Mo1.5NiVNbN（哈尔滨汽轮机有限公司）

钢号与技术条件	特 性	主要应用范围	类似钢号
14Cr10NiMoWVNbN（JB/T 11019）	20 世纪 80 年代日本研发的 10%Cr-1%Mo-1%W-V-Nb-N 马氏体耐热钢，Cr、Mo 和 V 存在于析出相和基体中，而大部分 W 则存在于基体中。由于 W 的固溶强化效应，使该钢的持久强度得到显著改善，但冲击吸收能量较低。性能热处理需两次回火，第二次回火温度要高于第一次，且尽量提高第二次回火温度	用于制造 600℃ 左右的超超临界汽轮机高、中压转子	TOS107（日本）Cr10.5MolW1NiVNbN（哈尔滨汽轮机有限公司）
15Cr10NiMoWVNbN（JB/T 11019）	日立公司研发的马氏体耐热钢，W 含量低于 TOS107，其余元素含量相近。具有高的持久强度，抗拉强度略低于 14Cr10NiMoWVNbN（TOS107），冲击吸收能量较低。性能热处理需两次回火，第二次回火温度要高于第一次，且尽量提高第二次回火温度	用于制造 600℃ 左右的超超临界汽轮机高、中压转子	KT5916（日立）1Cr10Mo1NiWVNbN（东方汽轮机有限公司）
FB2 COST 522	FB2 是欧洲 COST 522 项目中研发的 9Cr-2Mo-1Co-NiV-Nb-N-B 马氏体耐热钢，设定的目标为锻件的屈服强度不小于 700MPa，620℃ 下 10^5h 的持久强度不小于 100MPa，持久塑性大于 10%，比改良型 12Cr 的 10^5h 持久强度高 30～40MPa。相对于 600℃ 左右的超超临界汽轮机高、中压机转子，添加微量的 B 并降低 N 量。Co 可防止钢中 δ 铁素体的形成，改善钢的淬透性和组织稳定性。B 可提高（Nb，V）C 及 V（C，N）的高温稳定性和钢的淬火加热温度，低的 N、Al 含量可避免形成 AlN 夹杂。该钢的冲击吸收能量低。目前该钢尚无相应的国家标准或行业标准，或国外学术团体技术规范，各汽轮机制造商有相应的企业标准	用于制造 630℃ 左右的超超临界汽轮机高、中压转子	X13CrMoCoNiVNbNB9-2-1（EN）
TOS110	日本研制的 10Cr-3Co-1.8W-0.7Mo-V-Nb-B 马氏体耐热钢，具有较高的 W、Co 含量，添加微量的 B 并降低 N 量，改善了钢的淬透性和组织稳定性。持久强度明显高于 TOS107，但冲击吸收能量低。目前该钢尚无相应的国家标准或行业标准，或国外学术技术规范，各汽轮机制造商有相应的企业标准	用于制造 630℃ 左右的超超临界汽轮机高、中压转子	新 12Cr 钢
50Mn18Cr5 50Mn18Cr5N 50Mn18Cr4WN 1Mn18Cr18N（JB/T 1268）	均为锰铬系无磁性奥氏体钢，屈服强度较高。钢中 W、N 起强化作用，加 N 能扩大和稳定奥氏体，加 W 可使碳化物沉淀较慢。整锻后进行去应力处理，随后固溶处理，粗加工后形变强化，强化方法有半热锻、冷锻、冷扩孔或爆炸等加工硬化方法	用作 50～200MW 汽轮发电机无磁性护环	
1Mn18Cr18N（JB/T 1268、JB/T 7030）	该钢与 18Mn-5Cr 护环钢相比，具有更高的抗应力腐蚀能力和强度。其主要缺点是高的屈强比	用作 300～1000MW 汽轮发电机无磁性护环	

表 4-36   汽轮机叶片常用钢钢号、特性及其主要应用范围

钢号与技术条件	特 性	主要应用范围	类似钢号
20CrMo（GB/T 3077）	广泛应用的铬钼合金结构钢，具有良好的力学性能和工艺性能。在 520℃ 以下具有良好的高温持久性能。焊接性能尚好，作为叶片使用时，表面采取适当的防护措施	用作中压 125MW 以下汽轮机压力级叶片	
1Cr13（GB/T 8732） 12Cr13（GB/T 1221）	属马氏体型耐热钢。碳含量较低，淬透性好，有较高的耐蚀性、热强性、韧性和冷变形性能。能在湿蒸汽及一些酸碱溶液中长期运行。该钢为已知钢中最好的。应严格控制该钢的热加工始锻温度和终锻温度，否则钢易过热而导致晶粒粗大，并析出大量的 δ 铁素体，使钢的韧性降低。避免在 370～560℃ 回火，高温回火在保证良好的耐蚀性的同时，可获得优良的综合力学性能。焊接性能尚可	用于工作温度低于 450℃ 的汽轮机变速级叶片及其他几级动、静叶片	SUS410（JIS） 410（AISI、ASTM） 410S 21（BS） X10Cr13（DIN） Z12C13（NFA） 12X13（ГOCT 5632）
2Cr13（GB/T 8732） 20Cr13（GB/T 1221）	属马氏体耐热钢。在 700℃ 以下具有足够高的强度、热稳定性和很好的减振性能，并具有较高的韧性和冷变形能力。与 1Cr13 钢相比，含碳量稍高，故强度也稍高，但塑性和韧性稍低。在淡水、海水、蒸汽及湿气等条件下耐蚀性较好。抗磨蚀性能可通过表面强化方法来提高	用于工作温度低于 450℃ 的截面较大、要求强度较高的后几级叶片及低温段长叶片	SUS 420J1（JIS） 420 S42000（AISI、ASTM） 420 S37（BS） X20Cr13（DIN） Z20C13（NFA）

续表

钢号与技术条件	特　性	主要应用范围	类似钢号
1Cr12Mo （GB/T 8732） 12Cr12Mo （GB/T 1221）	属马氏体型耐热钢。与2Cr13钢相比，含碳量稍低，但强度、塑性、韧性均高于2Cr13。Mo的加入有利于提高钢的抗点蚀能力。在淡水、海水、蒸汽及湿气等条件下耐蚀性较好	用于工作温度低于450℃的截面较大、要求强度较高的后几级叶片及低温段长叶片，例如1000MW汽轮机低压动叶片	
1Cr11MoV （GB/T 8732） 14Cr11MoV （GB/T 1221）	属马氏体耐热钢，是改型的12%铬钢的典型钢种之一。由于钢中加入了钼和钒，其热强性和组织稳定性均比13%铬钢高。具有良好的减振性和小的线膨胀系数，工艺性能较好，焊接性能尚可。可通过氮化提高钢表面的耐磨性。对回火脆性不敏感	用于工作温度低于540℃的汽轮机变速级及高温区动、静叶片	15Х11МФ（ГОСТ 5632）
2Cr12MoV （GB/T 8732）	属马氏体耐热钢。与1Cr11MoV钢相比，C、Mn、Cr、Mo含量均有所提高，强度明显高于1Cr11MoV，但塑性、韧性相对稍低。钢的热强性和组织稳定性均比13%铬钢高。具有良好的减振性和小的线膨胀系数，工艺性能较好，焊接性能尚可	用于工作温度低于540℃的汽轮机变速级及高温区动、静叶片	
1Cr12W1MoV （GB/T 8732） 15Cr12WMoV （GB/T 1221）	12%铬钢的改型钢种之一。由于钢中加入了钨、钼、钒等元素，提高了钢的热强性。在580℃具有较高的持久强度、持久塑性和组织稳定性，减振性能良好。由于钢的屈服强度较高，耐蚀性能较好。钢中因加入了相当数量的铁素体形成元素钨、钼和钒，故组织中含有一定数量的δ铁素体，其工艺性能尚好，可以锻轧和模锻加工，为提高钢的表面耐磨性，可进行氮化	用于工作温度低于580℃的汽轮机变速级及高温区动、静叶片	15Х12ВНМФ（эИ802）（苏联）
2Cr11NiMoNbVN （GB/T 8732） 18Cr11NiMoNbVN （GB/T 1221）	12%铬型马氏体耐热钢。由于钢中加入了铌、钒、氮等元素，增强了钢的沉淀强化效应，具有较高的强度，一定量的镍增加了钢的韧性。580℃左右具有较高的持久强度、持久塑性和组织稳定性，减振性能良好。由于钢的屈服强度较高，耐蚀性能较好。钢的工艺性能尚好，可以锻轧和模锻加工。为提高钢的表面耐磨性，可进行氮化	用于工作温度低于580℃的汽轮机变速级及高温区动、静叶片	
1Cr11MolNiWVNbN （东方汽轮机有限公司） 2Cr11MolVNbN （东方汽轮机有限公司） 1Cr11MoNiW2VNbN （哈尔滨汽轮机有限公司） 1Cr9MolVNbN （哈尔滨汽轮机有限公司）	12%铬型马氏体耐热钢。由于钢中加入了铌、钒、氮等元素，增强了钢的沉淀强化效应，具有较高的强度，600℃左右具有较高的持久强度、持久塑性和组织稳定性，减振性能良好。1Cr9MolVNbN由于铬含量较低，所以强度和抗氧化性能稍低	用于工作温度低于600℃的汽轮机变速级及高温区动、静叶片	1Cr11MoNiW2VNbN与日本的10705MBU和10725MBU相同
2Cr12NiMo1W1V （GB/T 8732） 22Cr12NiWMoV （GB/T 1221）	两个钢成分几近相同，22Cr12NiWMoV的S、P含量比2Cr12NiMo1W1V、Cr、Mo、W、V的上限略有差异。是12%铬型马氏体耐热钢。与1Cr12WlMoV钢相比，由于钢中碳、钼和钨含量均有所增加，并加入少量镍元素，因此钢的热强性能得到提高。此外，钢的缺口敏感性小，并具有良好的减振性、抗松弛性能和工艺性能	用于工作温度低于550℃的汽轮机动叶片和围带	C-422（美国） SUH 616（JIS） 616（ASTM）
2Crl2Ni2W1MolV 1Crl2Ni2W1Mo1V	在12%铬钢基础上加入较多量的镍、钨、钼、钒等强化元素改进而成的高强度马氏体耐热钢，与GB/T 1221—2007中的13CrllNi2W2MoV成分相近。具有高的强度及良好的韧性，屈服强度大于735MPa，硬度为293～331HB，冲击值大于59J/cm²，且抗蚀性和冷热加工性能良好。高温形变处理工艺简单，成品率高。与调质处理叶片相比，形变处理叶片晶粒细化且分布较为均匀，其力学性能和断裂韧性均较高。抗回火能力强，因此，叶片进汽边堆焊硬质合金片的焊后热影响区性能不受影响	用作1000MW汽轮机低压末级和次末级动叶片	

钢号与技术条件	特　性	主要应用范围	类似钢号
1Cr12Ni3Mo2VNBN	在 12%铬钢基础上加入较多量的镍、钼、钒等强化元素改进而成的高强度马氏体耐热钢。具有高的强度及良好的韧性，抗蚀性和冷热加工性能良好。抗火能力强，因此，叶片进汽边硬质合金片的焊后热影响区性能不受影响	用作 1000MW 汽轮机低压末级和次末级动叶片	
14Cr17Ni2（GB/T 1221）	属马氏体钢。在 GB/T 1221—1992 中为 1Cr17Ni2。经淬火加低温回火后，具有高的强度、韧性和耐蚀性。为避免钢中因 a 相增多而引起力学性能降低，钢中的镍控制在 1.5%～2.5%，铬控制在 16%～18%。热加工时，停锻温度应高一些，以改善塑性和表面质量，还应控制较大的加工比，以得到均匀的组织	用于工作温度低于 450℃、要求高耐蚀性和高强度的叶片	SUS431（JIS）431、S43100（AISI、ASTM）X22 CrNil7（DIN）Z15CN16 02（NFA）14X17H2（ГOCT 5632）
0Cr17Ni4Cu4Nb（17-4PH）（GB/T 8732）05Cr17Ni4Cu4Nb（GB/T 1221）	属典型的马氏体沉淀硬化不锈钢。既保持了不锈钢的耐蚀性，又通过马氏体中金属间化合物的沉淀强化提高了强度。该钢的衰减性能好，抗腐蚀疲劳性能及抗水滴冲蚀的能力优于 12%Cr 钢。固溶后，可根据不同的强度要求选用不同的回火温度。经过热处理的锻件，应具有均匀的回火马氏体组织，晶粒度为 ASTM 6 号或更细，纤维状或块状 δ 铁素体平均含量不超过 5%，以保证锻件性能	用作既要求耐蚀性、又要求较高强度的汽轮机低压末级动叶片	SUS630（JIS）630、S17400（AISI、ASTM）Z6CNU 17.04（NFA）
Refractoloy-26（R-26）	R-26 是美国钢号，是 18%Cr-36%Ni-20%Co 型叶片材料，属 Ni-Cr-Co-Fe 混合基沉淀硬化型高温合金。具有高的持久强度和抗松弛性能，使用温度高达 650℃。R-26 通常在（1024±13）℃下进行固溶处理，保温时间多于 30min，油或水冷却。沉淀硬化处理（816±8）℃，保温 20h，待冷却到（732±8）℃时保温 20h，空冷	用于工作温度低于 660℃、要求高抗氧化性和高强度的 1000MW 机组的叶片	15106FE（日本三菱公司）
lCr11Co3W3NiMoVNbNB	在 12%铬钢基础上加入较多量的钨、钴元素。试验表明，在高温下，钨的强化效应是钼的 2 倍，复合添加钨/钼可获得更加的强化效应；钴可抑制钢中 δ 铁素体的形成，650℃时，3%的钴有最高的持久强度；铌、钒、氮、硼增加了沉淀强化。所以，该钢具有高的持久强度和抗氧化性	用于工作温度低于 650℃、要求高抗氧化性和高强度的 1000MW 机组动/静叶片	
NiCr20TiAl（上海汽轮机有限公司）	具有较高的铬含量，大大提高了其抗氧化性能，钛的添加可提高钢的强度，细化晶粒，同时可提高钢的抗氧化、抗腐蚀性能	用于制造 600℃左右的超超临界汽轮机高中压 1～3 级叶片	NiCr20TiAl（西门子公司）
X12CrMoWVNbN10-1-1（上海汽轮机有限公司）	欧洲 COST501 研发的含 W 的马氏体耐热钢，其元素含量与 E911 钢的成分基本相同。转子锻件经真空除气或电渣重熔后整体锻造。锻后进行预备热处理和性能热处理。性能热处理需行两次回火，第二次回火温度要高于第一次，且尽量提高第二次回火温度。具有高的持久强度，但冲击吸收能量较低	用于制造 600℃左右的超超临界汽轮机高中压 3～5 级叶片	12CrMoWVNbN10-1-1（西门子公司）
X19CrMoNbVN11-1（上海汽轮机有限公司）	马氏体型热强钢。高的 Cr 量提高了钢的抗氧化、抗腐蚀性，Cr、Mo 元素的加入保证了钢的基体强度，少量的 N 与 V、Nb 在钢中可形成氮化物或复合碳/氮化物 Nb（C、N）产生沉淀强化效应。低的含 C 量增强了钢的组织稳定性，Mo 可提高钢的再结晶温度，延缓高温运行下马氏体的分解。具有良好的高温强度和抗氧化性能	用于制造 600℃左右的超超临界汽轮机高中压 6～13 级叶片	X19CrMoNbVN11-1（西门子公司）
X5CrNiCuNb16-4	属 15%Cr 型沉淀硬化马氏体耐热钢，含 4.5%Ni、3.5%Cu。经 1020～1050℃固溶处理、820～850℃中间回火、530～560℃沉淀硬化处理。屈服强度可达 950MPa。通常采用激光硬化	用于 1000MW 机组低压动叶片	X5CrNiCuNb16-4（西门子公司）

表 4-37　　　　　　　　　　　　　　紧固件常用钢钢号、特性及其主要应用范围

钢号与技术条件	特性	用作螺栓时的最高使用温度（℃）	类似钢号
35、45 （GB/T 699）	强度较低。可调质处理，但淬透性低。优质钢的硫、磷含量低，脱氧好，有良好的塑性和韧性，焊接性尚可	400	
35SiMn （GB/T 3077）	具有较好的淬透性、良好的韧性、较高的强度，疲劳强度也较好，但有一定的过热敏感性及回火脆性倾向，并有白点敏感性。冶炼时易于污染非金属夹杂物，造成热加工工艺上的困难。与 40Cr 钢相比，除低温冲击韧性稍差，缺口敏感性较高外，其他力学性能相当	400	
35CrMo （GB/T 3077） 35CrMoA/42 CrMoA （GB/T 20410）	两种钢强度较高、韧性好，有较好的淬透性，冷变形性中等，切削性能尚可。高温下有高的蠕变强度和持久强度，长期使用组织较稳定。焊接时需预热，预热温度为 150～400℃。相对于 35CrMoA，42CrMoA 的碳、锰、铬含量略高，故强度略高	480	
25Cr2MolVA （GB/T 3077、 GB/T 20410）	珠光体型耐热钢。室温强度高，韧性好，淬透性好。500℃下具有良好的高温性能和高的抗松弛性能，无热脆倾向。热处理后有回火脆性，并且对回火温度敏感。调质处理时，回火温度宜高于工作温度 100～200℃。亦可在正火及高温回火后使用。焊接性能差	510	ЭИ10（苏联）
25Cr2MolVA （GB/T 3077、 GB/T 20410）	珠光体型耐热钢。相对于 25Cr2MoVA，钢中铬、钼、钒、锰含量均有所提高，因而具有较高的高温强度和抗氧化性，较好的抗松弛性能。冷、热加工性能良好，但对热处理较为敏感，有回火脆性倾向，长期运行后容易脆化，即硬度增高，韧性降低。持久塑性较差，缺口敏感性也较大。多在调质或正火加回火后使用	550	ЭИ723（苏联）
45Cr1MoVA （GB/T 20410）	中碳耐热钢。相对于 42CrMoA，碳、钼含量略高，钢中添加钒，因而具有较高的高温强度。根据不同的使用条件，可通过不同的热处理工艺获得不同的强度。多在调质或正火加回火后使用	500	
20Cr1MolVlA （GB/T 20410）	性能优于 25Cr2Mo1V，在 565～570℃有较高的热强性能和抗松弛性能，经过运行（540℃，9.81MPa，运行约 6.4 万 h 后），钢的强度和塑性略有降低，室温冲击吸收能量下降较多，但水平仍很高，未出现明显的脆化	550	ЭИ909（苏联）
20Cr1MolVNbTiB （GB/T 20410）	我国自行研制的低合金高强度钢。具有高的持久强度和持久塑性，抗松弛性能好，热脆倾向小，缺口敏感性低。当工作断面尺寸较大时，心部冲击吸收能量往往有较大的波动。该钢经常出现晶粒粗大现象，以致影响力学性能。为防止产生晶粒，应尽量采用较低的锻造加热温度，严格控制终锻温度，并保证有足够的锻造比。该钢材硬度大于 260HB 时，晶粒越粗大，冲击吸收能量越低。在相同晶粒级别下，硬度越高，冲击吸收能量越低	570	
20Cr1MolVTiB （GB/T 20410）	与 20Cr1MolVNbTiB 钢相类似的高温螺栓钢。具有高的抗松弛性能、热强性能和良好的持久塑性，缺口敏感性低。淬透性好，沿截面有较均匀的力学性能	570	
2Cr12WMoVNbB	12%铬钢的改型钢种之一。由于钢中加入钨、钼、钒、铌、硼多种强化元素，因此，热强性能较高，抗松弛性能较好，可长期在 590℃以下使用	590	ЭИ993（苏联）
1Cr15Ni36W3Ti	沉淀硬化型奥氏体热强钢，在固溶状态，高温时有强烈的沉淀硬化倾向，经时效处理后，组织趋于稳定。650℃以下具有较好的抗松弛性能、持久强度和蠕变强度，组织稳定。长期时效后冲击值仍能保持较高水平。持久塑性好，1 万 h 的持久延伸率仍可达 5%～8%。在 700℃时开始软化，强度性能将显著下降	650	ЭИ612（苏联）

钢号与技术条件	特性	用作螺栓时的最高使用温度（℃）	类似钢号
2Cr12NiMo1W1V（GB/T 8732、GB/T 20410）22Cr12NiWMoV（GB/T 1221）	两个钢成分几近相同，22Cr12NiWMoV 的 S、P 含量低于 2Cr12NiMo1V，Cr、Mo、W、V 元素含量略有差异；是 12%铬型马氏体耐热钢。与 1Cr12W1MoV 钢相比，由于钢中碳、钼和钨含量均有所增加，并加入少量镍元素，因此钢的热强性能得到提高。此外，钢的缺口敏感性小，并具有良好的减振性、抗松弛性能和工艺性能	570	C-422（美国）SUH 616（JIS）616（ASTM）
1Cr11MoNiW1VNbN2Cr11Mo1NiWVNbN	12%铬型马氏体耐热钢。由于钢中加入了铌、钒、氮等元素，增强了钢的沉淀强化效应，具有较高的强度。600℃左右具有较高的持久强度、持久塑性和组织稳定性，减振性能良好	650	
Refractoloy-26（R-26）	R-26 是美国钢号，是 18%Cr-36%Ni-20%Co 型叶片材料，属于 Ni-Cr-Co-Fe，混合基沉淀硬化型高温合金，具有高的持久强度和抗松弛性能，使用温度高达 650℃。R-26 通常在（1024±13）℃下进行固溶处理，保温时间多于 30min，油或水冷却。沉淀硬化处理（816±8）℃，保温 20h，待冷却到（732±8）℃时保温 20h，空冷	677	
1Cr10Co3MoWVNbNB	在 12%铬钢基础上加入较多量的钴、钨，添加其他元素的多元复合强化耐热钢。高温下钨的强化效应是钼的 2 倍，复合添加钨/钼可获得更加的强化效应；钴可抑制钢中 δ 铁素体的形成，650℃时，3%的钴具有最高的持久强度；铌、钒、氮、硼增加了沉淀强化。具有高的持久强度和抗氧化性	650	
1Cr11Co3W3NiMoVNbNB	在 12%铬钢基础上加入较多量的钨、钴元素。试验表明，在高温下，钨的强化效应是钼的 2 倍，复合添加钨/钼可获得更加强化的效应；钴可抑制钢中δ铁素体的形成，650℃时，3%的钴具有最高的持久强度；铌、钒、氮、硼增加了沉淀强化。所以，该钢具有高的持久强度和抗氧化性	650	
GH4145（Ni-Cr 合金）	含镍高于 70%、铬 15%的镍基合金，具有高的高温强度和抗氧化性	677	
IN783	IN783 合金为 Ni-Fe-Co 低膨胀高温合金，该合金以一定比例的 Ni、Fe 和 Co 为基体，加入 3%Cr 以提高抗氧化能力，并添加一定的 Nb 和 Ti，以及 5.4%的 Al，从而形成基体为 γ 的 γ-γ'-β 三相共存组织。合金经固溶处理+时效处理。β 相又分两类，一次 β（NiA1）相尺寸较大，在低于 1150℃的热加工过程中已大量存在；二次 β 相则形成于 845℃的时效过程中。γ'相在时效过程中析出。合金含 5%左右的铝，促使合金中析出 β 相，使合金应力加速晶界氧化（SAGBO）抗力提高；少量的铬与铝一起使合金的抗氧化性能提高，在 800℃下仍具有完全抗氧化能力。IN783 合金有高的抗拉强度，但拉伸强度对晶粒尺寸比较敏感，固溶处理或时效处理不当易导致韧性低，引起螺栓的早期开裂	用于 1000MW 机组中压主汽阀、中压调压阀螺栓	

注 用作螺母时，最高使用温度可比表列温度高 30～50℃，硬度可比用作螺栓时低 20～50HB。

表 4-38 汽轮机与锅炉铸钢件常用钢钢号、特性及其主要应用范围

钢号与技术条件	特性	主要应用范围	类似钢号
ZG 230-450（JB/T 10087、JB/T 9625）	碳素铸钢。有一定的中温（400～450℃）强度和较好的塑性、韧性，且铸造性能良好。焊接性能良好，焊前不需要预热，若缺陷较大，焊后需进行去应力退火	用于工作温度不大于 430℃的汽缸、阀门、隔板和锅炉管道承压铸钢件等	25Л（苏联）

钢号与技术条件	特 性	主要应用范围	类似钢号
WCB (GB/T 12229)	普通碳钢阀门，为 ASME SA-216 中的牌号强度级别为 250～485MPa（250MPa 为屈服强度，485MPa 为抗拉强度）。对应的有 WCA/ZG205-415 和 WCC/ZG275-485。均为碳钢，随着锰含量的增加强度增高，WCA、WCB、WCC 的锰含量分别为 0.7%、1.0%和 1.2%	用于汽轮机凝汽器进出口蝶阀	WCB（ASME）
WC1 (JD/T 5263)	为 ASME SA-217 中的牌号，相当于 ZG15Mo。性能特点见表 4-34 中 15MoG	壁温不大于 450℃的阀门	WC1（ASME）
ZG20CrMo (JB/T 10087、JB/T 9625)	珠光体型合金铸钢。500℃以下可保持稳定的热强性能，组织稳定且具有较满意的铸造性能。高于 500℃时使用，热强性能会急剧下降。20℃的冲击性能不稳定，波动较大。焊接性能尚可。预热温度为 200～300℃，焊后缓冷并进行去应力退火	用于工作温度不大于 510℃的铸件，如汽轮机汽缸、隔板、蒸汽室和锅炉管道承压钢件等	20ХМЛ（苏联）
ZG20CrMoV (JB/T 10087、JB/T 9625)	珠光体型合金铸钢。具有较高的热强性能，组织稳定性好，可在 540℃以下长期服役，高于 600℃时热强性能显著下降，在 525～600℃长期保温后对 20℃的冲击性能影响不大。该钢铸造时容易热裂和产生皮下气孔，对热处理冷却速度比较敏感，易在铸件内造成力学性能不均匀。焊接性能尚可，需预热 250～350℃及层间保温，焊后缓冷并尽快去应力退火	用于工作温度不大于 540℃的铸件，如汽轮机蒸汽室、汽缸和锅炉管道承压钢件等	20ХМФЛ（苏联）
ZG15Cr1Mo (JB/T 10087) WC6 (JB/T 5263)	珠光体型合金铸钢。热强性能稍低于 Cr-Mo-V 铸钢，塑性和韧性良好，铸造裂纹倾向较低，其强度和热强性能可以满足在 538℃以下长期工作。焊接性能尚可。根据补焊金属的厚度不同，焊前预热温度为 100～150℃。WC6 是美国 ASME SA-217 中高温阀门用钢的专用牌号	用于工作温度不大于 450℃的汽轮机铸件，如内外汽缸，阀门等；WC6 用于壁温不大于 450℃的抽气电动闸阀的阀盖、阀板、阀头	WC6（ASTM）
ZG15Cr1Mo1V (JB/T 10087、JB/T 9625) ZG13Cr1Mo1V (东方汽轮机有限公司)	综合性能良好的热强铸钢。铸造性能较 ZG20CrMoV 稍差，易产生裂纹。对热处理冷却速度敏感，易在铸件中造成不均匀的组织和性能。焊接性能尚可，需预热到 300～350℃及层间保温，焊后缓冷并尽快去应力退火	用于工作温度不大于 570℃的铸件，如汽轮机高中压缸、喷嘴室、主汽阀和锅炉管道承压钢件等	15Х1М1ФЛ（苏联） KT5100BS17（日立） KT5102ES21（日立）
ZG15Cr2Mo1 (JB/T 10087) WC9 (JB/T 5263)	具有良好的综合性能，铸造性能较 ZG15Cr1Mo1V 钢好，抗腐蚀和抗高温氧化性能优于 ZG15Cr1Mo 钢。焊接性能尚可。根据焊补金属厚度，焊前预热温度不小于 150℃或不小于 250℃。WC9 是美国 ASME SA-217 中高温阀门用钢的专用牌号	用于工作温度不大于 566℃的汽轮机内缸、阀壳、喷嘴室等	WC9（ASME）
ZG10Cr9Mo1VNbN (JB/T 11018) C12A (JB/T 5263)	其成分相当于 T/P91 的马氏体耐热钢。铸件须经退火进行预备热处理，然后经正火+回火（一次或二次）的性能热处理。常规力学性能与 T/P 91 基本相同。C12A 是美国 ASME SA-217 中高温阀门用钢的专用牌号	用于超（超）临界机组汽轮机高温区段的静叶片、隔板、隔板套以及主蒸汽、高温再热蒸汽管道系统的阀门	KA SFVAF28（日本三菱） C12A（ASME）
F92 ASME SA-182	化学成分、拉伸性能与 10Cr9MoW2VNbBN（T/P92）相同，属马氏体型热强钢，差异在于该钢是锻件。T/P 92 管材在 T/P91 钢的基础上，添加 2%W，降低 Mo 含量，W、Mo 同时添加可有效提高钢的持久强度，微量的 B 可增加钢的晶界强度。该钢具有良好的高温强度和抗氧化、抗蒸汽腐蚀性能。C 含量的降低可提高组织稳定性和焊接性能。与 T/P91 一样，焊接时应采用低的线能量，严格执行焊接工艺，焊后需尽快热处理	用于超（超）临界机组汽轮机主蒸汽暖管闸阀及高温、高压截止阀	
ZG12Cr9Mo1VNbN (JB/T 11018) ZG11Cr10MoVNbN (JB/T 11018) ZG13Cr11MoVNbN (JB/T 11018) ZG14Cr10MoVNbN (JB/T 11018)	这几种铸钢为（9%～11%）Cr-1Mo 系列的马氏体耐热铸钢。相对于 ZG10Cr9Mo1VNbN，碳、铬、镍含量略有提高，相应的常规力学性能和抗氧化温度有所提高。铸件也需经退火进行预备热处理，然后经正火+回火（一次或二次）的性能热处理	用于超（超）临界机组汽轮机高温区段的静叶片、隔板、隔板套、内外缸以及主蒸汽、高温再热蒸汽管道系统的阀门	GX12CrMoVNbN9-1（西门子公司） ZG1Cr10MoVNbN（欧洲）

钢号与技术条件	特　性	主要应用范围	类似钢号
ZGllCr10Mo1NiWVNbN （JB/T 11018）	为添加了镍、钨的 10Cr-1Mo 马氏体耐热铸钢。相对于 ZG10Cr9Mo1VNbN，铬含量明显提高，相应的抗氧化温度有所提高，少量的钨可提高高温持久强度。铸件也需经退火进行预备热处理，然后经正火+回火（一次或二次）的性能热处理	用于超（超）临界机组汽轮机高温区段的静叶片、隔板、隔板套、内外缸以及主蒸汽、高温再热蒸汽管道系统的阀门	ZG1Cr10Mo1NiWV NbN-5（欧洲） KT5917S0、KT5330 AS0 （日立） DIN EN 10204/3.1
ZG12Cr10Mo1W1VNbN-1 （JB/T 11018） ZG12Cr10Mo1W1VNbN-2 （JB/T 11018） ZG12Cr10Mo1W1VNbN-3 （JB/T 11018）	三种铸钢的化学成分基本相同，添加了 1%钨有助于提高其高温持久强度。−1、−2、−3 在于区别成分的微小差异。铸件也需经退火进行预备热处理，然后经正火+回火（一次或二次）的性能热处理	用于超（超）临界机组汽轮机高温区段的静叶片、隔板、隔板套、内/外缸以及主蒸汽、高温再热蒸汽管道系统的阀门	GX12CrMoWVNbN 10-1-1（西门子公司）
CB2 COST 522	欧洲 COST 522 项目中研发的 9Cr-2Mo-1Co-NiV-Nb-N-B 马氏体耐热钢，与 FB2 的成分相同，差异在于 CB2 是铸件，FB2 是锻件。添加微量的 B 并降低 N 量。Co 可防止钢中 δ 铁素体的形成，改善钢的淬透性和组织稳定性。B 可提高（Nb，V）C 及 V（C，N）的高温稳定性和钢的淬火加热温度，低的 N、Al 含量可避免形成 Al、N 夹杂。目前该钢尚无相应的国家标准或行业标准，或国外学术团体技术规范，各汽轮机制造商有相应的企业标准	用于制造 630℃ 左右的超超临界汽轮机高中压内缸、自动主阀、高温再热蒸汽阀门等	GX13Cr9Mo2Co1 NiVNbNB（西门子公司） GX13CrMoCoNiVNbNB 9-2-1（EN）

（四）火电机组用耐热钢钢号对照

常见的火电机组用耐热钢钢号对照表见表 4-39。

表 4-39　　　　　　　　　　**常见的火电机组用耐热钢钢号对照表**

GB 5310—2008	代号	ASME	ASTM
12Cr2MoWVTiB	G102	—	—
07Cr2MoW2VNbB	T/P23 HCM2S	CC2199	K40712
10Cr9Mo1VNbN	T/P91 HCM9S		K90901
10Cr9MoW2VNbBN	T/P92 NF616	CC2179	K92460
10Cr11MoW2VNbCu1BN	T/P122 HCM12A	CC2180	K91271
07Cr18Ni11Nb	TP347H	CC2196	34709
08Cr18Ni11NbFG	TP347HFG	CC2159	34710
10Cr18Ni9NbCu3BN	Super304H	CC2328	30432
07Cr25Ni21NbN	HR3C	CC2115	31042

第七节　金　属　腐　蚀

金属与环境间的物理-化学相互作用，金属的性能发生变化，并常可导致金属、环境或由它们作为组成部分的技术体系的功能受到损伤，称为金属腐蚀。金属腐蚀是自然趋势，腐蚀是普遍存在的。

一、金属腐蚀的分类

按照 GB/T 10123《金属和合金的腐蚀　基本术语和定义》，火力发电厂常见的腐蚀类型如下。

（1）按腐蚀机理可分为化学腐蚀和电化学腐蚀。

（2）按照环境介质可分为大气腐蚀、土壤腐蚀、海洋腐蚀、微生物腐蚀、气体腐蚀等。

（3）依据腐蚀的形态分为全面腐蚀、均匀腐蚀、局部腐蚀（点蚀、缝隙腐蚀、晶间腐蚀、应力腐蚀）断裂等。

二、金属腐蚀的评定方法

1. 由质量变化评定

金属腐蚀程度可以由样品在腐蚀前后质量的变化

（减少或增加）来评定。

2. 由腐蚀深度评定

金属材料的腐蚀等级是按其腐蚀速度大小来界定，一般腐蚀速度 v 以每年的腐蚀深度来表示（mm/a）。便于工程选材，常将金属材料的耐腐蚀深度指标划分成若干等级，不同国家的划分标准不同，具体见表4-40～表4-43。

表 4-40　我国金属耐腐蚀性能的四级标准

级别	腐蚀速度（mm/a）	评价
1	<0.05	优良
2	0.05～0.5	良好
3	0.5～1.5	可用，但腐蚀较重
4	>1.5	不适用，腐蚀严重

表 4-41　日本金属耐腐蚀性能的三级标准

级别	腐蚀速度（mm/a）	适用范围
1	<0.1	用于严格要求耐蚀性的场合
2	0.1～1.0	用于不严格要求耐蚀性的场合
3	>1.0	耐蚀性差、实用价值低

表 4-42　美国金属耐腐蚀性能的六级标准

级别	腐蚀速度（mm/a）	相对腐蚀性
1	<0.02	极好
2	0.02～0.1	较好

续表

级别	腐蚀速度（mm/a）	相对腐蚀性
3	0.1～0.5	好
4	0.5～1.0	中等
5	1.0～5.0	差
6	>5.0	不适用

表 4-43　苏联金属耐腐蚀性能的十级标准

耐腐蚀性的分类		耐腐蚀性的等级	腐蚀速度（mm/a）
I	完全耐蚀	1	<0.001
II	极耐蚀	2	0.001～0.005
		3	0.005～0.01
III	耐蚀	4	0.01～0.05
		5	0.05～0.1
IV	尚耐蚀	6	1.1～0.5
		7	0.5～1.0
V	稍耐蚀	8	1.0～5.0
		9	5.0～10.0
VI	不耐蚀	10	>10.0

三、常见金属腐蚀

（一）金属化学腐蚀和电化学腐蚀

按腐蚀机理分类，腐蚀主要包括化学腐蚀和电化学腐蚀，见表4-44。

表 4-44　化学腐蚀和电化学腐蚀类型

名称	定义	常见的腐蚀	防护方法
化学腐蚀	金属材料与外界介质发生化学反应而损坏的现象	气体腐蚀，如汽轮机叶片、内燃机气阀、喷气发动机等，都是在高温时与气体接触时发生的气体腐蚀	（1）加入 Cr、Al 等合金元素提高钢的抗氧化性能；（2）应用保护性气体或控制气体成分，降低气体的侵蚀性；（3）金属制件的表面覆盖金属镀层或非金属层，防止气体介质与底层金属直接接触
电化学腐蚀	腐蚀过程中伴有电流产生的腐蚀	空气腐蚀、导电介质中的腐蚀和其他条件下的腐蚀，如地下铺设的金属管道、构件长期受到潮湿土壤中的多种腐蚀介质的侵蚀而遭到的腐蚀破坏	（1）采用合适的金属，如合金等；（2）金属表面覆盖保护层，如油漆、油脂等；（3）电化学保护

（二）金属的局部腐蚀

局部腐蚀的种类很多，常见的有小孔腐蚀、缝隙腐蚀、晶间腐蚀、应力腐蚀破裂、腐蚀疲劳、空泡腐蚀、选择性腐蚀等，具体见表4-45。

表 4-45　局部腐蚀类型

名称	定义	常见的腐蚀	防护方法
小孔腐蚀	金属局部出现腐蚀小孔并有向深处发展的腐蚀现象	金属在溶液中或潮湿环境中常常发生，如输送油、气、水的钢管，埋在土壤中出现小孔腐蚀	（1）改善介质环境；（2）加入缓蚀剂；（3）电化学保护，如阴极保护；（4）合理选择耐腐蚀材料

名称	定义	常见的腐蚀	防护方法
缝隙腐蚀	电解质溶液进入金属与金属或金属与其他非金属的缝隙中，使得腐蚀从缝隙开始并加剧	管道焊接狭缝、连接处等位置	（1）采用合适材料； （2）合理设计，避免缝隙； （3）阴极保护
晶间腐蚀	沿着金属晶粒边界发生的腐蚀	金属晶粒间结合变弱，影响金属强度，不锈钢、镍基合金、铝合金、镁合金等都存在晶间腐蚀问题	不锈钢和镍合金的晶间腐蚀可以通过采用低碳合金、加入碳化物形成元素，如钛或铌，或利用稳定化退火等使之避免
应力腐蚀开裂	金属腐蚀使得金属内部发展成裂缝，金属在应力和腐蚀介质联合作用下引起应力腐蚀裂开	材料在应力作用下暴露敏感介质中引起腐蚀开裂，如奥氏体不锈钢在含有极少量氯离子的高纯水中会出现应力腐蚀开裂	（1）材料选择降低对环境敏感性； （2）消除应力
腐蚀疲劳	腐蚀介质存在的情况下，金属材料在一定应力下达到破裂的循环次数比没有腐蚀介质时少得多，即腐蚀加速疲劳	出现在旋转零件中，如泵的轴	（1）使用高强度合金； （2）减小应力

（三）自然环境下的腐蚀

金属在自然环境下会发生腐蚀，主要包括大气腐蚀、土壤腐蚀、海水腐蚀、微生物腐蚀等，常见自然环境下的腐蚀类型见表 4-46。

表 4-46　　　　　　　　　　　　　自然环境下的腐蚀类型

名称	定义	常见的腐蚀	防护方法
大气腐蚀	金属构件在大气条件下工作时产生的腐蚀	房屋、桥梁的钢架、机器、车辆、石油储罐	（1）应用有机的、无机的金属覆盖层。 （2）减少相对湿度，空气相对湿度降低至 50% 以下。 （3）应用气相缓蚀剂。 （4）在钢种加入少量合金元素，制成耐大气腐蚀的低合金钢。如加入少量 Cu、P、Ni、Cr 等元素
土壤腐蚀	土壤中含水、酸、盐、Cl^- 等对埋设在地下的金属造成的腐蚀	长期埋在土壤中油管、水管、天然气管以及电缆等	（1）埋地管道设置良好的外防腐层。 （2）覆盖层保护。 （3）阴极保护
海水腐蚀	金属在海水中的腐蚀过程，是一种电化学腐蚀过程	海水中还有大量 Cl^-，如不锈钢由于 Cl^- 的作用，钝化膜容易受到破坏而腐蚀	（1）合理选用耐腐蚀材料如钛、镍、铜合金钢。 （2）涂层保护：防锈油漆、防污漆。 （3）电化学保护：阴极保护、外加电流阴极保护法以及牺牲阳极法
微生物腐蚀	在微生物生命活动参与下所发生的腐蚀过程	同水、土壤或湿润的空气相接触的金属设施，都可能遭到微生物腐蚀。约 50%～80% 的地下管线腐蚀属于微生物引起和参与的腐蚀	（1）使用杀菌剂或抑菌剂。 （2）改善环境条件，如减少细菌的有机物营养源，提高 pH 值及温度（pH 值 >9，温度大于 50℃）。 （3）覆盖保护层：地下管道用煤焦油沥青涂层，可镀锌、镀铬、衬水泥及涂环氧树脂漆等。 （4）阴极保护：和涂层相结合的阴极保护

（四）工业环境下的腐蚀

工业生产环境可能产生高温高压、潮湿、化学腐蚀介质（酸、碱、盐等）、粉尘等诱导环境因素，使得金属和合金产生腐蚀，电力生产中的常见工业腐蚀见表 4-47。

表 4-47

工业环境下腐蚀类型

名称		定义	腐蚀因素机理	防护方法
酸、碱腐蚀		金属在酸碱中发生的化学腐蚀	硫酸、硝酸、磷酸、氢氟酸、氢溴酸以及金属酸、有机酸等酸性物质以及碱溶液中的 OH^- 与金属产生的化学反应	（1）了解各种酸性物质，采用耐酸性的合金材料。 （2）采用耐酸碱保护涂层。 （3）碱溶液增大 pH 值，pH 值达到 10 以上铁发生钝化，腐蚀速度下降
水腐蚀	较低温度下的水汽腐蚀	水中溶解的氧气促进的腐蚀	腐蚀性的顺序依次是海水、半咸水、不结垢的淡水和易结垢的淡水。淡水的腐蚀速度随 pH 值降低而增加。在水中没有足够的 Ca 或 CO_2 用来形成保护水垢的情况下，决定腐蚀速度的是含氧量	除去汽水中的溶解氧
	高温高压水汽腐蚀	铁在高温水中形成黑色的 Fe_3O_4，不锈钢、含铬或铁的的镍基合金则形成尖晶石型的氧化物 M_3O_4（其中 M 代表 Cr、Fe 或 Ni），铜合金在高温水中形成黑色粉末状的 CuO，使得铜的耐腐蚀性能降低	影响高温水腐蚀因素主要是水中溶解氧、pH 值以及过热	（1）除去汽水中的溶解氧。 （2）pH 值调节在 10 左右，可大大减小腐蚀。 （3）采用耐高温腐蚀的钢材
熔融盐腐蚀		金属与熔融盐相接触引起的腐蚀，是一种电化学腐蚀	铁在 NaCl 熔融盐中的腐蚀	（1）把熔盐与空气或水隔开或减慢水分在熔盐体系中的扩散速度。 （2）将镁或硅作为添加剂加入熔盐中以去除氧和水分。 （3）添加 O^{2-} 使熔盐呈碱性
燃气腐蚀	低温腐蚀	SO_3 在低于露点时与 H_2O 凝聚成 H_2SO_4，腐蚀加剧，也称为露点腐蚀	如 SCR 反应器后，空气预热器的腐蚀以及低温省煤器腐蚀	（1）减小燃料中的硫含量。 （2）采用保护涂层，如聚四氟乙烯、陶瓷等。 （3）加入能与氧迅速氧化的添加剂，阻止 SO_2 生成 SO_3。 （4）控制排气温度，高于露点而缓解低温腐蚀
	高温腐蚀	燃气中含有 V_2O_5、Na_2SO_4、K_2SO_4 等一些灰分物质，沉积在金属表面生成各种低熔点物质，在高温熔融状态下，破坏金属的保护膜而造成金属腐蚀，也称为热腐蚀	如锅炉炉膛结渣，燃烧含硫量高的煤，受热面强还原性区域的腐蚀	（1）充分控制炉膛结渣。 （2）组织合理的空气动力场。 （3）受热面喷涂

四、环境腐蚀性等级

电厂主要钢结构等长期暴露在大气中，大气的湿度、温度以及硫化物、氯化物等会引起金属材料腐蚀。电厂地下钢构和埋管较多，由于土壤腐蚀，造成管道穿孔，引起油、气、水的渗透，将给生产带来很大的损失。

（一）大气腐蚀

根据 GB/T 19292.1—2018《金属和合金的腐蚀　大气腐蚀性　第 1 部分：分类、测定和评估》，大气腐蚀速度与金属表面的潮湿程度以及大气中污染物的等级有关，大气腐蚀性分级见表 4-48。

表 4-48　　大气腐蚀性分级

级别	腐蚀性	级别	腐蚀性
C1	很低	C4	高
C2	低	C5	很高
C3	中等	CX	极高

对于大多数金属，最初的腐蚀速度大于稳态腐蚀速度，因此腐蚀程度应用最初 10 年的平均腐蚀速度乘以 10 再加上剩余使用寿命与稳态腐蚀速度的积计算得到。根据 GB/T 19292.2—2003《金属和合金的腐蚀　大气腐蚀性　第 2 部分：腐蚀等级的指导值》，碳钢、锌、铜在不同腐蚀等级的大气中的腐蚀速度的指导值见表 4-49。

表 4-49　　　　　　碳钢、锌、铜在不同腐蚀等级的大气中的腐蚀速度的指导值　　　　　　（μm/a）

金属	在以下腐蚀等级中最初 10 年平均腐蚀速度 v_{av}					
	C1	C2	C3	C4	C5	CX
碳钢	$v_{av}\leqslant0.4$	$0.4<v_{av}\leqslant8.3$	$8.3<v_{av}\leqslant17$	$17<v_{av}\leqslant27$	$27<v_{av}\leqslant67$	$67<v_{av}\leqslant233$
锌	$v_{av}\leqslant0.07$	$0.07<v_{av}\leqslant0.5$	$0.5<v_{av}\leqslant1.4$	$1.4<v_{av}\leqslant2.7$	$2.7<v_{av}\leqslant5.5$	$5.5<v_{av}\leqslant16$
铜	$v_{av}\leqslant0.05$	$0.05<v_{av}\leqslant0.3$	$0.3<v_{av}\leqslant0.6$	$0.6<v_{av}\leqslant1.3$	$1.3<v_{av}\leqslant2.6$	$2.6<v_{av}\leqslant4.6$

金属	在以下腐蚀等级中用稳态腐蚀速度 v_{lin} 当作最初 30 年平均腐蚀速度					
	C1	C2	C3	C4	C5	CX
碳钢	$v_{lin}\leqslant0.3$	$0.3<v_{lin}\leqslant4.9$	$4.9<v_{lin}\leqslant10$	$10<v_{lin}\leqslant16$	$16<v_{lin}\leqslant39$	$39<v_{lin}\leqslant138$
锌	$v_{lin}\leqslant0.05$	$0.05<v_{lin}\leqslant0.4$	$0.4<v_{lin}\leqslant1.1$	$1.1<v_{lin}\leqslant2.2$	$2.2<v_{lin}\leqslant4.4$	$4.4<v_{lin}\leqslant13$
铜	$v_{lin}\leqslant0.03$	$0.03<v_{lin}\leqslant0.2$	$0.2<v_{lin}\leqslant0.4$	$0.4<v_{lin}\leqslant0.9$	$0.9<v_{lin}\leqslant1.8$	$1.8<v_{lin}\leqslant3.2$

（二）土壤腐蚀

土壤的腐蚀性与土壤的电阻率、管道自然腐蚀电位、氧化还原电位、土壤 pH 值、土壤质地、土壤含水量、土壤含盐量、土壤 Cl^- 含量等参数有关。根据 GB 19285—2014《埋地钢质管道腐蚀防护工程检验》，土壤腐蚀性单项检测指标评价分数和土壤腐蚀性评价等级见表 4-50 和表 4-51。

表 4-50　土壤腐蚀性单项检测指标评价分数

序号	检测指标	数值范围	评价分数 N_i（$i=1$, 2, 3, …, 8）
1	土壤电阻率（Ω·m）	<20	1.5
		20～50	3
		>50	0
2	管道自然腐蚀电位 vs.CSE（mV）	<−550	5
		−550～−450	3
		>−450～−300	1
		>−300	0
3	氧化还原电位 vs.SHE（mV）	<100	3.5
		100～200	2.5
		>200～400	1
		>400	0
4	土壤 pH 值	<4.5	6.5
		4.5～5.5	4
		>5.5～7.0	2
		>7.0～8.5	1
		>8.5	0
5	土壤质地	砂土（强）	2.5
		壤土（轻、中、重壤土）	1.5
		黏土（轻黏土、黏土）	0

续表

序号	检测指标	数值范围	评价分数 N_i（$i=1$, 2, 3, …, 8）
6	土壤含水量（%）	>12～25	5.5
		>25～30 或 >10～12	3.5
		>30～40 或 >7～10	1.5
		>40 或 ≤7	0
7	土壤含盐量（%）	>0.75	3
		>0.15～0.75	2
		>0.05～0.15	1
		≤0.05	0
8	土壤 Cl^-含量（%）	>0.05	1.5
		>0.01～0.05	1
		>0.005～0.01	0.5
		≤0.005	0

注　表中"%"含量均指质量分数。

表 4-51　土壤腐蚀性评价等级

N 值	土壤腐蚀性等级
$19<N\leqslant32$	4（强）
$11<N\leqslant19$	3（中）
$5<N\leqslant11$	2（较弱）
$0\leqslant N\leqslant5$	1（弱）

注　1. N 为表 4-50 中的 N_1、N_2、N_3、N_4、N_5、N_6、N_7、N_8 之和。
　　2. 特殊情况下或 N 值的分项数据不全时，应根据实际情况确定土壤腐蚀性评价指标。

根据 GB/T 21447—2018《钢质管道外腐蚀控制规范》，土壤腐蚀性分级见表 4-52 和表 4-53。

表 4-52   按电阻率划分土壤腐蚀性等级

等级	弱	中	强
土壤电阻率（Ω·m）	>50	20～50	<20

表 4-53   按腐蚀速度划分土壤腐蚀性等级

等级	弱	较弱	中	较强	强
平均腐蚀速度（试片失重法）[g/（dm²·a）]	<1	1～3	3～5	5～7	>7
最大腐蚀速度（腐蚀坑深测试法）（mm/a）	<0.1	0.1～0.3	0.3～0.6	0.6～0.9	>0.9

五、防腐方法

防止金属腐蚀，除了采用抗腐蚀的材料外，防止金属腐蚀的一个简单原理，就是把金属和腐蚀性的环境相隔离。表 4-54 为常采用的防止金属腐蚀的方法。

表 4-54   防止金属腐蚀的方法

非金属保护层		金属表面涂油漆、喷漆、搪瓷、陶瓷、玻璃、沥青、高分子材料（如塑料、橡胶、聚酯）等
金属保护层		耐腐蚀性较强的金属或合金，覆盖被保护的金属表面，覆盖的方法有电镀、热喷镀、真空镀等，如镀锌铁板和镀锡铁板
电化学保护	牺牲阳极保护	标准电极电位较低的金属和需要保护的金属连接起来，构成电池。保护的金属因电极电位较高成为阴极，不受腐蚀，得到保护
	阴极保护	利用外加电源来保护金属。需要保护的金属接在负极上，成为阴极而免除腐蚀
	阳极保护	用外加直流电源来保护金属。但把需要保护的金属接在正极上，成为阳极，将能够钝化的金属，在外加阳极电流的作用下，使其钝化而得到保护
加缓蚀剂保护	钝化剂	加无机类的强氧化剂，如铬酸盐、硝酸盐、钼酸盐等，作用是使腐蚀介质具有更强的氧化性，使金属表面保持完整的氧化膜
	有机缓蚀剂	酸洗缓蚀剂和抗蚀油脂，为了减少金属的腐蚀，在酸洗时必须加入缓蚀剂，缓蚀剂被普遍地吸附于钢铁的表面，使得钢铁酸洗时引起腐蚀的电极反应受到阻止
	气相缓蚀剂	气相缓蚀剂是一种能挥发，但蒸气压较低且其蒸气具有防腐作用的物质。主要用于重要机器零件（如轴承等）在储藏和运输过程中的防腐

第五章

阀   门

第一节 阀 门 分 类

一、通用阀门类型

阀门是用来控制管道内介质的、具有可动机构的机械产品的总体，具有截止、调节、导流、防止逆流、稳压、分流或溢流泄压等功能。用于流体控制系统的阀门，从最简单的截止阀到极为复杂的自控系统中所用阀门，其品种和规格相当繁多。

随着技术的发展，阀门的应用范围也越来越广，阀门的种类也随之增多。根据不同的使用特点对阀门进行划分。

1. 按结构分类

（1）闸阀。启闭件（闸板）由阀杆带动，沿阀座（密封面）作直线升降运动的阀门。

（2）截止阀。启闭件（阀瓣）由阀杆带动，沿阀座（密封面）轴线作直线升降运动的阀门。

（3）节流阀。通过启闭件（阀瓣）的运动，改变通路截面积，用以调节流量、压力的阀门。

（4）球阀。启闭件（球体）由阀杆带动，并绕阀杆的轴线作旋转运动的阀门。

（5）蝶阀。启闭件（蝶板）由阀杆带动，并绕阀杆的轴线作旋转运动的阀门。

（6）隔膜阀。启闭件（隔膜）在阀内沿阀杆轴线作升降运动，通过启闭件（隔膜）的变形将动作机构与介质隔开的阀门。

（7）止回阀。启闭件（阀瓣）借助介质作用力，自动阻止介质逆流的阀门。

（8）安全阀。当管道或设备内介质压力超过规定值时，启闭件（阀瓣）自动开启排放介质；低于规定值时，启闭件（阀瓣）自动关闭。对管道或设备起保护作用的阀门。

（9）减压阀。通过启闭件（阀瓣）的节流，将介质压力降低，并借助阀门压差的直接作用，使阀后压力自动保持在一定范围内的阀门。

（10）疏水阀。自动排放凝结水并阻止蒸汽随水排出的阀门。

（11）排污阀。用于锅炉、压力容器等设备排污的阀门。

（12）调节阀（控制阀）。启闭件（阀瓣）预定使用在关闭与全开启任何位置，通过启闭件（阀瓣）改变通路截面积，以调节流量、压力或温度的阀门。

2. 按驱动方式分类

（1）手动阀门。借助手轮、手柄、杠杆或链轮等，由人力驱动，传动较大力矩时装有蜗轮、齿轮等减速装置。

（2）电动阀门。用电动装置、电磁或其他电气装置操作的阀门。

（3）液动。借助液体（水、油等液体介质）操作的阀门。

（4）气动。借助空气的压力操作的阀门。

3. 按公称压力分类

（1）真空阀。绝对压力低于 0.1MPa，即 760mmHg 高的阀门，通常用 mmHg 或 mmH₂O 表示压力。

（2）低压阀。公称压力不大于 PN16 的各种阀门。

（3）中压阀。公称压力为 PN16～PN100（不含 PN16）的各种阀门。

（4）高压阀。公称压力 PN100～PN1000（不含 PN100）的各种阀门。

（5）超高压阀。公称压力大于 PN1000 的各种阀门。

4. 按介质温度分类

（1）常温阀门。用于介质温度为$-29℃<t<120℃$的各种阀门。

（2）中温阀门。用于介质温度为 $120℃≤t≤425℃$ 的各种阀门。

（3）高温阀门。用于介质温度 $t>425℃$ 的各种阀门。

（4）低温阀门。用于介质温度为$-100℃≤t≤-29℃$的各种阀门。

（5）超低温阀门。用于介质温度为 $t<-100℃$ 的各种阀门。

5. 按公称通径分类

（1）小口径阀门。公称通径小于 DN40 的阀门。

（2）中口径阀门。公称通径 DN50～DN300 的阀门。

（3）大口径阀门。公称通径 DN350～DN1200 的阀门。

（4）特大口径阀门。公称通径大于 DN1400 的阀门。

6. 按与管道连接方式分类

（1）法兰连接阀门。阀体带有法兰，与管道采用法兰连接的阀门。

（2）螺纹连接阀门。阀体带有内螺纹或外螺纹，与管道采用螺纹连接的阀门。

（3）焊接连接阀门。阀体带有焊口，与管道采用焊接连接的阀门。

（4）夹箍连接阀门。阀体上带有夹口，与管道采用夹箍连接的阀门。

（5）卡套连接阀门。采用卡套与管道连接的阀门。

二、阀门型号编制和代号表示方法

1. 阀门的型号编制方法

JB/T 308—2004《阀门型号编制方法》规定了阀门的型号编制和阀门的命名，适用于工业管道用闸阀、截止阀、节流阀、球阀、蝶阀、隔膜阀、旋塞阀、止回阀、安全阀、减压阀、蒸汽疏水阀。阀门制造厂一般采用统一的编号方法，在不能采用统一编号时可按自己的情况制订编号方法。

阀门型号由阀门类型、驱动方式、连接形式、结构形式、密封面材料或衬里材料类型、压力代号或工作温度下的工作压力、阀体材料七部分组成（见图5-1）。编制的顺序为阀门类型、驱动方式、连接形式、结构形式密封面材料或衬里材料类型、公称压力代号或工作温度下的工作压力代号、阀体材料。

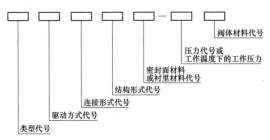

图 5-1　阀门编号方法

2. 阀门类型代号

阀门类型代号用汉语拼音字母表示，见表5-1。

表5-1　阀 门 类 型 代 号

阀门类型	代号	阀门类型	代号
安全阀	A	隔膜阀	G
蝶阀	D	止回阀	H

续表

阀门类型	代号	阀门类型	代号
截止阀	J	调节阀	T
节流阀	L	柱塞阀	U
排污阀	P	旋塞阀	X
球阀	Q	减压阀	Y
蒸汽疏水阀	S	闸阀	Z

当阀门还具有其他功能作用或带有其他特异结构时，在阀门类型代号前再加注一个汉语拼音字母，见表5-2和表5-3。

表5-2　具有其他功能作用阀门的表示代号

第二功能作用名称	代号	第二功能作用名称	代号
低温型	D	缓闭型	H
保温型	B	排渣型	P
波纹管型	W	吹扫型	C
伸缩法兰型	S	防火型	F
V 形球阀	V	快速型	Q

注　D 是低温型，指允许使用温度低于-40℃以下的阀门。

表5-3　带有特异结构阀门的角标代号

特异结构名称	代号	特异结构名称	代号
刀型平板闸阀	d	水封型	s
带导流孔型闸阀	k	不带导流孔型闸阀	w

3. 驱动方式代号

驱动方式代号用阿拉伯数字表示，见表5-4。

表5-4　驱 动 方 式 代 号

驱动方式	代号	驱动方式	代号
电磁动	0	锥齿轮	5
电磁-液动	1	气动	6
电-液动	2	液动	7
蜗轮	3	气-液动	8
正齿轮	4	电动	9

注　1. 代号1、2、8用在阀门启闭时，需有两种动力源同时对阀门进行操作。

　　2. 安全阀、液压阀、疏水阀、手动手轮直接连接阀杆操作结构形式的阀门，本代号省略不表示。

　　3. 对于气动或液动，常开式用 6K、7K 表示；常闭式用 6B、7B 表示；气动带手动用 6S 表示。防爆电动用 9B 表示。

4. 连接形式代号

连接形式代号用阿拉伯数字表示，见表5-5。

表5-5　　　连 接 形 式 代 号

连接形式	代号	连接形式	代号
内螺纹	1	对夹	7
外螺纹	2	卡箍	8
法兰	4	卡套	9
焊接	6		

5. 阀门结构形式代号

阀门结构形式代号用阿拉伯数字表示，见表5-6～表5-16。

表5-6　　　闸阀结构形式代号

结构形式			代号
阀杆升降式（明杆）	楔式	弹性闸板	0
		刚性闸板 单闸板	1
		刚性闸板 双闸板	2
	平行式	刚性闸板 单闸板	3
		双闸板	4
阀杆非升降式（暗杆）	楔式	单闸板	5
		双闸板	6
	平行式	单闸板	7
		双闸板	8

表5-7　　截止阀、节流阀和柱塞阀结构形式代号

结构形式		代号	结构形式		代号
阀瓣非平衡式	直通流道	1	阀瓣非平衡式	直流流道	5
	Z形流道	2	阀瓣平衡式	直通流道	6
	三通流道	3		角式流道	7
	角式流道	4			

表5-8　　球 阀 结 构 形 式 代 号

结构形式		代号	结构形式		代号
浮球	直通式	1	固定球	直通式	7
	Y形 三通式	2		四通	6
	L形 三通式	4		T形 三通式	8
	T形	5		L形 三通式	9
				半球直通	0

表5-9　　　蝶阀结构形式代号

结构形式		代号	结构形式		代号
密封型	中心垂直板	1	非密封型	中线式	6
	双偏心	2		双偏心	7
	三偏心	3		三偏心	8
	连杆机构	4		连杆机构	9

表5-10　　　隔膜阀结构形式代号

结构形式	代号	结构形式	代号
屋脊式	1	直通式	6
截止式	3	角式Y形	8
直流式	5		

表5-11　　　旋塞阀结构形式代号

结构形式		代号	结构形式		代号
填料密封	直通式	3	油密封	直通形	7
	T形三通式	4		T形三通式	8
	四通式	5			

表5-12　　　止回阀结构形式代号

结构形式		代号	结构形式		代号
升降式	直通式	1	旋启式阀瓣	单瓣式	4
	立式	2		多瓣式	5
	角式	3		双瓣式	6
截止止回式		8	蝶形止回式		7

表5-13　　　安全阀结构形式代号

结构形式		代号	结构形式		代号
弹簧载荷弹簧封闭结构	带散热片全启式	0	弹簧载荷弹簧不封闭且带扳手结构	微启式、双联阀	3
	微启式	1		微启式	7
	全启式	2		全启式	8
	带扳手全启式	4			
杠杆式	单杠杆	2		带控制机构全启式	6
	双杠杆	4		脉冲式	9

表5-14　　　减压阀结构形式代号

结构形式	代号	结构形式	代号
薄膜式	1	波纹管式	4
弹簧薄膜式	2		
活塞式	3	杠杆式	5

表 5-15　　蒸汽疏水阀结构形式代号

结构形式	代号	结构形式	代号
浮球式	1	蒸汽压力式或膜盒式	6
浮桶式	3	双金属片式	7
液体或固体膨胀式	4	脉冲式	8
钟形浮子式	5	圆盘热动力式	9

表 5-16　　排污阀结构形式代号

结构形式		代号	结构形式		代号
液面连接排放	截止型直通式	1	液底间断排放	截止型直通式	6
	截止型角式	2		截止型角式	7
液底间断排放	截止型直流式	5		浮动闸板型直通式	8

6. 密封面或衬里材料代号

除隔膜阀外，当密封副的密封面材料不同时，以硬度低的材料表示。阀座密封面或衬里材料代号见表 5-17。

隔膜阀以阀体表面材料代号表示。阀门密封副材料均为阀门的本体材料时，密封面材料代号用 W 表示。

表 5-17　　密封面或衬里材料代号

密封面或衬里材料	代号	密封面或衬里材料	代号
锡基轴承合金（巴氏合金）	B	尼龙塑料	N
搪瓷	C	渗硼钢	P
渗氮钢	D	衬铅	Q
氟塑料	F	奥氏体不锈钢	R
陶瓷	G	塑料	S
Cr13 系不锈钢	H	铜合金	T
衬胶	J	橡胶	X
蒙乃尔合金	M	硬质合金	Y

7. 压力代号

（1）阀门公称压力值，按 GB/T 1048《管道元件 PN（公称压力）的定义和选用》的规定。

（2）当介质最高温度超过 425℃时，标注最高工作温度下的工作压力代号。

（3）压力等级采用磅级（lb）或 K 级单位的阀门，在型号编制时，应在压力代号栏后加上单位符号 lb 或 K。

（4）公制阀门与英制阀门的压力对比表见表 5-18。

表 5-18　　　　　　　　磅级和公称压力对照表

磅级（lb）	150	300	400	600	800	900	1500	2500
公称压力（MPa）	1.6 2.0	2.5 4.0 5.0	6.3	10.0	—	15.0	25.0	42.0

（5）公称压力小于等于 1.6MPa 的灰铸铁阀门的阀体材料代号在型号编制时予以省略。

（6）公称压力小于等于 2.5MPa 的碳素钢阀门的阀体材料代号在型号编制时予以省略。

8. 阀体材料代号

阀体材料代号见表 5-19。

表 5-19　　阀 体 材 料 代 号

阀体材料	代号	阀体材料	代号
碳钢	C	铬镍钼系不锈钢	R
Cr13 系不锈钢	H		
铬钼系钢	I	塑料	S
可锻铸铁	K	铜及铜合金	T
铝合金	L	钛及钛合金	Ti
铬镍系不锈钢	P	铬钼钒钢	V
球墨铸铁	Q	灰铸铁	Z

注　CF3、CF8、CF3M、CF8M 等材料牌号可直接标注在阀体上。

9. 命名

对于连接形式为法兰、结构形式为：闸阀的明杆、弹性、刚性和单闸板；截止阀、节流阀的直通式；球阀的浮动球、固定球和直通式；蝶阀的垂直板式；隔膜阀的屋脊式；旋塞阀的填料和直通式；止回阀的直通式和单瓣式；安全阀的不封闭式、阀座密封面材料在命名中均予省略。

10. 型号和名称编制方法示例

（1）电动、法兰连接、明杆楔式双闸板，阀座密封面材料由阀体直接加工，公称压力 PN1、阀体材料为灰铸铁的闸阀：Z942W-1 电动楔式双闸板闸阀。

（2）手动、外螺纹连接、浮动直通式，阀座密封面材料为氟塑料、公称压力 PN40、阀体材料为 1Cr18Ni9Ti 的球阀：Q21F-40P 外螺纹球阀。

（3）气动常开式、法兰连接、屋脊式结构并衬胶、公称压力 PN6、阀体材料为灰铸铁的隔膜阀：G6K41J-6 气动常开式衬胶隔膜阀。

（4）液动、法兰连接、垂直板式、阀座密封面材料为铸铜、阀瓣密封面材料为橡胶、公称压力 PN2.5、阀体材料为灰铸铁的蝶阀：D741X-2.5 液动蝶阀。

（5）电动驱动对接焊连接、直通式、阀座密封面材料为堆焊硬质合金、工作温度 540℃时工作压力 17.0MPa，阀体材料铬铝钒钢的截止阀：J961Y-P$_{54}$170V 电动焊接截止阀。

三、阀门选型

阀门选型的一般要求如下：

（1）应根据系统的参数、通径、泄漏等级、启闭时间选择阀门，并应满足系统关断、调节、控制联锁要求和布置设计的需要。阀门的类型、操作方式，应根据阀门的结构、制造特点和安装、运行、检修的要求来选择。

（2）与高压除氧器和给水箱直接相连管道的阀门及给水泵进口阀门，应选用钢制阀门。

（3）油系统禁止使用铸铁阀门，应选用钢制阀门。

（4）易燃或可燃气体的阀门应采用燃气专用阀门，不得采用输送普通流体的阀门代替。

（5）有毒介质管道的阀门应采用严密型的钢制阀门，阀门本体的密封应有可靠的防泄漏措施。

（6）装有安全阀时，根据容器的工作压力 p_w，确定安全阀的整定压力 p_z，一般取 $p_z = (1.05 \sim 1.1) p_w$，当 $p_z < 0.18$MPa 时，可适当提高 p_z 相对于 p_w 的比值。

（7）阀门的选择及布置应符合下列规定：

1）双闸板闸阀宜装于水平管道上，阀杆垂直向上。单闸板闸阀可装于任意位置的管道上。

2）当严密性要求较高时，宜选用截止阀。可装于任意位置的管道上。

3）当要求迅速关断或开启时，可选用球阀。可装于任意位置的管道上，但带传动机构的球阀应使阀杆垂直向上。

4）调节阀应根据使用目的、调节方式和调节范围选用。调节阀不宜作关断阀使用。选择调节阀时应有控制噪声、防止汽蚀的措施。

5）当调节阀的调节幅度较小且不需要经常调节时，在下列管道上可用截止阀或闸阀兼作关断和调节用：

a. 设计压力不大于 1.6MPa 的水管道。

b. 设计压力不大于 1.0MPa 的蒸汽管道。

6）止回阀的布置应符合下列规定：

a. 立式升降止回阀应装在垂直管道上。

b. 直通式升降止回阀应装在水平管道上。

c. 水平瓣止回阀应装在水平管道上。

d. 旋启式止回阀宜安装于水平管道上，当安装在垂直管道上时，管内介质流向应为由下向上。

e. 底阀应装在水泵的垂直吸入管端。

7）根据疏水系统的具体要求，疏水可选用自动控制的疏水阀、双金属式疏水阀和浮球式疏水阀等，应按疏水量、选用倍率和制造厂提供的不同压差下的最大连续排水量进行选择。单阀容量不足时，可两阀并联使用。疏水阀宜水平安装。

8）蝶阀宜用于全开、全关场合，也可作调节用。

9）安全阀的规格和数量，应根据排放介质的流量和参数，按 GB 50764—2012《电厂动力管道设计规范》"7.6 安全阀的选择计算"中的方法或制造厂资料进行选择。应根据系统功能和排放量的要求选用全启式或微启式安全阀。压力式除氧器上的安全阀应采用全启式安全阀。布置安全阀时，必须使阀杆垂直向上。

10）润滑油管道上的阀门选择和布置应符合下列要求：

a. 润滑油管道阀门应选用明杆阀门，不得选用反向阀门。

b. 润滑油管道上阀门的阀杆应平放或向下布置。

c. 润滑油管道及阀门的法兰垫片不得选用塑料垫、橡皮垫和石棉纸垫，应使用耐油耐热垫片。

11）制造厂不带旁通阀时，具有下列情况之一的关断阀，宜装设旁通阀：

a. 蒸汽管道启动暖管需要先开旁通阀预热时。

b. 汽轮机自动主汽阀前的电动主闸阀。

c. 对于截止阀，介质作用在阀座上的力超过 50kN 时。

d. 公称压力不大于 PN10，公称直径不小于 DN600 手动闸阀。

e. 公称压力等于 PN16，公称直径不小于 DN450 手动闸阀。

f. 公称压力等于 PN25，公称直径不小于 DN350 手动闸阀。

g. 公称压力等于 PN40，公称直径不小于 DN250 手动闸阀。

h. 公称压力等于 PN63，公称直径不小于 DN200 手动闸阀。

i. 公称压力等于 PN100，公称直径不小于 DN150 手动闸阀。

j. 公称压力不小于 PN200，公称直径不小于 DN100 手动闸阀。

12）关断阀的旁通阀公称直径，按表 5-20 选用。

表 5-20　　　旁通阀公称直径选用表　　　（mm）

关断阀公称直径 DN	100～250	300 及以上
旁通阀公称直径 DN	20～25	25～50

13) 汽轮机电动主闸阀的旁通阀通径，应根据汽轮机启动或试验要求选用。

14) 在下列情况下工作的阀门，需装设动力驱动装置：

a. 工艺系统有控制联锁要求。

b. 需要频繁启闭或远方操作。

c. 阀门装设在手动操作难以实现的地方，或不得不在两个及以上的地方操作。

d. 扭转力矩较大，或开关阀门时间较长。

15) 电动或气动驱动方式的选用，应根据系统需要、安装地点、环境条件、热工控制和制造厂要求，以及驱动装置特点进行选择。对于驱动装置失去动力时阀门有"开"或"关"位置要求时，应采用气动驱动装置。

16) 电动驱动装置用于有爆炸性气体或物料积聚及高温潮湿雨淋的场所时，应选用相应防护等级的电动驱动装置。采用气动驱动装置时应有可靠的供气系统及气源条件。

第二节 闸 阀

一、阀门结构

（一）按闸板构造分类

（1）平行式闸阀。闸板的两侧密封面相互平行的闸阀。

在平行式闸阀中，带推力楔块的结构最常为常见，即在两闸板中有双面推力楔块，适用于低压中小口径（DN40～300）闸阀；也有在两闸板间带有弹簧的，弹簧能产生预紧力，有利于闸板的密封。

（2）楔式闸阀。闸板的两侧密封面成楔形的闸阀。

密封面的倾斜角度一般有2°52′、3°30′、5°、8°、10°等，角度的大小主要取决于介质温度的高低。一般工作温度愈高，所取角度应愈大，以减少温度变化时发生楔住的可能性。

楔式闸阀又有单闸板、双闸板和弹性闸板之分。单闸板楔式闸阀结构简单，使用可靠，但对密封面角度的精度要求较高，加工和维修较困难，温度变化时楔住的可能性很大。双闸板楔式闸阀在水和蒸汽介质管路中使用较多，优点是对密封面角度的精度要求较低，温度变化不易引起楔住的现象，密封面磨损时，可以加垫片补偿；但这种结构零件较多，在黏性介质中易黏结，影响密封，而且上、下挡板长期使用易产生锈蚀，闸板容易脱落。弹性闸板楔式闸阀，既具有单闸板楔式闸阀结构简单、使用可靠的优点，又能产生微量的弹性变形弥补密封面角度加工过程中产生的

偏差，改善工艺性，现已被大量采用。

（二）按阀杆构造分类

（1）明杆闸阀。阀杆作升降运动，其传动螺纹在体腔外部的闸阀。

（2）暗杆闸阀。阀杆作旋转运动，其传动螺纹在体腔内部的闸阀。

二、典型阀门技术规范表

本节介绍以下典型闸阀的技术规范：

（1）Z40H、Z40Y、Z40W型钢制楔式闸阀。

（2）Z940H、Z940Y、Z940W型钢制楔式闸阀。

（3）Z41H、Z41Y、Z41W型钢制楔式闸阀。

（4）Z941H、Z941Y、Z941W型钢制楔式闸阀。

（5）Z42H-25型楔式双闸板闸阀。

（6）DKZ40H、DKZ40Y、DKZ40W型 PN16～PN63真空闸阀。

（7）DKZ940H、DKZ940Y、DKZ960Y型 PN16～PN63真空闸阀。

（8）DKZ41H、DKZ41Y、DKZ41W型 PN10～PN100真空闸阀。

（9）DKZ941H、DKZ941Y型 PN10～PN100真空闸阀。

（10）Z61H、Z61Y、Z61W型承插焊楔式闸阀。

（一）Z40H、Z40Y、Z40W型钢制楔式闸阀

1. PN16～PN25

公称压力为PN16～PN25的Z40H、Z40Y、Z40W型钢制楔式闸阀示意见图 5-2，主要性能参数见表5-21，主要外形及结构尺寸见表5-22。

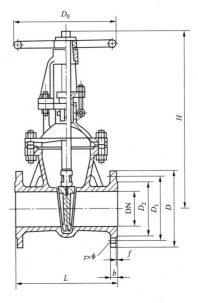

图5-2 闸阀示意

表 5-21 主 要 性 能 参 数

型号	PN	工作压力（MPa）	适用温度（℃）	适用介质	材料 阀体、阀盖、闸板	阀杆	密封面	填料
Z40H-16C	16	1.6	≤425	水、蒸汽、油品	碳素钢	铬不锈钢	堆焊铁基合金	石棉石墨或柔性石墨
Z40H-25	25	2.5						
Z40Y-16C	16	1.6					堆焊硬质合金	
Z40Y-25	25	2.5						
Z40Y-16I	16	1.6	≤550	蒸汽、油品	铬钼合金钢	铬钼合金钢	堆焊铁基合金	柔性石墨
Z40Y-25I	25	2.5						
Z40W-16P	16	1.6	≤150	弱腐蚀性介质	铬镍钛不锈钢	铬镍钛不锈钢	铬镍钛不锈钢本体材料	聚四氟乙烯
Z40W-25P	25	2.5						
Z40Y-16P	16	1.6					堆焊铁基合金	
Z40Y-25P	25	2.5						
Z40Y-16R	16	1.6		腐蚀性介质	铬镍钼钛不锈钢	铬镍钼钛不锈钢		
Z40Y-25R	25	2.5						

表 5-22 主要外形及结构尺寸

PN16

DN（mm）	L（mm）	D（mm）	D_1（mm）	D_2（mm）	b（mm）	f（mm）	$z×\phi^*$	H（mm）	D_0（mm）	质量（kg）
15	130	95	65	45	14	2	$4×\phi14$	175	200	4
20	150	105	75	55	14	2	$4×\phi14$	180	200	5
25	160	115	85	65	14	2	$4×\phi14$	210	200	6
32	180	135	100	78	16	2	$4×\phi18$	210	200	7
40	200	145	110	85	16	3	$4×\phi18$	350	200	19
50	250	160	125	100	16	3	$4×\phi18$	358	240	29
65	265	180	145	120	18	3	$4×\phi18$	375	240	33
80	280	195	160	135	20	3	$8×\phi18$	433	280	45
100	300	215	180	155	20	3	$8×\phi18$	502	320	63
125	325	245	210	185	22	3	$8×\phi18$	612	360	108
150	350	280	240	210	24	3	$8×\phi23$	676	360	134
200	400	335	295	265	26	3	$12×\phi23$	820	400	192
250	450	405	355	320	30	3	$12×\phi25$	969	450	273
300	500	460	410	375	30	4	$12×\phi25$	1142	560	379
350	550	520	470	435	34	4	$16×\phi25$	1280	640	590
400	600	580	525	485	36	4	$16×\phi30$	1452	640	850
450	650	640	585	545	40	4	$20×\phi30$	1541	720	907
500	700	705	650	608	44	4	$20×\phi34$	1676	720	958
600	800	840	770	718	48	5	$20×\phi41$	1874	800	1112

PN25

DN（mm）	L（mm）	D（mm）	D_1（mm）	D_2（mm）	b（mm）	f（mm）	$z×\phi^*$	H（mm）	D_0（mm）	质量（kg）
15	130	95	65	45	16	2	$4×\phi14$	175	200	4
20	150	105	75	55	16	2	$4×\phi14$	180	200	5
25	160	115	85	65	16	2	$4×\phi14$	210	220	6
32	180	135	100	78	18	2	$4×\phi18$	210	220	7
40	200	145	110	85	18	3	$4×\phi18$	350	220	18
50	250	160	125	100	20	3	$4×\phi18$	358	250	25
65	265	180	145	120	22	3	$8×\phi18$	373	280	35
80	280	195	160	135	22	3	$8×\phi18$	435	300	50
100	300	230	190	160	24	3	$8×\phi23$	500	350	65
125	325	270	220	188	28	3	$8×\phi25$	614	400	100
150	350	300	250	218	30	3	$8×\phi25$	674	450	135
200	400	360	310	278	34	3	$12×\phi25$	818	500	180
250	450	425	370	332	36	3	$12×\phi30$	969	550	207
300	500	485	430	390	40	4	$16×\phi30$	530	560	400
350	550	550	490	448	44	4	$16×\phi34$	1280	640	631
400	600	610	550	505	48	4	$16×\phi34$	1450	640	900
450	650	660	600	555	50	4	$20×\phi34$	1541	720	1013
500	700	730	660	610	52	4	$20×\phi41$	1676	720	1166
600	800	840	770	718	56	5	$20×\phi41$	1874	800	1258
700	900	955	875	815	60	5	$24×\phi48$	2280	850	—
800	1000	1070	990	930	64	5	$24×\phi48$	2420	700	—

* z 为螺栓个数，ϕ 为螺栓直径（mm）。

2. PN40～PN63

公称压力为 PN40～PN63 的 Z40H、Z40Y、Z40W 型钢制楔式闸阀示意图见图 5-2，主要性能参数见表 5-23，主要外形及结构尺寸见表 5-24。

表 5-23　　　　　　　　　　　　　　　主 要 性 能 参 数

型号	PN	工作压力（MPa）	适用温度（℃）	适用介质	材　料			
					阀体、阀盖、闸板	阀杆	密封面	填料
Z40H-40	40	4.0	≤425	水、蒸汽、油品	碳素钢	铬不锈钢	堆焊铁基合金	石棉石墨或柔性石墨
Z40H-63	63	6.3						
Z40H-40Q	40	4.0					堆焊硬质合金	
Z40Y-40	40	4.0						
Z40Y-63	63	6.3						
Z40Y-40I	40	4.0	≤550	蒸汽、油品	铬钼钢	铬钼钢	堆焊铁基合金	
Z40Y-63I	63	6.3						
Z40W-40P	40	4.0	≤150	弱腐蚀性介质	铬镍钛不锈钢	铬镍钛不锈钢	本体材料	聚四氟乙烯
Z40Y-40P	40	4.0					堆焊硬质合金	
Z40Y-40R	40	4.0		腐蚀性介质	铬镍钼钛不锈钢	铬镍钼钛不锈钢	本体材料	
Z40Y-40R	40	4.0					堆焊硬质合金	

表 5-24　　　　　　　　　　　　　　　主要外形及结构尺寸

PN40

DN(mm)	L(mm)	D(mm)	D_1(mm)	D_2(mm)	D_8(mm)	b(mm)	$z×\phi$	H(mm)	H_1(mm)	D_0(mm)	质量(kg)
20	150	105	75	55	51	16	$4×\phi14$	256	438	240	29
25	160	115	85	65	58	16	$4×\phi14$	275	452	240	33
32	180	135	100	78	66	18	$4×\phi18$	285	530	280	46
40	200	145	110	85	76	18	$4×\phi18$	320	620	320	63
50	250	160	125	100	88	20	$4×\phi18$	371	438	240	29
65	280	180	145	120	110	22	$8×\phi18$	393	452	240	33
80	310	195	160	135	121	22	$8×\phi18$	455	530	280	46
100	350	230	190	160	150	24	$8×\phi23$	551	620	320	63
125	400	270	220	188	176	28	$8×\phi25$	634	765	360	108
150	450	300	250	218	204	30	$8×\phi25$	708	845	360	134
200	550	375	320	282	260	38	$12×\phi30$	858	1041	400	192
250	650	445	385	345	313	42	$12×\phi34$	1015	1244	450	273
300	750	510	450	408	364	46	$16×\phi34$	1145	1474	560	379
350	850	570	510	465	422	52	$16×\phi34$	1280	1663	640	590
400	950	655	585	535	474	58	$16×\phi41$	1450	1886	720	849

PN63

DN(mm)	L(mm)	D(mm)	D_1(mm)	D_2(mm)	D_8(mm)	b(mm)	$z×\phi$	H(mm)	H_1(mm)	D_0(mm)	质量(kg)
25	210	135	100	78	58	22	$4×\phi18$	310	—	—	10
32	230	150	110	82	66	24	$4×\phi23$	320	—	—	14
40	240	165	125	95	76	24	$4×\phi23$	360	—	—	37
50	250	175	135	105	88	26	$4×\phi23$	371	438	280	34
65	280	200	160	130	110	28	$8×\phi23$	393	473	280	43
80	310	210	170	140	121	30	$8×\phi23$	455	550	320	60
100	350	250	200	168	150	32	$8×\phi25$	551	669	360	89
125	400	295	240	202	175	36	$8×\phi30$	628	772	400	140
150	450	340	280	240	204	38	$8×\phi34$	718	893	450	207
200	550	405	345	300	260	44	$12×\phi34$	873	1100	560	327
250	650	470	400	352	313	48	$12×\phi41$	1050	1332	640	467
300	750	530	460	412	364	54	$16×\phi41$	1470	1804	640	590
350	850	595	525	475	474	60	$16×\phi41$	—	—	—	—

3. PN100～PN160

公称压力为 PN100～PN160 的 Z40H、Z40Y、Z40W 型钢制楔式闸阀示意见图 5-3，主要性能参数见表 5-25，主要外形及结构尺寸见表 5-26。

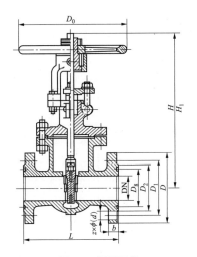

图 5-3　闸阀示意

表 5-25　　　　　　　　　　　　　　　　主 要 性 能 参 数

型号	PN	工作压力（MPa）	适用温度（℃）	适用介质	材　　料			
					阀体、阀盖、闸板	阀杆	密封面	填料
Z40H-100	100	10.0	≤425	水、蒸汽、油品	碳素钢	铬不锈钢	堆焊铁基合金	石棉石墨或柔性石墨
Z40H-160	160	16.0						
Z40Y-100	100	10.0					堆焊硬质合金	
Z40Y-160	160	16.0						
Z40Y-100I	100	10.0	≤550	蒸汽、油品	铬钼钢	铬钼钢	堆焊硬质合金	
Z40Y-160I	160	16.0						
Z40W-100P	100	10.0	≤200	醋酸类	铬镍钼钛钢	铬镍钼钛钢	堆焊硬质合金	聚四氟乙烯
Z40W-160P	160	16.0						

表 5-26　　　　　　　　　　　　　　　　主要外形及结构尺寸

PN100

DN（mm）	L（mm）	D（mm）	D_1（mm）	D_2（mm）	D_8（mm）	b（mm）	$z×\phi$	H（mm）	H_1（mm）	D_0（mm）	质量（kg）
25	210	135	100	78	50	24	4×ϕ18	310	—	—	13
32	230	150	110	82	65	24	4×ϕ23	320	—	—	20
40	240	165	125	95	75	26	4×ϕ23	360	—	—	60
50	250	195	145	112	85	28	4×ϕ25	490	558	360	50
65	280	220	170	138	110	32	8×ϕ25	540	622	400	70
80	310	230	180	148	115	34	8×ϕ25	572	671	400	100
100	350	265	210	172	145	38	8×ϕ30	573	671	400	110
125	400	310	250	210	175	42	8×ϕ34	744	892	560	180
150	450	350	290	250	205	46	12×ϕ34	800	972	560	250
200	550	430	360	312	265	54	12×ϕ41	800	972	560	360
250	650	500	430	382	320	60	12×ϕ41	1050	1305	—	—
300	750	585	500	442	375	70	16×ϕ48	1200	1505	—	—
15	170	110	75	52	35	24	4×ϕ18	230	250	200	7
20	190	130	90	62	45	26	4×ϕ23	260	288	200	10
25	210	140	100	72	50	28	4×ϕ23	280	310	280	14
32	230	165	115	85	65	30	4×ϕ25	312	350	320	21

PN160

DN（mm）	L（mm）	D（mm）	D_1（mm）	D_2（mm）	D_8（mm）	b（mm）	z×ϕ	H（mm）	H_1（mm）	D_0（mm）	质量（kg）
40	260	175	125	93	75	32	4×ϕ27	350	395	320	26
50	300	215	165	132	95	36	8×ϕ25	512	612	360	73
65	360	245	190	152	110	44	8×ϕ30	560	677	360	110
80	390	260	205	168	130	46	8×ϕ30	585	686	400	141
100	450	300	240	200	160	48	8×ϕ34	631	751	450	185
125	525	355	285	238	190	60	8×ϕ41	723	868	560	320
150	600	390	318	270	305	66	12×ϕ41	820	997	640	462
200	750	480	400	245	265	78	12×ϕ48	990	1224	720	711

4. Z40Y 型 PN200～PN250

公称压力为 PN200～PN250 的 Z40Y 型钢制楔式闸阀示意见图 5-4，主要性能参数见表 5-27，主要外形及结构尺寸见表 5-28。

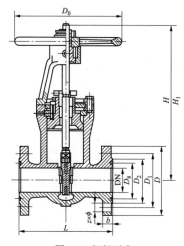

图 5-4　闸阀示意

表 5-27　　　　　　　　　　　　主 要 性 能 参 数

型号	PN	工作压力（MPa）	适用温度（℃）	适用介质	材　料			
					阀体、阀盖、闸板	阀杆	密封面	填料
Z40Y-200	200	20.0	≤425	水、蒸汽、油品	碳素钢	铬不锈钢	堆焊铁基合金	夹铜丝石棉石墨+柔性石墨
Z40Y-250	250	25.0						

表 5-28　　　　　　　　　　　　主 要 外 形 及 结 构 尺 寸

DN（mm）	L（mm）	D（mm）	D_1（mm）	D_2（mm）	D_8（mm）	b（mm）	z×ϕ	H（mm）	H_1（mm）	D_0（mm）	质量（kg）
50	350	210	160	128	95	40	8×ϕ23	493	559	360	66
65	410	260	203	165	110	48	8×ϕ30	535	621	400	89
80	470	290	230	190	160	54	8×ϕ34	576	681	400	123
100	550	360	292	245	190	66	8×ϕ41	659	779	560	237
125	670	385	318	270	205	76	12×ϕ41	755	898	640	410
150	700	440	360	305	240	82	12×ϕ48	866	1046	640	591

5. 150～600lb

公称压力为 150～600lb 的 Z40H、Z40Y、Z40W 型钢制楔式闸阀示意见图 5-5，主要性能参数见表 5-29，主要外形及结构尺寸见表 5-30。

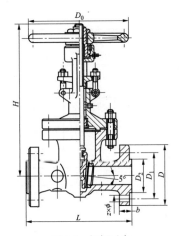

图 5-5　闸阀示意

表 5-29　　　　　　　　　　　　　　主 要 性 能 参 数

型号	压力级（lb）	适用介质	适用温度（℃）	材　　料			
				阀体、阀盖	阀杆	闸板、阀座	填料
Z40H-150（lb）	150	水、蒸汽、油品等无腐蚀性介质	≤425	碳素钢	铬不锈钢	碳素钢堆焊铁基合金或铬不锈钢	石棉石墨或柔性石墨
Z40H-300（lb）	300						
Z40H-400（lb）	400						
Z40H-600（lb）	600						
Z40Y-150（lb）I	150	油品、蒸汽等	≤550	铬钼钢	铬钼合金钢	铬钼合金钢堆焊硬质合金	柔性石墨
Z40Y-300（lb）I	300						
Z40Y-400（lb）I	400						
Z40Y-600（lb）I	600						
Z40W-150（lb）P	150	弱腐蚀性介质	≤150	铬镍钛不锈钢	铬镍钛不锈钢	铬镍钛不锈钢堆焊硬质合金	柔性石墨或聚四氟乙烯
Z40W-300（lb）P	300						
Z40W-400（lb）P	400						
Z40W-600（lb）P	600						
Z40Y-150（lb）R	150	腐蚀性介质	≤150	铬镍钼钛不锈钢	铬镍钼钛不锈钢	铬镍钼钛不锈钢堆焊硬质合金	柔性石墨或聚四氟乙烯
Z40Y-300（lb）R	300						
Z40Y-400（lb）R	400						
Z40Y-600（lb）R	600						

注　lb 为英、美质量单位（磅），1lb=0.4359kg。

表 5-30　　　　　　　　　　　　　　主要外形及结构尺寸

150lb

DN（mm）	DN（in）	L（mm）	D（mm）	D_1（mm）	D_2（mm）	b（mm）	$z×\phi$	H（mm）	D_0（mm）	质量（kg）
15	$\frac{1}{2}$	108	89	60.5	35	12	$4×\phi15$	≈188	≈90	—
20	$\frac{3}{4}$	117	98	70	43	12	$4×\phi15$	≈202	≈90	—
25	1	127	108	79.5	51	12	$4×\phi15$	≈225	≈100	—
32	$1\frac{1}{4}$	140	117	89	64	13	$4×\phi15$	≈252	≈100	—

150lb

DN（mm）	DN（in）	L（mm）	D（mm）	D₁（mm）	D₂（mm）	b（mm）	z×φ	H（mm）	D₀（mm）	质量（kg）
40	$1\frac{1}{2}$	165	127	98.5	98.5	15	4×φ15	≈277	≈140	—
50	2	178	152	120.5	120.5	16	4×φ19	≈323	≈200	23
65	$2\frac{1}{2}$	190	178	139.5	139.5	18	4×φ19	≈347	≈250	32
80	3	203	190	152.5	152.5	19	4×φ19	≈383	≈250	40
100	4	229	229	190.5	190.5	24	8×φ19	≈457	≈300	63
125	5	254	254	216	216	24	8×φ22	≈632	≈300	66
150	6	267	279	241.5	241.5	26	8×φ22	≈635	≈350	108
200	8	292	343	298.5	298.5	29	8×φ22	≈762	≈350	171
250	10	330	406	362	362	31	12×φ25	≈895	≈400	263
300	12	356	483	432	432	32	12×φ25	≈1080	≈500	346
350	14	381	533	476	476	35	12×φ29	≈1295	≈600	488
400	16	406	597	540	540	37	16×φ29	≈1435	≈600	621
450	18	432	635	578	578	40	16×φ32	≈1626	≈650	814
500	20	457	698	635	635	43	20×φ32	≈1829	≈650	992
600	24	508	813	749.5	749.5	48	20×φ35	≈2175	≈700	1492
750	30	610	984	914.5	914.5	75	28×φ35	≈2692	≈700	2272
800	32	660	1060	978	978	81	28×φ41	≈3281	—	2480
900	36	711	1168	1085.9	1022	90	32×φ41	≈3721	—	3310

300lb

DN（mm）	DN（in）	L（mm）	D（mm）	D₁（mm）	D₂（mm）	b（mm）	z×φ	H（mm）	D₀（mm）	质量（kg）
15	$\frac{1}{2}$	140	95	66.5	35	15	4×φ15	≈155	≈100	3.7
20	$\frac{3}{4}$	152	117	82.5	43	16	4×φ19	≈160	≈100	4.3
25	1	165	124	89	51	18	4×φ19	≈186	≈125	7.1
32	$1\frac{1}{4}$	178	133	98.5	63	19	4×φ19	≈216	≈160	—
40	$1\frac{1}{2}$	190	156	114.5	73	21	4×φ22	≈250	≈160	13.1
50	2	216	165	127	92	22	8×φ19	≈330	≈250	30
65	$2\frac{1}{2}$	241	190	149	105	25	8×φ22	≈368	≈250	36
80	3	283	210	168.5	127	29	8×φ22	≈394	≈300	61
100	4	305	254	200	157	32	8×φ22	≈473	≈300	77
125	5	381	279	235	186	35	8×φ22	≈660	≈350	106
150	6	403	318	270	216	37	12×φ22	≈711	≈350	153
200	8	419	381	330	270	41	12×φ25	≈813	≈400	286
250	10	457	444	387.5	324	48	16×φ29	≈1003	≈500	412
300	12	502	521	451	381	51	16×φ32	≈1137	≈600	576
350	14	762	584	514.5	413	54	20×φ32	≈1489	≈600	886
400	16	838	648	571.5	470	57	20×φ35	≈1581	≈650	1175
450	18	914	711	628.5	533	60	24×φ35	≈2017	≈838	1301

300lb

DN（mm）	DN（in）	L（mm）	D（mm）	D_1（mm）	D_2（mm）	b（mm）	z×φ	H（mm）	D_0（mm）	质量（kg）
500	20	991	775	686	584	64	24×φ35	≈2228	≈889	1672
600	24	1143	914	813	692	70	24×φ41	≈2650	≈1092	2562

400lb

DN（mm）	DN（in）	L（mm）	D（mm）	D_1（mm）	D_2（mm）	b（mm）	z×φ	H（mm）	D_0（mm）	质量（kg）
50	2	292	165	127	92	25	8×φ19	≈368	≈250	35
65	$2\frac{1}{2}$	330	190	149.4	105	29	8×φ22	≈394	≈300	47
80	3	356	210	168.1	127	32	8×φ22	≈473	≈300	65
100	4	406	254	200.2	157	35	8×φ25	≈622	≈350	90
125	5	457	279	235.0	186	38	8×φ25	≈686	≈400	153
150	6	495	318	269.7	216	41	12×φ25	≈750	≈400	250
200	8	597	381	330.2	270	48	12×φ29	≈876	≈500	390
250	10	673	444	387.4	324	54	16×φ32	≈1041	≈600	535
300	12	762	521	450.8	381	57	16×φ35	≈1181	≈650	886
350	14	826	584	514.4	413	60	20×φ35	≈1588	≈700	960
400	16	906	648	571.5	470	64	20×φ38	≈1803	≈700	1424

600lb

DN（mm）	DN（in）	L（mm）	D（mm）	D_1（mm）	D_2（mm）	b（mm）	z×φ	H（mm）	D_0（mm）	质量（kg）
15	$\frac{1}{2}$	165	95	66.5	35	22	4×φ15	≈155	≈100	3.8
20	$\frac{3}{4}$	190	118	82.5	43	23	4×φ19	≈160	≈100	5.4
25	1	216	124	89	51	25	4×φ19	≈186	≈125	7.6
32	$1\frac{1}{4}$	229	133	98.5	63	28	4×φ19	≈216	≈160	10
40	$1\frac{1}{2}$	241	156	114.5	73	30	4×φ22	≈250	≈160	15
50	2	292	165	127	92	33	8×φ19	≈510	≈254	44
65	$2\frac{1}{2}$	330	190	149	100	36	8×φ22	≈554	≈254	60
80	3	356	210	168	127	39	8×φ22	≈595	≈305	80
100	4	432	273	216	157	45	8×φ25	≈712	≈356	145
125	5	508	330	266.5	186	52	8×φ29	≈826	≈406	236
150	6	559	356	292	216	55	12×φ29	≈995	≈508	309
200	8	660	419	349	270	63	12×φ32	≈1157	≈610	522
250	10	787	508	432	324	71	16×φ35	≈1373	≈686	779
300	12	838	559	489	381	74	20×φ35	≈1603	≈686	1108
350	14	889	603	527	413	77	20×φ38	≈1930	≈762	1503
400	16	991	686	603	470	84	20×φ41	≈2032	≈889	1939
450	18	1092	743	654	533	90	20×φ44	≈2286	≈889	2733
500	20	1194	813	724	584	96	24×φ44	≈2591	≈1118	3214
600	24	1397	940	838	692	109	24×φ52	≈3124	≈1118	4177

注　1in=2.54cm。

（二）Z940H、Z940Y、Z940W 型钢制楔式闸阀

1. PN16～PN63

公称压力为 PN16～PN63 的 Z940H、Z940Y、Z940W 型钢制楔式闸阀示意见图 5-6，主要性能参数见表 5-31，主要外形及结构尺寸见表 5-32。

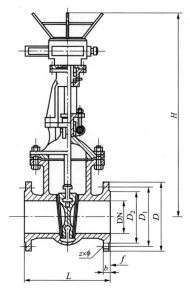

图 5-6　闸阀示意

表 5-31　　　　　　　　　　　　　　　主 要 性 能 参 数

型号	PN	工作压力（MPa）	适用温度（℃）	适用介质	材　料			
					阀体、阀盖、闸板	阀杆	密封面	填料
Z940H-16C～63	16～63	1.6～6.3	≤425	水、蒸汽、油品	碳素钢	铬不锈钢	堆焊铁基合金	石棉石墨或柔性石墨
Z940Y-16C～63							堆焊硬质合金	
Z940Y-16P～63P			≤150	弱腐蚀性介质	铬镍钛不锈钢	铬镍钛不锈钢	堆焊硬质合金	聚四氟乙烯
Z940W-16P～63P							本体材料	
Z940Y-16R～63R				腐蚀性介质	铬镍钼钛不锈钢	铬镍钼钛不锈钢	堆焊硬质合金	
Z940W-16R～63R							本体材料	
Z940Y-40I～63I	40～63	4.0～6.3	≤550	水、蒸汽、油品	铬钼钢	铬钼铝钢	硬质合金	柔性石墨

表 5-32　　　　　　　　　　　　　　　主要外形及结构尺寸

PN16

DN（mm）	L（mm）	D（mm）	D_1（mm）	D_2（mm）	b（mm）	f（mm）	z×φ	H（mm）	质量（kg）
50	250	160	125	100	16	3	4×φ18	653	59
65	265	180	145	120	18	3	4×φ18	665	62
80	280	195	160	135	20	3	8×φ18	725	74
100	300	215	180	155	20	3	8×φ18	787	92
125	325	245	210	185	22	3	8×φ18	902	152
150	350	280	240	210	24	3	8×φ23	955	161

PN16

DN（mm）	L（mm）	D（mm）	D_1（mm）	D_2（mm）	b（mm）	f（mm）	$z×\phi$	H（mm）	质量（kg）
200	400	335	295	265	26	3	$12×\phi23$	1105	219
250	450	405	355	320	30	3	$12×\phi25$	1343	376
300	500	460	410	375	30	4	$12×\phi25$	1516	484
350	550	520	470	435	34	4	$16×\phi25$	1678	695
400	600	580	525	485	36	4	$16×\phi30$	1849	977
450	650	640	585	545	40	4	$20×\phi30$	1937	1033
500	700	705	650	608	44	4	$20×\phi34$	2234	1087
600	800	840	770	718	48	5	$20×\phi41$	2432	1357
700	900	910	840	788	50	5	$24×\phi41$	2489	1481
800	1000	1020	950	898	52	5	$24×\phi41$	2643	1845

PN25

DN（mm）	L（mm）	D（mm）	D_1（mm）	D_2（mm）	b（mm）	f（mm）	$z×\phi$	H（mm）	质量（kg）
50	250	160	125	100	20	3	$4×\phi18$	653	64
65	265	180	145	120	22	3	$8×\phi18$	665	65
80	280	195	160	135	22	3	$8×\phi18$	725	79
100	300	230	190	160	24	3	$8×\phi23$	787	98
125	325	270	220	188	28	3	$8×\phi25$	902	154
150	350	300	250	218	30	3	$8×\phi25$	955	168
200	400	360	310	278	34	3	$12×\phi25$	1105	219
250	450	425	370	332	36	3	$12×\phi30$	1343	390
300	500	485	430	390	40	4	$16×\phi30$	1516	505
350	550	550	490	448	44	4	$16×\phi34$	1678	736
400	600	610	550	505	48	4	$16×\phi34$	1849	1027
450	650	660	600	555	50	4	$20×\phi34$	1937	1139
500	700	730	660	610	52	4	$20×\phi41$	2234	1228
600	800	840	770	718	56	5	$20×\phi41$	2432	1502
700	900	955	875	815	60	5	$24×\phi48$	2489	1617
800	1000	1070	990	930	64	5	$24×\phi48$	2643	1923

PN40

DN（mm）	L（mm）	D（mm）	D_1（mm）	D_2（mm）	D_6（mm）	b（mm）	$z×\phi$	H（mm）	D_0（mm）	质量（kg）
50	250	160	125	100	88	20	$4×\phi18$	480	—	77
65	280	180	145	120	110	22	$8×\phi18$	595	—	86
80	310	195	160	135	121	22	$8×\phi18$	690	—	140
100	350	230	190	160	150	24	$8×\phi23$	760	—	160
125	400	270	220	188	175	28	$8×\phi25$	830	—	260
150	450	300	250	218	204	30	$8×\phi25$	910	—	300
200	550	375	320	282	260	38	$12×\phi30$	1150	—	320

续表

PN40

DN（mm）	L（mm）	D（mm）	D_1（mm）	D_2（mm）	D_6（mm）	b（mm）	$z×\phi$	H（mm）	D_0（mm）	质量（kg）
250	650	445	385	345	313	42	12×ϕ34	1366	400	595
300	750	510	450	408	364	46	16×ϕ34	1580	400	800
350	850	570	510	465	422	52	16×ϕ34	1750	500	1320
400	950	655	585	535	474	58	16×ϕ41	2035	400	1870
500	1150	755	670	612	576	62	20×ϕ48	2423	400	2350

PN63

DN（mm）	L（mm）	D（mm）	D_1（mm）	D_2（mm）	D_6（mm）	b（mm）	$z×\phi$	H（mm）	D_0（mm）	质量（kg）
50	250	175	135	100	88	26	4×ϕ23	574	250	87
65	280	200	160	120	110	28	8×ϕ23	688	—	94
80	310	210	170	135	121	30	8×ϕ23	662	250	138
100	350	250	200	160	150	32	8×ϕ25	772	250	190
125	400	295	240	188	175	36	8×ϕ30	1050	320	310
150	450	340	280	218	204	38	8×ϕ34	1000	250	327
200	550	405	345	282	260	44	12×ϕ34	1293	320	420
250	650	470	400	345	313	48	12×ϕ41	1450	400	722
300	750	530	460	408	364	54	16×ϕ41	1685	500	790
350	850	595	525	465	422	60	16×ϕ41	1875	500	1100
400	950	670	585	535	474	66	16×ϕ48	2040	400	2040
500	1150	800	705	612	576	70	20×ϕ54	2600	400	2630

2. PN100～PN160

公称压力为 PN100～PN160 的 Z940H、Z940Y、Z940W 型钢制楔式闸阀示意见图 5-7，主要性能参数见表 5-33，主要外形及结构尺寸见表 5-34。

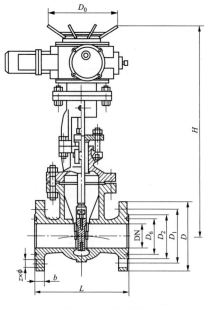

图 5-7　闸阀示意

表 5-33 主 要 性 能 参 数

型号	PN	工作压力（MPa）	适用温度（℃）	适用介质	材 料			
					阀体、阀盖、闸板	阀杆	密封面	填料
Z940H-100	100	10.0	≤425	水、蒸汽、油品	碳素钢	铬不锈钢	堆焊铁基本合金	石棉石墨或柔性石墨
Z940H-160	160	16.0						
Z940Y-100	100	10.0					堆焊硬质合金	
Z940Y-160	160	16.0						
Z940Y-100I	100	10.0	≤550	蒸汽、油品	铬钼合金钢	铬钼合金钢	堆焊硬质合金	柔性石墨
Z940W-100P	100	10.0	≤200	硝酸类介质	铬镍不锈钢	铬镍不锈钢	本体材料	聚四氟乙烯
Z940W-100R	100	10.0		醋酸类介质	铬镍钼不锈钢	铬镍钼不锈钢	本体材料	

表 5-34 主要外形及结构尺寸

PN100

DN（mm）	L（mm）	D（mm）	D_1（mm）	D_2（mm）	D_6（mm）	b（mm）	z×φ	H（mm）	质量（kg）
50	250	195	145	112	85	28	4×φ25	650	100
65	280	220	170	138	110	32	8×φ25	680	120
80	310	230	180	148	115	34	8×φ25	755	210
100	350	265	210	172	145	38	8×φ30	830	300
125	400	310	250	210	175	42	8×φ34	965	440
150	450	350	290	250	205	46	12×φ34	1020	500
200	550	430	360	312	260	54	12×φ41	1240	570
250	650	500	430	382	313	60	12×φ41	1400	900
300	750	585	500	442	364	70	16×φ48	1920	1020
350	850	655	560	498	420	76	16×φ54	2010	1250
400	950	715	620	558	480	80	16×φ54	2100	1390

PN160

DN（mm）	L（mm）	D（mm）	D_1（mm）	D_2（mm）	D_6（mm）	b（mm）	z×φ	H（mm）	质量（kg）
50	300	215	165	132	95	36	8×φ25	650	170
65	345	245	190	152	110	44	8×φ30	680	230
80	390	260	205	168	130	46	8×φ30	755	250
100	450	300	240	200	160	48	8×φ34	830	390
125	525	355	285	238	190	60	8×φ41	970	450
150	600	390	318	270	205	66	12×φ48	1168	680
200	750	480	400	345	275	78	12×φ48	1492	1073

3. 150～1500lb

公称压力为 150～1500lb 的 Z940H、Z940Y、Z940W 型钢制楔式闸阀示意见图 5-8，主要性能参数见表 5-35，主要外形及结构尺寸见表 5-36。

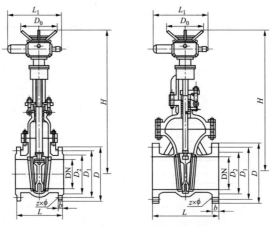

图 5-8 闸阀示意

表 5-35   主 要 性 能 参 数

型号	压力级（lb）	适用温度（℃）	适用介质	材 料			
				阀体、阀盖、闸板	阀杆	密封面	填料
Z940H-150（lb）～1500（lb）	150～1500	≤425	水、蒸汽、油品	碳素钢	铬不锈钢	堆焊铁基合金	石棉石墨或柔性石墨
Z940Y-150（lb）～1500（lb）	150～1500					堆焊硬质合金	
Z940Y-150（lb）I～1500（lb）I	150～1500	≤550	蒸汽、油品	铬钼合金钢	铬钼合金钢	堆焊硬质合金	柔性石墨
Z940W-150（lb）P～1500（lb）P	150～1500	≤200	硝酸类介质	铬镍不锈钢	铬镍不锈钢	本体材料	聚四氟乙烯
Z940W-150（lb）R～1500（lb）R	150～1500		醋酸类介质	铬镍钼不锈钢	铬镍钼不锈钢	本体材料	

表 5-36   主要外形及结构尺寸

D（mm）	N（in）	150（lb）						300（lb）					
		L（mm）	电动驱动装置型号	L_1（mm）	D_0（mm）	H（mm）	质量（kg）	L（mm）	电动驱动装置型号	L_1（mm）	D_0（mm）	H（mm）	质量（kg）
50	2	178	DZW10A	590	365	678	46	216	DZW10A	590	365	691	50
65	$2\frac{1}{2}$	190	DZW10A	590	365	693	75	241	DZW15A	590	365	711	72
80	3	203	DZW10A	590	365	755	99	283	DZW20A	590	365	775	87
100	4	229	DZW10A	590	365	820	132	305	DZW20A	590	365	871	108
150	6	267	DZW20A	590	365	994	193	403	DZW45A	810	470	1028	183
200	8	292	DZW20A	590	365	1138	236	419	DZW45A	810	470	1325	283
250	10	330	DZW30A	590	365	1409	353	457	DZW60A	810	470	1400	430
300	12	356	DZW45A	810	470	1588	423	502	DZW120	830	550	1653	721
350	14	381	DZW60A	810	470	1750	570	762	DZW180	870	320	1791	1005
400	16	406	DZW90	830	550	1920	635	838	DZW200	870	320	2092	1200
450	18	432	DZW120	830	550	2141	772	—	—	—	—	—	—
500	20	457	DZW180	870	320	2276	941	991	DZW500	1170	570	2465	1600
600	24	508	DZW350	1170	570	2474	1380	1143	DZW800	1060	500	3240	2110
650	26	558	DZW350	1170	570	2713	2150	—	—	—	—	—	—
700	28	609	DZW500	1170	570	3046	2500	—	—	—	—	—	—

D	N	600（lb）						900（lb）					
（mm）	（in）	L（mm）	电动驱动装置型号	L_1（mm）	D_0（mm）	H（mm）	质量（kg）	L（mm）	电动驱动装置型号	L_1（mm）	D_0（mm）	H（mm）	质量（kg）
50	2	292	DZW20A	590	365	810	112	371.2	DZW20A	590	365	832	200
65	$2\frac{1}{2}$	334	DZW20A	590	365	860	128	422.2	DZW30A	590	365	880	280
80	3	356	DZW30A	590	365	892	200	384.2	DZW30A	590	365	905	300
100	4	432	DZW30A	590	365	1013	240	460.2	DZW45A	810	470	1071	325
150	6	559	DZW60A	810	470	1250	400	613.2	DZW90	830	550	1170	570
200	8	660	DZW90	830	550	1250	565	740.2	DZW120	830	550	1440	885
250	10	787	DZW120	830	550	1650	810	841.2	DZW180	870	320	1930	1300
300	12	838	DZW180	870	320	1800	1150	968.2	DZW250	870	320	2259	1870
350	14	889	DZW250	870	320	2030	1490	—	—	—	—	—	—
400	16	991	DZW350	1170	570	2250	2030	—	—	—	—	—	—

（三）Z41H、Z41Y、Z41W 型钢制楔式闸阀

1．PN16～PN25

公称压力为 PN16～PN25 的 Z41H、Z41Y、Z41W 型钢制楔式闸阀示意见图5-9，主要性能参数见表5-37，主要外形及结构尺寸见表5-38。

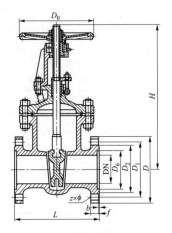

图 5-9　闸阀示意

表 5-37　　　　　　　　　　　主 要 性 能 参 数

型号	PN	工作压力（MPa）	适用温度（℃）	适用介质	材　　料			
					阀体、阀盖、闸板	阀杆	密封面	填料
Z41H-16C、25	16、25	1.6、2.5	≤425	水、蒸汽、油品	碳素钢	铬不锈钢	堆焊铁基合金	石棉石墨或柔性石墨
Z41Y-16C、25							堆焊硬质合金	
Z41W-16P、25P			≤150	弱腐蚀性介质	铬镍钛不锈钢	铬镍钛不锈钢	本体材料	石棉石墨或柔性石墨
Z41Y-16P、25P							堆焊硬质合金	
Z41W-16R、25R					铬镍钼钛不锈钢	铬镍钼钛不锈钢	本体材料	
Z41Y-16R、25R							堆焊硬质合金	
Z41Y-16I、25I			≤550	油品、蒸汽	铬钼合金钢	铬钼合金钢	堆焊硬质合金	
Z41Y-16V、25V			≤570	水、蒸汽、油品	铬钼钒钢	铬钼钒钢	堆焊硬质合金	柔性石墨

表 5-38   主要外形及结构尺寸

PN16

DN（mm）	L（mm）	D（mm）	D_1（mm）	D_2（mm）	b（mm）	f（mm）	$z \times \phi$	H（mm）	D_0（mm）	质量（kg）
15	130	95	65	45	14	2	$4 \times \phi 14$	175	200	4
20	150	105	75	55	14	2	$4 \times \phi 14$	180	200	5
25	160	115	85	65	14	2	$4 \times \phi 14$	210	200	6
32	180	135	100	78	16	2	$4 \times \phi 18$	210	200	7
40	200	145	110	85	16	3	$4 \times \phi 18$	350	200	19
50	250	160	125	100	16	3	$4 \times \phi 18$	358	240	29
65	265	180	145	120	18	3	$4 \times \phi 18$	375	240	33
80	280	195	160	135	20	3	$8 \times \phi 18$	433	280	45
100	300	215	180	155	20	3	$8 \times \phi 18$	502	320	63
125	325	245	210	185	22	3	$8 \times \phi 18$	612	360	108
150	350	280	240	210	24	3	$8 \times \phi 23$	676	360	134
200	400	335	295	265	26	3	$12 \times \phi 23$	820	400	192
250	450	405	355	320	30	3	$12 \times \phi 25$	969	450	273
300	500	460	410	375	30	4	$12 \times \phi 25$	1142	560	379
350	550	520	470	435	34	4	$16 \times \phi 25$	1280	640	590
400	600	580	525	485	36	4	$16 \times \phi 30$	1452	640	850
450	650	640	585	545	40	4	$20 \times \phi 30$	1541	720	907
500	700	705	650	608	44	4	$20 \times \phi 34$	1676	720	958
600	800	840	770	718	48	5	$20 \times \phi 41$	1874	800	1112

PN25

DN（mm）	L（mm）	D（mm）	D_1（mm）	D_2（mm）	b（mm）	f（mm）	$z \times \phi$	H（mm）	D_0（mm）	质量（kg）
15	130	95	65	45	16	2	$4 \times \phi 14$	175	200	4
20	150	105	75	55	16	2	$4 \times \phi 14$	180	200	5
25	160	115	85	65	16	2	$4 \times \phi 14$	210	220	6
32	180	135	100	78	18	2	$4 \times \phi 18$	210	220	7
40	200	145	110	85	18	3	$4 \times \phi 18$	350	220	18
50	250	160	125	100	20	3	$4 \times \phi 18$	358	250	25
65	265	180	145	120	22	3	$8 \times \phi 18$	373	280	35
80	280	195	160	135	22	3	$8 \times \phi 18$	435	300	50
100	300	230	190	160	24	3	$8 \times \phi 23$	500	350	65
125	325	270	220	188	28	3	$8 \times \phi 25$	614	400	100
150	350	300	250	218	30	3	$8 \times \phi 25$	674	450	135
200	400	360	310	278	34	3	$12 \times \phi 25$	818	500	180
250	450	425	370	332	36	3	$12 \times \phi 30$	969	550	207
300	500	485	430	390	40	4	$16 \times \phi 30$	530	560	400
350	550	550	490	448	44	4	$16 \times \phi 34$	1280	640	631
400	600	610	550	505	48	4	$16 \times \phi 34$	1450	640	900
450	650	660	600	555	50	4	$20 \times \phi 34$	1541	720	1013

续表

PN25

DN（mm）	L（mm）	D（mm）	D_1（mm）	D_2（mm）	b（mm）	f（mm）	$z\times\phi$	H（mm）	D_0（mm）	质量（kg）
500	700	730	660	610	52	4	$20\times\phi41$	1676	720	1166
600	800	840	770	718	56	5	$20\times\phi41$	1874	800	1258
700	900	955	875	815	60	5	$24\times\phi48$	2280	850	—
800	1000	1070	990	930	64	5	$24\times\phi48$	2420	700	—

2. PN40～PN63

公称压力为 PN40～PN63 的 Z41H、Z41Y、Z41W 型钢制楔式闸阀示意见图 5-10，主要性能参数见表 5-39，主要外形及结构尺寸见表 5-40。

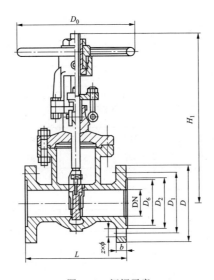

图 5-10 闸阀示意

表 5-39 主 要 性 能 参 数

型号	PN	工作压力（MPa）	适用温度（℃）	适用介质	材　料			
					阀体、阀盖、闸板	阀杆	密封面	填料
Z41H-40 Z41H-63			≤425	水、蒸汽、油品	碳素钢	铬不锈钢	堆焊铁基合金	石棉石墨或柔性石墨
Z41Y-40 Z41Y-63							堆焊硬质合金	
Z41W-40P Z41W-63P					铬镍钛不锈钢	铬镍钛不锈钢	本体材料	
Z41Y-40P Z41Y-63P	40～63	4.0～6.3	≤150	弱腐蚀性介质			堆焊硬质合金	聚四氟乙烯
Z41W-40R Z41W-63R					铬镍钼钛不锈钢	铬镍钼钛不锈钢	本体材料	
Z41Y-40R Z41Y-63R							堆焊硬质合金	
Z41Y-40V Z41Y-63V			≤570	水、蒸汽、油品	铬钼钒钢	铬不锈钢	堆焊硬质合金	柔性石墨
Z41Y-40I Z41Y-63I			≤550	油品、蒸汽	铬钼合金钢	铬钼合金钢	堆焊硬质合金	柔性石墨

表 5-40   主要外形及结构尺寸

PN40

DN (mm)	L (mm)	D (mm)	D_1 (mm)	D_2 (mm)	D_6 (mm)	b (mm)	$z \times \phi$	H (mm)	H_1 (mm)	D_0 (mm)	质量 (kg)
15	130	95	65	45	40	16	$4 \times \phi 14$	175	195	120	5
20	150	105	75	55	51	16	$4 \times \phi 14$	180	205	120	8
25	160	115	85	65	58	16	$4 \times \phi 14$	210	240	140	9
32	180	135	100	78	66	18	$4 \times \phi 18$	230	266	160	12
40	200	145	110	85	76	18	$4 \times \phi 18$	320	395	180	16
50	250	160	125	100	88	20	$4 \times \phi 18$	359	420	240	29
65	265	180	145	120	110	22	$8 \times \phi 18$	373	452	240	38
80	280	195	160	135	121	22	$8 \times \phi 18$	435	530	280	51
100	300	230	190	160	150	24	$8 \times \phi 23$	500	620	320	81
125	325	270	220	188	176	28	$8 \times \phi 25$	614	756	360	128
150	350	300	250	218	204	30	$8 \times \phi 25$	674	845	360	155
200	400	375	320	282	260	38	$12 \times \phi 30$	818	1040	400	265
250	450	445	385	345	313	42	$12 \times \phi 34$	970	1244	450	370
300	500	510	450	408	364	46	$16 \times \phi 34$	1145	1474	560	550
350	550	570	510	465	422	52	$16 \times \phi 34$	1280	1663	640	640
400	600	655	585	535	474	58	$16 \times \phi 41$	1450	1886	720	1230

PN63

DN (mm)	L (mm)	D (mm)	D_1 (mm)	D_2 (mm)	D_6 (mm)	b (mm)	$z \times \phi$	H (mm)	H_1 (mm)	D_0 (mm)	质量 (kg)
15	170	105	75	55	40	18	$4 \times \phi 14$	175	195	120	8
20	190	125	90	68	51	20	$4 \times \phi 18$	180	205	120	9
25	210	135	100	78	58	22	$4 \times \phi 18$	210	240	140	12
32	230	150	110	82	66	24	$4 \times \phi 23$	230	266	160	25
40	340	165	125	95	76	24	$4 \times \phi 23$	320	395	180	32
50	250	175	135	105	88	26	$4 \times \phi 23$	359	420	240	40
65	280	200	160	130	110	28	$8 \times \phi 23$	373	452	240	45
80	310	210	170	140	121	30	$8 \times \phi 23$	435	530	280	61
100	350	250	200	168	150	32	$8 \times \phi 25$	500	620	320	89
125	400	295	240	202	176	36	$8 \times \phi 30$	614	756	360	140
150	450	340	280	240	204	38	$8 \times \phi 34$	674	845	360	206
200	550	405	345	300	260	44	$12 \times \phi 34$	818	1040	400	327
250	650	470	400	352	313	48	$12 \times \phi 41$	970	1244	450	467
300	750	530	460	412	364	54	$16 \times \phi 41$	1145	1474	560	590
350	850	595	525	475	422	60	$16 \times \phi 41$	1280	1663	640	900
400	950	670	585	525	474	66	$16 \times \phi 48$	1450	1886	720	1190

3. Z41H、Z41Y 型 PN100～PN250 钢制楔式闸阀

公称压力为 PN100～PN250 的 Z41H、Z41Y 型钢制楔式闸阀示意见图 5-11，主要性能参数见表 5-41，主要外形及结构尺寸见表 5-42。

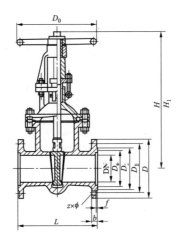

图 5-11　闸阀示意

表 5-41

主 要 性 能 参 数

型号	PN	工作压力（MPa）	适用温度（℃）	适用介质	材　料			
					阀体、阀盖、闸板	阀杆	密封面	填料
Z41H-100～200	100～200	10～20	≤425	水、蒸汽、油品	碳素钢	铬不锈钢	堆焊铁基合金	石棉石墨或柔性石墨
Z41Y-100～200								
Z41Y-250	250	25						
Z41Y-100I～160I	100～160	10～16	≤550	油品、蒸汽	铬钼合金钢	铬钼合金钢	堆焊硬质合金	柔性石墨
Z41Y-100P～160P			≤150	弱腐蚀性介质	铬镍钛不锈钢	铬镍钛不锈钢		聚四氟乙烯
Z41Y-100R～160R					铬镍钼钛不锈钢	铬镍钼钛不锈钢		
Z41Y-100V～160V			≤570	水、蒸汽、油品	铬钼钒钢	铬不锈钢	堆焊硬质合金	柔性石墨

表 5-42

主要外形及结构尺寸

PN100

DN（mm）	L（mm）	D（mm）	D_1（mm）	D_2（mm）	D_6（mm）	b（mm）	z×ϕ	H（mm）	H_1（mm）	D_0（mm）	质量（kg）
15	170	105	75	55	35	20	4×ϕ14	175	195	120	8
20	190	125	90	68	45	22	4×ϕ18	180	205	120	12
25	210	135	100	78	50	24	4×ϕ18	210	240	140	16
32	230	150	110	82	65	24	4×ϕ23	230	266	160	20
40	340	165	125	95	75	26	4×ϕ23	320	405	240	32
50	250	195	145	112	85	28	4×ϕ25	359	420	280	51
65	280	220	170	138	110	32	8×ϕ25	373	452	320	70
80	310	230	180	148	115	34	8×ϕ25	435	530	360	89
100	350	265	210	172	145	38	8×ϕ30	500	620	400	130
125	400	310	250	210	175	42	8×ϕ34	614	756	450	223
150	450	350	290	250	205	46	12×ϕ34	674	845	560	295

PN100

DN（mm）	L（mm）	D（mm）	D_1（mm）	D_2（mm）	D_6（mm）	b（mm）	$z×\phi$	H（mm）	H_1（mm）	D_0（mm）	质量（kg）
200	550	430	360	312	265	54	12×ϕ41	818	1040	640	560
250	650	500	430	382	320	60	12×ϕ41	970	1244	720	640
300	750	585	500	442	—	70	16×ϕ48	—	—	—	—

PN160

DN（mm）	L（mm）	D（mm）	D_1（mm）	D_2（mm）	D_6（mm）	b（mm）	$z×\phi$	H（mm）	H_1（mm）	D_0（mm）	质量（kg）
15	170	110	75	52	40	24	4×ϕ14	175	195	120	8
20	190	130	90	62	51	26	4×ϕ18	180	205	120	9
25	210	140	100	72	58	28	4×ϕ18	210	240	140	13
32	230	165	115	85	66	30	4×ϕ23	230	266	160	20
40	240	175	125	92	76	32	4×ϕ23	320	395	200	32
50	300	215	165	132	95	36	4×ϕ25	359	420	240	73
65	340	245	190	152	110	44	8×ϕ25	373	452	280	110
80	390	260	205	168	130	46	8×ϕ30	435	530	320	141
100	450	300	240	200	160	48	8×ϕ34	500	620	360	185
125	525	355	285	238	190	60	8×ϕ41	614	756	400	320
150	600	390	318	270	205	66	12×ϕ41	674	845	400	462
200	750	480	400	345	275	78	12×ϕ48	818	1040	450	710

PN200

DN（mm）	L（mm）	D（mm）	D_1（mm）	D_2（mm）	D_6（mm）	b（mm）	$z×\phi$	H（mm）	H_1（mm）	D_0（mm）	质量（kg）
50	350	210	160	128	95	40	8×ϕ25	493	559	360	66
65	410	260	203	165	110	48	8×ϕ30	535	621	400	89
80	470	290	230	190	160	54	8×ϕ34	576	680	400	123
100	550	360	292	245	190	66	8×ϕ41	660	779	560	237

PN250

DN（mm）	L（mm）	D（mm）	D_1（mm）	D_2（mm）	D_6（mm）	b（mm）	$z×\phi$	H（mm）	H_1（mm）	D_0（mm）	质量（kg）
50	350	210	160	128	95	40	8×ϕ25	493	559	360	105
65	410	260	203	165	110	48	8×ϕ30	535	621	400	160
80	470	290	230	190	160	54	8×ϕ34	576	680	400	220
100	550	360	292	245	190	66	8×ϕ41	660	779	560	380
125	650	385	270	238	190	74	12×ϕ41	740	880	640	730

（四）Z941H、Z941Y、Z941W 型钢制楔式闸阀

1. PN16～PN63

公称压力为 PN16～PN63 的 Z941H、Z941Y、Z941W 型钢制楔式闸阀示意见图 5-12，主要性能参数见表 5-43，主要外形及结构尺寸见表 5-44。

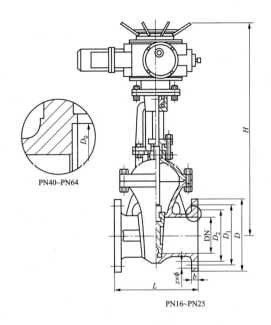

PN40~PN64

PN16~PN25

图 5-12 闸阀示意

表 5-43   主 要 性 能 参 数

型号	PN	工作压力（MPa）	适用温度（℃）	适用介质	材料 阀体、阀盖、闸板	阀杆	密封面	填料
Z941H-16C～63	16～63	1.6～6.3	≤425	水、蒸汽、油品	碳素钢	铬不锈钢	堆焊铁基合金	石棉石墨或柔性石墨
Z941Y-16C～63							堆焊硬质合金	
Z941Y-16P～63P			≤150	弱腐蚀性介质	铬镍钛不锈钢	铬镍钛不锈钢	堆焊硬质合金	聚四氟乙烯
Z941Y-16R～63R					铬镍钼钛不锈钢	铬镍钼钛不锈钢		
Z941Y-16I～63I			≤550	蒸汽、油品	铬钼合金钢	铬钼合金钢	堆焊硬质合金	堆焊硬质合金
Z941Y-16P～63P			≤150	弱腐蚀性介质	铬镍钛不锈钢	铬镍钛不锈钢	铬镍铁不锈钢	聚四氟乙烯
Z941W-16R～63R			≤200	醋酸类	铬镍钼钛不锈钢	铬镍钼钛不锈钢	本体材料	石棉石墨或柔性石墨
Z941W-16I～63I			≤550	油品、蒸汽	铬钼钢	耐热钢或不锈钢		
Z941W-16P～63P			≤150	弱腐蚀性介质	铬镍钛不锈钢	铬镍钛不锈钢		

表 5-44   主要外形及结构尺寸

PN16

DN（mm）	L（mm）	D（mm）	D_1（mm）	D_2（mm）	b（mm）	z×φ	H（mm）	质量（kg）
50	250	160	125	100	16	4×φ18	615	50
65	265	180	145	120	18	4×φ18	630	53
80	280	195	160	135	18	8×φ18	710	63
100	300	215	180	155	20	8×φ18	740	83

PN16

DN（mm）	L（mm）	D（mm）	D_1（mm）	D_2（mm）	b（mm）	z×φ	H（mm）	质量（kg）
125	325	245	210	185	22	8×φ18	820	128
150	350	280	240	210	24	8×φ23	907	174
200	400	335	295	265	26	12×φ23	1100	310
250	450	405	355	320	30	12×φ25	1200	455
300	500	460	410	375	30	12×φ25	1540	560
350	550	520	470	435	34	16×φ25	1700	885
400	600	580	525	485	36	16×φ30	1933	1120
450	650	640	585	545	40	20×φ30	2160	1330
500	700	705	650	608	44	20×φ34	2240	1516

PN25

DN（mm）	L（mm）	D（mm）	D_1（mm）	D_2（mm）	b（mm）	z×φ	H（mm）	质量（kg）
50	250	160	125	100	20	4×φ18	615	50
65	265	180	145	120	22	4×φ18	630	53
80	280	195	160	135	22	4×φ18	710	63
100	300	230	190	160	24	8×φ23	740	149
125	325	270	220	188	28	8×φ25	820	192
150	350	300	250	218	30	8×φ25	907	216
200	400	360	310	278	34	12×φ25	1100	286
250	450	425	370	332	36	12×φ30	1200	366
300	500	485	430	390	40	16×φ30	1540	660
350	550	550	490	448	44	16×φ34	1700	770
400	600	610	550	505	48	16×φ34	1933	990

PN40

DN（mm）	L（mm）	D（mm）	D_1（mm）	D_2（mm）	b（mm）	z×φ	H（mm）	质量（kg）
50	250	160	125	100	20	4×φ18	616	49
65	280	180	145	120	22	8×φ18	630	65
80	310	195	160	135	22	8×φ18	690	140
100	350	230	190	160	24	8×φ23	803	160
125	400	270	220	188	28	8×φ25	910	213
150	450	300	250	218	30	8×φ25	985	239
200	550	375	320	282	38	12×φ30	1132	356
250	650	445	385	245	42	12×φ34	1331	517
300	750	510	450	408	46	16×φ34	1470	825
350	850	570	510	465	52	16×φ34	1740	1029
400	950	655	585	535	58	16×φ41	1859	1433
500	1150	755	670	612	62	20×φ48	2450	2130

PN63

DN（mm）	L（mm）	D（mm）	D_1（mm）	D_2（mm）	b（mm）	z×φ	H（mm）	质量（kg）
50	250	175	135	105	26	4×φ23	616	49
65	280	200	160	130	28	8×φ23	630	65
80	310	210	170	140	30	8×φ23	695	140
100	350	250	200	168	32	8×φ25	791	160
125	400	295	240	202	36	8×φ30	868	200
150	450	340	280	240	38	8×φ34	995	301
200	550	405	345	300	44	12×φ34	1192	480
250	650	470	400	352	48	12×φ41	1403	698
300	750	530	460	412	54	16×φ41	1707	761
350	850	595	525	475	60	16×φ41	2084	1135
400	950	670	585	525	66	16×φ48	2238	1948
500	1150	800	705	640	70	20×φ54	2610	2855

2. PN100～PN200

公称压力为 PN100～PN200 的 Z941H、Z941Y、Z941W 型钢制楔式闸阀示意见图 5-13，主要性能参数见表 5-45，主要外形及结构尺寸见表 5-46。

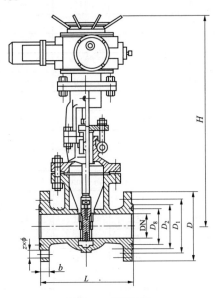

图 5-13 闸阀示意

表 5-45   主 要 性 能 参 数

型号	PN	工作压力（MPa）	适用温度（℃）	适用介质	材 料			
					阀体、阀盖、闸板	阀杆	密封面	填料
Z941H-100～200	100～200	10.0～20.0	≤425	水、蒸气、油品	碳素钢	铬不锈钢	堆焊铁基合金	石棉石墨或柔性石墨
Z941Y-100～200							堆焊硬质合金	
Z941Y-100I～200I			≤550	油品、蒸汽	铬钼合金钢	铬钼合金钢	堆焊硬质合金	柔性石墨

型号	PN	工作压力（MPa）	适用温度（℃）	适用介质	材　料			
					阀体、阀盖、闸板	阀杆	密封面	填料
Z941Y-100P～200P	100～200	10.0～20.0	≤150	弱腐蚀性介质	铬镍钛不锈钢	铬镍钛不锈钢	堆焊硬质合金	聚四氟乙烯
							本体密封	
Z941Y-100R～200R			≤200	醋酸类	铬镍钼钛不锈钢	铬镍钼钛不锈钢	堆焊硬质合金	柔性石墨或聚四氟乙烯
Z941W-100R	100	10.0	≤200	醋酸类	铬镍钼钛不锈钢	铬镍钼钛不锈钢	本体材料	柔性石墨或聚四氟乙烯
Z941W-100I			≤550	油品、蒸汽	铬钼合金钢	耐热钢或不锈钢	本体材料	柔性石墨或聚四氟乙烯
Z941W-100P			≤150	弱腐蚀性介质	铬镍钛不锈钢	铬镍钛不锈钢	本体材料	柔性石墨或聚四氟乙烯

表 5-46　　　　　　　　　　　　　　　　主要外形及结构尺寸

Z941H、Z941Y、Z941W，PN100

DN（mm）	L（mm）	D（mm）	D_1（mm）	D_2（mm）	D_8（mm）	b（mm）	$z\times\phi$	H（mm）	质量（kg）
50	250	195	145	112	85	28	4×ϕ25	680	150
65	280	220	170	138	110	32	8×ϕ25	730	180
80	310	230	180	148	115	34	8×ϕ25	795	190
100	350	365	210	172	145	38	8×ϕ30	880	300
125	400	310	250	210	175	42	8×ϕ34	943	440
150	450	350	290	250	205	46	12×ϕ34	1234	400
200	550	430	360	312	260	54	12×ϕ41	1339	684
250	650	500	430	382	313	60	12×ϕ41	1470	803
300	750	585	500	442	364	70	16×ϕ48	1830	1568
350	850	655	560	498	420	76	16×ϕ54	2185	1510

Z941H、Z941Y，PN160

DN（mm）	L（mm）	D（mm）	D_1（mm）	D_2（mm）	D_8（mm）	b（mm）	$z\times\phi$	H（mm）	质量（kg）
50	300	215	165	132	95	36	8×ϕ25	700	250
65	340	245	190	152	110	44	8×ϕ30	750	250
80	390	260	205	168	130	46	8×ϕ30	815	250
100	450	300	240	200	160	48	8×ϕ34	860	—
125	525	355	285	238	190	60	8×ϕ41	970	—
150	600	390	318	270	205	66	12×ϕ41	1224	—
200	750	480	400	345	275	78	12×ϕ48	1490	—

Z941H、Z941Y，PN200

DN（mm）	L（mm）	D（mm）	D_1（mm）	D_2（mm）	D_8（mm）	b（mm）	$z\times\phi$	H（mm）
50	350	210	160	128	95	40	8×ϕ27	712
65	410	260	203	165	110	48	8×ϕ30	765
80	470	290	230	190	160	54	8×ϕ34	850
100	550	360	292	245	190	66	8×ϕ41	980
125	650	385	318	270	205	76	12×ϕ41	1080
150	750	440	360	305	240	82	12×ϕ48	1140

（五）**Z42H-25** 型楔式双闸板闸阀

公称压力为 PN25 的 Z42H 型钢制楔式闸阀示意见图 5-14，主要性能参数见表 5-47，主要外形及结构尺寸见表 5-48。

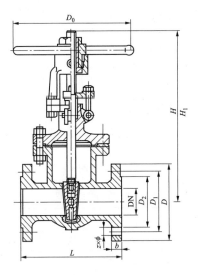

图 5-14 闸阀示意

表 5-47   主 要 性 能 参 数

型号	PN	工作压力（MPa）	适用温度（℃）	适用介质	材料			
					阀体、阀盖、闸板	阀杆	密封面	填料
Z42H-25	25	2.5	≤300	水、蒸汽、油品	碳素钢	铬不锈钢	堆焊铁基合金	石棉石墨或柔性石墨

表 5-48   主要外形及结构尺寸

DN（mm）	L（mm）	D（mm）	D_1（mm）	D_2（mm）	b（mm）	$z \times \phi$	H（mm）	H_1（mm）	D_0（mm）	质量（kg）
50	250	160	125	100	20	$4 \times \phi 18$	400	470	200	25
65	265	180	145	120	22	$8 \times \phi 18$	420	500	200	27
80	280	195	160	135	22	$8 \times \phi 18$	470	560	240	37
100	300	230	190	160	24	$8 \times \phi 23$	495	645	240	46
125	325	270	220	188	28	$8 \times \phi 25$	555	685	280	76
150	350	300	250	218	30	$8 \times \phi 25$	580	745	280	83
200	400	360	310	278	34	$12 \times \phi 25$	715	910	320	130
250	450	425	370	332	36	$12 \times \phi 30$	870	1115	360	200
300	500	485	430	390	40	$16 \times \phi 30$	1070	1510	720	510
400	600	610	550	505	48	$16 \times \phi 34$	1190	1610	720	900

（六）**$D_K Z40H$、$D_K Z40Y$、$D_K Z40W$** 型 **PN16 ~ PN63** 真空闸阀

公称压力为 PN16~PN63 的 $D_K Z40H$、$D_K Z40Y$、$D_K Z40W$ 型真空闸阀示意见图 5-15，主要性能参数见表 5-49，主要外形及结构尺寸见表 5-50。

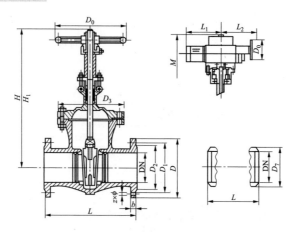

图 5-15 闸阀示意

表 5-49　　　　　　　　　　　　主 要 性 能 参 数

型号	PN	工作压力（MPa）	材　　料					
			阀体、闸板、阀盖	填料	填料垫	手轮	阀杆螺母	阀杆
D_KZ40H-16C～63	16～63	1.6～6.3	WCB	柔性石墨	AL	QT450-10	ZCuAl10Fe3	1Cr13
D_KZ40Y-16I～63I			Cr5Mo					
D_KZ60Y-16C～63			WCB					

表 5-50　　　　　　　　　　　　主 要 外 形 及 结 构 尺 寸

D_KZ40H-16C、D_KZ40Y-16I、D_KZ60Y-16C

DN（mm）	L（mm）	D（mm）	D_1（mm）	D_2（mm）	b（mm）	$z×\phi$	D_3（mm）	D_7（mm）	H（mm）	H_1（mm）	D_0（mm）	质量（kg）
50	250	160	125	100	16	4×ϕ18	165	80	344	405	240	24
65	265	180	145	120	18	4×ϕ18	185	95	377	448	280	32
80	280	195	160	135	20	8×ϕ18	205	114	415	505	280	39
100	300	215	180	155	20	8×ϕ18	232	140	473	588	280	48
150	350	280	240	210	24	8×ϕ23	265	182	550	680	320	77
200	400	335	295	265	26	12×ϕ23	400	240	815	1041	450	208
250	450	405	355	320	30	12×ϕ25	475	298	969	1244	450	289
300	500	460	410	375	30	12×ϕ25	530	350	1145	1474	560	445
350	550	520	470	435	34	16×ϕ25	610	402	1300	1682	640	636
400	600	580	525	485	36	16×ϕ30	710	458	1450	1886	720	852
450	650	640	585	545	40	20×ϕ30	710	530	1597	2081	800	1046
500	700	705	650	608	44	20×ϕ34	850	560	1755	2295	750	823
600	800	840	770	718	48	20×ϕ41	1015	—	—	—	—	—

D_KZ40H-25、D_KZ40Y-25I、D_KZ60Y-25

DN（mm）	L（mm）	D（mm）	D_1（mm）	D_2（mm）	b（mm）	$z×\phi$	D_3（mm）	D_7（mm）	H（mm）	H_1（mm）	D_0（mm）	质量（kg）
50	250	160	125	100	20	4×ϕ18	165	82	344	405	240	24
65	265	180	145	120	22	8×ϕ18	185	101	377	448	280	32
80	280	195	160	135	22	8×ϕ18	205	118	415	505	280	46
100	300	230	190	160	24	8×ϕ23	232	136	473	588	280	63

D_KZ40H-25、D_KZ40Y-25I、D_KZ60Y-25

DN (mm)	L (mm)	D (mm)	D_1 (mm)	D_2 (mm)	b (mm)	$z×\phi$	D_3 (mm)	D_7 (mm)	H (mm)	H_1 (mm)	D_0 (mm)	质量（kg）
125	325	270	220	188	28	8×φ23	232	171	473	588	280	69
150	350	300	250	218	30	8×φ25	335	190	674	845	350	134
200	400	360	310	278	34	12×φ25	400	252	815	1041	400	228
250	450	425	370	332	36	12×φ30	475	306	969	1244	450	290
300	500	485	430	390	40	16×φ30	530	360	1145	1474	560	456
400	600	610	550	505	48	16×φ34	710	420	1450	1886	720	900
450	650	660	600	555	50	20×φ34	750	474	1597	2081	800	1056
500	700	730	660	610	52	20×φ41	—	—	—	—	—	—
600	800	840	770	718	48	20×φ41	—	—	—	—	—	—

D_KZ40H、D_KZ40Y-40I、D_KZ60Y-40

DN (mm)	L (mm)	D (mm)	D_1 (mm)	D_2 (mm)	D_6 (mm)	d (mm)	$z×\phi$	D_3 (mm)	D_7 (mm)	H (mm)	H_1 (mm)	D_0 (mm)	质量（kg）
50	250	160	125	100	88	20	4×φ18	165	82	344	405	240	24
65	280	180	145	120	110	22	8×φ18	210	101	393	473	280	38
80	310	195	160	135	121	22	8×φ18	215	118	439	546	320	50
100	350	230	190	160	150	24	8×φ23	250	136	517	633	360	74
125	400	270	220	188	176	28	8×φ25	250	171	517	633	360	100
150	450	300	250	218	204	30	8×φ25	345	190	708	883	400	154
200	550	375	320	282	260	38	12×φ30	420	252	820	1040	450	262
250	650	445	380	345	313	42	12×φ34	525	306	1055	1330	560	392
300	750	510	450	408	364	46	16×φ34	570	360	1200	1530	640	609
350	850	570	516	465	422	52	16×φ34	650	420	1272	1622	720	697
400	950	655	585	535	474	58	20×φ41	735	474	1547	1987	800	1320
450	1050	680	610	560	524	60	20×φ41	—	—	—	—	—	—
500	1150	755	670	612	576	62	20×φ48	920	—	—	—	—	—

D_KZ40H-63、D_KZ40Y-63I、D_KZ60Y-63

DN (mm)	L (mm)	D (mm)	D_1 (mm)	D_2 (mm)	D_6 (mm)	b (mm)	$z×\phi$	D_3 (mm)	D_7 (mm)	H (mm)	H_1 (mm)	D_0 (mm)	质量（kg）
50	250	175	135	102	88	26	4×φ23	185	80	369	431	280	30
65	280	200	160	130	110	28	8×φ23	210	95	395	480	280	39
80	310	210	170	140	121	30	8×φ23	215	108	439	546	320	51
100	350	250	200	168	150	32	8×φ25	250	135	517	633	360	75
125	400	295	240	202	176	36	8×φ30	250	170	517	633	360	105
150	450	340	280	240	204	38	8×φ34	365	195	719	892	450	207
200	550	405	345	300	260	44	12×φ34	440	250	873	1100	560	327
250	650	470	400	352	313	48	12×φ41	565	310	1087	1372	640	535
300	750	530	460	412	364	54	16×φ41	565	384	1087	1372	640	625
350	850	595	525	475	422	60	16×φ41	—	—	—	—	—	—
400	950	670	585	525	474	66	20×φ48	—	—	—	—	—	—
500	1150	800	705	640	576	70	20×φ54	—	—	—	—	—	—

（七）D_KZ940H、D_KZ940Y、D_KZ960Y 型 PN16～PN63 真空闸阀

公称压力为 PN16～PN63 的 D_KZ940H、D_KZ940Y、D_KZ960Y 型真空闸阀示意见图 5-16，主要性能参数见表 5-51，主要外形及结构尺寸见表 5-52。

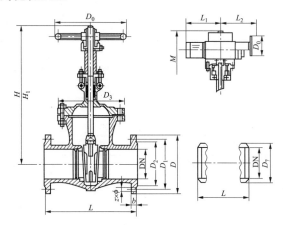

图 5-16　闸阀示意

表 5-51　　　　　　　　　　　　　　　主 要 性 能 参 数

型号	PN	工作压力（MPa）	材　料					
			阀体、闸板、阀盖	填料	填料垫	手轮	阀杆螺母	阀杆
D_KZ940H-16C～63	16～63	1.6～6.3	WCB	柔性石墨	AL	QT450-10	ZCuAl10Fe3	1Cr13
D_KZ940Y-16I～63I			Cr5Mo					
D_KZ960Y-16C～63			WCB					

表 5-52　　　　　　　　　　　　　　　主要外形及结构尺寸

D_KZ940H-16C、D_KZ940Y-16I、D_KZ960Y-16C

DN（mm）	L（mm）	D（mm）	D_1（mm）	D_2（mm）	b（mm）	$z×\phi$	D_3（mm）	D_7（mm）	M（mm）	L_1（mm）	L_2（mm）	D_0（mm）	电动驱动装置型号	质量（kg）
50	250	160	125	100	16	4×φ18	165	80	574	170	308	400	Z10-18	106
65	265	180	145	120	18	4×φ18	185	95	590	170	308	400	Z20-18	115
80	280	195	160	135	20	8×φ18	205	114	625	170	388	400	ZD22-18b	126
100	300	215	180	155	20	8×φ18	232	140	756	170	349	400	ZD22-18b	136
150	350	280	240	210	24	8×φ23	335	182	930	325	411	250	ZD30-18a	222
200	400	335	295	265	26	12×φ23	400	240	1074	325	460	250	ZD30-18a	308
250	450	405	355	320	30	12×φ25	475	298	1269	408	530	360	ZD45-36c	454
300	500	460	410	375	30	12×φ25	530	350	1514	408	545	360	ZD60-36b	557
350	550	520	470	435	34	16×φ25	610	402	1750	445	577	400	ZD90-18b	886
400	600	580	525	485	36	16×φ30	710	458	1900	445	617	400	ZD120-3b	1106
500	700	705	650	608	44	20×φ34	850	560	2350	—	—	—	DZW180	1060
600	800	840	770	718	48	20×φ41	1015	684	2810	430	937	400	DZW400	2688

D_KZ940H-25、D_KZ940Y-25I、D_KZ960Y-25

DN（mm）	L（mm）	D（mm）	D_1（mm）	D_2（mm）	b（mm）	$z×\phi$	D_3（mm）	D_7（mm）	M（mm）	L_1（mm）	L_2（mm）	D_0（mm）	电动驱动装置型号	质量（kg）
50	250	160	125	100	20	4×φ18	165	80	629	197	363	400	Z10-18	110
65	265	180	145	120	22	8×φ18	185	95	629	197	363	400	DZ20-B	116

D$_K$Z940H-25、D$_K$Z940Y-25I、D$_K$Z960Y-25

DN (mm)	L (mm)	D (mm)	D$_1$ (mm)	D$_2$ (mm)	b (mm)	z×φ	D$_3$ (mm)	D$_7$ (mm)	M (mm)	L$_1$ (mm)	L$_2$ (mm)	D$_0$ (mm)	电动驱动装置型号	质量（kg）
80	280	195	160	135	22	8×φ18	232	114	690	197	363	400	ZD22-18b	136
100	300	230	190	160	24	8×φ23	269	140	784	325	381	250	ZD22-18b	151
125	325	270	220	188	28	8×φ25	232	182	734	197	363	250	ZD22-18b	219
150	350	300	250	218	30	8×φ25	335	240	930	325	411	250	ZD30-18b	219
200	400	360	310	278	34	12×φ25	400	298	1074	345	460	250	ZD30-18a	318
250	450	425	370	332	36	12×φ30	475	350	1269	408	530	360	ZD45-36c	459
300	500	485	430	390	40	16×φ30	530	402	1514	408	545	360	ZD60-36b	562
350	550	550	490	448	44	16×φ34	610	458	1750	445	577	360	ZD90-36c	891
400	600	610	550	505	48	16×φ34	710	560	1900	445	617	400	ZD120-36b	1169
450	650	660	600	555	50	20×φ34	750	684	2105	595	621	500	ZD160-40b	1358
500	700	730	660	610	52	20×φ41	850	—	—	—	—	—	DZW180	—
600	—	—	—	—	—	—	1015	—	—	—	—	—	DZW400	—

D$_K$Z940、D$_K$Z940Y-40I、D$_K$Z960H-40

DN (mm)	L (mm)	D (mm)	D$_1$ (mm)	D$_2$ (mm)	D$_6$ (mm)	d (mm)	z×φ	D$_3$ (mm)	D$_7$ (mm)	H (mm)	H$_1$ (mm)	电动驱动装置型号	质量（kg）
50	250	160	125	100	88	20	4×φ18	—	—	—	—	—	—
65	280	180	145	120	110	22	8×φ18	—	—	—	—	—	—
80	310	195	160	135	121	22	8×φ18	215	100	662	325	ZD22-18b	138
100	350	230	190	160	150	24	8×φ23	250	124	792	325	ZD22-18a	160
125	400	270	220	188	176	28	8×φ25	315	165	830	325	ZD22-18a	180
150	450	300	250	218	204	30	8×φ25	345	185	955	325	ZD30-18a	241.4
200	550	375	320	282	260	38	12×φ30	420	250	1160	408	ZD45-36c	426
250	650	445	385	345	313	42	12×φ34	525	295	1402	445	ZD90-36b	595
300	750	510	450	408	364	46	16×φ34	570	350	1612	445	ZD120-36b	802.5
350	850	570	510	465	422	52	16×φ34	650	410	1669	415	ZD120-18c	930
400	950	655	585	535	474	58	20×φ41	735	460	2035	430	ZD250	1870
500	1150	755	670	612	576	62	20×φ48	920	570	2423	430	DZW250	2350

D$_K$Z940H-63、D$_K$Z940Y-63I、D$_K$Z960H-63

DN (mm)	L (mm)	D (mm)	D$_1$ (mm)	D$_2$ (mm)	D$_6$ (mm)	b (mm)	z×φ	D$_3$ (mm)	D$_7$ (mm)	M (mm)	L$_1$ (mm)	L$_2$ (mm)	D$_0$ (mm)	电动驱动装置型号	质量（kg）
50	250	175	135	102	88	26	4×φ23	200	80	574	325	381	250	DZ-15B（I）	87
65	280	200	160	130	110	28	8×φ23	—	—	—	—	—	—	—	—
80	310	210	170	140	121	30	8×φ23	215	108	662	325	381	250	ZD22-18b	138
100	350	250	200	168	150	32	8×φ25	250	135	772	325	411	250	ZD30-18a	162
150	450	340	280	240	204	38	8×φ34	365	195	1120	408	475	250	ZD45-18d	360
200	550	405	345	300	260	44	12×φ34	440	250	1288	445	558	360	ZD90-18b	523
250	650	470	400	352	313	48	12×φ41	530	310	1473	445	571	400	ZD120-18b	800
300	750	530	460	412	364	54	16×φ41	565	384	1685	445	571	400	ZD120-18b	854
350	850	595	525	475	422	60	16×φ41	680	415	2004	430	937	400	ZD250	1570
400	950	670	585	525	474	66	16×φ48	765	560	2040	430	937	400	ZD250	2045
500	1150	800	705	640	576	70	20×φ54	920	565	2600	430	937	400	DZW400	2627

（八）D_KZ41H、D_KZ41Y、D_KZ41W 型 PN10 ~ PN100 真空闸阀

公称压力为 PN10～PN100 的 D_KZ41H、D_KZ41Y、D_KZ41W 型真空闸阀示意见图 5-17，主要性能参数见表 5-53，主要外形及结构尺寸见表 5-54。

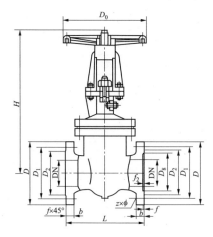

图 5-17 闸阀示意

表 5-53 主 要 性 能 参 数

型号	PN	工作压力（MPa）	适用温度（℃）	适用介质	材 料				
					阀体、闸板	阀盖	阀杆	密封面	填料
D_KZ41H-10C	10	1.0	≤425	水、蒸汽、空气	优质碳钢	不锈钢	合金钢	柔性石墨
D_KZ41H-16C	16	1.6							
D_KZ41H-25	25	2.5							
D_KZ41H-40	40	4.0							
D_KZ41H-63	63	6.3							
D_KZ41H-100	100	10.0							
D_KZ41Y-10I	10	1.0	≤550	水、蒸汽、空气	铬钼钢	铬钼钢	硬质合金	柔性石墨
D_KZ41Y-16I	16	1.6							
D_KZ41Y-25I	25	2.5							
D_KZ41Y-40I	40	4.0							
D_KZ41Y-63I	63	6.3							
D_KZ41Y-100I	100	10.0							

表 5-54 主要外形及结构尺寸

PN10

DN（mm）	L（mm）	D（mm）	D_1（mm）	D_2（mm）	b（mm）	z×φ	f（mm）	H（mm）	D_0（mm）	质量（kg）
15	130	95	65	45	16	4×φ14	2	210	120	5
20	150	105	75	55	16	4×φ14	2	230	140	7
25	160	115	85	65	16	4×φ14	2	245	160	9
32	180	135	100	78	18	4×φ18	2	310	180	13
40	200	145	110	85	18	4×φ18	3	350	200	28
50	250	160	125	100	20	4×φ18	3	398	240	30
65	265	180	145	120	20	4×φ18	3	413	240	35

PN10

DN（mm）	L（mm）	D（mm）	D_1（mm）	D_2（mm）	b（mm）	$z×\phi$	f（mm）	H（mm）	D_0（mm）	质量（kg）
80	280	195	160	135	22	4×ϕ18	3	475	280	47
100	300	215	180	155	22	8×ϕ18	3	540	300	66
125	325	245	210	185	24	8×ϕ18	3	654	320	113
150	350	280	240	210	24	8×ϕ23	3	688	350	141
175	375	310	270	240	26	8×ϕ23	3	770	400	168
200	400	335	295	265	26	8×ϕ23	3	841	400	202
225	425	365	325	295	26	8×ϕ23	3	915	450	239
250	450	390	350	320	28	12×ϕ23	3	990	450	287
300	500	440	400	368	28	12×ϕ23	4	1111	450	398
350	550	500	460	428	30	16×ϕ23	4	1265	550	620
400	600	565	515	482	32	16×ϕ25	4	1377	600	893
450	650	615	565	532	32	20×ϕ25	4	1565	650	952
500	700	670	620	585	34	20×ϕ25	4	1722	700	1006
600	800	780	725	685	36	20×ϕ30	5	1996	800	1168
700	900	895	840	800	40	24×ϕ30	5	—	—	—
800	1000	1010	950	905	44	24×ϕ34	5	—	—	—
900	1100	1110	1050	1005	46	28×ϕ34	5	—	—	—
1000	1200	1220	1160	1115	50	28×ϕ34	5	—	—	—

PN16

DN（mm）	L（mm）	D（mm）	D_1（mm）	D_2（mm）	b（mm）	$z×\phi$	f（mm）	H（mm）	D_0（mm）	质量（kg）
15	130	95	65	45	14	4×ϕ14	2	210	120	5
20	150	105	75	55	14	4×ϕ14	2	230	140	7
25	160	115	85	65	16	4×ϕ14	2	245	160	9
32	180	135	100	78	16	4×ϕ18	2	310	180	13
40	200	145	110	85	16	4×ϕ18	3	350	200	28
50	250	160	125	100	16	4×ϕ18	3	398	240	30
65	265	180	145	120	18	4×ϕ18	3	413	240	35
80	280	195	160	135	20	8×ϕ18	3	475	280	47
100	300	215	180	155	20	8×ϕ18	3	540	300	66
125	325	245	210	185	22	8×ϕ18	3	654	320	113
150	350	280	240	210	24	8×ϕ23	3	688	350	141
175	375	310	270	240	26	8×ϕ23	3	770	400	168
200	400	335	295	265	26	12×ϕ23	3	841	400	202
225	425	365	325	295	26	8×ϕ23	3	915	450	239
250	450	405	355	320	30	12×ϕ25	3	990	450	287
300	500	460	410	375	30	12×ϕ25	4	1111	450	398
350	550	520	470	435	34	16×ϕ25	4	1265	550	620
400	600	580	525	485	36	16×ϕ30	4	1377	600	893

PN16

DN（mm）	L（mm）	D（mm）	D_1（mm）	D_2（mm）	b（mm）	$z\times\phi$	f（mm）	H（mm）	D_0（mm）	质量（kg）
450	650	640	585	545	40	$20\times\phi30$	4	1565	650	952
500	700	705	650	608	44	$20\times\phi34$	4	1722	700	1006
600	800	840	770	718	48	$20\times\phi34$	5	1996	800	1168
700	900	910	840	788	50	$24\times\phi41$	5	—	—	—
800	1000	1020	950	898	52	$24\times\phi41$	5	—	—	—
900	1100	1120	1050	998	54	$28\times\phi41$	5	—	—	—
1000	1200	1255	1170	1110	56	$28\times\phi48$	5	—	—	—

PN25

DN（mm）	L（mm）	D（mm）	D_1（mm）	D_2（mm）	b（mm）	$z\times\phi$	f（mm）	H（mm）	D_0（mm）	质量（kg）
15	130	95	65	45	16	$4\times\phi14$	2	175	120	6
20	150	105	75	55	16	$4\times\phi14$	2	230	140	8
25	160	115	85	65	16	$4\times\phi14$	2	245	160	13
32	180	135	100	78	18	$4\times\phi18$	2	310	180	16
40	200	145	110	85	18	$4\times\phi18$	3	350	200	33
50	250	160	125	100	20	$4\times\phi18$	3	398	240	36
65	265	180	145	120	22	$8\times\phi18$	3	413	240	41
80	280	195	160	135	22	$8\times\phi18$	3	475	280	55
100	300	230	190	160	24	$8\times\phi23$	3	540	300	84
125	325	270	220	188	28	$8\times\phi25$	3	654	320	133
150	350	300	250	218	30	$8\times\phi25$	3	688	350	162
175	—	330	280	248	32	$12\times\phi25$	3	770	350	212
200	400	360	310	278	34	$12\times\phi25$	3	841	400	276
225	—	395	340	302	36	$12\times\phi30$	3	915	400	326
250	450	425	370	332	36	$12\times\phi30$	3	990	450	386
300	500	485	430	390	40	$16\times\phi30$	4	1111	450	574
350	550	550	490	448	44	$16\times\phi34$	4	1265	550	713
400	600	610	550	505	48	$16\times\phi34$	4	1377	600	1001
450	650	660	600	555	50	$20\times\phi34$	4	1565	650	—
500	700	730	660	610	52	$20\times\phi41$	4	1722	700	—
600	800	840	770	718	56	$20\times\phi41$	5	1996	—	—
700	900	955	875	815	60	$24\times\phi48$	5	—	—	—
800	1000	1070	990	930	64	$24\times\phi48$	5	—	—	—
900	1100	1180	1090	1025	66	$28\times\phi54$	5	—	—	—
1000	1200	1305	1210	1140	68	$28\times\phi58$	5	—	—	—

PN40

DN (mm)	L (mm)	D (mm)	D_1 (mm)	D_2 (mm)	D_6 (mm)	b (mm)	$z×\phi$	f (mm)	f_2 (mm)	H (mm)	D_0 (mm)	质量（kg）
15	130	95	65	45	40	16	4×φ14	2	4	175	120	6
20	150	105	75	55	51	16	4×φ14	2	4	230	140	8
25	160	115	85	65	58	16	4×φ14	2	4	245	160	13
32	180	135	100	78	66	18	4×φ18	2	4	310	180	16
40	200	145	110	85	76	18	4×φ18	3	4	350	200	33
50	250	160	125	100	88	20	4×φ18	3	4	411	250	36
65	280	180	145	120	110	22	8×φ18	3	4	431	280	41
80	310	195	160	135	121	22	8×φ18	3	4	455	300	55
100	350	230	190	160	150	24	8×φ23	3	4.5	568	350	84
125	400	270	220	188	176	28	8×φ25	3	4.5	600	400	133
150	450	300	250	218	204	30	8×φ25	3	4.5	680	400	162
200	550	375	320	282	260	38	12×φ30	3	4.5	860	500	276
250	650	445	385	345	313	42	12×φ34	3	4.5	1010	500	386
300	750	510	450	408	364	46	16×φ34	4	4.5	1135	500	574
350	850	570	510	465	422	52	16×φ34	4	5	1276	600	713
400	950	655	585	535	474	58	16×φ41	4	5	1542	700	1001
450	1050	680	610	560	524	60	20×φ41	4	5	—	—	—
500	1150	755	670	612	576	62	20×φ48	4	5	—	—	—
600	1350	890	795	730	678	62	20×φ54	5	6	—	—	—
700	1450	995	900	835	768	68	24×φ54	5	6	—	—	—
800	1650	1135	1030	960	876	76	24×φ58	5	6	—	—	—

PN63

DN (mm)	L (mm)	D (mm)	D_1 (mm)	D_2 (mm)	D_6 (mm)	b (mm)	$z×\phi$	f (mm)	f_2 (mm)	H (mm)	D_0 (mm)	质量（kg）
15	170	105	75	55	41	18	4×φ14	2	4	180	100	7
20	190	125	90	68	51	20	4×φ18	2	4	180	100	9
25	210	135	100	78	58	22	4×φ18	2	4	255	180	13
32	230	150	110	82	66	24	4×φ23	2	4	310	180	17
40	240	165	125	95	76	24	4×φ23	3	4	385	200	34
50	250	175	135	105	88	26	4×φ23	3	4	415	250	41
65	280	200	160	130	110	28	8×φ23	3	4	490	300	45
80	310	210	170	140	121	30	8×φ23	3	4	538	320	63
100	350	250	200	168	150	32	8×φ25	3	4.5	615	350	93
125	400	295	240	202	176	36	8×φ30	3	4.5	662	400	147
150	450	340	280	240	204	38	8×φ34	3	4.5	733	450	217
200	550	405	345	300	260	44	12×φ34	3	4.5	932	500	341
250	650	470	400	352	313	48	12×φ41	3	4.5	1099	550	490
300	750	530	460	412	364	54	16×φ41	4	4.5	1202	600	620
350	850	595	525	475	422	60	16×φ41	4	5	1362	700	—

PN63

DN (mm)	L (mm)	D (mm)	D_1 (mm)	D_2 (mm)	D_6 (mm)	b (mm)	$z \times \phi$	f (mm)	f_2 (mm)	H (mm)	D_0 (mm)	质量（kg）
400	950	670	585	525	474	66	$16 \times \phi48$	4	5	—	—	—
500	1150	800	705	640	576	70	$20 \times \phi54$	4	5	—	—	—
600	1350	930	820	750	678	76	$20 \times \phi58$	5	6	—	—	—

PN100

DN (mm)	L (mm)	D (mm)	D_1 (mm)	D_2 (mm)	D_6 (mm)	b (mm)	$z \times \phi$	f (mm)	f_2 (mm)	H (mm)	D_0 (mm)	质量（kg）
15	170	105	75	55	40	20	$4 \times \phi14$	2	4	180	120	—
20	190	125	90	68	51	22	$4 \times \phi18$	2	4	180	120	—
25	210	135	100	78	58	24	$4 \times \phi18$	2	4	350	—	14
32	230	150	110	82	66	24	$4 \times \phi23$	2	4	360	—	21
40	240	165	125	95	76	26	$4 \times \phi23$	3	4	400	—	63
50	250	195	145	112	88	28	$4 \times \phi25$	3	4	426	250	68
65	280	220	170	138	110	32	$8 \times \phi25$	3	4	490	300	74
80	310	230	180	148	121	34	$8 \times \phi25$	3	4	532	300	105
100	350	265	210	172	150	38	$8 \times \phi30$	3	4.5	606	350	116
125	400	310	250	210	176	42	$8 \times \phi34$	3	4.5	670	400	189
150	450	350	290	250	204	46	$12 \times \phi34$	3	4.5	740	450	263
200	550	430	360	312	260	54	$12 \times \phi41$	3	4.5	930	500	378
250	650	500	430	382	313	60	$12 \times \phi41$	3	4.5	1102	580	—
300	750	585	500	442	364	70	$16 \times \phi48$	4	4.5	1212	600	—
350	850	655	560	498	422	76	$16 \times \phi54$	4	5	1362	750	—
400	950	715	620	558	474	80	$16 \times \phi54$	4	5	—	—	—
500	1150	815	724	635	576	89	$24 \times \phi54$	4	5	—	—	—

（九）D_KZ941H、D_KZ941Y 型 PN10 ~ PN100 真空闸阀

公称压力为 PN10~PN100 的 D_KZ941H、D_KZ941Y 型真空闸阀示意见图 5-18，主要性能参数见表 5-55，主要外形及结构尺寸见表 5-56。

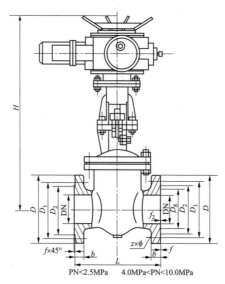

PN<2.5MPa　　4.0MPa<PN<10.0MPa

图 5-18　真空闸阀示意

表 5-55　　　　　　　　　主 要 性 能 参 数

型号	PN	工作压力（MPa）	适用温度（℃）	适用介质	材　　料				
					阀体、闸板	阀盖	阀杆	密封面	填料
D$_K$Z941H-10C	10	1.0	≤425	水、蒸汽、空气	优质碳钢	不锈钢	合金钢	柔性石墨
D$_K$Z941H-16C	16	1.6							
D$_K$Z941H-25	25	2.5							
D$_K$Z941H-40	40	4.0							
D$_K$Z941H-63	63	6.3							
D$_K$Z941H-100	100	10.0							
D$_K$Z941Y-10I	10	1.0	≤550	水、蒸汽、空气	铬钼钢	铬钼钢	硬质合金	柔性石墨
D$_K$Z941Y-16I	16	1.6							
D$_K$Z941Y-25I	25	2.5							
D$_K$Z941Y-40I	40	4.0							
D$_K$Z941Y-63I	63	6.3							
D$_K$Z941Y-100I	100	10.0							

表 5-56　　　　　　　　　主要外形及结构尺寸

PN10

DN（mm）	L（mm）	D（mm）	D_1（mm）	D_2（mm）	b（mm）	z×ϕ	f（mm）	H（mm）	型号	质量（kg）
40	200	145	110	85	18	4×ϕ18	3	670	DZW10A	92
50	250	160	125	100	20	4×ϕ18	3	718	DZW10A	95
65	265	180	145	120	20	4×ϕ18	3	733	DZW15A	101
80	280	195	160	135	22	4×ϕ18	3	795	DZW20A	113
100	300	215	180	155	22	8×ϕ18	3	860	DZW20A	132
125	325	245	210	185	24	8×ϕ18	3	974	DZW30A	182
150	350	280	240	210	24	8×ϕ23	3	1008	DZW30A	209
175	375	310	270	240	26	8×ϕ23	3	1089	DZW30A	—
200	400	335	295	265	26	8×ϕ23	3	1160	DZW30A	267
225	425	365	325	295	26	8×ϕ23	3	1290	DZW30A	—
250	450	390	350	320	28	12×ϕ23	3	1430	DZW45A	326
300	500	440	400	368	28	12×ϕ23	4	1550	DZW60A	411
350	550	500	460	428	30	16×ϕ23	4	1705	DZW60A	765
400	600	565	515	482	32	16×ϕ25	4	1827	DZW90（I）	1042
450	650	615	565	532	32	20×ϕ25	4	2015	DZW90（I）	1226
500	700	670	620	585	34	20×ϕ25	4	2172	DZW120	1283
600	800	780	725	685	36	20×ϕ30	5	2446	DZW120	1445
700	900	895	840	800	40	24×ϕ30	5	3096	DZW250	—
800	1000	1010	950	905	44	24×ϕ34	5	3300	DZW350	—
900	1100	1110	1050	1005	46	28×ϕ34	5	3559	DZW500	—
1000	1200	1220	1160	1115	50	28×ϕ34	5	3923	DZW800	—

PN16

DN（mm）	L（mm）	D（mm）	D_1（mm）	D_2（mm）	b（mm）	$z×\phi$	f（mm）	H（mm）	型号	质量（kg）
40	200	145	110	85	16	4×φ18	3	670	DZW10A	92
50	250	160	125	100	16	4×φ18	3	718	DZW10A	95
65	265	180	145	120	18	4×φ18	3	733	DZW15A	101
80	280	195	160	135	20	8×φ18	3	795	DZW20A	113
100	300	215	180	155	20	8×φ18	3	860	DZW20A	132
125	325	245	210	185	22	8×φ18	3	974	DZW30A	182
150	350	280	240	210	24	8×φ23	3	1008	DZW30A	209
175	375	310	270	240	26	8×φ23	3	1089	DZW30A	—
200	400	335	295	265	26	12×φ23	3	1160	DZW30A	267
225	425	365	325	295	26	8×φ23	3	1290	DZW30A	—
250	450	405	355	320	30	12×φ25	3	1430	DZW45A	326
300	500	460	410	375	30	12×φ25	4	1550	DZW60A	411
350	550	520	470	435	34	16×φ25	4	1705	DZW60A	765
400	600	580	525	485	36	16×φ30	4	1827	DZW90（Ⅰ）	1042
450	650	640	585	545	40	20×φ30	4	2015	DZW90（Ⅰ）	1226
500	700	705	650	608	44	20×φ34	4	2172	DZW120	1283
600	800	840	770	718	48	20×φ34	5	2446	DZW120	1445
700	900	910	840	788	50	24×φ41	5	3096	DZW250	—
800	1000	1020	950	898	52	24×φ41	5	3300	DZW350	—
900	1100	1120	1050	998	54	28×φ41	5	3559	DZW500	—
1000	1200	1255	1170	1110	56	28×φ48	5	3923	DZW800	—

PN25

DN（mm）	L（mm）	D（mm）	D_1（mm）	D_2（mm）	b（mm）	$z×\phi$	f（mm）	H（mm）	型号	质量（kg）
40	200	145	110	85	18	4×φ18	3	670	DZW10A	96
50	250	160	125	100	20	4×φ18	3	718	DZW10A	100
65	265	180	145	120	22	8×φ18	3	733	DZW15A	104
80	280	195	160	135	22	8×φ18	3	795	DZW20A	119
100	300	230	190	160	24	8×φ23	3	860	DZW20A	139
125	325	270	220	188	28	8×φ25	3	974	DZW30A	190
150	350	300	250	218	30	8×φ25	3	1008	DZW30A	216
175	—	330	280	248	32	12×φ25	3	1089	DZW30A	242
200	400	360	310	278	34	12×φ25	3	1160	DZW30A	270
225	—	395	340	302	36	12×φ30	3	1295	DZW30A	294
250	450	425	370	332	36	12×φ30	3	1430	DZW45A	333
300	500	485	430	390	40	16×φ30	4	1550	DZW60A	433
350	550	550	490	448	44	16×φ34	4	1705	DZW60A	788
400	600	610	550	505	48	16×φ34	4	1827	DZW90（Ⅰ）	1094
450	650	660	600	555	50	20×φ34	4	2015	DZW90（Ⅰ）	1338

PN25

DN（mm）	L（mm）	D（mm）	D₁（mm）	D₂（mm）	b（mm）	z×φ	f（mm）	H（mm）	型号	质量（kg）
500	700	730	660	610	52	20×φ41	4	2172	DZW120	1491
600	800	840	770	718	56	20×φ41	5	2446	DZW120	1598
700	900	955	875	815	60	24×φ48	5	3096	DZW250	—
800	1000	1070	990	930	64	24×φ48	5	3300	DZW350	—
900	1100	1180	1090	1025	66	28×φ54	5	3559	DZW500	—
1000	1200	1305	1210	1140	68	28×φ58	5	3923	DZW800	—

PN40

DN（mm）	L（mm）	D（mm）	D₁（mm）	D₂（mm）	D₆（mm）	b（mm）	z×φ	f（mm）	f₂（mm）	H（mm）	型号	质量（kg）
40	200	145	110	85	76	18	4×φ18	3	4	670	DZW10A	97
50	250	160	125	100	88	20	4×φ18	3	4	731	DZW10A	100
65	280	180	145	120	110	22	8×φ18	3	4	751	DZW10A	107
80	310	195	160	135	121	22	8×φ18	3	4	775	DZW15A	121
100	350	230	190	160	150	24	8×φ23	3	4.5	888	DZW20A	171
125	400	270	220	188	176	28	8×φ25	3	4.5	920	DZW20A	200
150	450	300	250	218	204	30	8×φ25	3	4.5	1000	DZW20A	230
200	550	375	320	282	260	38	12×φ30	3	4.5	1180	DZW30	392
250	650	445	385	345	313	42	12×φ34	3	4.5	1450	DZW45	504
300	750	510	450	408	364	46	16×φ34	4	4.5	1575	DZW60	720
350	850	570	510	465	422	52	16×φ34	4	5	1716	DZW60	862
400	950	655	585	535	474	58	16×φ41	4	5	2142	DZW90	1275
450	1050	680	610	560	524	60	20×φ41	4	5	2515	DZW120	2258
500	1150	755	670	612	576	62	20×φ48	4	5	—	DZW180	—
600	1350	890	795	730	678	62	20×φ54	5	6	—	DZW250	—
700	1450	995	900	835	768	68	24×φ54	5	6	—	DZW350	—
800	1650	1135	1030	960	876	76	24×φ58	5	6	—	DZW500	—

PN63

DN（mm）	L（mm）	D（mm）	D₁（mm）	D₂（mm）	D₆（mm）	b（mm）	z×φ	f（mm）	f₂（mm）	H（mm）	型号	质量（kg）
40	240	165	125	95	76	24	4×φ23	3	4	705	DZW10A	98
50	250	175	135	105	88	26	4×φ23	3	4	735	DZW15A	107
65	280	200	160	130	110	28	8×φ23	3	4	810	DZW20A	111
80	310	210	170	140	121	30	8×φ23	3	4	858	DZW20A	129
100	350	250	200	168	150	32	8×φ25	3	4.5	935	DZW30A	162
125	400	295	240	202	176	36	8×φ30	3	4.5	982	DZW30A	215
150	450	340	280	240	204	38	8×φ34	3	4.5	1053	DZW30A	333
200	550	405	345	300	260	44	12×φ34	3	4.5	1372	DZW45A	459
250	650	470	400	352	313	48	12×φ41	3	4.5	1539	DZW60A	636
300	750	530	460	412	364	54	16×φ41	4	4.5	1652	DZW90	769
350	850	595	525	475	422	60	16×φ41	4	5	1812	DZW120	1166

PN63

DN（mm）	L（mm）	D（mm）	D_1（mm）	D_2（mm）	D_6（mm）	b（mm）	$z×\phi$	f（mm）	f_2（mm）	H（mm）	型号	质量（kg）
400	950	670	585	525	474	66	16×ϕ48	4	5	2888	DZW180	1617
500	1150	800	705	640	576	70	20×ϕ54	4	5	3370	DZW250	—
600	1350	930	820	750	678	76	20×ϕ58	5	6	3734	DZW350	—

PN100

DN（mm）	L（mm）	D（mm）	D_1（mm）	D_2（mm）	D_6（mm）	b（mm）	$z×\phi$	f（mm）	f_2（mm）	H（mm）	型号	质量（kg）
40	240	165	125	95	76	26	4×ϕ23	3	4	720	DZW15A	119
50	250	195	145	112	88	28	4×ϕ25	3	4	746	DZW20A	129
65	280	220	170	138	110	32	8×ϕ25	3	4	810	DZW20A	140
80	310	230	180	148	121	34	8×ϕ25	3	4	852	DZW20A	173
100	350	265	210	172	150	38	8×ϕ30	3	4.5	926	DZW30A	231
125	400	310	250	210	176	42	8×ϕ34	3	4.5	990	DZW30A	307
150	450	350	290	250	204	46	12×ϕ34	3	4.5	1180	DZW45	408
200	550	430	360	312	260	54	12×ϕ41	3	4.5	1370	DZW60	527
250	650	500	430	382	313	60	12×ϕ41	3	4.5	1552	DZW90	830
300	750	585	500	442	364	70	16×ϕ48	4	4.5	1662	DZW180	956
350	850	655	560	498	422	76	16×ϕ54	4	5	1812	DZW250	1691
400	950	715	620	558	474	80	16×ϕ54	4	5	2300	DZW350	2638
500	1150	815	724	635	576	89	24×ϕ54	4	5	—	DZW500	—

（十）Z61H、Z61Y、Z61W 型承插焊楔式闸阀

1. PN25～PN63

公称压力为 PN25～PN63 的 Z61H、Z61Y、Z61W 型承插焊楔式闸阀示意见图 5-19，主要性能参数见表 5-57，主要外形及结构尺寸见表 5-58。

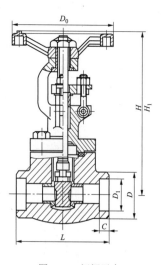

图 5-19　闸阀示意

表 5-57 主　要　性　能　参　数

型号	PN	工作压力（MPa）	适用温度（℃）	适用介质	材料			
					阀体、阀盖、闸板	阀杆	密封面	填料
Z61H-25～63	25～63	2.5～6.3	≤425	水、蒸汽、油品	碳素钢	铬不锈钢	堆焊铁基合金	石棉石墨或柔性石墨
Z61H-25P～63P							铬不锈钢	
Z61Y-25～63							堆焊硬质合金	
Z61W-25P～63P				≤150	弱腐蚀性介质	铬镍钛不锈钢	铬镍钛不锈钢	本体材料	聚四氟乙烯
Z61Y-25P～63P							堆焊硬质合金	
Z61H-25I～63I				≤425	蒸汽、油品	锻 Cr5Mo	铬不锈钢	铬不锈钢	石棉石墨
Z61Y-25I～63I				≤550		铬钼合金钢	铬钼合金钢	堆焊硬质合金	柔性石墨

表 5-58 主　要　外　形　及　结　构　尺　寸

DN（mm）	L（mm）	D（mm）	D_1（mm）	C（mm）	H（mm）	H_1（mm）	D_0（mm）	质量（kg）
15	90	32	22.5	10	217	235	120	3.1
20	110	38	28.5	11	258	284	140	5.1
25	120	46	34.5	12	273	303	160	6.5
32	130	56	43	14	280	315	160	7.8
40	150	64	49	15	313	358	200	11.8
50	190	78	61	16	363	415	200	18.4

2. PN100～PN160

公称压力为 PN100～PN160 的 Z61H、Z61Y、Z61W 型承插焊楔式闸阀示意见图 5-20，主要性能参数见表 5-59，主要外形及结构尺寸见表 5-60。

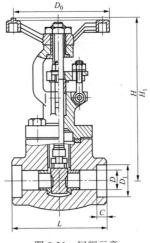

图 5-20 闸阀示意

表 5-59 主　要　性　能　参　数

型号	PN	工作压力（MPa）	适用温度（℃）	适用介质	材料			
					阀体、阀盖、闸板	阀杆	密封面	填料
Z61H-100～160	100～160	10.0～16.0	≤425	水、蒸汽、油品	碳素钢	铬不锈钢	堆焊铁基合金	石棉石墨或柔性石墨
Z61H-100P～160P					铬镍钛不锈钢		铬不锈钢	
Z61Y-100～160					Cr5Mo		堆焊硬质合金	
Z61W-100P～160P			≤150	弱腐蚀性介质	铬镍钛不锈钢	铬镍钛不锈钢	本体材料	聚四氟乙烯
Z61Y-100P～160P							堆焊硬质合金	
Z61Y-100I～160I			≤550	蒸汽、油品	铬钼合金钢	铬钼合金钢	堆焊硬质合金	柔性石墨

表 5-60　　　　　　　　　　　　　　　　　主要外形及结构尺寸

DN（mm）	L（mm）	D（mm）	D_1（mm）	C（mm）	H（mm）	H_1（mm）	D_0（mm）	质量（kg）
15	90	36	22.5	10	230	250	140	3.9
20	110	44	28.5	11	260	288	160	5.6
25	120	52	34.5	12	280	310	160	8
32	130	62	43	14	312	350	200	12
40	150	70	49	15	350	395	240	16
50	170	90	61	16	382	440	280	22

3.　150～1500lb

公称压力为 150～1500lb 的 Z61H、Z61Y、Z61W 型承插焊楔式闸阀示意见图 5-21，主要性能参数见表 5-61，主要外形及结构尺寸见表 5-62。

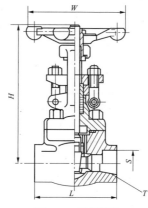

图 5-21　闸阀示意

表 5-61　　　　　　　　　　　　　　　　主 要 性 能 参 数

型号	压力级（lb）	适用介质	阀体材料
Z61H-150（lb）C～1500（lb）C			A105
Z61H-150（lb）P～1500（lb）P			304、316
Z61Y-150（lb）C～1500（lb）C	150～1500	水、蒸汽、油品等	A105
Z61Y-150（lb）P～1500（lb）P			304、316
Z61W-150（lb）C～1500（lb）C			A105
Z61W-150（lb）P～1500（lb）P			304、316

表 5-62　　　　　　　　　　　　　　　　主要外形及结构尺寸

150～800lb

DN（in）		DN（mm）		S（mm）				L（mm）	T（in）				W（mm）	H（mm）	质量（kg）	
				ANSI		JIS			ANSI		JIS、ISO、BS					
缩径	全径	缩径	全径	缩径	全径	缩径	全径		缩径	全径	缩径	全径			缩径	全径
$\frac{1}{4}$	—	8	—	14.2	—	14.3	—	79	$\frac{1}{4}$	—	$\frac{1}{4}$	—	100	169	2.2	—
$\frac{3}{8}$	$\frac{1}{4}$	10	8	17.6	14.2	17.9	14.3	79	$\frac{3}{8}$	$\frac{1}{4}$	$\frac{3}{8}$	$\frac{1}{4}$	100	169	2.2	2.4
$\frac{1}{2}$	$\frac{3}{8}$	15	10	21.8	17.6	22.2	17.9	79	$\frac{1}{2}$	$\frac{3}{8}$	$\frac{1}{2}$	3/8	100	169	2.2	2.4
$\frac{3}{4}$	$\frac{1}{2}$	20	15	27.1	21.8	27.7	22.2	92	$\frac{3}{4}$	$\frac{1}{2}$	$\frac{3}{4}$	$\frac{1}{2}$	100	182	2.2	2.3
1	$\frac{3}{4}$	25	20	33.8	27.1	34.5	27.7	111	1	$\frac{3}{4}$	1	$\frac{3}{4}$	125	208	4.6	4.8

续表

150～800lb

DN（in）		DN（mm）		S（mm）				L（mm）	T（in）				W（mm）	H（mm）	质量（kg）	
				ANSI		JIS			ANSI		JIS、ISO、BS					
缩径	全径	缩径	全径	缩径	全径	缩径	全径		缩径	全径	缩径	全径			缩径	全径
$1\frac{1}{4}$	1	32	25	42.6	33.8	43.2	34.5	120	$1\frac{1}{4}$	1	$1\frac{1}{4}$	1	160	254	5.9	6.1
$1\frac{1}{2}$	$1\frac{1}{4}$	40	32	48.7	42.6	49.1	43.2	120	$1\frac{1}{2}$	$1\frac{1}{4}$	$1\frac{1}{2}$	$1\frac{1}{4}$	160	290	6.9	7.2
2	$1\frac{1}{2}$	50	40	61.1	48.7	61.1	49.1	140	2	$1\frac{1}{2}$	2	$1\frac{1}{2}$	180	330	11.1	11.2
—	2	—	50	—	61.1	—	61.1	178	—	2	—	2	200	372	—	14.1

900～1500lb

DN（in）	DN（mm）	S（mm）		L（mm）	T（in）		W（mm）	H（mm）	质量（kg）
		ANSI	JIS		ANSI	JIS、ISO、BS			
$\frac{1}{4}$	8	14.2	14.3	79		$\frac{1}{4}$	100	166	2.19
$\frac{3}{8}$	10	17.6	17.9	79		$\frac{3}{8}$	100	166	2.17
$\frac{1}{2}$	15	21.8	22.2	92		$\frac{2}{1}$	100	169	2.2
$\frac{3}{4}$	20	27.1	27.7	111		$\frac{3}{4}$	125	193	4.3
1	25	33.8	34.5	120		1	160	230	5.9
$1\frac{1}{4}$	32	42.6	43.2	120		$1\frac{1}{4}$	160	246	6.9
$1\frac{1}{2}$	40	48.7	49.1	140		$1\frac{1}{2}$	180	283	11.1
2	50	61.1	61.1	178		2	200	330	15.2

4. Z61Y-600lb、Z61Y-900lb

公称压力为 600lb、900lb 的 Z61Y 型承插焊楔式闸阀示意见图 5-22，主要性能参数见表 5-63，主要外形及结构尺寸见表 5-64。

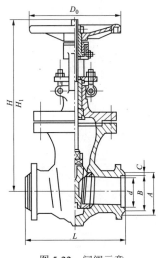

图 5-22 闸阀示意

表 5-63 主 要 性 能 参 数

型号	压力级（lb）	材 料				
		阀体、阀盖	闸座	阀板	阀杆	填料
Z61Y-600（lb）P	600	0Cr18Ni9	0Cr18Ni9 堆焊司太立合金		0Cr18Ni9	夹蒙乃尔丝石墨石棉绳
Z61Y-900（lb）	900	30Mn	25 堆焊司太立合金	0Cr18Ni9 堆焊司太立合金	0Cr18Ni9Ti	

表 5-64 主要外形及结构尺寸

Z61Y-600（lb）P

DN（mm）	DN（in）	d（mm）	L（mm）	H（mm）	D_0（mm）	A（mm）	B（mm）	C（mm）	H_1（mm）
15	$\frac{1}{4}$	5	92	≈313	100	33	22.2	9.6	90
20	$\frac{3}{4}$	20	111	≈333	125	39	27.7	12.7	90
25	1	25	127	≈374	150	48	34.5	12.7	100
40	$1\frac{1}{2}$	38	171	≈416	180	64	49.1	12.7	110

Z61Y-900（lb）

DN（mm）	DN（in）	d（mm）	L（mm）	H（mm）	D_0（mm）	A（mm）	B（mm）	C（mm）
15	$\frac{1}{2}$	12.3	140	≈322	180	38	22.2	9.6
20	$\frac{3}{4}$	16.2	140	≈322	180	46	27.7	12.7
25	1	21.2	140	≈322	180	56	34.5	12.7
40	$1\frac{1}{2}$	34.4	178	≈414	200	75	49.1	12.7
50	2	43.1	216	≈508	300	87	61.1	15.9

5. 800lb

公称压力为 800lb 的 Z61H、Z61Y、Z61W 型承插焊楔式闸阀示意见图 5-23，主要性能参数见表 5-65，主要外形及结构尺寸见表 5-66。

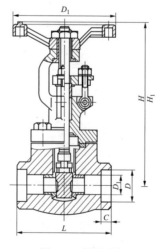

图 5-23 闸阀示意

表 5-65 主要性能参数

型号	压力级（lb）	适用温度（℃）	适用介质	材料			
				阀体、阀盖、闸板	阀杆	密封面	填料
Z61H-800（lb）	800	≤425	水、蒸汽、油品	碳素钢	铬不锈钢	堆焊铁基合金	石棉石墨或柔性石墨
Z61Y-800（lb）						堆焊硬质合金	
Z61H-800（lb）I	800	−15～120	水、油、天然气	A182-F11	420J₁	—	柔性石墨碳纤维
Z61Y-800（lb）I				15CrMo	2Cr13		
Z61W-800（lb）P		≤150	弱腐蚀性介质	铬镍钛不锈钢	铬镍钛不锈钢	本体材科	聚四氟乙烯
Z61Y-800（lb）P					堆焊硬质合金		
Z61Y-800（lb）R			腐蚀性介质	铬镍钼钛不锈钢	铬镍钼钛不锈钢	堆焊硬质合金	
Z61W-800（lb）I		≤550	蒸汽、油品	铬镍合金钢	铬镍合金钢	本体材料	柔性石墨

表 5-66 主要外形及结构尺寸

DN（mm）	DN（in）	D_1（mm）	D（mm）	L（mm）	C（mm）	H（mm）	H_1（mm）	D_0（mm）	质量（kg）
15	$\frac{1}{2}$	21.8	34	80	10	142	155	100	1.88
20	$\frac{3}{4}$	27.1	40	90	13	143	160	100	2.10
25	1	33.8	50	100	13	164	186	125	3.31
32	$1\frac{1}{4}$	42.6	58	120	13	187	216	160	5.00
40	$1\frac{1}{2}$	48.7	66	130	13	215	250	160	6.73
50	2	61.1	76	140	16	233	276	180	9.61

6. Z61Y-1500lb

公称压力为 1500lb 的 Z61Y 型承插焊楔式闸阀示意见图 5-24，主要性能参数见表 5-67，主要外形及结构尺寸见表 5-68。

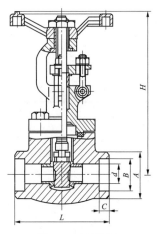

图 5-24 闸阀示意

表 5-67 主要性能参数

型号	压力级（lb）	适用温度（℃）	适用介质	材料			
				阀体、阀盖、闸板	阀杆	密封面	填料
Z61Y-1500（lb）	1500	≤425	水、蒸汽、油品	碳素钢	铬不锈钢	堆焊硬质合金	石棉石墨或柔性石墨

表 5-68   主要外形及结构尺寸

DN（mm）	DN（in）	d（mm）	L（mm）	H（mm）	A（mm）	B（mm）	C（mm）
15	$\frac{1}{2}$	12.3	140	≈322	38	22.2	9.6
20	$\frac{3}{4}$	16.2	140	≈322	46	27.7	12.7
25	1	21.2	140	≈322	56	34.5	12.7
40	$1\frac{1}{2}$	34.4	178	≈414	75	49.1	12.7
50	2	43.1	216	≈508	87	61.1	15.9

第三节 截 止 阀

一、阀门结构

截止阀，也称截门，是使用广泛的一种阀门。它开闭过程中密封面之间摩擦力小，比较耐用；开启高度不大，制造容易，维修方便，不仅适用于中低压，而且适用于高压。

它的闭合原理是依靠阀杆压力，使阀瓣密封面与阀座密封面紧密贴合，阻止介质流通。

截止阀只许介质单向流动，安装时有方向性。它的结构长度大于闸阀，流体阻力大。长期运行时，密封可靠性不强。

截止阀分为直通式、直角式及直流式斜截止阀三类。

二、典型阀门技术规范表

本节介绍以下典型截止阀的技术规范：

（1）J41H、J41Y、J41W、J41N 型钢制截止阀。

（2）J941H、J941Y、J941W 型钢制电动截止阀。

（3）DKJ41H、DKJ41Y、DKJ61H、DKJ61Y 型真空截止阀。

（4）J61H、J61Y 型承插焊锻钢截止阀。

（5）J961H、J961Y 型钢制电动截止阀。

（一）J41H、J41Y、J41W、J41N 型钢制截止阀

公称压力为 PN16～PN160 的 J41H、J41Y、J41W、J41N 型钢制截止阀示意见图 5-25，主要性能参数见表 5-69，主要外形及结构尺寸见表 5-70。

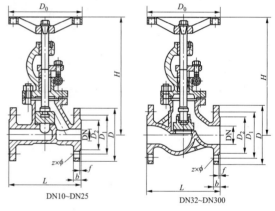

DN10～DN25   DN32～DN300

图 5-25 截止阀示意

表 5-69   主 要 性 能 参 数

型号	PN	工作压力（MPa）	适用温度（℃）	适用介质	材 料			
					阀体、阀盖	阀杆	密封面	填料
J41H-16C～160C	16～160	1.6～16.0	≤425	水、蒸汽、油品	碳素钢	铬不锈钢	堆焊铁基合金	石棉石墨、柔性石墨、聚四氟乙烯
J41Y-16C～160C							堆焊硬基合金	
J41W-16P～160P			≤150	弱腐蚀性介质	铬镍钛不锈钢	铬镍钛不锈钢	本体材料	
J41Y-16P～160P							堆焊硬质合金	
J41W-l6R～160R				腐蚀性介质	铬镍钼钛不锈钢	铬镍钼钛不锈钢	本体材料	
J41Y-16R～160R							堆焊硬基合金	
J41W-16I～160I			≤550	油品、蒸汽	铬钼合金钢	铬钢合金钢	本体材料	
J41Y-16I～160I							堆焊硬质合金	
J41F-16C	16	1.6	≤425	水、蒸汽、油品	碳素钢	铬不锈钢	铁基合金	铁基合金
J41F-16R			≤150					
J41F-16R_3								
J41N-40	40	4.0	≤150	石油气、空气等无腐蚀性介质	碳素钢铸件或锻件	碳素钢铸件或锻件	铁基合金	铁基合金

表 5-70 主要外形及结构尺寸

PN16

DN（mm）	L（mm）	D（mm）	D_1（mm）	D_2（mm）	b（mm）	$z×\phi$	H（mm）	D_0（mm）	质量（kg）
10	130	90	60	40	14	$4×\phi14$	198	120	5
15	130	95	65	45	14	$4×\phi14$	200	120	5.5
20	150	105	75	55	14	$4×\phi14$	243	140	7.3
25	160	115	85	65	14	$4×\phi14$	253	160	8
32	180	135	100	78	15	$4×\phi18$	280	160	12
40	200	145	110	85	16	$4×\phi18$	312	200	16
50	230	160	125	100	16	$4×\phi18$	321	200	19
65	290	180	145	120	18	$4×\phi18$	325	240	22
80	310	195	160	135	20	$8×\phi18$	355	240	31
100	350	215	180	155	20	$8×\phi18$	415	280	45
125	400	245	210	185	22	$8×\phi18$	460	320	80
150	480	280	240	210	24	$8×\phi23$	510	360	97
200	600	335	295	265	26	$12×\phi23$	590	360	169

PN25

DN（mm）	L（mm）	D（mm）	D_1（mm）	D_2（mm）	b（mm）	$z×\phi$	H（mm）	D_0（mm）	质量（kg）
10	130	90	60	40	16	$4×\phi14$	198	120	4.9
15	130	95	65	45	16	$4×\phi14$	233	120	5.5
20	150	105	75	55	16	$4×\phi14$	275	140	7
25	160	115	85	65	16	$4×\phi14$	285	160	7.5
32	180	135	100	78	18	$4×\phi18$	302	180	8.5
40	200	145	110	85	18	$4×\phi18$	355	200	12.5
50	230	160	125	100	20	$4×\phi18$	362	240	16
65	290	180	145	120	22	$8×\phi18$	325	280	25
80	310	195	160	135	22	$8×\phi18$	369	280	30
100	350	230	190	160	24	$8×\phi23$	370	320	35
125	400	270	220	188	28	$8×\phi18$	558	400	89
150	480	300	250	218	30	$8×\phi23$	611	400	98
200	600	360	310	278	34	$12×\phi25$	721	400	170

PN40

DN（mm）	L（mm）	D（mm）	D_1（mm）	D_2（mm）	b（mm）	$z×\phi$	H（mm）	D_0（mm）	质量（kg）
10	130	90	60	40	16	$4×\phi14$	198	120	4.5
15	130	95	65	45	16	$4×\phi14$	233	120	5
20	150	105	75	55	16	$4×\phi14$	275	140	7
25	160	115	85	65	16	$4×\phi14$	285	160	9
32	180	135	100	78	18	$4×\phi18$	302	160	12
40	200	145	110	85	18	$4×\phi18$	355	200	17
50	230	160	125	100	20	$4×\phi18$	373	240	24
65	290	180	145	120	22	$8×\phi18$	408	280	33

PN40

DN（mm）	L（mm）	D（mm）	D_1（mm）	D_2（mm）	b（mm）	$z×\phi$	H（mm）	D_0（mm）	质量（kg）
80	310	195	160	135	22	8×ϕ18	436	320	44
100	350	230	190	160	24	8×ϕ23	480	360	60
125	400	270	220	188	28	8×ϕ25	558	400	89
150	480	300	250	218	30	8×ϕ25	611	400	130

PN63

DN（mm）	L（mm）	D（mm）	D_1（mm）	D_2（mm）	b（mm）	$z×\phi$	H（mm）	D_0（mm）	质量（kg）
15	170	105	75	55	18	4×ϕ14	148	100	5
20	190	125	90	68	20	4×ϕ18	150	100	6
25	210	135	100	78	22	4×ϕ18	175	120	8
32	230	150	110	82	24	4×ϕ23	200	140	11
40	260	165	125	95	24	4×ϕ23	231	160	14
50	300	175	135	105	26	4×ϕ23	262	180	18
65	340	200	160	130	28	8×ϕ23	450	320	48
80	380	210	170	140	30	8×ϕ23	485	360	56
100	430	250	200	168	32	8×ϕ25	537	400	75
150	550	340	280	240	38	8×ϕ34	646	450	175

PN100

DN（mm）	L（mm）	D（mm）	D_1（mm）	D_2（mm）	b（mm）	$z×\phi$	H（mm）	D_0（mm）	质量（kg）
10	170	100	70	50	20	4×ϕ14	—	100	5.7
15	170	105	75	55	20	4×ϕ14	195	120	10
20	190	125	90	68	22	4×ϕ18	228	120	13.5
25	210	135	100	78	24	4×ϕ18	250	160	14
32	230	150	110	82	24	4×ϕ23	326	200	14.3
40	260	165	125	95	26	4×ϕ23	359	240	29.5
50	300	195	145	112	28	4×ϕ25	414	280	48.5
65	340	220	170	138	32	8×ϕ25	434	320	65
80	380	230	180	148	34	8×ϕ25	547	400	92
100	430	265	210	172	38	8×ϕ30	621	450	107
125	500	310	250	210	42	8×ϕ34	—	—	—
150	550	350	290	250	46	12×ϕ34	840	—	310
200	650	430	360	312	54	12×ϕ41	925	—	590
250	775	500	430	382	60	12×ϕ41	1015	—	850
300	900	585	500	442	70	12×ϕ48	1200	—	1040

PN160

DN（mm）	L（mm）	D（mm）	D_1（mm）	D_2（mm）	b（mm）	$z×\phi$	H（mm）	D_0（mm）	质量（kg）
15	170	110	75	52	24	4×ϕ18	148	156	4.64
20	190	130	90	62	26	4×ϕ23	156	161	7.42
25	210	140	100	72	28	4×ϕ23	175	187	10.1
32	230	165	115	85	30	4×ϕ25	200	214	12.3
40	260	175	125	92	32	4×ϕ27	231	252	15.2
50	300	215	165	132	36	8×ϕ25	262	291	29.7

（二）J941H、J941Y、J941W 型钢制电动截止阀

公称压力为 PN16～PN160 的 J941H、J941Y、J941W 型钢制电动截止阀示意见图 5-26，主要性能参数见表 5-71，主要外形及结构尺寸见表 5-72。

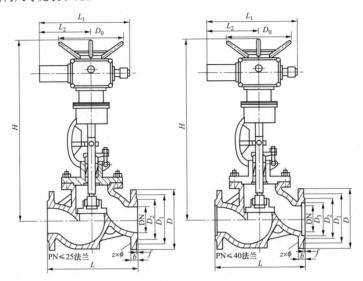

图 5-26　截止阀示意

表 5-71　　　　　　　　　　　　主 要 性 能 参 数

型号	PN	工作压力（MPa）	适用温度（℃）	适用介质	材　料			
					阀体、阀盖、阀瓣	阀杆	密封面	填料
J941H-16C～160C	16～160	1.6～16	≤425	水、蒸汽、油品	碳素钢	铬不锈钢	碳钢堆焊铁基合金	柔性石墨
J941Y-l6C～160C	16～160	1.6～16	≤425	水、蒸汽、油品	碳素钢	铬不锈钢	碳钢堆焊硬质合金	柔性石墨
J941Y-16I～160I	16～160	1.6～16	≤550	蒸汽、油品	铬钼钢	耐热钢或铬不锈钢	铬钼钢堆焊硬质合金	柔性石墨
J941Y-16V～160V	16～160	1.6～16	≤570	水、蒸汽、油品	铬钼钒钢	耐热钢或铬不锈钢	铬钼钒钢堆焊硬质合金	柔性石墨
J941Y-16P～160P	16～160	1.6～16	≤150	弱腐蚀性介质	铬镍钛不锈钢	铬镍钛不锈钢	铬镍钛不锈钢堆焊硬质合金	聚四氟乙烯
J941Y-16R～160R	16～160	1.6～16	≤200	腐蚀性介质	铬镍钼钛钢	铬镍钼钛钢	—	—
J941W-16P～160P	16～160	1.6～16	≤150	弱腐蚀性介质	铬镍钛不锈钢	铬镍钛不锈钢	本体密封	聚四氟乙烯
J941W-16R～160R	16～160	1.6～16	≤150	醋酸类	铬镍钛不锈钢	铬镍钛不锈钢	—	聚四氟乙烯

表 5-72　　　　　　　　　　　　主 要 外 形 及 结 构 尺 寸

PN16

DN（mm）	L（mm）	D（mm）	D_1（mm）	D_2（mm）	b-f（mm）	z×φ	H（mm）	L_1（mm）	L_2（mm）	D_0（mm）	电动装置型号	公称转矩（N·m）	电动机功率（kW）	质量（kg）
50	230	160	125	100	18-3	4×φ18	645	590	371	365	DZW10A	100	0.25	48
65	290	180	145	120	18-3	4×φ18	690	590	371	365	DZW10A	100	0.25	60
80	310	195	160	135	20-3	8×φ18	715	590	371	365	DZW10A	100	0.26	65

PN16

DN (mm)	L (mm)	D (mm)	D₁ (mm)	D₂ (mm)	b–f (mm)	z×φ	H (mm)	L₁ (mm)	L₂ (mm)	D₀ (mm)	电动装置型号	公称转矩 (N·m)	电动机功率 (kW)	质量 (kg)
100	350	215	180	155	22–3	8×φ18	770	590	371	365	DZW15A	150	0.37	71
125	400	245	210	185	24–3	8×φ18	780	590	371	365	DZW20A	200	0.55	119
150	480	280	240	210	24–3	8×φ23	810	590	371	365	DZW30A	300	0.75	210
200	600	335	295	265	26–3	12×φ23	967	810	515	470	DZW45A	450	1.1	320
250	650	405	355	320	30–3	12×φ23	1143	810	515	470	DZW60A	600	1.5	550
300	750	460	410	375	30–3	12×φ23	1292	830	540	550	DZW90	900	2.2	785

PN25

DN (mm)	L (mm)	D (mm)	D₁ (mm)	D₂ (mm)	b–f (mm)	z×φ	H (mm)	L₁ (mm)	L₂ (mm)	D₀ (mm)	电动装置型号	公称转矩 (N·m)	电动机功率 (kW)	质量 (kg)
50	230	160	125	100	20–3	4×φ18	645	590	371	365	DZW10A	100	0.25	50
65	290	180	145	120	22–3	8×φ18	690	590	371	365	DZW10A	100	0.25	62
80	310	195	160	135	22–3	8×φ18	715	590	371	365	DZW15A	150	0.37	67
100	350	230	190	160	24–3	8×φ23	770	590	371	365	DZW20A	200	0.55	73
125	400	270	220	188	28–3	8×φ25	780	590	371	365	DZW30A	300	0.75	127
150	480	300	250	218	30–3	8×φ25	875	810	515	470	DZW45A	450	1.1	215
200	600	360	310	278	34–3	12×φ25	967	810	515	470	DZW60A	600	1.5	322
250	650	425	370	332	36–3	12×φ30	1153	830	540	550	DZW90	900	2.2	585
300	750	485	430	390	40–4	12×φ30	1292	830	540	550	DZW120	1200	3.0	795

PN40

DN (mm)	L (mm)	D (mm)	D₁ (mm)	D₂ (mm)	D₃ (mm)	b–f (mm)	f₁ (mm)	z×φ	H (mm)	L₁ (mm)	L₂ (mm)	D₀ (mm)	电动装置型号	公称转矩 (N·m)	电动机功率 (kW)	质量 (kg)
50	230	160	125	100	88	20–3	4	4×φ18	645	590	371	365	DZW10A	100	0.25	—
65	290	180	145	120	110	22–3	4	8×φ18	690	590	371	365	DZW15A	110	0.25	75
80	310	195	160	145	121	22–3	4	8×φ18	715	590	371	365	DZW20A	200	0.55	84
100	350	230	190	160	150	24–3	4.5	8×φ23	770	590	371	365	DZW30A	300	0.75	101
125	400	270	220	188	176	28–3	4.4	8×φ25	780	810	515	470	DZW45A	450	1.1	207
150	480	300	250	218	204	30–3	4.5	8×φ25	875	810	515	470	DZW60A	600	1.5	226
200	600	360	320	282	260	38–3	4.5	12×φ30	1160	830	540	550	DZW90	900	2.2	399

PN63

DN (mm)	L (mm)	D (mm)	D₁ (mm)	D₂ (mm)	D₃ (mm)	b–f (mm)	f₁ (mm)	z×φ	H (mm)	L₁ (mm)	L₂ (mm)	D₀ (mm)	电动装置型号	公称转矩 (N·m)	电动机功率 (kW)	质量 (kg)
50	300	175	135	105	88	26–3	4	8×φ23	710	590	371	365	DZW10A	100	0.25	64
65	340	200	160	130	110	28–3	4	8×φ23	750	590	371	365	DZW15A	110	0.25	77
80	380	210	170	140	121	30–3	4	8×φ23	785	590	371	365	DZW30A	300	0.75	86
100	430	250	200	168	150	32–3	4.5	8×φ25	837	810	515	470	DZW45A	450	1.1	171
125	500	295	240	202	176	36–3	4.5	8×φ30	1031	810	515	470	DZW60A	600	1.5	243
150	550	340	280	240	204	38–3	4.5	8×φ34	1066	830	540	550	DZW90	900	2.2	296
200	650	405	345	300	260	44–3	4.5	12×φ34	1213	830	540	550	DZW120	1200	3.0	420

PN100

DN (mm)	L (mm)	D (mm)	D_1 (mm)	D_2 (mm)	D_3 (mm)	b–f (mm)	f_1 (mm)	$z×\phi$	H (mm)	L_1 (mm)	L_2 (mm)	D_0 (mm)	电动装置型号	公称转矩 (N·m)	电动机功率 (kW)	质量 (kg)
50	300	195	145	112	88	28–3	4	4×ϕ25	714	590	371	365	DZW20A	200	0.55	81
65	340	220	170	138	110	32–3	4	8×ϕ25	734	590	371	365	DZW30A	300	0.75	102
80	380	230	180	148	121	34–3	4	8×ϕ25	847	810	515	470	DZW45A	450	1.1	175
100	430	265	210	172	150	38–3	4.5	8×ϕ30	950	810	515	470	DZW60A	600	1.5	194
125	500	310	250	210	176	42–3	4.5	8×ϕ34	1142	830	540	550	DZW90	900	2.2	285
150	550	350	290	250	204	46–3	4.5	12×ϕ34	1240	830	540	550	DZW120	1200	3.0	450
200	650	430	360	312	260	54–3	4.5	12×ϕ41	1425	830	565	320	DZW180	1800	4.0	850
50	300	215	165	132	88	36–3	4	8×ϕ25	562	590	371	365	DZW30A	300	0.75	92

PN160

DN (mm)	L (mm)	D (mm)	D_1 (mm)	D_2 (mm)	D_3 (mm)	b–f (mm)	f_1 (mm)	$z×\phi$	H (mm)	L_1 (mm)	L_2 (mm)	D_0 (mm)	电动装置型号	公称转矩 (N·m)	电动机功率 (kW)	质量 (kg)
65	340	245	190	152	110	44–3	4	8×ϕ30	743	810	515	470	DZW45A	450	1.1	165
80	380	260	205	168	121	46–3	4	8×ϕ30	820	830	540	550	DZW90	900	2.2	216
100	430	300	240	200	150	48–3	4.5	8×ϕ34	935	830	540	550	DZW120	1200	3.0	238
125	500	355	285	238	176	60–3	4.5	8×ϕ41	1180	870	565	320	DZW180	1800	4.0	490
150	550	390	318	270	204	66–3	4.5	12×ϕ41	1290	870	565	320	DZW250	2500	5.5	674
200	650	480	400	345	260	78–3	4.5	12×ϕ48	1495	1075	710	570	DZW350	3500	7.5	1120

（三）D_KJ41H、D_KJ41Y、D_KJ61H、D_KJ61Y 型真空截止阀

公称压力为 PN16～PN63 的 D_KJ41H、D_KJ41Y、D_KJ61H、D_KJ61Y 型真空截止阀示意见图 5-27，主要性能参数见表 5-73，主要外形及结构尺寸见表 5-74。

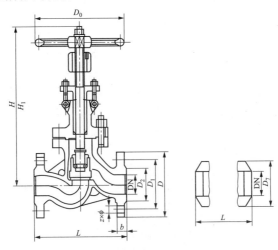

图 5-27　截止阀示意

表 5-73　　　　　　　　　　　　**主 要 性 能 参 数**

型号	PN	工作压力 （MPa）	材料					
			阀体、阀盖	填料	填料垫	手轮	阀杆螺母	阀杆
D_KJ41H-16C～63	16～63	1.6～6.3	WCB	柔性石墨	AL	QT450-10	ZCuAl10Fe3	1Cr13

型号	PN	工作压力（MPa）	材　料					
			阀体、阀盖	填料	填料垫	手轮	阀杆螺母	阀杆
D$_K$J41Y-16I～63I	16～63	1.6～6.3	Cr5Mo	柔性石墨	AL	QT450-10	ZCuAl10Fe3	1Cr13
D$_K$J61H-16C～63			WCB					
D$_K$J61Y-16I～63I			Cr5Mo					

表 5-74　　　　　　　　主要外形及结构尺寸

D$_K$J41H-16C、D$_K$J41Y-16I、D$_K$J61H-16C、D$_K$J61Y-16I

DN（mm）	L（mm）	D（mm）	D$_1$（mm）	D$_2$（mm）	b（mm）	z×φ	H（mm）	H$_1$（mm）	D$_0$（mm）	D$_7$（mm）	质量（kg）
10	130	90	60	40	14	4×φ14	211	226	120	39	4
15	130	95	65	45	14	4×φ14	211	226	120	39	4
20	150	105	75	55	14	4×φ14	286	309	160	44	9
25	160	115	85	63	14	4×φ14	286	309	160	49	10
32	190	135	100	78	16	4×φ18	295	328	160	56	11
40	200	145	110	85	16	4×φ18	337	356	200	70	18
50	230	160	125	100	16	4×φ18	374	398	240	80	25
65	290	180	145	120	18	4×φ18	406	452	240	95	32
80	310	195	160	135	20	8×φ18	417	461	320	110	41
100	350	215	180	155	20	8×φ18	640	517	320	136	58
125	400	245	210	185	22	8×φ18	535	600	360	161	80
150	480	280	240	210	24	8×φ23	585	670	360	198	101

D$_K$J41H-25、D$_K$J41Y-25I、D$_K$J61H-25、D$_K$J61Y-25I

DN（mm）	L（mm）	D（mm）	D$_1$（mm）	D$_2$（mm）	b（mm）	z×φ	H（mm）	H$_1$（mm）	D$_0$（mm）	D$_7$（mm）	质量（kg）
10	130	90	60	40	16	4×φ14	236	252	120	39	5
15	130	95	65	45	16	4×φ14	236	252	120	39	5
20	150	105	75	55	16	4×φ14	242	260	160	44	6
25	160	115	85	65	16	4×φ14	280	309	160	49	10
32	190	135	100	78	18	4×φ18	290	319	160	56	11
40	200	145	110	85	18	4×φ18	332	359	200	70	18
50	230	160	125	100	20	4×φ18	380	407	240	80	25
65	290	180	145	120	22	4×φ18	408	133	240	95	32
80	310	195	160	135	22	8×φ18	439	473	320	110	45
100	350	230	190	160	24	8×φ23	476	519	360	136	60
125	400	270	220	188	28	8×φ25	546	591	360	161	94
150	480	300	250	218	30	8×φ25	586	673	400	198	125
200	600	360	310	278	34	12×φ25	698	798	400	256	165

D$_K$J41H-40、D$_K$J41Y-40I、D$_K$J61H-40、D$_K$J61Y-40I

DN（mm）	L（mm）	D（mm）	D$_1$（mm）	D$_2$（mm）	b（mm）	f（mm）	z×φ	H（mm）	H$_1$（mm）	D$_0$（mm）	D$_7$（mm）	质量（kg）
10	130	90	60	40	16	4	4×φ14	236	252	120	39	5
15	130	95	65	45	16	4	4×φ14	236	252	120	39	5

D_KJ41H-40、D_KJ41Y-40I、D_KJ61H-40、D_KJ61Y-40I

DN (mm)	L (mm)	D (mm)	D_1 (mm)	D_2 (mm)	b (mm)	f (mm)	$z\times\phi$	H (mm)	H_1 (mm)	D_0 (mm)	D_7 (mm)	质量 (kg)
20	150	105	75	55	16	4	$4\times\phi14$	242	260	120	44	6
25	160	115	85	65	16	4	$4\times\phi14$	286	309	160	49	10
32	190	135	100	78	18	4	$4\times\phi18$	290	319	160	62	11
40	200	145	110	85	18	4	$4\times\phi18$	332	359	200	70	18
50	230	160	125	100	20	4	$4\times\phi18$	408	413	280	80	23
65	290	180	145	120	22	4	$8\times\phi18$	408	433	280	101	32
80	310	195	160	135	22	4	$8\times\phi18$	439	473	320	116	45
100	350	230	190	160	24	4.5	$8\times\phi23$	476	519	360	140	60
125	400	280	220	188	28	4.5	$8\times\phi25$	546	591	400	169	94
150	480	300	250	218	30	4.5	$8\times\phi25$	586	673	400	198	125
200	600	375	320	282	38	4.5	$12\times\phi25$	676	780	400	256	173

D_KJ41H-63、D_KJ41Y-63I、D_KJ61H-63、D_KJ61Y-63I

DN (mm)	L (mm)	D (mm)	D_1 (mm)	D_2 (mm)	D_6 (mm)	b (mm)	$z\times\phi$	D_3 (mm)	H (mm)	H_1 (mm)	D_0 (mm)	D_7 (mm)	质量 (kg)
10	170	100	70	50	35	18	$4\times\phi14$	—	238	262	120	44	7.0
15	170	105	75	55	41	20	$4\times\phi14$	—	218	231	200	44	7.0
20	190	125	90	68	51	20	$4\times\phi18$	—	282	306	160	44	11.0
25	210	135	100	78	58	22	$4\times\phi18$	—	282	306	160	61	13
32	230	150	110	82	66	24	$4\times\phi23$	135	340	374	200	68	15.0
40	260	165	125	95	76	24	$4\times\phi23$	150	376	402	240	80	26.0
50	300	175	135	105	88	26	$4\times\phi23$	175	404	430	280	90	32.0
65	340	200	160	130	110	28	$8\times\phi23$	200	432	462	320	105	37
80	380	210	170	140	121	30	$8\times\phi23$	230	470	512	360	128	56
100	430	250	200	168	150	32	$8\times\phi25$	250	540	590	400	152	71
125	500	295	240	202	176	36	$8\times\phi30$	300	722	799	450	181	153
150	550	340	280	240	204	38	$8\times\phi35$	—	—	—	—	—	—
200	600	405	345	300	260	44	$12\times\phi35$	—	—	—	—	—	—

（四）J61H、J61Y 型承插焊锻钢截止阀

公称压力为 PN25～PN160 的 J61H、J61Y 型承插焊锻钢截止阀示意见图 5-28，主要性能参数见表 5-75，主要外形及结构尺寸见表 5-76。

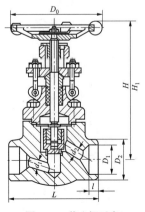

图 5-28　截止阀示意

表 5-75   主 要 性 能 参 数

型号	PN	工作压力（MPa）	适用温度（℃）	适用介质	阀体、阀盖	阀瓣	阀杆	填料
J61H-25～160	25～160	2.5～16.0	≤425	水、蒸汽、油品	25Mn	3Cr13	2Cr13	柔性石墨
J61Y-25P～100P	25～100	2.5～10.0	≤150	弱腐蚀性介质	1Cr18Ni9Ti	1Cr18Ni9Ti	1Cr18Ni9Ti	
J61Y-25I～100I	25～100	2.5～10.0	≤550	高温蒸汽、油品	15CrMo	铬钼合金钢	铬钼合金钢	

表 5-76   主要外形及结构尺寸

DN（mm）	L（mm）	l（mm）	D_1（mm）	D_2（mm）	d_1（mm）	d_2（mm）	H（mm）	H_1（mm）	D_0（mm）	质量（kg）
15	80	10	22.2	34	11	10	148	156	100	1.9
20	90	13	27.7	40	14	13	150	161	100	2.3
25	100	13	34.5	50	19	18	175	187	120	3.4
32	120	13	43.3	58	24	23	200	214	140	5.2
40	140	13	49.1	66	30	29	231	252	160	7.3
50	170	16	61.1	78	37	36	262	291	180	10

（五）J961H、J961Y 型钢制电动截止阀

1. PN25 ~ PN160

公称压力为 PN25～PN160 的 J961H、J961Y 型钢制电动截止阀示意见图 5-29，主要性能参数见表 5-77，主要外形及结构尺寸见表 5-78。

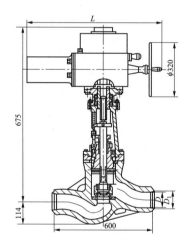

图 5-29 截止阀示意

表 5-77   主 要 性 能 参 数

型号	PN	工作压力（MPa）	适用温度（℃）	适用介质	材 料			
					阀体、阀盖	阀杆	密封面	填料
J961H-25	25	2.5	≤425	水、蒸汽、油品	碳素钢	铬不锈钢	H：铬不锈钢 Y：硬质合金	柔性石墨
J961Y-25								
J961H-40	40	4.0						
J961Y-40								

续表

型号	PN	工作压力（MPa）	适用温度（℃）	适用介质	材　料			
					阀体、阀盖	阀杆	密封面	填料
J961H-100	100	10.0	≤450	水、蒸汽、油品	碳素钢	铬不锈钢	H：铬不锈钢 Y：硬质合金	柔性石墨
J961Y-100								
J961H-160	160	16.0						
J961Y-160								

表 5-78　　　　　　　　　　　　　　　主要外形及结构尺寸

PN25、PN40					PN100、PN160				
DN（mm）	L（mm）	D（mm）	D_1（mm）	质量（kg）	DN（mm）	L（mm）	D（mm）	D_1（mm）	质量（kg）
15	90	34	22.5	4	15	90	36	22.5	4
20	100	44	28.5	6	20	110	44	28.5	6
25	120	48	34.5	8	25	120	52	34.5	11
32	140	56	43	14	32	140	62	43	11.5
40	170	66	49	19	40	170	70	49	12.3
					50	200	86	61	14

2. PN100～PN320

公称压力为 PN100～PN320 的 J961H、J961Y 型钢制电动截止阀示意见图 5-30，主要性能参数见表 5-79，主要外形及结构尺寸见表 5-80。

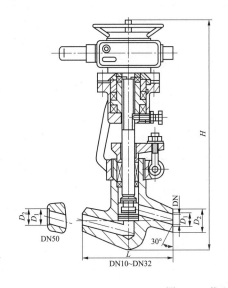
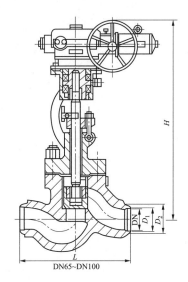

图 5-30　截止阀示意

表 5-79　　　　　　　　　　　　　　　主 要 性 能 参 数

型号	PN	工作压力（MPa）	适用温度（℃）	适用介质	材　料			
					阀体、阀盖	阀瓣	阀杆	填料
J961H-100	100	10.0	≤450	水、蒸汽	碳素钢	不锈钢	铬钼钒钢	柔性石墨
J961Y-100								

续表

型号	PN	工作压力（MPa）	适用温度（℃）	适用介质	材料			
					阀体、阀盖	阀瓣	阀杆	填料
J961H-200	200	20.0	≤450	水、蒸汽	碳素钢	不锈钢	2Cr13	柔性石墨
J961H-250	250	25.0						
J961H-320	320	32.0						
J961Y-200	200	20.0						
J961Y-250	250	25.0						
J961Y-320	320	32.0						
J961Y-P_{54}100V	100	10.0	≤540	水、蒸汽	碳素钢	不锈钢	铬钼钒钢	柔性石墨
J961Y-P_{54}140V	140	14.0						
J961Y-P_{54}170V	170	17.0						
J961Y-P_{55}170V	170	17.0	≤550					
J961Y-P_{57}170V	170	17.0	≤570					
J961Y-P_{55}195V	195	19.5	≤550					
J961Y-P_{54}200V	200	20.0	≤540					
J961Y-P_{54}195V	195	19.5	≤540	水、蒸汽、油品	铬钼钒钢	渗氮钢	硬质合金	柔性石墨

表 5-80　　　　　　　　　　　　　　　主要外形及结构尺寸

PN100

DN（mm）	L（mm）	D_1（mm）	D_2（mm）	H（mm）	质量（kg）
10	130	10	30	210	—
15	130	12	30	210	—
20	170	22	42	480	76
25	170	27	42	520	96
32	200	34	52	728	120
50	350	53	76	728	140
80	500	86	108	898	280
100	600	107	161	890	360

PN200

DN（mm）	L（mm）	D_1（mm）	D_2（mm）	H（mm）	质量（kg）
10	130	10	30	210	—
15	130	12	30	210	—
20	170	22	42	480	76
25	170	27	42	520	96
32	200	34	52	728	120
50	350	53	76	728	140
80	500	86	108	898	280
100	600	107	161	890	360

PN250、320

DN（mm）	L（mm）	D_1（mm）	D_2（mm）	H（mm）	质量（kg）
20	150	25	40	576	47.4
32	180	32	55	606	51.7
50	250	50	83	722	72.8
65	430	65	98	811	125
80	470	80	105	895	225
100	600	100	142	1179	296

J961Y-P$_{55}$170V、J961Y-P$_{54}$170V、J961Y-P$_{57}$170V、J961Y-P$_{54}$195V、J961Y-P$_{55}$195V、J961Y-P$_{54}$200V、J961Y-P$_{54}$195V

DN（mm）	L（mm）	D_1（mm）	D_2（mm）	H（mm）	质量（kg）
10	120	12	23	500	21
20	170	24	42	533	27
25	175	28	45	545	27.5
32	190	35	54	560	59
50	340	46	50	648	108
65	430	69	92	565	110
80	470	85	118	600	205
100	560	105	145	680	365

第四节 止 回 阀

一、阀门结构

止回阀是启闭件（阀瓣）借助介质作用力、自动阻止介质逆流的阀门，按结构可分两类：

（1）升降式。阀瓣沿阀瓣密封面轴线做升降运动的止回阀。一种是卧式，装于水平管道，阀体外形与截止阀相似；另一种是立式，装于垂直管道。

（2）旋启式。阀瓣绕体腔内销轴做旋转运动的止回阀。有单瓣、双瓣和多瓣之分，旋启多瓣式止回阀是具有两个以上阀瓣的旋启式止回阀。

二、典型阀门技术规范表

本节介绍以下典型止回阀的技术规范：

（1）H42H、H42Y 型立式钢制止回阀。

（2）H42W 型立式钢制止回阀。

（3）H44H、H44Y、H44W 型法兰连接钢制旋启止回阀。

（一）H42H、H42Y 型立式钢制止回阀

公称压力为 PN16～PN40 的 H42H、H42Y 型立式钢制止回阀示意见图 5-31，主要性能参数见表 5-81，主要外形及结构尺寸见表 5-82。

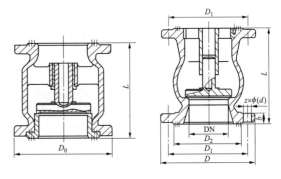

图 5-31 止回阀示意

表 5-81 主 要 性 能 参 数

型号	PN	工作压力（MPa）	适用温度（℃）	适用介质	材　料		
					阀体	阀瓣	导向套
H42H-16C	16	1.6	≤425	水、蒸汽、油品	碳素铸钢	铬不锈钢	铬不锈钢
H42H-25	25	2.5					
H42H-40	40	4.0					
H42Y-25	25	2.5	≤150	油品、天然气、水、蒸汽	WCB	WCB	—
H42Y-40	40	4.0					

表 5-82　　　　　　　　　　　　　主要外形及结构尺寸

DN（mm）		L（mm）	D（mm）	D_1（mm）	D_2（mm）	b（mm）	$z×\phi$	质量（kg）
15		80	95	65	45	16	$4×\phi14$	—
20		90	105	75	55	16	$4×\phi14$	—
25		100	115	85	65	16	$4×\phi14$	—
32		110	135	100	78	18	$4×\phi18$	—
40		120	145	110	85	18	$4×\phi18$	—
50		140	160	125	100	20	$4×\phi18$	7.7
65		160	180	145	120	22	$8×\phi18$	10.8
80		185	195	160	135	22	$8×\phi18$	11.9
100		210	230	190	160	24	$8×\phi23$	19.1
125		275	270	220	188	28	$8×\phi25$	—
150		300	300	250	218	30	$8×\phi25$	46.4
200	PN16 PN25	380	360	310	278	34	$12×\phi25$	63.5
	PN40	380	375	320	282	38	$12×\phi30$	—

（二）H42W 型立式钢制止回阀

公称压力为 PN16～PN40 的 H42W 型立式钢制止回阀示意见图 5-32，主要性能参数见表 5-83，主要外形及结构尺寸见表 5-84。

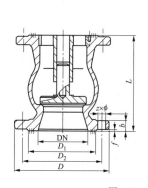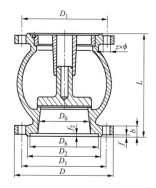

图 5-32　止回阀示意

表 5-83　　　　　　　　　　　　　主 要 性 能 参 数

型号	PN	工作压力（MPa）	适用温度（℃）	适用介质	材 料		
					阀体、阀瓣	导向阀	密封面
H42W-16C	16	1.6	≤425	水、油品	碳素钢	碳钢	碳钢
H42W-16P	16	1.6	≤150	腐蚀性介质	铬镍钛不锈钢	铬镍钛不锈钢	铬镍钛不锈钢
H42W-25R	25	2.5		弱腐蚀性介质	铬镍钼钛不锈钢	铬镍钛不锈钢	铬镍钼钛不锈钢
H42W-40R	40	4.0			铬镍钼钛不锈钢	铬镍钼钛不锈钢	铬镍钼钛不锈钢

表 5-84　　　　　　　　　　　　　主要外形及结构尺寸

PN16

DN（mm）	L（mm）	D（mm）	D_1（mm）	D_2（mm）	b（mm）	$z×\phi$	质量（kg）
50	140	160	125	100	16	$4×\phi18$	7.9
65	160	180	145	120	18	$4×\phi18$	11

PN16

DN（mm）	L（mm）	D（mm）	D_1（mm）	D_2（mm）	b（mm）	z×ϕ	质量（kg）
80	185	195	160	135	20	8×ϕ18	12
100	210	215	180	155	20	8×ϕ18	19.5
125	275	245	210	185	22	8×ϕ18	36
150	300	280	240	210	24	8×ϕ23	47
200	380	335	295	265	26	12×ϕ23	65

PN25

DN（mm）	L（mm）	D（mm）	D_1（mm）	D_2（mm）	b（mm）	f（mm）	z×ϕ	质量（kg）
15	—	95	65	45	16	—	4×ϕ14	—
20	—	105	75	55	16	—	4×ϕ14	—
25	—	115	85	65	16	—	4×ϕ14	—
32	—	135	100	78	16	—	4×ϕ18	—
40	—	145	110	88	18	—	4×ϕ18	—
50	140	160	125	100	20	3	4×ϕ18	7.7
65	160	180	145	120	22	3	8×ϕ18	10.8
80	185	195	160	135	22	3	8×ϕ18	11.9
100	210	230	190	160	24	3	8×ϕ23	19.1
125	—	275	220	188	28	3	8×ϕ25	—
150	300	300	250	218	30	3	8×ϕ25	46.4
200	380	360	310	278	34	3	12×ϕ25	63.5

PN40

DN（mm）	L（mm）	D（mm）	D_1（mm）	D_2（mm）	D_6（mm）	f（mm）	f_1（mm）	b（mm）	z×ϕ	质量（kg）
15	—	95	65	45	40	2	4	16	4×ϕ14	—
20	—	105	75	55	51	2	4	16	4×ϕ14	—
25	—	115	85	65	58	2	4	16	4×ϕ14	—
32	—	135	100	78	66	2	4	18	4×ϕ18	—
40	—	145	110	88	76	3	4	18	4×ϕ18	—
50	140	160	125	102	88	3	4	20	4×ϕ18	7.7
65	160	180	145	122	110	3	4	22	8×ϕ18	10.8
80	185	195	160	135	121	3	4	22	8×ϕ18	11.9
100	210	230	190	160	150	3	4.5	24	8×ϕ23	19.1
125	—	270	220	188	176	3	4.5	28	8×ϕ25	—
150	300	300	250	218	204	3	4.5	30	8×ϕ25	46.4
200	380	375	310	282	260	3	4.5	38	12×ϕ30	63.5

（三）H44H、H44Y、H44W 型法兰连接钢制旋启止回阀

公称压力为 PN16～PN250 的 H44H、H44Y、H44W 型法兰连接钢制旋启止回阀示意见图 5-33，主要性能参数见表 5-85，主要外形及结构尺寸见表 5-86。

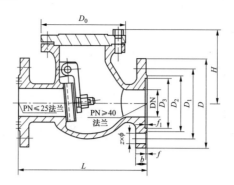

图 5-33 止回阀示意

表 5-85 主 要 性 能 参 数

型号	PN	工作压力（MPa）	适用温度（℃）	适用介质	材　料	
					阀体、阀盖、阀瓣	密封面
H44H-16C～250	16～250	1.6～25	≤425	水、蒸汽、油品	碳素钢	碳钢堆焊铁基合金
H44Y-16C～250	16～250	1.6～25	≤425	水、蒸汽、油品	碳素钢	碳钢堆焊硬质合金
H44Y-16I～250I	16～250	1.6～25	≤550	蒸汽、油品	铬钼钢	铬钼钢堆焊硬质合金
H44Y-16V～250V	16～250	1.6～25	≤570	水、蒸汽、油品	铬钼钒钢	铬钼钒钢堆焊硬质合金
H44Y-16P～250P	16～250	1.6～25	≤150	弱腐蚀性介质	铬镍钛不锈钢	铬镍钛钢堆焊硬质合金
H44W-16P～250P	16～250	1.6～25	≤150	弱腐蚀性介质	铬镍钛不锈钢	本体密封
H44W-16R～63R	16～63	1.6～6.3	≤150	硝酸类	铬镍钼钛不锈钢	铬镍钼钛不锈钢

表 5-86 主要外形及结构尺寸

PN16

DN（mm）	L（mm）	D（mm）	D_1（mm）	D_2（mm）	b-f（mm）	z×φ	H（mm）	D_0（mm）	质量（kg）
25	160	115	85	65	16-2	4×φ14	130	140	8
32	180	135	100	78	18-2	4×φ18	140	150	12
40	200	145	110	85	18-3	4×φ18	150	160	18
50	230	160	125	100	20-3	4×φ18	160	185	22
65	290	180	145	120	20-3	4×φ18	175	215	26
80	310	195	160	135	22-3	8×φ18	185	235	33
100	350	215	180	155	24-3	8×φ18	200	255	39
125	400	245	210	185	26-3	8×φ18	225	285	57
150	480	280	240	210	28-3	8×φ23	260	330	80
200	550	335	295	265	30-3	12×φ23	290	385	95
250	650	405	355	320	32-3	12×φ25	330	455	175
300	750	460	410	375	34-4	12×φ25	380	515	260
350	850	520	470	435	38-4	16×φ25	430	545	360
400	950	580	525	485	40-4	16×φ30	480	600	496
500	1150	705	650	608	46-4	20×φ34	560	730	588

PN25

DN（mm）	L（mm）	D（mm）	D_1（mm）	D_2（mm）	b–f（mm）	z×ϕ	H（mm）	D_0（mm）	质量（kg）
25	160	115	85	65	18–2	4×ϕ14	140	140	8
32	180	135	100	78	20–2	4×ϕ18	150	150	12
40	200	145	110	85	20–3	4×ϕ18	160	160	18
50	230	160	125	100	22–3	4×ϕ18	175	185	22
65	290	180	145	120	24–3	8×ϕ18	180	215	30
80	310	195	160	135	26–3	8×ϕ18	190	235	35
100	350	230	190	160	30–3	8×ϕ23	215	260	52
125	400	245	220	188	32–3	8×ϕ25	250	296	73
150	480	300	250	218	32–3	8×ϕ25	270	330	103
200	550	360	310	276	36–3	12×ϕ25	350	380	135
250	650	425	370	332	40–3	12×ϕ30	410	430	196
300	750	485	430	390	42–4	16×ϕ30	430	490	285
350	850	550	490	448	44–4	16×ϕ34	450	545	388
400	950	610	550	505	48–4	16×ϕ34	560	600	496
500	1150	730	660	610	56–4	20×ϕ41	620	730	641

PN40

DN（mm）	L（mm）	D（mm）	D_1（mm）	D_2（mm）	D_3（mm）	b–f（mm）	f_1（mm）	z×ϕ	H（mm）	D_0（mm）	质量（kg）
25	160	115	85	65	58	16–2	4	4×ϕ14	140	140	8
32	180	135	100	78	66	18–2	4	4×ϕ18	150	150	12
40	200	145	110	85	76	18–3	4	4×ϕ18	160	160	18
50	230	160	125	100	88	20–3	4	4×ϕ18	175	185	22
65	290	180	145	120	110	22–3	4	8×ϕ18	190	210	30
80	310	195	160	135	121	22–3	4	8×ϕ18	190	235	34
100	350	230	190	160	150	24–3	4.5	8×ϕ23	215	260	52
125	400	270	220	188	176	28–3	4.5	8×ϕ25	260	295	73
150	480	300	250	218	204	30–3	4.5	8×ϕ25	270	330	103
200	550	375	320	282	260	38–3	4.5	12×ϕ30	340	450	212
250	650	445	385	345	313	42–3	4.5	12×ϕ34	400	500	297
300	750	510	450	408	364	46–4	4.5	16×ϕ34	425	545	362
350	850	570	510	465	422	52–4	5	16×ϕ34	460	570	450
400	950	655	585	535	474	58–4	5	16×ϕ41	490	625	585
500	1150	755	670	612	576	62–4	5	20×ϕ48	620	730	641

PN63

DN（mm）	L（mm）	D（mm）	D_1（mm）	D_2（mm）	D_3（mm）	b–f（mm）	f_1（mm）	z×ϕ	H（mm）	D_0（mm）	质量（kg）
50	300	175	135	105	88	26–3	4	4×ϕ23	190	210	30
65	340	200	160	130	110	28–3	4	8×ϕ23	205	235	41
80	380	210	170	140	121	30–3	4	8×ϕ23	205	235	48
100	430	250	200	168	150	32–3	4.5	8×ϕ25	235	270	72

PN63

DN（mm）	L（mm）	D（mm）	D_1（mm）	D_2（mm）	D_3（mm）	$b-f$（mm）	f_1（mm）	$z \times \phi$	H（mm）	D_0（mm）	质量（kg）
125	500	295	240	202	176	36—3	4.5	$8 \times \phi30$	265	315	108
150	550	340	280	240	204	38—3	4.5	$8 \times \phi34$	295	360	155
200	650	405	345	300	260	44—3	4.5	$12 \times \phi34$	355	420	217
250	775	470	400	352	313	48—3	4.5	$12 \times \phi41$	405	480	341
300	900	530	460	412	364	54—4	4.5	$16 \times \phi41$	465	560	472
350	1025	595	525	475	422	60—4	5	$16 \times \phi41$	515	615	627
400	1150	670	585	525	474	66—4	5	$16 \times \phi48$	570	675	882
500	1400	800	705	640	576	70—4	5	$20 \times \phi54$	620	735	1027

PN100

DN（mm）	L（mm）	D（mm）	D_1（mm）	D_2（mm）	D_3（mm）	$b-f$（mm）	f_1（mm）	$z \times \phi$	H（mm）	D_0（mm）	质量（kg）
50	300	195	145	112	88	28—3	4	$4 \times \phi25$	192	210	41
65	340	220	170	138	110	32—3	4	$8 \times \phi25$	207	235	48
80	380	230	180	148	121	34—3	4	$8 \times \phi25$	235	260	72
100	430	265	210	172	150	38—3	4.5	$8 \times \phi30$	265	295	108
125	500	310	250	210	176	42—3	4.5	$8 \times \phi34$	313	335	130
150	550	350	290	250	204	46—3	4.5	$12 \times \phi34$	360	425	217
200	650	430	360	312	260	54—3	4.5	$12 \times \phi41$	420	450	341
250	775	500	430	382	313	60—3	4.5	$12 \times \phi41$	480	535	472
300	900	585	500	442	364	70—4	4.5	$16 \times \phi48$	540	635	598

PN160

DN（mm）	L（mm）	D（mm）	D_1（mm）	D_2（mm）	D_3（mm）	$b-f$（mm）	f_1（mm）	$z \times \phi$	H（mm）	D_0（mm）	质量（kg）
50	300	215	165	132	88	36—3	4	$8 \times \phi25$	251	140	49
65	340	245	190	152	110	44—3	4	$8 \times \phi30$	282	160	58
80	380	260	205	168	121	46—3	4	$8 \times \phi30$	320	180	110
100	430	300	240	200	150	48—3	4.5	$8 \times \phi34$	356	210	162
125	500	355	285	238	176	60—3	4.5	$8 \times \phi41$	393	250	214
150	550	390	318	270	204	66—3	4.5	$12 \times \phi41$	430	300	267
200	650	480	400	345	260	78—3	4.5	$12 \times \phi48$	470	360	318
250	750	580	485	425	313	82—3	4.5	$12 \times \phi54$	514	400	370
300	900	665	570	510	364	88—3	4.5	$16 \times \phi54$	580	480	430

PN200

DN（mm）	L（mm）	D（mm）	D_1（mm）	D_2（mm）	D_3（mm）	$b-f$（mm）	f_1（mm）	$z \times \phi$	H（mm）	D_0（mm）	质量（kg）
150	700	440	360	305	190	82—3	6	$12 \times \phi48$	343	310	372
200	800	535	440	380	245	92—3	6	$12 \times \phi54$	400	380	430

PN250

DN（mm）	L（mm）	D（mm）	D_1（mm）	D_2（mm）	D_3（mm）	$b-f$（mm）	f_1（mm）	$z \times \phi$	H（mm）	质量（kg）
50	368	210	160	128	70	40—3	5	$8 \times \phi25$	310	63
65	419	260	203	165	97	48—3	5	$8 \times \phi30$	346	78

PN250

DN（mm）	L（mm）	D（mm）	D_1（mm）	D_2（mm）	D_3（mm）	b–f（mm）	f_1（mm）	z×φ	H（mm）	质量（kg）
80	470	290	230	190	116	54–3	5	8×φ34	385	92
100	546	360	292	245	138	66–3	6	8×φ41	406	168
125	673	385	318	270	170	76–3	6	12×φ41	534	220
150	705	440	360	305	190	82–3	6	12×φ48	560	270
200	832	535	440	380	245	92–3	6	12×φ54	610	320
250	991	370	572	508	319	110–3	6	16×φ54	673	390

第五节　蝶　　阀

一、阀门结构

蝶阀是启闭件（蝶板）由阀杆带动，并绕阀杆的轴线做旋转运动的阀门。

蝶阀很轻巧，比其他阀门要节省材料，结构简单，开闭迅速，流体阻力小，操作省力，可做成很大口径。

二、典型阀门技术规范表

本节介绍以下典型蝶阀的技术规范：

（1）D41F、D341F 型法兰连接衬塑蝶阀。

（2）D941F、D971F 型电动四氟密封蝶阀。

（3）D942X-6、D942X-10、D942X-16 型双偏心电动法兰蝶阀。

（4）三偏心金属硬密封蝶阀。

（一）D41F、D341F 型法兰连接衬塑蝶阀

公称压力为 PN10～PN16 的 D41F、D341F 型法兰连接衬塑蝶阀示意见图 5-34，主要性能参数见表 5-87，主要外形及结构尺寸见表 5-88。

（二）D941F、D971F 型电动四氟密封蝶阀

公称压力为 PN10～PN40 的 D941F、D971F 型电动四氟密封蝶阀示意见图 5-35，主要性能参数见表 5-89，主要外形及结构尺寸见表 5-90。

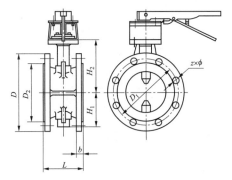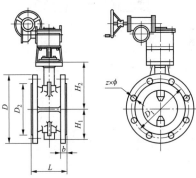

图 5-34　蝶阀示意

表 5-87　　　　　　　　　　　主 要 性 能 参 数

型号	PN	工作压力（MPa）	适用温度（℃）	适用介质	材　料				
					阀体/阀盖	蝶板	阀杆	衬里/阀座	操作手柄
D41F-10C	10	1.0	−200～180	强酸、强碱、强氧化剂等	WCB	WCB	2Cr13	PTFE（F）	Q235
D41F-16C	16	1.6			WCB	WCB	2Cr13		
D41F-10P	10	1.0			CF8、CF3	CF8、CF3	304、304L		
D41F-16P	16	1.6			CF8、CF3	CF8、CF3	304、304L		
D41F-10R	10	1.0			CF8M、CF3M	CF8M、CF3M	316、316L		
D41F-16R	16	1.6			CF8M、CF3M	CF8M、CF3M	316、316L		

型号	PN	工作压力（MPa）	适用温度（℃）	适用介质	材　料				
					阀体／阀盖	蝶板	阀杆	衬里／阀座	操作手柄
D341F-10C	10	1.0	−200～180	强酸、强碱、强氧化剂等	WCB	WCB	2Cr13	PTFE（F）	Q235
D341F-16C	16	1.6							
D341F-10P	10	1.0			CF8、CF3	CF8、CF3	304、304L		
D341F-16P	16	1.6							
D341F-10R	10	1.0			CF8M、CF3M	CF8M、CF3M	316、316L		
D341F-16R	16	1.6							

表 5-88　　　　　　　　　　　主要外形及结构尺寸

PN10

DN（mm）	DN（in）	L（mm）	D（mm）	D_1（mm）	D_2（mm）	b（mm）	$z×\phi$	H_1（mm）	H_2（mm）	质量（kg）
50	2	108	160	125	99	16	$4×\phi18$	85	120	12.5
65	$2\frac{1}{2}$	112	180	145	118	18	$4×\phi18$	95	130	17
80	3	114	195	160	132	18	$4×\phi18$	110	140	21
100	4	127	215	180	155	20	$8×\phi18$	122	160	24.5
125	5	140	245	210	184	22	$8×\phi18$	138	180	30.5
150	6	140	280	240	210	22	$8×\phi23$	158	200	42.5
200	8	152	335	295	265	22	$8×\phi23$	188	220	86
250	10	165	390	350	319	24	$12×\phi23$	224	260	114
300	12	178	440	400	368	26	$12×\phi23$	254	290	142
350	14	190	500	460	428	26	$16×\phi23$	288	340	198
400	16	216	565	515	480	26	$16×\phi25$	305	370	268
450	18	222	615	565	532	26	$20×\phi25$	340	742	358
500	20	229	670	620	585	28	$20×\phi25$	372	742	468
600	24	267	780	725	685	28	$20×\phi30$	440	922	608
700	28	292	895	840	794	30	$24×\phi30$	475	976	788
800	32	318	1010	950	901	32	$24×\phi34$	530	1037	1038
900	36	330	1110	1050	1001	34	$28×\phi34$	580	1234	1340
1000	40	410	1220	1160	1120	34	$28×\phi34$	648	1302	1728
1200	48	470	1450	1380	1325	38	$32×\phi41$	820	1365	2198

PN16

DN（mm）	DN（in）	L（mm）	D（mm）	D_1（mm）	D_2（mm）	b（mm）	$z×\phi$	H_1（mm）	H_2（mm）	质量（kg）
50	2	108	165	125	99	20	$4×\phi18$	85	120	12.5
65	$2\frac{1}{2}$	112	185	145	118	20	$4×\phi18$	95	130	17
80	3	114	200	160	132	20	$8×\phi18$	110	140	21
100	4	127	200	180	155	22	$8×\phi18$	122	160	24.5
125	5	140	250	210	184	22	$8×\phi18$	138	180	30.5
150	6	140	285	240	210	24	$8×\phi23$	158	200	42.5
200	8	152	340	295	265	24	$12×\phi23$	188	220	86

续表

PN16

DN（mm）	DN（in）	L（mm）	D（mm）	D_1（mm）	D_2（mm）	b（mm）	z×φ	H_1（mm）	H_2（mm）	质量（kg）
250	10	165	405	355	319	26	12×φ26	224	260	114
300	12	178	460	410	368	28	12×φ26	254	290	142
350	14	190	520	470	428	30	16×φ26	288	340	198
400	16	216	580	525	480	32	16×φ30	305	370	268
450	18	222	640	585	548	34	20×φ30	340	742	358
500	20	229	715	650	609	36	20×φ33	372	742	468
600	24	267	840	770	720	38	20×φ36	440	922	608
700	28	292	910	840	794	40	24×φ36	475	976	788
800	32	318	1025	950	901	42	24×φ39	530	1037	1038
900	36	330	1125	1050	1001	44	28×φ39	580	1234	1340
1000	40	410	1255	1170	1120	46	28×φ42	648	1302	1728
1200	48	470	1485	1390	1325	52	32×φ48	820	1365	2198

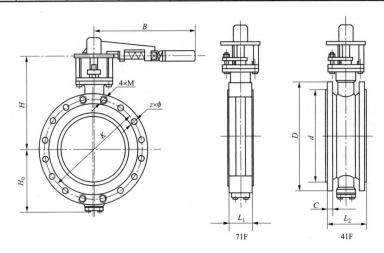

图 5-35　蝶阀示意

表 5-89　　　　　　　　　　　主 要 性 能 参 数

型号	PN	工作压力（MPa）	适用温度（℃）	适用介质	材　料			
					阀体	阀板	阀杆	密封圈
D941F-10～16 D971F-10～16	10～16	1.0～4.0	0～150	水、海水、蒸汽、气体、油品等	灰铸铁	灰铸铁	铬不锈钢	
D941F-10C～40C D971F-10C～40C	10～40	1.0～4.0	29～150	水、蒸汽、气体、油品等	碳素钢	碳素钢	铬不锈钢	聚四氟乙烯
D941F-10P～40P D971F-10P～40P				醋酸类、硝酸类、腐气、药品等	铬镍钛钢	铬镍钛钢	不锈钢	
D941F-10R～40R D971F-10R～40R					铬镍钼钛钢	铬镍钼钛钢	不锈钢	

表 5-90 　　　　　　　　　　　　　　　　　　主要外形及结构尺寸

PN10

DN (mm)	L_1 (mm)	L_2 (mm)	D (mm)	K (mm)	M*	$z\times\phi$	d (mm)	C (mm)	H (mm)	H_0 (mm)	B (mm)	电动驱动装置型号	功率(kW)	质量(kg)
200	71	152	340	295	M20	$4\times\phi22$	266	24	341	200	84	DZW10	0.25	98
250	76	165	405	350	M20	$8\times\phi22$	319	26	390	231	84	DZW10	0.25	117
300	83	178	460	400	M20	$8\times\phi22$	370	26	433	261	108	DZW20（1）	0.55	165
350	92	190	520	460	M20	$12\times\phi22$	429	26	470	298	108	DZW20（1）	0.55	193
400	102	216	580	515	M24	$12\times\phi26$	480	26	533	331	128	DZW20（1）	0.55	238
450	114	222	640	565	M24	$16\times\phi26$	530	28	564	369	152	DZW20（1）	0.55	293
500	127	229	715	620	M24	$16\times\phi26$	582	28	598	404	168	DZW30（1）	0.75	367
600	154	267	840	725	M27	$16\times\phi30$	682	34	702	473	192	DZW30（1）	0.75	474
700	165	292	910	840	M27	$20\times\phi30$	794	34	764	538	218	DZW60	1.5	486
800	190	318	1025	950	M30	$20\times\phi33$	901	36	836	615	237	DZW60	1.5	905
900	203	330	1125	1050	M30	$24\times\phi33$	1001	38	948	700	237	DZW60	1.5	910
1000	216	300	1255	1160	M33	$24\times\phi36$	1112	38	971	720	237	DZW60	1.5	1057

PN16

DN (mm)	L_1 (mm)	L_2 (mm)	D (mm)	K (mm)	M*	$z\times\phi$	d (mm)	C (mm)	H (mm)	H_0 (mm)	B (mm)	电动驱动装置型号	功率(kW)	质量(kg)
200	71	152	340	295	M20	$8\times\phi22$	266	24	341	200	84	DZW10	0.25	98
250	76	165	405	355	M24	$8\times\phi26$	319	26	390	231	84	DZW10	0.25	117
300	83	178	460	410	M24	$8\times\phi26$	370	28	433	261	108	DZW20（1）	0.55	165
350	92	190	520	470	M24	$12\times\phi26$	429	30	470	298	108	DZW20（1）	0.55	193
400	102	216	580	525	M27	$12\times\phi30$	480	32	533	331	128	DZW20（1）	0.55	238
450	114	222	640	585	M27	$16\times\phi30$	548	34	564	369	152	DZW20（1）	0.55	293
500	127	229	715	650	M30	$16\times\phi33$	609	36	598	404	168	DZW30（1）	0.75	367
600	154	267	840	770	M33	$16\times\phi36$	720	38	702	473	192	DZW30（1）	0.75	474
700	165	292	910	840	M33	$20\times\phi36$	794	40	764	538	218	DZW60	1.5	486
800	190	318	1025	910	M36	$20\times\phi39$	901	42	836	615	237	DZW60	1.5	905
900	203	330	1125	1025	M36	$24\times\phi39$	1001	44	948	700	237	DZW60	1.5	910
I000	216	300	1255	1125	M39	$24\times\phi42$	1112	46	971	720	237	DZW60	1.5	1057

PN25

DN (mm)	L_1 (mm)	L_2 (mm)	D (mm)	K (mm)	M*	$z\times\phi$	d (mm)	C (mm)	H (mm)	H_0 (mm)	B (mm)	电动型号	功率(kW)	质量(kg)
200	71	230	360	310	M24	$8\times\phi26$	274	30	349	210	84	DZW10	0.25	100
250	76	250	425	370	M27	$8\times\phi30$	330	32	405	250	108	DZW20（1）	0.55	125
300	83	270	485	430	M27	$12\times\phi30$	389	34	482	289	128	DZW20（1）	0.55	161
350	92	290	555	490	M30	$12\times\phi33$	448	38	516	327	152	DZW30（1）	0.75	196
400	102	310	620	550	M33	$12\times\phi36$	503	40	560	378	168	DZW30（1）	0.75	262
450	114	330	670	600	M33	$16\times\phi36$	548	46	622	385	180	DZW30（1）	0.75	311
500	127	350	730	660	M33	$16\times\phi36$	609	48	600	424	229	DZW30（1）	0.75	491
600	154	390	845	770	M36	$16\times\phi39$	720	48	729	429	237	DZW30（1）	0.75	641

PN40

DN (mm)	L_1 (mm)	L_2 (mm)	D (mm)	K (mm)	M*	$z×\phi$	d (mm)	C (mm)	H (mm)	H_0 (mm)	B (mm)	电动驱动装置型号	功率(kW)	质量(kg)
200	71	230	375	320	M27	8×ϕ30	284	34	349	210	84	DZW10	0.25	100
250	76	250	450	385	M30	8×ϕ33	345	38	405	250	108	DZW20（1）	0.55	125
300	83	270	515	450	M30	12×ϕ33	409	42	482	289	128	DZW20（1）	0.55	161
350	92	290	580	510	M33	12×ϕ36	465	46	516	327	152	DZW30（1）	0.75	196
400	102	310	660	585	M36	12×ϕ39	535	50	560	378	168	DZW30（1）	0.75	262
450	114	330	685	610	M36	16×ϕ39	560	57	622	385	180	DZW30（1）	0.75	311
500	127	350	755	670	M39	16×ϕ42	615	57	660	424	229	DZW30（1）	0.75	491
600	154	390	890	795	M45	16×ϕ48	735	72	729	429	237	DZW30（1）	0.75	641

* M 为螺纹规格。

（三）D942X-6、D942X-10、D942X-16 型双偏心电动法兰蝶阀

公称压力为 PN6～PN16 的 D942X-6、D942X-10、D942X-16 型双偏心电动法兰蝶阀示意见图 5-36，主要性能参数见表 5-91，主要外形及结构尺寸见表 5-92。

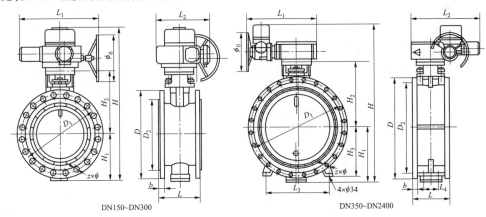

DN150~DN300　　　　DN350~DN2400

图 5-36　蝶阀示意

表 5-91　　　　主 要 性 能 参 数

型号	PN	工作压力（MPa）	适用温度（℃）	适用介质	材　料				
					阀体	阀板	阀杆	密封面	填料
D942X-6	6	0.6	≤120	水、油品	灰铸铁		不锈钢	NBR	V 形组合密封圈、柔性石墨
D942X-10	10	1.0							
D942X-16Q	16	1.6			球墨铸铁	灰铸铁			

表 5-92　　　　主要外形及结构尺寸

D942X-6

DN (mm)	D (mm)	D_1 (mm)	D_2 (mm)	$z×\phi$	b (mm)	L (mm)	L_1 (mm)	L_2 (mm)	L_3 (mm)	L_4 (mm)	H (mm)	H_1 (mm)	H_2 (mm)	H_3 (mm)	ϕ_0 (mm)
50	140	110	90	4×ϕ14	16	108	420	325	—	—	408	52	106	—	300
65	160	130	110	4×ϕ14	16	112	420	325	—	—	440	65	125	—	300
80	190	150	128	4×ϕ18	18	114	420	325	—	—	470	75	145	—	300
100	210	170	148	4×ϕ18	18	127	420	325	—	—	518	98	170	—	300
125	240	200	178	8×ϕ18	20	140	420	325	—	—	547	112	185	—	300

D942X-6

DN (mm)	D (mm)	D_1 (mm)	D_2 (mm)	$z\times\phi$	b (mm)	L (mm)	L_1 (mm)	L_2 (mm)	L_3 (mm)	L_4 (mm)	H (mm)	H_1 (mm)	H_2 (mm)	H_3 (mm)	ϕ_0 (mm)
150	265	225	202	8×φ18	20	140	420	325	—	—	578	128	200	—	300
200	320	280	258	8×φ18	22	152	420	325	—	—	722	190	260	—	300
250	375	335	312	12×φ18	24	250	552	410	—	—	814	220	285	—	400
300	440	395	365	12×φ23	24	270	552	410	—	—	872	243	320	—	400
350	490	445	415	12×φ23	26	290	552	543	—	—	1005	275	365	—	400
400	540	495	465	16×φ23	28	310	552	543	—	—	1073	310	398	—	400
450	595	550	520	16×φ23	28	330	552	543	—	—	1120	335	420	—	400
500	645	600	570	20×φ23	30	350	564	593	—	—	1173	363	445	—	400
600	755	705	670	20×φ26	30	390	564	593	—	—	1293	418	510	—	400
700	860	810	775	24×φ26	32	430	667	698	—	—	1468	490	588	—	400
800	975	920	880	24×φ30	34	470	667	698	—	—	1576	546	640	—	400
900	1075	1020	980	24×φ30	36	510	667	698	820	140	1722	612	720	470	400
1000	1175	1120	1080	28×φ30	36	410	825	842	982	160	1822	648	747	560	300
1200	1405	1340	1295	32×φ33	40	470	836	975	920	160	2065	761	855	635	400
1400	1630	1560	1510	36×φ36	44	530	1038	1076	1150	160	2420	858	1043	866	400
1600	1830	1760	1710	40×φ36	48	600	1038	1076	1260	180	2741	992	1230	790	400
1800	2045	1970	1920	44×φ39	50	670	1038	1076	1430	280	3094	1125	1450	980	400
2000	2265	2180	2125	48×φ42	54	760	1126	1189	1590	360	3412	1232	1570	1075	500
2200	2475	2390	2335	48×φ42	60	1000	1126	1189	1750	360	3685	1345	1730	1170	500
2400	2685	2600	2545	52×φ42	62	1100	1126	1189	1920	420	3515	1460	1835	1265	500

D942X-10

DN (mm)	D (mm)	D_1 (mm)	D_2 (mm)	$z\times\phi$	b (mm)	L (mm)	L_1 (mm)	L_2 (mm)	L_3 (mm)	L_4 (mm)	H (mm)	H_1 (mm)	H_2 (mm)	H_3 (mm)	ϕ_0 (mm)
50	165	125	102	4×φ18	20	108	420	325	—	—	408	52	106	—	300
65	185	145	122	4×φ18	20	112	420	325	—	—	440	65	125	—	300
80	200	160	133	8×φ18	22	114	420	325	—	—	470	75	145	—	300
100	220	180	158	8×φ18	24	127	420	325	—	—	518	98	170	—	300
125	250	210	184	8×φ18	26	140	420	325	—	—	547	112	185	—	300
150	285	240	212	8×φ23	26	140	420	325	—	—	578	128	200	—	300
200	340	295	268	8×φ23	28	152	420	325	—	—	722	190	260	—	300
250	395	350	320	12×φ23	28	250	552	410	—	—	814	220	285	—	400
300	445	400	370	12×φ23	28	270	552	410	—	—	872	243	320	—	400
350	505	460	430	16×φ23	30	290	552	543	—	—	1005	275	365	—	400
400	565	515	482	16×φ26	32	310	552	543	—	—	1073	310	398	—	400
450	615	565	530	20×φ26	32	330	552	543	—	—	1120	335	420	—	400
500	670	620	585	20×φ26	34	350	564	593	—	—	1173	363	445	—	400

续表

D942X-10

DN (mm)	D (mm)	D₁ (mm)	D₂ (mm)	z×φ	b (mm)	L (mm)	L₁ (mm)	L₂ (mm)	L₃ (mm)	L₄ (mm)	H (mm)	H₁ (mm)	H₂ (mm)	H₃ (mm)	φ₀ (mm)
600	780	725	685	20×φ30	36	390	564	593	—	—	1293	418	510	—	400
700	895	840	800	24×φ30	40	430	667	698	—	—	1468	490	588	—	400
800	1015	950	905	24×φ33	44	470	667	698	—	—	1576	546	640	—	400
900	1115	1050	1005	28×φ33	46	510	667	698	820	140	1722	612	720	470	400
1000	1230	1160	1110	28×φ36	50	410	825	842	982	160	1822	648	747	560	300
1200	1455	1380	1330	32×φ39	56	470	836	875	920	160	2065	761	855	635	400
1400	1675	1590	1530	36×φ42	62	530	1038	1076	1150	160	2420	858	1043	866	400
1600	1915	1820	1750	40×φ48	68	600	1038	1076	1260	180	2741	992	1230	790	400

D942X-16Q

DN (mm)	D (mm)	D₁ (mm)	D₂ (mm)	z×φ	b (mm)	L (mm)	L₁ (mm)	L₂ (mm)	L₃ (mm)	L₄ (mm)	H₁ (mm)	H₂ (mm)	H₃ (mm)	φ₀ (mm)
50	165	125	102	4×φ18	20	108	420	325	—	—	52	106	—	300
65	185	145	122	4×φ18	20	112	420	325	—	—	65	125	—	300
80	200	160	133	8×φ18	20	114	420	325	—	—	75	145	—	300
100	220	180	158	8×φ18	22	127	420	325	—	—	98	170	—	300
125	250	210	184	8×φ18	22	140	420	325	—	—	112	185	—	300
150	285	240	212	8×φ23	24	140	420	325	—	—	128	200	—	300
200	340	295	268	12×φ23	24	152	420	325	—	—	190	260	—	300
250	410	355	320	12×φ26	26	250	552	410	—	—	220	285	—	400
300	465	410	375	12×φ26	28	270	552	410	—	—	243	320	—	400
350	525	470	435	12×φ26	30	290	552	543	—	—	275	365	—	400
400	585	525	485	16×φ30	32	310	552	543	—	—	310	398	—	400
450	645	585	545	20×φ30	34	330	552	543	—	—	335	420	—	400
500	710	650	608	20×φ33	36	350	564	593	—	—	363	445	—	400
600	845	770	718	20×φ39	38	390	564	593	—	—	418	510	—	400
700	910	840	795	24×φ36	40	430	667	698	—	—	490	588	—	400
800	1025	950	898	24×φ39	42	470	667	698	—	—	546	640	—	400
900	1125	1050	1005	28×φ39	44	510	667	698	820	140	612	720	470	400
1000	1255	1170	1110	28×φ42	46	410	825	842	982	160	648	747	560	300

（四）三偏心金属硬密封蝶阀

三偏心金属硬密封蝶阀蝶板的回转中心（即阀杆的中心）与蝶板密封截面偏置一个尺寸 α，并与阀体通道轴线偏置一个尺寸 β，阀座回转轴线与阀体通道轴线形成一个角度 δ，故形成三偏心，如图5-37所示。

三偏心金属硬密封蝶阀的反向密封功能较双偏心蝶阀有显著提高。同时，三偏心蝶阀的密封圈开启脱角更大，密封面磨损更小，因此使用寿命更长。

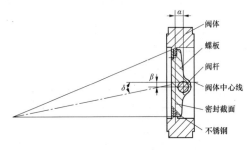

图5-37　三偏心金属硬密封蝶阀示意

三偏心金属硬密封蝶阀的结构长度遵守 GB/T 12221《金属阀门 结构强度》的规定，但在火力发电厂中，该类阀门一般尺寸较大，结构长度可以根据实际需要与厂家进行调整。

第六节 球 阀

一、阀门结构

球阀是启闭件（球体）由阀杆带动，并绕阀杆的轴线做旋转运动的阀门。球阀开关轻便，体积小，可以做成很大口径，密封可靠，结构简单，维修方便，密封面与球面常在闭合状态，不易被介质冲蚀，应用广泛。

球阀分浮动式球阀、固定式球阀两类。浮动式球阀是球体不带有固定轴的球阀，固定式球阀是球体带有固定轴的球阀。

二、典型阀门技术规范表

本节介绍以下典型球阀的技术规范：

（1）Q41F 型法兰连接钢制球阀。

（2）Q941F、Q941Y 型电动球阀。

（一）Q41F 型法兰连接钢制球阀

公称压力为 PN16～PN40 的 Q41F 型法兰连接钢制球阀示意见图 5-38，主要性能参数见表 5-93，主要外形及结构尺寸见表 5-94。

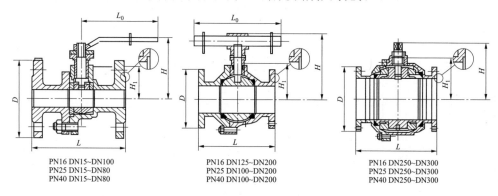

PN16 DN15~DN100
PN25 DN15~DN80
PN40 DN15~DN80

PN16 DN125~DN200
PN25 DN15~DN200
PN40 DN100~DN200

PN16 DN250~DN300
PN25 DN250~DN300
PN40 DN250~DN300

图 5-38 球阀示意

表 5-93 主 要 性 能 参 数

型号	PN	工作压力（MPa）	适用温度（℃）	适用介质	材 料			
					阀体	阀杆	密封面	调料
Q41F-16C	16	1.6	≤180	水、气、油	WCB	2Cr13	PTFE、增强 PTFE	PTFE
Q41F-25	25	2.5						
Q41F-40	40	4.0						
Q41F-16P	16	1.6	≤180	硝酸类	CF8	304	PTFE、增强 PTFE	PTFE
Q41F-25P	25	2.5						
Q41F-40P	40	4.0						
Q41F-16R	16	1.6	≤180	醋酸类	CF8M	316	PTFE、增强 PTFE	PTFE
Q41F-25R	25	2.5						
Q41F-40R	40	4.0						

表 5-94 主要外形及结构尺寸

PN16

DN（mm）	L（mm）	D（mm）	H（mm）	H_1（mm）	L_0（mm）	质量（kg）
15	130	95	70	39	130	3
20	130	105	86	43	168	4
25	140	115	95	48	168	5
32	165	135	107	58	220	8
40	165	145	124	62	220	9

PN16

DN（mm）	L（mm）	D（mm）	H（mm）	H_1（mm）	L_0（mm）	质量（kg）
50	200	160	136	76	250	10
65	220	180	157	86	300	15
80	250	195	169	100	300	23
100	280	215	211	131	400	40
125	320	245	266	148	600	75
150	360	280	297	173	762	95
200	457	335	371	219	—	160
250	533	405	346	260	—	293
300	610	460	425	305	—	449

PN25

DN（mm）	L（mm）	D（mm）	H（mm）	H_1（mm）	L_0（mm）	质量（kg）
15	140	95	70	39	130	3.5
20	152	105	86	43	168	4.5
25	165	115	95	48	168	6
32	178	135	107	58	220	9
40	190	145	124	62	220	11
50	216	160	136	76	250	14
65	241	180	157	86	300	23
80	283	195	169	100	300	30
100	305	230	250	134	762	53
125	381	270	271	148	762	95
150	403	300	310	173	—	130
200	419	360	388	223	—	202
250	568	425	448	283	—	330
300	648	485	486	321	—	570

PN40

DN（mm）	L（mm）	D（mm）	H（mm）	H_1（mm）	L_0（mm）	质量（kg）
15	140	95	70	39	130	3.5
20	152	105	86	43	168	4.5
25	165	115	95	48	168	6
32	178	135	107	58	220	9
40	190	145	124	62	220	11
50	216	160	136	76	250	14
65	241	180	157	86	300	23
80	283	195	169	100	300	30
100	305	230	250	134	762	53
125	381	270	271	148	762	95
150	403	300	310	173	762	130
200	419	375	388	223	—	202
250	568	445	448	283	—	330
300	648	510	486	321	—	570

（二）Q941F、Q941Y 型电动球阀

公称压力为 PN16～PN63 的 Q941F、Q941Y 型电动球阀示意见图 5-39，主要性能参数见表 5-95，主要外形及结构尺寸见表 5-96。

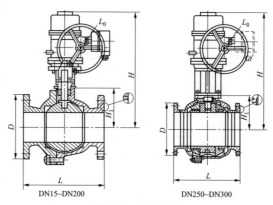

DN15~DN200 DN250~DN300

图 5-39 球阀示意

表 5-95   主 要 性 能 参 数

型号	PN	工作压力（MPa）	适用温度（℃）	适用介质	材 料			
					阀体材料	阀杆	密封面	填料
Q941F-16C	16	1.6	≤180	水、气、油	WCB	2Cr13 304 316 1Cr18Ni9Ti 1Cr18Ni12Mo2Ti	PTFE、增强 PTFE	PTFE
Q941F-25C	25	2.5						
Q941F-40C	40	4.0						
Q941Y-16C	16	1.6	≤425	水、气、油 含颗粒介质			金属堆焊钴基	柔性石墨
Q941Y-25C	25	2.5						
Q941Y-40C	40	4.0						
Q941F-16P	16	1.6	≤180	硝酸类	CF8	304	PTFE、增强 PTFE	PTFE
Q941F-25P	25	2.5						
Q941F-40P	40	4.0						
Q941Y-16P	16	1.6	≤450	水、气、油 含颗粒介质			金属堆焊钴基	柔性石墨
Q941Y-25P	25	2.5						
Q941Y-40P	40	4.0						
Q941F-16R	16	1.6	≤180	醋酸类	CF8M	316	PTFE、增强 PTFE	PTFE
Q941F-25R	25	2.5						
Q941F-40R	40	4.0						
Q941Y-16R	16	1.6	≤450	水、气、油 含颗粒介质			金属堆焊钴基	柔性石墨
Q941Y-25R	25	2.5						
Q941Y-40R	40	4.0						
Q941Y-16I	16	1.6	−29～150	水、蒸汽、油品等	合金钢	不锈钢	—	—
Q941F-25I	25	2.5						
Q941F-40I	40	4.0						
Q941F-63I	63	6.3						

表 5-96   主要外形及结构尺寸

PN16

DN（mm）	L（mm）	D（mm）	H（mm）	H_1（mm）	L_0（mm）	质量（kg）
15	130	95	340	39	120	25
20	130	105	353	43	120	26
25	140	115	353	48	120	27
32	165	135	378	58	120	28
40	165	145	378	62.5	120	30
50	200	160	405	76	418	37
65	220	180	435	86	418	42

PN16

DN（mm）	L（mm）	D（mm）	H（mm）	H₁（mm）	L₀（mm）	质量（kg）
80	250	195	450	100	418	51
100	280	215	570	131	418	90
125	320	245	592	148	418	125
150	360	280	623	173	585	178
200	457	335	689	219	585	243
250	533	405	765	260	585	380
300	610	460	885	305	585	535

PN25

DN（mm）	L（mm）	D（mm）	H（mm）	H₁（mm）	L₀（mm）	质量（kg）
15	140	95	340	39	120	25
20	152	105	353	43	120	26
25	165	115	353	48	120	28
32	178	135	378	58	120	30
40	190	145	378	62.5	120	32
50	216	160	405	76	418	41
65	241	180	435	86	418	50
80	283	195	450	100	418	57
100	305	230	578	134	418	103
125	381	270	597	148	418	145
150	403	300	643	173	585	213
200	419	360	728	223	585	285
250	568	425	765	283	585	415
300	648	485	885	321	585	770

PN40

DN（mm）	L（mm）	D（mm）	H（mm）	H₁（mm）	L₀（mm）	质量（kg）
15	140	95	340	39	120	26
20	152	105	353	43	120	27
25	165	115	353	48	120	30
32	178	135	378	58	120	31
40	190	145	378	62.5	120	33
50	216	160	405	76	418	41
65	241	180	435	86	418	50
80	283	195	450	100	418	57
100	305	230	578	134	418	108
125	381	270	597	148	418	182
150	403	300	643	173	585	220
200	419	375	728	223	585	303
250	568	445	863	283	585	455
300	648	510	901	321	585	740

PN63

DN（mm）	L（mm）	D（mm）	H（mm）	H₁（mm）	质量（kg）
15	140	105	70	210	—
20	152	130	75	250	7.2
25	165	140	85	261	9
32	178	155	100	262	13

PN63

DN（mm）	L（mm）	D（mm）	H（mm）	H_1（mm）	质量（kg）
40	190	170	115	294	15
50	216	180	130	352	19
65	241	205	155	398	42
80	283	215	180	461	50
100	305	250	210	488	68
125	381	—	—	—	108
150	403	—	—	—	140

第七节 疏 水 阀

一、阀门结构

疏水阀也称阻汽排水阀、汽水阀、疏水器、回水盒、回水阀等，作用是自动排泄不断产生的凝结水，不让蒸汽出来。

疏水阀种类很多，有浮桶式、浮球式、钟形浮子式、脉冲式、热动力式、热膨胀式等。常用的为浮桶式、钟形浮子式和热动力式。

（一）浮桶式疏水阀

浮桶式疏水阀主要由阀门、轴杆、导管、浮桶和外壳等构件组成。

当设备或管道中的凝结水在蒸汽压力的推动下进入疏水阀，并逐渐增多至接近灌满浮桶时，由于浮桶的质量超过浮力而向下沉落，节流阀门开启，桶内的凝结水在蒸汽压力的作用下经导管和阀门排出。当浮桶内的凝结水快排完时，浮桶质量减轻向上浮起，节流阀关闭，浮桶内又开始积存凝结水。这样周期性地工作，既可自动排出凝结水，又能阻止蒸汽外逸。

（二）钟形浮子式疏水阀

钟形浮子式疏水阀又称吊桶式疏水阀，主要由调节阀、吊桶、外壳和过滤装置等构件组成。疏水阀内的吊桶倒置，开始时处于下降位置，调节阀开启，当设备或管道中的冷空气和凝结水在蒸汽压力的推动下进入疏水阀时，即由调节阀排出。蒸汽与未排出的少量空气逐渐充满吊桶内部容积，同时凝结水不断积存，吊桶因产生浮力而上升，调节阀关闭，停止排出凝结水；小部分吊桶内部的蒸汽和空气从桶顶部的小孔排出，大部分散热后凝成液体，从而使吊桶浮力逐渐减小而下落，调节阀开启，凝结水排出。这样周期性地工作，既可自动排出凝结水，又能阻止蒸汽外逸。

（三）热动力式疏水阀

当设备或管道中的凝结水流入阻气排水阀后，变压室内的蒸汽随之冷凝，并降低压力，阀片下的受力大于阀片上的受力，阀片顶起。因为凝结水比蒸汽黏度大、流速低，所以阀片与阀底间不易造成负压，同时凝结水不易通过阀片与外壳之间的间隙流入变压室，阀片保持开启状态，凝结水流经环形槽排出。

当设备或管道中的蒸汽流入疏水阀后，因为蒸汽比凝结水黏度小、流速高，所以阀片与阀座间容易造成负压，同时部分蒸汽流入变压室，故阀片上的受力大于阀片下的受力，阀片迅速关闭。这样周期性地工作，既可自动排出凝结水，又能阻止蒸汽外逸。

二、典型阀门技术规范表

本节介绍以下典型疏水阀的技术规范：

（1）CS11H-16C、CS11H-25、CS11H-40 型自由浮球式疏水阀。

（2）CS15H、CS45H 钟型浮子式钢制疏水阀。

（3）CS49H、CS69H 型热动力圆盘式蒸汽疏水阀。

（4）CS47H-16C、CS47H-20C 型双金属温度调整型疏水阀

（一）CS11H-16C、CS11H-25、CS11H-40 型自由浮球式疏水阀

公称压力为 PN16～PN40 的 CS11H-16C、CS11H-25、CS11H-40 型自由浮球式疏水阀示意见图5-40，主要性能参数见表5-97，主要外形及结构尺寸见表5-98。

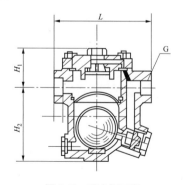

图 5-40 疏水阀示意

注：G 指螺纹具体规格见表5-98。

表 5-97　　　　　　　　　　主 要 性 能 参 数

型号	PN	工作压力（MPa）	适用温度（℃）	适用介质	阀体材料
CS11H-16C	16	1.6			
CS11H-25	25	2.5	≤350	水、蒸汽	WCB
CS11H-40	40	4.0			

表 5-98　　　　　　　　　　主要外形及结构尺寸

代号	DN（mm）	G（in）	L（mm）	H_1（mm）	H_2（mm）	W（mm）
A 型	15	$R_c\dfrac{1}{2}$	120	82	89	84
	20	$R_c\dfrac{3}{4}$	120	82	89	84
	25	R_c1	120	84	95	84
B 型	15	$R_c\dfrac{1}{2}$	150	84	114	114
	20	$R_c\dfrac{3}{4}$	150	84	114	114
	25	R_c1	150	86.5	116.5	114
	32	$R_c1\dfrac{1}{4}$	155	98.5	104.5	114
	40	$R_c1\dfrac{1}{2}$	155	98.5	104.5	114
	50	R_c2	210	98.5	104.5	114

注　R_c 表示英制密封圆锥内螺纹。

（二）CS15H、CS45H 钟型浮子式钢制疏水阀

公称压力为 PN16 的 CS15H、CS45H 钟型浮子式钢制疏水阀示意见图 5-41，主要性能参数见表 5-99，主要外形及结构尺寸见表 5-100，主要排水量见表 5-101。

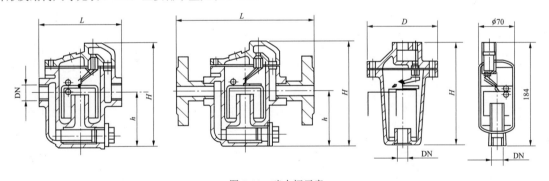

图 5-41　疏水阀示意

表 5-99　　　　　　　　　　主 要 性 能 参 数

型号	PN	工作压力（MPa）	适用温度（℃）	适用介质	材　料		
					阀体、阀盖	阀座	浮筒
CS15H-16 CS45H-16	16	1.6	≤200	水、蒸汽	铸铁	硅酸铜铸铁	不锈钢
CS15H-16 CS45H-16C	16	1.6	≤425	水、蒸汽	碳钢	—	不锈钢
CS15H-16P	16	1.6	≤425	水、蒸汽	304 型不锈钢	—	不锈钢

表 5-100　　　　　　　　　　　主要外形及结构尺寸

CS15H-16、CS15H-16C				CS15H-16（直式）			
DN（mm）	15	20	25	DN（mm）	25	40	50
L（mm）	120	120	200	D（mm）	190	240	285
H（mm）	150	190	310	H（mm）	270	375	425
h（mm）	80	100	185				
质量（kg）	3.0	3.5	14.0	质量（kg）	12.5	27.5	47.0

CS45H-16C				CS45H-16			
DN（mm）	15	20	25	DN（mm）	15	20	25
L（mm）	230	230	310	L（mm）	175	195	215
H（mm）	150	190	310	H（mm）	160	160	160
h（mm）	80	100	185	h（mm）	88	88	88
质量（kg）	5.5	8.0	20.0	质量（kg）	5.5	6.0	7.0

表 5-101　　　　　　　　　　主 要 排 水 量　　　　　　　　　　（kg/h）

工作压差（MPa）	0.05	0.1	0.2	0.35	0.4	0.6	0.6	0.85	1.2	1.6
CS15H-16 CS15H-16C CS45H-16 C DN15	180	210	260	315	—	—	—	—	—	—
	120	140	175	220	235	—	280	285	—	—
	85	105	135	170	180	—	250	260	280	—
	60	75	100	135	140	—	210	215	245	265
CS15H-16 CS15H-16C CS45H-16C DN20	230	260	310	360	—	—	—	—	—	—
	145	170	210	260	275	—	345	350	—	—
	120	140	175	220	235	—	300	310	335	—
	85	105	135	170	180	—	250	265	300	320
CS15H-16 CS15H-16C CS45H-16C DN25	750	1100	1700	2000	—	—	—	—	—	—
	600	650	820	1100	1200	—	1680	1720	—	—
	380	510	680	900	950	—	1360	1400	1560	—
	300	360	510	680	750	—	1120	1160	1250	1320
CS15H-16 DN40	2000	2480	3130	3540	—	—	—	—	—	—
	750	1100	1700	2200	2380	—	3230	3300	—	—
	700	880	1225	1735	1900	—	2720	2790	3180	—
	580	720	1020	1400	1550	—	2310	2380	2850	3150
CS15H-16 DN50	3700	4660	5600	6700	—	—	—	—	—	—
	2050	2450	3330	4450	4750	—	6460	6650	—	—
	1360	1770	2480	3460	3670	—	5100	5270	5950	—
	1020	1360	1970	2780	3000	—	4350	4520	5230	5750
CS45H-16 （ES8F） DN15、DN20、DN25	260	340	420	480	550	—	—	—	—	—
	160	220	300	360	380	—	450	—	—	—
	70	90	120	130	150	—	190	205	220	260
CS15H-16P DN15、DN20、DN25	170	—	260	315	—	—	—	—	—	—
	110	—	180	220	255	—	285	—	—	—
	85	—	135	170	220	—	260	285	—	—
	55	—	100	135	—	180	—	215	250	265

（三）CS49H、CS69H 型热动力圆盘式蒸汽疏水阀

公称压力为 PN16 的 CS49H、CS69H 型热动力圆盘式蒸汽疏水阀主要性能参数见表 5-102，主要外形及结构尺寸见表 5-103。

表 5-102　　　　　　　　　主 要 性 能 参 数

型号	PN	工作压力（MPa）	适用温度（℃）	适用介质	阀体材料
CS49H-16C	16	1.6	≤350	蒸汽、水	WCB
CS69H-16C	16	1.6	≤350	蒸汽、水	WCB

表 5-103　　　　　　　　主 要 外 形 及 结 构 尺 寸　　　　　　　　（mm）

CS49H-16C

DN	L	W	DN	L	W
15	150	61	50	230	79
20	150	61	65	280	85
25	160	61	80	310	110
32	210	79	80	310	110
40	230	79	100	460	110

CS69H-16C

DN	L	W	DN	L	W
15	80	47	32	105	80
20	90	57	40	110	80
25	95	57	50	120	80

（四）CS47H-16C、CS47H-20C 型双金属温度调整型疏水阀

公称压力为 PN16、PN20 的 CS47H-16C、CS47H-20C 型双金属温度调整型疏水阀示意见图 5-42，主要性能参数见表 5-104，主要外形及结构尺寸见表 5-105。

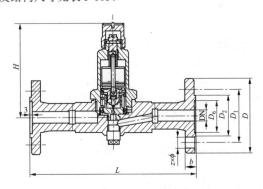

图 5-42　疏水阀示意

表 5-104　　　　　　　　　主 要 性 能 参 数

型号	PN	工作压力（MPa）	适用温度（℃）	适用介质	材　料					
					阀体	阀盖	阀座	阀心	双金属片	弹簧
CS47H-16C	16	1.6	≤200	蒸汽、凝结水	25	45	不锈钢	不锈钢	RSN210	不锈钢
CS47H-20C	20	2.0								

表 5-105　　　　　　　　　　　　　　　主要外形及结构尺寸

DN（mm）	D（mm）	D_6（mm）	D_2（mm）	D_1（mm）	$z×\phi$	b（mm）	L（mm）	H（mm）
15	95	40	46	65	$4×\phi14$	16	150	122.5
20	105	51	56	75	$4×\phi14$	16	150	122.5
25	115	58	65	85	$4×\phi14$	16	150	122.5

第八节　调　节　阀

一、阀门结构

根据执行机构行程，调节阀分为直行程和角行程两大类，其中直行程调节阀按阀座形式分为单阀座和双阀座，按阀体连接结构可分为直通阀、角式阀、三通阀等。

二、调节阀选型

（一）阀门选型工况及参数计算

准确的工艺数据是选择调节阀的关键。原则上，两位式调节阀应给出阀门开启工况下的进出口参数；具有连续调节功能的阀门应给出最大、正常、最小三个工况下对应的进出口介质参数，包括流量、入口压力、入口温度、黏度（介质为润滑油、燃油时）、出口压力。

1. 管道疏水阀

（1）计算工况。对主蒸汽、再热蒸汽、抽汽管道疏水阀，取机组启动或停机时阀门开启的最大工况。主蒸汽、再热蒸汽管道疏水可取用极热态启动工况参数，用于阀门通流能力校核，并根据阀门的运行工况选择阀内件类型及材质；抽汽管道疏水阀可取用 25% 额定功率滑压运行工况；辅助蒸汽管道疏水阀取最大运行工况。

（2）介质。饱和汽、饱和水。

（3）阀门入口温度。阀门入口压力对应的饱和温度。

（4）流量。对于再热冷段管道，疏水总量取再热减温器减温水、高压旁路减温水、2 号高压加热器紧急疏水量三者中的大值，其他管道疏水总量取 TMCR 工况下管道蒸汽流量的 2%，管系中每个疏水阀均分疏水总量。

（5）阀门入口压力。阀门开启最大工况下的蒸汽压力。

1）主蒸汽管道疏水：极热态启动过热器出口工作压力。

2）再热热段管道疏水：极热态启动时再热器出口工作压力。

3）再热冷段管道疏水：极热态启动时高压缸排汽工作压力。

4）冷段至给水泵汽轮机高压供汽管道疏水：取冷段与四段抽汽汽源切换工况再热冷段蒸汽管道的压力（汽轮机侧）。

5）抽汽管道疏水：取 25%额定功率滑压运行工况下抽汽工作压力。

6）辅助蒸汽管道疏水：辅助蒸汽联箱最高工作压力。

（6）阀门出口压力。连接至真空系统的管道疏水阀阀后实际运行压力为阀门在运行工况下的阻塞背压，选型计算时阀后背压根据主机形式和扩容器设置方式确定，可取疏水扩容器压力作为阀门通流能力校核、阀内件及材料选用。

（7）关闭压差。取阀门关闭工况最大压差，按额定负荷时阀门前压力和阀后凝汽器压力差选择。

（8）设计压力。取疏水阀前管道设计压力。

（9）设计温度。取疏水阀前管道设计温度。

2. 除氧器水位调节阀

（1）计算工况。以 VWO、TMCR、30%THA 工况作为最大、正常、最小工况，供热抽汽机组还应考虑最大抽汽工况，以保证阀门在各负荷工况下的调节性能，并避免噪声及振动。

（2）介质。水。

（3）阀门入口温度。取阀门入口凝结水温度，由热平衡图查得。

（4）流量。取各工况下凝结水流量，由热平衡图查得。

（5）阀门入口压力。应为凝结水泵出口压力扣除从凝结水泵出口至阀门入口设备、管道的阻力（考虑10%余量）及管道静压。泵出口压力根据泵特性曲线及各工况凝结水流量查得，管系阻力计算中各设备阻力应按各工况流量进行折算。

（6）阀门出口压力。应为各工况下除氧器压力与调节阀出口至除氧器入口设备、管道的阻力之和（考虑10%余量）及管道静压。除氧器压力由各工况热平衡图查得，除氧器喷头压力损失应向除氧器制造厂落实。管系阻力计算中各设备阻力应按各工况凝结水流量进行折算。

（7）关闭压差。取阀门关闭工况最大压差。

（8）设计压力。取凝结水管道设计压力。

（9）设计温度。取凝结水管道设计温度。

3. 凝结水泵最小流量再循环调节阀

（1）计算工况。最小流量工况。

（2）介质。水。

（3）阀门入口温度。再循环管道引出处凝结水温度。

（4）流量。取凝结水泵最小流量和轴封加热器最小流量的大值。

（5）阀门入口压力。应为凝结水泵出口压力扣除从凝结水泵出口至阀门入口设备、管道的阻力（考虑10%余量）及管道静压。泵出口压力根据泵特性曲线及凝结水最小流量查得，管系阻力计算中各设备阻力应按该工况下凝结水流量进行折算。

（6）阀门出口压力。应为凝汽器背压及阀后管系阻力之和，管系阻力包括节流孔板阻力及管道阻力（考虑10%余量），计入管道静压。

（7）关闭压差。取阀门关闭工况最大压差。

（8）设计压力。取凝结水管道设计压力。

（9）设计温度。取凝结水管道设计温度。

4. 加热器正常疏水阀

（1）计算工况。以 VWO、TMCR、25%THA 作为最大、正常、最小工况，以保证在各个负荷工况下加热器的逐级疏水。

（2）介质。饱和汽、饱和水。

（3）阀门入口温度。各工况下的加热器疏水温度，由汽轮机热平衡图查得。

（4）流量。各工况下的加热器疏水流量，由汽轮机热平衡图查得。

（5）阀门入口压力。应为各工况下本级加热器工作压力与阀入口管系阻力（考虑10%余量）之差，计入管道静压。各工况下加热器工作压力由热平衡图查得。

（6）阀门出口压力。应为各工况下下一级加热器工作压力与阀出口管系阻力（考虑10%余量）之和，计入管道静压。各工况下加热器工作压力由热平衡图查得。

（7）关闭压差。取阀门关闭工况下最大压差，当加热器正常疏水进入凝汽器时，阀后压力应考虑凝汽器背压。

（8）设计压力。取加热器疏水管道设计压力。

（9）设计温度。取加热器疏水管道设计温度。

5. 加热器事故疏水阀

（1）计算工况。ASME TDP-1-2006 *Recommended Practices for the Prevention of Water Damage to Steam Turbines Used for Electric Power Generation* 3.5.1.1（d）规定："加热器事故疏水阀应能在各种连续运行工况下

排除上一级加热器的正常疏水和本级加热器的抽汽凝结水，包括一台较低压力的加热器解列工况"，故加热器事故疏水阀计算工况与正常疏水阀相同，以 VWO、TMCR、25%THA 作为最大、正常、最小工况，以保证在各个负荷工况下加热器的事故疏水。

（2）介质。饱和汽、饱和水。

（3）阀门入口工作温度。加热器事故疏水接口布置在加热器饱和段，取对应工况下加热器工作压力下的饱和温度。

（4）流量。各工况下的加热器疏水流量，由汽轮机热平衡图查得，加热器事故疏水阀应考虑加热器随机启动时的调节性能，应要求阀门的最小可调节流量尽量小。

（5）阀门入口压力。应为各工况下本级加热器工作压力与阀入口管系阻力之差，计入管道静压。各工况下加热器工作压力由热平衡图查得。

（6）阀门出口压力。对于高压加热器，取 0.345MPa（g）；对于低压加热器，阀门出口背压取凝汽器压力，并适度考虑系统阻力。

（7）关闭压差。取阀门关闭工况下最大压差。

（8）设计压力。取加热器疏水管道设计压力。

（9）设计温度。取加热器疏水管道设计温度。

6. 冷却水系统温度调节阀

（1）计算工况。设备最大冷却水量工况。

（2）介质。水。

（3）阀门入口温度。冷却水运行温度。

（4）流量。设备最大冷却水量。

（5）阀门入口压力。应为冷却水泵出口压力扣除阀门入口设备及管道阻力，计入管道静压。泵扬程根据泵特性曲线及冷却水流量查得。

（6）阀门出口压力。应为冷却水回水母管压力扣除阀门出口至回水母管设备及管道阻力，并计入管道静压。为保证较好的调节性能，在正常工况下阀门进出口压差不宜小于 0.03～0.06MPa。

（7）关闭压差。取阀门关闭工况下最大压差。

（8）设计压力。取冷却水管道设计压力。

（9）设计温度。取冷却水管道设计温度。

7. 辅汽至除氧器压力调节阀

（1）计算工况。取锅炉冷态清洗工况、机组启动低负荷（约17%切换负荷）时除氧器加热工况作为两个计算工况。

（2）介质。蒸汽。

（3）阀门入口温度。辅助蒸汽管道工作温度，根据各工况下辅助蒸汽汽源温度确定。

（4）流量。取各工况下除氧器加热辅汽计算需求量。

锅炉冷态清洗工况：将锅炉最小给水流量工况下

的凝结水由20℃加热到80℃所需要的蒸汽量。

机组启动时除氧器加热工况：将锅炉最小给水流量工况下的凝结水由凝汽器饱和温度加热到111℃所需要的蒸汽量。

（5）阀门入口压力。取辅汽联箱压力（考虑沿程阻力），根据各工况下辅助蒸汽汽源压力确定。

（6）阀门出口压力。启动加热蒸汽进除氧器的压力至少为0.15MPa（a）（考虑沿程阻力）。

（7）关闭压差。取阀门关闭工况下最大压差。

（8）设计压力。取辅助蒸汽管道设计压力。

（9）设计温度。取辅助蒸汽管道设计温度。

8. 汽轮机旁路阀

（1）汽轮机旁路阀数量主要取决于旁路的容量、类型和旁路阀的制造能力。具体如下：

1）对于300MW容量等级机组的部分容量旁路，每台机组高压旁路和低压旁路数量宜为1只。

2）对于600MW和1000MW容量等级机组的部分容量旁路，每台机组高压旁路数量宜为1只，低压旁路数量宜为2只。

3）对于600MW和1000MW容量等级机组的全容量带安全功能三用阀旁路，每台机组高压旁路数量与过热器联箱出口的数量相同，宜为2只或4只，低压旁路数量宜为2只。

（2）汽轮机旁路阀类型具体如下：

1）根据汽轮机旁路阀的进出口方向来分类，可分为角型和Z型。

2）根据汽轮机旁路阀喷水方式来分类，可分为阀内喷水和阀后喷水。

3）根据汽轮机旁路阀喷水雾化方式来分类，可分为蒸汽雾化和机械雾化。

4）根据汽轮机旁路的阀芯与介质流动方向来分类，可分为流开型和流关型。

（二）阀门口径

（1）对于管道疏水阀，阀体口径应与进口管径相同，阀门出口管道口径较阀前应至少放大一级。GB 50764—2012《动力管道》8.2.5要求主蒸汽管道疏水阀内径不小于19mm，再热冷段管道疏水阀内径不小于38mm。ASME TDP-1的3.7.13规定疏水阀阀体通流面积应该有最少85%的连接管道的内部横截面面积。

（2）对于其他调节阀，为保证一定的调节性能，阀体口径应小于等于进口管径，同时应大于等于1/2进口管径。

（3）加热器疏水阀应保证足够的通流面积，以严格控制流体的流速。

（三）阀门材料

（1）阀体及阀内件材料应根据阀门计算工况选择，同时应满足设计压力和设计温度对材质的要求。

（2）当调节阀出现闪蒸工况，应控制阀内介质流速，选择高硬度阀体材料和阀芯材料等措施，必要时应采用抗气蚀阀芯。

（3）加热器疏水阀宜采用表面硬化阀内件或400系列马氏体不锈钢阀内件。

（4）高压加热器正常及事故疏水阀、低压加热器事故疏水阀阀体宜选用低合金钢。

（5）超临界机组凝结水系统的调节阀不应采用含铜成分的材质。

（四）阀门流量特性

（1）当调节阀调节范围大，管道系统压力损失大，阀门开度变化及压差变化较大时，宜选用等百分比流量特性。

（2）线性特性宜用于阀门两端压差比较稳定的工况。

（3）两位式调节阀应选用快开流量特性。在调节阀需要同时具备调节和快开（或者快关）功能的情况下，可选择线性特性。

（4）40%～70%开度是调节性能较好的区间，经常运行工况应尽可能在这个区间内。

（5）调节阀并非在所有开度区域内都可控，应明确各个工况的要求。如某些小流量工况下要求必须可控，某些大流量工况只需要具备流通能力即可。对于一些极端工况或者很少出现的工况，可适当降低调节要求。

（五）阀门泄漏等级

（1）对于管道疏水阀，应满足MSS SP-61—2003《钢制阀门压力试验》的要求。

（2）常闭调节阀泄漏等级应不低于ANSI/FCI 70-2—2013《控制阀门阀座泄漏》规定的V级标准，常开调节阀泄漏等级应不低于ANSI/FCI 70-2—2013《控制阀门阀座泄漏》规定的IV级标准。

（六）阀门流向

（1）单阀座调节阀宜采用流开结构，开启力矩小，关闭时填料不受压。

（2）当调节阀有闪蒸现象时，宜选择流关结构，闪蒸损伤的部位发生在阀门节流口下游，远离阀芯等关键内件，可提高阀门使用寿命。

（3）两位式调节阀宜选择流关结构；当出现水击、喘振时，宜选用流开结构。

（4）当调节阀选流关结构且阀芯直径小于阀座直径时稳定性较差，应注意阀门最小开度应大于20%～30%并采用等百分比特性阀门。

（七）噪声要求

（1）所有阀门均应进行噪声计算，噪声标准是距离阀体1m处不超过85dB。

（2）出现高噪声工况的调节阀应选择降噪阀芯。

（八）执行机构及其附件选型

1. 执行机构的类型

依据阀门的动力源，执行机构可分为气动、电动、液动等。

（1）气动执行机构以压缩空气为动力源，根据结构形式又可分为薄膜式和气缸式，气缸式执行机构宜用于输出力矩较大的工况。

（2）电动执行机构以 380V AC 或 220V AC 电力为动力源，既可用于小力矩工况，也可用于大力矩工况。当选用电动执行机构时，电源宜按 380V AC 选型。

（3）液动执行机构以高压液体为动力源，适用于输出力矩大的工况。

（4）调节阀的驱动形式应与阀门的选型匹配，GB 50764—2012《电厂动力管道设计规范》5.10.5 规定：对于驱动装置失去动力时阀门有"开"或"关"位置要求时，应采用气动驱动装置。

2. 气动机构及其附件

根据工艺系统的要求，对气动阀门配置合适的附件，以实现调节、联锁、保护等功能。气动机构附件包括电磁阀、阀门定位器、阀门位置变送器、机械行程限位开关、保位阀、减压过滤器、机械阀位指示器等。

（1）气动执行机构及其附件的技术要求。

1）在仪用空气压力 400～800kPa 范围内应能安全地工作，并可根据工程需要进行调整。气动执行机构输出力矩的选取应考虑足够的余量。

2）电磁阀的电源应为 220V AC、单相 50Hz，并允许长期带电，寿命应大于 10 万 h。除特殊注明外均为单电控、两位三通电磁阀。电磁阀应选用进口产品，工作状态如下：

a）NE：工艺系统中阀门处于正常位置时，电磁阀常带电。

b）NDE：工艺系统中阀门处于正常位置时，电磁阀不带电。

3）限位开关为机械式双刀双掷（DPDT），开、关方向各一对，触点容量 220V AC、3A。

4）阀门定位器应为智能型一体化产品，保证输入信号与输出行程呈线性关系或函数关系。阀门定位器的正反作用可在定位器上进行设定，以便调试。

5）位置变送器为两线制变送器，输出信号为 4～20mA DC，回路电源 24V DC。位置变送器应为智能型一体化产品，最大信号负载 0～500Ω，基本误差为 ±0.5% 全行程。

6）应随阀门配可调整的空气过滤减压阀，以及监视气源和信号的压力表，并提供与 φ8×1 外部气源管路相连的直通终端管接头。

7）调节阀及各附件之间的仪表空气管路，应按照国际标准制造，电磁阀及空气管路材料均为 SS304 不锈钢管。

（2）气动执行机构附件的配置原则。

1）调节阀应配置减空气过滤减压阀。

2）两位式调节阀应配置单线圈、两位三通电磁阀及全开和全关位的机械行程限位开关。

3）有快开或快关要求的调节型调节阀，应配置 1 个单线圈、两位三通电磁阀；同时有快开和快关要求的，应配置 2 个单线圈、两位三通电磁阀。

4）调节型调节阀应配置阀门定位器和位置变送器；如有快开或快关要求，还应配置全开和全关位的机械行程限位开关。

5）有故障锁位要求的调节型调节阀应配置保位阀。

3. 电动机构

（1）调节型电动执行机构技术要求。

1）调节型电动执行机构应为一体化结构产品，控制单元与驱动单元封装成一体，集成执行机构控制所必需的所有电气元件及控制回路。调节型电动执行机构可以通过精确定位装置（随行机构一体化）接受 DCS 系统输出的 4～20mA DC 模拟信号，组成完整的闭环控制回路。

2）调节型电动执行机构应为智能型产品。主控制器采用微电脑芯片技术（微处理器 CPU）及软件，可对执行机构进行免开盖的参数设定、修改、查询，具有故障自诊断（电机过载过热、电源状态）及保护功能、电子限位功能、电子限力矩功能。

3）调节型电动执行机构应提供一个内部供电的电气隔离的 4～20mA 阀位反馈信号。定位器的输入信号与阀位反馈信号本身为共地连接，以保证调节性能。

4）调节型电动执行机构应具有结构简单、性能可靠的双向过力矩保护装置和行程限位保护。

5）调节型电动执行机构应配置就地操作面板，配备远控/就地操作切换开关。就地操作仅在调试检修时使用，正常运行时均接受 DCS 系统的远方控制。

6）调节型电动执行机构的每小时最大操作次数不应低于 1200 次，应能承受无故障 20 万次连续运行工作的寿命试验。

7）调节型电动执行机构外壳防护等级不低于 IP67。电动执行机构使用的环境温度 -25～70℃，湿度小于 95%。

（2）调节型电动执行机构信号接口。调节型电动执行机构应提供下列接口信号，开关量信号接口为无源干触点：

1）输出全开、全关的行程状态信号；

2）输出开、关行程方向的过力矩状态信号；

3）输出阀门位置的 4～20mA DC 信号，负载能力应不小于 650Ω；

4）接受 4～20mA DC 控制指令信号，输入阻抗不大于 250Ω；

5）输出远方/就地控制状态信号；

6）输出阀门综合故障报警信号。

三、典型阀门技术规范表

本节介绍如下典型调节阀的技术规范：

（1）T40H-40、T40H-100 型钢制调节阀。

（2）TJ41H-16、TJ41H-25 型调节阀。

（一）T40H-40、T40H-100 型钢制调节阀

公称压力为 PN40、PN100 的 T40H-40、T40H-100
型钢制调节阀示意见图 5-43，主要性能参数见表
5-106，主要外形及结构尺寸见表 5-107。

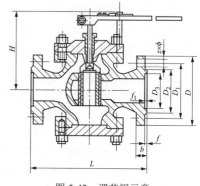

图 5-43　调节阀示意

表 5-106　　　　主 要 性 能 参 数

型号	PN	工作压力（MPa）	适用温度（℃）	适用介质	材　料			
					阀体、阀盖、闸板	阀杆	密封面	填料
T40H-40	40	4.0	≤270	减温水、油	碳素钢	铬不锈钢	铬不锈钢	柔性石墨
T40H-100	100	10.0						

表 5-107　　　　主要外形及结构尺寸

T40H-40

DN（mm）	L（mm）	H（mm）	H_1（mm）	D（mm）	D_1（mm）	D_2（mm）	D_6（mm）	b（mm）	f（mm）	f_1（mm）	z×φ
50	230	240	190	160	125	100	88	20	3	4	4×φ18
80	310	255	195	190	160	135	121	22	3	4	8×φ18
100	350	282	205	230	190	160	150	24	3	4.5	8×φ23
150	480	332	286	300	250	218	204	30	3	4.5	8×φ25

T40H-100

DN（mm）	L（mm）	H（mm）	H_1（mm）	D（mm）	D_1（mm）	D_2（mm）	D_6（mm）	b（mm）	f（mm）	f_1（mm）	z×φ	质量（kg）
50	300	276	250	195	145	115	88	28	3	4.5	4×φ25	—
80	380	283	220	230	180	148	121	37	3	4.5	8×φ25	94.3
100	430	318	245	265	210	172	150	41	3	4.5	8×φ30	136
150	550	388	318	350	290	250	204	46	3	4.5	8×φ34	198.4

（二）TJ41H-16、TJ41H-25 型调节阀

公称压力为 PN16、PN25 的 TJ41H-16、TJ41H-25 型调节阀示意见图 5-44，主要性能参数见表 5-108，主要
外形及结构尺寸见表 5-109。

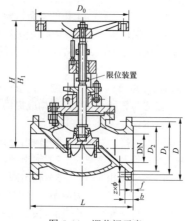

图 5-44　调节阀示意

表 5-108 主 要 性 能 参 数

型号	PN	工作压力（MPa）	适用介质	适用温度（℃）	材 料				
					阀体、阀盖、阀瓣、手轮、填料压套	阀杆、密封圈	阀杆螺母	垫圈	填料
TJ41H-16	16	1.6	水、蒸汽	≤200	灰铸铁	不锈钢	铸钢	橡胶石棉板	膨胀石墨
TJ41H-25	25	2.5							

表 5-109 主要外形及结构尺寸

TJ41H-16

DN（mm）	L（mm）	D（mm）	D_1（mm）	D_2（mm）	f（mm）	b（mm）	H（mm）	H_1（mm）	D_0（mm）	$z×\phi$	质量（kg）
15	130	95	65	47	2	14	150	160	80	4×φ13.5	3.5
20	150	105	75	58	2	16	160	170	80	4×φ13.5	4.0
25	160	115	85	68	2	16	182	197	80	4×φ13.5	4.5
32	180	140	100	78	2	18	192	207	90	4×φ17.5	7.0
40	200	150	110	88	3	18	250	270	100	4×φ17.5	8.5
50	230	165	125	102	3	20	264	284	120	4×φ17.5	11.5
65	290	185	145	122	3	20	380	410	200	4×φ17.5	32.0
80	310	200	160	133	3	22	413	448	200	8×φ17.5	43.0
100	350	220	180	158	3	24	466	506	240	8×φ17.5	54.0
125	400	250	210	184	3	26	540	595	240	8×φ17.5	85.0
150	480	285	240	212	3	26	623	688	360	8×φ22	126.0
200	600	340	295	268	3	30	687	762	400	12×φ22	210.0
250	730	405	355	320	3	32	782	867	500	12×φ26	260.0
300	850	460	410	370	4	32	914	1009	500	12×φ26	310.0
350	980	520	410	430	4	36	968	1073	680	16×φ26	470.0
400	1100	580	525	482	4	38	1037	1152	680	16×φ30	600.0

TJ41H-25

DN（mm）	L（mm）	D（mm）	D_1（mm）	D_2（mm）	f（mm）	b（mm）	H（mm）	D_0（mm）	$z×\phi$	质量（kg）
50	230	160	125	100	3	20	264	120	4×φ18	16
65	290	180	145	120	3	22	380	200	8×φ18	28
80	310	195	160	135	3	22	412	200	8×φ18	35
100	350	230	190	160	3	24	466	240	8×φ23	55
125	400	270	220	188	3	28	540	260	8×φ25	76
150	480	300	250	218	3	30	623	360	8×φ25	102
200	600	360	310	278	3	34	687	360	12×φ25	146
250	730	425	370	332	3	36	750	400	12×φ30	200
300	850	485	430	390	4	40	820	400	16×φ30	275

第九节 安 全 阀

一、阀门结构

安全阀为一种自动阀门，它不借助任何外力而是利用介质本身的力排出一额定数量的流体，以防止系统内压力超过预定的安全值。当压力恢复正常后，阀门关闭并阻止介质继续流出。

安全阀作为超压保护装置，用在受压设备、容器或管路上。当设备、容器或管路内的压力升高超过允许值时，阀门自动开启，继而全量排放，以防止压力继续升高；当压力降低到规定值时，阀门应及时自动关闭，从而保护设备、容器或管路的安全运行。安全阀的基本要求是动作灵敏可靠，无颤振、频跳现象，关闭时具有良好的密封性能，还应具有结构紧凑、调节、维护方便等特点。电站锅炉安全阀类型见表5-110。

二、典型阀门技术规范表

本节介绍如下典型调节阀的技术规范：
（1）A41H、A41Y型弹簧封闭微启式安全阀。

（2）A42Y型弹簧封闭全启式安全阀。

（一）A41H、A41Y型弹簧封闭微启式安全阀

公称压力为PN16～PN100的A41H、A41Y型弹簧封闭微启式安全阀示意见图5-45，主要性能参数见表5-111，主要外形及结构尺寸见表5-112。

表5-110　　　　　　　　　　　　　　　　　　　电站锅炉安全阀类型

分类方法	类　型		说　明
按作用原理	直接作用式		直接用机械载荷如重锤、杠杆加重锤或弹簧来克服阀瓣下的介质压力的安全阀
	非直接作用式	先导式安全阀	由主阀和导阀组成，主阀是依靠从导阀排除介质来驱动或控制的安全阀，导阀是符合DL/T 959—2005《电站锅炉安全阀应用导则》要求的直接作用式安全阀
		带补充载荷式	在入口压力达到整定压力前始终保持有一增强密封的附加力，该附加力（补充载荷）可由外来的能源提供，而在安全阀达到整定压力时应可靠地释放，使该附加力未释放时，安全阀仍能在整定压力不超过规定压力3%的前提下达到额定排量（对整定压力和工作压力很接近，而密封要求高时，应用此类阀门）
		动力控制安全阀	一种由动力源（电动、气动、汽动或液动）控制其开启或关闭的阀门（大型锅炉的系统中有多只安全阀时，可以配有此类阀门并提前动作，以保护其他工作安全阀，避免其频繁起跳）
按开启高度	全启式安全阀		开启高度大于等于1/4喉部直径
	微启式安全阀		开启高度在1/40～1/20流道直径的范围内
	中启式安全阀		开启高度介于微启式和全启式之间
	全量型安全阀		阀瓣内径为喉部直径的1.15倍以上；阀瓣开启时，阀座口流体通路面积必须是喉部面积的1.05倍以上；安全阀入口面积是喉部面积的1.7倍以上，开启高度大于1/4喉部直径
按有无背压平衡机构	背压平衡式		利用波纹管、活塞或膜片等平衡背压作用的元件，使阀门开启前背压对阀瓣上下两侧的作用相平衡
	常规式		不带背压平衡元件
按阀瓣加载方式	重锤或杠杆重锤式		利用重锤或重锤通过杠杆加载
	弹簧式		利用弹簧加载
	气室式		利用压缩空气加载
按动作特性	比例作用式		开启高度随超过整定压力的增大呈比例变化（一般用于排放液体的安全阀）
	突跳动作式（两段作用式）		起初阀瓣随压力升高而成比例开启，在压力升高一个不大数值后，阀瓣即急速开启到规定的升高值（一般用于排放蒸汽的安全阀）

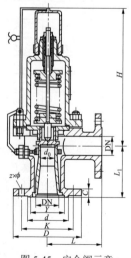

图5-45　安全阀示意

表 5-111 主 要 性 能 参 数

型号	PN	工作压力（MPa）	整定压力（MPa）	适用温度（℃）	适用介质	材料			
						阀体阀盖	阀座、阀瓣、阀杆、导向套	密封面	弹簧
A41H-16C	16	1.6	0.1～1.6	−29～300	空气、水、油品等	碳素铸钢	铬不锈钢	铬不锈钢堆焊铁基合金	优质铬钒钢
A41H-25	25	2.5	1.3～2.5						
A41H-40	40	4.0	1.6～4.0						
A41H-63	63	6.3	2.5～6.3						
A41H-100	100	10.0	5.0～10.0						
A41Y-16P	16	1.6	0.1～1.6	−40～200	弱腐蚀性气体、液体等	铬镍钛不锈钢	铬镍钛不锈钢	铬镍钛不锈钢焊硬质合金	优质铬钒钢包覆氟塑料
A41Y-25P	25	2.5	1.3～2.5						
A41Y-40P	40	4.0	1.6～4.0						
A41Y-63P	63	6.3	2.5～6.3						
A41Y-100P	100	10.0	5.0～10.0						
A41Y-16R	16	1.6	0.1～1.6	−40～150	腐蚀性气体、液体等	铬镍钼钛不锈钢	铬镍钼钛不锈钢	铬镍钼钛不锈钢堆焊硬质合金	优质铬钒钢包覆氟塑料
A41Y-25R	25	2.5	1.3～2.5						
A41Y-40R	40	4.0	1.6～4.0						
A41Y-63R	63	6.3	2.5～6.3						
A41Y-100R	100	10.0	5.0～10.0						

表 5-112 主 要 外 形 及 结 构 尺 寸

A41H-16C、A41Y-16P、A41Y-16R

DN（mm）	d_0（mm）	D（mm）	K（mm）	d（mm）	C（mm）	$z×\phi$	L（mm）	L_1（mm）	H（mm）	出口法兰 DN，PN	质量（kg）
20	15	105	75	55	14	4×ϕ14	100	85	≈255	DN20，PN16	7
25	20	115	85	65	14	4×ϕ14	100	85	≈255	DN25，PN16	9
32	25	140	100	78	16	4×ϕ18	115	100	≈270	DN32，PN16	11
40	32	150	110	85	16	4×ϕ18	120	110	≈280	DN40，PN16	14
50	40	165	125	100	16	4×ϕ18	135	120	≈340	DN50，PN16	19
65	50	185	145	120	18	4×ϕ18	145	130	≈465	DN65，PN16	27
80	65	200	160	135	20	8×ϕ18	160	135	≈515	DN80，PN16	33
100	80	220	180	155	20	8×ϕ18	170	160	≈580	DN100，PN16	51
125	90	250	210	185	22	8×ϕ18	190	180	≈615	DN125，PN16	74
150	100	285	240	210	24	8×ϕ23	220	200	≈675	DN150，PN16	95
200	115	340	295	265	26	12×ϕ23	230	255	≈720	DN200，PN16	106
250	180	405	355	320	30	12×ϕ26	300	280	≈765	DN250，PN16	130

A41H-25、A41Y-25P、A41Y-25R

DN（mm）	d_0（mm）	D（mm）	K（mm）	d（mm）	C（mm）	$z×\phi$	L（mm）	L_1（mm）	H（mm）	出口法兰 DN，PN	质量（kg）
20	15	105	75	55	16	4×ϕ14	100	85	≈255	DN20，PN16	7.6
25	20	115	85	65	16	4×ϕ14	100	85	≈255	DN25，PN16	9.8
32	25	140	100	78	18	4×ϕ18	115	100	≈270	DN32，PN16	12

A41H-25、A41Y-25P、A41Y-25R

DN (mm)	d_0 (mm)	D (mm)	K (mm)	d (mm)	C (mm)	$z×\phi$	L (mm)	L_1 (mm)	H (mm)	出口法兰 DN, PN	质量 (kg)
40	32	150	110	85	18	$4×\phi18$	120	110	≈280	DN40，PN16	15.5
50	40	165	125	100	20	$4×\phi18$	135	120	≈340	DN50，PN16	20
65	50	185	145	120	22	$8×\phi18$	145	130	≈465	DN65，PN16	28.6
80	65	200	160	135	22	$8×\phi18$	160	135	≈515	DN80，PN16	35
100	80	230	190	160	24	$8×\phi23$	170	160	≈580	DN100，PN16	52.5
125	90	270	220	188	28	$8×\phi26$	190	180	≈615	DN125，PN16	76
150	100	300	250	218	30	$8×\phi26$	220	200	≈675	DN150，PN16	98
200	115	360	310	278	34	$12×\phi26$	230	255	≈720	DN200，PIN16	109
250	180	425	370	332	36	$12×\phi30$	300	280	≈765	DN250，PN16	135

A41H-40、A41Y-40P、A41Y-40R

DN (mm)	d_0 (mm)	D (mm)	K (mm)	d (mm)	Y (mm)	C (mm)	$z×\phi$	L (mm)	L_1 (mm)	H (mm)	出口法兰 DN, PN	质量 (kg)
20	15	105	75	55	51	16	$4×\phi14$	100	85	≈255	DN20，PN16	8.3
25	20	115	85	65	58	16	$4×\phi14$	100	85	≈255	DN25，PN16	10.6
32	25	140	100	78	66	18	$4×\phi18$	115	100	≈270	DN32，PN16	13.3
40	32	150	110	85	76	18	$4×\phi18$	120	110	≈280	DN40，PN16	16.5
50	40	165	125	100	88	20	$4×\phi18$	135	120	≈340	DN50，PN16	21.8
65	50	185	145	120	110	22	$8×\phi18$	145	130	≈465	DN65，PN16	30
80	65	200	160	135	121	22	$8×\phi18$	160	135	≈515	DN80，PN16	36.5

（二）A42Y 型弹簧封闭全启式安全阀

公称压力为 PN16～PN100 的 A42Y 型弹簧封闭全启式安全阀示意见图 5-46，主要性能参数见表 5-113，主要外形及结构尺寸见表 5-114。

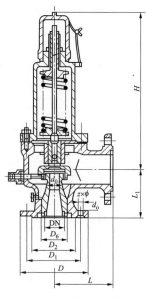

图 5-46　安全阀示意

表 5-113 主 要 性 能 参 数

型号	整定压力（MPa）	密封试验压力（MPa）	排放压力（MPa）	回座压力（MPa）	开启高度（mm）	排放系数
A42Y-16C	0.1～1.6	$p_k<0.3$ 时，为 $p_k-0.03$；$p_k\geq0.3$ 时，为 90％整定压力	≤1.1 倍整定压力	≥85％整定压力	≥1/4 喉径	0.7
A42Y-25	1.3～2.5					
A42Y-40	1.6～4.0					
A42Y-63	2.5～6.3					
A42Y-100	4.0～10.0					

型号	适用介质	适用温度（℃）	材　料			
			阀体	阀座、阀瓣、导向套、反冲盘	弹簧	调节螺杆
A42Y-16C A42Y-25 A42Y-40 A42Y-64 A42Y-100	空气、石油气、无腐蚀性的气体等	−29～300	WCB	2Cr13	50CrVA	碳素钢

表 5-114 主要外形及结构尺寸

A42Y-16C

DN（mm）	L（mm）	L_1（mm）	D（mm）	D_1（mm）	D_2（mm）	b（mm）	$z\times\phi$	d_0（mm）	H（mm）	出口法兰 PN，DN	质量（kg）
25	100	85	115	85	68	14	4×φ14	15	200	PN16，DN32	13
32	115	100	140	100	78	18	4×φ18	20	278	PN16，DN40	16
40	120	110	150	110	84	18	4×φ18	25	285	PN16，DN50	20
50	135	120	165	125	99	20	4×φ18	32	332	PN16，DN65	25
80	170	135	200	160	132	20	8×φ18	50	478	PN16，DN100	52
100	200	160	220	180	158	22	8×φ18	65	590	PN16，DN125	75
150	250	210	280	240	210	24	8×φ23	100	850	PN16，DN175	130
200	305	260	335	295	265	26	12×φ23	125	980	PN16，DN225	160

A42Y-25

DN（mm）	L（mm）	L_1（mm）	D（mm）	D_1（mm）	D_2（mm）	b（mm）	$z\times\phi$	d_0（mm）	H（mm）	出口法兰 PN，DN	质量（kg）
25	100	85	115	85	68	14	4×φ14	15	200	PN16，DN32	13
32	115	100	140	100	78	18	4×φ18	20	278	PN16，DN40	16
40	120	110	150	110	84	18	4×φ18	25	285	PN16，DN50	20
50	135	120	165	125	99	20	4×φ18	32	332	PN16，DN65	25
80	170	135	200	160	132	20	8×φ18	50	478	PN16，DN100	52
100	200	160	230	190	158	24	8×φ23	65	590	PN16，DN125	75
150	250	210	300	250	216	30	8×φ25	100	850	PN16，DN175	130
200	305	260	360	310	278	34	12×φ25	125	980	PN16，DN225	160

A42Y-40

DN（mm）	L（mm）	L_1（mm）	D（mm）	D_1（mm）	D_2（mm）	D_6（mm）	b（mm）	$z\times\phi$	d_0（mm）	H（mm）	出口法兰 PN，DN	质量（kg）
25	100	85	115	85	68	58	14	4×φ14	15	250	PN16，DN32	13
32	115	100	140	100	78	66	18	4×φ18	20	287	PN16，DN40	16

A42Y-40

DN (mm)	L (mm)	L_1 (mm)	D (mm)	D_1 (mm)	D_2 (mm)	D_6 (mm)	b (mm)	$z×\phi$	d_0 (mm)	H (mm)	出口法兰 PN, DN	质量 (kg)
40	120	110	150	110	84	76	18	4×ϕ18	25	291	PN16, DN50	25
50	135	120	165	125	99	88	20	4×ϕ18	32	335	PN16, DN65	30
80	170	135	200	160	132	121	20	8×ϕ18	50	503	PN16, DN100	70
100	200	160	230	190	158	150	24	8×ϕ23	65	590	PN16, DN125	95
150	250	210	300	250	218	204	28	8×ϕ25	100	850	PN16, DN200	155

A42Y-63

DN (mm)	L (mm)	L_1 (mm)	D (mm)	D_1 (mm)	D_2 (mm)	D_6 (mm)	b (mm)	$z×\phi$	d_0 (mm)	H (mm)	出口法兰 PN, DN	质量 (kg)
25	100	95	135	100	78	58	24	4×ϕ18	20	280	PN40, DN32	14
32	130	110	150	110	82	66	24	4×ϕ23	25	287	PN40, DN40	28
40	135	120	165	125	95	76	24	4×ϕ23	32	332	PN40, DN50	30
50	160	130	175	135	105	88	26	4×ϕ23	40	478	PN40, DN65	35
80	175	160	210	170	140	121	30	8×ϕ23	65	630	PN40, DN100	70

A42Y-63

DN (mm)	L (mm)	L_1 (mm)	D (mm)	D_1 (mm)	D_2 (mm)	D_6 (mm)	b (mm)	$z×\phi$	d_0 (mm)	H (mm)	出口法兰 PN, DN	质量 (kg)
100	220	200	250	200	168	150	32	8×ϕ25	80	680	PN40, DN125	130
150	285	260	340	280	240	204	38	8×ϕ34	100	920	PN40, DN200	170

A42Y-100

DN (mm)	L (mm)	L_1 (mm)	D (mm)	D_1 (mm)	D_2 (mm)	D_6 (mm)	b (mm)	$z×\phi$	d_0 (mm)	H (mm)	出口法兰 PN, DN	质量 (kg)
25	100	95	135	100	78	58	24	4×ϕ18	15	280	PN40, DN32	14
32	130	110	150	110	82	66	24	4×ϕ23	20	287	PN40, DN40	28
40	135	120	165	125	95	76	24	4×ϕ23	25	332	PN40, DN50	30
50	160	130	195	145	112	88	28	4×ϕ25	32	478	PN40, DN65	35
80	175	160	230	180	148	121	34	8×ϕ25	50	630	PN40, DN100	70
100	220	200	265	210	172	150	38	8×ϕ30	65	680	PN40, DN125	130

第十节　阀门传动装置及执行机构

一、阀门传动装置

（一）阀门传动装置选型

阀门传动装置零部件按工程实际需要进行传动组合，单根传动杆长度不应大于 4m，传动杆的选用见表 5-115。

表 5-115　传 动 杆 的 选 用

传动扭矩 (N·m)	78	294	588	1176	2451
选用传动杆	$\phi1''$	$\phi1\frac{1}{4}''$	$\phi2''$	$\phi76×6$	$\phi89×7$

管材 $\phi1''$ 和 $\phi1\frac{1}{4}''$ 用于低压流体输送用焊接钢管（Q215-A），$\phi76×6$ 和 $\phi89×7$ 用于 20 号无缝钢管。传动杆的安装角应不大于 30°，安装角越小，传动效率越高。

管道在阀门处的膨胀量应小于传动装置能吸收的膨胀量，应在阀门传动装置中设补偿装置，补偿器与万向接头装配。

阀门传动装置许用最大扭矩与阀门参数的管系按 DL/T 5054《火力发电厂汽水管道设计技术规定》执行。链轮传动装置一般适用于通径不大和不方便装设连杆传动装置的低压阀门上。为便于选用，将链轮允许力矩与阀门参数的对应关系计算校验值列于表 5-116。

表 5-116　　　　　　　　　　　　　链轮允许力矩与阀门参数的对应关系

链轮直径	允许扭矩（N·m）	对应下列公称压力所适用的阀门通径 DN（mm）			
		PN10	PN16	PN25	PN40
φ218.5	≤78	≤65	≤50	≤40	≤25
φ485	≤147	≤100	≤100	≤100	≤65
φ557	≤196	≤200	≤200	≤200	≤80

电动阀门传动装置是按 DZ 型电动头设计的。电动阀门传动装置传动力矩与选用电动头型号关系见表 5-117。

表 5-117　电动阀门传动装置传动力矩与
选用电动头型号关系

电动阀门传动装置传动力（N·m）	294	588	1176	2451
选用电动头型号	DZ30B（I）	DZ60B	DZ120B（I）	DZ250A

人力操作时，每人给操作手轮的圆周力约 588N，阀门手轮直径主要根据阀杆（或阀杆螺母）上的最大扭矩和施加于手轮上的圆周力选定，计算式为

$$D_0 = \frac{2 \times \sum M}{F_s} \qquad (5-1)$$

式中　D_0——阀门手轮直径，m；
　　　$\sum M$——阀杆上的最大扭矩，N·m；
　　　F_s——手轮上的圆周力，按图 5-47 选用，N。

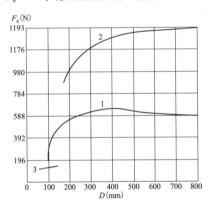

图 5-47　阀门手轮直径与操作手轮的圆周力关系
1——一个人用两手操作的力；2——两个人操作的力；
3——一个人用一手操作的力

（二）阀门传动装置的标识编码说明

阀门传动装置标识编码如下：

（1）名称代码。用大写英文字母 D 表示。

（2）等级代码。用链轮外径（mm）表示，其他传动装置的等级代码用传动装置的力矩表示，单位为 N·m。

（3）类型代码。两个大写英文字母表示，如简易接长杆型（手动）—EH；方向变换箱—DT；链轮型（手动）—SH；手轮连接型（手动）—HW；万向接头（不带伸缩节）—UC；电动传动装置加长装置—MM；万向接头（带伸缩节）—UF；管式（手动）—PH；支点轴承—SB；管式（电动）—PM。

二、电动执行机构

（1）电动执行机构为一体式（控制箱与执行结构一体）。开关型电动执行机构可以接受开、关、停开关量控制信号；调节型电动执行机构可接受 4～20mA 模拟量控制信号。

（2）电动执行机构的开度限位装置可靠。

（3）电动执行装置可就地操作也可远控，且能满足计算机程序控制的要求（DCS）。

（4）电动执行机构具有可靠的电磁制动功能，能防止电动机惰走。

（5）电动执行机构具有机械位置指示器。

（6）电动执行机构具有结构简单、性能可靠的双向力矩保护装置，确保电动阀门关闭严密，并起保护作用。

（7）电动执行机构在失去电源或信号时，能保持在失电或失信号前不动，并报警。

（8）电动执行机构行程的始终端可以装设终端开关，并可以加装中途行程开关（位置可调）。

（9）电动执行机构本体可以装设防潮加热器，以防止汽水凝结。

三、气动执行机构

气动执行机构主要分成薄膜式与活塞式两大类。均可分为有弹簧的和无弹簧的两种。有弹簧的执行结构较无弹簧的执行机构输出推力小，价格低。而活塞式较薄膜式输出力大，但价格较高。当前国产的气动执行机构有气动薄膜式（有弹簧）、气动活塞式（无弹簧）及气动长行程活塞式。

（一）气动薄膜式（有弹簧）执行机构

气动薄膜式（有弹簧）执行机构分为正作用和反作用两种。当气动执行器的输入信号压力（来自调节器或阀门定位器）增大时，推杆向下动作的为正作用

执行机构；反之为反作用执行机构。结构基本相同，均由上膜盖、波纹膜片、下膜盖、推杆、支架、压缩弹簧、弹簧座、调节件、标尺等组成。

1. 膜盖

膜盖与波纹膜片构成薄膜气室。薄膜气室的容积大小决定执行机构的滞后程度，因此薄膜造型浅可以减少薄膜气室的容积，加快推杆位移的反应速度。

2. 波纹膜片

波纹膜片有效面积的大小决定执行机构输出推力的大小。波纹膜片实际有效面积是随着位移变化的，且在相同的位移下，有效面积越小，其相对变化越大。

3. 支架

用于安装气动阀门定位器和操作手轮。

4. 调节件

用于调整压缩弹簧的预紧量。

5. 标尺

指示执行机构推杆的位移，即反映了调节机构的开度。

（二）气动活塞式（无弹簧）执行机构

气动薄膜（有弹簧）执行机构由于受信号压力（也称操作压力）和机构的限制，输出推力较小，故不能用于高静压、高压差及其他需要较大输出推力的工艺系统，此时需要采用气动活塞式（无弹簧）执行机构。

气动活塞式执行机构不仅气缸允许操作压力较大（可达 0.5MPa），且没有弹簧抵消推力，因此具有很大的输出推力，是自动调节系统中应用较多的强力气动执行机构。

四、液动执行机构

液动执行器推力最大，一般为机电一体化。

液压机构是以液压油为动力源完成预定运动要求，实现各种机构功能的机构。与纯机械机构和电力驱动机构相比，液压机构主要有以下优点：

（1）在输出同等功率的条件下，结构紧凑，体积小、质量小、惯性小。

（2）工作平稳，冲击、振动和噪声都较小，易于实现频繁的启动、换向，能够完成旋转运动和各种往复运动。

（3）操纵简单、调速方便，并能在大的范围内实现无级调速，调速比可达 5000。

（4）可实现低速大力矩传动，无需减速装置。

第六章

管道组成件

管道组成件是用于连接或装配成管道的元件，包括管子、管件、法兰、垫片、紧固件、阀门、滤网及补偿器等。管道组成件应用于不同场合，满足不同用途和使用条件，在整个管道系统中起到重要的作用。

管道组成件应根据系统和布置的要求，按公称尺寸、设计参数、介质种类及所采用的标准进行选择。

第一节 管 子

一、管子的种类

（1）按管子用途可分为流体输送用、传热用、结构用和其他用等。

（2）按管子材质可分为碳钢管、低合金钢管、合金钢管、钛管、铸铁管、钢塑复合管等。

（3）按管子结构可分为无缝管、直缝焊接管、螺旋缝焊接管等。

（4）按管子成型方式可分为热轧管、冷拔管、铸造管等。

（5）按管子规格可分为公制规格管、英制规格管、内径控制管等。

二、主要管子标准

对于火力发电厂热机专业来说，管道的工艺参数、输送介质种类较多，其重要程度和危险性也不同，在选择管子时，应根据管道的设计条件和介质特点选择合适的管子标准。从电厂常用管道类型看，主要采用无缝钢管和焊接钢管，其材质以碳钢、低合金钢和合金钢为主。主要的材料标准有 GB/T 5310《高压锅炉用无缝钢管》、GB/T 3087《低中压锅炉用无缝钢管》、GB/T 8163《输送流体用无缝钢管》、GB/T 3091《低压流体输送用焊接钢管》、GB/T 9711《石油天然气工业管线输送系统用钢管》、GB/T 14976《流体输送用不锈钢无缝钢管》。

1. GB/T 5310—2017《高压锅炉用无缝钢管》

GB/T 5310—2017《高压锅炉用无缝钢管》规定了高压锅炉用无缝钢管的分类、代号、尺寸、外形、质量、技术要求、试样、试验方法、检验规则、包装、标志和质量证明书，适用于制造高压及以上压力的蒸汽锅炉、管道用无缝钢管。

GB/T 5310—2017《高压锅炉用无缝钢管》规定，除非合同中另有规定，钢管按公称外径和公称壁厚交货。根据需方要求，经供需双方协商，钢管可按公称外径和最小壁厚、公称内径和公称壁厚或其他尺寸规格方式交货。

钢管按公称外径和公称壁厚交货时，其公称外径和公称壁厚的允许偏差应符合表 6-1 的规定；钢管按公称外径和最小壁厚交货时，其公称外径的允许偏差应符合表 6-1 的规定，壁厚的允许偏差应符合表 6-2 的规定；钢管按公称内径和公称壁厚交货时，其公称内径 d 的允许偏差应为±1.0%d，公称壁厚的允许偏差应符合表 6-1 的规定。

表 6-1　　　　　　　　　　钢管公称外径和公称壁厚的允许偏差　　　　　　　　　（mm）

分类代号	制造方式	钢管尺寸			允许偏差	
					普通级	高级
W-H	热轧（挤压）钢管	公称外径 D	<57		±0.40	±0.30
			57~325	$S \leqslant 35$	±0.75%D	±0.5%D
				$S > 35$	±1%D	±0.75%D
			>325~600		±1%D 或+5，取较小者−2	
			>600		±1%D 或+7，取较小者−2	

续表

分类代号	制造方式	钢管尺寸			允许偏差	
					普通级	高级
W-H	热轧（挤压）钢管	公称壁厚 S	≤0.4		±0.45	±0.35
			>4.0~20		$+12.5\%S$ $-10\%S$	$±10\%S$
			>20	$D<219$	$±10\%S$	$±7.5\%S$
				$D≥219$	$+12.5\%S$ $-10\%S$	$±10\%S$
W-C	冷拔（轧）钢管	公称外径 D	≤25.4		±0.15	—
			>25.4~40		±0.20	—
			>40~50		±0.25	—
			>50~60		±0.30	—
			>60		$±0.5\%D$	—
		公称壁厚 S	≤3.0		±0.3	±0.2
			>3.0		$±10\%S$	$±7.5\%S$

表6-2　　　　　　　　　　　　　　钢管最小壁厚的允许偏差　　　　　　　　　　　　　　（mm）

分类代号	制造方式	最小壁厚（$S_{\min}$）范围	允许偏差	
			普通级	高级
W-H	热轧（挤压）钢管	$S_{\min}≤4.0$	+0.9 0	+0.7 0
		$S_{\min}>4.0$	$+25\%S_{\min}$ 0	$+22\%S_{\min}$ 0
W-C	冷拔（轧）钢管	$S_{\min}≤3.0$	+0.6 0	+0.4 0
		$S_{\min}>3.0$	$+20\%S_{\min}$ 0	$+15\%S_{\min}$ 0

2. GB/T 3087—2008《低中压锅炉用无缝钢管》

GB/T 3087—2008 规定了低中压锅炉用无缝钢管的订货内容、尺寸、外形、质量、技术要求、试验方法、检验规则、包装、标志和质量证明书，适用于制造各种低压和中压锅炉用的优质碳素结构钢无缝钢管。

根据 GB/T 3087—2008《低中压锅炉用无缝钢管》，钢管外径（D）的允许偏差见表 6-3，热轧（挤压、扩）钢管壁厚（S）的允许偏差见表 6-4。

表6-3　　　　钢管外径的允许偏差　　　　（mm）

钢管种类	允许偏差
热轧（挤压、扩）钢管	$±1.0\%D$ 或±0.50，取其中较大者
冷拔（轧）钢管	$±1.0\%D$ 或±0.30，取其中较大者

表6-4　　　热轧（挤压、扩）钢管
壁厚的允许偏差　　　　（mm）

钢管种类	钢管外径 D	S/D	允许偏差
热轧（挤压）钢管	≤102	—	$±12.5\%S$ 或±0.40，取其中较大者

续表

钢管种类	钢管外径 D	S/D	允许偏差
热轧（挤压）钢管	>102	≤0.05	$±15\%S$ 或±0.40，取其中较大者
		>0.05~0.10	$±12.5\%S$ 或±0.40，取其中较大者
		>0.10	$+12.5\%S$ $-10\%S$
热扩钢管			$±15\%S$

GB/T 3087—2008《低压锅炉用无缝钢管》中规定的钢管采用 10、20 牌号的钢制造，钢管的化学成分要求符合 GB/T 699《优质碳素结构钢》的规定。

3. GB/T 8163—2018《输送流体用无缝钢管》

GB/T 8136—2018《输送流体用无缝钢管》规定了输送流体用无缝钢管的订货内容、尺寸、外形、质量、技术要求、试验方法、检验规则、包装、标志和质量证明书，适用于输送普通流体用无缝钢管。

根据 GB/T 8163—2018《输送流体用无缝钢管》，钢管外径（D）的允许偏差见表 6-5，热轧（扩）钢管壁厚（S）的允许偏差见表 6-6。

表 6-5 　　　　钢管外径的允许偏差 （mm）

钢管种类	外径允许偏差
热轧（扩）钢管	±1%D 或 ±0.5，取其中较大者
冷拔（轧）钢管	±0.75D 或 ±0.3，取其中较大者

表 6-6 　　热轧（扩）钢管壁厚的允许偏差 （mm）

钢管种类	钢管公称外径 D	S/D	壁厚允许偏差
热轧钢管	≤102	—	±12.5%S 或 ±0.4，取其中较大者
	>102	≤0.05	±15%S 或 ±0.4，取其中较大者
		>0.05~0.10	±12.5%S 或 ±0.4，取其中较大者
		>0.10	+12.5%S −10%S
热扩钢管	—		+17.5%S −12.5%S

GB/T 8163—2018《输送流体用无缝钢管》规定的钢管采用 10、20、Q345、Q390、Q420、Q460 牌号的钢制造。

4. GB/T 3091—2015《低压流体输送用焊接钢管》

GB/T 3091—2015《低压流体输送用焊接钢管》规定了低压流体输送用焊接钢管的尺寸、外形、质量、技术要求、试验方法、检验规则、包装、标志及质量证明书，适用于水、空气、采暖蒸汽和燃气等低压流体输送用焊接钢管。焊接钢管类型包括直缝电焊钢管、直缝埋弧焊（SAWL）钢管和螺旋缝埋弧焊（SAWH）钢管，对它们的不同要求分别做了标注，未标注的同时适用于直缝高频电焊钢管、直缝埋弧焊钢管和螺旋缝埋弧焊钢管。

根据 GB/T 3091—2015《低压流体输送用焊接钢管》，钢管外径（D）和壁厚（S）的允许偏差见表 6-7。

表 6-7 　　钢管外径和壁厚的允许偏差 （mm）

外径	外径允许偏差		壁厚允许偏差
	管体	管端（距管端100mm范围内）	
D≤48.3	±0.5	—	±10%S
48.3<D≤273.1	±1%D	—	
273.1<D≤508	±0.75%D	+2.4 −0.8	
D>508	±1%D 或 ±10.0，两者取较小值	+3.2 −0.8	

GB/T 3091—2015《低压流体输送用焊接钢管》中规定的钢的牌号有 Q195、Q215A、Q215B、Q235A、Q235B、Q275A、Q275B、Q345A、Q345B 等，其中牌号 Q195、Q215A、Q215B、Q235A、Q235B、Q275A、Q275B 的化学成分应符合 GB/T 700《碳素结构钢》的规定；牌号 Q345A、Q345B 的化学成分应符合 GB/T 1591《低合金高强度结构钢》的规定。

5. GB/T 14976—2012《流体输送用不锈钢无缝钢管》

GB/T 14976—2012《流体输送用不锈钢无缝钢管》规定了流体输送用不锈钢无缝钢管的分类和代号、订货内容、尺寸、外形、质量、技术要求、试验方法、检验规则、包装、标志和质量证明书，适用于流体输送用不锈钢无缝钢管。

GB/T 14976—2012《流体输送用不锈钢无缝钢管》规定：钢管应按公称外径和公称壁厚交货。根据需方要求，经供需双方协商，钢管可按公称外径和最小壁厚或其他尺寸规格方式交货。

根据 GB/T 14976—2012《流体输送用不锈钢无缝钢管》，钢管按公称外径和公称壁厚交货时，其公称外径和公称壁厚的允许偏差应符合表 6-8 的规定；钢管按公称外径和最小壁厚交货时，其公称外径的允许偏差应符合表 6-8 的规定，最小壁厚的允许偏差应符合表 6-9 的规定。

表 6-8 　　　　钢管公称外径和公称壁厚的允许偏差 （mm）

热轧（挤、扩）钢管				冷拔（轧）钢管			
尺寸		允许偏差		尺寸		允许偏差	
		普通级 PA	高级 PC			普通级 PA	高级 PC
公称外径 D	68~159	±1.25%D	±1%D	公称外径 D	6~10	±0.20	±0.15
					>10~30	±0.30	±0.20
					>30~50	±0.40	±0.30
					>50~219	±0.85%D	±0.75%D
	>159	±1.5%D			>219	±0.9%D	±0.8%D
公称壁厚 S	<15	+15%S −12.5%S	±12.5%S	公称壁厚 S	≤3	±12%S	±10%S
	≥15	+20%S −15%S			>3	+12.5%S −10%S	±10%S

表 6-9 钢管最小壁厚的允许偏差 （mm）

制造方式	尺寸	允许偏差	
		普通级 PA	高级 PC
热轧（挤、扩）钢管 W-H	$S_{min}<15$	$+25\%S_{min}$ / 0	$+22.5\%S_{min}$
	$S_{min}\geqslant15$	$+32.5\%S_{min}$ / 0	
冷拔（轧）钢管 W-C	所有壁厚	$+22\%S$ / 0	$+20\%S$ / 0

GB/T 14976—2012《流体输送用不锈钢无缝钢管》列出了 29 种不锈钢管道的材料,其中较常用的不锈钢材料牌号对照见表 6-10。

表 6-10 常用不锈钢材料的牌号对照表

统一数字代号	新牌号	旧牌号	美国 ASTM A959-09
S30408	06Cr19Ni10	0Cr18Ni9	S30400, 304
S30403	022Cr19Ni10	00Cr19Ni10	S30403, 304L
S31608	06Cr17Ni12Mo2	0Cr17Ni12Mo2	S31600, 316
S31603	022Cr17Ni12Mo2	00Cr17Ni14Mo2	S31603, 316L

三、管子的规格系列

1. 公称直径

公称直径 DN 是管道组件专用的一个关键的参数。ISO 6708—1995 *Pipework components—Definition and selection of* DN （*nominal size*）和 GB/T 1047—2005《管道元件 DN（公称尺寸）的定义和选用》中明确规定,采用 DN 作为管道组成件的尺寸标识。公称直径由字母 DN 和后跟无因次的整数数字（相当于 mm）组成。该数字与管道组成件端部的内径或外径有关,但并不一定等于内径或外径的数值。ISO 6708 *Pipework components—Definition and selection of* DN （*nominal size*）和 GB/T 1047—2005《管道元件 DN（公称尺寸）的定义和选用》也允许采用 NPS、外径等标识方法,NPS 是公称直径采用以英寸单位计量时的标识代号。无论是采用 DN 或者 NPS,管道组成件标准应给出 DN（或 NPS）与外径（如管子、管件）,或 DN（或 NPS）与内径或通径（如阀门）的关系。

美国的工程公司一般采用 NPS;日本标准采用 DN 和 NPS 并列的办法,前者为 A 系列,后者为 B 系列。我国和欧洲各国一般采用 DN。

GB/T 1047—2005《管道元件 DN（公称尺寸）的定义和选用》规定的优先选用的公称直径 DN 系列为 DN6、DN8、DN10、DN15、DN20、DN25、DN32、DN40、DN50、DN65、DN80、DN100、DN125、DN150、

DN200、DN250、DN300、DN350、DN400、DN450、DN500、DN600、DN700、DN800、DN900、DN1000、DN1100、DN1200、DN1400、DN1500、DN1600、DN1800、DN2000、DN2200、DN2400、DN2600、DN2800、DN3000、DN3200、DN3400、DN3600、DN3800、DN4000。

2. 管子的外径系列

目前世界范围内,常用的管子外径系列主要有英制管和公制管两个系列。其中英制管外径系列主要为美系标准使用,在我国国家标准中为 A 系列（也称大外径管,与美系标准并非完全一样）;公制管外径系列主要是我国从苏联引进的德国第 2 系列钢管外径系列,在我国国家标准中为 B 系列（也称小外径管）。由于我国各行业技术发展过程不同,因此管道设计中存在 A、B 两种外径系列并存的情况,现在的趋势是逐渐向 A 系列统一。两种外径系列的外径对比见表 6-11。

表 6-11 管子通径与外径对比

公称通径 DN（mm）	英制 NPS （in）	钢管外径（mm）	
		A 系列	B 系列
6	$\frac{1}{8}$	10（10.2）	—
8	$\frac{1}{4}$	13.5	—
10	$\frac{3}{8}$	17（17.2）	14
15	$\frac{1}{2}$	21（21.3）	18
20	$\frac{3}{4}$	27（26.9）	25
25	1	34（33.7）	32
32	$1\frac{1}{4}$	42（42.4）	38
40	$1\frac{1}{2}$	48（48.3）	45
50	2	60（60.3）	57
65	$2\frac{1}{2}$	76（76.1）	76
80	3	89（88.9）	89
100	4	114（114.3）	108
125	5	140（139.7）	133
150	6	168（168.3）	159
200	8	219（219.1）	219
250	10	273	273
300	12	324（323.9）	325
350	14	356（355.6）	377
400	16	406（406.4）	426
450	18	457	480

续表

公称通径 DN（mm）	英制 NPS （in）	钢管外径（mm）	
		A 系列	B 系列
500	20	508	530
600	24	610	630
700	28	711	720
800	32	813	820
900	36	914	920
1000	40	1016	1020
1200	48	1219	1220
1400	56	1422	1420
1600	64	1626	1620
1800	72	1829	1820
2000	80	2032	2020

四、管子的选用

应根据管内介质的性质、参数及在各种工况下运行的安全性和经济性选择管子。

（1）无缝钢管适用于各类参数的管道。符合 GB/T 8163《输送流体用无缝钢管》规定的无缝钢管可用于设计压力小于等于 1.6MPa 的管道；符合 GB/T 3087《低中压锅炉用无缝钢管》规定的无缝钢管可用于设计压力小于等于 5.3MPa 的管道；符合 GB/T 5310《高压锅炉用无缝钢管》规定的无缝钢管可用于设计压力大于 5.3MPa 的管道。

（2）符合 ASME SA672 和 ASME SA691 的中温高压或高温高压用直缝电熔焊钢管可用于设计压力不高于 10MPa，且设计温度不在蠕变范围之内的管道。

（3）低压流体用焊接钢管应符合 GB/T 3091《低压流体输送用焊接钢管》的规定，电熔焊钢管可用于设计压力不高于 1.6MPa 且设计温度不高于300℃的管道，电阻焊碳钢钢管不应用于设计压力大于 1.6MPa 或设计温度大于 200℃管道。

（4）不锈钢管的选用应符合 GB/T 14976《流体输送用不锈钢无缝钢管》的规定。

（5）对于存在汽水两相流的疏水和给水再循环管道，调节阀后管道宜采用 CrMo 合金钢材料，且壁厚宜加厚一级。

（6）低压给水管道不宜采用焊接钢管。

（7）用于输送海水介质的管道，可选用衬胶或衬塑的碳钢管，或采取其他防腐措施。

（8）化学加药、取样管道的选用应满足下列规定：

1）化学加药系统的管道药液管及低压氧气管、配药用水管道应采用不锈钢管，压力大于 9.8MPa 的高压氧气管道应采用铜管道，并应符合 DL/T 5204《发电厂油气管道设计规程》的相关要求。

2）所有取样管材、冷却水管道应采用不锈钢管道，且管材及壁厚应与水汽样品的参数相适应。

第二节　管　　件

一、管件的种类

管件是管道设计中重要的组成部分，在管系中起改变管道走向、标高、管径和从主管引出支管等作用，因此管件的种类繁多。

1. 按用途分类

（1）用于改变走向的管件主要有弯头、弯管等；

（2）用于管道分支作用的管件主要有三通、接管座等；

（3）用于管道变径作用的管件主要有同心异径管、偏心异径管等；

（4）用于管道封闭管端作用的管件主要有管帽、封头。

各种常用的管件种类代号见表 6-12。

表 6-12　　常用的管件种类代号

品　　种	类　　别	代　　号
弯头①	90°长半径	90E
	90°短半径	90SE
	60°长半径	60E
	60°短半径	60SE
	45°长半径	45E
	45°短半径	45SE
	30°长半径	30E
	30°短半径	30SE
三通	等　径	ST
	异　径	RT
异径管	同　心	CR
	偏　心	ER
封头	球　形	BC
	椭球形	EC
	锥　形	TC
	平封头	PC

① 带有直段的弯头，应在相应代号后加字母"P"，如 90°长半径带直段弯头，其代号为"90EP"；90°短半径带直段弯头，其代号为"90SEP"。

2. 按连接方式分类

根据管件的连接方式可分为对焊连接型、法兰连接型、螺纹连接型和承插焊连接型。

（1）对焊连接型管件比其他类型可靠，无泄漏点，通常用于公称直径大于等于DN40的管道。

（2）承插焊连接型通常用于公称直径小于DN40的管道。

（3）螺纹连接型管件通常为锻钢、铸铁、铸钢等制作，一般用于低温低压（设计压力不大于1.6MPa，设计温度不大于200℃），公称直径不大（一般小于DN150）的场合，火力发电厂热机专业较少采用。

（4）法兰型管件一般用于特殊配管场合，如铸铁管、衬塑管以及与设备连接等，较少采用。

二、弯头和弯管

（一）弯头

1. 分类

弯头主要用于改变管道的走向。根据弯头改变管道走向角度的不同，通常可分为30°、45°、60°、90°等四种。

根据弯头的弯曲半径不同，通常可分为短半径SE（弯曲半径 R=DN）弯头和长半径 E（弯曲半径 R=1.5DN）弯头两种。

根据制造方式不同，可分为热压弯头、热推弯头、焊接弯头和斜接弯头。

2. 主要技术要求

（1）弯头的通流面积不应小于相连管道通流面积的95%。

（2）弯头的角度偏差不应大于0.5°。

（3）设计压力大于等于9.8MPa时，弯头弯曲部分的不圆度不应大于3%；设计压力小于9.8MPa时，弯头弯曲部分的不圆度不应大于5%。

（4）弯头任何部位的壁厚不应小于其接管的最小壁厚。弯头内弧侧壁厚不应小于该部位所要求的最小壁厚，且不应大于其接管公称壁厚的1.5倍。

（5）带直段弯头的直段长度不应小于端面坡口所占轴向的长度及过渡区尺寸之和，直段长度的最小值

见表6-13。

（6）钢板制纵缝弯头的本体焊缝应为对接焊缝，焊缝的对接坡口尺寸应符合GB/T 985.1《气焊、焊条电弧焊、气体保护焊和高能束焊的推荐坡口》或DL/T 869《火力发电厂焊接技术规程》的要求。焊接时焊缝的对口宜坡口钝边齐平，局部错边量不应超过钢板公称壁厚的10%，且不应大于2mm。

（7）对于DN400以上的斜接弯头可适当增加中节数量，但每节内侧的最小宽度不得小于50mm。斜接弯头上的各个断面周长允许偏差为：DN＞1000mm时，不应超过±6mm；DN≤1000mm 时，不应超过±4mm。

3. 热压弯头的主要尺寸系列

热压弯头的主要尺寸系列见图6-1和表6-13。

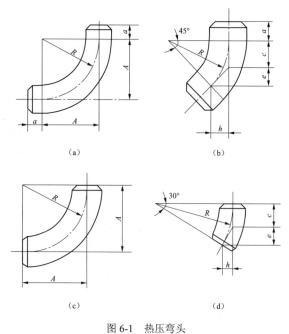

（a）

（b）

（c）

（d）

图6-1　热压弯头

（a）带直段90°弯头；（b）带直段45°弯头；

（c）90°弯头；（d）30°弯头

表6-13　　　　　　　　　　　　　　　热压弯头尺寸系列　　　　　　　　　　　　　　　（mm）

公称直径 DN	端部坡口处外径 A系列	端部坡口处外径 B系列	直段 a	30°长半径 c	30°长半径 e	30°长半径 h	45°长半径 c	45°长半径 $e=h$	60°长半径 c	60°长半径 e	60°长半径 h	90° A（长半径）	90° A（短半径）
50	60.3	57	≥20	20	18	10	31	22	44	22	38	76	51
65	76.1（73）	76		25	23	13	40	28	55	27	47	95	64
80	88.9	89		31	26	15	47	33	66	33	57	114	76
90	101.6	—		36	31	18	55	38	77	38	67	133	89
100	114.3	108	≥40	41	35	20	63	44	88	44	76	152	102
125	141.3（139.7）	133		51	44	25	79	55	110	55	95	190	127
150	168.3	159		61	53	31	95	67	132	66	115	229	152

续表

公称直径DN	端部坡口处外径 A系列	端部坡口处外径 B系列	直段 a	30°长半径 c	30°长半径 e	30°长半径 h	45°长半径 c	45°长半径 e=h	60°长半径 c	60°长半径 e	60°长半径 h	90° A(长半径)	90° A(短半径)
175	193.7	194	≥40	72	63	36	112	79	156	78	135	270	—
200	219.1	219		82	71	41	126	89	176	88	153	305	203
225	244.5	245		91	79	46	141	100	196	98	170	340	—
250	273.0	273		102	88	51	158	112	220	110	191	381	254
275	298.5	299	≥50	112	97	56	174	122	242	121	210	419	—
300	323.9	325		122	106	61	189	134	264	132	229	457	305
350	355.6	377		143	124	71	221	156	308	154	267	533	356
400	406.4	426		163	142	82	253	179	352	176	305	610	406
450	457	480		184	159	92	284	201	396	198	343	686	457
500	508	530		204	177	102	316	223	440	220	381	762	508
550	559	—		225	194	112	347	245	484	242	419	838	559
600	610	630	≥60	245	212	122	379	267	528	264	457	914	610
650	660	—		265	230	133	410	289	572	286	495	990	660
700	711	720		286	248	143	442	313	616	308	534	1067	711
750	762	—		306	265	153	473	334	660	330	572	1143	762
800	813	820		327	283	163	505	357	704	352	610	1219	813
850	864	—	≥80	347	301	174	537	180	748	374	648	1296	864
900	914	920		368	318	184	568	401	792	396	686	1372	914
950	965	—		388	336	194	600	424	836	418	724	1448	965
1000	1016	1020		408	354	204	632	446	880	440	762	1524	1016
1050	1067	—		429	371	214	660	467	924	462	800	1600	1067
1100	1118	1120	≥100	449	389	225	695	491	968	484	838	1676	1118
1150	1168	—		470	407	235	727	514	1012	506	876	1753	1168
1200	1219	1220		490	424	245	759	537	1056	528	915	1829	1219

注 1. 括号内的数值不推荐使用；图6-1中 R=A。

2. 与外径控制管尺寸系列相对应，弯头端部坡口处外径也分为A系列与B系列，A系列为国际通用系列。

（二）弯管

1. 弯管弯制前的壁厚

在管道系统中，弯头或弯管常用于改变介质流向，但是两者的成型工艺、结构尺寸和对管道系统产生的影响等方面都是不同的。弯头主要的成型工艺是热压或热推，而弯管的成型工艺主要是中频感应加热弯制。弯管在弯制的过程中外弧因受拉伸而减薄，内弧因受压而增厚，因此应根据弯管的弯曲半径和壁厚减薄情况来确定弯管弯制前的壁厚。

不同的标准对于中频感应加热弯管弯制前的壁厚有着不同的推荐值（见表6-14）。在实际生产加工的过程中，弯管外弧的壁厚减薄量与弯管的弯曲半径、生产设备、加工工艺和参数控制等密切相关，因此应充分考虑上述因素，根据弯管外侧受拉的减薄量确定，以保证弯管成品任何一点的实测壁厚不小于弯管相应部位的最小壁厚，且不小于相连管子的最小壁厚。

表6-14 中频感应加热弯管弯制前的壁厚

弯曲半径 R	推荐的弯管前最小壁厚 ASME B31.1—2016《动力管道》	推荐的弯管前最小壁厚 GB 50764—2012《电厂动力管道设计规范》	推荐的弯管前最小壁厚 PFI ES-24—2004《弯管方法、公差、工艺和材料要求》	DL/T 5366—2014《发电厂汽水管道应力计算技术规程》、DL/T 5054—2016《火力发电厂汽水管道设计规范》 $D_0/S_m \leq 20$	DL/T 5366—2014《发电厂汽水管道应力计算技术规程》、DL/T 5054—2016《火力发电厂汽水管道设计规范》 $D_0/S_m > 20$
$R \geq 6D$	$1.06S_m$	$1.06S_m$	$1.06S_m$	$1.06S_m$	$1.07S_m$
$R = 5D$	$1.08S_m$	$1.08S_m$	$1.08S_m$	$1.08S_m$	$1.09S_m$
$R = 4D$	$1.14S_m$	$1.10S_m$	$1.10S_m$	$1.10S_m$	$1.12S_m$
$R = 3D$	$1.25S_m$	$1.14S_m$	$1.14S_m$	$1.14S_m$	$1.16S_m$

注 S_m 为直管的最小壁厚。

2. 弯管的成品质量要求

（1）弯管表面不应有裂纹、折叠、重皮、凹陷、尖锐划痕等缺陷。表面发现裂纹、重皮等缺陷，应逐步修磨直至缺陷完全消除，修磨后的实际壁厚应符合弯管最小壁厚的要求。

（2）弯管不应有过烧组织，不应出现晶间裂纹。

（3）弯管实测壁厚不应小于弯管相应部位的设计最小壁厚，且任何一点的实测壁厚不应小于与其相连直管的最小壁厚。

（4）热弯弯管的不圆度不应大于 7%；冷弯弯管的不圆度不应大于 8%；对于主蒸汽管道、再热蒸汽管道及设计压力大于 8MPa 的管道，弯管不圆度不应大于 5%。弯管两端直管段端部的不圆度应符合相应钢管技术标准要求。

（5）平面弯管弯曲角度 θ 的允许偏差为 $\pm0.5°$（见图 6-2）；不在同一平面上两个连续弯空间夹角 β（见图 6-3）的允许偏差要求为：

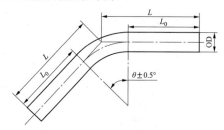

图 6-2　平面弯管弯曲角度允许偏差

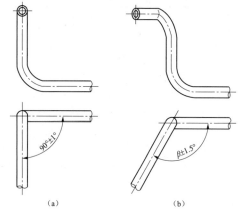

图 6-3　不在同一平面上两个连续弯的空间夹角允许偏差
(a) 夹角等于 90°；(b) 夹角不等于 90°

1）当夹角成 90°时，允许偏差为 $\pm1°$；

2）当夹角不成 90°时，允许偏差为 $\pm1.5°$。

（6）弯管的弯曲半径允许偏差为 $\pm1\%R$，且不应超过 $\pm50mm$。

（7）热弯弯管的波浪度不应大于 2%，冷弯弯管的波浪度不应大于 3%，且波距 A 与波高 h 之比应大于 12（见图 6-4）。

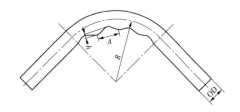

图 6-4　弯管波浪度示意

（8）同一平面上的弯管（包括两个连续弯）的平面度应符合表 6-15 的规定。

表 6-15　　同一平面上弯管的平面度　　（mm）

结构尺寸 L	≤500	>500~1000	>1000~1500	>1500
平面度	≤3	≤4	≤6	≤10

（9）弯管两端坡口应符合设计图纸或 DL/T 869《火力发电厂焊接技术规程》的规定。弯管两端坡口加工后的结构尺寸 L（见图 6-2）的允许偏差 ΔL 见表 6-16。

表 6-16　　　　结构尺寸允许偏差　　　　（mm）

结构尺寸 L	≤1000	>1000~3000	>3000
允许偏差 ΔL	±3	±4	±5

（10）合金钢弯管热处理后的硬度值、显微组织和晶粒度应符合相应钢管技术标准的要求。

（三）弯头和弯管的选用

（1）热压弯头应符合相关国家标准和行业标准的规定，优先采用长半径弯头。短半径弯头仅在布置尺寸受限的特殊场合时使用。

（2）弯管宜采用中频感应加热弯管的成型方式，弯管弯曲半径宜为管子外径的 3～5 倍。主蒸汽、再热蒸汽管道等主要管道宜采用弯管，也可根据布置情况采用符合国家标准或行业标准的热压弯头。

（3）公称压力 PN10 以下、公称直径 DN50 以下的管道可采用冷弯弯管。

（4）设计压力为 6.3MPa 及以上或设计温度为 400℃ 及以上的管道，当采用弯头时，弯头宜带直段。

（5）低温再热蒸汽管道采用电熔焊钢管时，其弯头宜采用同质量的电熔焊钢管进行热加工成型。

（6）斜接弯头的工作压力不应超过 1.0MPa，工作温度不应超过 300℃。

三、支管连接

（一）三通

三通为管道的分支管件，按照加工成型方式通常可分为锻制三通、挤压三通、焊制三通等；按照分支形状通常可分为 T 形三通、Y 形三通和 45°斜三通；

按照主管与支管的管径通常可分为等径三通和异径三通。

1. 三通的主要技术要求

（1）三通任何部位的壁厚均不应小于该部位所要求的最小壁厚，三通主管与支管壁厚不应小于其相应接管的公称壁厚。

（2）三通的通流面积不应小于相连管道通通流面积的95%。

（3）除设计另有要求外，挤压三迪肩部尺寸宜按下列条件控制：

1）肩部厚度不宜小于三通主管接管厚度的1.4～1.5倍。

2）肩部外壁过渡面的曲率半径不宜小于0.05倍所连支管外径和38mm两者中的较小者。

3）肩部外壁过渡面的曲率半径最大值为：当支管接管外径小于200mm时宜取32mm；当支管接管外径大于等于200mm时，宜取0.1倍支管接管外径加上13mm。肩部外壁过渡面的曲率半径应小于支管的承载长度，且不宜采用机械加工的方法来实现。挤压三通支管承载长度应符合DL/T 5054—2016《火力发电厂汽水管道设计规范》5.4.3的要求。

（4）厚壁加强焊制三通肩部尺寸应按下列条件控制：

1）肩部厚度不应小于主管接管公称壁厚的1.5倍；

2）肩部外壁过渡面的曲率半径不应小于支管外径的1/8。

（5）焊接T形三通两侧半长度的不对称度（A_1-

A_2）不应超过主管接管外径的1%，且不得大于5mm。支管垂直度偏差Δ应不大于支管高度H的1%，且不得大于3mm，见图6-5。

（6）三通支管从主管外表面的引出高度不应低于肩部外壁过渡面曲率半径和开坡口要求的最大尺寸之和，三通主管长度相关尺寸C和支管高度相关尺寸M参见表6-17和图6-6。

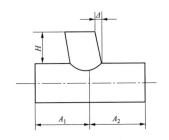

图6-5 焊接三通支管垂直度偏差示意

2. 三通的主要尺寸系列

热压三通的主要尺寸系列见表6-17。

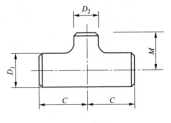

图6-6 热压三通示意

表6-17　　　　　　　　　　　　热压三通的主要尺寸系列表　　　　　　　　　　　　（mm）

序号	公称尺寸 DN	端部坡口处外径				半长度 C	支管端面至主管中心线距离 M
		A 系列		B 系列			
		主管 D_1	支管 D_2	主管 D_1	支管 D_2		
1	100×100×40	114.3	48.3	108	45	118	112
2	100×100×50	114.3	60.3	108	57	118	112
3	100×100×65	114.3	76.1（73）	108	76	118	115
4	100×100×80	114.3	88.9	108	89	118	118
5	100×100×90	114.3	101.6	—	—	118	118
6	100 等径三通	114.3	114.3	108	108	118	118
7	125×125×50	141.3（139.7）	60.3	133	57	140	132
8	125×125×65	141.3（139.7）	76.1（73）	133	73	140	132
9	125×125×80	141.3（139.7）	88.9	133	89	140	132
10	125×125×90	141.3（139.7）	101.6	—	—	140	136
11	125×125×100	141.3（139.7）	114.3	133	108	140	136
12	125 等径三通	141.3（139.7）	141.3（139.7）	133	133	140	140

序号	公称尺寸 DN	端部坡口处外径				半长度 C	支管端面至主管中心线距离 M
		A 系 列		B 系列			
		主管 D_1	支管 D_2	主管 D_1	支管 D_2		
13	150×150×65	168.3	76.1（73）	159	73	165	150
14	150×150×80	168.3	88.9	159	89	165	150
15	150×150×90	168.3	101.6	—	—	165	150
16	150×150×100	168.3	114.3	159	108	165	155
17	150×150×125	168.3	141.3（139.7）	159	133	165	160
18	150 等径三通	168.3	168.3	159	159	165	165
19	175×175×80	193.7	88.9	194	89	180	170
20	175×175×90	193.7	101.6	—	—	180	170
21	175×175×100	193.7	114.3	194	108	180	175
22	175×175×125	193.7	139.7	194	133	180	175
23	175×175×150	193.7	168.3	194	159	180	180
24	175 等径三通	193.7	193.7	194	194	180	180
25	200×200×90	219.1	101.6	—	—	206	195
26	200×200×100	219.1	114.3	219	108	206	195
27	200×200×125	219.1	139.7	219	133	206	200
28	200×200×150	219.1	168.3	219	159	206	200
29	200×200×175	219.1	193.7	219	194	206	206
30	200 等径三通	219.1	219.1	219	219	206	206
31	225×225×100	244.5	114.3	245	108	224	206
32	225×225×125	244.5	139.7	245	133	224	218
33	225×225×150	244.5	168.3	245	159	224	218
34	225×225×175	244.5	193.7	245	194	224	218
35	225×225×200	244.5	219.1	245	219	224	218
36	225 等径三通	244.5	244.5	245	245	224	224
37	250×250×100	273.0	114.3	273	108	250	224
38	250×250×125	273.0	139.7	273	133	250	230
39	250×250×150	273.0	168.3	273	159	250	236
40	250×250×175	273.0	193.7	273	194	250	243
41	250×250×200	273.0	219.1	273	219	250	250
42	250×250×225	273.0	244.5	273	245	250	250
43	250 等径三通	273.0	273.0	273	273	250	250
44	275×275×125	298.5	139.7	299	133	272	250
45	275×275×150	298.5	168.3	299	159	272	250
46	275×275×175	298.5	193.7	299	194	272	258
47	275×275×200	298.5	219.1	299	219	272	265
48	275×275×225	298.5	244.5	299	245	272	265

序号	公称尺寸 DN	端部坡口处外径				半长度 C	支管端面至主管中心线距离 M
		A 系列		B 系列			
		主管 D_1	支管 D_2	主管 D_1	支管 D_2		
49	275×275×250	298.5	298.5	299	273	272	272
50	275 等径三通	298.5	298.5	299	299	272	272
51	300×300×125	323.9	139.7	325	133	290	265
52	300×300×150	323.9	168.3	325	159	290	272
53	300×300×175	323.9	193.7	325	194	290	280
54	300×300×200	323.9	219.1	325	219	290	280
55	300×300×225	323.9	244.5	325	245	290	280
56	300×300×250	323.9	273.0	325	273	290	290
57	300×300×275	323.9	298.5	325	299	290	290
58	300 等径三通	323.9	323.9	325	325	290	290
59	350×350×150	355.6	168.3	377	159	335	300
60	350×350×175	355.6	193.7	377	194	335	315
61	350×350×200	355.6	219.1	377	219	335	315
62	350×350×225	355.6	244.5	377	245	335	325
63	350×350×250	355.6	273.0	377	273	335	315
64	350×350×275	355.6	298.5	377	299	335	325
65	350×350×300	355.6	323.9	377	325	335	325
66	350 等径三通	335.6	355.6	377	377	335	335
67	400×400×150	406.4	168.3	426	159	375	335
68	400×400×175	406.4	193.7	426	194	375	335
69	400×400×200	406.4	219.1	426	219	375	355
70	400×400×225	406.4	244.5	426	245	375	355
71	400×400×250	406.4	273.0	426	273	375	365
72	400×400×275	406.4	289.5	426	299	375	365
73	400×400×300	406.4	323.9	426	325	375	365
74	400×400×350	406.4	355.6	426	377	375	365
75	400 等径三通	406.4	406.4	426	426	375	375
76	450×450×200	457	219.1	480	219	425	387
77	450×450×225	457	244.5	480	245	425	387
78	450×450×250	457	273.0	480	273	425	400
79	450×450×275	457	298.5	480	299	425	400
80	450×450×300	457	323.9	480	325	425	400
81	450×450×350	457	355.6	480	377	425	400
82	450×450×400	457	406.4	480	426	425	400
83	450 等径三通	457	457	480	480	425	425
84	500×500×200	508	219.1	530	219	475	412
85	500×500×225	508	244.5	530	245	475	412
86	500×500×250	508	273.0	530	273	475	437

续表

序号	公称尺寸 DN	端部坡口处外径				半长度 C	支管端面至主管中心线距离 M
		A 系 列		B 系列			
		主管 D_1	支管 D_2	主管 D_1	支管 D_2		
87	500×500×275	508	298.5	530	299	475	437
88	500×500×300	508	323.9	530	325	475	437
89	500×500×350	508	355.6	530	377	475	437
90	500×500×400	508	406.4	530	426	475	450
91	500×500×450	508	457	530	480	475	450
92	500 等径三通	508	508	530	530	475	475
93	550×550×225	559	244.5	—	—	500	437
94	550×550×250	559	273.0	—	—	500	437
95	550×550×275	559	298.5	—	—	500	450
96	550×550×300	559	323.9	—	—	500	450
97	550×550×350	559	355.6	—	—	500	462
98	550×550×400	559	406.4	—	—	500	462
99	550×550×450	559	457	—	—	500	462
100	550×550×500	559	508	—	—	500	475
101	550 等径三通	559	559	—	—	500	500
102	600×600×250	610	273.0	630	273	560	487
103	600×600×275	610	298.5	630	299	560	500
104	600×600×300	610	323.9	630	325	560	500
105	600×600×350	610	355.6	630	377	560	515
106	600×600×400	610	406.4	630	426	560	515
107	600×600×450	610	457	630	480	560	515
108	600×600×500	610	508	630	530	560	515
109	600×600×550	610	559	—	—	560	530
110	600 等径三通	610	610	630	630	560	560
111	650×650×300	660	323.9	—	—	580	515
112	650×650×350	660	355.6	—	—	580	530
113	650×650×400	660	406.4	—	—	580	530
114	650×650×450	660	457	—	—	580	530
115	650×650×500	660	508	—	—	580	545
116	650×650×550	660	559	—	—	580	545
117	650×650×600	660	610	—	—	580	580
118	650 等径三通	660	660	—	—	580	580
119	700×700×300	711	323.9	720	325	650	545
120	700×700×350	711	355.6	720	377	650	560
121	700×700×400	711	406.4	720	426	650	580
122	700×700×450	711	457	720	480	650	580

序号	公称尺寸 DN	端部坡口处外径				半长度 C	支管端面至主管中心线距离 M
		A 系 列		B 系 列			
		主管 D_1	支管 D_2	主管 D_1	支管 D_2		
123	700×700×500	711	508	720	530	650	580
124	700×700×550	711	559	720	559	650	580
125	700×700×600	711	610	720	630	650	600
126	700×700×650	711	660	720	660	650	615
127	700 等径三通	711	711	720	720	650	650
128	750×750×250	762	273.0	—	—	670	580
129	750×750×275	762	298.5	—	—	670	580
130	750×750×300	762	323.9	—	—	670	580
131	750×750×350	762	355.6	—	—	670	600
132	750×750×400	762	406.4	—	—	670	600
133	750×750×450	762	457	—	—	670	600
134	750×750×500	762	508	—	—	670	600
135	750×750×550	762	559	—	—	670	615
136	750×750×600	762	610	—	—	670	615
137	750×750×650	762	660	—	—	670	630
138	750×750×700	762	711	—	—	670	650
139	750 等径三通	762	762	—	—	670	670
140	800×800×350	813	355.6	820	377	730	630
141	800×800×400	813	406.4	820	426	730	650
142	800×800×450	813	457	820	480	730	650
143	800×800×500	813	508	820	530	730	650
144	800×800×550	813	559	—	—	730	650
145	800×800×600	813	610	820	630	730	670
146	800×800×650	813	660	—	—	730	670
147	800×800×700	813	711	820	720	730	690
148	800×800×750	813	762	—	—	730	710
149	800 等径三通	813	813	820	820	730	730
150	850×850×400	864	406.4	—	—	775	670
151	850×850×450	864	457	—	—	775	670
152	850×850×500	864	508	—	—	775	690
153	850×850×550	864	559	—	—	775	690
154	850×850×600	864	610	—	—	775	690
155	850×850×650	864	660	—	—	775	690
156	850×850×700	864	711	—	—	775	710
157	850×850×750	864	762	—	—	775	730
158	850×850×800	864	813	—	—	775	750

| 序号 | 公称尺寸 DN | 端部坡口处外径 | | | | 半长度 C | 支管端面至主管中心线距离 M |
| | | A 系列 | | B 系列 | | | |
		主管 D_1	支管 D_2	主管 D_1	支管 D_2		
159	850 等径三通	864	864	—	—	775	775
160	900×900×400	914	406.4	920	426	825	690
161	900×900×450	914	457	920	480	825	710
162	900×900×500	914	508	920	530	825	710
163	900×900×550	914	559	—	—	825	710
164	900×900×600	914	610	920	630	825	710
165	900×900×650	914	660	—	—	825	710
166	900×900×700	914	711	920	720	825	730
167	900×900×750	914	762	—	—	825	750
168	900×900×800	914	813	920	820	825	775
169	900×900×850	914	864	—	—	825	800
170	900 等径三通	914	914	920	920	825	825
171	950×950×450	965	457	—	—	850	730
172	950×950×500	965	508	—	—	850	750
173	950×950×550	965	559	—	—	850	750
174	950×950×600	965	610	—	—	850	750
175	950×950×650	965	660	—	—	850	775
176	950×950×700	965	711	—	—	850	775
177	950×950×750	965	762	—	—	850	775
178	950×950×800	965	813	—	—	850	800
179	950×950×850	965	864	—	—	850	825
180	950×950×900	965	914	—	—	850	850
181	950 等径三通	965	965	—	—	850	850
182	1000×1000×450	1016	457	1020	480	900	775
183	1000×1000×500	1016	508	1020	530	900	775
184	1000×1000×550	1016	559	—	—	900	800
185	1000×1000×600	1016	610	1020	630	900	800
186	1000×1000×650	1016	660	—	—	900	800
187	1000×1000×700	1016	711	1020	720	900	800
188	1000×1000×750	1016	762	—	—	900	800
189	1000×1000×800	1016	813	1020	820	900	825
190	1000×1000×850	1016	864	—	—	900	850
191	1000×1000×900	1016	914	1020	920	900	875
192	1000×1000×950	1016	965	—	—	900	900
193	1000 等径三通	1016	1016	1020	1020	900	900

（二）接管座

接管座是用于支管连接的补强型管件，一般应用在主管和支管管径差异较大的场合。根据连接形式可分为承插焊型、管螺纹型和对焊型，根据外形可分为支管台型和短管型。

支管台型接管座示意见图 6-7，主要标准为 GB/T 19326《锻制承插焊、螺纹和对焊支管座》和 MSS SP-97 *Integrally Reinforced Forged Branch*

Outlet Fittings —Socket Welding，Threaded，and Buttwelding Ends。支管台型接管座的品种主要分为承插焊型（代号 SOL）、管螺纹型（代号 TOL）和对焊型（代号 WOL），承插焊和管螺纹支管座的压力级别分为 Class 3000 和 Class 6000，对焊支管座的压力级别用管子壁厚代号表示，分别为 STD、XS、Sch160 和 XXS，与支管座适配的管子壁厚代号见表 6-18。

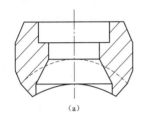 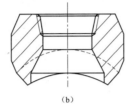 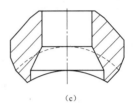

（a）　　　　　　　　　（b）　　　　　　　　　（c）

图 6-7　支管台型接管座示意

（a）承插焊型；（b）管螺纹型；（c）对焊型

表 6-18　支管座压力级别和与之适配的管子壁厚代号的关系

支管公称直径		连接形式	压力级别代号	适配的管子壁厚代号
DN	NPS			
6～100	$\frac{1}{8}$～4	承插焊和螺纹	3000	XS
15～50	$\frac{1}{2}$～2	承插焊和螺纹	6000	Sch160
6～600	$\frac{1}{8}$～24	对焊	STD	STD
6～600	$\frac{1}{8}$～24	对焊	XS	XS
15～150	$\frac{1}{2}$～6	对焊	Sch160	Sch160
15～150	$\frac{1}{2}$～6	对焊	XXS	XXS

对焊型短管型接管座示意见图 6-8。

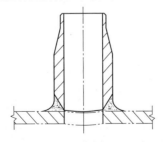

图 6-8　对焊型短管型接管座

（三）支管连接的选用

（1）公称压力 PN25 及以下压力参数，在满足补强要求的前提下可采用直接连接，公称压力 PN25 以上的支管连接应采用成型管件。

（2）在可能的条件下，应优先采用冷、热挤压成型的三通或锻制三通，其次选用厚壁加强焊制三通。不宜采用带加强环、加强板及加强筋等辅助元件加强的焊接三通形式。

（3）主要管道的三通形式宜按表 6-19 的规定选用。

表 6-19　主要管道三通形式

管道类别	机组参数			
	超超临界参数	超临界参数	亚临界参数	亚临界以下参数
主蒸汽管道	锻制热压	锻制热压	锻制热压	热压
高温再热蒸汽管道	锻制热压	锻制热压	锻制热压	热压
低温再热蒸汽管道	焊接	焊接	焊接	焊接热压
高压给水管道	热压	热压	热压	热压

（4）三通的强度应符合补强规定，接管座、锻制 T 形三通和焊制三通强度计算宜采用面积补偿法，热挤压三通、锻制斜三通强度计算宜采用压力面积法。

（5）亚临界及以上参数机组的主蒸汽、再热蒸汽管道的合流或分流三通宜采用 45°斜三通或 Y 形三通等。

四、异径管

异径管作为管道改变管径的管件，通常分为同心异径管（即大端和小端的中心线重合，见图 6-9）、偏心异径管（即大端和小端的一个边的外壁在同一直线上，见图 6-10）两种。

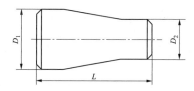

图 6-9　同心异径管示意

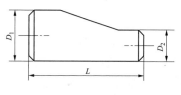

图 6-10　偏心异径管示意

1. 异径管的主要技术要求

（1）除特殊要求外，异径管锥角不应大于 30°。异径管外侧过渡曲率半径不应小于大直径端接管外径的 1/10。

（2）异径管任何部位的壁厚均不应小于大直径端接管所要求的最小壁厚。

（3）异径管沿中心线整个长度上的外壁面不圆度不应大于 5%。

（4）同心异径管两端部轴线宜保持重合，其偏心度的绝对值不应大于异径管大端接管外径的 1%，且不应大于 5mm。

（5）偏心异径管两端轴线应平行，其偏心距偏差不应大于异径管大端外径的 1%，且不应大于 3mm。

2. 异径管的主要尺寸系列

异径管的主要尺寸系列见表 6-20。

表 6-20　　　　　　　　　　　　异径管的主要尺寸系列表　　　　　　　　　　　　（mm）

序号	公称尺寸 DN	端部坡口处外径				长度 L
		A 系列		B 系列		
		大直径端 D_1	小直径端 D_2	大直径端 D_1	小直径端 D_2	
1	100×40	114.3	48.3	108	45	102
2	100×50	114.3	60.3	108	57	102
3	100×65	114.3	76.1（73）	108	76	102
4	100×80	114.3	88.9	108	89	102
5	100×90	114.3	101.6	—	—	102
6	125×50	141.3（139.7）	60.3	133	57	127
7	125×65	141.3（139.7）	76.1（73）	133	76	127
8	125×80	141.3（139.7）	88.9	133	89	127
9	125×90	141.3（139.7）	101.6	—	—	127
10	125×100	141.3（139.7）	114.3	133	108	127
11	150×65	168.3	76.1（73）	159	76	140
12	150×80	168.3	88.9	159	89	140
13	150×90	168.3	101.6	—	—	140
14	150×100	168.3	114.3	159	108	140
15	150×125	168.3	141.3（139.7）	159	133	140
16	175×80	193.7	88.9	194	89	146
17	175×90	193.7	101.6	—	—	146
18	175×100	193.7	114.3	194	108	146
19	175×125	193.7	141.3（139.7）	194	133	146
20	175×150	193.7	168.3	194	159	146
21	200×90	219.1	101.6	—	—	152
22	200×100	219.1	114.3	219	108	152
23	200×125	219.1	141.3（139.7）	219	133	152
24	200×150	219.1	168.3	219	159	152
25	200×175	219.1	193.7	219	194	152

续表

序号	公称尺寸 DN	端部坡口处外径				长度 L
		A 系列		B 系列		
		大直径端 D_1	小直径端 D_2	大直径端 D_1	小直径端 D_2	
26	225×100	244.5	114.3	245	108	165
27	225×125	244.5	141.3（139.7）	245	133	165
28	225×150	244.5	168.3	245	159	165
29	225×175	244.5	193.7	245	194	165
30	225×200	244.5	219.1	245	219	165
31	250×100	273.0	114.3	273	108	178
32	250×125	273.0	141.3（139.7）	273	133	178
33	250×150	273.0	168.3	273	159	178
34	250×175	273.0	193.7	273	194	178
35	250×200	273.0	219.1	273	219	178
36	250×225	273.0	244.5	273	245	178
37	275×125	298.5	141.3（139.7）	299	133	190
38	275×150	298.5	168.3	299	159	190
39	275×175	298.5	193.7	299	194	190
40	275×200	298.5	219.1	299	219	190
41	275×225	298.5	244.5	299	245	190
42	275×250	298.5	298.5	299	273	190
43	300×125	323.9	141.3（139.7）	325	133	203
44	300×150	323.9	168.3	325	159	203
45	300×175	323.9	193.7	325	194	203
46	300×200	323.9	219.1	325	219	203
47	300×225	323.9	244.5	325	245	203
48	300×250	323.9	273.0	325	273	203
49	300×275	323.9	298.5	325	299	203
50	350×150	355.6	168.3	377	159	330
51	350×175	355.6	193.7	377	194	330
52	350×200	355.6	219.1	377	219	330
53	350×225	355.6	244.5	377	245	330
54	350×250	355.6	273.0	377	273	330
55	350×275	355.6	298.5	377	299	330
56	350×300	355.6	323.9	377	325	330
57	400×175	406.4	193.7	426	194	356
58	400×200	406.4	219.1	426	219	356
59	400×225	406.4	244.5	426	245	356
60	400×250	406.4	273.0	426	273	356
61	400×275	406.4	289.5	426	299	356
62	400×300	406.4	323.9	426	325	356
63	400×350	406.4	355.6	426	377	356
64	450×250	457	273.0	480	273	381
65	450×275	457	298.5	480	299	381
66	450×300	457	323.9	480	325	381

序号	公称尺寸 DN	端部坡口处外径				长度 L
		A 系列		B 系列		
		大直径端 D_1	小直径端 D_2	大直径端 D_1	小直径端 D_2	
67	450×350	457	355.6	480	377	381
68	450×400	457	406.4	480	426	381
69	500×300	508	323.9	530	325	508
70	500×350	508	355.6	530	377	508
71	500×400	508	406.4	530	426	508
72	500×450	508	457	530	480	508
73	550×350	559	355.6	—	—	508
74	550×400	559	406.4	—	—	508
75	550×450	559	457	—	—	508
76	550×500	559	508	—	—	508
77	600×400	610	406.4	630	426	508
78	600×450	610	457	630	480	508
79	600×500	610	508	630	530	508
80	600×550	610	559	—	—	508
81	650×450	660	457	—	—	610
82	650×500	660	508	—	—	610
83	650×550	660	559	—	—	610
84	650×600	660	610	—	—	610
85	700×450	711	457	720	480	610
86	700×500	711	508	720	530	610
87	700×550	711	559	720	559	610
88	700×600	711	610	720	630	610
89	700×650	711	660	720	660	610
90	750×500	762	508	—	—	610
91	750×550	762	559	—	—	610
92	750×600	762	610	—	—	610
93	750×650	762	660	—	—	610
94	750×700	762	711	—	—	610
95	800×600	813	610	820	630	610
96	800×650	813	660	—	—	610
97	800×700	813	711	820	720	610
98	800×750	813	762	—	—	610
99	850×600	864	610	—	—	610
100	850×650	864	660	—	—	610
101	850×700	864	711	—	—	610
102	850×750	864	762	—	—	610

序号	公称尺寸 DN	端部坡口处外径				长度 L
		A 系列		B 系列		
		大直径端 D_1	小直径端 D_2	大直径端 D_1	小直径端 D_2	
103	850×800	864	813	—	—	610
104	900×600	914	610	920	630	610
105	900×650	914	660	—	—	610
106	900×700	914	711	920	720	610
107	900×750	914	762	—	—	610
108	900×800	914	813	920	820	610
109	900×850	914	864	—	—	610
110	950×650	965	660	—	—	610
111	950×700	965	711	—	—	610
112	950×750	965	762	—	—	610
113	950×800	965	813	—	—	610
114	950×850	965	864	—	—	610
115	950×900	965	914	—	—	610
116	1000×750	1016	762	—	—	610
117	1000×800	1016	813	1020	820	610
118	1000×850	1016	864	—	—	610
119	1000×900	1016	914	1020	920	610
120	1000×950	1016	965	—	—	610

3. 异径管的选用

（1）钢管模压异径管可用于各种压力等级的管道上。

（2）带纵缝的钢板焊制异径管宜用于公称压力不大于 PN16 的管道上。

（3）异径管可采用同心或偏心形式。偏心异径管多用于保证变径前后管道内壁的管底或管顶标高不变，以便于疏水畅通，或防止因管道变径而形成集液袋或集气袋。

五、封头

封头作为封闭管子终端的管件，常用类型有椭圆形封头、球形封头、平焊封头和锥形封头等。平封头一般用于压力较低的场合；椭圆形封头承压能力较高，应用较广。

1. 封头的主要技术要求

（1）球形、椭球形和锥形封头端部应有一定长度的直段，以便于坡口加工和焊接。封头直段部分不应有纵向皱褶。

（2）椭球形封头的高度，按外部测量，不应小于封头内径的 1/4，且应大于开坡口要求的最大尺寸与封头壁厚之和。

（3）球形、椭球形封头的内表面形状偏差外凸不应大于封头内径的 1.2%，内凹不应大于封头内径的 0.6%。

（4）封头任何部位的壁厚均不应小于该部位所要求的最小壁厚。

（5）椭圆形封头其椭圆内径长短轴之比一般为 2:1。

2. 封头的主要尺寸系列

封头的主要尺寸系列见图 6-11 和表 6-21。

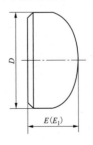

图 6-11　封头示意

表 6-21   封 头 尺 寸 系 列   （mm）

公称直径 DN	端部坡口处外径 D		背面至端面的长度		采用尺寸 E 的限制厚度
	A 系列	B 系列	E^*	E_1^{**}	
15	21.3	18	25	25	4.57
20	26.9	25	25	25	3.81
25	33.7	32	38	38	4.57
32	42.4	38	38	38	4.83
40	48.3	45	38	38	5.08
50	60.3	57	38	44	5.59
65	76.1（73）	76	38	51	7.11
80	88.9	89	51	64	7.62
90	101.6	—	64	76	8.13
100	114.3	108	64	76	8.64
125	141.3（139.7）	133	76	89	9.65
150	168.3	159	89	102	10.92
200	219.1	219	102	127	12.7
250	273.0	273	127	152	12.7
300	323.9	325	152	178	12.7
350	355.6	377	165	191	12.7
400	406.4	426	178	203	12.7
450	457.0	480	203	229	12.7
500	508.0	530	229	254	12.7
550	559	—	254	254	12.7
600	610	630	267	305	12.7
650	660	—	267	—	—
700	711	720	267	—	—
750	762	—	267	—	—
800	813	820	267	—	—
850	864	—	267	—	—
900	914	—	267	—	—
950	965	—	305	—	—
1000	1016	1020	305	—	—
1050	1067	—	305	—	—
1100	1118	—	343	—	—
1150	1168	—	343	—	—
1200	1219	—	343	—	—

注 1．括号内的数值不推荐采用，封头的头部形状为椭圆形，半椭圆部分的高度不应小于封头内径的 1/4。

    2．与外径控制管尺寸系列相对应，封头端部坡口处外径也分为 A 系列与 B 系列，A 系列为国际通用系列。

* 当封头的壁厚小于等于表中的限制厚度时，采用 E 值。

** 当封头的壁厚大于表中的限制厚度时，对于公称直径 DN600 及以下者，可采用 E_1 值，对于公称直径大于 DN600 者，长度 E_1 由供需双方协商确定。

3. 封头的选用

（1）公称压力 PN25 以上的管道宜采用椭圆形封头，也可采用对焊平封头。

（2）公称压力 PN25 及以下的管道可采用平焊封头、带加强筋焊接封头或锥形封头。

第三节　法兰、垫片和紧固件

一、法兰

法兰是将管道或设备作可拆卸连接时最常用的重要零件，是电力、石化、化工、冶金等工业中使用广泛的零部件。法兰、垫片和紧固件组成管道系统中的可拆卸连接结构，在管道系统中广泛应用，通常三者共同组成一个密封结构，共同作用，相辅相成，才能保证法兰连接结构的良好密封。国际上较为通用的法兰标准可概括为两个不同的且不能互换的法兰体系，即欧洲 EN 1092-1《法兰及其连接 PN 标记的管子、阀门、管件及附件用圆形法兰》（PN 标记）和美国 ASME B16.5《管法兰和法兰管件》（Class 标记）。我国国家标准 GB/T 9112～GB/T 9124《钢制管法兰》系列标准综合采用了上述两个标准，包括 Class 标记法兰和 PN 标记法兰的相关技术内容。PN、Class 两大体系法兰在尺寸和压力温度等级上均无互换性和可比性，工程设计时应尽可能选用单一的法兰体系。

（一）常用法兰标准

电力行业管道设计中常用的法兰标准有 GB/T 9112《钢制管法兰　类型与参数》、GB/T 9114《带颈螺纹钢制管法兰》、GB/T 9115《对焊钢制管法兰》、GB/T 9116《带颈平焊钢制管法兰》、GB/T 9117《带颈承插焊钢制管法兰》、GB/T 9119《板式平焊钢制管法兰》、GB/T 9123《钢制管法兰盖》、GB/T 9124《钢制管法兰技术条件》、GB/T 9125《管法兰连接用紧固件》、GB/T 13402《大直径钢制管法兰》、HG /T 20592《钢制管法兰（PN 系列）》、HG /T 20615《钢制管法兰（Class 系列）》、SH/T 3406《石油化工钢制管法兰》、EN 1092-1《法兰及其连接 PN 标记的管子、阀门、管件及附件用圆形法兰　第 1 部分：钢制法兰》、EN 1759-1《法兰及其连接 Class 标记的管子、阀门、管件及附件用圆形法兰　第 1 部分：钢制法兰，NPS1/2～24》、ASME B16.5《管法兰和法兰管件》、ASME B16.47《大直径钢制管法兰》、MSS SP-44《钢制管法兰》、API 605《大直径碳钢法兰》。

值得注意的是：我国目前同时存在着 4 种法兰标准，分别是国家标准、化工行业标准、石化行业标准和机械行业标准。法兰在使用时应尽可能采用相同标准配对使用，如因特殊原因确需不同标准间法兰配对使用时，应核对两个标准的法兰的连接尺寸、压力等级、法兰形式是否相同。本节后续相关内容按国家标准的规定进行描述。

（二）法兰的类型及代号

常用的法兰类型及代号见表 6-22。

表 6-22　常用的法兰类型及代号

法兰类型	带颈螺纹法兰	对焊法兰	带颈平焊法兰
法兰类型代号	Th	WN	SO
法兰国家标准	GB/T 9114《带颈螺纹钢制管法兰》	GB/T 9115《对焊钢制管法兰》	GB/T 9116《带颈平焊钢制管法兰》
法兰简图			
法兰类型	带颈承插焊法兰	板式平焊法兰	法兰盖
法兰类型代号	SW	PL	BL
法兰国家标准	GB/T 9117《带颈承插焊钢制管法兰》	GB/T 9119《板式平焊钢制管法兰》	GB/T 9123《钢制管法兰盖》
法兰简图			

（三）密封面的类型及代号

常用的密封面的类型及代号见表 6-23。

表 6-23 常用密封面的类型及代号

密封面类型	平面	凹凸面	
代号	FF	MF（凸面 M，凹面 F）	
简图			
密封面类型	突面	榫槽面	
代号	RF	TG（榫面 T，槽面 G）	
简图			

（四）法兰的公称压力

法兰的允许压力取决于法兰的 PN 或 Class 的数值、材料和允许工作温度等，允许压力应符合相应标准压力温度等级表的规定。法兰的 PN 系列和 Class 系列的公称压力标记如下：

（1）PN 系列。PN2.5、PN6、PN10、PN16、PN25、PN40、PN63、PN100、PN160、PN250、PN320、PN400。

（2）Class 系列。Class 150、Class 300、Class 600、Class 900、Class 1500、Class 2500。

（五）法兰的公称尺寸和钢管外径

法兰的公称尺寸对应的钢管外径见表 6-24，根据应用情况，PN 标记的法兰对应的钢管外径分为系列 I（英制系列）和系列 II（公制系列）。

表 6-24　　　　　　　　　　法兰的公称尺寸对应的钢管外径　　　　　　　　　　（mm）

用 PN 标记的法兰			用 Class 标记的法兰		
公称直径 DN	钢管外径		公称直径		钢管外径
	系列 I	系列 II	NPS（in）	DN	系列 I
10	17.2	14	—	—	—
15	21.3	18	$\frac{1}{2}$	15	21.3
20	26.9	25	$\frac{3}{4}$	20	26.9
25	33.7	32	1	25	33.7
32	42.4	38	$1\frac{1}{4}$	32	42.4
40	48.3	45	$1\frac{1}{2}$	40	48.3
50	50.3	57	2	50	50.3
65	76.1	76	$2\frac{1}{2}$	65	76.1
80	88.9	89	3	80	88.9
100	114.3	108	4	100	114.3
125	139.7	133	5	125	139.7
150	168.3	159	6	150	168.3
200	219.1	219	8	200	219.1
250	273.0	273	10	250	273.0
300	323.9	325	12	300	323.9
350	355.6	377	14	350	355.6
400	406.4	426	16	400	406.4

用 PN 标记的法兰			用 Class 标记的法兰		
公称直径 DN	钢管外径		公称直径		钢管外径
	系列 I	系列 II	NPS（in）	DN	系列 I
450	457	480	18	450	457
500	508	530	20	500	508
600	610	630	24	600	610
700	711	720			
800	813	820			
900	914	920			
1000	1016	1020			
1200	1219	1220			
1400	1422	1420			
1600	1626	1620			
1800	1829	1820			
2000	2032	2020			
2200	2235	2220			
2400	2438	2420			
2600	2620				
2800	2820				
3000	3020				
3200	3220				
3400	3420				
3600	3620				
3800	3820				
4000	4020				

（六）法兰的选用

（1）法兰及附件的适用压力和温度应符合 GB/T 9124《钢制管法兰 技术条件》中关于压力-温度额定值的规定。不同压力等级的法兰相连接时，法兰及附件的使用条件应以较低等级法兰为准。

（2）管道法兰型式的选择应符合 GB/T 9115《对焊钢制管法兰》、GB/T 9116《带颈平焊钢制管法兰》和 GB/T 9119《板式平焊钢制管法兰》的规定。

（3）设计温度大于 300℃或公称压力 PN40 及以上的管道，应选用对焊法兰；设计温度在 300℃及以下且公称压力 PN25 及以下的管道，宜选用平焊法兰。对焊法兰宜采用凸凹面（MF）和突面（RF）类型，平焊法兰应采用突面（RF）类型。

（4）管道系统中不宜采用平面板式平焊法兰、承插焊法兰、松套法兰和螺纹法兰。

（5）法兰的材料选用应符合表 6-25 的规定。

表 6-25　　　　　　　　　　　法 兰 材 料 的 选 用

公称压力 PN	介质温度（℃）						
	0～200	300	350	400	425	510	555
≤16	Q235B，20		20，Q345B		Q345B	—	
25、40、63、100	20，Q345B				Q345B	12CrMo 15CrMoA	—
压力不限	—					12Cr1MoVR	

（6）法兰及法兰连接计算应按 GB/T 17186《钢制管法兰连接强度计算方法》或 GB/T 150《压力容器》（系列标准）的有关规定计算。

（7）当需要选配特殊法兰时，除应核对法兰接口的尺寸外，还应进行耐压强度计算，保证所选用的法兰厚度不小于连接管道公称压力下国家标准法兰的厚度。

二、垫片

（一）常用垫片标准

电力行业管道设计中常用的垫片标准有 GB/T 4622.1《缠绕式垫片　分类》、GB/T 4622.2《缠绕式垫片　管法兰用垫片　尺寸》、GB/T 4622.3《缠绕式垫片 技术条件》、GB/T 9126《管法兰用非金属平垫片　尺寸》、GB/T 9128《钢制管法兰用金属环垫　尺寸》、GB/T 9129《管法兰用非金属平垫片　技术条件》、GB/T 9130《钢制管法兰用金属环垫　技术条件》、GB/T 13403《大直径钢制管法兰用垫片》、GB/T 13404《管法兰用非金属聚四氟乙烯包覆垫片》、GB/T 15601《管法兰用金属包覆垫片》、GB/T 19066.1《柔性石墨金属波齿复合垫片　尺寸》、GB/T 19066.3《柔性石墨金属波齿复合垫片　技术条件》、GB/T 19675.1《管法兰用金属冲齿板柔性石墨复合垫片　尺寸》、GB/T 19675.2《管法兰用金属冲齿板柔性石墨复合垫片　技术条件》、JB/T 87《管路法兰用非金属平垫片》、JB/T 88《管路法兰用金属齿形垫片》、JB/T 89《管路法兰用金属环垫》、JB/T 90《管路法兰用缠绕式垫片》、JB/T 6628《柔性石墨复合增强（板）垫》、JB/T 8559《金属包垫片》。

（二）垫片的类型及代号

垫片作为法兰连接的主要元件，对密封起着非常重要的作用。常用垫片类型有非金属平垫片、缠绕式垫片、金属齿形垫片、金属包覆垫片、柔性石墨金属波齿复合垫片等。常用缠绕式垫片类型见图 6-12，典型结构见图 6-13，类型及代号见表 6-26。

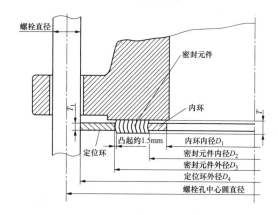

图 6-13　缠绕式垫片典型结构

表 6-26　常用缠绕式垫片的类型及代号

类型	代号	适用的法兰密封面形式
基本型	A	榫槽面
带内环型	B	凹凸面
带定位环形	C	全平面
带内环和定位环形	D	突面

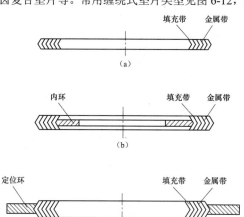

图 6-12　常用缠绕式垫片类型示意

（a）基本型；（b）带内环型；（c）带定位环型；（d）带内环和定位环型

（三）垫片的选用

（1）设计中应根据工作温度、工作压力、流体性质、法兰密封面类型、允许泄漏程度等因素，选择合适的垫片品种。垫片的密封荷载应与法兰的设计压力、设计温度、密封面类型、表面粗糙度、法兰强度和紧固件相适应。

（2）选用垫片尺寸时，应保证非金属平垫垫片内径或缠绕垫内环内径不小于法兰内径。

（3）选用垫片类型时应与法兰的类型相对应，平面型和突面型法兰宜采用带定位环或带内环和定位环型，不应采用基本型或仅带内环型；凹凸面型法兰宜选用带内环型缠绕垫。

（4）管道法兰垫片宜采用柔性石墨金属缠绕式，并应符合 GB/T 4622《缠绕式垫片》等相关标准的规定。对公称压力小于 PN10 且设计温度小于 150℃的情况也可采用非金属垫片。缠绕式垫片内环材料应满足流体介质和管道设计温度的要求，外环材料应满足管道设计温度的要求。

（5）基本型缠绕垫片只适用于榫槽法兰，Class600、Class900、Class1500、Class2500 以及采用 PTFE 为填充材料的垫片应使用内环。

（6）非金属垫片的外径可超过突面（RF）型法兰密封面的外径，制成自对中式的垫片。

（7）用于不锈钢法兰的非金属垫片，其氯离子的含量不得超过 200mg/L。

三、紧固件

选择法兰连接用紧固件材料时，应同时考虑管道工作压力、工作温度、介质种类和垫片类型等多种因素。

根据结构形式不同，螺栓可分为六角头螺栓和双头螺柱两类，而双头螺柱又分为全螺纹和非全螺纹两种。其中六角头螺栓常与平焊法兰和非金属垫片配合用于中低压的场合；双头螺柱常与对焊法兰配合用于温度、压力较高的场合。其中，全螺纹双头螺柱没有截面形状的变化，故承载能力较非全螺纹双头螺柱强。常用的螺母为六角形。

（一）紧固件的类型、尺寸、性能等级及材料牌号

1. 六角头螺栓

管法兰连接用六角头螺栓的类型和尺寸应符合 GB/T 5782《六角头螺栓》的规定，优选的六角头螺栓主要尺寸见图 6-14 和表 6-27。螺纹规格及性能等级应符合表 6-28 的规定。

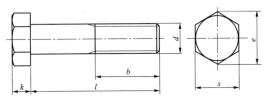

图 6-14　六角头螺栓尺寸

表 6-27　　　　六角头螺栓主要尺寸　　　　（mm）

螺纹规格	尺寸			螺纹规格	尺寸		
	s	k	e（B 级，min）		s	k	e（B 级，min）
M8	13	5.3	14.20	M30	46	18.7	50.85
M10	16	6.4	17.59	M36	55	22.5	60.79
M12	18	7.5	19.85	M42	65	26	71.30
M16	24	10	26.17	M48	75	30	82.60
M20	30	12.5	32.95	M56	85	35	93.56
M24	36	15	39.55	M64	95	40	104.86

表 6-28　　　　　　　　　　六角头螺栓的螺纹规格及性能等级

类型	螺纹规格	性能等级
六角头螺栓（商品紧固件）	M10、M12、M14、M16、M20、M24、M27*、M30*、M33*、M36*、M39*、**	5.6、8.8、A2-50、A4-50、A2-70、A4-70、A2-80、A4-80

*　螺纹公称直径 $d \geq 27$mm，性能等级为 A2-70、A4-70、A2-80、A4-80 的螺栓，其机械性能应由供需双方协议，并可按本表给出的性能等级标志。

**　螺纹公称直径 $d \geq 39$mm，性能等级为 A2-50、A4-50 的螺栓，其机械性能应由供需双方协议，并可按本表给出的性能等级标志。

2. 等长双头螺柱

管法兰连接用等长双头螺柱的类型和尺寸应符合 GB/T 901《等长双头螺柱　B 级》的规定，等长双头螺柱的螺纹长度见图 6-15 和表 6-29。螺纹规格大于等于 M36 的螺柱应采用细牙螺纹。管法兰连接用等长双头螺柱的规格、性能等级及常用材料牌号应符合表 6-30 的规定。

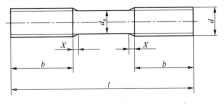

图 6-15　等长双头螺柱的螺纹长度

表 6-29　　等长双头螺柱的螺纹长度　　（mm）

螺纹规格	螺纹长度 b
M6	18
M8	28
M10	32
M12	36
M16	44
M20	52
M24	60
M30	72
M36	84
M42	96
M48	108
M56	124

表 6-30　　　　　　等长双头螺柱的规格、性能等级及常用材料牌号

类型	螺纹规格	长度规格	性能等级	材料牌号
等长双头螺柱 B 级（商品紧固件）	M10、M12、M14、M16、M20、M24、M27*、M30*、M33*、M36*、M39*	按 GB/T 901 的规定	8.8、A2-50、A4-50、A2-70、A4-70、A2-80、A4-80	—

右上角：续表

类型	螺纹规格	长度规格	性能等级	材料牌号
等长双头螺柱 （专用紧固件）	M10、M12、M14、M16、M20、M24、M27、M30、M33、M36×3、M39×3、M42×3、M45×3、M48×3、M52×3[**]、M56×3[**]、M64×3[**]、M72×3[**]、M76×3[**]、M80×3[**]、M90×3[**]	$l≤80mm$ 时，按 5mm 递增； $80mm≤l≤200mm$ 时，按 10mm 递增； $l>200mm$ 时，按 20mm 递增	—	40Cr、35CrMoA、25Cr2MoVA、06Cr19Ni10、05Cr17Ni12Mo2、30CrMoA、42CrMoA

[*] 螺纹公称直径 $d≥27mm$、性能等级为 A2-70、A4-70、A2-80、A4-80 和螺纹公称直径 $d≥39mm$、性能等级为 A2-50、A4-50 的螺栓，其机械性能应由供需双方协议，并可按本表给出的性能等级标志。

[**] 根据供需双方协议，M52×3～M90×3 的等长双头螺柱也可以采用 4mm 螺距。

3. 全螺纹螺柱

管法兰连接用全螺纹螺柱的规格及常用材料牌号应符合表 6-31 的规定。

4. 螺母

常用的螺母分为 1 型六角螺母和大六角螺母，分别与六角头螺栓、等长双头螺柱和全螺纹螺柱配合使用，见图 6-16。

（1）与六角头螺栓配合使用的螺母类型与尺寸应符合 GB/T 6170《1 型六角螺母》的规定，优选的 1 型六角螺母主要尺寸见表 6-32。

（2）与等长双头螺柱、全螺纹螺柱配合使用的管法兰连接专用大六角螺母的主要尺寸见表 6-33。

（3）螺母的规格、性能等级及常用材料牌号应符合表 6-34 的规定。

表 6-31　　　　　　　　　　　全螺纹螺柱的规格及材料牌号

类型	螺纹规格	长度规格	材料牌号
全螺纹螺柱 （专用紧固件）	M12、M14、M16、M20、M24、M27、M30、M33、M36×3、M39×3、M42×3、M45×3、M48×3、M52×3、M56×3、M64×3、M72×3、M76×3、M80×3、M90×3	$l≤80mm$ 时，按 5mm 递增； $80mm<l≤200mm$ 时，按 10mm 递增； $l>200mm$ 时，按 20mm 递增	40Cr、30CrMoA、35CrMoA、42CrMoA、35Cr2MoVA、06Cr19Ni10、06Cr17Ni12Mo2

注　根据供需双方协议，M52×3～M90×3 的全螺纹螺柱也可以采用 4mm 螺距。

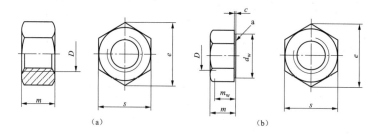

图 6-16　六角螺母

（a）1 型六角螺母；　（b）大六角螺母

表 6-32　　　　　　　　　　　　优选的螺母主要尺寸

螺纹规格	尺寸（mm）				螺纹规格	尺寸（mm）			
	s	m（max）	m（min）	e（min）		s	m（max）	m（min）	e（min）
M8	13	6.80	6.44	14.38	M20	30	18.00	16.90	32.95
M10	16	8.40	8.04	17.77	M24	36	21.50	20.20	39.55
M12	18	10.80	10.37	20.03	M30	46	25.60	24.30	50.85
M16	24	14.80	14.10	26.75	M36	55	31.00	29.40	60.79

螺纹规格	尺寸（mm）				螺纹规格	尺寸（mm）			
	s	m（max）	m（min）	e（min）		s	m（max）	m（min）	e（min）
M42	65	34.00	32.40	71.30	M56	85	45.00	43.40	93.56
M48	75	38.00	36.40	82.60	M64	95	51.00	49.10	104.86

表 6-33　　　　　　　　　　　　　　　　大六角螺母主要尺寸

螺纹规格	尺寸（mm）				螺纹规格	尺寸（mm）			
	s	m（max）	m（min）	e（min）		s	m（max）	m（min）	e（min）
M12	21	12.3	11.87	22.78	M36	60	36.5	34.9	65.86
M16	27	17.1	16.4	29.56	M42	65	42.5	40.9	70.67
M20	34	20.7	19.4	37.29	M48	75	48.5	46.9	81.87
M24	41	24.2	22.9	45.20	M56	85	56.5	54.6	92.74
M30	50	30.7	29.1	55.37	M64	95	64.5	63.6	103.94

表 6-34　　　　　　　　　　　　　　　　大六角螺母的规格及材料牌号

类型	螺纹规格	性能等级	材料牌号
L 型六角螺母 （商品紧固件）	M10、M12、M14、M16、M20、M24	5、8、A2-50、A2-70、A2-80、A4-50、A4-70、A4-80	—
	M27*、M30*、M33*、M36*	5、8、A2-50、A4-50	—
大六角螺母 （专用紧固件）	M12、M14、M16、M20、M24、M27、M30、M33、M36×3**、M39×3**、M42×3**、M45×3**、M48×3**、M52×3**、M55×3**、M64×3**、M72×3**、M76×3**、M80×3**、M90×3**	—	35、45、30CrMoA、35CrMoA、42CrMoA、06Cr19Ni10、06Cr17Ni12Mo2

*　螺纹公称直径 $d \geq 27$mm 的螺母，其机械性能应由供需双方协议，并可按本表给出性能等级标志。

**　根据供需双方协议，M52×3～M90×3 的螺母也可以采用 4mm 螺距。

（二）紧固件的选用

（1）紧固件的选用应符合 GB/T 150《压力容器》（系列标准）或 GB/T 9125《管法兰连接用紧固件》等相关标准的规定。

（2）紧固件应符合预紧及运行参数下垫片的密封要求。

（3）高温条件下使用的紧固件应与法兰材料具有相近的热膨胀系数。

（4）公称压力不大于 PN25，工作温度不大于 250℃，配用非金属垫片的法兰连接处可采用 GB/T 5782《六角头螺栓》或 GB/T 5785《六角头螺栓 细牙》规定的六角头螺栓，对应的螺母可采用 GB/T 6170《1 型六角螺母》或 GB/T 6171《1 型六角螺母 细牙》规定的 1 型六角螺母。

（5）公称压力不大于 PN40，工作温度不大于 250℃的法兰连接处宜采用 GB/T 901《等长双头螺柱》规定的双头螺柱，对应的螺母宜采用 GB/T 6170《1 型六角螺母》或 GB/T 6171《1 型六角螺母 细牙》规定的 1 型六角螺母。

（6）除（4）、（5）外，公称压力不大于 PN100，工作温度不大于 500℃的法兰螺栓应采用 GB/T 9125《管法兰连接用紧固件》规定的专用双头螺柱，螺母应采用 GB/T 9125《管法兰连接用紧固件》规定的六角螺母。

（7）配套使用的螺栓、螺母，其螺母的材料硬度应比螺栓的材料硬度低一个等级。

第四节　补　偿　器

补偿器也称膨胀节，是一种管道变形补偿元件。补偿器利用其工作主体的有效伸缩变形，吸收管道由热胀冷缩等原因而产生的轴向、横向和角向位移。

一、补偿器的种类

（1）根据吸收管道的主要位移类型可分为轴向补偿器、横向补偿器和角向补偿器。

（2）根据补偿器的材质可分为金属补偿器和非金属补偿器。

（3）根据补偿器的结构特点可分为自然补偿器、波纹补偿器、套筒补偿器、旋转补偿器等。

二、典型补偿器

1. 自然补偿器

自然补偿器利用管道的自然弯曲来补偿管道的热膨胀位移，自然弯曲的形状主要有 L 形、Z 形或 Π 形。自然补偿器的优点是运行可靠，严密性好，不需要经常维修；缺点是占用的空间较大。由于受布置因素影响，管道的几何形状受到限制，自然补偿不能满足管道的应力要求时，才考虑安装波纹、套筒和旋转补偿器等特制的补偿器。

常用的自然补偿器类型如图 6-17 所示。

2. 波纹补偿器

波纹补偿器是由一个或几个波纹管及结构件组成，用来吸收由于热胀冷缩等原因引起的管道和（或）设备尺寸变化的装置。

波纹补偿器通过其工作主体波纹管的有效伸缩变形来吸收管道的轴向、横向和角向位移，常用波纹补偿器类型见图 6-18～图 6-21。

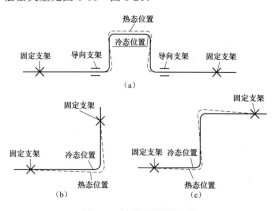

图 6-17　自然补偿器示意

（a）Π 形补偿器；（b）L 形补偿器；（c）Z 形补偿器

波纹管的常用材料见表 6-35。

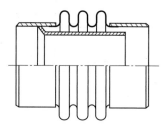

图 6-18　单式轴向型补偿器

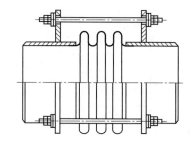

图 6-19　单式拉杆型补偿器

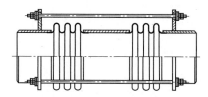

图 6-20　复式拉杆型补偿器

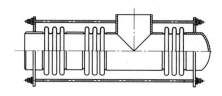

图 6-21　曲管压力平衡型补偿器

表 6-35　　　　　　　　　　　波 纹 管 的 常 用 材 料

序号	零件名称	材料牌号		标准号		材料交货状态
		中国	美国	中国	美国	
1	波纹管	06Cr18Ni11Ti	S32100	GB/T 3280 GB/T 4237	ASME SA 240	固熔
2		06Cr17Ni12Mo2	S31600			
3		06Cr19Ni10	S30400			
4		022Cr19Ni10	S30403			
5		022Cr17Ni12Mo2	S31603			
6		NS111	N08800	YB/T 5354	ASME SA 240	
7		NS112	N08810			
8		NS142	N08825		ASME SB 424	退火
9		NS312	N06600		ASME SB 168	

续表

序号	零件名称	材料牌号		标准号		材料交货状态
		中国	美国	中国	美国	
10	波纹管	NS336	N06625 I	YB/T 5354	ASME SB 443	退火
			N06625 II			固熔
11		Q235B		GB/T 912		热轧
12		20	—	GB/T 710	—	
13		09CuPCrNi-A		GB/T 4171		

3. 套筒补偿器

套筒补偿器又称管式伸缩节，是热力管道的补偿装置，主要用于吸收补偿直线管道的轴向热膨胀位移。套筒式补偿器主要由导管、套管、密封材料等部分组成，通过导管和套管的滑动位移，达到热膨胀的补偿作用，可用于吸收补偿管道的轴向伸缩及任意角度的轴向转动，具有体积小、补偿量大等特点。

套筒补偿器的典型结构如图6-22所示。

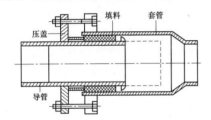

图 6-22　套筒补偿器的典型结构

4. 旋转补偿器

旋转补偿器通常通过管道的布置使成双的旋转筒与一段 L 形直管成补偿结构，工作时，直管绕着 z 轴旋转，从而吸收两边热力管道产生的轴向热胀量，具有占地小、补偿量大等特点。套筒补偿器的典型布置见图6-23。

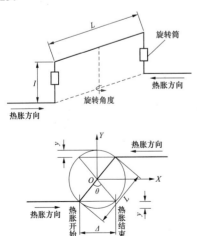

图 6-23　套筒补偿器的典型布置图

5. 球形补偿器

球型补偿器主要由壳体、球体、密封圈、压紧法兰等部分组成。球形补偿器以球体和壳体的中心线为轴，在圆锥范围内球体可作一定角度的转动，与旋转补偿器一样，利用角屈折两个配成一组组合使用来吸收管道的热膨胀。球形补偿器典型结构示意见图6-24。

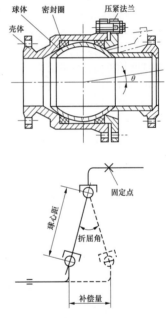

图 6-24　球形补偿器的典型布置图

6. 非金属补偿器

非金属补偿器属补偿器的一种，通过吸收热位移来消除管道或设备系统中的应力的柔性连接元件。一般由橡胶、纤维织物、隔热材料以及氟塑料等元件构成，这些元件也称为蒙皮或围带。非金属补偿器可补偿轴向、横向、角向的位移量。

非金属补偿器，按截面形状可分为圆形、矩形、异形；按连接方式可分为法兰式、接管式、抱箍式；按结构形式可分为直管式、波纹式、翻边式。

非金属补偿器典型结构示意见图6-25。

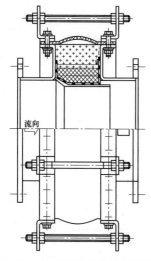

流向

图 6-25 非金属补偿器典型结构示意

三、补偿器的选用

1. 各种类型补偿器的选用原则和优缺点

管道补偿器类型繁多，在设计时首先应尽可能利用自然补偿即改变管道走向获得必要的柔性，当管道布置空间受限或其他原因时可采用补偿器获得柔性。在选用管道补偿器时，应先对管线进行合理设计与分段，确定各分段需要的补偿量，然后根据补偿量大小和方向、工作参数、介质种类、敷设条件等因素，确定合适的补偿器形式与数量。各种类型补偿器的优缺点比较见表 6-36。

表 6-36   各类型补偿器的优缺点

补偿器类型	优点	缺点
自然补偿器	制造方便，运行可靠，严密性好，不需要经常维修，轴向推力较小	介质流动阻力较大，占地较大

续表

补偿器类型	优点	缺点
波纹补偿器	安装方便，占地较小、流动阻力小、可靠性较好	造价较高，补偿量相对有限
套筒补偿器	体积小、补偿量大、占地小、造价低、安装方便	易泄漏，需经常检修及更换填料，轴向推力较大
旋转补偿器	成对组合使用，补偿量大，推力小	需设置较多放水、放气阀门
球形补偿器	体积小、补偿量大、占地小、流动阻力小	易泄漏、维修量大
非金属补偿器	形式多样，补偿量大，弹性反力较小，耐腐蚀性好	不耐高温

2. 补偿器的具体选用要求

（1）管道补偿器的选用应符合相应国家标准和行业标准的规定。

（2）热力系统宜选用金属波纹管补偿器，材料宜选用奥氏体不锈钢材料；循环水和冷却水管道可选用非金属补偿器，材料可选用橡胶材质。管道的补偿不应采用填料函式补偿器和焊制波型补偿器。

（3）采用自然补偿器或波纹管补偿器时，设计时宜考虑冷紧，冷紧系数可取 0.5。

（4）采用套筒补偿器时，应计算各种安装温度下的补偿器安装长度，并应保证在管道可能出现的最高、最低温度下，补偿器留有不小于 20mm 的补偿余量。

（5）采用波纹管轴向补偿器时，管道上应安装防止波纹管失稳的导向支座。采用其他形式补偿器，当补偿管段过长时，也应设置导向支座。

（6）采用球形补偿器、铰链型波纹管补偿器，且补偿管段较长时，宜采取减小管道摩擦力的措施。

（7）波纹补偿器不应用于受扭转的场合。

第七章

管道设计与计算

第一节 管材许用应力

管道组成件选用国内材料时，应符合国家或电力行业现行的相应材料标准；选用国外材料时，应根据国外相关的最新材料标准，经分析确认适合使用条件时才能采用。

钢材的许用应力是指钢材许用拉应力。除延伸率大于等于30%的奥氏体不锈钢和镍基合金外，管子与管件用钢材的许用应力，应根据钢材的强度特性取下列三项中的最小值

$$\frac{R_m^{20}}{3}, \ \frac{R_{eL}^t}{1.5} \ \text{或} \ \frac{R_{p0.2}^t}{1.5}, \ \frac{R_D^t}{1.5}$$

式中 R_m^{20}——钢材在20℃时的抗拉强度最小值，MPa；

R_{eL}^t——钢材在设计温度下的下屈服强度最小值，MPa；

$R_{p0.2}^t$——钢材在设计温度下0.2%规定非比例延伸强度最小值，MPa；

R_D^t——钢材在设计温度下10^5h持久强度平均值，MPa。

常用国产及国外钢材的许用应力数据见附录G。对于焊接钢管，管子及管件用材料采用附录G的许用应力时，应计入许用应力修正系数和蠕变条件下焊接强度降低系数。对于铸造管道，管子及管件用材料采用附录G的许用应力时，应计入铸件质量系数，普通铸件质量系数应取0.8，当对铸件进行补充检测时，质量系数按表7-1的规定确定，但质量系数不应超过1.0。

表 7-1　铸件增加检测后的质量系数

序号	铸件检测方法	铸件质量系数 E_c
1	铸件表面加工至Ra6.3，提高目视检查的清晰度，并满足JB/T 7927《阀门铸钢件外观质量要求》中B级的要求	0.85
2	磁粉或液渗检测	0.85
3	超声波或射线检测	0.95

续表

序号	铸件检测方法	铸件质量系数 E_c
4	序号1+序号2	0.90
5	序号1+序号3	1.00
6	序号2+序号3	1.00

常用国产钢材及其推荐使用温度范围应符合表7-2的规定。

表 7-2　常用国产钢材及其推荐使用温度范围

钢材类别	钢号	推荐使用温度范围（℃）	备注
碳素结构钢	Q235A	0～300	GB/T 3091
	Q235B	0～300	
	Q235C	0～300	
	Q235D	−20～300	
优质碳素结构钢	10	−20～425	GB/T 3087
	20	−20～425	
	20G	−20～425	GB/T 5310
锅炉和压力容器用钢板	Q245R	−20～425	GB/T 713
	Q345R	0～425	
低合金高强度结构钢	Q345A	0～350	GB/T 8163
	Q345B	0～350	
	Q345C	0～350	
	Q345D	−20～350	
	Q345E	−40～350	
合金结构钢	15CrMoG	≤510	GB/T 5310
	12Cr1MoVG	≤555	
	15Ni1MnMoNbCu	≤350	
	10Cr9Mo1VNbN	≤600	
	10Cr9MoW2VNbN	≤621	

第二节 管道组成件计算

一、管径的计算和选择

管径的选择应根据运行中可能出现的最大流量、允许的最大压力损失及流体的性质、流速等因素来确定。

（一）管径的计算

1. 汽水管道管径计算

（1）主蒸汽管道、再热蒸汽管道和高压给水管道等重要管道管径，宜通过优化计算确定。

（2）单相流体的管道，在推荐的介质流速范围内按式（7-1）和式（7-2）进行计算

$$D_i = 594.7\sqrt{\frac{q_m v}{w}} \qquad (7\text{-}1)$$

或

$$D_i = 18.81\sqrt{\frac{q_V}{w}} \qquad (7\text{-}2)$$

式中 D_i——管道内径，mm；

q_m——介质质量流量，t/h；

v——介质比体积，m^3/kg；

w——介质流速，m/s；

q_V——介质体积流量，m^3/h。

（3）对于汽水两相流体（如加热器疏水和锅炉排污等）的管道，应按两相流体管道的计算方法，求取管径或核算管道的通流能力，具体见式（7-3）

$$q_m = 2.827\dot{m}D_i^2 \qquad (7\text{-}3)$$

式中 $\dot{m}$——质量流速，$kg/(m^2 \cdot s)$。

2. 油管道管径计算

（1）对单相流体的压力输送燃油管道

$$D_i = 18.81\sqrt{\frac{q_V}{w}} \qquad (7\text{-}4)$$

（2）对单相流体的自流燃油管道

$$D_i = 17.25\sqrt{\frac{\xi_y q_V L}{H}} \qquad (7\text{-}5)$$

式中 D_i——管道内径，mm；

q_V——介质容积流量，m^3/h；

w——介质流速，m/s；

ξ_y——沿程阻力系数；

L——管道总展开长度，m；

H——管道始端与终端高程差，m。

3. 压缩空气管道管径计算

压缩空气体积流量按照式（7-6）计算，再按照式（7-2）计算空气管道的管径。

$$q_V = \frac{q_{Vs}(273 + t)p_a}{(273 + 20)p_g} \qquad (7\text{-}6)$$

式中 q_V——工作状态下介质体积流量，m^3/h；

q_{Vs}——在绝对压力 101.3kPa、温度 20℃状态下的基准体积流量，m^3/h；

p_g——工作压力，kPa；

p_a——大气压力，取 101.3kPa；

t——工作温度，℃。

（二）介质流速推荐值

1. 汽水管道流速推荐值

管道介质流速宜按表 7-3 取用。

表 7-3　　推荐的管道介质流速

介质类别	管道名称		推荐流速（m/s）
主蒸汽	主蒸汽管道		40～60
中间再热蒸汽	高温再热蒸汽		45～65
	低温再热蒸汽		30～45
其他蒸汽	抽汽或辅助蒸汽管道	过热蒸汽	35～60
		饱和蒸汽	30～50
		湿蒸汽	20～35
	至高、低压旁路阀和减压减温器的蒸汽管道		60～90
给水	高压给水管道		2～6
	中压给水管道		2.0～3.5
	低压给水管道		0.5～3.0
凝结水	凝结水泵入口管道		0.5～1.0
	凝结水泵出口管道		2.0～3.5
加热器疏水	加热器疏水管道	疏水泵入口	0.5～1.0
		疏水泵出口	1.5～3.0
		调节阀入口	1～2
		调节阀出口	20～100
其他水（生水、化学水、工业水、其他水管道）	离心泵入口管道		0.5～1.5
	离心泵出口管道及其他压力管道		1.5～3.0
	自流、溢流等无压排水管道		<1.0

注　1. 对于低压旁路阀出口管道，蒸汽流速可适当提高。

2. 在推荐的介质流速范围内选择具体流速时，应注意管径大小、参数高低的影响，对于直径小、介质参数低的管道，宜采用较低值。

2. 油管道流速推荐值

（1）润滑油管道流速推荐值。润滑油管道的介质流速应满足汽轮机和发电机的要求，可按表 7-4 选取。

表 7-4　　　推荐的汽轮机和发电机的
润滑油管道介质流速

介质类别	管道名称	推荐流速（m/s）
润滑油	汽轮机和发电机的润滑油供油管道	1.5～2.0
润滑油	汽轮机和发电机的润滑油回油管道	0.5～1.5

（2）燃料油管道流速推荐值。锅炉的燃料油管道的介质流速应根据燃油黏度来确定，且最低流速不得小于 0.5m/s，其推荐流速可按表 7-5 选取。

表 7-5　　推荐的燃料油管道介质流速

恩氏黏度（°E）	运动黏度（mm²/s）	泵入口管流速（m/s）范围	泵入口管流速（m/s）推荐值	泵出口管流速（m/s）范围	泵出口管流速（m/s）推荐值
1～2	1.0～11.5	0.5～2.0	1.5	1.0～3.0	2.5
2～4	11.5～27.7	0.5～1.8	1.3	0.8～2.5	2.0
4～10	27.7～72.5	0.5～1.5	1.2	0.5～2.0	1.5
10～20	72.5～145.9	0.5～1.2	1.1	0.5～1.5	1.2
20～60	145.9～438.5	0.5～1.0	1.0	0.5～1.2	1.1
60～120	438.5～877.0	0.5～0.8	0.8	0.5～1.0	1.0

3. 压缩空气管道流速推荐值

压缩空气管道的介质流速应根据工作压力、管道允许压力降和工作场所确定，其推荐流速可按表 7-6 选取。

表 7-6　　推荐的压缩空气管道介质流速

介质工作场所	管道名称	推荐流速（m/s）
主厂房、车间	热工控制用压缩空气管道	10～15
主厂房、车间	检修用压缩空气管道	8～15
厂区	热工控制用压缩空气管道	10～12
厂区	检修用压缩空气管道	8～10

二、管子的强度计算

（一）直管最小壁厚计算

当管子外径 D_o 与管子内径 D_i 之比 $\dfrac{D_o}{D_i} \leq 1.7$ 时，承受内压的直管最小壁厚计算应按以下步骤进行。

（1）在设计压力和设计温度下所需的最小壁厚 S_m 应按式（7-7）、式（7-8）计算。

1）按管子外径确定时应按式（7-7）进行计算

$$S_m = \frac{pD_o}{2[\sigma]^t \eta + 2Yp} + C \qquad (7\text{-}7)$$

2）按管子内径确定时应按式（7-8）进行计算

$$S_m = \frac{pD_i + 2[\sigma]^t \eta C + 2YpC}{2[\sigma]^t \eta - 2p(1-Y)} \qquad (7\text{-}8)$$

（2）管子的设计压力不应超过式（7-9）和式（7-10）的值。

1）按管子外径确定时，设计压力应按式（7-9）进行计算

$$p = \frac{2[\sigma]^t \eta(S_m - C)}{D_o - 2Y(S_m - C)} \qquad (7\text{-}9)$$

2）按管子内径确定时，设计压力应按式（7-10）进行计算

$$p = \frac{2[\sigma]^t \eta(S_m - C)}{D_i - 2Y(S_m - C) + 2S_m} \qquad (7\text{-}10)$$

（3）在蠕变温度下焊接钢管的直管最小壁厚 S_m 应按式（7-11）计算

$$S_m = \frac{pD_o}{2[\sigma]^t \eta\omega + 2Yp} + C \qquad (7\text{-}11)$$

式中　S_m——管子最小壁厚，mm；

$[\sigma]^t$——钢材在设计温度 t 下的许用应力，MPa；

p——设计压力，MPa；

D_o——管子外径，取用包括管径正偏差的最大外径，mm；

D_i——管子内径，取用包括管径正偏差和加工过盈偏差的最大内径，加工过盈偏差取 0.25，mm；

Y——修正系数，可按表 7-7 选用；

η——许用应力的修正系数，对于无缝钢管取 1.0，对于焊接钢管，制造技术条件检验合格者按表 7-8 选用，对于进口焊接钢管，其许用应力的修正系数按相应的管子产品技术条件中规定的数据选取；

ω——蠕变条件下纵向焊缝钢管焊接强度降低系数，其值可按表 7-9 选取；

C——腐蚀、磨损和机械强度要求的附加厚度。

对于一般的蒸汽管道和水管道，可不计及腐蚀和磨损的影响；对于加热器疏水阀后管道、给水再循环阀后管道和排污阀后管道等具有两相流的管道，都应计及附加厚度，腐蚀和磨损裕度可取用 2mm。对于设计温度在 600℃ 及以上的主蒸汽管道和高温再热蒸汽管道，可取不小于 1.6mm。对于腐蚀性介质管道，根据介质的腐蚀特性确定。离心浇铸件 C 取 3.56mm，静态浇铸件 C 取 4.57mm。

表 7-7   修 正 系 数 Y

材　　料	温　度（℃）					
	≤482	510	538	566	593	621
铁素体钢	0.4	0.5	0.7			
奥氏体钢	0.4				0.5	0.7

注　1．介于表列中间温度的 Y 值可用内插法计算。

2．当管子的 $\dfrac{D_o}{S_m}$ <6 时，对于设计温度不大于 480℃的铁素体和奥氏体钢，Y 值应按 $Y=\dfrac{D_i}{D_i+D_o}$ 计算。

表 7-8   焊接钢管许用应力修正系数 η

序号	接头形式		焊缝类型	检　　验	系数
1	电阻焊		直缝或螺旋缝	按产品标准检验	0.85
2	电熔焊	单面焊（无填充金属）	直缝或螺旋缝	按产品标准检验	0.85
				附加 100%射线或超声检验	1.00
		单面焊（有填充金属）	直缝或螺旋缝	按产品标准检验	0.80
				附加 100%射线或超声检验	1.00
		双面焊（无填充金属）	直缝或螺旋缝	按产品标准检验	0.90
				附加 100%射线或超声检验	1.00
		双面焊（有填充金属）	直缝或螺旋缝	按产品标准检验	0.90
				附加 100%射线或超声检验	1.00

注　电阻焊纵缝钢管管子和管件不允许通过增加无损检验提高纵向焊缝系数。

表 7-9   蠕变条件下纵向焊缝钢管焊接强度降低系数量

材料类型	热处理状态	温度（℃）										
		371	399	427	454	482	510	538	566	593	621	649
碳钢	正火	1.00	0.95	0.91	NP	NP	NP	NP	NP	NP	NP	NP
	回火	1.00	0.95	0.91	NP	NP	NP	NP	NP	NP	NP	NP
CrMo 钢	—			1.00	0.95	0.91	0.86	0.82	0.77	0.73	0.68	0.64
蠕变强化铁素体钢	正火+回火						1.00	0.95	0.91	0.86	0.82	0.77
	回火					1.00	0.73	0.68	0.64	0.59	0.55	0.50
奥氏体钢（包括 800H 与 800HT）							1.00	0.95	0.91	0.86	0.82	0.77
自熔焊奥氏体不锈钢							1.00	1.00	1.00	1.00	1.00	1.00

注　1．NP 表示不允许。

2．材料蠕变范围的起始温度为附录 G 中材料的许用应力表中粗线右边的温度。

3．非表中所列材料的纵向焊缝管子不应在蠕变范围内使用。

4．表中的 CrMo 钢和蠕变强化铁素体钢焊缝金属碳含量不低于 0.05%，奥氏体钢的焊缝金属碳含量不低于 0.04%。

5．CrMo 钢和蠕变强化铁素体钢的纵向焊缝应经过 100%的射线或超声检测合格。其余材料如未 100%射线或超声检测，同时应按表 7-8 计算焊缝系数。

6．纵缝焊接 CrMo 钢管子和管件不得在蠕变范围内使用。

7．埋弧焊焊剂的碱度不小于 1.0。

8．CrMo 钢包括 0.5Cr0.5Mo、1Cr0.5Mo、1.25Cr0.5MoSi、2.25Cr1Mo、3Cr1Mo 以及 5Cr1Mo。焊缝必须经过正火、正火+回火或者适当的回火热处理。

9．蠕变强化铁素体钢包括 10Cr9Mo1VNbN、10Cr9MoW2VNbBN、10Cr11MoW2VNbCu1BN、11Cr9Mo1W1VNbBN、07Cr2MoW2VNbB 等。

（二）直管计算壁厚计算

管子的计算壁厚应按式（7-12）进行计算

$$S_c = S_m + C_1 \qquad (7-12)$$

式中　S_c——管子的计算壁厚，mm；

　　　C_1——管子壁厚负偏差附加值，mm。

（三）直管壁厚负偏差附加值的计算

（1）对于管子规格以外径×壁厚标识的钢管，可按式（7-13）确定

$$C_1 = \frac{C_2}{100 - C_2} S_m \qquad (7-13)$$

式中　C_2——管子产品技术条件中规定的壁厚允许负偏差，取百分数，%。

（2）对于管子规格以最小内径×最小壁厚标识的钢管，壁厚负偏差值应等于0。

（四）直管取用壁厚的选择

对于以外径×壁厚标识的管子，应根据管子的计算壁厚，按管子产品规格中的公称壁厚系列选取；对于以最小内径×最小壁厚标识的管子，应根据管子的计算壁厚，遵照制造厂产品技术条件中有关规定，按管子壁厚系列选取。任何情况下，管子的取用壁厚均不得小于管子的计算壁厚。管子的取用壁厚应计入对口加工余量，计入对口加工余量的取用壁厚应符合以下条件：

（1）对于内径控制的以最小内径×最小壁厚标识的管子，其取用壁厚计算方法为

$$S_q \geqslant S_c + 0.5(B_1 + 0.25) \qquad (7-14)$$

式中　S_q——管子的取用壁厚，mm；

　　　B_1——管子的内径正偏差，mm。

（2）对于外径控制的以外径×壁厚标识的管子，其取用壁厚计算方法为

$$S_q \geqslant S_c + 0.5 B_2 \qquad (7-15)$$

式中　B_2——管子的外径正偏差，mm。

管子的外径正偏差应取用相应的产品技术条件规定值。

三、弯头和弯管的强度计算

（一）弯管和弯头的最小壁厚计算

（1）弯管、弯头加工完成后的最小壁厚 S_m 应按式（7-16）、式（7-17）进行计算：

1）按外径确定壁厚时

$$S_m = \frac{pD_o}{2([\sigma]^t \eta / I + Y p)} + C \qquad (7-16)$$

2）按内径确定壁厚时

$$S_m = \frac{pD_i + 2[\sigma]^t \eta C / I + 2YpC}{2([\sigma]^t \eta / I + pY - p)} \qquad (7-17)$$

（2）蠕变条件下，纵缝焊接弯管、弯头的最小壁厚 S_m 按式（7-18）进行计算

$$S_m = \frac{pD_o}{2([\sigma]^t \eta \omega / I + Y p)} + C \qquad (7-18)$$

其中内弧处

$$I = \frac{4(R/D_0) - 1}{4(R/D_0) - 2} \qquad (7-19)$$

外弧处

$$I = \frac{4(R/D_0) + 1}{4(R/D_0) + 2} \qquad (7-20)$$

式中　I——弯管、弯头壁厚修正系数，侧壁弯曲中性线取1.0，按式（7-19）和式（7-20）计算；

　　　R——弯管、弯头弯曲半径，mm。

（二）弯管和弯头实测壁厚的规定

弯管和弯头任何一点的实测壁厚，不得小于弯管和弯头相应点的计算壁厚，且外弧侧壁厚不得小于相连管子允许的最小壁厚 S_m。

（三）感应加热弯制弯管用的管子壁厚的选用

感应加热弯制弯管用的管子壁厚的选用可按表7-10推荐的壁厚值取用。

表 7-10　　感应加热弯管弯制前推荐的直管最小壁厚

弯曲半径	弯管弯制前的直管最小壁厚	
	$D_0/S_m \leqslant 20$	$D_0/S_m > 20$
6倍管子外径	$1.06 S_m$	$1.07 S_m$
5倍管子外径	$1.08 S_m$	$1.09 S_m$
4倍管子外径	$1.10 S_m$	$1.12 S_m$
3倍管子外径	$1.14 S_m$	$1.16 S_m$

注　1. 介于上述弯曲半径间的弯头，允许用内插法计算。

　　2. S_m 为直管最小壁厚。

（四）弯管和弯头的壁厚计算的其他要求

（1）当采用以最小内径×最小壁厚标示的直管弯制弯管时，宜采用加大直管壁厚的管子。当采用以外径×壁厚标示的直管弯制弯管时，宜挑选正偏差壁厚的管子进行弯制。

（2）弯管弯曲部分同一截面上最大外径与最小外径之差与最大外径之比称为弯管圆度。弯管弯曲半径宜为管子外径的3~5倍，弯制后热压弯管的圆度不得大于7%，冷弯弯管的圆度不得大于8%；对于设计压力大于8MPa的管道，弯管圆度不得大于5%。

（五）弯管壁厚计算案例

某工程为600MW超临界机组，主蒸汽管道设计压力 $p=25.4$MPa，设计温度 $t=576$℃。主蒸汽管道弯管壁厚的计算步骤及结果见表7-11。

表 7-11　　　　　　　　　　　　**600MW 超临界主蒸汽管道弯管壁厚计算**

步骤	符号	含义	单位	求取方法、公式或依据	数值
基础数据	p	设计压力	MPa	工程数据	25.4
	t	设计温度	℃	工程数据	576
	B	内径正偏差		管道供货商数据	3.175
	D_i	管子内径	mm	包括管径正偏差、加工过盈偏差：419+3.175+0.25	422.425
	Y	修正系数	—	表 7-7	0.7
	η	许用应力系数	—	表 7-8	1
	C	附加厚度	mm		0
	$[\sigma]^t$	设计温度许用应力	MPa		87
	D_o	管子外径	mm	根据直管计算结果	571.36
	R	弯管弯曲半径	mm	$4D_o$	2285
	I	内弧修正系数	—	按式（7-19）	1.071
计算结果	S_{mn}	内弧最小壁厚	mm	按式（7-17）	72.91
	S_m	管子最小壁厚	mm	按式（7-8）	67.584
		取用壁厚	mm		内弧不小于 72.91，外弧不小于 67.584

根据实际选用的内径控制管或外径控制管直径，用相应的计算方法计算弯管壁厚。

四、支管连接的补强计算

接管座、锻制 T 形三通和焊制三通强度计算宜采用面积补强法，热挤压三通和锻制斜三通强度计算宜采用压力面积法。

（一）支管连接的面积补强法计算

如图 7-1 所示，面积补强法宜用于支管轴线与主管轴线夹角为 90°，承受持续内压荷载的补强计算，其补偿条件应按式（7-21）进行计算

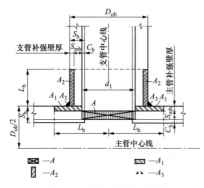

图 7-1　面积补强法计算图

$$A_1 + A_2 + A_3 \geqslant A \qquad (7-21)$$

式中　A——主管开孔需要补强的面积，mm^2；
　　　A_1——补强范围内主管的补强面积，mm^2；
　　　A_2——补强范围内支管的补强面积，mm^2；

　　　A_3——补强范围内角焊缝面积，mm^2。

其中，主管开孔需补强的面积计算式为

$$A = S_{mh} d_1 \qquad (7-22)$$

主、支管补强面积的计算式为

$$A_1 = (2L_h - d_1)(S_h - S_{mh} - C_h) \qquad (7-23)$$

$$A_2 = 2L_b(S_b - S_{mb} - C_b) \qquad (7-24)$$

$$d_1 = [D_{ob} - 2(S_b - C_b)] \qquad (7-25)$$

式中　d_1——主管上经加工的支管开孔沿纵向中心线的尺寸，mm；

　　　L_h——主管有效补强范围宽度之半，取 d_1 或 $(S_b - C_b) + (S_h - C_h) + \dfrac{d_1}{2}$ 两者中的较大者，但任何情况下不大于 D_{oh}，mm；

　　　L_b——支管有效补强高度，取 $2.5(S_b - C_b)$ 或 $2.5(S_h - C_h)$ 两者中的较小值，mm；

　　　D_{oh}、D_{ob}——主、支管外径，mm；

　　　S_h、S_b——主、支管的实际壁厚，mm；

　　　S_{mh}、S_{mb}——主、支管的最小壁厚，mm；

　　　C_h、C_b——主、支管的附加壁厚，mm。

补强面积的某些部分可由与主管材料不同的材料组成，若补强材料的许用应力小于主管材料许用应力，则由补强材料提供的补强面积应按材料许用应力之比折算予以相应折减；若补强材料许用应力高于主管材料的许用应力，则不应计及其增强作用。

对于焊接的支管连接，除焊接材料外，不宜采用其他辅助材料进行补强。

用式（7-23）和式（7-24）计算主、支管的补强面积时，不得超出主管的有效补强宽度和支管的有效补强高度。

（二）主管上多开孔的补强计算

多个支管的开孔宜布置成使其有效补强范围不相互重叠，单个开孔应按前述章节要求进行补强；当必须紧密布置时（见图7-2），应符合下列规定：

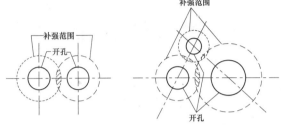

图 7-2　多个开孔的补强

（1）开孔应按前述章节要求进行组合补强计算，其补强面积应等于单个开孔所需补强面积的总和。

（2）在计算补强面积时，任何重叠部分面积不得重复计入。

（3）多个相邻开孔采用组合补强时，这些开孔中的任意两个开孔中心间最小距离不应小于 1.5 倍的平均直径，且在两孔间的补强面积不应小于这两个开孔所需补强总面积的 50%。

（三）支管连接的压力面积法计算

压力面积法（见图7-3）适用于支管轴线与主管轴线夹角为 90°，承受持续内压荷载，且采用挤压型支管连接的补强，45°锻制斜三通的补强可采用压力面积法计算，以 A_p 为承压面积，A_σ 为承载面积，计算步骤如下。

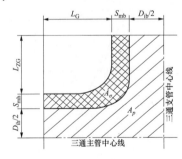

图 7-3　压力面积法计算图

（1）强度条件应满足式（7-26）

$$[\sigma]^t \geq p\left(\frac{A_p}{A_\sigma} + \frac{1}{2}\right) \qquad (7\text{-}26)$$

（2）最大补强长度按式（7-27）、式（7-28）进行计算：

对于主管

$$L_G = \sqrt{(D_{ih} + S_{mh})\, S_{mh}} \qquad (7\text{-}27)$$

对于支管

$$L_{ZG} = \sqrt{(D_{ib} + S_{mb})\, S_{mb}} \qquad (7\text{-}28)$$

式中　L_G——主管最大补强长度，mm；

L_{ZG}——支管最大补强长度，mm；

D_{ih}——主管内径，mm；

D_{ib}——支管内径，mm；

S_{mh}——主管所需最小壁厚，mm；

S_{mb}——支管所需最小壁厚，mm。

A_p 和 A_σ 按图 7-3 求得，承载面积 A_σ 应计入通用的成型方式造成的面积计算误差，取 0.9 的修正系数。

补强面积的某些部分可由与主管材料不同的材料组成，若补强材料的许用应力小于主管材料许用应力，则由补强材料提供的补强面积应按材料许用应力之比折算予以相应折减；若补强材料许用应力高于主管材料的许用应力，则不应计及其增强作用。

对于在蠕变温度以上使用的材料，利用压力面积法计算支管强度时，许用应力宜取管道设计时许用应力的 0.9 倍。

（四）计算案例

1. 600MW 超临界机组主蒸汽锻制三通计算（面积补强法）

某工程为 600MW 超临界机组，主蒸汽管道设计压力 p=25.4MPa，设计温度 t=576℃。现采用面积补强法计算主蒸汽管道锻制三通，计算步骤及结果见表7-12。

在计算前，相应连接的主、支管道直径、壁厚已经确定。以主管和支管连接管道最小壁厚计算结果为初始值，按式（7-22）～式（7-24）计算各部分面积，并代入式（7-21），如满足补强条件则计算完成。如不满足补强条件，则应按一定步长增加补强区域的主管和支管的壁厚重新计算，直到满足条件为止。

如图 7-1 及图 7-4 所示，锻制三通肩部尺寸包括

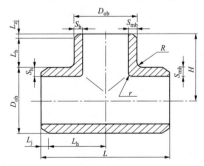

图 7-4　锻制三通肩部尺寸

肩部外壁半径 R、肩部内壁半径 r，一般由制造厂根据相关规定提供。三通肩部壁厚 S 则根据三通肩部外壁半径 R、肩部内壁半径 r、三通主管壁厚 S_{mh}、三通支管壁厚 S_{mb} 按式（7-29）计算，并向下圆整到整数

$$S = \sqrt{(R + S_{mb})^2 + (R + S_{mh})^2} - R - r \times (\sqrt{2} - 1) \qquad (7\text{-}29)$$

表 7-12　　　　　　　　　　　　　　**600MW 超临界主蒸汽锻制三通计算**

步骤	符号	含义	单位	求取方法、公式或依据	数值
基础数据	p	设计压力	MPa	工程数据	25.4
	t	设计温度	℃	工程数据	576
	D'_{ih}	主管管子内径	mm	取直管壁厚计算结果	99.76
	D'_{ib}	支管管子内径	mm	取直管壁厚计算结果	99.76
	S'_{mh}	主管最小壁厚	mm	取直管壁厚计算结果	17.29
	S'_{mb}	支管最小壁厚	mm	取直管壁厚计算结果	17.29
	D_{oh}	主管实际外径		根据订货合同	156
	D_{ob}	支管实际外径		根据订货合同	156
	S_h	主管实际壁厚		根据订货合同	28
	S_b	支管实际壁厚		根据订货合同	28
	C_2	壁厚负偏差	%		12.5
三通计算	R	三通肩部外径	mm	根据制造厂资料	28
	r	三通肩部外径	mm	根据制造厂资料	10
	D_{ih}	三通主管内径	mm	锻制三通内径取连接管道内径 D'_{ih}	99.76
	D_{ib}	三通支管内径	mm	锻制三通内径取连接管道内径 D'_{ib}	99.76
	d_1	开孔直径	mm	$D_{ob} - 2(S_b - C_b)$	107
	S_{mh}	三通主管壁厚	mm	$S'_{mh} + B_1$，取 $B_1 = 6.5$	23.79
	S_{mb}	三通支管壁厚	mm	$S'_{mb} + B_2$，$B_2 = B_1 \times \dfrac{D'_{ib}}{D'_{ih}}$	23.79
	S	三通肩部壁厚	mm	按式（7-29）	41.10
	C_h	主管附加壁厚	mm	$S_h \times C_2 / 100$	3.5
	C_b	支管附加壁厚	mm	$S_b \times C_2 / 100$	3.5
	A	主管开孔需要补强面积	mm²	按式（7-22）	1892.97
	A_1	补强范围内主管的补强面积	mm²	按式（7-23）	771.45
	A_2	补强范围内支管的补强面积	mm²	按式（7-24）	883.21
	A_3	补强范围内角焊缝面积（锻制三通为肩部圆弧增加面积）	mm²	$2R^2 \times (1 - \pi/4)$	336.50
逻辑判断		面积补偿公式判断		$A_1 + A_2 + A_3 \geqslant A$	成立

2. 600MW 超临界机组主蒸汽热压三通计算（压力面积法）

某工程为 600MW 超临界机组，主蒸汽管道设计压力 p=25.4MPa，设计温度 t=576℃。现采用压力面积法计算主蒸汽管道热压三通，计算步骤及结果见表 7-13。

在计算前，相应连接的主、支管道直径、壁厚已经确定。以主管和支管连接管道最小壁厚计算结果为初始值，计算承压面积 A_p 和承载面积 A_σ，并代入式（7-26），如满足补强条件则计算完成。如不满足补强条件，则应按一定步长增加补强区域的主管和支管壁厚重新计算，直到满足条件为止。

表 7-13 **600MW 超临界主蒸汽热压三通计算**

步骤	符号	含义	单位	求取方法、公式或依据	数值
基础数据	p	设计压力	MPa	工程数据	25.4
	t	设计温度	℃	工程数据	576
	D'_{ih}	主管管子内径	mm	取直管壁厚计算结果	178
	D'_{ib}	支管管子内径	mm	取直管壁厚计算结果	159
	D'_{oh}	主管管子外径	mm	取直管壁厚计算结果	247.99
	D'_{ob}	支管管子外径	mm	取直管壁厚计算结果	222.98
	S'_{mh}	主管最小壁厚	mm	取直管壁厚计算结果	28.91
	S'_{mb}	支管最小壁厚	mm	取直管壁厚计算结果	25.87
	$[\sigma]^t$	材料许用应力	MPa		86.96
	S_x	主管标准系列壁厚	mm	根据主管取用壁厚 S_{mb} 计算结果	31
三通计算	R	三通肩部外径	mm	根据制造厂资料	40
	r	三通肩部内径	mm	根据制造厂资料	19
	$[\sigma]^{t'}$	取用应力	MPa	蠕变温度以上取 $0.9[\sigma]$	78.26
	D_{ih}	三通主管内径	mm	取连接管道内径 D'_{ih}	178
	D_{ib}	三通支管内径	mm	取连接管道内径 D'_{ib}	159
	S_{mh}	三通主管壁厚	mm	$S'_{mh} + A$	59.91
	S_{mb}	三通支管壁厚	mm	$S'_{mb} + B$ $B = A \times \dfrac{D_{ib}}{D_{ih}}$	53.56
	S	三通肩部壁厚	mm	按式（7-30）	85
	L_G	主管最大补强长度	mm	按式（7-27）	115.63
	L_{ZG}	支管最大补强长度	mm	按式（7-28）	103.34
	A_p	承压面积	mm²	按式（7-34）	34712
	A_σ	承载面积	mm²	按式（7-35）	13500
逻辑判断		应力判断		按式（7-26）	成立
		三通肩部壁厚校核		$S \geqslant 1.4 S_{mh}$	成立

如图 7-3 及图 7-5 所示，热压三通肩部尺寸包括肩部外壁半径 R，肩部内壁半径 r，一般由制造厂根据相关规定提供。三通肩部壁厚 S 则根据三通肩部外壁半径 R、肩部内壁半径 r、三通主管最小壁厚 S_m、三通支管最小壁厚 S_{mb} 按式（7-30）计算，并向下圆整到整数

$$S = \sqrt{(R + S_{mb})^2 + (R + S_{mh})^2} - R - r \times (\sqrt{2} - 1) \quad (7\text{-}30)$$

根据 DL/T 695《电站钢制对焊管件》的规定，按式（7-30）计算的热压三通肩部壁厚 S 应不小于 $1.4S_{mh}$，否则应按比例增加补强区域的主管和支管的壁厚重新计算，直到满足条件为止。

对于肩部圆形倒角热压三通（见图 7-5），承压面积 A_p 和承载面积 A_σ 可按式（7-31）～式（7-35）计算：

主管承压面积 A_{p1}

$$A_{p1} = \left(L_G + S_{mb} + \frac{D_{ih}}{2}\right)\frac{D_{ih}}{2} \quad (7\text{-}31)$$

支管承压面积 A_{p2}

$$A_{p2} = (L_{ZG} + S_{mh})\frac{D_{ib}}{2} \quad (7\text{-}32)$$

内部倒角承压面积 A_{p3}

$$A_{p3} = \left(1 - \frac{\pi}{4}\right)r^2 \quad (7\text{-}33)$$

则承压面积 A_p 按式（7-34）计算

$$A_p = A_{p1} + A_{p2} + A_{p3} \tag{7-34}$$

则承载面积 A_σ 按式（7-35）计算

$$A_\sigma = 0.9\left[(L_G + S_{mb})S_{mh} + L_{ZG}S_{mb} + R^2\left(1 - \frac{\pi}{4}\right) - r^2\left(1 - \frac{\pi}{4}\right)\right] \tag{7-35}$$

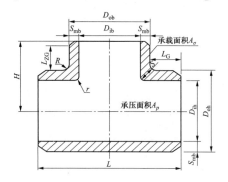

图 7-5 热压三通肩部尺寸

五、异径管的强度计算

（一）异径管成型件的最小壁厚计算

异径管成型件允许的最小壁厚 S_m 计算时（见图 7-6），应取式（7-36）和式（7-37）的较大值

$$S_m = \frac{pD_m + 2[\sigma]^t \eta C + 2YpC}{\left[2[\sigma]^t \eta - 2p(1-Y)\right]\cos\theta} \tag{7-36}$$

$$S_m = \frac{pD_0}{2[\sigma]^t \eta + 2Yp} + C \tag{7-37}$$

式中　D_m——异径管平均直径，为距大端 l 处的圆锥端平均直径，计算中可取 $D_m = D_0 - S$、$l = \sqrt{D_m S}$ 中的较小值，mm；

　　　θ——半锥角，计算中可取 $15°$，（°）；

　　　η——许用应力的修正系数，可按前述章节选取；

　　　C——壁厚的附加值，可按前述章节管子的壁厚附加值要求选取。

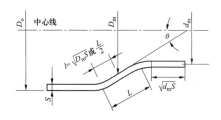

图 7-6 异径管壁厚计算图

（二）异径管与管道连接处的强度核算

应按下列原则核算：

（1）当曲率半径 r 不小于 $0.1D_0$，大端壁厚满足式（7-36）和式（7-37）时，大端强度可不核算。

（2）小端强度（见图 7-7）应按式（7-38）~式（7-40）进行强度核算

$$[\sigma]^t \geqslant p\left(\frac{A_p}{A_\sigma} + \frac{1}{2}\right) \tag{7-38}$$

$$L_G = \sqrt{D'_m S} \tag{7-39}$$

$$L_A = \sqrt{d_m S} \tag{7-40}$$

式中　$[\sigma]^t$——设计温度下材料的许用应力，MPa；

　　　p——设计压力，MPa；

　　　A_p——承压面积，mm^2；

　　　A_σ——承载面积，mm^2；

　　　D'_m——离弯曲段 L_G 处的平均直径，计算时可近似用大端连接管道平均直径 D_m 来代替，mm；

　　　d_m——离弯曲段 L_A 处的平均直径，或取用小端连接管的平均直径，mm。

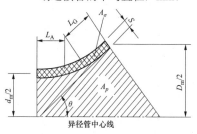

图 7-7 异径管补强示意

六、封头及节流孔板的强度计算

（一）椭圆形封头壁厚计算

1. 椭圆形封头最小壁厚的计算

如图 7-8 所示椭圆形封头最小壁厚 S_m 应取式（7-41）和式（7-42）中的较大值

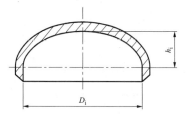

图 7-8 椭圆形封头

$$S_m = \frac{K'pD_i}{2[\sigma]^t \eta - 0.5p} \tag{7-41}$$

$$S_m = \frac{K'pD_0}{2[\sigma]^t \eta - (2K' - 0.5)p} \tag{7-42}$$

式中　K'——椭圆形封头的椭圆形状系数，当 $D_i/(2h_i) = 2$ 时，可按图 7-9 查取，也可按 $K' = \frac{1}{6}\left[2 + \left(\frac{D_i}{2h_i}\right)^2\right]$ 求取；

p——设计压力，MPa；

D_i——封头内径，取相连管道的最大内径，mm；

$[\sigma]^t$——设计温度下材料许用应力，MPa；

η——焊接接头系数，可根据对焊焊缝形式及

无损检测的长度比例确定，按表 7-14 取值；

D_o——封头外径，取相连管道的最大外径，mm；

h_i——封头内曲面深度，mm。

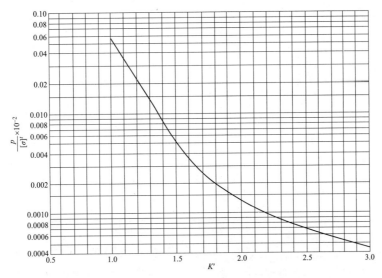

图 7-9　$D_i/(2h_i)=2$ 时的椭圆形封头 K' 值

表 7-14　　　焊接接头系数表

项目	双　面　焊		单　面　焊	
	全部 无损检测	局部 无损检测	全部 无损检测	局部 无损检测
η	1.0	0.85	0.9	0.8

2. 取用壁厚的计算

椭圆形封头取用壁厚按式（7-43）计算

$$S=S_m+C_1 \tag{7-43}$$

式中　S——椭圆形封头计算壁厚，mm；

C_1——钢板厚度负偏差附加值，按照钢板产品

技术条件中规定的板厚负偏差百分数确定，应考虑钢板加工减薄量，mm。

（二）平封头壁厚计算

平封头最小壁厚应按式（7-44）计算

$$S_m=K'D_i\sqrt{\dfrac{p}{[\sigma]^t\varphi'}} \tag{7-44}$$

式中　D_i——封头内径，取相连管道的最大内径，mm；

K'、φ'——与封头结构有关的系数，可按表7-15选取；

p——设计压力，MPa；

$[\sigma]^t$——设计温度下材料许用应力，MPa。

表 7-15　　　　　　　　　　　　封头结构形式系数

封头形式	结构要求	K'	φ'		备　注
			$l\geqslant 2S_1$	$2S_1>l\geqslant S_1$	
	$r\geqslant\dfrac{2}{S}S_1$ $2\geqslant S_1$	0.40	1.05	1.00	推荐优先采用的结构形式
		0.60	0.85		用于 PN≤25 和 DN≤400 的管道
		0.40	1.05		只用于水压试验

封头形式	结构要求	K'	φ'		备　注
			$l \geqslant 2S_1$	$2S_1 > l \geqslant S_1$	
		0.60	0.85		用于 PN<25 和 DN<40 的管道
		0.45	0.85		用于回转堵板，中间堵板和法兰式节流孔板

（三）其他孔板、堵板壁厚的计算

夹在两法兰之间的节流孔板，以及中间堵板、回转堵板的厚度计算可按平封头的厚度计算公式计算，其 K' 值取 0.45；焊接式节流孔板厚度可按平封头厚度计算公式，其 K' 值取 0.6。

七、法兰及法兰附件的强度计算

法兰强度应分别按运行工况及螺栓预紧力进行计算，并计及流体静压力及垫片的压紧力。

螺栓法兰连接计算应包括下列各项：

（1）垫片材料、形式及尺寸。

（2）螺栓材料、规格及数量。

（3）法兰材料、密封面形式及结构尺寸。

（4）进行应力校核，计算中所有尺寸均不包括腐蚀余量。

在确定法兰结构及尺寸时，应符合 GB/T 17186《管法兰连接计算方法》所有部分或 GB/T 150《压力容器》所有部分的有关规定计算。

法兰盲板所需的厚度应按式（7-45）、式（7-46）进行计算

$$S_{pd} = d_G \sqrt{\frac{3p}{16[\sigma]^t \eta}} \qquad (7\text{-}45)$$

$$S_m = t_{pd} + C_1 \qquad (7\text{-}46)$$

式中　S_{pd}——压力作用下的计算厚度，mm；

　　　d_G——垫圈内径，mm；

　　　S_m——计入腐蚀余量的最小厚度，mm；

　　　C_1——钢板壁厚负偏差附加值，按钢板产品技术条件中规定的板厚负偏差百分数确定，mm。

八、金属补偿器相关计算

（一）金属补偿器的应力计算

金属波纹管补偿器选择及应力计算应按 GB/T 12777《金属波纹管膨胀节通用技术条件》执行。无加强 U 形波纹管结构如图 7-10 所示，其应力计算及其校核按式（7-47）～式（7-53）进行

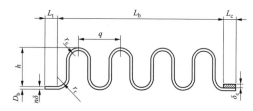

图 7-10　无加强 U 形波纹管结构

注：图中物理量注释见式（7-47）～式（7-62）。

$$\sigma_1 = \frac{p(D_b + n\delta)^2 L_t E_b^t K}{2[n\delta E_b^t L_t(D_b + n\delta) + \delta_c K E_c^t L_c D_c]} \leqslant C_{wb}[\sigma]_b^t \qquad (7\text{-}47)$$

$$\sigma_1' = \frac{pD_c^2 L_t E_c^t K}{2[n\delta E_b^t L_t(D_b + n\delta) + \delta_c K E_c^t L_c D_c]} \leqslant C_{wc}[\sigma]_b^t \qquad (7\text{-}48)$$

$$\sigma_2 = \frac{K_r q p D_m}{2A_{cu}} \leqslant C_{wb}[\sigma]_b^t \qquad (7\text{-}49)$$

$$\sigma_3 = \frac{ph}{2n\delta_m} \qquad (7\text{-}50)$$

$$\sigma_4 = \frac{ph^2 C_p}{2n\delta_m^2} \qquad (7\text{-}51)$$

蠕变温度以下

$$\sigma_3 + \sigma_4 \leqslant C_m[\sigma]_b^t \qquad (7\text{-}52)$$

蠕变温度范围内

$$\sigma_3 + \frac{\sigma_4}{1.25} \leqslant [\sigma]_b^t \qquad (7\text{-}53)$$

其中

$$A_{cu} = n\delta_m(0.571q + 2h) \qquad (7\text{-}54)$$

$$Y_{sm} = 1 + 0.094\,K_f F_s - 7.59\times10^{-4}(K_f F_s)^2 - 2.4$$
$$\times10^{-6}(K_f F_s)^3 + 2.21\times10^{-8}(K_f F_s)^4 \qquad (7\text{-}55)$$

$$Y_{sm} = 1 + 0.068\,K_f F_s - 9.11\times10^{-4}(K_f F_s)^2 + 9.73$$
$$\times10^{-6}(K_f F_s)^3 - 6.43\times10^{-8}(K_f F_s)^4 \qquad (7\text{-}56)$$

$$D_c = D_b + 2n\delta + \delta_c \qquad (7\text{-}57)$$

$$D_m = D_b + h + n\delta \qquad (7\text{-}58)$$

$$F_s = \sqrt{\left[\ln\left(1 + \frac{2h}{D_b}\right)\right]^2 + \ln\left(1 + \frac{n\delta_m}{2r_m}\right)} \qquad (7\text{-}59)$$

$$K = \frac{L_t}{1.5\sqrt{D_b\delta}} \qquad (7\text{-}60)$$

$$L_d = 0.571 + 2h \qquad (7\text{-}61)$$

$$\delta_m = \delta\sqrt{\frac{D_b}{D_m}} \qquad (7\text{-}62)$$

式中 σ_1——压力引起的波纹管直边段周向薄膜应力，MPa；

p——设计压力，MPa；

D_b——波纹管直边段内径，mm；

n——厚度为 δ 的波纹管层数；

δ——波纹管一层材料的名义厚度，mm；

L_t——波纹管直边段长度，mm；

E^t——设计温度下的弹性模量的数值，下标 b、c、f、p 分别表示波纹管、加强套环、紧固件及管子，MPa；

K——σ_1、σ_1' 计算系数，按式（7-60）计算，且 $K \leqslant 1$；

δ_c——直边段加强套环材料的名义厚度，mm；

L_c——波纹管直边段套箍的长度，mm；

D_c——波纹管直边段加强套环平均直径，mm；

C_w——纵向焊接接头有效系数，下标 b、c、f

和 p 分别表示波纹管、套箍、紧固件和管子，其中，当波纹管管坯纵向焊接接头经 100%渗透检测或射线检测合格且焊接接头内外表面都齐平时取 1.0；

$[\sigma]^t$——设计温度下材料的许用应力，下标 b、c、f、p 分别表示波纹管、加强套环、紧固件及管子，MPa；

σ_1'——压力引起的加强套环轴向薄膜应力，MPa；

σ_2——压力引起的波纹管直边段周向薄膜应力，MPa；

K_r——周向应力系数；

q——波距，mm；

D_m——波纹管平均直径，mm；

A_{cu}——单个 U 形波纹的金属横截面积，mm²；

σ_3——压力引起的波纹管子午向薄膜应力，MPa；

h——波纹管波高，mm；

δ_m——波纹管成形后一层材料的名义厚度，mm；

σ_4——压力引起的波纹管子午向弯曲应力，MPa；

C_p——U 形波纹管 σ_4 的计算系数，见表 7-16；

C_m——低于蠕变温度的材料强度系数。热处理态波纹管取 $C_m=1.5$，成形态波纹管时取 $C_m=1.5Y_{sm}$（$1.5 \leqslant C_m \leqslant 3.0$）；

Y_{sm}——屈服强度系数，奥氏体不锈钢按式（7-55）计算，镍基合金按式（7-56）计算，其他材料，$Y_{sm}=1$；

K_f——成型方法系数，滚压成型或胀压成型取 1，液压成型取 0.6；

F_s——波纹管变形率，%；

r_m——U 形波纹管波峰（波谷）平均曲率半径，mm；

L_b——波纹管的波纹长度，mm，$L_b=Nq$；

N——一个波纹管的波数；

L_d——U 形波纹管单波展开长度的数值，mm；

r_c——U 形波纹管波峰内壁曲率半径，mm；

r_r——U 形波纹管波谷外壁曲率半径，mm。

表 7-16   **U 形波纹管 σ_4 的计算修正系数 C_p**

$\dfrac{2r_m}{h}$	$\dfrac{1.82r_m}{\sqrt{D_m\delta_m}}$												
	0.2	0.4	0.6	0.8	1.0	1.2	1.4	1.6	2.0	2.5	3.0	3.5	4.0
0.0	1.000	0.999	0.961	0.949	0.950	0.950	0.950	0.950	0.950	0.950	0.950	0.950	0.950
0.05	0.976	0.962	0.910	0.842	0.841	0.841	0.840	0.841	0.841	0.840	0.840	0.840	0.840
0.10	0.946	0.926	0.870	0.770	0.744	0.744	0.744	0.731	0.731	0.732	0.732	0.732	0.732
0.15	0.912	0.890	0.836	0.722	0.657	0.657	0.651	0.632	0.632	0.630	0.630	0.630	0.630
0.20	0.875	0.854	0.806	0.691	0.592	0.579	0.564	0.549	0.549	0.550	0.550	0.550	0.550
0.25	0.840	0.819	0.777	0.669	0.559	0.518	0.495	0.481	0.481	0.480	0.480	0.480	0.480

$\dfrac{2r_m}{h}$	$\dfrac{1.82r_m}{\sqrt{D_m\delta_m}}$												
	0.2	0.4	0.6	0.8	1.0	1.2	1.4	1.6	2.0	2.5	3.0	3.5	4.0
0.30	0.803	0.784	0.750	0.653	0.536	0.501	0.462	0.432	0.421	0.421	0.421	0.421	0.421
0.35	0.767	0.751	0.722	0.640	0.541	0.502	0.460	0.426	0.388	0.367	0.367	0.367	0.367
0.40	0.733	0.720	0.696	0.627	0.548	0.503	0.458	0.420	0.369	0.332	0.328	0.322	0.312
0.45	0.702	0.691	0.670	0.615	0.551	0.503	0.455	0.414	0.354	0.315	0.299	0.287	0.275
0.50	0.674	0.665	0.646	0.602	0.551	0.503	0.453	0.408	0.342	0.300	0.275	0.262	0.248
0.55	0.649	0.642	0.624	0.590	0.550	0.502	0.450	0.403	0.332	0.285	0.258	0.241	0.225
0.60	0.627	0.622	0.605	0.579	0.547	0.500	0.447	0.398	0.323	0.272	0.242	0.222	0.205
0.65	0.610	0.606	0.590	0.570	0.544	0.497	0.444	0.394	0.316	0.260	0.228	0.208	0.190
0.70	0.596	0.593	0.580	0.563	0.540	0.494	0.442	0.391	0.309	0.251	0.215	0.194	0.176
0.75	0.585	0.583	0.573	0.559	0.536	0.491	0.439	0.388	0.304	0.242	0.203	0.182	0.163
0.80	0.577	0.576	0.569	0.557	0.531	0.488	0.437	0.385	0.299	0.236	0.195	0.171	0.152
0.85	0.571	0.571	0.566	0.556	0.526	0.485	0.435	0.384	0.296	0.230	0.188	0.161	0.142
0.90	0.566	0.566	0.563	0.554	0.521	0.482	0.433	0.382	0.294	0.224	0.180	0.152	0.134
0.95	0.560	0.560	0.556	0.547	0.515	0.479	0.432	0.381	0.293	0.219	0.175	0.146	0.126
1.0	0.552	0.550	0.540	0.529	0.510	0.476	0.431	0.380	0.292	0.215	0.171	0.140	0.119

（二）金属补偿器的疲劳寿命计算

波纹管的疲劳寿命应按式（7-63）～式（7-66）计算

$$[N_c] = \left(\frac{12820}{\sigma_t - 370}\right)^{3.4} / n_f \qquad (7\text{-}63)$$

$$\sigma_t = 0.7(\sigma_3 + \sigma_4) + \sigma_5 + \sigma_6 \qquad (7\text{-}64)$$

$$\sigma_5 = \frac{E_b \delta_m^2 e}{2h^3 C_f} \qquad (7\text{-}65)$$

$$\sigma_6 = \frac{5E_b \delta_m e}{3h^3 C_d} \qquad (7\text{-}66)$$

式中 $[N_c]$——波纹管补偿器疲劳破坏时的允许循环次数；

n_f——设计疲劳寿命安全系数，$n_f \geq 10$；

σ_5——位移引起的波纹管子午向薄膜应力，MPa；

σ_6——位移引起的波纹管子午向弯曲应力，MPa；

e——计算单波总当量轴向位移，mm；

C_f——U 形波纹管 σ_5 的计算修正系数，可按表 7-17 的规定选取；

C_d——U 形波纹管 σ_6 的计算修正系数，可按表 7-18 的规定选取。

表 7-17　　　　　　　　U 形波纹管 σ_5、f_{iu} 的计算修正系数 C_f

$\dfrac{2r_m}{h}$	$\dfrac{1.82r_m}{\sqrt{D_m\delta_m}}$												
	0.2	0.4	0.6	0.8	1.0	1.2	1.4	1.6	2.0	2.5	3.0	3.5	4.0
0.0	1.000	1.000	1.000	1.000	1.000	1.000	1.000	1.000	1.000	1.000	1.000	1.000	1.000
0.05	1.116	1.094	1.092	1.066	1.026	1.002	0.983	0.972	0.948	0.930	0.920	0.900	0.900
0.10	1.211	1.174	1.163	1.122	1.052	1.000	0.962	0.937	0.892	0.867	0.850	0.830	0.820
0.15	1.297	1.248	1.225	1.171	1.077	0.995	0.938	0.899	0.836	0.800	0.780	0.750	0.735
0.20	1.376	1.319	1.281	1.217	1.100	0.989	0.915	0.860	0.782	0.730	0.705	0.680	0.655
0.25	1.451	1.386	1.336	1.260	1.124	0.983	0.892	0.821	0.730	0.665	0.640	0.610	0.590
0.30	1.524	1.452	1.392	1.300	1.147	0.979	1.870	0.784	0.681	0.610	0.580	0.550	0.525
0.35	1.597	1.517	1.449	1.340	1.171	0.975	0.851	0.750	0.636	0.560	0.525	0.495	0.470
0.40	1.669	1.582	1.508	1.380	1.195	0.975	0.834	0.719	0.595	0.510	0.470	0.445	0.420
0.45	1.740	1.646	1.568	1.422	1.220	0.976	0.820	0.691	0.557	0.470	0.425	0.395	0.370
0.50	1.812	1.710	1.630	1.465	1.246	0.980	1.809	0.667	0.523	0.430	0.380	0.350	0.325

$\dfrac{2r_m}{h}$	\multicolumn{13}{c}{$\dfrac{1.82r_m}{\sqrt{D_m\delta_m}}$}												
	0.2	0.4	0.6	0.8	1.0	1.2	1.4	1.6	2.0	2.5	3.0	3.5	4.0
0.55	1.882	1.775	1.692	1.511	1.271	0.987	0.799	0.646	0.492	0.392	0.342	0.303	0.285
0.60	1.952	1.841	1.753	1.560	1.298	0.996	0.792	0.627	0.464	0.360	0.300	0.270	0.252
0.65	2.020	1.908	1.813	1.611	1.325	1.008	0.787	0.611	0.439	0.330	0.271	0.233	0.213
0.70	2.087	1.975	1.871	1.665	1.353	1.022	0.783	0.598	0.416	0.300	0.242	0.200	0.182
0.75	2.153	2.045	1.929	1.721	1.382	1.038	0.780	0.586	0.394	0.275	0.212	0.174	0.152
0.80	2.217	2.116	1.987	1.779	1.415	1.056	0.779	0.576	0.373	0.253	0.188	0.150	0.130
0.85	2.282	2.189	2.049	1.838	1.451	1.076	0.780	0.569	0.354	0.230	0.167	0.130	0.109
0.90	2.349	2.265	2.119	1.896	1.492	1.099	0.781	0.563	0.336	0.206	0.146	0.112	0.090
0.95	2.421	2.345	2.201	1.951	1.541	1.125	0.785	0.560	0.319	0.188	0.130	0.092	0.074
1.0	2.501	2.430	2.305	2.002	1.600	1.154	0.792	0.561	0.303	0.170	0.115	0.081	0.061

表 7-18   U 形波纹管 σ_6 的计算修正系数 C_d

$\dfrac{2r_m}{h}$	\multicolumn{13}{c}{$\dfrac{1.82r_m}{\sqrt{D_m\delta_m}}$}												
	0.2	0.4	0.6	0.8	1.0	1.2	1.4	1.6	2.0	2.5	3.0	3.5	4.0
0.0	1.000	1.000	1.000	1.000	1.000	1.000	1.000	1.000	1.000	1.000	1.000	1.000	1.000
0.05	1.061	1.066	1.105	1.079	1.057	1.037	1.016	1.006	0.992	0.980	0.970	0.965	0.955
0.10	1.128	1.137	1.195	1.171	1.128	1.080	1.039	1.015	0.984	0.960	0.945	0.930	0.910
0.15	1.198	1.209	1.277	1.271	1.208	1.130	1.067	1.025	0.974	0.935	0.910	0.890	0.870
0.20	1.269	1.282	1.352	1.374	1.294	1.185	1.099	1.037	0.966	0.915	0.885	0.860	0.830
0.25	1.340	1.354	1.424	1.476	1.384	1.246	1.135	1.052	0.958	0.895	0.855	0.825	0.790
0.30	1.411	1.426	1.492	1.575	1.476	1.311	1.175	1.070	0.952	0.875	0.825	0.790	0.755
0.35	1.480	1.496	1.559	1.667	1.571	1.381	1.220	1.091	0.947	0.840	0.800	0.760	0.720
0.40	1.547	1.565	1.626	1.753	1.667	1.457	1.269	1.116	0.945	0.833	0.775	0.730	0.685
0.45	1.614	1.633	1.691	1.832	1.766	1.539	1.324	1.145	0.946	0.825	0.750	0.700	0.655
0.50	1.679	1.700	1.757	1.905	1.866	1.628	1.385	1.181	0.950	0.815	0.730	0.670	0.625
0.55	1.743	1.766	1.822	1.973	1.969	1.725	1.452	1.223	0.958	0.800	0.810	0.645	0.595
0.60	1.807	1.832	1.886	2.037	2.075	1.830	1.529	1.273	0.970	0.790	0.688	0.620	0.567
0.65	1.872	1.897	1.950	2.099	2.182	1.943	1.614	1.333	0.988	0.785	0.670	0.597	0.538
0.70	1.937	1.963	2.014	2.160	2.291	2.066	1.710	1.402	1.011	0.780	0.657	0.575	0.510
0.75	2.003	2.029	2.077	2.221	2.399	2.197	1.819	1.484	1.042	0.780	0.642	0.555	0.489
0.80	2.070	2.096	2.141	2.283	2.505	2.336	1.941	1.578	1.081	0.785	0.635	0.538	0.470
0.85	2.138	2.164	2.206	2.345	2.603	2.483	2.080	1.688	1.130	0.795	0.628	0.522	0.452
0.90	2.206	2.234	2.273	2.407	2.690	2.634	2.236	1.813	1.191	0.815	0.625	0.510	0.438
0.95	2.274	2.305	2.344	2.467	2.758	2.789	2.412	1.957	1.267	0.845	0.630	0.502	0.428
1.0	2.341	2.375	2.422	2.521	2.800	2.943	2.611	2.121	1.359	0.890	0.640	0.500	0.420

式（7-54）～式（7-57）只适用于设计疲劳寿命$[N_c]$为$100～10000$，设计温度低于$425℃$的成形态奥氏体不锈钢和耐腐蚀合金波纹管。

（三）金属补偿器的稳定性计算

金属补偿器的过大变形会对其稳定性造成影响，补偿器失稳包括柱失稳、平面失稳及周向失稳等。补偿器的弹性刚度与其稳定性有直接的关系。单波轴向的弹性刚度按式（7-67）计算

$$f_{iu} = \frac{1.7 D_m E_b' \delta_m^3 n}{h^3 C_f} \qquad (7\text{-}67)$$

式中　f_{iu}——波纹管单波轴向弹性刚度，N/mm；
　　　D_m——波纹管平均直径，mm；
　　　E_b'——波纹管设计温度下的弹性模量，MPa；
　　　δ_m——波纹管成形后一层材料的名义厚度，mm；
　　　n——波纹管层数；
　　　h——波纹管波高，mm；
　　　C_f——U 形波纹管δ_5的计算修正系数。

（1）波纹管两端为固定支架时，柱失稳的极限设计内压按式（7-68）计算

$$p_{sc} = \frac{0.34 \pi f_{iu} C_\theta}{N^2 q} \qquad (7\text{-}68)$$

式中　p_{sc}——波纹管两端固支时柱失稳的极限设计内压，MPa；
　　　C_θ——由初始角位移引起的柱失稳压力降低系数；
　　　N——一个波纹管的波数，对于复式膨胀节，取两个波纹管波数总和；
　　　q——波距，mm。

对于弯管压力平衡型膨胀节的平衡波纹管，柱失稳极限设计内压按式（7-69）计算

$$p_{sc}' = 0.25 p_{sc} \qquad (7\text{-}69)$$

式中　p_{sc}'——波纹管端部支撑条件变化时柱失稳的极限设计内压，MPa。

（2）波纹管两端为固定支架时，平面失稳的极限设计压力按式（7-70）计算

$$p_{si} = \frac{1.3 A_c R_{0.2y}}{K_t D_m q \sqrt{a}} \qquad (7\text{-}70)$$

$$\sigma_{0.2y} = \frac{0.67 C_m R_{0.2m} R_{0.2}'}{R_{0.2}} \qquad (7\text{-}71)$$

式中　p_{si}——波纹管两端固定支架时平面失稳的极限设计压力，MPa；
　　　$R_{0.2y}$——成形态或热处理态的波纹管材料在设计温度下的屈服强度，MPa；
　　　$R_{0.2m}$——波纹管材料质保书中的屈服强度，MPa；
　　　$R_{0.2}'$——设计温度下的波纹管材料的屈服强度，MPa；
　　　$R_{0.2}$——室温下的波纹管材料的屈服强度，MPa。

（四）波纹管补偿器的补偿及推力计算

补偿器的内压推力可按式（7-72）计算

$$F_n = pA \qquad (7\text{-}72)$$

式中　F_n——波节环面上的内压推力，N；
　　　p——管道设计压力，MPa；
　　　A——波节环面的有效面积，mm²。

在计算固定点推力时，还应根据管道布置情况（如是否装有阀门、弯头、封头等），考虑介质压力作用在管道断面上的影响。

1. 吸收轴向热位移的波纹管补偿器的补偿能力及推力计算

只有轴向推力，包括内压推力和弹性推力。补偿器的补偿能力及推力可按下列规定进行判断或计算。

（1）补偿能力按式（7-73）～式（7-75）计算。

1）补偿器吸收的位移量

$$X \leqslant X_0 \qquad (7\text{-}73)$$

2）所需补偿器组数

$$n \geqslant X_f / X_0 \qquad (7\text{-}74)$$

3）单波轴向吸收的位移量

$$e_x = X/n \leqslant X_0/n \qquad (7\text{-}75)$$

式中　X——补偿器吸收的轴向位移量，mm；
　　　X_0——补偿器最大轴向补偿量，根据制造厂的数值，并考虑温度、疲劳次数的修正，mm；
　　　X_f——管道系统沿补偿器轴向全补偿量，mm；
　　　e_x——单波轴向位移量，mm；
　　　n——补偿器的波纹数。

（2）弹性推力，按式（7-76）计算

$$F_x = K_x X \qquad (7\text{-}76)$$

式中　K_x——补偿器的轴向刚度，N/mm。

2. 仅吸收横向热位移的波纹管补偿器推力计算

其推力包括内压推力（轴向）、弹性推力（横向）和弯矩，可按下列规定进行计算。

（1）单（复）式补偿器的补偿能力及推力按式（7-77）～式（7-49）计算。

1）补偿能力：补偿器吸收的横向位移量

$$Y \leqslant Y_0 \qquad (7\text{-}77)$$

2）弹性推力：

a. 补偿器两端横向弹性推力

$$F_y = K_y Y \qquad (7\text{-}78)$$

b. 补偿器两端弯矩

$$M_y = F_y \frac{L}{2} \qquad (7\text{-}79)$$

式中　Y——补偿器吸收的横向位移量，mm；
　　　Y_0——补偿器最大横向补偿量，根据制造厂的数值，并考虑温度、疲劳次数的修正，mm；
　　　K_y——补偿器横向刚度，N/mm；

F_y——补偿器两端横向弹性推力，N；

M_y——补偿器两端弯矩，N·m；

L——补偿器长度，对于复式补偿器，等于两个波纹管补偿器与中间连接管段长度之和，m。

内压推力可按照式（7-72）计算。

（2）角式（带铰点）补偿器的补偿能力及推力可按式（7-80）～式（7-82）计算。

1）补偿能力：补偿器吸收的横向位移

$$Y \leqslant Y_0 \qquad (7\text{-}80)$$

2）弹性推力：

a. 补偿器两端的横向推力

$$F_y = K_y Y \qquad (7\text{-}81)$$

b. 补偿器两端的弯矩

$$M_y = F_y \frac{L-l}{2} \qquad (7\text{-}82)$$

或者可按照式（7-83）～式（7-85）计算：

1）补偿能力：补偿器吸收的角位移

$$\theta \leqslant \theta_0 \qquad (7\text{-}83)$$

2）弹性推力：

a. 补偿器两端的弯矩

$$M_y = K_\theta \theta \qquad (7\text{-}84)$$

b. 补偿器两端的横向推力

$$F_y = \frac{2}{L-l} M_y \qquad (7\text{-}85)$$

式中 θ——补偿器吸收的角位移，（°）；

θ_0——补偿器的最大角向补偿量，根据制造厂的数值，并考虑温度、疲劳次数的修正，（°）；

K_θ——补偿器的角向刚度，N·m/（°）；

l——单个补偿器长度，m。

内压推力可按式（7-72）计算。

3. 吸收双向位移（轴向和横向）的波纹管补偿器推力计算

其推力包括轴向内压推力、轴向弹性推力、横向弹性推力和弯矩。可按下列规定进行判断或计算。

（1）补偿能力

$$\frac{X_1}{X_0} + \frac{Y_1}{Y_0} \leqslant l \qquad (7\text{-}86)$$

（2）弹性推力

1）补偿器两端的轴向推力

$$F_x = K_x X_1 \qquad (7\text{-}87)$$

2）补偿器两端的横向推力

$$F_y = K_y Y_1 \qquad (7\text{-}88)$$

3）补偿器两端的弯矩

$$M_y = F_y \frac{L}{2} \qquad (7\text{-}89)$$

4）当采用角式波纹管补偿器

$$M_y = F_y \frac{L-1}{2} \qquad (7\text{-}90)$$

式中 X_1——补偿器吸收双向位移时的轴向位移，mm；

Y_1——补偿器吸收双向位移时的横向位移，mm。

内压推力可按照式（7-72）计算。

第三节 管道水力计算

一、单相流体管道系统的压力损失计算

管道系统的压力损失应根据给定的管道布置、管径、介质流量及其参数来计算。管道系统的压力损失应包括直管的沿程阻力损失和管道组成件的局部阻力损失。

计算管道压降应考虑一定的余量，可取计算压降的5%～10%。

（一）水力计算的基本参数

1. 雷诺数

雷诺数应按式（7-91）计算

$$Re = \frac{wD_i}{\upsilon} = \frac{wD_i}{\mu v} \qquad (7\text{-}91)$$

式中 Re——雷诺数；

w——管内介质流速，m/s；

D_i——管子内径，m；

υ——介质运动黏度，m²/s；

μ——介质动力黏度，Pa·s；

v——介质的比体积，m³/kg。

水和水蒸气黏度值按附录G的规定选取。

2. 管壁相对粗糙度（ε/D_i）

管壁相对粗糙度等于管子等值粗糙度 ε 与管子内径 D_i 之比。在管内介质处于层流状态时，各种管子的等值粗糙度应按本书附录G的规定选取。

3. 管子摩擦系数 λ

管子摩擦系数可按雷诺数 Re 及管壁相对粗糙度 ε/D_i 查取（见图7-11）。

管子摩擦系数也可按下列方法计算：

1）当 $Re < 2320$ 为层流区时，可按式（7-92）计算

$$\lambda = \frac{64}{Re} \qquad (7\text{-}92)$$

2）当 $2320 < Re < 4000$ 为层流向紊流过渡的不稳定区域，可查取图7-11。

3）当 $4000 < Re < 26.98 \left(\dfrac{D_i}{\varepsilon} \right)^{\frac{8}{7}}$ 为紊流光滑管区时，可按式（7-93）计算

$$\frac{1}{\sqrt{\lambda}} = 2\lg(Re\sqrt{\lambda} - 0.8) \qquad (7\text{-}93)$$

4）当 $26.98\left(\dfrac{D_i}{\varepsilon}\right)^{\frac{8}{7}}<Re<4160\left(\dfrac{D_i}{2\varepsilon}\right)^{0.85}$ 为紊流粗

糙管过渡区时，可按式（7-94）计算

$$\lambda=1.42\left[\lg\left(1.273\dfrac{q_V}{v\varepsilon}\right)\right]^{-2} \tag{7-94}$$

式中　q_V——体积流量，m^3/h；

　　　v——介质的比体积，m^3/kg；

ε——管壁粗糙度。

5）当 $4160\left(\dfrac{D_i}{2\varepsilon}\right)^{0.85}<Re$ 为紊流粗糙管平方阻力

区时，可按式（7-95）计算

$$\lambda=\dfrac{1}{\left(2\lg\dfrac{D_i}{2\varepsilon}+1.74\right)^2} \tag{7-95}$$

式中　D_i——管子内径，m。

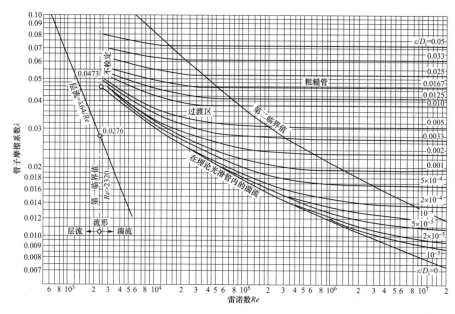

图 7-11　管子摩擦系数

4．管道总阻力系数

总阻力系数按式（7-96）计算

$$\xi_t=\dfrac{\lambda}{D_i}L+\sum\xi_1 \tag{7-96}$$

式中　ξ_t——管道总阻力系数；

　　　λ——管道摩擦系数；

　　　L——管道总展开长度，包括附件长度，m；

　　　$\sum\xi_1$——管道附件的局部阻力系数总和。

管道附件的局部阻力系数可按本书附录 G 的规定选取，计算时应根据所用管件的具体情况选用。

（二）不同连接形式的管道流量分配及阻力系数

管道系统的压力损失包括直管的沿程阻力损失和管道组成件的局部阻力损失。不同连接形式的管道阻力系数计算方法如下：

（1）在两条阻力不同而管径相同的并联管道中，介质流量的分配按式（7-97）进行计算

$$\dfrac{q_{m1}}{q_{m2}}=\sqrt{\dfrac{\xi_{t2}}{\xi_{t1}}} \tag{7-97}$$

（2）对于并联管道，已知总流量 q_V，各分管道中

的流量可采取下列方法进行计算（见图 7-12）：

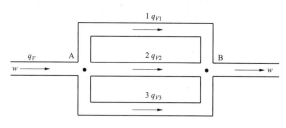

图 7-12　并联管道

1）根据管径、长度和管道粗糙度假设通过管路 1 的流量 q'_{V1}。

2）由 q'_{V1} 求出管路 1 的损失 h'_{w1}。

3）由 h'_{w1} 求通过管路 2 及管路 3 的流量 q'_{V2} 和 q'_{V3}。

4）假设总量流量 q_V 按 q'_{V1}、q'_{V2} 与 q'_{V3} 的比例分配给各分管道，则各分管道的计算流量可按式（7-98）～式（7-100）计算

$$q_{V1}=\dfrac{q'_{V1}}{\sum q'_V}q_V \tag{7-98}$$

$$q_{V2} = \frac{q'_{V2}}{\sum q'_V} q_V \qquad (7\text{-}99)$$

$$q_{V3} = \frac{q'_{V3}}{\sum q'_V} q_V \qquad (7\text{-}100)$$

5）用计算流量 q_{V1}、q_{V2}、q_{V3} 求取 h_{f1}、h_{f2}、h_{f3} 以核对流量分配的正确性。计算结果应使各分管道的损失差别在允许的误差范围内。

（3）对于先并联后串联管道（见图7-13）的总阻力系数，按式（7-101）计算

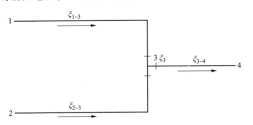

图7-13 并联后串联的管道

$$\xi_t = \frac{\xi_{1\sim3} \cdot \xi_{2\sim3}}{\xi_{1\sim3} + \xi_{2\sim3}} + \xi_3 + \xi_{3\sim4} \qquad (7\text{-}101)$$

式中 $\xi_{1\sim3}$——1~3 段管道总阻力系数；
$\xi_{2\sim3}$——2~3 段管道总阻力系数；
ξ_3——3 点处的阻力系数；
$\xi_{3\sim4}$——3~4 段管道总阻力系数。

（4）先串联后并联的管道总阻力系数应按式（7-101）计算，其中三通阻力计算与流动方式和支流与主流流量比有关，按式（7-102）计算三通支流侧的阻力系数

$$\xi_b = \xi_h \left(\frac{D_{ib}}{D_{ih}}\right)^4 \left(\frac{q_{mb}}{q_{mh}}\right)^2 \qquad (7\text{-}102)$$

式中 ξ_b——支流侧的阻力系数；
ξ_h——主流侧的阻力系数。

（5）当管径不同时，应采用式（7-103）折算到计算管径 D_{i1} 下的阻力系数后，才可使用式（7-97）和式（7-101）计算

$$\xi_{t1} = \xi_{t2} \left(\frac{D_{i1}}{D_{i2}}\right)^4 \times \left(\frac{q_{m2}}{q_{m1}}\right)^2 \qquad (7\text{-}103)$$

（6）单相流体管内介质的流速和质量流速分别按式（7-104）和式（7-105）计算

$$w = 0.3537 \frac{q_m v}{D_i^2} \qquad (7\text{-}104)$$

$$\dot{m} = 0.3537 \frac{q_m}{D_i^2} \qquad (7\text{-}105)$$

式中 w——管内介质的流速，m/s；
$\dot{m}$——管内介质的质量流速，kg/（m²·s）。

（7）管内介质的动压力按式（7-106）、式（7-107）计算

$$p_d = \frac{1}{2} \frac{w^2}{v} \qquad (7\text{-}106)$$

$$p_d = \frac{1}{2} \dot{m}^2 v \qquad (7\text{-}107)$$

式中 p_d——管内介质的动压力，Pa；
v——介质的比体积，m³/kg。

（8）将分段计算出的能量损失叠加，按式（7-108）计算整个管道的能量损失

$$h_w - \sum h_f + \sum h_j \qquad (7\text{-}108)$$

式中 h_f——沿程阻力损失，m；
h_j——局部阻力损失，m；
h_w——管道内总阻力损失，m。

（三）水管道的压力损失

1. 水管道总的压力损失计算

（1）水管道的终端和始端不存在高度差时，总的摩擦阻力损失应为直管的摩擦阻力损失和局部摩擦阻力损失之和，应按式（7-109）计算

$$\Delta p_t = \Delta p_f + \Delta p_k \qquad (7\text{-}109)$$

式中 Δp_t——管道总的摩擦阻力损失，Pa；
Δp_f——直管沿程摩擦阻力损失，Pa；
Δp_k——局部摩擦阻力损失，Pa。

（2）如果液体管道的终端和始端存在高度差，则液体管道的压力损失应按式（7-110）、式（7-111）计算

$$\Delta p = \Delta p_t + \frac{g}{v}(H_2 - H_1) \qquad (7\text{-}110)$$

$$\Delta p = \xi_t p_d + \frac{g}{v}(H_2 - H_1) \qquad (7\text{-}111)$$

式中 ξ_t——管道总阻力系数；
p_d——管内介质的动压力，Pa。

2. 水管道的沿程摩擦阻力与局部摩擦阻力损失计算

（1）直管沿程摩擦阻力损失应按式（7-112）计算：

$$\Delta p_f = \frac{\lambda \rho w^2}{2} \cdot \frac{L}{D_i} \qquad (7\text{-}112)$$

式中 Δp_f——直管的沿程摩擦阻力损失，Pa；
λ——管子摩擦系数；
w——平均流速，m/s；
ρ——流体密度，kg/m³；
L——管道展开长度。

（2）局部摩擦阻力损失可采用当量长度法或阻力系数法计算。

1）当量长度法应按式（7-113）计算

$$\Delta p_k = \frac{\lambda \rho w^2}{2} \cdot \frac{L_e}{D_i} \qquad (7\text{-}113)$$

2）阻力系数法应按式（7-114）计算

$$\Delta p_k = \frac{\rho w^2}{2} \cdot \xi_r \qquad (7\text{-}114)$$

式中　Δp_k——局部摩擦阻力损失，Pa；

　　　L_e——阀门和管件的当量长度，m；

　　　ζ_r——管件阻力系数。

（四）介质比体积变化不大的蒸汽管道压力损失

介质比体积变化不大是指管道终端与始端介质比体积比不大于1.6或压降不大于初压40%的蒸汽管道。

（1）蒸汽管道的压降可按式（7-115）计算

$$\Delta p = \xi_t \frac{w^2}{2v} \qquad (7\text{-}115)$$

式中　ξ_t——管道总的阻力系数，包括沿程阻力系数和局部阻力系数之和；

　　　w——介质流速，m/s；

　　　v——介质的比体积，当$\Delta p \leqslant 0.1p_1$（管道始端压力）时，可取已知的管道始端或终端介质比体积；当 $0.1p_1 < \Delta p \leqslant 0.4p_1$ 时，应取管道始端和终端介质比体积的平均值，m³/kg。

（2）蒸汽管道终端或始端压力及压降应按式（7-116）～式（7-118）计算

$$p_2 = p_1 \sqrt{1 - 2\frac{p_{d1}}{p_1} \xi_t \left(1 + 2.5\frac{p_{d1}}{p_1}\right)} \qquad (7\text{-}116)$$

$$p_1 = p_2 \sqrt{1 + 2\frac{p_{d2}}{p_2} \xi_t \left(1 + \frac{p_{d2}}{p_2}\right)} \qquad (7\text{-}117)$$

$$\Delta p = p_1 - p_2 \qquad (7\text{-}118)$$

式中　p_{d1}——管道始端动压力，以始端介质参数按式（7-106）或式（7-107）计算，Pa；

　　　p_{d2}——管道终端动压力，以始端介质参数按式（7-106）或式（7-107）计算，Pa。

　　　p_1——管道始端压力，Pa；

　　　p_2——管道终端压力，Pa。

（3）蒸汽管道终端或始端比体积应按式（7-119）、式（7-120）计算

$$\beta = b - \frac{k-1}{k} b(b^2 - 1)\frac{p_{d1}}{p_1} \qquad (7\text{-}119)$$

$$\beta = b - \frac{k-1}{k}\left(b - \frac{1}{b}\right)\frac{p_{d2}}{p_2} \qquad (7\text{-}120)$$

式中　β——管道终端或始端介质比体积比，$\beta = \dfrac{v_2}{v_1}$；

　　　b——管道始端与终端压力比，$b = \dfrac{p_1}{p_2}$；

　　　k——绝热指数，对于过热蒸汽，取 1.3，对于饱和温度为 225℃ 的干饱和蒸汽可取 1.135，对于饱和温度为 310℃ 的干饱和蒸汽可取 1.08，其他温度下饱和蒸汽可按图 7-14 查取。

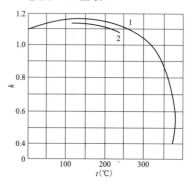

图 7-14　饱和蒸汽的绝热指数

1—干度 $x=1$；2—干度 $x=0.9$

（五）管道压降算例

某 600MW 超临界机组主蒸汽管道采用 2-1-2 连接方式，分别计算各管段的压降。

1. 锅炉侧主蒸汽并联支管压降计算

锅炉侧主蒸汽并联支管压降计算过程见表 7-19。

表 7-19　　　　　　　　　　　　　　　锅炉侧主蒸汽并联支管压降计算

步骤	符号	含义	单位	求取方法、公式或依据	支管 1 数值	支管 2 数值
基础数据	D_i	管子内径	m	工程数据	305	305
	L	管道展开长度	m	工程数据	44.61	46.41
	v	介质比体积	m³/kg	工程数据	1.34×10⁻²	1.34×10⁻²
	w	介质流速	m/s	工程数据	48.59	47.37
局部阻力系数		三通阻力系数	—	按附录 G	0.2207	0.331
		弯头局部阻力系数	—	按附录 G	0.4634	0.4183
		大小头局部阻力系数	—	按附录 G	0.1	0.1
	$\Sigma\xi_1$	总局部阻力系数	—		0.7841	0.8493

步骤	符号	含义	单位	求取方法、公式或依据	支管 1 数值	支管 2 数值
管道阻力系数	ε	管子等值粗糙度	mm	按附录 G	0.0185	0.0185
	ε/D_i	管壁相对粗糙度	—		6.1×10^{-5}	6.1×10^{-5}
	μ	动力黏度	Pa·s	按附录 G	3.44×10^{-5}	3.44×10^{-5}
	Re	雷诺数	—	式（7-91）	3.19×10^{7}	3.19×10^{7}
	λ	管道摩擦系数	—		1.1×10^{-2}	1.1×10^{-2}
	ζ_t	管道总阻力系数	—		2.498	2.628
	q_m	介质流量分配	kg/s	式（7-97）	265.71	259.01
管道压降	Δp	总的压力损失	Pa	式（7-115）	220694	220695

2. 主蒸汽主管压降计算

主蒸汽主管压降计算过程见表 7-20。

表 7-20 主蒸汽主管压降计算

步骤	符号	含义	单位	求取方法、公式或依据	数值
基础数据	q_m	介质流量	kg/s	工程数据	524.8
	D_i	管子内径	m	工程数据	425
	L	管道展开长度	m	工程数据	131
	v	介质比体积	m³/kg	工程数据	1.34×10^{-2}
	w	介质流速	m/s	工程数据	49.42
局部阻力系数		三通阻力系数	—	按附录 G	0.2079
		弯头局部阻力系数	—	按附录 G	0.8165
		大小头局部阻力系数	—	按附录 G	0
	$\sum\xi_1$	总局部阻力系数	—		1.024
管道阻力系数	ε	管子等值粗糙度	mm	按附录 G	0.0185
	ε/D_i	管壁相对粗糙度	—		4.35×10^{-5}
	μ	动力黏度	Pa·s	按附录 G	3.44×10^{-5}
	Re	雷诺数	—	式（7-91）	4.57×10^{7}
	λ	管道摩擦系数	—		1.04×10^{-2}
	ξ_t	管道总阻力系数	—		4.226
管道压降	Δp	总的压力损失	Pa	式（7-115）	386282

3. 汽轮机侧主蒸汽并联支管压降计算

汽轮机侧主蒸汽并联支管压降计算过程见表 7-21。

表 7-21 汽轮机侧主蒸汽并联支管压降计算

步骤	符号	含义	单位	求取方法、公式或依据	支管 1 数值	支管 2 数值
基础数据	D_i	管子内径	m	工程数据	305	305
	L	管道展开长度	m	工程数据	19.05	23.5
	v	介质比体积	m³/kg	工程数据	1.34×10^{-2}	1.34×10^{-2}
	w	介质流速	m/s	工程数据	48.7	47.25
局部阻力系数		管子入口阻力系数	—	按附录 G	0.1	0.1
		三通阻力系数	—	按附录 G	0.2207	0

步骤	符号	含义	单位	求取方法、公式或依据	支管 1 数值	支管 2 数值
局部阻力系数		弯头局部阻力系数	—	按附录 G	0.2638	0.3089
		大小头局部阻力系数	—	按附录 G	0	0.1
	$\sum \xi_1$	总局部阻力系数	—		0.5845	0.5089
管道阻力系数	ε	管子等值粗糙度	mm	按附录 G	0.0185	0.0185
	ε/D_i	管壁相对粗糙度	—		6.1×10^{-5}	6.1×10^{-5}
	μ	动力黏度	Pa·s	按附录 G	3.44×10^{-5}	3.44×10^{-5}
	Re	雷诺数	—	式（7-91）	3.19×10^7	3.19×10^7
	λ	管道摩擦系数	—		1.1×10^{-2}	1.1×10^{-2}
	ξ_t	管道总阻力系数	—		1.374	1.459
	q_m	介质流量分配	kg/s	式（7-97）	266.33	258.39
管道压降	Δp	总的压力损失	Pa	式（7-115）	121932	121932

管道总压降为上述三项之和。

（六）介质比体积变化大的蒸汽管道压力损失

介质比体积变化大是指蒸汽管道终端和始端的介质比体积比大于 1.6 或压降大于初压 40% 的蒸汽管道的管道压降。

1. 管道的压降

管道的压降计算

$$\Delta p = \left[\xi_t + \frac{k+1}{k}\ln\beta + \frac{k-1}{2k}\left(\beta - \frac{1}{\beta}\right)\right]\frac{\beta}{1+\beta}\dot{m}^2 v_1$$

（7-121）

2. 判断流动特性

计算时首先应按临界压力或临界比体积比（临界比体积与始端比体积之比）判别管道内蒸汽的流动特性是亚临界流动还是临界流动，临界压力的计算

$$p_c = \frac{\dot{m}}{k}\sqrt{\frac{2kp_0v_0}{k+1}}$$

（7-122）

式中　p_c——临界压力，Pa；

　　　p_0——始端滞止压力，Pa；

　　　v_0——始端滞止比体积，m^3/kg。

滞止参数 p_0、v_0 根据管道始端介质流速，在焓熵图中求取，也可按式（7-123）计算，当计算锅炉安全阀排汽管道时，始端滞止参数可取安全阀入口处参数

$$p_0 v_0 = \left(p_1 + \frac{k-1}{k}\times\frac{\dot{m}^2 v_1}{2}\right)v_1$$

（7-123）

临界比体积比应按式（7-124）计算

$$\beta_c^2 = \frac{2k}{k+1}\xi_t + 1 + 2\ln\beta_c$$

（7-124）

其中　　　　　$\beta_c = \frac{v_c}{v_1}$

（7-125）

β_c 可按式（7-125）计算，也可按图 7-15 查取。

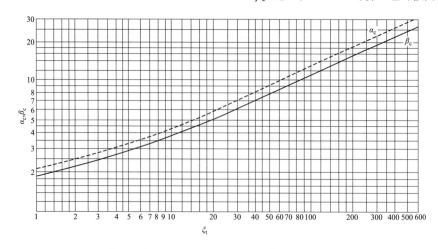

图 7-15　临界压力比 α_c 和临界比体积比 β_c 与总阻力系数 ξ_t 的关系曲线

3. 蒸汽临界流速

按式（7-126）、式（7-127）计算

$$w_c = \sqrt{\frac{2kp_0 v_0}{k+1}} \qquad (7\text{-}126)$$

$$w_c = \sqrt{2kp_c v_c} \qquad (7\text{-}127)$$

式中　w_c——临界流速，m/s。

4. 介质比体积变化大的管道水力计算

（1）当已知端滞止参数 p_0、v_0 及质量流速 $\dot{m}$、管道总阻力系数 ξ_t、末端空间压力 p' 时，应按下列步骤计算：

1）首先按式（7-122）计算临界压力 p_c；

2）当 $p_c < p'$，则为亚临界流动，管道终端蒸汽压力 p_2 取 p'，管道终端蒸汽比体积按式（7-128）计算

$$v_2^2 + \frac{2k}{k-1}\frac{p_2}{\dot{m}^2}v_2 - \frac{2k}{k-1}\frac{p_0 v_0}{\dot{m}^2} = 0 \qquad (7\text{-}128)$$

介质比体积比 β 按式（7-129）计算

$$\left(\frac{p_2}{2p_{d2}} + \frac{k-1}{2k}\right)(\beta^2 - 1) = \xi_t + \frac{k+1}{k}\ln\beta \qquad (7\text{-}129)$$

式中　p_{d2}——管道终端动压力，以始端介质参数按式（7-106）或式（7-107）计算，Pa。

管道始端参数按式（7-130）、式（7-131）计算

$$v_1 = \frac{v_2}{\beta} \qquad (7\text{-}130)$$

$$p_1 = \beta p_2 + \frac{k-1}{k}\left(\beta - \frac{1}{\beta}\right)p_{d2} \qquad (7\text{-}131)$$

3）如 $p_c \geqslant p'$，则为临界流动，管道终端蒸汽压力 p_2 取 p_c，管道终端蒸汽比体积按式（7-132）计算

$$v_2 = \frac{2}{k+1}\frac{p_0 v_0}{p_2} \qquad (7\text{-}132)$$

介质临界比体积比 β_c 应按式（7-124）计算或查取图7-13。

介质临界压力比 α_c 按式（7-133）计算，或查取图7-13。

$$\alpha_c = \frac{k+1}{2}\beta_c - \frac{k-1}{2\beta_c} \qquad (7\text{-}133)$$

管道始端参数按式（7-134）、式（7-135）计算

$$v_1 = v_2/\beta_c \qquad (7\text{-}134)$$

$$p_1 = \alpha_c p_c \qquad (7\text{-}135)$$

式中　α_c——临界压力比，$\alpha_c = p_1/p_c$；
　　　　β_c——介质临界比体积比。

（2）当已知端参数 p_1、v_1 及质量流速 $\dot{m}$、管道总阻力系数 ξ_t 时，终端参数 p_2、v_2 应按下列步骤计算：

按式（7-136）计算管道终端与始端介质比体积比 β

$$\left(\frac{p_1}{2p_{d1}} + \frac{k-1}{2k}\right)\left(1 - \frac{1}{\beta^2}\right) = \xi_t + \frac{k+1}{k}\ln\beta \qquad (7\text{-}136)$$

计算出 β 后与按式（7-124）计算 β_c 值比较：

1）如 $\beta < \beta_c$，则为亚临界流动，管道的终端参数按式（7-137）、式（7-138）计算

$$v_2 = \beta v_1 \qquad (7\text{-}137)$$

$$p_2 = \frac{p_1}{\beta} - \frac{k-1}{k}\left(\beta - \frac{1}{\beta}\right)p_{d1} \qquad (7\text{-}138)$$

2）如 $\beta = \beta_c$，则为临界流动，按式（7-133）计算临界压力比 α_c，管道终端参数可按式（7-139）、式（7-140）计算

$$p_2 = p_1/\alpha_c \qquad (7\text{-}139)$$

$$v_2 = \beta_c v_1 \qquad (7\text{-}140)$$

3）如 $\beta > \beta_c$，表示给定的条件不成立，即在给定的始端参数和总阻力系数达不到给定的质量流速值。

（3）当已知端参数 p_1、v_1、管道总阻力系数 ξ_t 和末端空间压力 p' 时，质量流速 $\dot{m}$ 应按下列方法计算：

首先计算比值 $\alpha' = p_1/p'$ 并与式（7-133）或式（7-135）计算出的 α_c 比较。

1）当 $\alpha' < \alpha_c$，则为亚临界流动，管内介质质量流速应按式（7-141）计算

$$\dot{m} = \sqrt{\frac{(p_1 - p_2)(1+\beta)}{\left[\xi_t + \frac{k+1}{k}\ln\beta + \frac{k-1}{2k}\left(\beta - \frac{1}{\beta}\right)\right]\beta v_1}} \qquad (7\text{-}141)$$

$$\beta = \alpha'\left[1 - \frac{k-1}{k+1}\left(\frac{\alpha'}{\alpha_c}\right)^2\right] \qquad (7\text{-}142)$$

$$\beta = \alpha'\left[1 - \frac{4(k-1)}{(k+1)^3}\left(\frac{\alpha'}{\beta_c}\right)^2\right] \qquad (7\text{-}143)$$

式中　β——管道终端与始端介质比体积比，可按式（7-142）、（7-143）进行近似计算；
　　　　α'——管道始端压力与末端空间压力比。

用近似的 β 值按式（7-141）求出近似的质量流速 $\dot{m}$，再按式（7-129）求出管道终端介质比体积 v_2，按 $\beta = v_2/v_1$ 计算出较准确的 β 值后，代入式（7-143）修正 $\dot{m}$ 值。

2）当 $\alpha' \geqslant \alpha_c$，则为临界流动，管内介质质量流速应按式（7-144）计算

$$\dot{m} = \frac{p_1}{\left(\frac{k+1}{2k}\beta_c - \frac{k-1}{2k}\frac{1}{\beta_c}\right)\sqrt{\frac{2kp_0 v_0}{(k+1)g \times 10^4}}} \qquad (7\text{-}144)$$

5. 终端为亚临界流动的蒸汽管道水力计算

对于终端为亚临界流动的蒸汽管道（见图7-16）采用虚拟法计算，即设想将管道按等截面延长，其后必能找到一点"3"，该点在流量不变的条件下为临界状态。

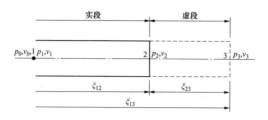

图 7-16　亚临界流动管道虚拟计算图

（1）"3"点处参数 p_3、v_3 可按式（7-122）和式（7-132）计算。

（2）1～3 段的阻力系数 ξ_{13} 可按式（7-145）计算

$$\xi_{13} = \frac{k+1}{2k}\left[\left(\frac{v_3}{v_1}\right)^2 - 2\ln\frac{v_3}{v_1} - 1\right] \quad (7\text{-}145)$$

（3）2～3 段的阻力系数 ξ_{23} 可按式（7-146）、式（7-147）计算

$$\xi_{23} = \frac{k+1}{2k}\left[\left(\frac{v_3}{v_2}\right)^2 - 2\ln\frac{v_3}{v_2} - 1\right] \quad (7\text{-}146)$$

$$\xi_{23} = \xi_{13} - \xi_{12} \quad (7\text{-}147)$$

（4）计算出以上的参数后，根据不同的已知条件，可求出"2"点或"1"点处的介质参数。

6. 局部变换后的水力计算

上述各式仅适用于介质质量流速 $\dot{m}$ 不变的情况下，当质量流速不同时，可按不同的质量流速分段顺序计算，每个局部变换后管道的始端压力应计入异径管或三通等局部变换处动压力的改变。

（1）当 $a = \dot{m}_{II}/\dot{m}_I < 1$，$c = p_{dI}/p_d < 0.05$ 时，或 $a > 1$，$c < 0.03$ 时，蒸汽管道局部变换后的始端压力按式（7-148）计算

$$p_{dII} = \frac{a^2 p_{dI} p_1}{(p_1 + p_{dI}) - p_{dII}} \quad (7\text{-}148)$$

局部变换后管道始端静压力按式（7-149）计算

$$p_{II} = p_1 + p_{dI} - p_{dII} - \Delta p_{I\text{-}II} \quad (7\text{-}149)$$

式中　p_{II} ——局部变换后管道始端的蒸汽压力，Pa；

　　　p_1 ——局部变换前管道末端的蒸汽压力，Pa；

　　　p_{dI} ——局部变换前管道末端的蒸汽动压力，Pa；

　　　p_{dII} ——局部变换后管道始端的蒸汽动压力，Pa；

　　　$\Delta p_{I\text{-}II}$ ——局部变换前后的蒸汽阻力，Pa。

局部变换后始端蒸汽比体积按式（7-150）计算

$$v_{II} = 2\frac{p_{dII}}{\dot{m}_{II}^2} \quad (7\text{-}150)$$

式中　v_{II} ——局部变换后管道始端的蒸汽比体积，m³/kg；

　　　$\dot{m}_{II}$ ——局部变换后管道始端的质量流速，kg/（cm²·s）。

（2）当 $a < 1$、$c \geqslant 0.05$ 或 $a > 1$、$c \geqslant 0.03$ 时，可按式（7-151）计算局部变换后管道始端与局部变换前管道始端的介质比体积比，或由图 7-17 查取 β 值。

$$a^2 c \beta^2 + \frac{k}{k+1}(\beta^{1-k} - 1) = c \quad (7\text{-}151)$$

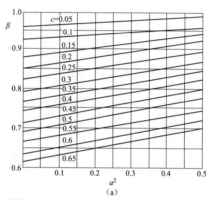

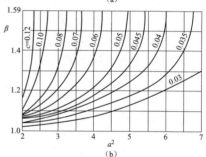

图 7-17　比体积比 β 与质量流速比 a^2 和动静压比 c 的关系曲线

（a）$a < 1$；（b）$a > 1$

β 值求出后局部变换后管道末端参数可按式（7-152）～式（7-154）计算

$$v_{II} = \beta v_I \quad (7\text{-}152)$$

$$p_{II} = p_1 \beta^{-k} \quad (7\text{-}153)$$

$$p_{dII} = a^2 \beta p_{dI} \quad (7\text{-}154)$$

（3）蒸汽在通过异径管向大直径管道流动时，也有达到临界流速的可能。异径管变换后始端的全压应大于等于后段管子阻力和管子末端背压所形成的压头加上相应于大端的异径管的阻力所形成的压头之和，

其相对关系可按式（7-155）计算

$$p_{II} + p_{dII} \geqslant p_{dII} \xi_{II}' + p'' \qquad (7\text{-}155)$$

$$\xi_{II}' = \frac{1}{2} \xi_{II} \left(\frac{D_i}{d_i} \right)^4$$

式中 p''——后段管子阻力和管子末端背压所形成

的压头，Pa；

ξ_{II}'——相应于大端的异径管的阻力系数，可由附录 G 查取；

d_i——异径管的小端内径。

（4）介质比体积变化大的蒸汽管道压降算例。某介质比体积变化大的蒸汽管道压降计算过程见表7-22。

表 7-22   介质比体积变化大的蒸汽管道压降计算案例

步骤	符号	含义	单位	求取方法、公式或依据	数值
基础参数	p_1	始端压力	Pa	工程数据	880000
	t	始端温度	℃	工程数据	250
	q_m	介质流量	t/h	工程数据	240
	D_i	管子内径	m	工程数据	0.704
	L	管道展开长度	m	工程数据	2100
	v_1	始端介质比体积	m³/kg	工程数据	2.66×10^{-1}
	k	绝热指数	—	—	1.3
	ξ_t	管道总阻力系数	—	工程数据	75.65
相关数据计算	$\dot{m}$	介质质量流速	kg/(m²·s)	式（7-105）	171.28
	p_{d1}	始端管道动压力	Pa	式（7-107）	3901.7
	β_c	介质临界比体积与始端比体积之比		式（7-124）	9.54
介质流动特性判断	β	管道终端与始端介质比体积比	—	式（7-136）	1.77
		$\beta < \beta_c$		判断	亚临界流动
管道压降计算	v_2	终端介质比体积	m³/kg	式（7-137）	0.47
	p_2	终端压力	Pa	式（7-138）	497275
	Δp	总的压力损失	Pa	$p_1 - p_2$	382725
				式（7-121）	382725

（七）压缩空气管道的压力损失

压缩空气管道的压力损失仅包括直管的摩擦阻力损失和局部摩擦阻力损失，终端和始端的高度差引起的压力损失为零。

（1）直管的摩擦阻力损失按式（7-156）计算

$$\Delta p_1 = 10^{-6} \frac{\lambda \rho w^2}{2} \cdot \frac{L}{D_i} \qquad (7\text{-}156)$$

式中 Δp_1——直管摩擦压力损失，MPa；
λ——管道摩擦系数；
ρ——介质密度，kg/m³；
w——工作态下的介质流速，m/s；
L——管道总展开长度，m；
D_i——管子内径，m。

（2）局部阻力损失按式（7-157）、式（7-158）计算

$$\Delta p_2 = 10^{-6} \frac{\lambda \rho w^2}{2} \cdot \frac{\Sigma L_d}{D_i} \qquad (7\text{-}157)$$

$$\Delta p_2 = 10^{-6} \frac{\rho w^2}{2} \cdot \Sigma \xi \qquad (7\text{-}158)$$

式中 ΣL_d——管道中的管件、阀门的当量长度之和；
$\Sigma \xi$——管道中各管件、阀门的局部阻力系数之和。

二、两相流体管道系统的压力损失计算

该部分适用于介质为饱和水和压力损失较大的高压饱和水蒸汽两相流体的管道，主要用于确定管道的通流能力。

管道的通流能力按式（7-159）计算

$$q_m = 2.827 \dot{m} D_i^2 \qquad (7\text{-}159)$$

式中 q_m——介质质量流量，t/h。

（一）两相流介质质量流速计算

质量流速按式（7-160）计算

$$\dot{m} = \sqrt{\frac{2}{\xi_t + 4.61\lg\beta}\left(\int_2^1 \rho \mathrm{d}p + \int_2^1 \Delta\rho \mathrm{d}p + g\int_2^1 \rho^2 \mathrm{d}H\right)}$$

(7-160)

式中 β ——管道终端与始端介质比体积比，$\beta = v_2/v_1$；

ρ ——介质密度，$\mathrm{kg/m^3}$；

$\mathrm{d}p$ ——介质压力变化，Pa；

$\mathrm{d}H$ ——管道高度变化，m；

g ——重力加速度，$\mathrm{m/s^2}$；

积分限 1 ——管道始端参数；

积分限 2 ——管道终端参数。

（1）$\int_2^1 \rho \mathrm{d}p$ 值按下列方法计算：

1）假设管道终端压力为 p_2，并将 p_1 和 p_2 压力范围分为相当数量的间隔：p_2-p_{I}，$p_{\mathrm{I}}-p_{\mathrm{II}}$，$p_{\mathrm{II}}-p_{\mathrm{III}}$，$\cdots$，$p_n-p_1$。

2）任一点压力 p_n 下的计算干度按式（7-161）计算

$$x_n = \frac{h_1 - h_n}{r_n}$$

(7-161)

式中 h_1 ——介质始端比焓，$\mathrm{kJ/kg}$；

h_n、r_n——在压力 p_n 下饱和水的焓和汽化潜热，$\mathrm{kJ/kg}$。

3）任一点汽水混合物的比体积按式（7-162）计算

$$v_n = x_n(v_n'' - v_n') + v_n'$$

(7-162)

式中 v_n''、v_n'——在压力 p_n 下饱和蒸汽和饱和水的比体积，$\mathrm{m^3/kg}$。

4）$\int_2^1 \rho \mathrm{d}p$ 值按式（7-163）计算

$$\int_2^1 \rho \mathrm{d}p = \sum_2^1 (p_n - p_{n+1})\left(\frac{\rho_n + \rho_{n+1}}{2}\right)$$

(7-163)

（2）$\int_2^1 \rho^2 \mathrm{d}H$ 按下列方法计算：

1）近似计算可按式（7-164）计算

$$\int_2^1 \rho^2 \mathrm{d}H = \rho_m^2(H_1 - H_2)$$

(7-164)

式中 H_1、H_2——垂直管段始、末端的标高，m；

ρ_m——垂直管段中沸水的平均密度，当 $p_1 \geqslant 10.0\mathrm{MPa}$ 时，$\rho_m = 0.85\rho_1$；当 $p_1 = 4.5\mathrm{MPa}$ 时，$\rho_m = 0.9\rho_1$；当 $p_1 \leqslant 1.0\mathrm{MPa}$ 时，$\rho_m = \rho_1$，当 p_1 介于上述压力之间时，可采用内插法求 ρ_m，$\mathrm{m^3/kg}$。

2）较精确计算可按照下列方式进行：

首先近似求出 $\dot{m}_c$，令 $\dot{m} = \dot{m}_c$，再按式（7-165）计算垂直管末端的介质密度 ρ_e 值

$$\frac{\dot{m}^2}{2}\left(\xi_t + 4.61\lg\frac{\rho_1}{\rho_2}\right) = \int_2^1 \rho \mathrm{d}p + g\int_2^1 \rho^2 \mathrm{d}H$$

(7-165)

假设垂直管段末端压力的变化范围，计算出各压力下所对应的饱和水密度 ρ，作辅助曲线 $A = \int_e^1 \rho \mathrm{d}p$，$B =$

$A + g\int_e^1 \rho^2 \mathrm{d}H$，$C = \frac{\dot{m}^2}{2}(\xi_t + 4.61\lg\beta)$。B 和 C 线交点下的压力即为垂直末端压力 p_m，如 p_m 在假定的压力范围内，用内插法求出管段末端介质密度 ρ_m 值，代入式（7-166）计算

$$\int_e^1 \rho^2 \mathrm{d}h = \frac{h_1 - h_2}{2}(\rho_1^2 + \rho_e^2)$$

(7-166)

3）当计算饱和蒸汽管道时，$\int_e^1 \rho^2 \mathrm{d}h$ 项可不计入。

（3）$\int_2^1 \Delta\rho \mathrm{d}p$ 值按下列方法计算：

1）$\int_2^1 \Delta\rho \mathrm{d}p$ 可按式（7-167）计算

$$\int_2^1 \Delta\rho \mathrm{d}p = 0.2 \times 10^{-6}(p_1 - p_2)$$
$$\times\left(\frac{v_2'' - v_2'}{r_2} + 4\frac{v_m'' - v_m'}{r_m} + \frac{v_1'' - v_1'}{r_1}\right)\dot{m}^2$$

(7-167)

式中 脚标 m ——平均压力 $\frac{p_1 + p_2}{2}$ 下的介质参数；

脚标 1、2——介质始、末端的介质参数。

2）$\int_2^1 \Delta\rho \mathrm{d}p$ 的结果为 $\dot{m}$ 的函数，可将 $\dot{m}$ 值作为未知量代入式（7-160）中解方程求 $\dot{m}$ 值。

3）当管道出口介质排出速度 $w_2 < 120\mathrm{m/s}$ 时，$\int_2^1 \Delta\rho \mathrm{d}p$ 项可不计入。

（4）$\lg\beta$ 值按下列方法计算：

1）假定 p_2 值，可按式（7-168）计算末端比体积 v_2

$$v_2 = x_2\left(v_2'' - v_2'\right) + v_2'$$

(7-168)

2）$\lg\beta$ 值可按式（7-169）计算

$$\lg\beta = \lg\frac{v_2}{v_1}$$

(7-169)

（二）管内介质的临界质量流速计算

（1）近似计算可按式（7-170）计算

$$\dot{m}_c = q_c \frac{p_2}{g} \times 10^{-4}$$

(7-170)

式中 q_c——系数，可按图 7-18 查取；

p_2——管子终端压力，Pa。

（2）较精确计算可按下列方法进行：

1）质量流速可按式（7-171）计算

$$\dot{m}_c = \sqrt{\left(-\frac{\Delta p}{\Delta v}\right)_s}$$

(7-171)

式中 Δp ——管道终端压力 $p_2(p_c)$ 与水和水蒸汽热力学性质图表中最接近压力级的差值（其值约为 p_2 的 2%～5%），Pa；

Δv ——在 Δp 范围内按等熵膨胀所得的比体积增量，$\mathrm{m^3/kg}$；

脚标 s——等熵过程。

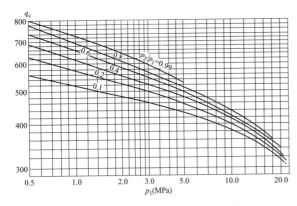

图 7-18 饱和水 q_c 与 p_1 及 p_2/p_1 的关系曲线

2）式（7-171）中 Δv 值可按下列方法计算：

首先可按式（7-172）计算压力为 p_c 时介质的干度 x

$$\left(\frac{\dot{m}}{44.732}\right)^2 (v''-v')^2 x^2$$
$$+\left[r_2+2\left(\frac{\dot{m}}{44.732}\right)^2 (v''-v')v'\right]x-(h_1-h_2)=0 \tag{7-172}$$

式中　$\dot{m}$——质量流速，计算时可先按近似计算法估取，kg/（m²·s）；

　　　h_1——始端比焓，kJ/kg；

　　　h_2——压力为 p 时的饱和水焓值，kJ/kg；

r_2——压力为 p_c 时的汽化潜热，kJ/kg。

然后可按式（7-173）计算蒸汽的干度变量 Δx

$$\Delta x = \frac{(s''-s')x+s'-s'_\Delta}{s''_\Delta-s'_\Delta}-x \tag{7-173}$$

式中　s''_Δ、s'_Δ——压力为 $p_c-\Delta p$ 时饱和蒸汽和饱和水的比熵，kJ/（kg·K）；

　　　s''、s'——压力为 p_c 时饱和蒸汽和饱和水的比熵，kJ/（kg·K）。

比体积增量 Δv 可按式（7-174）计算

$$\Delta v = (v''-v'')x+(v''_\Delta-v'_\Delta)\Delta x-(1-x)(v'-v'_\Delta) \tag{7-174}$$

式中　v''、v'——压力为 p_c 时饱和蒸汽和饱和水的比体积，m³/kg；

　　　v''_Δ、v'_Δ——压力为 $p_c-\Delta p$ 时饱和蒸汽和饱和水的比体积，m³/kg；

　　　Δx——在等熵膨胀条件下蒸汽的干度变量。

在假定 p_c 值后，按上述有关公式计算求出的 $\dot{m}$ 和 $\dot{m}_c$ 值应该相等，或相差很小，当没达到此条件，表明 p_c 值假定的不合理，需要重新假定 p_c 值进行上述计算，直至求出的 $\dot{m}$ 和 $\dot{m}_c$ 值相等（或相差很小）时为止。对于第一次计算结果，如果 $\dot{m}_c < \dot{m}$，表明 p_2 假定值偏小；如 $\dot{m}_c > \dot{m}$，表明 p_2 假定值偏大。

（三）两相流流体通流能力算例

某 600MW 超临界机组某级高压加热器正常疏水管道通流能力计算过程见表 7-23。

表 7-23　　　　　　　　　某 600MW 超临界机组某级高压加热器正常疏水管道通流能力计算

步骤	符号	含　义	单位	求取方法、公式或依据	数值
基础参数	p_1	始端压力	Pa	工程数据	4500000
	p_2	终端压力	Pa	工程数据	2500000
	q_m	介质质量流量	t/h	工程数据	206
	H_1	管道始端高度	m	工程数据	8.35
	H_2	管道终端高度	m	工程数据	16.65
	D_i	管子内径	m	假定 1（OD273×11）	0.251
		管子内径	m	假定 2（OD325×13）	0.299
		管子内径	m	假定 1（OD377×16）	0.345
	L	管道展开长度	m	工程数据	15
	v'_1	始端压力下饱和水比体积	m³/kg	工程数据	0.00127
	v''_1	端压力下饱和蒸汽比体积	m³/kg	工程数据	0.044
	h_1	介质始端比焓	kJ/kg	工程数据	1122
质量流速计算	p_n	将 p_1 和 p_2 压力范围分为相当数量的间隔后任一点压力	Pa	自行选定	$p_I=350000$ $p_{II}=300000$
	x_n	p_n 压力下的计算干度		式（7-161）	$x_I=0.0413$ $x_{II}=0.0634$

续表

步骤	符号	含　义	单位	求取方法、公式或依据		数值
质量流速计算	v_n	p_n压力下的汽水混合物比体积		式（7-162）		$v_1=0.0035$ $v_{II}=0.0054$
	$\int_2^1 \rho\,dp$			式（7-163）*		749210695
	p_m	平均压力	Pa			3500000
	ρ_m	垂直管段中沸水的平均密度	m³/kg	当$p_1=4.5$MPa 时，$\rho_m=0.9\rho_1$		0.00114
	$\int_2^1 \rho^2\,dH$			式（7-164）		-1.08×10^{-5}
	$\int_2^1 \Delta\rho\,dp$			式（7-167）		12735
	v_2	介质终端比体积	m³/kg	式（7-168）		0.005
	$\lg\beta$			式（7-169）		0.6
	ξ_t	管道总阻力系数		$\xi_t=\dfrac{\lambda}{D_i}L+\sum\xi_l$	假定管径1	2.15
		管道总阻力系数			假定管径2	2.05
		管道总阻力系数			假定管径3	1.95
	$\dot m_c$	介质临界质量流速	kg/（m²·s）	式（7-170）		178.5
	$\dot m$	介质质量流速	kg/（m²·s）	式（7-160），假定管径1		175.1
		介质质量流速	kg/（m²·s）	式（7-160），假定管径2		176.9
		介质质量流速	kg/（m²·s）	式（7-160），假定管径3		178.8
管道通流能力	q_m	管道通流能力1	kg/s	式（7-159），假定管径1		31.7（不合格）
		管道通流能力2	kg/s	式（7-159），假定管径2		44.7（不合格）
		管道通流能力3	kg/s	式（7-159），假定管径3		60.2（合格）

三、节流孔板的压损及孔径计算

（一）单级蒸汽管道上的孔板压降计算

介质经孔板的流动及参数示意图见图 7-19。

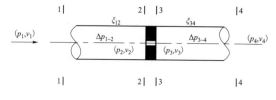

图 7-19　介质经孔洞的流动

（1）首先由按本章前述有关方法给出的 $\dot m$、p_1、v_1、ξ_{12}，确定孔板前的蒸汽参数 p_2、v_2，以及按给定的 $\dot m$、p_4、v_4、ξ_{34} 确定孔板后的蒸汽参数 p_3、v_3。

（2）孔板的压降可按式（7-175）计算

$$\Delta p_m = p_2 - p_3 \qquad (7\text{-}175)$$

式中　Δp_m——孔板的压降，Pa。

（3）孔板的阻力系数 ξ_m 可按式（7-176）计算

$$\xi_m = \frac{\Delta p_m}{p_{d2}} \qquad (7\text{-}176)$$

式中　ξ_m——相应于孔板前介质流速的阻力系数；

p_{d2}——孔板前介质动压力，Pa。

（二）单级液体管道上的孔板阻力计算

水流经节流孔板的流动及参数示意图见图 7-20。

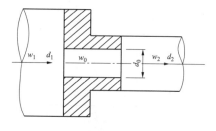

图 7-20　水管道节流孔板示意

节流孔板的局部阻力系数，与管道内介质的状态有关。当管内介质的状态为水或其他不可压缩液体时，节流孔板的阻力系数可按式（7-177）计算

$$\xi_0 = 0.5a + \tau\sqrt{ac} + c^2 \qquad (7\text{-}177)$$

其中　$a = 1 - \left(\dfrac{d_0}{d_1}\right)^2$, $\quad c = 1 - \left(\dfrac{d_0}{d_2}\right)^2$

式中　ξ_0——相对应管径 d_0 的阻力系数；

　　　a——系数；

　　　c——系数；

　　　τ——系数，取决于 $1/d_0$，可按表 7-24 查取。

表 7-24　　　　　　　　　　　　　系　数　τ　值

$1/d_0$	0.10	0.15	0.20	0.25	0.30	0.40	0.60	0.80	1.00	1.20	1.60	2.00	2.40
τ	1.30	1.25	1.22	1.20	1.18	1.10	0.84	0.42	0.24	0.16	0.07	0.02	0.00

（三）多级蒸汽孔板级数的选择

（1）先计算出孔板总数及每块孔板前后的压力，见图 7-19。

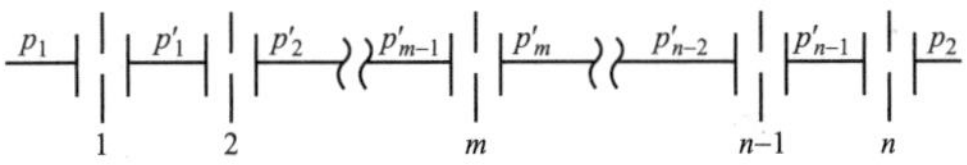

图 7-19　多级孔板压力分布图

以过热蒸汽为例：

$p_1' = 0.55 p_1$

$p_2' = 0.55 p_1'$

…

$p_2 = 0.55 p_{n-1}'$

$p_2 = (0.55)^n p_1$

$$n = \lg(p_2/p_1)/\lg 0.55 = -3.85\lg(p_2/p_1) \qquad (7\text{-}178)$$

式中　n——总级数；

　　　p_1——多级孔板第一级孔板前压力，Pa；

　　　p_2——多级孔板最后一级孔板后压力，Pa。

（2）把 n 圆整为整数后重新分配各级孔板前后压力，按式（7-179）求取某一级孔板后压力

$$p_m' = (p_2/p_1)^{\frac{1}{n}} \cdot p_{m-1}' \qquad (7\text{-}179)$$

式中　p_m——多级孔板中第 m 级孔板后压力，Pa。

（3）根据每级孔板前后压力，计算出每级孔板孔径，计算方法同单级孔板。同样 n 圆整为整数后，重新分配每级孔板前后压力。

（四）多级液体孔板级数的选择

（1）先计算孔板总级数 n 及每级孔板前后的压力。

（2）按式（7-180）计算出 n，然后圆整为整数，再按每级孔板上压降相等，以整数 n 来平均分配每级前后压力

$$n = (p_1 - p_2)/(2.5 \times 10^6) \qquad (7\text{-}180)$$

式中　n——总级数；

　　　p_1——多级孔板第一级孔板前压力，Pa；

　　　p_2——多级孔板最后一级孔板后压力，Pa。

计算每级孔板孔径，计算方法同单级孔板计算法。

（五）节流孔板孔径计算

1. 计算方法一

（1）当 $\varepsilon_2 \leqslant \varepsilon_c$ 时，为临界流动，可按式（7-181）、

式（7-182）计算

$$\varepsilon_2 = \frac{p_{2k}}{p_{0k}} \qquad (7\text{-}181)$$

$$\varepsilon_c = \left(\frac{2}{k+1}\right)^{\frac{k}{k-1}} \qquad (7\text{-}182)$$

式中　p_{2k}——节流孔板后的压力，Pa；

　　　p_{0k}——节流孔板前滞止压力，Pa；

　　　k——系数，对于过热蒸汽取 1.3，对于欠饱和蒸汽取 1.135，相应 ε_c 分别为 0.546 和 0.577。

节流孔板孔洞面积按式（7-183）计算

$$A_k^* = \frac{q_m\sqrt{T_0}}{0.367 K'' \mu p_0 \sqrt{\dfrac{g}{R}}} \qquad (7\text{-}183)$$

式中　A_k^*——临界流动时节流孔板孔洞面积，mm²；

　　　q_m——通过孔板的流量，t/h；

　　　p_0——孔板前的滞止压力，MPa；

　　　T_0——孔板前的滞止温度，K；

　　　g——重力加速度，m/s²；

　　　R——气体常数，对于水蒸汽取 47；

　　　K''——系数，可由表 7-25 查取；

　　　μ——流量系数，应根据孔形和压差试验确定，也可近似按带锐边孔洞由表 7-26 查取。

表 7-25　　　　　　系　数　K'' 值

k	1.70	1.50	1.40	1.35	1.30	1.20	1.15	1.135	1.1
K''	0.731	0.701	0.685	0.676	0.667	0.649	0.639	0.636	0.628

表 7-26　　　　　流量系数 μ 值

p_{2k}/p_{0k}	0.676	0.641	0.606	0.559	0.529	0.037
μ	0.680	0.700	0.710	0.730	0.740	0.850

（2）亚临界流动时，$\varepsilon_2 > \varepsilon_c$，孔洞面积应按式（7-184）计算

$$A_k = \frac{A_k^*}{q} \qquad (7\text{-}184)$$

其中 $q = \dfrac{1}{1-\varepsilon_{c}}\sqrt{(1-\varepsilon_{2})(1-2\varepsilon_{c}+\varepsilon_{2})}$

式中　A_k^*——临界流动条件下所需的孔洞面积，mm^2；

　　　q——比流量。

（3）当孔为圆孔时，A_k 或 A_k^* 按式（7-185）计算

$$A_k \text{ 或 } A_k^* = \frac{\pi}{4}d_k^2 \tag{7-185}$$

式中　d_k——孔径，mm。

2. 计算方法二

蒸汽孔板的阻力系数可按图 7-21 查取。图中阻力系数是相应于孔板前的内径和蒸汽参数。图中的线簇为相应于各孔板处压降 Δp_m 与孔板之前压力 p_1 之比 $\Delta p_m / p_1 = 0.4、0.3、0.2、0.1$ 和 0。该曲线只有当直管长度在节流孔板之前不小于 $5D_i$ 及孔板之后不小于 $10D_i$ 时才有效。

由式（7-176）计算出阻力系数 ξ_m 以及 $\Delta p_m / p_1$，通过查图求得 $\left(\dfrac{d_0}{D_i}\right)^2$，孔板的孔径可由式（7-186）计算

$$d_0 = D_i \sqrt{\left(\frac{d_0}{D_i}\right)^2} \tag{7-186}$$

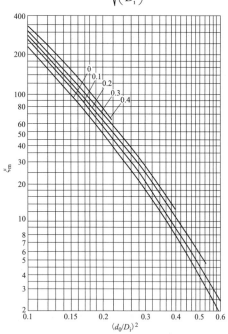

图 7-21　孔板流体动力阻力系数曲线

3. 水管道上节流孔板孔径的计算

按式（7-187）计算

$$d_k = \sqrt{\frac{421.6 q_m}{\sqrt{\rho \Delta p}}} \tag{7-187}$$

式中　d_k——节流孔板的孔径，mm；

　　　q_m——通过孔板的质量流量，t/h；

　　　ρ——水的密度，kg/m^3；

　　　Δp——孔板前后压差，MPa。

第四节　管 道 应 力 计 算

管道应力计算包括静力分析和动力分析，管道应力分析计算的内容至少包括计算管道在内压、自重和其他外部荷载作用下所产生的一次应力和在热胀、冷缩及端点附加位移等荷载所产生的二次应力范围以及计算管道对设备和固定装置的作用力及力矩。

应力计算应：

（1）使管道应力在规范的许用范围内。

（2）使设备管口载荷符合制造商的要求或公认的标准。

（3）计算出作用在管道支吊架上的荷载。

（4）解决管道动力学问题。

（5）帮助配管优化设计。

一、管道应力分析计算的范围及方法

（一）管道应力分析计算的范围

（1）主蒸汽管道、低温再热蒸汽管道、高温再热蒸汽管道及汽轮机旁路系统管道、给水管道、汽轮机各级抽汽管道、辅助蒸汽管道和热网管道等必须进行应力分析计算。

（2）进行应力分析计算的管道公称尺寸范围应按设计温度、管道布置以及机组容量大小等具体情况确定。

（二）管道应力分析计算的方法

应力分析计算的方法包括：

（1）用经过实际工程验证，并经过鉴定的计算软件进行应力分析计算。

（2）对于低参数及简单的管道，可采用近似分析方法，包括表格法、图解法、经验公式法等进行简化分析计算。

常用的应力分析计算软件有美国 COADE 公司的 Caesar II、Bentley 公司的 AutoPIPE、德国 SIGMA 公司的 ROHR2、东北电力设计院有限公司的 GLIF 管道应力软件等。

二、应力计算基本要求

（一）管系划分原则

在进行管道应力分析时宜按以下原则划分管系：

（1）管道可按设备连接点或固定点分为若干计算管段（包括分支管段），每个计算管段构成一个独立的计算管系，每一计算管系中应包括其所有管件和支吊架。

（2）对于多个相互连接的管系应合并进行应力计算，如果分支管段的刚度与主管的刚度相差较大（刚度比大于 10），可将分支管段划为另一计算管系，但支管应力计算时应计入主管在分界点处附加给分支管段的准确线位移和角位移。同时，主管应力计算时应计入分支点的应力增强系数，且该点应力验算合格。

（二）应力计算基本规定

管道应力分析应符合下列规定：

（1）在进行作用力和力矩计算时，应采用右旋直角坐标系作为基本坐标系。基本坐标系的原点可任意选择，Z 轴宜为向上的竖直轴，X 轴宜为沿主厂房纵向的水平轴，Y 轴宜为沿主厂房横向的水平轴。

（2）管道与设备或固定点相连接时，应计入管道端点处的附加位移，包括线位移和角位移。

（3）进行分析和计算的管件，应按 DL/T 5366《发电厂汽水管道应力计算技术规程》的规定计入柔性系数和应力增加系数。

（4）应计入各种类型支吊装置的作用，当支吊架装置的根部固定在有位移的结构上时，应计入根部结构附加位移的影响。

（5）管道运行中可能出现多种工况时，应按各工况的条件分别分析计算。

（6）分析计算中的任何假设与简化，不应对分析计算结果的作用力、应力等产生不利或不安全的影响。

（7）当管系进行冷紧时，冷紧有效系数对工作状态取 2/3，对冷状态取 1。

（8）冷紧口的位置应设置在管系冷态弯矩较小且便于施工的地方。

（9）根据需要及工程约定，应力分析计算时应计入以下偶然荷载的作用：

1）室外露天布置管道的风荷载，有雪和冰冻地区的雪荷载和冰荷载。

2）除有特殊要求外抗震设防烈度 8 度及以上的管道地震荷载。

3）安全阀起跳排汽反力荷载。

4）600MW 及以上容量机组的主蒸汽管道和再热蒸汽热段管道的汽锤力。

5）其他可能发生的偶然荷载。

（10）地震荷载、风荷载可不与其他偶然荷载一同构成组合工况。

关于管道应力计算的各工况及工况组合的有关规定详见管道支吊架设计部分的有关内容。

三、补偿值的计算

管系的全补偿值的计算按以下分类：

（1）当管系端点无附加角位移时，管系的线位移全补偿值可按式（7-188）～式（7-193）计算

$$\Delta X = \Delta X_B - \Delta X_A - \Delta X_{AB}^t \qquad (7\text{-}188)$$

$$\Delta Y = \Delta Y_B - \Delta Y_A - \Delta Y_{AB}^t \qquad (7\text{-}189)$$

$$\Delta Z = \Delta Z_B - \Delta Z_A - \Delta Z_{AB}^t \qquad (7\text{-}190)$$

$$\Delta X_{AB}^t = \alpha^t (X_B - X_A)(t - t_{amb}) \qquad (7\text{-}191)$$

$$\Delta Y_{AB}^t = \alpha^t (Y_B - Y_A)(t - t_{amb}) \qquad (7\text{-}192)$$

$$\Delta Z_{AB}^t = \alpha^t (Z_B - Z_A)(t - t_{amb}) \qquad (7\text{-}193)$$

式中　ΔX、ΔY、ΔZ ——计算管系沿坐标轴 X、Y、Z 的线位移全补偿值，mm；

ΔX_B、ΔY_B、ΔZ_B ——计算管系的末端 B 沿坐标轴 X、Y、Z 的附加线位移，mm；

ΔX_A、ΔY_A、ΔZ_A ——计算管系的始端 A 沿坐标轴 X、Y、Z 的附加线位移，mm；

ΔX_{AB}^t、ΔY_{AB}^t、ΔZ_{AB}^t ——计算管系 AB 沿坐标轴 X、Y、Z 的热伸长值，mm；

α^t ——钢材从 20℃至工作温度的线膨胀系数，10^{-6} mm/(mm·℃)；

X_B、Y_B、Z_B ——计算管系的末端 B 的坐标值，mm；

X_A、Y_A、Z_A ——计算管系的始端 A 的坐标值，mm；

t ——工作温度，℃；

t_{amb} ——计算安装温度，可取 20，℃。

（2）当管道沿坐标轴 X、Y、Z 方向采用不同冷紧比时，管道在冷状态下各方向的冷补偿值应按式（7-194）～式（7-196）计算

$$\Delta X^{20} = \Delta X_{AB}^{CS} \qquad (7\text{-}194)$$

$$\Delta Y^{20} = \Delta Y_{AB}^{CS} \qquad (7\text{-}195)$$

$$\Delta Z^{20} = \Delta Z_{AB}^{CS} \qquad (7\text{-}196)$$

式中　ΔX^{20}、ΔY^{20}、ΔZ^{20} ——计算管系沿坐标轴 X、Y、Z 的线位移冷补偿值，mm；

ΔX_{AB}^{CS}、ΔY_{AB}^{CS}、ΔZ_{AB}^{CS} ——计算管系 AB 沿坐标轴 X、Y、Z 的冷紧值，mm。

四、管道的应力验算

（1）管道在工作状态下，由内压产生的折算应力不得大于钢材在设计温度下的许用应力

$$\sigma_{eq} = \frac{p[0.5D_o - Y(S - C)]}{\eta(S - C)} \leqslant [\sigma]^t \qquad (7\text{-}197)$$

式中　σ_{eq} ——内压折算应力，MPa；

p ——设计压力，MPa；

D_o ——管子外径，mm；

Y ——温度对计算管子壁厚公式的修正系数；

S ——管子实测最小壁厚，mm；

C ——有腐蚀、磨损和机械强度要求的附加厚度，mm；

η ——许用应力修正系数；

$[\sigma]^t$ ——钢材在设计温度下的许用应力，MPa。

（2）由内压产生的环向应力可短时超出钢材在相应温度下的许用应力，但应符合下列规定：

1）环向应力超出许用应力值不大于 15% 时，每次超出时间不应超过 8h，连续 12 个月累计超出时间不应超过 800h。

2）环向应力超出许用应力值不大于 20% 时，每次超出时间不应超过 1h，连续 12 个月累计超出时间不应超过 80h。

（3）管道在工作状态下，由内压、自重和其他持续外载产生的轴向应力之和应符合式（7-198）的规定

$$\sigma_L = \frac{pD_i^2}{D_o^2 - D_i^2} + 0.75\frac{iM_A}{W} \leq 1.0[\sigma]^t \quad (7\text{-}198)$$

式中　σ_L ——管道在工作状态下，由内压、自重和其他持续外载产生的轴向应力之和，MPa；

p ——设计压力，MPa；

D_i ——管子内径，mm；

D_o ——管子外径，mm；

i ——应力增加系数，$0.75i \geq 1$；

M_A ——自重和其他持续外载作用在管子横截面上的合成力矩，N·mm；

W ——管子抗弯截面系数，mm³；

$[\sigma]^t$ ——钢材在设计温度下的许用应力，MPa。

（4）管道在工作状态下受到偶然荷载作用时，由内压、自重和其他持续外载及偶然荷载所产生的轴向应力之和应符合式（7-199）的规定

$$\frac{pD_i^2}{D_o^2 - D_i^2} + 0.75\frac{iM_A}{W} + 0.75\frac{iM_B}{W} \leq K[\sigma]^t \quad (7\text{-}199)$$

式中　K ——系数，在管道正常允许的运行压力波动范围内，且内压产生的环向应力未超过相应温度下的许用应力，当偶然荷载作用时间每次不超过 8h 且连续 12 个月累计不超过 800h 时，取 $K=1.15$；当偶然荷载作用时间每次不超过 1h 且连续 12 个月累计不超过 80h 时，取 $K=1.20$；

M_B ——安全阀或释放阀起跳、汽锤、风及地震等产生的偶然荷载作用在管子横截面上的合成力矩，N·mm。

在验算时，M_B 中的地震力矩只取用变化范围的一半。地震引起管道端点位移，当式（7-200）中已计入时，式（7-199）中可不再计入。

（5）管系热胀应力范围应符合下列规定：

1）管系热胀应力范围应按式（7-200）计算

$$\sigma_E = \frac{iM_C}{W} \leq f(1.2[\sigma]^{20} + 0.2[\sigma]^t + [\sigma]^t - \sigma_L) \quad (7\text{-}200)$$

式中　σ_E ——热胀应力范围，MPa；

M_C ——按全补偿值和钢材在 20℃ 时的弹性模量计算的，热胀引起的合成力矩，N·mm；

f ——热胀应力范围的减小系数；

$[\sigma]^{20}$ ——钢材在 20℃ 时的许用应力，MPa；

$[\sigma]^t$ ——钢材在设计温度下的许用应力，MPa；

σ_L ——管道在工作状态下，由内压、自重和其他持续外载产生的轴向应力之和，MPa。

当偶然荷载的合成力矩未计入地震引起的端点位移时，式（7-200）的热胀合成力矩应计入地震引起的端点位移力矩。

2）在电厂预期的运行年限内，热胀应力范围的减小系数 f 可按管道全温度周期性的交变次数 N 确定：当 $N \leq 2500$ 时，$f=1$；当 $N > 2500$ 时，$f=4.78N^{-0.2}$。

如果温度变化的幅度有变动，全温度范围的交变次数 N 可按式（7-201）计算

$$N = N_E + r_1^5 N_1 + r_2^5 N_2 + \cdots + r_n^5 N_n \quad (7\text{-}201)$$

式中　N_E ——计算热胀应力范围 σ_E 时，用全温度变化 Δt_E 的交变次数；

N_1、N_2、$\cdots$、N_n ——各温度变化 Δt_1、Δt_2、$\cdots$、Δt_n 的交变次数；

r_1、r_2、$\cdots$、r_n ——各温度变化与全温度范围的比值 $\Delta t_1/\Delta t_E$、$\Delta t_2/\Delta t_E$、$\cdots$、$\Delta t_n/\Delta t_E$。

（6）在水压试验的内压下，管道的环向应力值不应大于材料在试验温度下屈服强度的 90%；由水压试验内压、自重和其他持续荷载产生的管道轴向应力不应大于材料在试验温度下屈服强度的 90%。

五、力矩和抗弯截面系数的计算

（1）管子、弯管和弯头合成力矩和抗弯截面系数的计算按下列规定：

1）合成力矩应按式（7-202）计算

$$M_j = \sqrt{M_{xj}^2 + M_{yj}^2 + M_{zj}^2} \quad (7\text{-}202)$$

式中　M_j ——合成力矩，N·mm；

下标 j ——对应式（7-198）～式（7-200）中的下标 A、下标 B 和下标 C。

2）抗弯截面系数按式（7-203）计算

$$W = \frac{\pi}{32D_o}(D_o^4 - D_i^4) \quad (7\text{-}203)$$

式中　W ——抗弯截面系数，mm³。

（2）三通合成力矩和抗弯截面系数的计算。

1）验算等径三通时，应按式（7-202）分别计算各分支管的合成力矩（见图 7-22），且在计算合成力

矩时应按三通的交叉点取值。管子抗弯截面系数应按式（7-203）和连接管子尺寸计算。

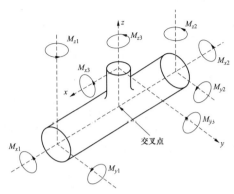

图 7-22 三通合成力矩示意

M_x—扭矩；M_y—平面内弯矩；M_z—平面外弯矩

2）验算不等径三通时，应按下列步骤分别计算主管两侧和支管的合成力矩，且在计算各合成力矩（见图7-21）时均应按三通的交叉点取值：

a）三通支管的合成力矩应按式（7-204）计算

$$M_A(M_B 或 M_C) = \sqrt{M_{x3}^2 + M_{y3}^2 + M_{z3}^2} \qquad (7\text{-}204)$$

式中 M_{x3}、M_{y3}、M_{z3}——与三通支管连接的计算分支作用于三通交叉点的当量力矩。

b）三通支管的当量抗弯截面系数应按式（7-205）计算

$$W = \pi(r_{mb})^2 S_{b3} \qquad (7\text{-}205)$$

式中 r_{mb}——三通支管平均半径，mm；

S_{b3}——三通支管当量壁厚，式（7-200）中取

用主管公称壁厚 S_{nh} 和 i 倍支管公称壁厚 iS_{nb} 二者中的较小值，式（7-198）和式（7-199）中取用主管公称壁厚 S_{nh} 和 $0.75iS_{nb}$ 二者中的较小值，且 $0.75i$ 不应小于 1，mm。

c）三通主管的合成力矩应按式（7-206）、式（7-207）计算

$$M_A(M_B 或 M_C) = \sqrt{M_{x1}^2 + M_{y1}^2 + M_{z1}^2} \qquad (7\text{-}206)$$

$$M_A(或 M_B 或 M_C) = \sqrt{M_{x2}^2 + M_{y2}^2 + M_{z2}^2} \qquad (7\text{-}207)$$

式中 M_{x1}、M_{y1}、M_{z1}——三通主管连接管 1 作用在三通交叉点处的当量力矩，N·mm；

M_{x2}、M_{y2}、M_{z2}——三通主管连接管 2 作用在三通交叉点处的当量力矩，N·mm。

d）三通主管的抗弯截面系数按式（7-203）和连接管子尺寸计算。

3）支管接管座合成力矩和抗弯截面系数的计算：

a）接管座的合成力矩应按式（7-208）计算

$$M_A(M_B 或 M_C) = \sqrt{M_{x3}^2 + M_{y3}^2 + M_{z3}^2} \qquad (7\text{-}208)$$

b）接管座的抗弯截面系数应按式（7-209）计算

$$W = \pi(r_{mb}')^2 S_b \qquad (7\text{-}209)$$

c）当接管座满足 $L_1 \geq 0.5\sqrt{r_i S_b}$，见图7-23（a）、（b）、（c），计算接管座的抗弯截面系数和应力增加系数时，r_{mb}' 应计算到 S_b 值的一半。验算点应取接管座中心线与主管外表面的交点。

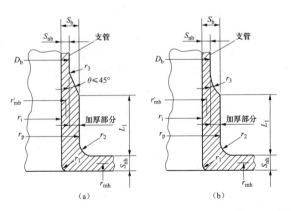

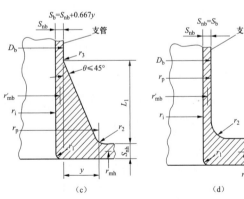

图 7-23 接管座的尺寸图

r_{mb}'—支管平均半径（mm）；S_{nb}—支管公称壁厚（mm）；S_b—接管座加强有效厚度（mm）；

r_1、r_2、r_3—接管座加强部分过渡区半径（mm）；r_i—支管内半径（mm）；r_{mh}—主管平均半径（mm）；

S_{nh}—主管公称壁厚（mm）；D_b—支管外径（mm）；r_p—接管座加强部分的外半径（mm）；

θ—接管座加强部分过渡段角度，（°）；L_1—接管座高度（mm）；y—接管座加强部分的长度（mm）

六、管道对设备的推力和力矩的计算

（1）管道对设备或端点推力和力矩的计算规定：

1）管道运行初期工作状态下的力和力矩应按热胀、端点附加位移、有效冷紧、自重和其他持续外载及支吊架反力作用的条件计算。

2）管道运行初期冷状态下的力和力矩应按冷紧、自重和其他持续外载及支吊架反力作用的条件计算。

3）管道应变自均衡后冷状态下的力和力矩应按应变自均衡、自重和其他持续外载及支吊架反力作用的条件计算。

（2）管系在工作状态和冷状态下对设备的推力和力矩的最大值应能满足设备安全承受的要求。当数根管道同设备相连时，管道在工作状态和冷状态下对设备的推力和力矩的最大值，应按设备和各连接管道可能出现的运行工况分别计算和进行组合。

（3）当管道无冷紧或沿坐标轴 X、Y、Z 各方向采用相同的冷紧比时，在不计及持续外载的条件下，管道对设备或端点的推力或力矩的计算如下：

1）在工作状态下，管道对设备或端点的推力或力矩应按式（7-210）计算

$$R^t = -\left(1 - \frac{2}{3}\gamma\right)\frac{E^t}{E^{20}}R_E \qquad (7\text{-}210)$$

2）在冷状态下，管道对设备或端点的推力或力矩应按式（7-211）、式（7-212）计算

$$R^{20} = \gamma R_E \qquad (7\text{-}211)$$

$$R_1^{20} = \left(1 - \frac{[\sigma]^t}{\sigma_E}\cdot\frac{E^{20}}{E^t}\right)R_E \qquad (7\text{-}212)$$

式中　R^t——管道运行初期在工作状态下对设备或端点的推力或力矩，N 或 N·mm；

　　　R^{20}——管道运行初期在冷状态下对设备或端点的推力或力矩，N 或 N·mm；

　　　R_1^{20}——管道应变自均衡后，在冷状态下对设备或端点的推力或力矩，N 或 N·mm；

　　　R_E——按全补偿值和钢材在 20℃时的弹性模量计算端点对管道的热胀作用力或力矩，N 或 N·mm；

　　　γ——冷紧比；

　　　$[\sigma]^t$——钢材在设计温度下的许用应力，MPa；

　　　σ_E——热胀应力范围，MPa；

　　　E^t——钢材在设计温度下的弹性模量，GPa；

　　　E^{20}——钢材在 20℃时的弹性模量，GPa。

式（7-210）～式（7-212）中，R^t、R^{20}、R_1^{20}、R_E 均为一组力和力矩，包括 F_x、F_y、F_z、M_x、M_y、M_z 六个分量。

3）当 $\dfrac{[\sigma]^t}{\sigma_E}\cdot\dfrac{E^{20}}{E^t}<1$ 时，管道在冷状态下对设备或

端点的推力或力矩取式（7-211）和式（7-212）计算结果的较大值；当 $\dfrac{[\sigma]^t}{\sigma_E}\cdot\dfrac{E^{20}}{E^t}\geqslant 1$ 时，管道在冷状态下对设备或端点的推力或力矩按式（7-211）计算。

（4）当管道沿坐标轴 X、Y、Z 各方向采用不同的冷紧比时，在不计及持续外载的条件下，管道对设备或端点的推力或力矩的计算应符合下列规定：

1）按冷补偿值和钢材在 20℃时的弹性模量计算的冷紧作用力或力矩，若取其相同的数值、相反的方向，即为管道运行初期在冷状态下对设备或端点的推力或力矩，然后再与式（7-212）计算出的管道应变自均衡后在冷状态下对设备或端点的推力或力矩相比较，取其绝对值大者作为管道在冷状态下对设备或端点的推力或力矩。

2）管道在工作状态下对设备或端点的推力或力矩应按式（7-213）计算

$$R^t = -\left(R_E - \frac{2}{3}R^{20}\right)\frac{E^t}{E^{20}} \qquad (7\text{-}213)$$

第五节　管　道　布　置

管道的布置应满足总体布局、工艺流程、安全生产、经济运行、环境保护以及安装、运行及维修的要求。管道布置应合理规划，做到整齐有序，尽可能美观。

厂房内管道的布置应结合设备布置及建筑结构情况进行，管道走向宜与厂房轴线一致。在水平管道交叉较多的地区，可按管道的走向划定纵横走向的标高范围，将管道分层布置，充分利用建筑结构设置管道的支吊装置。厂房外管道应结合道路、消防和环境等条件合理布置。

管道系统中应防止出现由于刚度较大或应力较低部分的弹性转移而产生局部区域的应变集中。当管道中有阀门时，应注意阀门关闭工况下两侧管道温度差别对管段刚性的影响。管道布置中应避免下述情况：

（1）小管与大管或与刚度较大的管子连接，而此小管具有较高的应力。

（2）局部缩小管道断面尺寸或局部采用性能较差的材料；管系中应力分布不均匀性大，小部分管段的应力值显著大于其余部分。

此时，小管道的布置应具有足够的柔性，可以采取合理的限位装置或冷紧等措施，以缓和弹性转移现象。

一、管道布置规定

（一）管道布置的要求

1. 总要求

（1）汽水管道宜架空或地上布置，如确有必要可埋地布置或敷设在管沟内，当需要埋地布置时应符合

埋地管道的有关规定。

（2）汽水管道的布置应使管系任何一点的应力值在允许的范围内。应充分利用管系的自补偿能力，在满足管系应力要求的条件下尽量减少补偿管段。

（3）汽水管道阀门、流量测量装置、蠕变测量截面等的布置应便于操作、维护和检测。

2. 管道净空高度及间距要求

（1）当管道横跨人行通道上空时，管子外表面或保温层表面与通道地面或楼面之间的净空距离不应小于 2000mm。当通道需要运送设备时，其净空距离必须满足设备运送的要求。

（2）当管道横跨扶梯上空时，如图 7-24 所示，管子外表面或保温层表面至管道正下方踏步的距离 H 不应小于 2200mm；至扶梯倾斜面的垂直距离 h，应根据扶梯倾斜角 θ 的不同，不小于表 7-27 所规定的数值。

表 7-27　管道外表面或管道保温层表面至扶梯倾斜面的垂直距离表

θ	45°	50°	55°	60°	65°
h（mm）	1800	1700	1600	1500	1400

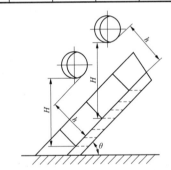

图 7-24　管道横跨扶梯时的净空要求

（3）当管道在直爬梯的前方横越时，管子外表面或保温层表面与直爬梯垂直面之间净空距离，不应小于 750mm。

（4）布置在地面、楼面或平台上的管道与地面之间的净空距离，应符合下列规定：

1）对于不保温的管道，管子外壁与地面的净空距离不应小于 350mm。

2）对于保温的管道，保温层表面与地面的净空距离不应小于 300mm。

3）管子靠地面侧没有焊接要求时，净空距离可适当减小。

（5）管道与墙、梁、柱及设备之间的净空距离应符合下列规定：

1）对于不保温的管道，管子外壁与墙之间的净空距离不应小于 200mm。

2）对于保温的管道，保温层表面与墙之间的净空距离不应小于 150mm。

3）管道与梁、柱、设备之间的局部距离可为管道与墙之间的净空距离减 50mm。

（6）对于平行布置的管道，两根管道之间的净空距离应符合下列规定：

1）对于不保温的管道，两管外壁之间的净空距离不应小于 200mm。

2）对于保温的管道，两管保温层表面之间的净空距离不应小于 150mm。

（7）当管道有冷热位移时，（4）～（6）规定的各项间距，在计入管道位移后应不小于 50mm。

（8）多层管廊的层间距离应满足管道安装要求。

3. 管道布置的其他要求

（1）介质的主流不宜在三通内变换方向。

（2）大容量机组的主蒸汽管道和再热蒸汽管道宜采用单管或具有混温措施的管道布置，当主蒸汽管道、再热蒸汽管道或背压机组的排汽管道为偶数时，宜采用对称式布置。

（3）存在两相流的管道，当介质流动方向由下向上时，宜先水平后垂直布置；当介质流动方向由上向下时，宜先垂直后水平布置。

（4）汽轮机旁路阀前后应有一定的直管段，其尺寸和布置要求应与制造厂协商确定。

（5）当蒸汽管道或其他热管道布置在油管道的阀门、法兰或其他可能漏油部位的附近时，应将其布置在油管道上方。当必须布置在油管道下方时，油管道与热管道之间应采取可靠的隔离措施。

（6）与水泵连接管道的布置应满足下列规定：

1）管道应有足够的柔性，以减少管道作用在泵接口处的应力和力矩。

2）大型储罐至水泵管道的布置，应能适应储罐基础与水泵基础沉降的差别。

3）入口管道的布置应满足泵净正吸入压头的要求。例如，除氧器安装高度和下水管管径选择及布置应进行计算，以满足给水泵或前置泵所需汽蚀余量的要求。

（7）水平管道的安装坡度应根据疏放水和防止汽轮机进水的要求确定，并应计及管道冷、热态位移对坡度的影响，蒸汽管道的坡度方向宜与汽流方向一致。各类管道的坡度应符合表 7-28 的规定（i 为管道坡度）。

表 7-28　管 道 坡 度 表

顺汽流蒸汽管道（温度小于 430℃）	$i \geqslant 0.002$
顺汽流蒸汽管道（温度不小于 430℃）	$i \geqslant 0.004$
水管道	$i \geqslant 0.002$
疏水、排污管道	$i \geqslant 0.003$
低压给水管道	$i \geqslant 0.15$
各类母管	$i = 0.001 \sim 0.002$

自流管道的坡度应按照式（7-214）计算

$$i \geqslant 1000 \frac{\lambda}{D_i} \cdot \frac{w^2}{2g} \qquad (7\text{-}214)$$

式中　λ——管道摩擦系数；

　　　D_i——管子内径，mm；

　　　w——管道平均流速，m/s。

（8）主蒸汽管道、再热蒸汽管道、抽汽管道、汽轮机汽封蒸汽管道和汽轮机本体疏水管道的疏水坡度方向及坡度应满足 GB 50764《电厂动力管道设计规范》和 DL/T 5366《发电厂汽水管道设计技术规范》的有关规定。

（9）以下区域的管道布置不应妨碍设备的维护及检修：

1）需要进行设备维护的区域。

2）设备检修起吊需要的区域，包括整个起吊高度及需要移动的空间。

3）设备内部组件抽出及设备法兰拆卸需要的区域。

4）设备吊装孔区域。

（10）在水平管道交叉较多的地区，宜按管道的走向划定纵横走向的标高范围，将管道分层布置。

（11）管道的布置，应保证支吊架的生根结构、拉杆、弹簧等与管子保温层不相碰撞。

（12）沿墙布置的管道，不应妨碍门窗的启闭。

（13）管道穿过安全隔离墙时应加套管。在套管内的管段不得有焊缝，管子与套管间的间隙应用阻燃的软质材料封堵严密。

（14）弯管两端应有直管段。连续弯管两弯管中间应有直管段，其长度应符合弯管标准。垂直管道穿过各层楼板和屋顶时，在孔洞周围应有防水措施；穿过屋顶的管道应装设防雨罩。

（15）蒸汽管道按疏水坡度方向管径由大变小时，宜采用偏心异径管，且异径管的布置应偏心向上。

（16）化学加药取样管道的布置应满足下列规定：

1）高温样品管道应保温；在寒冷地区，室外管道应有防冻措施。

2）化学加药和取样管道不得穿过控制室、电气配电间等房间。

（17）输送压缩空气、氮气、氧气、二氧化碳管道的管道组成件材料、类型及布置等应符合 DL/T 5204《发电厂油气管道设计规程》的有关规定。

（18）压缩空气管道顺气流方向时，管道坡度不应小于 0.003；逆气流方向时，管道坡度不应小于 0.005。

（二）管件及阀门布置的要求

1. 管件布置要求

（1）两个成型管件相连接时，宜装设一段直管，其长度可按下列规定选用：

1）对于公称尺寸小于 DN150 的管道，不应小于管道直径不应小于 150mm；

2）对于公称尺寸大于等于 DN150 且小于等于 DN500 的管道，不应小于管道直径且不应小于 200mm；

3）对于公称尺寸大于 DN500 的管道，不应小于 500mm；

4）当直管段内有支吊架或疏水管接头时，管道对接焊口距支、吊架边缘不应小于 50mm，管道对接焊口距疏水管孔距离应大于孔径且不应小于 60mm。

（2）在三通附近装设异径管时，对于汇流三通，异径管应布置在汇流前的管道上；对于分流三通，异径管应布置在分流后的管道上。

（3）水泵入口水平管道上的偏心异径管，当泵入口管道由下向上水平接入泵时，应采用偏心向下布置；当泵入口管道由上向下水平接入泵时，应采用偏心向上布置。

（4）主蒸汽和再热蒸汽管道上的水压试验阀或其他隔离装置应靠近过热器出口和再热器进、出口侧布置。

（5）在介质温度为 450℃以上的主蒸汽和高温再热蒸汽管道上，应在适当位置设置三向位移指示器。

（6）亚临界及以上参数机组的主蒸汽、再热蒸汽管道的合（分）流处宜采用斜三通连接。

2. 阀门布置要求

（1）一般阀门布置要求。

1）便于操作、维护和检修。

2）应按照阀门的结构、工作原理、介质流向及制造厂的要求确定阀门及阀杆的安装方式。

3）重型阀门和规格较大的焊接式阀门宜布置在水平管道上，阀杆宜垂直向上；当必须装设在垂直管道上时应取得阀门制造厂的认可。

4）法兰连接的阀门或铸铁阀门应布置在管系弯矩较小处。

5）水平布置的阀门，除有特殊要求外，阀杆不宜朝下。

6）地沟内的阀门，当不妨碍地面通行时，阀杆可露出地面，操作手轮宜高出地面 150mm 以上。否则，应考虑简便的操作措施。

7）阀门宜布置在管系热位移较小的位置。

8）抽汽管道的动力止回阀及电动隔断阀宜靠近汽轮机抽汽口布置，止回阀的布置位置应取得汽轮机制造厂的认可。

9）存在两相流动的管系，调节阀或疏水阀的位置宜接近接受介质的容器。如果条件许可，调节阀或疏水阀应直接与接受介质的容器连接。调节阀后出现的第一个转向弯头应改用三通连接，三通直通的一端应加设封头。

（2）阀门手轮布置要求。

1）布置在垂直管段上直接操作的阀门，操作手轮中心距地面、楼面、平台的高度宜为 1300mm。

2）对于平台外侧直接操作的阀门（见图 7-25），呈水平布置的操作手轮中心或呈垂直布置手轮平面离开平台的距离 Δ 不宜大于 300mm。

3）任何直接操作的阀门手轮边缘，其周围至少应保持有 150mm 的净空距离。

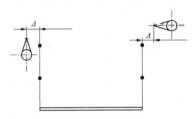

图 7-25 阀门手轮与平台距离

4）当阀门不能在地面或楼面进行操作时，应装设阀门传动装置或操作平台。传动装置的操作手轮座应布置在不妨碍通行的地方，而且万向接头的偏转角不应超过 30°，连杆长度不应超过 4m。

（3）汽轮机旁路阀布置的特殊要求。

1）旁路阀宜靠近汽轮机布置。

2）旁路阀的阀杆宜垂直向上，并应设置操作、维护平台及检修起吊措施。

3）喷水调节阀应靠近旁路阀的喷水入口。喷水调节阀及阀后管道的布置应符合制造厂的要求。

3. 管道金属监督段布置要求

高温金属管道的金属技术监督应按照 DL/T 438《火力发电厂金属技术监督规程》执行，并符合下列规定：

（1）介质温度为 450℃及以上的主蒸汽和高温再热蒸汽管道应在直管段上设置监督段，用于金相和硬度跟踪检验；监督段应选择该管系中实际壁厚最薄的同规格钢管，其长度约为 1000mm；监督段包括锅炉出口第一道焊口后的管段和汽轮机入口前第一道焊缝前的管段。

（2）对于新建机组蒸汽管道，不强制要求安装蠕变变形测点；对已安装蠕变变形测点的蒸汽管道，继续按照 DL/T 441《火力发电厂高温高压蒸汽管道蠕变监督规程》进行检验。

4. 流量测量装置布置要求

（1）流量测量装置包括测量孔板或喷嘴，前后应有一定长度的直管段，其最小直管段长度可按表 7-29 查取，但必须满足流量测量元件制造厂的要求。

表 7-29 流量测量装置前后侧的最小直管段长度

d/D_i	流量测量装置前侧局部阻力件形式和最小直管段长度 L_1						流量测量装置后最小直管段长度 L_2（左图所有的局部阻力件形式）
	一个 90° 弯头或只有一个支管流动的三通	在同一平面内有多个 90° 弯头	空间弯头（在不同平面内有多个 90° 弯头）	异径管（大变小，$2D_i \to D_i$ 长度大于 $3D_i$；小变大 $0.5D_i \to D_i$，长度大于等于 $1.5D_i$）	全开截止阀	全开闸阀	
1	2	3	4	5	6	7	8
0.20	10（6）	14（7）	34（17）	16（8）	18（9）	12（6）	4（2）
0.25	10（6）	14（7）	34（17）	16（8）	18（9）	12（6）	4（2）
0.30	10（6）	14（7）	34（17）	16（8）	18（9）	12（6）	5（2.5）
0.35	10（6）	14（7）	36（18）	16（8）	18（9）	12（6）	5（2.5）
0.40	14（7）	18（9）	36（18）	16（8）	20（10）	12（6）	6（3）
0.45	14（7）	18（9）	38（19）	18（9）	20（10）	12（6）	6（3）
0.50	14（7）	20（10）	40（20）	20（10）	22（11）	12（6）	6（3）
0.55	16（8）	22（11）	44（22）	20（10）	24（12）	14（7）	6（3）
0.60	18（9）	26（13）	48（24）	22（11）	26（13）	14（7）	7（3.5）
0.65	22（11）	32（16）	54（27）	24（12）	28（14）	16（8）	7（3.5）
0.70	28（14）	36（18）	62（31）	26（13）	32（16）	20（10）	7（3.5）
0.75	36（18）	44（21）	70（35）	28（14）	36（18）	24（12）	8（4）
0.80	46（23）	50（25）	80（40）	30（15）	44（22）	30（15）	8（4）

注　1. 本表所列数字为管子内径 D_i 的倍数；

　　2. 括号外的数字为"附加极限相对误差为零"的数值；括号内的数字为"附加极限相对误差为 ±0.5%"的数值。

　　3. d—喷嘴或孔板孔径；D_i—管子内径。

（2）当流量测量装置的孔径未知，且预计该孔径与管子内径之比值为 0.3～0.5 时，流量测量装置前后直管段长度可分别不小于管子内径的 20 倍和 6 倍。

（3）流量测量装置前后允许的最小直管段长度内不宜装设疏水管、测量元件或其他接管座。

5. 管件布置的其他要求

（1）不出图管道的组成件布置应符合下列规定：

1）阀门应集中布置在便于操作的位置。

2）疏水门应靠近疏水扩容器布置。

（2）化学加药和取样管道的组成件布置应符合下列规定：

1）应在加药点附近设置一次阀门。阀门宜靠近加药点，并应布置在便于操作的位置。

2）应在汽水取样点附近设置一次阀门，高温高压管道应设置双阀门。阀门宜靠近取样点，并应布置在便于操作的位置。

（三）管道疏水、放水和放气系统及布置要求

汽水管道疏水、放水、放气系统的设计，应从全厂整体出发，对机组安全经济运行、快速启动、事故处理、减少汽水损失、回收介质和热量，以及实现自动化等进行全面规划、统筹安排，力求系统简单可靠、布置合理，便于维修和扩建。

1. 疏水、放水和放气系统的设计

（1）管道疏水、放水和放气系统设计的范围。

1）厂内管道的疏水、放水和放气系统。

2）热力设备的疏水、放水和放气系统。

3）锅炉排污、疏水、放水、上水和反冲洗系统。

4）防止汽轮机进水的疏水系统。

5）对于锅炉、汽轮发电机组本体范围内的设备和管道，其疏水、放水、放气和排污系统应按与制造厂商定的本体汽水系统进行设计。

（2）管道疏水、放水和放气系统设计的基本要求。

1）蒸汽管道为母管制系统时，疏水系统宜采用母管制。

不同压力的蒸汽管道，经常疏水应分别设置相应的母管，压力相差不大者，可共用一根母管。启动疏水，全厂只设一根母管。各疏水母管应分别引入疏水扩容器，并考虑有旁路措施。当疏水压力较低，进入疏水扩容器有困难时，可引入疏水箱。为便于检修，可将每台机组的启动疏水管接成分疏水母管，再汇入总疏水母管。接入一根总疏水母管的机组台数，不宜超过 4 台。

2）蒸汽管道为单元制系统时，疏水系统应按单元或扩大单元设计。

3）对于启动过程中可能出现负压的蒸汽管道，其疏水必须接至汽轮机本体疏水扩容器或凝汽器。

4）给水加热器、射汽抽气冷却器、轴封蒸汽冷却器等连续疏水不应接入疏水总管。

5）管道的放水宜直接入放水母管。

（3）管道经常疏水点的设置要求。

1）经常处于热备用状态的设备（如减温减压装置）进汽管段的低位点。

2）蒸汽不经常流通的管道死端，而且是管道的低位点。

3）饱和蒸汽管道和蒸汽伴热管道的适当地点。

（4）管道启动疏水点的设置要求。

1）按暖管方向分段暖管的管段末端。

2）为控制管壁升温速度，可在主管上端装设疏汽点。

3）管道上无低位点，但管道展开长度超过 100m 处。

4）在装设经常疏水装置处，应同时装设启动疏水和放水装置。

5）所有可能积水而又需要及时疏出的低位点。

（5）疏水、放水相关装置设置的基本要求。

1）公称压力大于等于 PN40 的管道疏水和放水应串联装设两个截止阀；公称压力小于等于 PN25 的管道疏水和放水宜装设一个截止阀。对于防止汽轮机进水的疏水系统管道及亚临界及以上参数机组的主要管道上的疏水阀门，其中一个应为动力驱动阀。

2）经常疏水的疏水装置，对于公称压力不小于 PN63 的管道，宜装设节流装置或疏水阀，节流装置后的第一个阀门，应采用节流阀；对于公称压力不大于 PN40 的管道，宜采用疏水阀；当管道内蒸汽压力很低时，可采用 U 形水封装置。

3）疏水收集器应由公称直径不小于 DN150 的管子制作，长度应满足安装水位传感器的要求。疏水收集器下方引出管公称尺寸不小于 DN50，应装设一个动力驱动的疏水阀。

4）管道放水应经漏斗接至放水母管或相应排水点。疏水、放水装置根据设计参数的不同可采用相应的组合形式（见图 7-26～图 7-29），包括带动力驱动疏水阀的疏水形式（见图 7-30、图 7-31）。

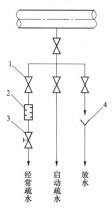

图 7-26 PN≥63 管道的疏水、放水装置

1—截止阀；2—节流装置；3—节流阀；4—漏斗

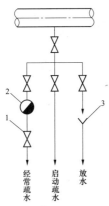

图 7-27　PN40 管道的疏水、放水装置

1—截止阀；2—疏水器；3—漏斗

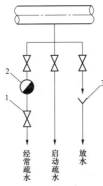

图 7-28　PN≤25 管道的疏水放水装置

1—截止阀；2—疏水器；3—漏斗

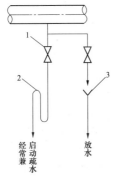

图 7-29　压力很低的 U 形管疏水、放水装

1—截止阀；2—水封；3—漏斗

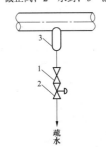

图 7-30　带疏水收集器的疏水

1—截止阀；2—动力驱动疏水阀；3—疏水收集短管

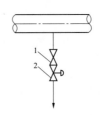

图 7-31　不带疏水收集器的疏水

1—截止阀；2—动力驱动疏水阀

5）管道放水装置，应设在管道可能积水的低位点处。蒸汽管道的放水装置应与疏水装置联合装设。

设计中应结合具体情况，减少疏水装置的数量，合理简化疏水系统（见图 7-32～图 7-35）。

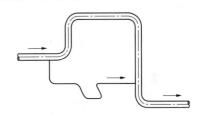

图 7-32　高位至低位的疏水转注

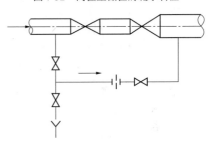

图 7-33　高压至低压的疏水转注

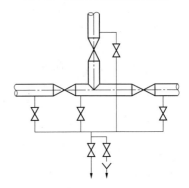

图 7-34　疏水集中处的疏水合并

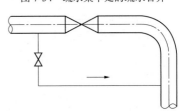

图 7-35　阀门前后疏水转注

6）接至疏水扩容器总管上各疏水管道的布置，应按压力顺序排列，压力低的靠近扩容器侧，并应与总管轴线呈 45°角，且出口朝向扩容器；当疏水扩容器上有多个疏水总管时，接入不同疏水总管的疏水按压力由高到低的顺序由下到上依次接入疏水总管。

（6）管道放气装置的设置基本要求。

1）水管道可能积存空气的最高位点应装设放气装置。对于凸起布置的管段，可根据积存空气的可能，适当装设放气装置。

2）需进行水压试验的蒸汽管道，其最高位点应装设放气装置。对于凸起布置的管段，可根据需要适当装设供水压试验用的放气装置。

3）公称压力不小于 PN40 管道的放气装置应串联装设两个截止阀（见图 7-36）；公称压力不大于 PN25 管道的放气装置可只装设一个截止阀（见图 7-37）。

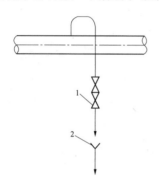

图 7-36　PN≥40 管道的放气装置
1—截止阀；2—漏斗

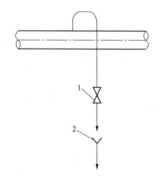

图 7-37　PN≤25 管道的放气装置
1—截止阀；2—漏斗

（7）热力设备的疏水、放水和放气系统设计要求。

1）在正常运行过程中，将疏水和空气连续排出。

2）在故障满水时，能自动紧急疏水或溢流。

3）当正常疏水、放气管道故障时，应有备用的疏放措施。

4）在启动时排出空气，在停止运行时将积水和蒸汽排出。

5）热力设备的放水应经漏斗排至放水母管。

水箱应有放水和溢流装置。按箱内压力高低，溢流装置可采用控制阀或水封管。汽水系统中，同类设备的放水和溢流装置宜共用一根母管。大气式除氧器给水箱的溢流、放水管宜接至疏水箱，高压除氧器给水箱的溢流、放水管宜接至疏水扩容器或凝汽器。

锅炉暖风器、热网加热器和蒸发装置等的疏水系统应结合机组形式及全厂热力系统加以综合考虑。对于汽包锅炉，暖风器的疏水应经压力水箱由暖风器疏水泵打入除氧器，也可以经压力水箱引入汽轮机低压加热器等其他热力设备；对于直流锅炉，暖风器的疏水在水质能满足给水品质要求时宜接至除氧器，在水质不能满足给水品质要求时应切换至凝汽器，同时应有故障排放措施。对于热网加热器也同样处理，其疏水至凝汽器管路应设置疏水热量回收装置。

2. 防止汽轮机进水的疏水特殊要求

（1）主蒸汽、再热蒸汽管道的疏水系统和布置的要求。

1）从锅炉过热器出口至汽轮机主汽阀之间的主蒸汽管道，每个低位点都必须设置自动疏水，如果主蒸汽管道分为多路分支管接入汽轮机，每路分支管和总管上都必须设置自动疏水点。在靠近汽轮机主汽阀前的每段支管上，必须装设自动疏水点。疏水管道内径应不小于 19mm。主蒸汽管道的疏水坡度方向必须顺汽流方向且坡度不得小于 0.005。每个自动疏水点的疏水应单独接至疏水扩容器或凝汽器，不得采用疏水转注或合并。

2）每根低温再热蒸汽管道的低位点必须设置带水位测点的疏水收集器。低温再热蒸汽管道疏水管内径应不小于 38mm。如果低温再热蒸汽管道至给水加热器的进汽管道有低位点时，该低位点也必须设置带水位测点的疏水收集器。每个自动疏水点的疏水应单独接至疏水扩容器或凝汽器，不得采用疏水转注或合并。再热蒸汽管道的疏水坡度方向应顺汽流方向且坡度不得小于 0.005。

3）从再热器出口至汽轮机中压主汽阀之间的高温再热蒸汽管道，每个低位点都必须设自动疏水。应在靠近中压主汽阀的每根支管上装设疏水收集器，且疏水收集器可以不设置水位测点。再热蒸汽管道的疏水坡度方向应顺汽流方向且坡度不得小于 0.005。每个自动疏水点的疏水应单独接至疏水扩容器或凝汽器，不应采用疏水转注或合并。

（2）抽汽管道的疏水系统和布置的要求。

1）汽轮机抽汽管道最靠近汽轮机的动力止回阀或电动关断阀前应设自动疏水点，管道上所有低位点应设自动疏水，疏水应单独接至疏水扩容器或凝汽器，不得采用疏水转注或合并。疏水坡度方向应顺汽流方向且坡度不得小于 0.005。

2）至给水泵汽轮机供汽管道的低位点应设自动疏水，在靠近汽轮机侧的低位点应设置疏水收集器。疏水坡度方向应顺汽流方向且坡度不得小于 0.005。每个自动疏水点的疏水应单独接至疏水扩容器或凝汽器，不应采用疏水转注或合并。

（3）汽封管道的疏水系统和布置的要求。

1）汽封系统的喷水减温器下游应设置连续自动疏水点，疏水量应按喷水阀全开时水量考虑。应将疏水引至汽封蒸汽冷却器或凝汽器。

2）汽轮机与汽封联箱之间的汽封系统管道如果出现低位点，则应设置连续疏水点，将疏水引至汽封蒸汽冷却器或凝汽器。

3）汽轮机与汽封蒸汽冷却器之间管道如果出现低位点，则应设置连续疏水点将疏水排入同一管道的标高较低处或通过 U 形水封管流入疏水箱或排大气。

（4）给水泵汽轮机供汽管的疏水系统和布置的要求。至给水泵汽轮机供汽管道的低位点应设自动疏水，在靠近汽轮机侧的低位点应设置疏水收集器。疏水坡度方向应顺气流方向。每个自动疏水点的疏水应单独接至疏水扩容器或凝汽器，不应采用疏水转注或合并。

（5）汽轮机旁路管道疏水系统和布置的要求。汽轮机高压旁路和低压旁路出口管道的低位点应设置疏水。低压旁路出口管道低位点应装设公称尺寸不小于 DN150 的不带水位测点的疏水收集器，以供重力疏水，疏水收集器出口管道公称尺寸应不小于 DN150，不装设任何阀门，直接连接到凝汽器。

3. 其他特殊要求

疏水、放水、放气系统的管道及附件布置除满足汽水管道布置有关规定外，还需要特别注意以下要求：

（1）各种手动阀门宜根据不同用途分组集中布置。

（2）各疏水管道应按运行压力范围进行分组，分别接入不同压力的疏水联箱或扩容器。

（3）接至疏水扩容器总管上的各疏水管道的布置应按压力顺序排列，压力低的靠近扩容器侧，并应与总管轴线呈 45°角，且出口朝向扩容器；当疏水扩容器上有多个疏水总管时，接入不同疏水总管的疏水按压力由高到低的顺序由下到上依次接入总管。

（4）放水、放气漏斗的布置位置应保证不危及设备和人身的安全，避免漏斗反水，操作时能看见工质的流动情况。

（5）汽轮机本体疏水扩容器的布置应保证疏水扩容器的正常水位高于凝汽器热井正常水位 1m 以上。

（6）露天布置的管道和阀门应有防冻措施。

（四）安全阀及排放管道的布置要求

1. 安全阀排放管道设置的方式

（1）开式排放系统。如图 7-38（a）所示，可将流体排放到不与安全阀相接的排空管，之后排放到大气。图 7-38 中 l 为安全阀入口与出口管中心间距，D_0 为阀管入口段管道内径，D_1 为阀管出口段管道内径，a 为弯头出口端部留出的直段长度，m 为阀管弯头投影长度。

（2）闭式排放系统。如图 7-38（b）所示，可通过直接与安全阀连接的排放管把流体排放到大气。

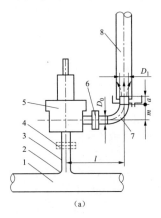

（a）

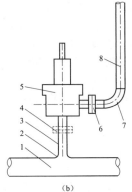

（b）

图 7-38　安全阀装置

（a）开式排放；（b）闭式排放

1—主管；2—分支接头；3—入口管；4—进口法兰；5—安全阀；
6—出口法兰；7—安全阀出口弯头；8—排汽管

2. 安全阀出口排放管道的布置要求

（1）排放管应短而直，以减少管线方向的变换次数，不宜采用小弯曲半径的弯头。

（2）当排汽管采用开式系统时，如果阀门和阀管上无支架，在弯头出口端部必须使直段 $a > D_1$，且使排放管接口与排放弯头出口段中心线一致，排放管与联箱中心线垂直。

（3）安全阀出口与第一只出口弯头之间无支架时，两者之间宜直接连接，如有直管段时应尽可能短。安全阀的接管承受弯矩时，必要时应核算安全阀接口处强度。

（4）排放管道及其支承应有足够的强度承受排放反力。安全阀（水侧安全阀除外）的排放管或排空管宜引至厂房外，排出口不应对着其他管道、设备、建筑物以及可能有人到达的场所。排出口应高于屋面或平台2500mm。

（5）宜采用单独排放管道，但如果两个或多个排放装置组合在一起，排放管的设计应具有足够的流通截面，排放管截面积应不小于由此处排放的阀门出口的总截面，且排放管道应短而直，应避免在阀门处产生过大的应力。

（6）可在蒸汽安全阀出口排放管的低点设置疏放水管道，疏放水管道上不应设置关断阀门。

（7）闭式排放的安全阀排放管的布置不应影响安全阀的排放能力，开式排放的安全阀排放管的布置必须避免在疏水盘处发生蒸汽反喷。否则，应修改排放管或排空管的布置或者规格。

3. 安全阀的布置要求

（1）主蒸汽和高温再热蒸汽管道上的安全阀，阀门应距上游弯管或弯头起弯点不小于8倍管子内径的距离；当弯管或弯头从垂直向上转向水平方向时，其距离应适当加大。除下游弯管或弯头外，安全阀入口管距上下游两侧其他附件也应不小于8倍管子内径的距离。

（2）两个或两个以上安全阀布置在同一管道上时，其间距沿管道轴向应不小于相邻安全阀入口管内径之和的1.5倍。当两个安全阀在同一管道断面的周向上引出时，其周向间距的弧长应不小于两个安全阀入口内径之和。

（3）当排汽管为开式排放，且安全阀阀管上无支架时，安全阀布置应尽可能使入口管缩短，安全阀出口的方向应平行于主管或联箱的轴线。

（4）在同一根主管或联箱上布置有多只安全阀时，在所有运行方式下，安全阀排放作用力矩对主管的影响应达到相互平衡。

（5）安全阀应垂直安装。

二、易燃或可燃介质管道的布置

1. 管道设计要求

可燃管道设计应符合下列规定：

（1）易燃或可燃气体管道、液体管道宜采用无缝钢管。当采用非金属材料时，其材料应符合GB/T 15558.1《燃气用埋地聚乙烯（PE）管道系统 第1部分：管材》和GB/T 15558.2《燃气用埋地聚乙烯（PE）管道系统 第2部分：管件》的有关规定。

（2）对于易燃或可燃的气体管道应避免在爆炸上下限之间的浓度输送，当必须输送浓度在爆炸上下限之间的介质，管道的设计压力应大于爆炸压力。

（3）易燃或可燃介质管道附件的选择及布置除符合GB 50764《电厂动力管道设计规范》的规定外，还应根据其介质特性，符合相关国家和行业标准的规定。

（4）对于与易燃或可燃介质的管道或设备连接的公用工程管道的阀门设置应符合GB 50160《石油化工企业设计防火规范》及GB 50229《火力发电厂与变电站设计防火规范》的有关规定。

（5）润滑油供油和回油管道应坡向油箱，供油管道坡度宜为0.003~0.005，回油管道坡度宜为0.02~0.03。事故放油管道坡度宜为0.01。

（6）事故放油管道及管件的材料、类型以及布置等应符合DL/T 5204《发电厂油气管道设计规程》的有关规定。

（7）管道的补偿严禁采用填料函式补偿器。

（8）为防止静电累积，易燃或可燃介质管道应设置完善的静电接地系统。

（9）氢气管道管道组成件的材料、类型以及布置等应符合GB 50177《氢气站设计规范》的规定。

（10）严寒地区的易燃或可燃液体管道应根据介质特性设置管道伴热系统，伴热系统宜采用电伴热或热水伴热。

2. 管道布置要求

（1）管道宜架空敷设，管道宜布置在管架的上层，且不宜与输送高温介质的管道相邻，并应位于腐蚀性介质管道的上方。

（2）易燃或可燃气体管道可埋地敷设，但不宜布置在管沟内。当易燃或可燃液体管道布置在管沟内时，应采取可靠的防止易燃气体聚集措施，并应有设置检测措施。

（3）管道埋地敷设时，在穿过道路、铁路、下水管、管沟、地沟、隧道及其他用途的各种沟槽时，应敷设在套管内。

套管伸出构筑物外壁、铁路路基、道路路肩长度不应小于1m。套管两端应采用防腐、防水材料密封。穿越重要位置及地沟、管沟处的套管应安装检漏管。

3. 疏水、放水和放气点布置要求

（1）易燃或可燃介质管道的疏水、放水及放气系统应采取可靠的措施防止泄漏。疏水系统的每一个疏水管道上应设置一只止回阀。在严寒地区还应采取防冻措施。

（2）埋地管道的疏水收集器应布置在冻土层以下，其放水管道应有可靠的防冻措施。

4. 安全排放系统的布置要求

（1）管道应设置安全排放系统，排放口不得设置在室内。管道排气放散管及安全阀排放管宜单独设置，也可接至同压力等级的放散竖管排向大气，排放系统的设计参数应按照输送介质的有关规范计算后确定。

（2）易燃气体管道的排放管宜竖直布置，管口应装设阻火器，不宜在排放口设置弯管或弯头。

（3）在寒冷地区的排放管道应有防冻、防堵塞的措施。

（4）排放管道出口不应对着其他管道、设备、建筑物以及可能有人到达的场所。排出口高于屋面或平台的高度应符合相关标准规定。

（5）管道应设置清扫系统、检修置换系统。

三、有毒介质管道的布置

1. 管道设计要求

（1）管道材料应采用无缝钢管，管道组成件的壁厚按照规范要求选取，腐蚀余量取上限值。

（2）管道的连接应采用焊接或焊接带颈法兰连接。当必须采用螺纹连接时，应根据介质特性及运行条件采用可靠的密封材料及密封措施。

（3）管道的支管连接应采用成型件。

（4）在工艺管道上引出的仪表管道，应在靠近工艺管道处设置一只便于操作的隔离阀门。

（5）管道的补偿严禁采用填料函式补偿器。

2. 管道布置要求

（1）管道宜架空敷设，且宜布置在管架的上层，有腐蚀性的有毒介质管道应布置在管架的下层。管道不应埋地敷设。

（2）管道的应力分析计算不得采用简化计算，管系的设计应尽量减少冲击和振动荷载。

（3）管道系统的疏水、放水和放气点的设置应使所有的排放介质应进行妥善的回收并接入无害化处理系统。

（4）有毒介质在装置区内严禁设置对空排放管道。气体的安全排放管道应接入火炬排放系统，在厂外管架部分的安全排放管道宜接入火炬系统，如果排放量少且通过环评批准后可以对空排放，排放口应设置在空旷无人地带，排放口应高出管架最高处至少3m。液体的安全排放管道应有可靠的回收措施。

（5）管道应设置置换系统。

四、腐蚀介质管道的布置

腐蚀介质管道布置的基本要求为：

（1）管道材料必须根据其介质特性选用。当采用非金属材料时，其材料应符合现行国家标准的有关规定。

（2）腐蚀性介质管道应采用严密型阀门，阀门本体的密封应有可靠的防泄漏的措施。

（3）管道宜布置在所有管道的下层。

（4）管道系统疏水、放水和放气点及安全排放管道的设置参见本节汽水管道部分的有关内容。所有的排放介质应进行妥善的回收并接入无害化处理系统。

（5）管道不宜布置在经常有人通行处的上方，必须架空敷设时，法兰、接头处应采取防护措施。

五、厂区管道的布置

（一）厂区管道布置一般要求

（1）管道敷设方式应根据厂区规划布局以及介质的特性进行选择。厂区管道可采用架空、地沟或埋地敷设。

（2）汽水管道宜采用架空敷设，也可采用地沟或埋地敷设。

（3）有伴热的管道不应直接埋地。

（4）共沟敷设管道应符合 GB 50187《工业企业总平面设计规范》的有关规定。

（5）地沟敷设的管道设有补偿器、阀门及其他需维修的管道附件时，应布置在符合安全要求的井室中，且井室内应有宽度大于等于 0.5m 的维修空间。

（6）在道路、铁路上方的管道不应安装阀门、法兰、螺纹接头及带有填料的补偿器等可能泄漏的管道附件。

（7）管道与管道及电缆间的最小水平间距应符合 GB 50187《工业企业总平面设计规范》的有关规定。

（二）厂区架空管道布置的要求

1. 管道布置的要求

（1）架空管道穿过道路、铁路及人行道等的净空高度应符合表 7-30 的规定。

表 7-30　架空管道穿过道路、铁路及人行道等的净空高度要求

电力机车的铁路，轨顶以上	≥6.6m
铁路轨顶以上	≥5.5m
道路	推荐值不小于 5.0m；最小值 4.5m
管廊横梁的底面	≥4.0m
管廊下面的管道，在通道上方	≥3.2m
人行过道，在道路旁	≥2.2m

管道与高压电力线路间交叉净距应符合 DL/T 5220《10kV 及以下架空配电线路设计技术规程》等相关架空电力线路现行国家及行业标准的规定。

（2）在管架上敷设管道时，管架边缘至建筑物或其他设施的水平距离除应符合表 7-31 的规定外，还应符合 GB 50160《石油化工企业设计防火规范》、GB 50187《工业企业总平面设计规范》及 GB 50016《建筑设计防火规范》的规定。

表 7-31　管架边缘与相关设施的水平距离

至铁路轨外侧	≥3.0m
至道路边缘	≥1.0m
至人行道边缘	≥0.5m
至厂区围墙中心	≥1.0m
至有门窗的建筑物外墙	≥3.0m
至无门窗的建筑物外墙	≥1.5m

（3）多层管廊的层间距离应满足管道安装要求。油管道应布置在管廊下层。高温管道不应布置在对电缆有热影响的下方位置。

（4）沿墙布置的管道不应影响门窗的开闭。

2. 管件及阀门布置的要求

（1）在道路、铁路上方的管道不应安装阀门、法兰、螺纹接头及带有填料的补偿器等可能泄漏的管道附件。

（2）补偿器布置时应避免环境温度降低时流体冷凝及结冰的影响。

（三）厂区埋地管道布置的要求

埋地管道布置要求见本节相关内容。

六、管沟管道的布置

（1）厂房内的汽水管道除特殊情况外不宜布置在地沟内。

（2）如果汽水管道布置在地沟内应符合下列规定：

1）管道的布置应方便检修及更换管道组成件。

2）宜采用单层布置。当采用多层布置时，可将管径小、压力高、有阀门或法兰连接的管道布置在上面。

（3）地沟内管道（见图 7-39）净空要求。

1）对于不保温的管道，管子外壁至沟壁的净空距离 Δ_1 应为 100～150mm；管子外壁至沟底的净空距离 Δ_2 不应小于 200mm；相邻两管外壁之间的净空距离，垂直方向 Δ_3 不应小于 150mm，水平方向 Δ_4 不应小于 100mm。

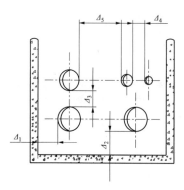

图 7-39　沟内管道布置

2）对于保温的管道，在计入冷、热位移条件下，除保证上述净空距离外，保温后的净空距离不应小于 50mm。

3）多层布置时，上层管道应有一个不小于 400mm 的水平间距 Δ_5。

七、埋地管道的布置

（一）管子布置的要求

1. 布置的一般要求

（1）温度小于等于 150℃、压力小于等于 2.35MPa 的水管道或无压排水管道在必要时可埋地布置，有伴热的管道不应直接埋地。

（2）直埋管道应按 DL/T 5072《火力发电厂保温油漆设计规程》和 DL/T 5394《电力工程地下金属构筑物防腐技术导则》的规定采取相应防腐措施。

2. 布置的具体要求

（1）地下管线交叉布置的要求如下：

1）热力管道应在其他管道之上。

2）供、排水应在电力电缆、可燃气体管道、氧气管道的下面。

3）供水管道应在排水管道上面。

4）供、排水管道应在有腐蚀性介质的管道及碱性、酸性介质的排水管道的上面。

（2）直埋管道不应布置在建、构筑物的基础压力影响范围内，且不应穿越设备基础。

（3）直埋管道与铁路、道路及建筑物等相关设施的相互水平或垂直净距应符合表 7-32 的规定。

表 7-32　直埋管道与其他设施的最小净距

设施、管道			最小水平净距（m）	最小垂直净距（m）
厂区给排水管道			1.5	0.15
燃气管道	压力	<400kPa	1.2	0.15
		400～800kPa	1.5	0.15
		>800kPa	2.0	0.15
压缩空气、二氧化碳管道			1.2	0.15
乙炔、氧气管道			1.5	0.25
易燃、可燃液体管道			1.5	0.30
管架基础边缘			1.5	—
排水盲沟沟边			1.5	0.5
道路、铁路边坡底脚			1	0.7（路面）
铁路			3.0（钢轨）	1.2（轨底）
栈桥支座基础			2.0	—
照明、通信电杆中心			1.0	—
建筑物基础边缘			3.0	—

续表

设施、管道		最小水平净距（m）	最小垂直净距（m）
围墙基础边缘		1.0	—
乔木、灌木中心		3.0	—
电缆	通信电缆管块	1.0	0.3
	电力电缆小于 35kV	2.0	0.5
	电力电缆小于 110kV	2.0	1.0
架空输电线杆基础	<1kV	1.0	—
	35～220kV	3.0	—
	330～500kV	5.0	—

（4）直埋管道的最小覆土深度应考虑土壤和地面活载荷对管道强度的影响，并保证管道不发生纵向失稳。其最小覆土深度应符合表 7-33 的规定。

表 7-33　　直埋管道最小覆土深度

管径（mm）	50～100	125～200	250～450	500～700
车行道下（m）	0.8	1.0	1.2	1.3
非车行道下（m）	0.7	0.7	0.9	1.0

（5）厂房外埋地管道应考虑防冻。埋深应结合冻土层深度、地下水位和管子自身刚度综合确定，管道埋深应在冰冻线以下，当无法实现时，应有可靠的防冻保护措施。

（6）管道埋地敷设时，在穿过道路、铁路及其他用途的各种沟槽时，如不能满足（4）时，应加防护套管。防护套管伸出构筑物外壁、铁路路基、道路路肩长度不应小于 1m。套管两端应采用防腐、防水材料密封。在穿越重要位置及地沟、管沟处的套管应安装检漏管。

（7）带有隔热层及外护套的管道埋地敷设时，应有足够柔性，在外套内应有内管热胀的余地。

（8）直埋管道的坡度不小于 0.002，高处宜设放气阀，低处宜设放水阀。阀门应设阀门井，疏水井室宜采用主副井布置方式，关断阀和疏水口应分别设置在两个井室内。井室应对角布置两个人孔，阀门宜设远程操作机构。井室深度超过 4m 时，宜设置为双层井室，两层人孔错开布置。

（9）埋地管道与铁路、道路及建筑物的最小水平距离应符合 GB 50187《工业企业总平面设计规范》和 CJJ/T 81《城镇供热直埋热水管道技术规程》的有关规定。

（10）穿越检修通道的埋地管道，根据上部可能发生的荷载确定埋深，顶部至路面的高度不宜小于 700mm，必要时应加防护套管。

（11）大直径薄壁管道深埋时，应满足在土壤压力下的稳定性及刚度要求。

（二）管件及阀门布置的要求

1. 阀门井布置要求

直埋的阀门或法兰处应设检修井（见图 7-40），检修井的布置尺寸应符合下列规定：

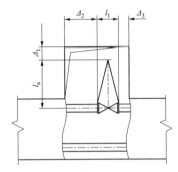

图 7-40　检修井内阀门布置尺寸

l_1—阀门长度；l_a—阀门中心线至开启后阀杆
（或手轮顶端）的长度

（1）开启后阀杆净空距离 Δ_1 不宜小于 100mm。

（2）阀门与沟壁检修净空距离 Δ_2 宜为 400～500mm。

（3）阀门与沟壁检修净空距离 Δ_3 宜为 200mm。

2. 阀门布置要求

直埋供热管道上的阀门应能承受管道的轴向荷载，宜采用钢制阀门及焊接连接。

3. 补偿器布置要求

（1）直埋管道采用补偿器时，应保证在管道可能出现的最高温度下，补偿器应留有不小于 20mm 的补偿余量。

（2）轴向补偿器和管道轴线应一致，距补偿器 12m 范围内管道不应有变坡和转角。

（3）设有补偿器的直埋管道应将其布置在符合安全要求的井室中，且井室内应有宽度大于等于 0.5m 的维修空间。

（4）直埋管道采用补偿器时应设置固定墩。

（5）直埋管道采用波纹管补偿器时，设计应考虑安装时的冷紧，冷紧系数可取 0.5。

第六节　管道支吊架设计

一、基本要求

（1）管道支吊架的设置和选型应根据管系设计对支吊架的功能要求和管系的总体布置综合分析确定。支吊系统应合理承受管道的动荷载、静荷载和偶然荷载；合理约束管道位移；保证在各种工况下，管道应力均在允许范围内；满足管道所连设备对接口推力、力矩的限制要求；增加管道系统的稳定性，防止管道振动。

（2）支吊架间距应使管道荷载合理分布，满足管道强度、刚度和防止振动以及疏放水等要求。

（3）支吊架必须支承在可靠的构筑物上，应便于施工，且不影响设备检修及其他管道的安装和扩建。

（4）支吊架零部件应有足够的强度和刚度，应采用典型的支吊架标准产品，否则需对其强度和刚度进行计算。支吊架零部件应按对其结构最不利的组合荷载进行选择和设计。

（5）对于吊点处有水平位移的吊架，吊杆配件的选择应使吊杆能自由摆动而不妨碍管道水平位移。在任何工况下管道吊架拉杆可活动部分与垂线的夹角，刚性吊架不得大于 3°，弹性吊架不得大于 4°；否则应偏装或装设滚动装置。根部相对管部在水平面内的计算偏装值为冷位移（矢量）与 1/2 热位移（矢量）之和。

（6）室外管道吊架的拉杆，在穿过保温层处应采取防雨措施。

（7）不锈钢管道不应直接与碳钢管部焊接或接触，宜在不锈钢管道与管部之间设不锈钢垫板或非金属材料隔垫。

（8）管道吊架的螺纹拉杆应有足够的调整长度，并具有在承载条件下直接调节管道垂直高度的能力。当吊架上下端均不能调整拉杆长度时，可采用花篮螺栓调整。

（9）位移或位移方向不同的吊点，不得合用同一套吊架中间连接件。

二、支吊架间距

（1）水平布置的管道应控制一定的支吊架间距，应满足强度条件和刚度条件的要求，以保证管道不产生过大的挠度、弯曲应力和剪切应力。

（2）水平直管的支吊架允许间距应按管道强度条件及刚度条件来确定，取两个条件确定的支吊架间距的较小值。

（3）水平直管道上的支吊架间距应满足下列刚度要求：

1）刚度条件应按单跨管道简支梁计算，其最大挠度值不应大于 2.5mm。

2）按刚度条件，除考虑管道自重均布荷载，另有集中外载的水平管道支吊架间距应按式（7-215）计算

$$\delta_{max} = \frac{L^3}{E_t I} \left(\frac{5}{384} qL + \frac{1}{48} P \right) \times 10^5 \qquad (7\text{-}215)$$

式中 δ_{max}——最大弯曲挠度，mm；

E_t——管子材料在设计温度下的弹性模量，MPa；

I——管子截面惯性矩，cm^4；

q——管道单位长度自重，N/m；

L——支吊架间距，m；

P——跨中集中荷载，N。

3）按照刚度条件，只考虑管道自重均布荷载的水平直管道的支吊架，允许最大间距应按式（7-216）计算

$$L_{max} = 0.2093 \sqrt[4]{\frac{E_t I}{q}} \qquad (7\text{-}216)$$

式中 L_{max}——支吊架的最大允许间距，m。

（4）水平直管道上的支吊架间距应满足下列强度要求：

1）管道强度应按 DL/T 5366《发电厂汽水管道应力计算技术规程》中有关外载应力验算的规定计算，使管道的持续外载当量应力在允许范围内；并且单跨管道按简支梁计算，管道自重引起的最大弯曲应力不应大于 16MPa。

2）按强度条件，除考虑管道自重均布荷载，另有集中外载的水平管道支吊架间距应按式（7-217）计算

$$L = \frac{\sqrt{P^2 + 8qW\sigma_{max}} - P}{q} \qquad (7\text{-}217)$$

式中 L——支吊架间距，m；

W——管子截面系数，cm^3；

σ_{max}——水平直管最大弯曲应力，MPa。

3）按照强度条件，只考虑管道自重均布荷载的水平直管道的允许支吊架间距应按式（7-218）计算

$$L_{max} = 0.3578 \sqrt{\frac{W}{q}} \qquad (7\text{-}218)$$

（5）在水平管道方向改变处，两支吊点间的管子展开长度不应超过水平直管支吊架允许间距的 0.73 倍，其中一个支吊点宜靠近弯管或弯头的起弯点。

（6）垂直管道支吊架的间距可大于水平直管支吊架的允许间距，但也应控制间距，管壁应力在最不利荷载作用下不应超过允许值。

三、支吊架荷载

（一）荷载分类

支吊架设计应考虑但不限于下列各项荷载：

（1）管道组成件和保温结构的重力。

（2）支吊架零部件重力。

（3）管道所输送介质的重力。

（4）蒸汽管道水压试验或管路清洗时的介质重力。

（5）管道上柔性管件如波纹管补偿器、滑动伸缩节、柔性金属软管等由于内部压力产生的作用力。

（6）支吊架约束管道位移包括热胀、冷缩、冷紧

和端点附加位移所承受的约束反力、力矩和弹簧支吊架转移荷载。

(7) 管道位移时在活动支吊架上引起的摩擦力，摩擦系数可按表 7-34 选取。

表 7-34　　不同摩擦形式的摩擦系数

序号	摩擦形式	摩擦系数
1	钢与钢滑动摩擦	0.3
2	钢与聚四氟乙烯板	0.2
3	聚四氟乙烯之间	0.1
4	不锈钢（镜面）薄板之间	≤0.1
5	不锈钢（镜面）与聚四氟乙烯板间	0.05～0.07
6	吊架	0.1
7	钢表面的滚动摩擦	0.1

(8) 室外管道受到的雪荷载。

(9) 室外管道受到的风荷载。

(10) 正常运行时，由于种种原因引起的管道振动力。

(11) 管内流体动量瞬时突变（如汽锤、水锤）引起的瞬态作用力。

(12) 流体排放产生的排放反力。

(13) 地震力，但不考虑地震与风荷载同时出现的工况。

（二）支吊架结构荷载的确定

(1) 支吊架应按照使用过程中的各种工况分别计算，并组合同时作用于支吊架上的所有荷载，取其中对支吊架结构最不利的组合，并应计及支吊架自身和临近活动支吊架上摩擦力的作用作为结构荷载。

(2) 支吊架结构荷载计算可考虑下述工况：

1) 运行初期冷态工况。

2) 运行初期热态工况。

3) 管道应变自均衡后的冷态、热态工况。

4) 各种暂态工况。

5) 水压试验（或管路清洗）工况。

(3) 管道各工况载荷效应组合应符合下列规定：

1) 运行初期冷态工况，应考虑荷载分类中（1）、（2）、（6）、（8）的荷载效应组合，其中（6）仅考虑管道冷紧位移的约束力和弹簧支吊架转移荷载。

2) 运行初期热态工况，应考虑荷载分类中（1）、（2）、（3）、（5）、（6）、（7）、（8）、（10）的荷载效应组合，其中（6）中的冷紧位移应乘以冷紧有效系数。

3) 管道应变自均衡冷态工况，应考虑荷载分类中（1）、（2）、（6）、（8）的荷载的效应组合，其中（6）按管道自均衡的位移约束反力组合。

4) 暂态工况应按下列规定将各种暂态情况与运行初期热态工况分别进行组合。

a）管道系统阀门瞬间启闭时，应考虑荷载分类中（11）和运行初期热态工况的荷载效应组合。

b）锅炉、压力容器或管道的安全阀或释放阀动作时，应考虑荷载分类中（12）和运行初期热态工况的荷载效应组合。

c）风载荷，应考虑荷载分类中（9）和运行初期热态工况的荷载效应组合。

d）地震时，应考虑荷载分类中（13）和运行初期热态工况的荷载效应组合。

(4) 水压试验或管路清洗时，应考虑荷载分类中（1）、（2）、（4）、（5）、（6）、（8）的荷载效应组合，其中（5）应取水压试验或管路清洗时的介质压力，（6）中仅考虑管道冷紧位移的约束力。

(5) 对于装有变力弹簧支吊架的管系，各个支吊架所承受的管系重力荷载应考虑到变力弹簧支吊架在冷状态和热状态下承载力的变化，并由此引起荷载向邻近刚性支吊架的转移。

(6) 计算自重荷载时，应乘以荷载修正系数，荷载修正系数可取 1.4。此时，修正后的荷载已包括支吊架零部件自重。

(7) 动力荷载应根据荷载的动力特性采用有关瞬态计算确定，并乘以相应的动荷载系数，安全阀排汽管道排汽反力的动载系数可取 1.1～1.2，其他动载系数可取 1.2。

(8) 当计及荷载长期效应组合时，对东北地区雪荷载可取 0.2 倍计算值，对新疆北部地区雪荷载可取 0.15 倍计算值，对其他地区雪荷载可不计及。

(9) 风荷载和地震荷载可按书附录 G 有关内容计算。

(10) 作用于露天管道上的雪荷载应按 GB 50009《建筑结构荷载规范》的有关规定采用，雪荷载的标准值按式（7-219）计算

$$S_k = \mu_r S_0 \qquad (7-219)$$

式中　S_k——雪荷载标准值，kN/m^2；

　　　μ_r——管道顶面积雪分布系数，对圆形管道取 0.4；

　　　S_0——基本雪压，kN/m^2。

基本雪压应由当地气象部门提供，但不应小于 GB 50009《建筑结构荷载规范》中全国基本雪压分布图所规定的数值。

（三）支吊架荷载的计算

支吊架荷载应使用经审定的计算程序，利用计算机计算。次要管道按以下方法近似计算。

(1) 水平管段。

直管（见图 7-41）及弯管（见图 7-42）的分配载荷按式（7-220）计算

$$F_{fp} = \frac{1}{2} q(L + L_1) + K_{fp}(Q - lq) \quad (7\text{-}220)$$

对于水平直管支吊架 A（见图 7-40），分配荷载为

$$K_{fp}^A = \frac{b}{L} \quad (7\text{-}221)$$

对于水平弯管支吊架 A（见图 7-41），分配荷载为

$$K_{fp}^A = \frac{\sqrt{c^2 + d^2}}{L} \quad (7\text{-}222)$$

对于支吊架 B，分配荷载为

$$K_{fp}^B = 1 - K_{fp}^A \quad (7\text{-}223)$$

式中　F_{fp}——分配荷载，上角 A、B 分别表示 A、B 支架，kN；

　　　q——管道单位长度重力，kN/m；

　　　L——支吊架间距，m；

　　　L_1——两侧相邻支吊架间距，m；

　　　K_{fp}——附件荷载分配系数；

　　　Q——附件重力，kN；

　　　l——附件长度，m。

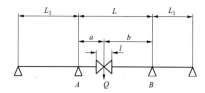

图 7-41　水平直管

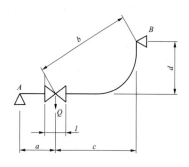

图 7-42　水平弯管

（2）带大小头的管段，可按两侧支吊架各承受间距内管段总重力的一半分配。

（3）对于水平三通管段，支管的计算可按三通处作为假想支点；主管的计算，可将支管假想支点的荷载作为集中荷载，按上述原则分配。

（4）垂直 90°弯管段的水平管道重力的分配。当水平段较长时可按 50%，较短时可按 100%分配给水平段邻近的支吊架承受。

（5）按上述方法计算得到的分配荷载应乘以 1.4 的荷载修正系数，作为结构荷载。

四、支吊架类型选择

（一）弹性支吊架的选择

1. 弹性支吊架选择的一般原则

（1）变力弹簧支吊架应选用整定式弹簧支吊架，并联弹簧应有相同的刚度。

（2）由管道垂直位移引起变力弹簧支吊架的荷载变化系数应按式（7-224）计算，且不应大于 25%

$$C = \frac{\Delta Z_t}{K P_{op}} \quad (7\text{-}224)$$

式中　C——实际载荷变化系数；

　　　ΔZ_t——支吊点垂直热位移，mm；

　　　K——弹簧系数，mm/N；

　　　P_{op}——弹簧的工作荷载，N。

（3）选用恒力支吊架时，其公称位移量应在计算位移量的基础上留有 20%余量，且余量最小为 20mm。计算位移量应计及由于水平位移引起垂直位移的变化。

（4）当有水平位移时，弹簧支架宜加装滚柱、滚珠盘或聚四氟乙烯板；当水平位移较大时，不宜设置弹簧支架。

（5）弹簧的安装荷载和工作荷载，均不应大于其最大允许荷载。

（6）弹簧串联安装时，应选用最大允许荷载相同的弹簧，此时热位移值应按弹簧的刚度分配；并联安装时，支吊架两侧应选用相同型号的弹簧，应有相同的刚度，其荷载由两侧弹簧承担。

2. 变力弹簧的相关计算

支吊架的弹簧选择计算，应根据管道工作温度下所产生的位移进行，并有热态吊零和冷态吊零两种荷载分配方式，分别按不同的公式计算。

对于热态吊零管道的弹簧，应按支吊点垂直方向的热位移和工作荷载计算；对于冷态吊零管道的弹簧，应按支吊点垂直方向的热位移和安装荷载计算。

（1）单个弹簧吸收的最大热位移计算。

1）热位移向上时按式（7-225）计算

$$\Delta Z' = \frac{C'}{C' + 1} \lambda_{max} \quad (7\text{-}225)$$

式中　$\Delta Z'$——单个弹簧吸收的最大热位移，mm；

　　　C'——初选的荷载变化系数；

　　　λ_{max}——弹簧最大允许荷载下的变形量，mm。

2）热位移向下时按式（7-226）计算

$$\Delta Z' = C' \lambda_{max} \quad (7\text{-}226)$$

（2）弹簧串联数的计算。按式（7-227）进行

$$n = \frac{\Delta Z_t}{\Delta Z'} \quad (7\text{-}227)$$

式中　n——弹簧串联数，计算结果进位取整数。

（3）热态吊零管道的支吊架弹簧型号计算。

1）弹簧型号选择计算：

a. 热位移向上时，弹簧的工作荷载和最大允许荷载应满足式（7-228）条件

$$P_{op} \frac{\lambda_{max}}{\lambda'_{max} - \Delta Z'} \leqslant P_{max} \qquad (7-228)$$

b. 热位移向下时，弹簧的工作荷载和最大允许荷载应满足式（7-229）条件

$$P_{op} \leqslant P_{max} \qquad (7-229)$$

式中 P_{max}——弹簧的最大允许荷载，N。

2）弹簧荷载变化系数的核算按式（7-230）或式（7-231）进行

$$C = \frac{\Delta Z_t}{nKP_{op}} \leqslant [C] \qquad (7-230)$$

$$C = \frac{|P_{er} - P_{op}|}{P_{op}} \leqslant [C] \qquad (7-231)$$

式中 C——实际荷载变化系数；

$[C]$——允许荷载变化系数；

P_{er}——弹簧的安装荷载，N。

（4）冷态吊零管道的支吊架弹簧型号计算。

1）弹簧型号选择计算：

a. 热位移向上时，弹簧的工作荷载和最大允许荷载应满足式（7-232）的条件

$$P_{er} \leqslant P_{max} \qquad (7-232)$$

b. 热位移向下时，弹簧的工作荷载和最大允许荷载应满足式（7-233）的条件

$$P_{er} \frac{\lambda_{max}}{\lambda'_{max} - \Delta Z'} \leqslant P_{max} \qquad (7-233)$$

2）弹簧荷载变化系数的核算按式（7-234）进行

$$C = \frac{\Delta Z_t}{nKP_{op} \pm \Delta Z_t} \leqslant [C] \qquad (7-234)$$

热位移向上时取"－"号，热位移向下时取"＋"号。

（5）弹簧的高度及荷载计算。

1）热态吊零管道的计算。

a. 工作高度应按式（7-235）计算

$$H_{op} = H_0 - KP_{op} \qquad (7-235)$$

式中 H_{op}——弹簧的工作高度，mm；

H_0——弹簧的自由高度，mm。

b. 安装高度应按式（7-236）计算

$$H_{er} = H_{op} \pm \frac{\Delta Z_t}{n} \qquad (7-236)$$

式中 H_{er}——弹簧的安装高度，mm。

热位移向上时取"－"号，热位移向下时取"＋"号。

c. 安装荷载按式（7-237）计算

$$P_{er} = P_{op} \pm \frac{\Delta Z_t}{nK} \qquad (7-237)$$

热位移向上时取"＋"号，热位移向下时取"－"号。

2）冷态吊零管道的计算。

a. 安装高度按式（7-238）计算

$$H_{er} = H_0 - KP_{er} \qquad (7-238)$$

b. 工作高度按式（7-239）计算

$$H_{op} = H_{er} \pm \frac{\Delta Z_t}{n} \qquad (7-239)$$

热位移向上时取"＋"号，热位移向下时取"－"号。

c. 工作荷载应按式（7-240）计算

$$P_{op} = P_{er} \pm \frac{\Delta Z_t}{nK} \qquad (7-240)$$

热位移向上时取"－"号，热位移向下时取"＋"号。

3. 变力弹簧荷载-位移-刚度表

表 7-35～表 7-37（见文后插页）为变力弹簧的荷载、位移和刚度表，表中粗实线框出热位移向下时工作荷载的经济范围，粗虚线框出热位移向上时工作荷载的经济范围。

表 7-35～表 7-37 是按"热态吊零"的荷载分配方法编制的，如采用"冷态吊零"时，热位移向上查"向下"，热位移向下查"向上"。

表 7-35～表 7-37 可直接用于弹簧选型。

4. 恒力弹簧的选择

恒力弹簧组件根据力矩平衡原理设计。在许可的负载位移下，负载力矩和弹簧力矩始终保持平衡。对用恒力支承的管道和设备，发生位移时可以获得恒定的支承力，因而不会给管道设备带来附加应力。

一般在热位移较大且超出变力弹簧组件选用范围的部位，应考虑设置恒吊弹簧。选型时应注意，工作荷载宜在标准荷载±4%范围内，恒吊弹簧出厂时，可整定到用户所要求的工作荷载值，此时恒吊弹簧可在现场做±10%的荷载调整。

根据恒吊弹簧所需承受荷载及实际位移，确定位移余量。一般位移余量为实际位移的 20%，但不得小于20mm。

（二）刚性支吊架的选择

（1）刚性支吊架包括刚性吊架、滑动支架和固定支架。

（2）支吊架装置选型时，应优先采用合适的刚性支吊架。

（3）在需要控制管道振动、限制管道各方向位移或管道较长时，宜在适当位置设置固定支架；固定支架的水平力应计入其他支架的摩擦力，承受管道的热胀冷缩作用力和弹性支吊架的转移荷载对水平力的影响。

（4）采用柔性补偿装置的管道应设置固定支架和导向支架。

（5）滑动支架应允许管道水平方向自由位移，滚动支架应允许水平管道沿轴线方向自由位移，只承受垂直方向的各种荷载。

（三）限位支吊架的选择

（1）限位支吊架应选用限位支架和导向支架。

（2）限位支架和导向支架在预定约束方向上的冷态间隙应计及管道径向热膨胀量，不宜超过2mm。

（四）减振装置的选择

弹簧减振装置主要作用是削减高频小振幅的摆动或振动，在管道或设备有热位移或冷缩位移的情况下，冷态时减振装置会对管道或设备产生附加应力。弹簧在初始状态已预压缩一定数值，当管道或设备振动荷载小于等于弹簧预压缩荷载时，减振装置仍呈刚性状态，管道并不会发生振动；当管道或设备振动荷载超过弹簧预压缩荷载时，弹簧将继续压缩变形直至弹簧力与振动荷载相平衡，以削减管道或设备振动。

弹簧减振装置的选择需要注意：

（1）弹簧减振装置用于限制管道振动或晃动位移。根据具体情况需控制管道不同方向的振动时，可装设几个不同方位的弹簧减振装置。

（2）弹簧减振装置的最大工作行程应在减振器防振力调节量与管道位移引起减振装置轴向位移量之和的基础上留20%余量，且余量最小为15mm。

（3）如果无法确定减振装置防振力调节量时，弹簧减振装置的最大工作行程应在管道位移引起减振轴向位移量的基础上留40%余量，且余量最小为25mm。

（五）阻尼装置的选择

液压阻尼装置是一种对速度反应灵敏的减振装置，该装置借助特殊阀门控制液压缸活塞移动以抑制管道或设备由于受周期性或冲击性荷载的影响而产生的振动，主要用于防止管道或设备因地震力、液力、汽力冲击和风载所造成的破坏，专用的液压阻尼装置也可以用于承受安全阀排放或破管引起的持续推力。液压阻尼装置对管道热胀冷缩的缓慢移动几乎没有阻尼，而且对低幅、高频振动也不起作用。

液压阻尼装置的选择需要注意以下几点：

（1）根据需要，阻尼装置可选用抗振动阻尼装置和承受瞬态力阻尼装置。

（2）对于控制管道轴向振动的阻尼装置，当沿管道轴向平行安装两台阻尼器装置时，单台阻尼装置的荷载应按该点工作荷载的75%进行选用。

（3）阻尼装置的行程应大于管道热位移引起的阻尼装置轴向位移量，且单侧应至少留有10mm的余量。

（4）阻尼器的工作荷载须小于给出的额定荷载，并取该额定荷载对应的阻尼器规格。当工作荷载大于480kN时，需要进行特殊设计。

（5）在选用时，管道或设备在阻尼器伸缩方向上给定的位移必须有20%（且不小于20mm）的余量，并选择对应的阻尼器规格。

（六）支吊架类型选择案例

1. 案例1

热态荷载 $P_{gz}=-13377N$，热位移 $\Delta Z_t=-20mm$，荷载变化系数 $C \leqslant 0.20$。

（1）在表7-34中间荷载栏中的热位移向下时工作荷载经济范围内查得11号弹簧工作符合13377N。

（2）由荷载13377N向右查荷载变化系数 $C \leqslant 0.20$，向下热位移栏，可知此时ZH2型的允许最大位移量为26mm，满足热位移20mm的要求。因此，确定选用ZH211弹簧。

（3）由符合13377N向右查变形量栏得知，工作荷载下变形量为130mm，然后可算得安装荷载下变形量为130−20=110mm。

（4）由变形量ZH2栏中110mm向左查11号弹簧的荷载（即冷态整定荷载）为11319N。

2. 案例2

热态荷载 $P_{gz}=-98784N$，热位移 $\Delta Z_t=+36mm$，荷载变化系数 $C \leqslant 0.25$。

（1）从表7-35的荷载中热位移向上时工作荷载经济范围内查得19号弹簧工作荷载为98784N。

（2）由荷载98784N向右查荷载变化系数 $C \leqslant 0.25$，向上热位移栏，可知此时ZH3型弹簧允许最大热位移量为36mm，刚好满足要求，因此选用一只ZH319弹簧。

（3）由荷载98784N向右查位移栏得知，工作荷载下位移量为39mm，然后可算得安装荷载下位移量为39+36=75mm。

（4）由位移量栏ZH3中75mm向左查19号弹簧的冷态整定荷载为123480N。

五、支吊架布置的要求

（1）设备接口附近的支吊架间距和形式，除符合管道的强度、刚度和防振要求外，还应使设备接口所承受的管道最大推力和力矩在允许范围内，且不应限制设备接口位移。

（2）在靠近阀门、三通等集中荷载处宜布置支吊架。

（3）装设波纹管补偿器或套筒补偿器的管道应根据管道补偿需要和补偿器性能，设置固定支架和导向装置，将管道热位移正确地引导到补偿器处，并应满足补偿器制造厂的要求。

（4）安全阀排汽管道的自重和排汽反力应由支吊架承受；对于开式排放系统，当阀管上不设支吊架时，应对安全阀进出口接管和法兰进行强度核算。

（5）在Ⅱ形补偿器两侧适当位置宜设置导向装置。

（6）当设备接口承受过大的管道推力或力矩时，如装设限位装置，其位置及限位方向应通过计算确定。

（7）对于室外管道吊架的拉杆，在穿过保温层处应装设防雨罩。

（8）主蒸汽及再热蒸汽管道宜设置限位支架承受汽锤力，限位支架布置困难时可设置阻尼装置，限位支架及阻尼器装置宜沿管道的轴向约束。

（9）支吊架的布置应使支管连接点和法兰接头处承受的弯矩值控制在安全的范围内。

（10）为防止管道侧向振动，垂直管道宜设置适当数量的管道侧向约束装置。

六、支吊架材料

（1）与管道直接接触的支吊架零部件，其材料应按管道设计温度选用。与管道直接焊接的零部件，其材料应与管道材料相同或相容。

（2）用于承受拉伸荷载的支吊架零部件应采用有冲击功值的材料。若采用没有冲击功值的钢材，应按现行国家标准进行冲击韧性试验，其冲击功值必须符合相关国家标准的规定。

（3）支吊架零部件不应采用沸腾钢或铸铁材料。

（4）螺纹吊杆材料应为Q235B级、C级、D级或Q345B级、C级、D级、E级或20号优质碳素钢，其中直径大于等于48mm的吊杆应采用20号优质碳素钢或Q345B及以上级别低合金钢。

（5）管道保温层以外支吊架零件的材料宜采用Q235B；环境计算温度低于0℃且大于−20℃的管道宜采用Q235C或Q345C；环境计算温度低于−20℃且大于−40℃的管道宜采用Q235D或Q345D；环境计算温度低于−40℃的管道宜采用Q345E。

（6）为防止电化学腐蚀，支吊架零部件表面应采用防护涂层。防护涂层分为金属涂层和非金属涂层，金属涂层采用电镀、预镀锌、热浸或机械方法涂敷，非金属涂层应具有适合使用的绝缘强度。

七、支吊架结构设计

支吊架零部件的强度应按结构荷载计算。

（1）支吊架零部件材料许用应力的选取应满足以下要求：

1）支吊架零部件材料的许用应力按GB/T 17116.1《管道支吊架 第1部分：技术规范》的有关内容选取，各种类型的许用应力应在许用拉伸应力的基础上乘相应的系数，见表7-38。

表7-38　　　　应力许用值系数表

应力类型		系数
拉伸	总面积	1.0
	销孔净面积	0.9
弯曲		1.0
剪切		0.8
接触		1.5
压缩		≤1.0

2）对于Q235B材料的许用应力应乘0.9的质量系数。

3）许用压缩应力应根据结构稳定性和压杆纵曲而降低。

4）螺纹拉杆的抗拉许用应力应按GB/T 17116.1《管道支吊架 第1部分：技术规范》的有关内容选取，拉杆截面积按螺纹根部直径计算。

5）支吊架零部件组装焊缝的许用剪切应力为较弱被焊件许用应力的0.8倍，支吊架零部件组装焊缝的抗拉、抗压许用应力为较弱被焊件的许用应力。

6）水压试验时，支吊架材料的许用应力可提高到不大于其在室温下屈服强度最小值的80%。

7）在运行期间短时超载时，支吊架材料的许用应力可提高20%。

（2）公称尺寸小于等于DN50的管道，拉杆直径不应小于10mm；公称尺寸大于等于DN65的管道，拉杆直径不应小于12mm。

（3）支吊架管部设计应保证管道局部应力在允许范围内。管部结构能承受功能所要求的力和力矩，保证管部与管道之间在预定约束方向不发生相对位移。管部结构能控制管壁应力，防止局部塑性变形。

（4）垂直管道采用两臂刚性支吊架时应注意由于管道位移可能引起单侧脱载，支吊架管部单侧、单边拉杆、刚性支撑部件和根部应能承受该支吊点的全部荷载，卡块选用时应考虑管道的壁厚，以免对管道造成破坏；对于两臂同时带有弹簧支吊架的结构，单边可承受该支吊架全部荷载的一半；对于液压阻尼器部件，由于阻尼器抗震工况的特殊性，在阻尼器、动载管部、根部选型时，单边应能承受该支吊点全部荷载的75%。

（5）生根结构除满足强度条件外，尚应满足下述刚度条件：

1）固定支架、限位装置和阻尼装置生根结构的最大挠度不应大于其计算长度的0.2%。

2）其他支吊架生根结构的最大挠度不应大于其计算长度的0.4%。

（6）生根结构采用焊接或梁箍固定的双支点梁形

式时，可按简支梁计算其强度和刚度。

梁式生根结构在其承受较大弯矩处开孔时应进行补强。当作用力不通过非对称型钢的弯曲中心时应考虑偏心扭转因素。

（7）支吊架结构的焊缝应按下列公式确定焊缝结构尺寸和验算焊缝的强度：

1）受拉、受压或受剪的直角角焊缝强度，应按式（7-241）计算

$$\tau = \frac{F}{0.7 h_f l} \qquad (7\text{-}241)$$

式中　τ——剪应力，MPa；

　　　F——作用在连接处的轴向力，N；

　　　h_f——焊缝高度，取截面的较小直角边，mm；

　　　l——焊缝的计算长度，mm。

2）承受弯矩和剪力共同作用的直角角焊缝强度，应按式（7-242）计算

$$\tau = \sqrt{\tau_m^2 + \tau_g^2} \leqslant [\tau]^f \qquad (7\text{-}242)$$

式中　τ_m——角焊缝由弯矩产生的剪应力，MPa；

　　　τ_g——角焊缝由剪力产生的剪应力，MPa；

　　　$[\tau]^f$——焊缝抗剪许用应力，MPa。

3）圆钢与钢板（或型钢）、圆钢与圆钢之间的角焊缝强度应按式（7-243）计算

$$\tau = \frac{F}{h_u l} \qquad (7\text{-}243)$$

式中　h_u——焊缝有效厚度，mm。

a．对于圆钢与钢板或型钢（见图7-43），应按式（7-244）计算

$$h_u = 0.7 h \qquad (7\text{-}244)$$

b．对于圆钢与圆钢（见图7-44）应按式（7-245）计算

$$h_u = 0.1(D + 2d) - \delta \qquad (7\text{-}245)$$

式中　D——大圆钢直径，mm；

　　　d——小圆钢直径，mm；

　　　δ——焊缝表面至两圆钢公切线的距离，mm。

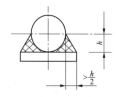

图7-43　圆钢与钢板之间的焊缝

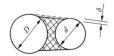

图7-44　圆钢与圆钢焊接

4）角焊缝要求如下：

a．直角角焊缝两焊脚边的夹角宜呈90°。夹角大于120°或小于60°的斜角角焊缝不宜用作受力焊缝（钢管结构除外）。

b．角焊缝的焊脚尺寸 h_f（见图7-45）不应小于 $1.5\sqrt{S}$，S 为较厚被焊件厚度。但对于自动焊，最小焊角尺寸可减小1mm；对T形连接的单面角焊缝，应增加1mm；当焊件厚度等于或小于4mm时，最小焊脚尺寸应与焊件厚度相同。

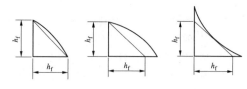

图7-45　直角角焊缝示意

c．除钢管结构外，角焊缝的焊角尺寸不宜大于较薄焊件厚度的1.2倍，但厚度为 S 的板件边缘的角焊缝最大焊角尺寸，还应该满足下列要求：当 $S \leqslant 6$mm 时，$h_f \leqslant S$；当 $S > 6$mm 时，$h_f \leqslant S - (1 \sim 2)$ mm。

d．角焊缝的两焊脚尺寸宜相等。当焊件的厚度相差较大，等焊脚尺寸不能满足上述要求时，可采用不等焊脚尺寸，与较厚焊件较薄焊件接触的焊角边应分别满足上述要求。

e．侧面角焊缝或正面角焊缝的计算长度不应小于 $8h_f$ 且不应小于40mm。

f．侧面角焊缝的计算长度，在承受静力荷载或间接承受动力荷载时不宜大于 $60h_f$，或在承受动力荷载时不宜大于 $40h_f$；当大于上述数值时，其超过部分在计算中不应计及。若内力沿侧面角焊缝全长分布，其计算长度不受此限。

g．在直接承受动力荷载的结构中，角焊缝表面应做成直线形或凹形。焊脚尺寸的比例在长边顺内力方向上正面角焊缝宜为1:1.5；侧面角焊缝可为1:1。

h．在次要构件或次要焊缝连接中，可采用断续角焊缝。对于受压构件的断续角焊缝之间的净距不应于15S，对于受拉构件的断续角焊缝之间的净距不应大于30S，S 为较薄焊件的厚度。

i．当板件的端部仅有两侧面角焊缝连接时，每条侧面角焊缝的长度不宜小于两侧面角焊缝之间的距离；当 $S > 12$mm 时两侧面角焊缝之间的距离不宜大于15S，当 $S \leqslant 12$mm 时不宜大于200mm，S 为较薄焊件的厚度。

j．杆件与节点板的连续焊缝（见图7-46）宜采用两面侧焊，也可采用三面围焊，对角钢杆件可采用 L 形围焊，所有围焊的转角处必须连续施焊。

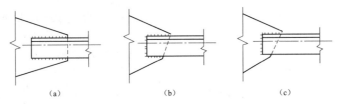

图 7-46 杆件与节点板的焊缝连接

（a）两面侧焊；（b）三面围焊；（c）L 形围焊

k. 当角焊缝的端部在构件转角处作长度为 $2h_f$ 的绕角焊时，转角处应连续施焊。

l. 在搭接连接中，搭接长度不应小于较薄焊件厚度的 5 倍，并不应小于 25mm。

m. 圆钢与圆钢、圆钢与钢板或型钢的焊缝有效厚度 S 不应小于 0.2 倍圆钢直径或 0.2 倍直径不同的两圆钢的平均直径，且不小于 3mm，且不应大于 1.2 倍平板厚度，焊缝计算长度不应小于 20mm。

n. 管道与卡块的角焊缝应采用相应的形式，见图 7-45（c）。

第七节 管道超压保护设计

一、基本要求

（1）在运行中可能超压的管道系统均应设置超压保护装置，自动控制仪表和事故联锁装置不应代替超压保护装置。超压保护装置宜采用安全阀，也可采用爆破片装置。

（2）处于下列情况之一的管道，需要装设安全阀：

1）设计压力小于外部压力源的压力，出口可能被关断或堵塞的设备和管道系统。

2）减压装置出口设计压力小于进口压力，排放出口可能被关断或堵塞的设备和管道系统。

3）因两端关断阀关闭，受外界环境影响而产生热膨胀或汽化的管道系统。

4）汽轮机调整抽汽管道。

5）背压式汽轮机的排汽管道。

6）热网循环泵前的热网回水管道。

（3）安全阀的相关压力的确定。

1）安全阀的整定压力除工艺有特殊要求外，应为正常最大工作压力的 1.1 倍，最低为 1.05 倍。

2）当管道系统装设一个或多个安全阀时，安全阀的最低整定压力应不大于管道设计压力，其余安全阀的最高整定压力不宜超过管道设计压力的 1.03 倍，且安全阀的最大排放压力应不大于管道设计压力的 1.06 倍。

3）安全阀的启闭压差一般宜为整定压力的 4%～7%，最大不得超过整定压力的 10%。

4）安全阀入口管道的压力损失宜小于整定压力的 3%，安全阀出口管道压力损失宜不超过整定压力的 10%。

5）安全阀的入口管道和出口管道上不应设置关断阀。

二、超压保护装置的选用

（1）安全阀的选用应符合如下规定：

1）安全阀应按泄放介质选用，并计及背压的影响。在水管道上，应采用微启式安全阀；在蒸汽管道上，可根据介质种类、排放量的大小采用全启式或微启式安全阀，压力式除氧器上的安全阀应采用全启式安全阀。

2）安全阀的选用应符合 GB/T 12241《安全阀一般要求》、GB/T 12242《压力释放装置 性能试验规范》和 GB/T 12243《弹簧直接载荷安全阀》的规定。

3）安全阀不应采用静重式或重力杠杆式的安全阀。

（2）爆破片装置的选用应符合 GB/T 150《压力容器》（所有部分）和 GB/T 567《爆破片安全装置》（所有部分）的有关规定。

三、安全阀及排放相关计算

（一）安全阀选择计算

1. 高压安全阀选择计算

装设在锅炉汽包、过热器、再热器等处的安全阀，在缺乏制造厂资料时，或者对于设计压力大于 1MPa 的蒸汽管道或容器上的安全阀，可按式（7-246）、式（7-247）计算其流通能力或在给定通流量下确定安全阀个数。

（1）排放汽源为过热蒸汽时，安全阀的通流量可按式（7-246）计算

$$q_m = 0.0024 \mu_1 nA \sqrt{\frac{p_0}{v_0}} \qquad (7-246)$$

式中 q_m——安全阀的通流量，t/h；

μ_1——安全阀流量系数，应由试验确定或按制造厂资料取值，可取 0.9；

A——每个安全阀流通界面的最小断面积，应根

据制造厂资料，按式（7-247）或式（7-248）确定；

p_0——蒸汽在安全阀前的滞止绝对压力，MPa；

v_0——蒸汽在安全阀前的滞止比体积，m^3/kg。

对于全启式安全阀，A 值可按式（7-247）计算

$$A = \frac{\pi}{4}d^2 \qquad (7\text{-}247)$$

式中　d——安全阀最小通流界面直径，mm。

对于微启式安全阀，A 值可按式（7-248）计算

$$A = \pi dh \qquad (7\text{-}248)$$

式中　h——安全阀阀杆升程，mm。

（2）排放汽源为饱和蒸汽，安全阀的通流量可按式（7-249）计算

$$q_m = 0.002288\mu_1 nA\sqrt{\frac{p_0}{v_0}} \qquad (7\text{-}249)$$

2. 低压安全阀选择计算

排放压力为 1MPa 及以下的蒸汽管道或压力容器，可按式（7-250）计算安全阀的通流能力或在给定通流量下确定安全阀个数

$$q_m = 0.00508\mu_2 BnA\sqrt{\frac{p_0 - p_2}{v_0}} \qquad (7\text{-}250)$$

式中　μ_2——安全阀流量系数，应由试验确定或按制造厂资料取值，可取 0.6；

B——蒸汽可压缩性的修正系数，与绝热指数 k，压力比 p_2/p_0、阻力等因数有关，对于水取 1，对于蒸汽可按表 7-39 查取；

n——并联装设的安全阀数量，个；

p_2——蒸汽在安全阀后的绝对压力，确定时应计入阀后管道及附件的阻力，MPa。

表 7-39　　　　　　　　　　蒸汽压缩性的修正系数 B 值

$\dfrac{p_2}{p_1}$	绝热指数 k 在下列数值时的 B 值						
	1.00	1.135	1.24	1.30	1.40	1.66	2.00
0	0.429	0.449	0.464	0.472	0.484	0.513	0.544
0.04	0.438	0.459	0.474	0.482	0.494	0.524	0.556
0.08	0.447	0.469	0.484	0.492	0.505	0.535	0.568
0.12	0.457	0.479	0.495	0.503	0.516	0.547	0.580
0.16	0.468	0.490	0.506	0.515	0.528	0.559	0.594
0.20	0.479	0.502	0.519	0.527	0.541	0.573	0.609
0.24	0.492	0.515	0.546	0.541	0.555	0.588	0.624
0.28	0.505	0.529	0.552	0.556	0.570	0.604	0.641
0.32	0.520	0.545	0.563	0.572	0.587	0.622	0.660
0.36	0.536	0.562	0.580	0.590	0.605	0.641	0.680
0.40	0.553	0.580	0.598	0.609	0.625	0.662	0.702
0.44	0.573	0.600	0.620	0.630	0.647	0.685	0.727
0.48	0.594	0.622	0.643	0.654	0.671	0.711	0.753
0.50	0.606	0.635	0.656	0.567	0.685	0.725	0.765
0.52	0.619	0.648	0.669	0.681	0.699	0.739	0.777
0.54	0.632	0.662	0.684	0.698	0.714	0.752	0.789
0.56	0.646	0.677	0.699	0.711	0.729	0.765	0.800
0.58	0.662	0.693	0.715	0.726	0.743	0.778	0.811
0.60	0.678	0.710	0.730	0.741	0.757	0.790	0.822
0.62	0.695	0.726	0.745	0.756	0.771	0.802	0.833
0.64	0.712	0.742	0.760	0.770	0.785	0.814	0.743
0.66	0.729	0.758	0.775	0.784	0.798	0.826	0.853
0.68	0.748	0.773	0.790	0.798	0.811	0.838	0.863
0.72	0.780	0.803	0.818	0.826	0.837	0.860	0.883
0.76	0.812	0.833	0.846	0.852	0.862	0.882	0.901

$\dfrac{p_2}{p_1}$	绝热指数 k 在下列数值时的 B 值						
	1.00	1.135	1.24	1.30	1.40	1.66	2.00
0.80	0.845	0.862	0.873	0.878	0.886	0.903	0.919
0.84	0.877	0.891	0.899	0.904	0.910	0.924	0.936
0.88	0.908	0.919	0.925	0.929	0.933	0.944	0.953
0.92	0.939	0.946	0.951	0.953	0.956	0.963	0.969
0.96	0.970	0.973	0.976	0.977	0.978	0.982	0.985
1.00	1.000	1.000	1.000	1.000	1.000	1.000	1.000

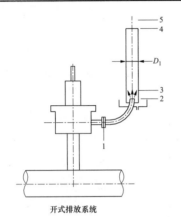 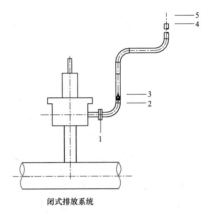

开式排放系统   闭式排放系统

图 7-47 安全阀装置

（二）安全阀的排放计算

判断蒸汽膨胀过程是否会进入饱和区，可以利用经验公式进行计算

$$h_s = 28.8945 \times \log_{10}\left(\frac{W}{A_2}\right) + 489.4378 \quad (7\text{-}251)$$

如果初参数 $h_0 \leqslant h_s$，则过程将与饱和线交叉或在饱和区以内，此时 k 取 1.13，并且临界参数按经验公式（7-252）和式（7-253）计算；否则蒸汽为过热蒸汽，k 取 1.3。

$$p_i^* = \frac{1}{108.278 - 0.0322 \times h_0} \times \left(\frac{q_{m0}}{A_i}\right) \quad (7\text{-}252)$$

$$v_1^* = 7630.13 \times \left[-m + \sqrt{m^2 + 3.99473 \times 10^{-5} \times (3.6h_0 - 2n)^6}\right] \quad (7\text{-}253)$$

其中
$$m = 2.117 - 0.2254 \times \log_{10} p_i^* \quad (7\text{-}254)$$
$$n = 252.621 \times \log_{10} p_i^* - 1606.829 \quad (7\text{-}255)$$
$$p^* = p_{cr}$$

对于开式排放形式，安全阀出口排放背压 p_b 可取管道的出口排放背压 p_5；对于闭式排放形式，安全阀出口排放背压 p_b 可取管道入口压力 p_3。

安全阀出口处介质压力 p_2 可按式（7-256）、式（7-257）计算：

当 $k=1.3$ 时

$$p_2 = \frac{q_{m0}}{3600 \times A_2}\sqrt{\frac{2 \times p_0 v_0}{g \times k(1+k)}} \quad (7\text{-}256)$$

当 $k=1.13$ 时

$$p_2 = \frac{q_{m0}}{A_2 \times (108.278 - 0.0322 h_0)} \quad (7\text{-}257)$$

当安全阀排放压力 p_2 不小于排放背压时，安全阀出口为临界状态，p_2 可取上述计算值；若小于排放背压时，安全阀出口为亚临界状态，安全阀排放压力可取背压 p_b。

当安全阀出口处介质为临界状态时，比体积 v_2 可按式（7-258）、式（7-259）计算：

当 $k=1.3$ 时

$$v_2 = \frac{3600 \times \sqrt{\dfrac{2gkp_0v_0}{1+k}} \times A_2}{G_0} \quad (7\text{-}258)$$

当 $k=1.13$ 时

$$v_2 = 7630.13 \times \left[-m + \sqrt{m^2 + 3.99473 \times 10^{-5} \times (3.6h_0 - 2n)^6}\right] \quad (7\text{-}259)$$

如安全阀出口处介质为亚临界状态时，比体积 v_2

可按式（7-260）计算

$$v_2 = \frac{-b + \sqrt{b^2 - 4ac}}{2a} \qquad (7-260)$$

其中

$$a = \frac{(k-1)}{2gk} \qquad (7-261)$$

$$b = \frac{3600 \times p_b \times A_2}{q_{m0}} \qquad (7-262)$$

$$c = -p_0 v_0 \qquad (7-263)$$

排汽管道的始端与末端介质参数可按以下方法计算：

1）$p_b = p_5$，对于排放环境为大气环境，p_5 可取当地环境大气压力。

2）排汽管道出口处介质压力 p_4 可按式（7-264）、式（7-265）计算：

当 $k=1.3$ 时，为过热蒸汽

$$p_4 = \frac{q_{m0}}{3600 \times A_4} \sqrt{\frac{2 \times p_0 v_0}{g \times k(1+k)}} \qquad (7-264)$$

当 $k=1.13$ 时，为饱和蒸汽

$$p_4 = \frac{q_{m0}}{A_4 \times (108.278 - 0.0322 h_0)} \qquad (7-265)$$

3）当排汽管道排放压力 p_4 不小于排放背压时，排汽管道出口介质为临界状态，p_4 可取上述计算值；若小于排放背压时，排汽管道出口为亚临界状态，安全阀排放压可取背压 p_b。

当安全阀出口处介质为临界状态时，比体积 v_4 可按式（7-266）、式（7-267）计算：

当 $k=1.3$ 时，为过热蒸汽

$$v_4 = \frac{3600 \times \sqrt{\frac{2gkp_0v_0}{1+k}} \times A_4}{q_{m0}} \qquad (7-266)$$

当 $k=1.13$ 时，为饱和蒸汽

$$v_4 = 7630.13$$
$$\times \left[-m + \sqrt{m^2 + 3.99473 \times 10^{-5} \times (3.6 \times h_0 - 2 \times 2n)^6} \right] \qquad (7-267)$$

如安全阀出口处介质为亚临界状态时，比体积 v_4 可按式（7-268）计算

$$v_4 = \frac{-b + \sqrt{b^2 - 4ac}}{2a} \qquad (7-268)$$

$$b = \frac{3600 \times p_b \times A_4}{q_{m0}} \qquad (7-269)$$

排汽管道出口的相关参数可按以下方法计算：

1）当排汽管出口为临界态时，马赫数 $Ma_4 = 1$。

当管道为非临界态时

$$Ma_4 = \sqrt{\frac{\sqrt{1 + (k^2 - 1)\left(\frac{p_4}{p_5}\right)^2} - 1}{k-1}} \qquad (7-270)$$

2）对于临界态，出口阻力 $K_4 = 0$。

对于非临界态

$$K_4 = \frac{1 - Ma_4^2}{k Ma_4^2} + \frac{k+1}{2k} \ln \frac{(k+1)Ma_4^2}{2\left(1 + \frac{k-1}{2} Ma_4^2\right)} \qquad (7-271)$$

3）对于临界态流速

$$w_4 = \sqrt{2g \frac{k}{k+1} p_0 v_0} \qquad (7-272)$$

对于非临界态流速

$$w_4 = \sqrt{2g \frac{k}{k+1} p_0 v_0 \times \frac{p_5}{p_4^*} \times Ma_4^2} \qquad (7-273)$$

排汽管道的始端介质压力 p_3 可按以下方法计算：

1）排汽管道的阻力系数计算可按相关章节的规定计算，但需考虑排汽口和排汽管道的所有阻力和。

2）出口临界态时可按式（7-274）计算

$$\frac{1 - Ma_3^2}{k \cdot Ma_3^2} + \frac{k+1}{2k} \ln \frac{(k+1)Ma_3^2}{2\left(1 + \frac{k-1}{2} Ma_3^2\right)} = K_3 \qquad (7-274)$$

出口亚临界态时可按式（7-275）计算

$$\frac{1 - Ma_3^2}{k \cdot Ma_3^2} + \frac{k+1}{2k} \ln \frac{(k+1)Ma_3^2}{2\left(1 + \frac{k-1}{2} Ma_3^2\right)} = K_3 + K_4 \qquad (7-275)$$

3）压力 p_3 可按式（7-276）计算

$$p_3 = p_4 \times \frac{1}{Ma_3} \sqrt{\frac{k+1}{2\left(1 + \frac{k-1}{2} Ma_3^2\right)}} \qquad (7-276)$$

4）流速 w_3 可按式（7-277）计算

$$w_3 = w_4 \times Ma_3 \sqrt{\frac{k+1}{2\left(1 + \frac{k-1}{2} Ma_3^2\right)}} \qquad (7-277)$$

5）比体积 v_3 可按式（7-278）计算

$$v_3 = \frac{3600 w_3 A_3}{q_{m0}} \qquad (7-278)$$

安全阀排汽管道计算的校验：

1）熵增校验需满足式（7-279）的条件

$$p_3 v_3^k \geqslant p_2 v_2^k \qquad (7-279)$$

2）动量校核需满足式（7-280）的条件

$$\left(p_2 - p_b + \frac{w_2^2}{g v_2}\right) \times A_2 \geqslant \left(p_3 - p_b + \frac{w_3^2}{g v_3}\right) \times A_3 \qquad (7-280)$$

3）背压校核需满足式（7-281）的条件

$$p_b' = p_2 \left(1.12 e^{\frac{0.5 A_2}{A_3}} - 1.133\right) \qquad (7-281)$$

式中　p ——静压力，kg/m^2（绝对压力）；

p_0 ——初始态表压力，kg/m^2（绝对压力）；

下标 j——图 7-47 中各断面的数字，p_j 表示各断面的静压力；

下标 cr——临界态；

p_b——背压；

t——温度，℃（绝对温度以 K 表示）；

v——比体积，m^3/kg；

s——熵，$kcal/(kg \cdot K)$；

q_m——流量，kg/h；

w——流速，m/s；

Ma——马赫数；

λ——管道摩擦系数；

ξ_t——管道总阻力系数；

h——焓，kcal/kg；

g——重力加速度，为 $9.807 m/s^2$；

K——阻力参数；

q_{m0}——安全阀计算流量，取 1.15 倍安全阀额定流量，kg/h。

（三）安全阀的排气反力计算

（1）对于开式排放的排汽管道（见图 7-48），应避免在疏水盘处发生蒸汽反喷，排汽管不反喷应满足式（7-282）的条件

$$\frac{q_m}{3.6}(w_1 - w_2) > (p_2 - p_{at})A_2 - (p_1 - p_{at})A_1 \quad (7\text{-}282)$$

式中 q_m——质量流量，t/h；

p_{at}——大气压力，Pa；

A——管道截面积，m^2；

A_1——截面 1 处管道截面积，m^2；

A_2——截面 2 处管道截面积，m^2。

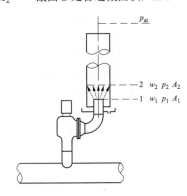

图 7-48 开式排汽管道

（2）闭式排放的排气反力的计算。

1）与管子端面垂直的排气口或管段进出口断面处的排汽反力（见图 7-49），可按式（7-283）计算

$$F_i = \frac{1}{3.6}q_{mi}w_i + (p_i - p_a)A_i \quad (7\text{-}283)$$

式中 F_i——断面 i 处的反力，N；

q_{mi}——断面 i 处的介质流量，t/h；

w_i——断面 i 处的介质流速，m/s；

p_i——断面 i 处的介质压力，Pa；

p_a——当地大气压，Pa；

A_i——断面 i 处的通流面积，m^2。

图 7-49 垂直排汽口示意

2）排汽口为斜切口（见图 7-50），斜切部分入口为亚临界流动时，其排汽反力可按式（7-143）计算，若为临界流动时，可按式（7-284）、式（7-285）计算

$$F_{iz} = -\frac{1}{3.6}q_{mi}w_i\cos\varphi \quad (7\text{-}284)$$

$$F_{ix} = \frac{1}{3.6}q_{mi}w_i\sin\varphi \quad (7\text{-}285)$$

其中 $q_{mi}w_i = q_{mi}w_{i-1} + 3.6(p_{i-1} - p_a)A_{i-1} \quad (7\text{-}286)$

式中 F_{iz}——z 向分力，N；

F_{ix}——x 向分力，N；

φ——汽流与管道轴线的偏转角，可按表 7-40 的规定确定；

w_{i-1}——$i-1$ 断面处的介质流速，m/s；

p_{i-1}——$i-1$ 断面处的介质压力，Pa；

A_{i-1}——$i-1$ 断面处的流通面积，m^2。

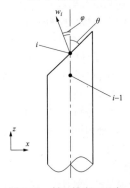

图 7-50 斜切排汽口示意

表 7-40　　汽流偏转角与斜切角关系表

斜切角 θ	30°	45°	60°
汽流偏转角 φ	30°	16°	7°

3）T 形、Y 形排气口（见图 7-51）的排汽反力的计算。

图 7-51（a）所示 Ta 形排汽口排汽反力按式（7-287）计算

$$F_{iz} = \frac{1}{3.6} q_{mi-1} w_i \sin\varphi \qquad (7-287)$$

图 7-51（b）所示 Tb 形排汽口排汽反力按式（7-288）

计算

$$F_{iz} = \frac{1}{3.6} q_{mi-1} w_i \cos\varphi \qquad (7-288)$$

Y 形排汽口排汽反力按式（7-289）计算

$$F_{iz} = -\frac{1}{3.6} q_{mi-1} w \cos(\varphi + \theta) \qquad (7-289)$$

其中　　$q_{mi-1} w_i = q_{mi-1} w_{i-1} + 3.6(p_{i-1} - 2p_a) A_{i-1} \qquad (7-290)$

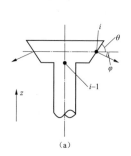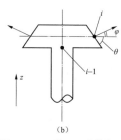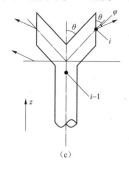

图 7-51　T 形、Y 形排汽口

(a) Ta 形；(b) Tb 形；(c) Y 形

第八节　管道的检验与试验

一、检验

管道焊接质量的检验应符合 DL/T 869《火力发电厂焊接技术规程》的有关规定。

不损坏被检查材料或成品的性能和完整性而检测其缺陷的方法称为无损（探伤）检验，常用的无损检验方法有射线、超声波、渗透（荧光、着色）、磁粉和涡流等。

（一）检验方法分类

1. 射线检验

射线检验是利用 X 射线和 γ 射线的强穿透性和在物质中传播时的衰减规律探测试件内部的宏观几何缺陷的方法。射线通过金属材料时，部分能量被吸收，射线发生衰减。金属材料的厚度不同（裂纹、气孔、未焊透等缺陷导致材料发生空穴，厚度变薄）或体积质量不同（夹渣），产生的衰减也不同。通过射线照到底片上产生的显影黑度来判断材料是否存在缺陷。

γ 射线的穿透能力比 X 射线强，适用于透视厚度大于 50mm 的焊件材料。

2. 超声波检验

超声波检验是利用缺陷材料与正常组织具有不同的声阻抗，以及超声波通过不同声阻抗异质界面时会产生反射现象来发现材料缺陷的方法，包括脉冲反射、穿透、共振等方法。

3. 渗透检验

渗透是利用毛细现象检查材料表面缺陷的无损检验方法。渗透探伤通过将含有染料的着色或荧光的渗透剂涂覆在零件表面上，在毛细作用下，由于液体的润湿与毛细管作用使渗透剂渗入表面开口缺陷中，然后在零件表面涂上一层薄层显像剂。缺陷中的渗透剂在毛细作用下重新被吸附到零件表面上，形成放大的缺陷图像显示，在黑光灯（荧光检验法）或白光灯（着色检验法）下观察缺陷显示。

渗透包括荧光法和着色法。

4. 磁粉检验

磁粉检验是利用材料缺陷处磁场与磁粉相互作用原理，检测铁磁性材料表面及近表面缺陷的一种无损检测方法。它利用钢铁制品表面和近表面缺陷（如裂纹、夹渣、发纹等）磁导率和钢铁磁导率的差异，磁化后不连续处的磁场将发生畸变，部分磁通泄漏处工件表面产生漏磁场，从而吸引磁粉形成缺陷处的磁粉堆积——磁痕，在适当的光照条件下，显现出缺陷位置和形状，实现磁粉探伤检验。

磁粉探伤的优点是对钢铁材料或工件表面裂纹等缺陷的检验非常有效；设备和操作均较简单、检验速度快。但仅适用于铁磁性材料，且仅能显出缺陷的长度和形状，难以确定其深度。

5. 涡流检验

涡流检验是利用导电材料的电磁感应现象，通过测量感应量的变化进行无损检测的方法，适用于导电材料，包括金属和导电的非金属。当把一块导体置于交变磁场中，在导体中就有感应电流，即产生涡流。由于导体自身各种因素（如电导率、磁导率、形状、尺寸和缺陷等）的变化，会导致涡流的变化，只适用于检测导电金属材料或能感生涡流的非金属材料。涡流检测只适用于检查材料表面及近表面缺陷，不能检查材料深层的内部缺陷。

（二）检测方法适用性

超声波检验和射线检验适用于材料或焊缝内部缺陷的检验；磁粉、渗透以及涡流则适用于材料或焊缝表面检测。每种无损检测方法的检出概率不尽相同。需要根据焊缝材质、结构及检验方法的特点、验收标准等综合选择。表 7-41 列出了各种检验方法的比较。

表 7-41　不同检验方法的比较

检验方法	射线检验	超声波检验	磁粉检验	渗透检验	涡流检验
原理	穿透	脉冲反射	磁力	毛细渗透	电磁感应
检测位置	内部	内部	表面、近表面	表面开口	表面及表层
适用材料	金属、非金属	金属、非金属	铁磁性材料	非孔性材料	导电材料
主要检测对象	铸件、焊缝	铸件、锻件、压延件、焊缝	锻件、压延件、焊接件	任何非孔性材料工件	任何导电材料工件、镀层、涂层
适用缺陷形式	气孔、未焊透、未熔合、裂纹、夹渣	分层、气孔、未焊透、未熔合、裂纹、夹渣	裂纹、发纹、白点、折叠、夹杂物	裂纹、白点、疏松、夹杂物	裂纹

（三）管道无损检验方法的选择

无损检测方法的选择应符合下列规定：

（1）厚度不大于 20mm 的汽、水管道采用超声波检验时，还应进行射线检验，其检验数量为超声波检验数量的 20%。

（2）厚度大于 20mm 且小于 70mm 的管道，射线检验或超声波检验可任选其中一种。

（3）厚度不小于 70mm 的管子在焊到 20mm 左右时，做 100% 的射线检验，焊接完成后做 100% 的超声波检验。

（4）经射线检验对不能确认的面积型缺陷，应采用超声波检验方法进行确认。

（5）需进行无损检验的角焊缝可采用磁粉检验或渗透检验。

（6）对同一焊接接头同时采用射线和超声波两种方法进行检验时，均应合格。

现场管道施工中对于环焊缝、斜接弯管或弯头焊缝及嵌入式支管的对接焊缝应按表 7-42 的要求进行无损检测。工程设计另有不同检测的要求时，应按工程设计文件的规定执行。

表 7-42　管道施工中的无损检测

检测比例（%）	需要检测的管道
100	外径大于 159mm 或壁厚大于 20mm，工作压力大于 9.81MPa 的锅炉本体管道
100	外径大于 159mm，工作温度大于 450℃ 的蒸汽管道
50	工作压力大于 8MPa 的汽、水、油、气管道
50	工作温度大于 300℃ 且小于等于 450℃ 的蒸汽管道
5	工作温度大于 150℃ 且小于 300℃ 的蒸汽管道
5	工作压力大于 1.6MPa 且小于 8MPa 的汽、水、油、气管道

续表

检测比例（%）	需要检测的管道
1	工作压力大于 0.1MPa 且小于等于 1.6MPa 的汽、水、油、气管道
0	其他管道

二、试验

管道的试验包括强度试验、严密性试验和气密性试验等。易燃易爆介质管道及腐蚀性介质管道还应做泄漏量试验。

强度试验用于检验管子和附件的强度，试验压力可按 DL/T 5054《火力发电厂汽水管道设计规范》确定，一般试验压力不应小于设计压力的 1.5 倍。强度试验一般采用水压试验形式。

各类管道安装完毕后，应按照设计规定对管道系统进行严密性试验，以检查管道系统及各连接部位的质量。管道严密性试验须满足 DL/T 5054《火力发电厂汽水管道设计规范》及 DL/T 5190.5《电力建设施工技术规范 第 5 部分：管道及系统》的规定。管道系统的严密性试验宜采用水压试验，其水质应洁净。试验压力应按设计图纸的规定，其试验压力不应小于设计压力的 1.5 倍，且不得小于 0.2MPa。当管道设计压力不大于 0.6MPa 时，试验介质可采用气体如空气或氮气，但不应含油。并应制定防止超压安全措施。

强度试验和严密性试验采用的水压试验，充水应保证能将系统内空气排除。试验用水温度不低于 5℃，不高于 70℃，环境温度在 5℃ 以上。对于奥氏体不锈钢管道，水中氯离子含量不得超过 0.2mg/L。大口径蒸汽管道的严密性试验采用 100% 无损检测。

水压试验时应缓慢升压，达到试验压力后应保持 10min，然后降至工作压力，对系统进行全面检查，无压降、无泄漏为合格。

管道系统的严密性试验如采用气体介质，在达到试验压力后应保持 5min，然后降至工作压力。

对于气体管道，当整体试水压条件不具备时，可采用安装前的分段液压强度试验及安装后进行 100% 无损检测合格，可替代水压试验，但应进行气密性试验，气密性试验压力不应小于设计压力的 1.05 倍。

气密性试验时，应缓慢升压，达到试验压力后应保持 10min，然后降至工作压力，以发泡剂检验无泄漏为合格。

泄漏量试验时间为 24h，泄漏率以平均每小时小于 0.5% 为合格。

第九节 临时性管道设计

一、一般要求

本书涉及临时性管道主要指蒸汽吹管系统临时管道。蒸汽吹管系统临时性管道设计，应根据机组热力系统、布置条件及蒸汽吹管的方式、方法进行整体规划，使机组蒸汽吹管安全、可靠地进行。蒸汽吹管的给水品质、蒸汽品质应符合设备的要求。

蒸汽吹管系统临时管道和附件应按防烫伤的要求进行保温设计。

蒸汽吹管系统临时管道、临时部件与设备的连接应便于拆装。

蒸汽吹管系统临时管道和附件应与永久管道整体进行应力验算。

蒸汽吹管系统临时管道安装、吹管质量、设备系统安全措施、性能验收等其他技术要求应按照 DL/T 5190.2《电力建设施工技术规范 第 2 部分：锅炉机组》、DL/T 5190.5《电力建设施工技术规范 第 5 部分：管道及系统》、DL/T 1269《火力发电建设工程机组蒸汽吹管导则》的要求执行。

二、系统设计

蒸汽吹管系统的范围包括锅炉过热器、再热器及其系统，主蒸汽管道、再热蒸汽冷段及热段管道，高压旁路系统管道，汽动给水泵汽轮机汽源管道，汽轮机轴封高压汽源管道，锅炉吹灰系统主蒸汽汽源管道，其他蒸汽管道的吹管系统设计。蒸汽吹管临时管道系统包括临时管道、吹管控制阀及其旁路阀、靶板、消声器等主要部件。

蒸汽吹管系统设计应符合下列规定：

（1）汽轮机主汽阀宜采用临时部件代替主汽阀的阀芯，使吹扫蒸汽通过主汽阀阀盖引出，并应与汽轮机高压缸隔断。

（2）汽轮机中压汽阀宜采用临时部件代替中压汽阀的阀芯，使吹扫蒸汽通过中压汽阀阀盖引出，并应与汽轮机中压缸隔断。

（3）对于高压缸排汽管或止回阀，如吹扫蒸汽通过止回阀接入，宜采用临时部件代替止回阀阀芯；如吹扫蒸汽由高压缸排汽总管的端头接入，应在高压缸排汽管上增设临时堵板与高压缸隔断。

（4）高压旁路阀如允许参与吹扫时，可不必增设临时部件，否则应采用临时部件代替旁路阀阀芯或设置临时管道替代旁路阀。

（5）低压旁路如允许参与吹扫时，可不必增设临时部件，吹扫蒸汽从低压旁路阀出口管道接至临时排汽管道，但应在低压旁路阀出口管道设置临时堵板与凝汽器隔断；如不允许参加吹扫，可采用临时部件代替阀芯，使吹扫蒸汽由低压旁路阀盖引出，并应与低压旁路出口管道隔断。

（6）在采用一阶段吹扫方式时，应在锅炉再热器入口前管道上临时装设集粒器。

（7）在被吹扫管道末端的临时排汽管道内或排汽口处应装设靶板，用于检查吹管的质量。

（8）在临时排汽管道出口应加装消声器。消声器的设计流量为吹扫蒸汽流量。

（9）吹管范围内的蒸汽流量测量装置不应安装，可用等径短管代替。

（10）蒸汽吹管临时连接管道和临时排汽管道应在最低点设置疏水点和放水点，疏水应单独引至主厂房外的安全区域排放。蒸汽吹管时汽轮机侧主蒸汽、再热蒸汽管道的疏水应接临时管道排出，不应排至凝汽器。

吹管蒸汽参数应保证被吹扫系统各处的吹管系数均大于 1，吹管系数可按式（7-291）确定

$$k_c = \frac{q_{mB}^2 v_B}{q_{mA}^2 v_A} \qquad (7\text{-}291)$$

式中 k_c——吹管系数；

q_{mB}——吹管时的蒸汽流量，t/h；

v_B——吹管时的蒸汽比体积，m^3/kg；

q_{mA}——额定负荷时的蒸汽流量，t/h；

v_A——额定负荷时的蒸汽比体积，m^3/kg。

三、临时管道参数确定

（一）蒸汽吹管临时管道参数的确定

管道参数设计应符合下列规定：

（1）蒸汽吹管控制阀及其旁路阀前的临时管道的设计压力不应小于 10MPa，设计温度不应小于 450℃。

（2）蒸汽吹管控制阀后的临时管道，设计压力不应小于 4.0MPa，设计温度不应小于 450℃。

（3）中压主汽阀后的临时管道和临时排汽管道的设计压力不应小于 2.0MPa，设计温度不应小于 450℃。采用稳压吹管时，设计温度不应小于 540℃。

（二）蒸汽吹管临时部件参数的确定

临时部件参数设计应符合下列规定：

（1）蒸汽吹管控制阀和旁路阀设计压力不应小于10MPa，设计温度不应小于450℃。

（2）高压主汽阀装设在蒸汽吹管临时控制阀前时，高压主汽阀临时部件设计压力不应小于10MPa，温度不应小于450℃；高压主汽阀装设在吹管临时控制阀后时，高压主汽阀临时部件设计压力不应小于4MPa，设计温度不应小于450℃。

（3）中压主汽阀临时部件设计压力不应小于2MPa，设计温度不应小于450℃，采用稳压吹管时，设计温度不应小于540℃。

（4）高压缸排汽管道临时部件或止回阀临时部件设计压力不应小于4MPa，设计温度应不小于450℃。

（5）高压旁路阀临时部件及其前的临时堵板设计压力不应小于10MPa，设计温度不应小于450℃。

（6）低压旁路阀的临时部件设计压力不应小于2MPa，设计温度不应小于450℃。采用稳压吹管，设计温度不应小于540℃。

（7）集粒器设计压力不应小于3MPa，设计温度不应小于450℃。

（8）消声器设计压力不应小于1.6MPa，温度不应小于450℃。采用稳压吹管时，中压主汽阀后排汽管道消音器的设计温度不应小于540℃。

四、临时管道及附件选择

（1）临时管道和材料附件应根据吹管的设计参数和吹管方式选择。采用稳压吹管时，中压主汽阀后及低压旁路阀后的临时管道和临时排汽管道应采用合金钢管。

（2）中压主汽阀后的临时管道，可采用截面积大于高温再热管道截面积2/3的管道，其余临时管道的截面积不应小于被吹洗管道的面积。

（3）蒸汽吹管控制阀宜采用电动闸阀，公称尺寸不应小于主蒸汽管道，具有中停功能，其全行程开关时间宜小于60s。旁路阀公称尺寸应不小于DN50。

（4）靶板器应具有足够的强度，密封性好。靶板

可采用黄铜或铝板制成，并进行抛光处理，无肉眼可见斑痕。靶板的宽度宜约为排汽管道内径的8%，长度纵贯管道的内径。

（5）集粒器设计应结构紧凑合理、便于制造及安装，收集杂物性能好并有足够大的收集杂物的容积，且吹管蒸汽不得直吹滤网。集粒器阻力不应于0.1MPa，滤网孔径不应大于12mm。

（6）消声器在结构上应满足强度、膨胀、疏水的要求，并有防止杂物冲击的阻击装置。厂界噪声应符合GB 12348《工业企业厂界环境噪声排放标准》的规定，阻力应小于0.1MPa。

五、临时管道布置及支吊架设计

（1）临时排汽管道宜水平安装。排汽口应在主厂房外。

（2）临时管道不宜采用T形汇集三通，不宜采用直角弯头。两管之间夹角应小于90°，以30°～60°锐角相接最佳。

（3）吹管控制阀应水平安装，必要时应设操作平台。

（4）集粒器宜水平布置，宜靠近再热器入口，且便于清理，并应设置操作平台。

（5）靶板前直管段长度不应小于4～5倍管道直径，靶板后直管段长度不应小于2～3倍管道直径。

（6）临时排汽管道安装消声器时，其排汽方向应避开建筑物、设备及人员经常通过或停留的场所。消声器的设计流量为吹扫蒸汽流量。当未装设消声器时，排汽口应向上倾斜，排向安全区域。消声器前临时排汽管道应设疏水点，以避免消声器损坏。

（7）吹管范围内的蒸汽流量测量装置不应安装，可用等径短管代替。

（8）临时连接管道和临时排汽管道水平布置疏水坡度不应小于0.002。

（9）临时连接管道和临时排汽管道的支吊架应布置合理、坚固可靠。宜设置适当的导向和限位支架，以承受高速汽流产生的冲力和限制管道振动。

（10）承受排汽反力的支吊架应采用支架形式。支架强度应按大于4倍的吹洗排汽计算反力考虑。

第八章

焊　　接

第一节　焊　接　工　艺

焊接是通过加热、加压或两者并用方式接合金属或其他热塑性材料的制造工艺及技术。焊接工艺是焊接过程中一整套工艺程序及技术规定，包括焊接方法选定、焊接前准备、焊接材料、焊接设备选用、工艺参数确定、焊接顺序、操作要求、焊后热处理等，是焊接质量的重要保证。

一、焊接方法

焊接方法主要分为熔焊、压焊和钎焊三类。

1. 熔焊

熔焊是焊接过程中，将焊件接头加热至熔化状态，不加压完成焊接的方法。常见的有气焊、电弧焊（包括手弧焊、埋弧焊、钨极氩弧焊、等离子弧焊、熔化极气体保护焊）、电渣焊、电子束焊和激光焊等。熔焊在电力行业应用最广，目前国内在小口径薄壁管上基本都采用全钨极氩弧焊焊接，对厚壁管普遍采用钨极氩弧焊打底，手弧焊焊接填充层的联合施焊方法。

2. 压焊

压焊是焊接过程中必须对焊件施加压力（加热或不加热）完成的焊接方法。压焊有两种形式，一是将被焊金属接触部分加热至塑性状态或局部熔化状态，然后施加一定的压力，形成牢固结合的焊接接头，如锻焊、接触焊、摩擦焊和气压焊等；二是不进行加热，仅在被焊金属的接触面上施加足够的压力，借助于压力所引起的塑性变形获得牢固的接头，如扩散焊、爆炸焊等。在电力行业中，压焊可用于设备制造。

3. 钎焊

钎焊是采用比焊材熔点低的金属材料与焊件一起加热到高于钎料熔点，低于母材熔点的温度，利用液态钎料填充接头之间间隙并与母材相互扩散实现连接焊件的方法。常见的钎焊方法有烙铁焊、火焰钎焊、感应钎焊、电子束钎焊等。钎焊一般用于元器件和尺寸较小的焊件，在电力行业应用不多。

二、焊接结构

由焊缝、熔合区、热影响区和焊件组成的整体称为焊接接头。

焊接接头形式和焊缝的坡口尺寸应按照保证焊接质量、填充金属量少、减小焊接应力和变形、改善劳动条件、便于操作、适应无损检验要求等原则选用。

管道应采用全焊透结构，焊接接头位置应避开应力集中区，且便于施焊及焊后热处理。

焊接接头可分为对接、搭接、T 形接和角接等四种。

（1）常用焊接接头基本形式及尺寸见表 8-1。

表 8-1　　　　　　　　　　　　　常用焊接接头基本形式及尺寸

序号	接口类型	坡口形式	图形	焊接方法	焊件厚度δ（mm）	α	β	b（mm）	P（mm）	R（mm）	适用范围
1	对接	I 形		SMAW	<3	—	—	1～2	—	—	容器和一般钢结构
				OFW	<3			1～2			
				GMAW/FCAW	8～16			0～1			
				SAW	8～16			0～1			

续表

序号	接口类型	坡口形式		图形	焊接方法	焊件厚度 δ（mm）	接头结构尺寸					适用范围
							α	β	b（mm）	P（mm）	R（mm）	
2	对接	V形			SMAW OFW GMAW/FCAW SAW	≤6 ≤16 16～20 16～20	30°～35°	—	视现场情况在焊接作业指导书中规定	0.5～2 1～2 7 7	—	各类承压管子，压力容器和中、薄件承重结构
3	对接	U形			SMAW TIG	≤60	10°～15°	—	2～5	0.5～2	5	中、厚壁汽水管道
4	对接	双V形	水平管		SMAW TIG	>16	30°～40°	8°～12°	2～5	1～2	5	中、厚壁汽水管道
5	对接	双V形	垂直管		SMAW TIG	>16	$\alpha_1=$ 35°～40° $\alpha_2=$ 20°～25°	$\beta_1=$ 15°～20° $\beta_2=$ 5°～10°	1～4	1～2	5	中、厚壁汽水管道
6	对接	综合形			SMAW TIG	>60	20°～25°	5°	2～5	2	5	厚壁汽水管道
7	对接	X形			SMAW TIG	>16 >20	30°～35°	—	2～3 0～1	2～4 7	—	双面焊接的大型容器和结构
8	对接	封头			SMAW TIG	管径不限	同厚壁管坡口加工要求					汽水管道或联箱封头
9	对接	封头			SMAW TIG	直径 $\phi\geqslant$ 237	同厚壁管坡口加工要求					汽水管道或联箱封头

续表

序号	接口类型	坡口形式	图形	焊接方法	焊件厚度 δ（mm）	接头结构尺寸 α	β	b（mm）	P（mm）	R（mm）	适用范围
10	T型接	管座		SMAW TIG	管径 $\phi\leqslant76$	50°~60°	30°~35°	2~3	1~2	按壁厚差取	汽水、仪表取样等接管座
11	T型接	管座		SMAW TIG	管径 76~133	50°~60°	30°~35°	2~3	1~2	—	一般汽水管道或容器的接管座或接头
12	T型接	无坡口		SMAW	≤20	—	—	0~2	—	—	不要求全焊透的结构
				SAW	>8						
13	T型接	单V形		SMAW	>20	50°~60°	—	0~2	$\leqslant\frac{2}{3}\delta$	—	不要求焊透的结构
				SAW	≤20			1~2	1~2		要求焊透的结构
14	T型接	K形		SMAW SAW	>20	50°~60°	—	1~2	1~2	—	要求焊透的结构
15	搭接	无坡口		OFW	≤4	—	—	0~1	—	—	容器和结构
				SMAW	≥4						
				SAW	>8						

注 1. 当不采用全钨极氩弧焊时，表中 TIG 用于根层焊接，SMAW 用于填充和/或盖面焊接。

2. SMAW—焊条电弧焊；OFW—气焊；GMAW—熔化极实心气体保护焊；TIG—钨极氩弧焊；SAW—埋弧焊；FCAW—熔化极药芯焊丝气体保护焊。

（2）不同厚度管道对口时的处理方法应符合图 8-1 的规定。

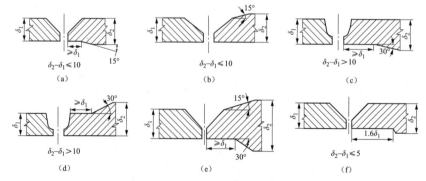

图 8-1　不同厚度对口时的处理方法

（a）、（c）内壁尺寸不相等；（b）、（d）外壁尺寸不相等；（e）内外壁尺寸不相等；（f）$\delta_2-\delta_1\leqslant5$mm

（3）承插焊管件与管子的焊接应符合图 8-2 的规定。

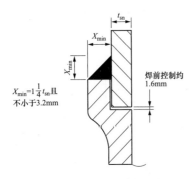

图 8-2　承插焊管件连接要求

（4）承插焊法兰与管子的连接应符合下列规定：

1）承插焊法兰的焊缝应符合其连接要求（见图 8-3）的规定。

2）X_{min} 为直管名义厚度 t_{sn} 的 1.4 倍或法兰颈部厚度两者中的较小值。

3）平焊（滑套）法兰与管子的内外侧焊（见图 8-4）应符合下列规定：

a）X 为直管名义厚度 t_{sn} 或 6.4mm 中的较小值。

b）X_{min} 为直管名义厚度 t_{sn} 的 1.4 倍或法兰颈部厚度两者中的较小值。

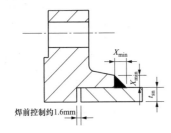

图 8-3　承插法兰的连接要求

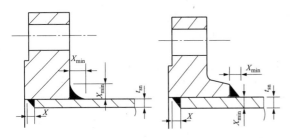

图 8-4　平焊（滑套）法兰内侧和外侧焊缝

第二节　焊　接　材　料

焊接材料是焊接时所有消耗材料的通称。焊接材料应根据钢材的化学成分、力学性能、使用工况条件和焊接工艺评定的结果选用。

一、同种钢焊接

同种钢焊接材料的选用应符合以下基本条件：

（1）熔敷金属的化学成分、力学性能与母材相当。

（2）焊接工艺性能良好。

为减少焊缝中氢的含量，焊条宜选用低氢型焊条。

二、异种钢焊接

（1）应首先选用专用焊接材料，没有专业焊接材料时，宜采用低匹配原则，即不同强度钢材之间焊接，其焊接材料选适于低强度侧钢材的材料。

（2）碳素钢和普通低合金钢类异种钢焊接接头，选用焊接材料应保证熔敷金属的抗拉强度不低于强度较低一侧母材标准规定的下限值。

（3）热强钢类及热强钢与碳素钢或普通低合金钢类组成的异种钢焊接接头，宜选用合金成分与较低一侧钢材相匹配或介于两侧钢材之间的焊接材料。

（4）两侧之一为不锈钢时可以选用合金含量较低侧钢材匹配的焊接材料，也可选用奥氏体型或镍基焊接材料。

（5）与奥氏体不锈钢组成的异种钢焊接接头，选用焊接材料应保证焊缝金属的抗裂性能和力学性能。焊接材料的选用应符合下列规定：

1）设计温度不超过 425℃时，可采用 Cr、Ni 含量较奥氏体型母材高的奥氏体型焊接材料。

2）设计温度超过 425℃时，应采用镍基焊接材料。

3）两侧为同种钢材，应采用同质焊接材料。在实际条件无法实施选用同质焊接材料时，可选用优于钢材性能的异质焊接材料。

三、焊接材料分类

主要分为焊条、焊丝和焊剂。电力行业常用焊条和焊丝的分类和化学成分见表 8-2～表 8-8，焊接异种钢的焊条（焊丝）及焊后热处理温度见表 8-9。（见文后插页）

表 8-2　　　　　　　　　　碳　钢　焊　条　的　型　号

焊条型号	药皮类型	焊接位置	电流种类
E43 系列：熔敷金属抗拉强度不小于 430MPa（43kgf/mm²）			
E4319	钛铁矿	全位置	交流或直流正、反接
E4303	钛型		

续表

焊条型号	药皮类型	焊接位置	电流种类
E4310	纤维素	全位置	直流反接
E4311	纤维素		交流或直流反接
E4312	金红石	全位置	交流或直流正、反接
E4313	金红石		交流或直流正接
E4315	碱性		直流反接
E4316	碱性		交流或直流反接
E4320	氧化铁	平焊、平角焊	交流或直流正接
E4324	金红石+铁粉	平焊、平角焊	交流或直流正、反接
E4327	氧化铁+铁粉	平焊、平角焊	交流或直流正、反接
E4328	氧化铁+铁粉	平焊、平角焊、横焊	交流或直流反接
E50 系列：熔敷金属抗拉强度不小于 490MPa（50kgf/mm^2）			
E5019	钛铁矿	全位置	交流或直流正、反接
E5003	钛型		交流或直流正、反接
E5010	纤维素		直流反接
E5011	纤维素		交流或直流反接
E5014	金红石+铁粉		交流或直流正、反接
E5015	碱性		直流反接
E5016	碱性		交流或直流反接
E5018	碱性+铁粉		
E5024	金红石+铁粉	平焊、平角焊	交流或直流正、反接
E5027	氧化铁+铁粉	平焊、平角焊	交流或直流正、反接
E5028	氧化铁+铁粉	平焊、平角焊、横焊	交流或直流反接
E5048	碱性	全位置	

注 焊条型号举例如下：

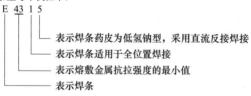

表 8-3   低合金钢焊条的型号

焊条型号[*]	药皮类型	焊接位置[**]	电流种类
E50 系列：熔敷金属抗拉强度不小于 490MPa（50kgf/mm^2）			
E5003-X	钛型	全位置[***]	交流或直流正、反接
E5010-X	纤维素		直流反接
E5011-X	纤维素		交流或直流反接
E5015-X	碱性		直流反接
E5016-X	碱性		交流或直流反接
E5018-X	碱性+铁粉	全位置（向下立焊除外）	

续表

焊条型号*	药皮类型	焊接位置**	电流种类
E5020-X	氧化铁	平焊、平角焊	交流或直流正接
E5027-X	氧化铁+铁粉	平焊、平角焊	交流或直流正接

E55 系列：熔敷金属抗拉强度不小于 540MPa（55kgf/mm²）

焊条型号*	药皮类型	焊接位置**	电流种类
E5503-X	钛型	全位置***	交流或直流正、反接
E5510-X	纤维素		直流反接
E5511-X	纤维素		交流或直流反接
E5513-XX	金红石		交流或直流正、反接
E5515-X	碱性		直流反接
E5516-X	碱性		交流或直流反接
E5518-X	碱性+铁粉	全位置（向下立焊除外）	

E60 系列：熔敷金属抗拉强度不小于 590MPa（60kgf/mm²）

焊条型号*	药皮类型	焊接位置**	电流种类
E6010-X	纤维素	全位置***	直流反接
E6011-X	纤维素		交流或直流反接
E6013-X	金红石		交流或直流正、反接
E6015-X	碱性		直流反接
E6016-X	碱性		交流或直流反接
E6018-X	碱性+铁粉	全位置（向下立焊除外）	

E70 系列：熔敷金属抗拉强度不小于 690MPa（70kgf/mm²）

焊条型号*	药皮类型	焊接位置**	电流种类
E7010-X	纤维素	全位置***	直流反接
E7011-X	纤维素		交流或直流反接
E7013-X	金红石		交流或直流正、反接
E7015-X	碱性		直流反接
E7016-X	碱性		交流或直流反接
E7018-X	碱性+铁粉	全位置（向下立焊除外）	

E75 系列：熔敷金属抗拉强度不小于 740MPa（75kgf/mm²）

焊条型号*	药皮类型	焊接位置**	电流种类
E7515-X	碱性	全位置***	直流反接
E7516-X	碱性	全位置（向下立焊除外）	交流或直流反接
E7518-X	碱性+铁粉		

E80 系列：熔敷金属抗拉强度不小于 780MPa（80kgf/mm²）

焊条型号*	药皮类型	焊接位置**	电流种类
E8015-X	碱性	全位置***	直流反接
E8016-X	碱性	全位置（向下立焊除外）	交流或直流反接
E8018-X	碱性+铁粉		

E85 系列：熔敷金属抗拉强度不小于 830MPa（85kgf/mm²）

焊条型号*	药皮类型	焊接位置**	电流种类
E8515-X	碱性	全位置***	直流反接
E8516-X	碱性	全位置（向下立焊除外）	交流或直流反接
E8518-X	碱性+铁粉		

续表

焊条型号*	药皮类型	焊接位置**	电流种类
E90 系列：熔敷金属抗拉强度不小于 880MPa（90kgf/mm²）			
E9015-X	碱性	全位置***	直流反接
E9016-X	碱性	全位置（向下立焊除外）	交流或直流反接
E9018-X	碱性+铁粉		
E100 系列：熔敷金属抗拉强度不小于 930MPa（100kgf/mm²）			
E10015-X	碱性	全位置***	直流反接
E10016-X	碱性	全位置（向下立焊除外）	交流或直流反接
E10018-X	碱性+铁粉		

　*　焊接型号中的后缀字母 X 代表熔敷金属化学成分分类代号。

　**　焊接位置见 GB/T 16672《焊缝　工作位置　倾角和转角的定义》。

　***　全位置不一定包含向下立焊，由制造商确定。

表 8-4　　　　　　　　　　　　　　　常用焊丝的化学成分

序号	牌号	标准号	化学成分（质量分数，%）											
			C	Mn	Si	Cr	Mo	V	Ti	Nb	Ni	其他	S	P
1	H08A	GB/T 14957—1994《熔化焊用钢丝》	0.10	0.30~0.55	0.03	0.20	—				≤0.30	Cu, 0.20	0.030	0.030
2	H08MnA		0.10	0.80~1.10	0.07								0.030	0.030
3	H08Mn2SiA		0.11	1.80~2.10	0.65~0.95									
4	H10Mn2		0.12	1.50~1.90	0.07								0.035	0.035
5	H08CrMoA		0.10	0.40~0.70	0.15~0.35	0.80~1.10	0.40~0.60		—	—				
6	H13CrMoA		0.11~0.16											
7	H08CrMoVA		0.10			1.00~1.30	0.50~0.70	0.15~0.35						
8	H10Cr13	YB/T 5092—2016《焊接用不锈钢丝》	0.12	0.60	0.5	11.50~13.50	0.75	—			0.60	Cu, 0.75	0.030	0.030
9	H08Cr17		0.10			15.50~17.00								
10	H06Cr21Ni10		0.08	1.00~2.50	0.65	19.5~22.0					9.00~11.00			
11	H06Cr19Ni10Ti				0.65				9×C%~1.0		9.00~10.50			
12	H06Cr20Ni10Nb					19.5~22.0				10×C%~1.0	9.00~11.00			
13	H10Cr24Ni13		0.12		0.65	23.00~25.00					12.00~14.00			
14	H11Cr26Ni21		0.08~0.15		0.65	25.00~28.00			—		20.00~22.50			
15	TIG-J50	—	0.05~0.12	1.20~1.50	0.60~0.85	—					—	Cu, 0.30	0.025	0.025
16	TIG-J31			0.75~1.05	0.45~0.70	1.10~1.40	0.45~0.65	0.20~0.35						

续表

序号	牌号	标准号	化学成分（质量分数，%）											
			C	Mn	Si	Cr	Mo	V	Ti	Nb	Ni	其他	S	P
17	TIG-J40	—	0.05~0.12	0.75~1.05	0.45~0.70	2.20~2.50	0.95~1.25	—	—	—	—	Cu:0.30	0.025	0.025
18	TIG-J30			0.75~1.50		1.10~1.40								

注 表中的单值为最大百分比。

表 8-5 常用焊条熔敷金属的化学成分

序号	焊条型号			化学成分（质量分数，%）							
	型号	标准号	原牌号	C	Mn	Si	Cr	Mo	V	Nb	B
1	E4303	GB/T 5117	J422				—	—	—	—	—
2	E4319	GB/T 5117	J423				—	—	—	—	—
3	E4320	GB/T 5117	J424				—	—	—	—	—
4	E4316	GB/T 5117	J426	—	1.25	0.90	0.20	0.30	0.08	—	—
5	E4315	GB/T 5117	J427	—	1.25	0.90	0.20	0.30	0.08	—	—
6	E5019	GB/T 5117	J503				—	—	—	—	—
7	E5016	GB/T 5117	J506	—	1.60	0.75	0.20	0.30	0.08	—	—
8	E5015	GB/T 5117	J507	—	1.60	0.75	0.20	0.30	0.08	—	—
9	E6015-D1	GB/T 5118	J607	0.12	1.25~1.75	0.60	—	0.25~0.45	—	—	—
10	E7015-D2	GB/T 5118	J707	0.15	1.65~2.00	0.60	—	0.25~0.45	—	—	—
11	E5015-A1	GB/T 5118	R107	0.12	0.90	0.60	—	0.40~0.65	—	—	—
12	E5503-B1	GB/T 5118	R202	0.05~0.12	0.90	0.60	0.40~0.65	0.40~0.65	—	—	—
13	E5515-B1	GB/T 5118	R207	0.05~0.12	0.90	0.60	0.40~0.65	0.40~0.65	—	—	—
14	E5515-B2	GB/T 5118	R307	0.05~0.12	0.90	0.60	0.80~1.50	0.40~0.65	—	—	—
15	E5515-B2-V	GB/T 5118	R317	0.05~0.12	0.90	0.60	0.80~1.50	0.40~1.65	0.10~0.35	—	—
16	E6003-B3	GB/T 5118	R402	0.05~0.12	0.90	0.60	2.00~2.50	0.90~1.20	—	—	—
17	E6015-B3	GB/T 5118	R407	0.05~0.12	0.90	0.60	2.00~2.50	0.90~1.20	—	—	—
18	E5515-B3-VNb	GB/T 5118	R417	0.05~0.12	1.00	0.60	2.40~3.00	0.70~1.00	0.25~0.50	0.35~0.65	—
19	E5515-B3-VWB	GB/T 5118	R347	0.05~0.12	1.00	0.60	1.50~2.50	0.30~0.80	0.20~0.60	—	0.001~0.003
20	E5515-B2-VW	GB/T 5118	R327	0.05~0.12	0.70~1.10	0.60	0.80~1.50	0.70~1.00	0.20~0.35	—	—
21	E5MoV-15	GB/T 983	R507	0.12	0.50~0.90	0.50	4.5~6.00	0.40~0.70	0.10~0.35	—	—
22	E9Mo-15	GB/T 983	R707	0.15	0.50~1.00	0.50	8.0~10.0	0.70~1.00	—	—	—

续表

序号	焊条型号			化学成分（质量分数，%）							
	型号	标准号	原牌号	C	Mn	Si	Cr	Mo	V	Nb	B
23	E11MoVNi-15	GB/T 983	R807	0.19	0.50~1.00	0.50	9.5~11.5	0.60~0.90	0.20~0.40	—	—
24	E11MoVNiW-15	GB/T 983	R817	0.19	0.50~1.00	0.50	9.5~12.0	0.80~1.00	0.20~0.40	—	—
25	E410-15	GB/T 983	G207	0.12	1.00	0.90	11.0~13.50	0.75	—	—	—
26	E347	GB/T 983	A132/A137	0.08	0.5~2.5	0.90	18.00~21.00	0.75	—	8C~1.00*	—
27	E316	GB/T 983	A202/A207	0.08	0.5~2.5	0.90	17.0~20.0	2.0~3.0	—	—	—
28	E309	GB/T 983	A302/A307	0.15	0.5~2.5	0.90	22.0~25.0	0.75	—	—	—
29	E310	GB/T 983	A402/A407	0.08~0.20	1.0~2.5	0.75	20.0~22.5	07.5	—	N 为 0.1	—
30	E16-25MoN	GB/T 983	A507	0.12	0.5~2.5	0.90	14.0~18.0	5.0~7.0	—	—	—
31	E430	GB/T 983	G302/G307	0.10	1.0	0.90	15.0~18.0	0.75	—	—	—

注　摘自 GB/T 983—2012《不锈钢焊条》，表中单值除特殊规定外，均为最大百分比。

*　指 8 倍含碳量至 1.00%。

表 8-6　　　　　　　　　　　　常用国产钢材所适用的焊条和焊丝型号

钢材		电焊条			焊丝	
种类	代号（类型）	原牌号	国标型号	相对应的国外型号	原牌号	国标或相对应的国外型号
碳素钢	（C≤0.3%）	J421 J420G J422 J423 J424 J426 J427	E4313 E4300 E4303 E4301 E4320 E4316 E4315	AWS E6013/JIS D4313 — JISD4303 4301 AWS E6020 AWS E6016 AWS E6015	焊 08 锰高	H08MnA
普通低合金钢	16MnV、16Mng 15MnR、15Mng （适用中、厚板） 15CrMo（1Cr-1/2Mo）	J506 J507 J557 R307	E5016 E5015 E5515-G E5515-B₂	AWSE7016/JISD5016 AWSE7015 AWSE8015G AWSE8015-B2 JISDT2315	焊 08 锰高	H08MnA H08CrMoA H13CrMo
耐热钢	12Cr1MoV （1Cr-1/2Mo-V）	R317 R337	E5515-B2-V E5515-B2-VNb	—	—	H08CrMoV
	12Cr2MoWVTiB （2Cr-1/2Mo-VW）	R347 R417	E5515-B3-VW E5515-B3-VNb-7	—	焊 08 铬 2 钼高	H08Cr2MoVNb
	12Cr3MoVSiTiB（钢Π11） （3Cr-1Mo-VTi）	R417	E5515-B3-VNb-7	—	焊 08 铬 2 钼高	H08Cr2MoVNb H05Cr2Mo1TiRe
	12MoVWBSiRe （无铬 8 号）	R347 R417	E5515-B3-VW E5515-B3-VNb-7	—	焊 08 铬 2 钼 1 焊 08 铬 2 钼钒铌	H08Cr2Mo1 H08Cr2MoVNb H08CrMoV
	15Cr1Mo1V	R327 R337	E5515-B2-VW E5515-B2-VNb	—	—	H08CrMoV
	12Cr2MoG	R407	E6015-B3	AWS E9015-B3	—	ER62-B3

钢材		电焊条			焊丝	
种类	代号（类型）	原牌号	国标型号	相对应的国外型号	原牌号	国标或相对应的国外型号
耐热钢	15Ni1MnMoNbCu	R107	—	AWS E9018G	—	GB/T8110：ER62-G AWS ER90S-G
	10Cr9Mo1VNbN	R717	E6015-G	AWS E9015-B9	—	AWS ER90S-B9 GB8110：ER62-B9
	10Cr9MoW2VNbN （SA335 P92）	R727	E6015-G	—	—	AWS：ER90S-B9（mod.） EN：WZCrMoWVNbn9 0.5 2
	11Cr9Mo1W1VNbBN （SA335 P911）	—	—	AWS E9015-G EN EZCrMoWVNb911 B 4 2H5	—	AWS ER90S-B9（mod.） EN：W ZCrMoWVNb911
	10Cr11MoW2VNbCu1BN （SA335 P122）	—	—	—	—	—
不锈钢	06Cr19Ni10 022Cr19Ni10	A132 A137	E347-16 E347-15	AWS E347-16/JIS D347 AWS E347-15	—	H08Cr21Ni10 H06Cr21Ni10
	06Cr17Ni12Mo2 022Cr17Ni12Mo2	A202 A207	E316-16 E316-15	AWS E316-16 AWS E316-15	—	H08Cr20Ni11Mo2 H04Cr20Ni11Mo2

表 8-7　　　　　　　　　符合 EN10216 标准材料所适用的焊条和焊丝型号

钢材			电焊条			焊丝	
种类	代号	材质类型	原牌号	国标型号	相对应的国外型号	牌号	国标型号或相对应的国外型号
碳素钢	P280GH	0.25	J426 J422	E4316 E4303	AWS E6016 JIS D4303	焊08锰高	H08MnA
耐热钢	16Mo3	0.3Mo		E5015-A1	AWS E7015-A1 JIS DT1215	焊08铬钼	H08CrMo
	13CrMo4-5	1Cr-1/2Mo	R307	E5515-B2	AWSE8015-B2 JISDT2315	焊13铬钼	H13CrMoj
	10CrMo9-10	2 1/4Cr -1Mo	R407	E6015-B3	AWS E9015-B3	—	H08Cr2MoVNb
	14MoV63	1/2Cr-1/2Mo-V	R317	E5515-B2-V	—	—	H08CrMoV
	X20CrMoV121	12Cr-1Mo-V	R817	E2-11MoVNiW-15	—	—	H16Cr10MoNiV
	15NiCuMoNb5-6-4	1Mn-1Ni-0.5Cu	R107	—	AWS E9018G	—	GB/T 8110：ER62-G AWS ER90S-G
	7CrWVMoNb9-6 （ASTM A335 P23）	2 1/4Cr-1 1/2WMo	—	—	EN：E ZCr2WV B 42 H5 AWS：E9015-G	—	ER90s-G
	X11CrMo9-1 （A335 P9）	9Cr-1Mo	R707	—	AWS E8018-B8	—	AWS：ER80S-B8
	X10CrMoVNb9-1	9Cr-1Mo	R717	E6015-G	AWS E9015-B9 EN：E CrMo91 B 42 H5	—	AWS：ER90S-B9 GB8110：ER62-B9
	X10CrWMoVNb9-2	9Cr-0.5Mo-1.8W	R727	E6015-G	AWS：E9015-G （E9015-B9 mod.） EN：E MoWVNb9 0，5 2 B 4 2 H5	—	AWS：ER90S-B9 （mod.）EN：W ZCrMoWVNb9 0.5 2
	X11CrMoWVNb9-1-1	9Cr-1Mo-1W	—	—	AWS：E9015-G （E9015-B9 mod.）	—	AWS：ER90S-B9 （mod.）EN：W ZCrMoWVNb911

钢材			电焊条			焊丝	
种类	代号	材质类型	原牌号	国标型号	相对应的国外型号	牌号	国标型号或相对应的国外型号
耐热钢	X20CrMoV121	12Cr-1Mo-V	R817	E11MoVNiW-15	—	—	H16Cr10MoNiV AWS: ER505 (mod.) EN: W CrMoWV12Si

表8-8   ASME B31.1 标准材料适用的焊条和焊丝型号

种类	代号	材质类型	原牌号	国标型号	相对应的国外型号	原牌号	国标型号或相对应的国外型号
碳钢	SA106Gr.A（管） SA106Gr.B（管） SA106Gr.C（管） A515 Gr.60（板） A515 Gr.65（板） A515 Gr.70（板）	C	J507 J427	E5015 E4315	AWS: E7018	焊08锰高	H08MnA
碳钼钢	SA335-P1、 SA369-EP1（管）	1/2Mo	R107	E5015-A1	AWS: E7015-A1 JIS: DT1215	焊08铬钼	H08CrMo
	A204 Gr.A 板	—	R107	E5015-A1	AWS: 7015-A1 JIS: DT1215	焊08铬钼	H08CrMo
耐热钢	SA335-P12	1Cr-1/2Mo	R307	E5515-B2	AWS: E8015-B2 JIS: DT2315	焊13铬钼	H13CrMo
	SA335-P11	$1\frac{1}{4}$Cr-1/2Mo	R307	E5515-B2	AWS: E8015-B2 JIS: DT2315	焊13铬钼	H13CrMo
	SA335-P22	2 1/4Cr -1Mo	R407	E6015-B3	AWS: E9015-B3	—	H08Cr2MoVNb
	SA335-P5 管子	5Cr -1/2Mo	R507	E5MoV-15	AWS: E8015-B6	—	ER55-B6
	SA335-P9	9Cr-1Mo	R707	E9MoV-15	—	—	ER55-B8
	A387-Gr.12	1Cr-1/2Mo	R307	—	—	—	—
	A387-Gr.11 板	$1\frac{1}{4}$Cr-1/2Mo	R307	—	—	—	—
	A387- Gr.22	$2\frac{1}{4}$Cr-1Mo	R407	—	—	—	—
	A387-Gr.5	5Cr-1/2Mo	R507	—	—	—	—
	A387-Gr.9	9Cr-1Mo	R707	—	AWS: E8018-B8	—	—
	SA335 P23	$2\frac{1}{4}$Cr-$1\frac{1}{2}$WMo	—	—	EN: W/G2CrWV2	—	ER90s-G
	SA335-P91	9Cr-1MoVNbN	R717	E6015-G	AWS: E9015-B9		AWS: ER90S-B9 GB8110: ER62-B9
	SA335-P92	9Cr-0.5Mo-1.8W	R727	E6015-G	AWS E9015-G （E9015-B9 mod.）	—	AWS: ER90S-B9（mod.） EN: WZCrMoWV Nb9 0.5 2
	A335 P911	9Cr-1Mo-1W	—	—	AWS E9015-G （E9015-B9 mod.） EN ECrMoWVNb911B42	—	AWS: ER90S-B9（mod.） EN: W ZCrMoWVNb911
	SA335P122	12Cr-0.5Mo-2 W-1.5Cu	—	—	—	—	—
不锈钢	SA312 TP304L SA409 TP304L SA312 TP321 SA409TP321	18Cr-8Ni-0.0350 18Cr-8Ni-Ti	A132 A137	E347-16 E347-15	AWS: E347-16 AWS: E347-15	焊1铬19镍9钛、焊1铬19镍10铌	H1Cr19Ni1Ti H1Cr19Ni10Nb

第九章

保温、油漆和防腐设计

第一节 保温的基本规定

为减少火力发电厂设备和管道的散热损失，满足生产工艺的要求，改善生产环境，防止设备、管道和附属钢结构腐蚀，提高经济效益，设备及管道需进行保温油漆设计。

（1）保温设计中一般遵循以下准则：

1）保温油漆设计要做到技术先进、经济合理、安全可靠、标识清晰、整洁美观，且便于施工和维护；

2）为了确保保温、油漆和防腐工程质量，控制工程造价，设计单位要对保温、油漆和防腐材料的选择及性能提出明确的要求；

3）保温、油漆和防腐工程完成后，应按 DL/T 5704《火力发电厂热力设备及管道保温防腐施工质量验收规程》进行质量验收。

（2）具有下列情况之一的设备、管道及其附件按不同要求保温：

1）外表面温度高于 50℃ 且需要减少散热损失者；

2）要求防冻、防凝露或延迟介质凝结者；

3）工艺生产中不需保温的且外表面温度超过 60℃，而又无法采取其他措施防止烫伤人员的部位。

（3）防止烫伤人员的部位需要在下列范围内设置防烫伤保温：

1）管道距地面或平台的高度小于 2100mm；

2）靠操作平台水平距离小于 750mm。

（4）除防烫伤要求保温的部位外，下列设备、管道及其附件可不保温：

1）排汽管道、放空气管道；

2）直吹式制粉系统中，介质温度小于 80℃ 的煤粉管道（寒冷地区露天布置除外）；

3）输送易燃易爆介质时，要求及时发现泄漏的设备和管道上的法兰、人孔等附件；

4）工艺要求的不能保温的管道和附件。

（5）保温油漆的其他规定：

1）环境温度不高于 27℃ 时，设备和管道保温结构外表面温度不要超过 50℃；环境温度高于 27℃ 时，保温结构外表面温度可比环境温度高 25℃。对于防烫伤保温，保温结构外表面温度不要超过 60℃。

注：环境温度是指距保温结构外表面 1m 处测得的空气温度。

2）不保温的和介质温度低于 120℃ 保温的设备、管道及其附件以及支吊架、平台扶梯要进行油漆。不保温的管道外表面和保温结构外表面要涂刷介质名称和介质流向箭头。

（6）下列管道根据当地气象条件和布置环境需设置防冻保温：

1）露天布置的工业水管道、冷却水管道、疏放水管道、补给水管道、除盐水管道、消防水管道、汽水取样管道、厂区杂用压缩空气管道等，对于锅炉启动循环泵的轴承冷却水管道需设伴热保温；

2）安全阀管座、控制阀旁路管、一次表管；

3）金属煤粉仓、靠近厂房外墙或外露的原煤仓和煤粉仓、湿法脱硫塔；

4）露天布置的金属灰仓、石灰石粉仓和渣脱水仓等；

5）燃油管道需根据当地气象条件和燃油特性进行伴热防冻保温。

第二节 保 温 材 料

一、保温材料性能要求

保温材料要具有明确的随温度变化的热导率方程式、图或表。对于松散或可压缩的保温材料，需有在使用密度下的热导率方程式、图或表，采购时要根据保温材料的压缩率确定施工用量。

保温材料的主要物理化学性能，除要符合国家现行有关产品标准外，其使用状态下的热导率和密度还要符合表 9-1 的要求。

表 9-1　保温材料热导率和密度最大值

设计温度（℃）	热导率最大值 [W/(m·K)]	密度最大值（kg/m³）		
		硬质保温制品	半硬质保温制品	软质保温制品
450～650	0.11	220	200	150
<450	0.09			

注　热导率最大值是指保温结构内表面为设计温度、外表面温度为50℃时的计算值。

用于奥氏体不锈钢设备和管道上的保温材料，其氯化物、氟化物、硅酸根、钠离子的含量，要符合GB/T 17393《覆盖奥氏体不锈钢用绝热材料规范》的有关规定，其浸出液的pH值在25℃时应为7.0～11.0。

（一）常用保温材料的物理性能和化学性能要求

1. 岩棉制品

纤维平均直径不得大于 5.5μm，粒径大于 0.25mm 的渣球含量不得大于 6.0%，有机物含量不得大于 4.0%，管壳有机物含量不得大于 5.0%。当有防水要求时，其制品质量吸湿率不应大于 1.0%，憎水率不应小于 98%。酸度系数不应低于 1.6。

2. 矿渣棉制品

纤维平均直径不得大于 6.5μm，粒径大于 0.25mm 的渣球含量不得大于 7.0%，有机物含量不得大于 4.0%，管壳有机物含量不得大于 5.0%。当有防水要求时，其制品质量吸湿率不应大于 4.0%，憎水率不应小于 98%。

3. 玻璃棉制品

纤维平均直径不得大于 7.0μm，粒径大于 0.25mm 的渣球含量不得大于 0.2%，有机物含量不得大于 4.0%，管壳有机物含量不得大于 5.0%。当有防水要求时，其制品的质量吸湿率不应大于 3.0%，憎水率不应小于 98%。

4. 硅酸铝棉制品

粒径大于 0.21mm 的渣球含量不得大于 17.0%。当有防水要求时，其制品质量吸湿率不应大于 4.0%，憎水率不应小于 98%。

5. 硅酸镁纤维毯

粒径大于 0.21mm 的渣球含量不得大于 16%，抗拉强度应大于 0.04MPa。当有防水要求时，其制品质量吸湿率不应大于 4.0%，憎水率不应小于 98%。

6. 硅酸钙制品

应采用无石棉含耐高温纤维的制品，质量含湿率不得大于 7.5%，抗压强度不得小于 0.6MPa，抗折强度不得小于 0.3MPa，线收缩率不得大于 2.0%。

7. 复合硅酸盐制品

宜采用憎水型，质量含湿率不应大于 2.0%，憎水率不应小于 98%，毡的压缩回弹率不得小于 70%。

8. 硬质保温制品

硬质保温制品指制品使用时能基本保持其原状，在 2kPa 荷重下，其可压缩性小于 6%，制品不能弯曲。

9. 半硬质绝热制品

半硬质绝热制品指制品在 2kPa 荷重下，可压缩性为 6%～30%，弯曲 90°以下尚能恢复其形状。

10. 软质绝热制品

软质绝热制品指制品在 2kPa 荷重下，可压缩性为 30%以上，可弯曲至 90°以上而不损坏。

（二）保温材料的燃烧性能等级要求

（1）被绝热设备或管道表面温度大于 100℃时，要选择不低于 GB 8624《建筑材料及制品燃烧性能分级》中规定的 A2 级材料。

（2）被绝热设备或管道表面温度小于等于 100℃时，要选择不低于 GB 8624《建筑材料及制品燃烧性能分级》中规定的 C 级材料，当选择 GB 8624《建筑材料及制品燃烧性能分级》中规定的 B 和 C 级材料时，氧指数不小于 30%。

（三）保温材料物理化学性能检验报告

保温设计采用的保温材料物理化学性能的检验报告是由具备国家相应资质的法定检测机构按国家标准检验而提供的原始文件，其报告要列出下列性能：

（1）热导率方程式、图或表。对于松散或可压缩的保温材料，为使用密度下的热导率方程式、图或表。

（2）密度。对于松散或可压缩的保温材料，为使用状态下的密度。

（3）最高使用温度。

（4）燃烧性能。

（5）对硬质保温制品应具有抗压强度、质量含水率、线收缩率和抗折强度等，对软质保温材料及其半硬质制品应具有渣球含量、纤维平均直径、有机物含量、加热永久线变化、吸湿率、憎水率等。

（6）对设备和管道表面无腐蚀。

二、保温层材料选择

（一）选择原则

（1）保温材料及其制品的推荐使用温度应高于设备和管道的设计温度或介质的最高温度，对于要进行吹扫的管道，应高于吹扫介质温度。

（2）在保温材料物理化学性能满足工艺要求的前提下，要优先选用热导率小、密度小、造价低、施工方便的保温材料。

（二）选择规定

（1）介质温度大于 350℃时，要选用耐高温保温材料，如硅酸铝棉制品、复合硅酸盐制品、硅酸镁制品等，推荐采用硅酸铝棉制品，经技术经济比较合理时也可选择复合保温结构，推荐采用硅酸铝与岩棉复合。复合保温是指由两种不同材料的保温层，在设备、管道及其附件外表面采取的分层包覆措施。

（2）介质温度小于等于 350℃时，可选用岩棉制品、矿渣棉制品、玻璃棉制品等，推荐采用岩棉制品或玻璃棉制品。常用保温材料及其制品的主要性能见附录 H 表 H-1。

（3）阀门、弯头等异形件的保温层材料可选择软质保温材料或保温涂料；当采用玻璃钢阀门保温套时，保温套内宜由厂家填塞保温材料。

（4）外径小于 38mm 管道的保温层材料可选择卷毡、针刺毡或硅酸铝纤维绳。

（5）潮湿环境中（如地沟等）的低温设备和管道的保温层材料宜选择憎水性材料。

（6）设备和管道保温伸缩缝和膨胀间隙的填塞材料应根据介质温度选用软质纤维状材料，高温时选用普通硅酸铝纤维，中低温时选用岩棉、矿渣棉或玻璃棉等。

（7）保温材料推荐使用温度应满足附录 H 表 H-1 的规定，当选用的玻璃棉、岩棉和矿渣棉制品使用温度高出附录 H 表 H-1 的推荐使用温度时，需由厂家提供国家法定检测机构出具的最高使用温度评估报告，其最高使用温度要高于使用温度至少 100℃。

三、保护层材料选择

（一）保护层材料性能要求

（1）防水、防潮，抗大气腐蚀性能好。

（2）材料本身的化学性能稳定，使用年限长，不易老化变质。

（3）强度高，在温度变化及振动情况下不开裂，外形美观。

（4）燃烧性能应符合不燃类材料的要求，储存或输送易燃易爆介质的设备和管道，以及与此类管道邻近的管道，要采用不燃类材料作保护层。

（二）保护层材料及厚度

保护层分为金属保护层和非金属保护层，宜采用金属保护层。金属保护层有铝合金板、镀锌钢板、彩钢板、不锈钢板等，推荐采用铝合金板；非金属保护层有玻璃丝布、玻璃钢、抹面等。

常用金属保护层可按表 9-2 选用，设备金属保护层的厚度可取上限。

彩钢板的质量应符合 GB/T 12754《彩色涂层钢板及钢带》的有关要求，应明确基板的屈服强度和表面镀铝锌量，公称镀层质量应满足不低于中等腐蚀性等级要求，彩钢板正面涂层厚度应不小于 20μm，反面涂层厚度应不小于 12μm。彩钢板的基板可采用热镀锌基板。

硅酸钙制品采用抹面保护层时，要选用硅酸钙专用抹面材料。

四、防潮层材料选择

（1）防潮层材料要选择具有良好抗蒸气渗透性、防水性和防潮性，且吸水率不大于 1.0%的材料。

表 9-2 　　　　　　　　　　　　常 用 金 属 保 护 层

类别	保温层外径 D_1(mm)	金属保护层			
		材料	标　准	形式	厚度（mm）
圆形设备及管道	<760	彩钢板	GB/T 12754《彩色涂层钢板及钢带》	平板	0.35～0.50
		铝合金板	GB/T 3880.1～GB/T 3880.3《一般工业用铝及铝合金板、带材》	平板	0.50～0.75
		镀锌钢板	GB/T 2518《连续热镀锌钢板及钢带》、GB/T 15675《连续电镀锌、锌镍合金镀层钢板及钢带》	平板	0.35～0.50
	≥760	彩钢板	GB/T 12754《彩色涂层钢板及钢带》	平板	0.60～0.75
		铝合金板	GB/T 3880.1～GB/T 3880.3《一般工业用铝及铝合金板、带材》	平板	0.80～1.00
		镀锌钢板	GB/T 2518《连续热镀锌钢板及钢带》、GB/T 15675《连续电镀锌、锌镍合金镀层钢板及钢带》	平板	0.60～0.75
平壁及方形设备	—	彩钢板	GB/T 12754《彩色涂层钢板及钢带》	压型板	0.50～0.75
		铝合金板	GB/T 3880.1～GB/T 3880.3《一般工业用铝及铝合金板、带材》	压型板	0.60～1.00
		镀锌钢板	GB/T 2518《连续热镀锌钢板及钢带》、GB/T 15675《连续电镀锌、锌镍合金镀层钢板及钢带》	压型板	0.50～0.75
泵、阀门、法兰等不规则表面	—	彩钢板	GB/T 12754《彩色涂层钢板及钢带》	平板	0.50～0.75
		铝合金板	GB/T 3880.1～GB/T 3880.3《一般工业用铝及铝合金板、带材》	平板	0.60～1.00
		镀锌钢板	GB/T 2518《连续热镀锌钢板及钢带》、GB/T 15675《连续电镀锌、锌镍合金镀层钢板及钢带》	平板	0.50～0.75

注　1. 当为复合保温时，保温层外径是指复合保温外层外径 D_2。

　　2. 当圆形设备及管道的保温层外径大于 2000mm 时，金属保护层按平壁选用。

（2）防潮层材料要阻燃，其氧指数不应小于30%。

（3）防潮层材料要选用化学性能稳定、无毒且耐腐蚀的材料，并不得对绝热层材料和保护层材料产生腐蚀或溶解作用。

（4）防潮层材料要选择安全使用温度范围大，夏季不软化、不起泡和不流淌的材料，且在冬季用不脆化、不开裂和不脱落的材料。

（5）涂抹型防潮层材料，20℃黏结强度不应小于0.15MPa，其软化温度不应低于65℃，挥发物不得大于30%。

（6）防潮层的材料以沥青类胶泥中间加玻璃纤维布现场涂抹、合成高分子防水卷材、高聚物改性沥青防水卷材等为主。

第三节 保 温 计 算

一、保温计算原则

（1）为减少保温结构散热损失的保温层厚度要按经济厚度方法计算，且保温结构外表面散热损失不得超过表 9-3 中给出的允许最大散热损失，以及保温结构外表面温度应符合本章第一节的规定。

经济厚度指保温结构表面散热损失年费用和保温结构投资的年分摊费用之和为最小值时的保温层计算厚度。

表 9-3　　保温结构外表面允许最大散热损失

设备管道外表面温度（℃）	保温结构外表面允许最大散热损失（W/m²）	
	常年运行工况	季节运行工况
50	52	104
100	84	147
150	104	183
200	126	220
250	147	251
300	167	272
350	188	—
400	204	—
450	220	—
500	236	—
550	251	—
600	266	—
650	283	—

（2）由两种不同保温材料构成的复合保温，其内层厚度要按表面温度方法计算，外层厚度按经济厚度

方法计算。复合保温内外层界面处温度不应超过外层保温材料推荐使用温度的90%。

（3）防烫伤保温层厚度要按表面温度方法计算。

（4）在允许温降条件下，输送液体或蒸汽的管道保温层厚度要按热平衡方法计算。

（5）延迟管道内介质冻结的保温层厚度要按热平衡方法计算。

（6）防止空气中湿气在管道外表面凝露的保温层厚度要按表面温度方法计算。

（7）带伴热的燃油管道保温层厚度要按热平衡方法计算。

（8）介质㶲质系数等于零的设备和管道（如烟道、疏放水管等）保温层厚度要按表面温度方法计算。

（9）外径小于38mm管道的保温层厚度，中低温管道可取 20～40mm，高温管道可取 40～70mm。

二、保温层厚度计算

1. 由一种保温材料构成的保温层经济厚度计算

（1）平面按式（9-1）计算，即

$$\delta = 1.897\sqrt{\frac{\lambda \tau P_\mathrm{h} A_\mathrm{e}(t-t_\mathrm{a})}{P_1 S}} - \frac{1000\lambda}{\alpha} \qquad (9\text{-}1)$$

（2）管道按式（9-2）、式（9-3）计算，即

$$3.795\sqrt{\frac{\lambda \tau P_\mathrm{h} A_\mathrm{e}(t-t_\mathrm{a})}{\left(P_1 + \dfrac{2000}{D_1}P_3\right)S}} = \frac{D_1 \ln \dfrac{D_1}{D_0} + \dfrac{2000\lambda}{\alpha}}{\sqrt{1 - \dfrac{2000\lambda}{\alpha D_1}}} \qquad (9\text{-}2)$$

$$\delta = \frac{1}{2}(D_1 - D_0) \qquad (9\text{-}3)$$

式中　A_e——介质㶲质系数；

D_1——保温层外径，mm；

D_0——管道外径，mm；

P_1——保温层单位造价，元/m³；

P_3——保护层单位造价，元/m³；

P_h——热价，元/GJ；

S——保温工程投资贷款年分摊率；

t——设备和管道外表面温度，℃；

t_a——环境温度，℃；

τ——年运行时间，h；

α——保温结构外表面传热系数，W/（m²·K）；

δ——保温层厚度，mm；

λ——保温层材料热导率（导热系数），W/（m·K）。

2. 由两种不同保温材料构成的复合保温的经济厚度计算

（1）平面按式（9-4）、式（9-5）计算：

1）内层厚度按式（9-4）计算

$$\delta_1 = \frac{1000\lambda_1(t - t_b)}{\alpha(t_s - t_a)} \qquad (9\text{-}4)$$

2）外层厚度按式（9-5）计算

$$\delta_2 = 1.897\sqrt{\frac{\lambda_2 \tau P_h A_e(t - t_a)}{P_2 S}} - \lambda_2\left(\frac{\delta_1}{\lambda_1} + \frac{1000}{\alpha}\right) \quad (9\text{-}5)$$

（2）管道按式（9-6）计算，即

$$3.795\sqrt{\frac{\lambda_2 \tau P_h A_e(t - t_a)}{\left(P_? + \dfrac{2000}{D_2}P_?\right)S}}$$

$$= \frac{D_2\ln\dfrac{D_2}{D_0} + \dfrac{2000\lambda_2}{\alpha}\left[1 - \dfrac{(\lambda_1 - \lambda_2)(t - t_b)}{\lambda_2(t_s - t_a)}\right]}{\sqrt{1 - \dfrac{2000\lambda_2}{\alpha D_2}}} \quad (9\text{-}6)$$

1）内层厚度按式（9-7）和式（9-8）计算，即

$$\ln\frac{D_1}{D_0} = \frac{2000\lambda_1(t - t_b)}{\alpha D_2(t_s - t_a)} \qquad (9\text{-}7)$$

$$\delta_1 = \frac{1}{2}(D_1 - D_0) \qquad (9\text{-}8)$$

2）外层厚度按式（9-9）计算，即

$$\delta_2 = \frac{1}{2}(D_2 - D_0) - \delta_1 \qquad (9\text{-}9)$$

式中　D_1——复合保温内层外径，mm；

D_2——复合保温外层外径，mm；

P_2——复合保温外层单位造价，元/m^3；

t_b——复合保温内外层界面处温度，℃；

t_s——保温结构外表面温度，℃；

δ_1——复合保温内层厚度，mm；

δ_2——复合保温外层厚度，mm；

λ_1——复合保温内层材料热导率（导热系数），W/（m·K）；

λ_2——复合保温外层材料热导率（导热系数），W/（m·K）。

3. 保温层厚度按允许散热损失方法的计算

（1）平面单层保温按式（9-10）计算，即

$$\delta = 1000\lambda\left(\frac{t - t_a}{[q]} - \frac{1}{\alpha}\right) \qquad (9\text{-}10)$$

（2）管道单层保温按式（9-11）和式（9-12）计算，即

$$D_1\ln\frac{D_1}{D_0} = 2000\lambda\left(\frac{t - t_a}{[q]} - \frac{1}{\alpha}\right) \qquad (9\text{-}11)$$

$$\delta = \frac{1}{2}(D_1 - D_0) \qquad (9\text{-}12)$$

（3）平面复合保温按式（9-13）和式（9-14）计算，即

$$\delta_1 = \frac{1000\lambda_1(t - t_b)}{[q]} \qquad (9\text{-}13)$$

$$\delta_2 = 1000\lambda_2\left(\frac{t_b - t_a}{[q]} - \frac{1}{\alpha}\right) \qquad (9\text{-}14)$$

（4）管道复合保温按式（9-15）计算，即

$$D_2\ln\frac{D_2}{D_0} = 2000\left[\frac{\lambda_1(t - t_b) + \lambda_2(t_b - t_a)}{[q]} - \frac{\lambda_2}{\alpha}\right] \quad (9\text{-}15)$$

1）内层厚度按式（9-16）和式（9-17）计算，即

$$\ln\frac{D_1}{D_0} = \frac{2000\lambda_1(t - t_b)}{[q]D_2} \qquad (9\text{-}16)$$

$$\delta_1 = \frac{1}{2}(D_1 - D_0) \qquad (9\text{-}17)$$

式中　$[q]$——保温结构外表面允许散热损失，按表 9-3 中给出的允许最大散热损失取值，W/m^2。

2）外层厚度按式（9-18）计算，即

$$\delta_2 = \frac{1}{2}(D_2 - D_0) - \delta_1 \qquad (9\text{-}18)$$

4. 保温层厚度按表面温度方法计算

（1）平面单层保温按式（9-19）计算，即

$$\delta = \frac{1000\lambda(t - t_s)}{\alpha(t_s - t_a)} \qquad (9\text{-}19)$$

（2）管道单层保温按式（9-20）和式（9-21）计算，即

$$D_1\ln\frac{D_1}{D_0} = \frac{2000\lambda(t - t_s)}{\alpha(t_s - t_a)} \qquad (9\text{-}20)$$

$$\delta = \frac{1}{2}(D_1 - D_0) \qquad (9\text{-}21)$$

（3）平面复合保温按式（9-22）和式（9-23）计算，即

$$\delta_1 = \frac{1000\lambda_1(t - t_b)}{\alpha(t_s - t_a)} \qquad (9\text{-}22)$$

$$\delta_2 = \frac{1000\lambda_2(t_b - t_s)}{\alpha(t_s - t_a)} \qquad (9\text{-}23)$$

（4）管道复合保温按式（9-24）计算，即

$$D_2\ln\frac{D_2}{D_0} = \frac{2000}{\alpha(t_s - t_a)}[\lambda_1(t - t_b) + \lambda_2(t_b - t_s)] \quad (9\text{-}24)$$

1）内层厚度按式（9-25）和式（9-26）计算，即

$$\ln\frac{D_1}{D_0} = \frac{2000\lambda_1(t - t_b)}{\alpha D_2(t_s - t_a)} \qquad (9\text{-}25)$$

$$\delta_1 = \frac{1}{2}(D_1 - D_0) \qquad (9\text{-}26)$$

2）外层厚度按式（9-27）计算，即

$$\delta_2 = \frac{1}{2}(D_2 - D_0) - \delta_1 \qquad (9\text{-}27)$$

式中　t_s——保温结构外表面温度，对防烫伤保温可取 60，℃。

5. 在允许温降条件下保温层厚度计算

（1）输送液体的无分支（无结点）管道保温层厚

度按式（9-28）～式（9-31）计算。

1）当 $\dfrac{t_i-t_a}{t_n-t_a}\geqslant 2$ 时，计算式为

$$\ln\frac{D_1}{D_0}=\frac{2\pi\lambda K_r L}{1000q_m c\ln\dfrac{t_i-t_a}{t_n-t_a}}-\frac{2000\lambda}{\alpha D_1}\qquad(9\text{-}28)$$

$$\delta=\frac{1}{2}(D_1-D_0)\qquad(9\text{-}29)$$

2）当 $\dfrac{t_i-t_a}{t_n-t_a}<2$ 时，计算式为

$$\ln\frac{D_1}{D_0}=\frac{\pi\lambda K_r L(t_i+t_n-2t_a)}{1000q_m c(t_i-t_n)}-\frac{2000\lambda}{\alpha D_1}\qquad(9\text{-}30)$$

$$\delta=\frac{1}{2}(D_1-D_0)\qquad(9\text{-}31)$$

（2）输送液体的有分支（有结点）管道结点处温度按式（9-32）计算，即

$$t_c=t_{c-1}-(t_i-t_n)\frac{\dfrac{L_{c-1\to c}}{q_{m,c-1\to c}}}{\displaystyle\sum_{i=2}^{n}\frac{L_{i-1\to i}}{q_{m,i-1\to i}}}\qquad(9\text{-}32)$$

（3）输送蒸汽的管道保温层厚度按式（9-33）和式（9-34）计算，即

$$\ln\frac{D_1}{D_0}=\frac{\pi\lambda K_r L(t_i+t_n-2t_a)}{1000q_m(h_i-h_n)}-\frac{2000\lambda}{\alpha D_1}\qquad(9\text{-}33)$$

$$\delta=\frac{1}{2}(D_1-D_0)\qquad(9\text{-}34)$$

式中　t_i——管道始端介质温度，℃；

t_n——管道终端介质温度，$t_n=t_i-\Delta t$，℃；

Δt——介质允许温降，℃；

t_c——结点 c 处的温度，℃；

t_{c-1}——前一结点 $c-1$ 处的温度，℃；

K_r——管道通过支吊架处散热附加系数，可取 $1.05\sim1.15$；

L——管道实际长度，m；

$L_{c-1\to c}$——结点 c 与前一结点 $c-1$ 之间的管段长度，m；

$L_{i-1\to i}$——任意点 i 与前一结点 $i-1$ 之间的管段长度，m；

q_m——介质流量，kg/s；

$q_{m,c-1\to c}$——结点 c 与前一结点 $c-1$ 之间的介质流量，kg/s；

$q_{m,i-1\to i}$——任意点 i 与前一结点 $i-1$ 之间的介质流量，kg/s；

c——介质比热容，kJ/（kg·K）；

h_i——管道始端介质压力 p_i 和温度 t_i 下介质比焓，kJ/kg；

h_n——管道终端介质压力 p_n 和温度 t_n 下介质比焓，kJ/kg。

介质比体积变化不大的管道，其终端压力 p_n 按式（9-35）计算

$$p_n=p_i-8.1067\xi_z\frac{q_m^2\upsilon}{D_i^4}\times10^5\qquad(9\text{-}35)$$

式中　p_n——管道终端介质压力，MPa；

p_i——管道始端介质压力，MPa；

υ——介质比体积，当 $p_n\geqslant0.9p_i$ 时，可取已知的管道始端或终端介质比体积，当 $0.6p_i\leqslant p_n<0.9p_i$ 时，应取管道始端和终端介质比体积的平均值，m³/kg；

D_i——管道内径，mm；

ξ_z——管道总阻力系数，按 DL/T 5054《火力发电厂汽水管道设计规范》中有关阻力系数资料选取。

6. 延迟管道内介质冻结的保温层厚度计算

延迟管道内介质冻结的保温层厚度按式（9-36）和式（9-37）计算

$$\ln\frac{D_1}{D_0}=\frac{7.2\pi\lambda K_r\tau_{fr}}{(\rho_L c+\rho_{Lp}c_p)\ln\dfrac{t-t_a}{t_{fr}-t_a}}-\frac{2000\lambda}{\alpha D_1}\qquad(9\text{-}36)$$

$$\delta=\frac{1}{2}(D_1-D_0)\qquad(9\text{-}37)$$

式中　τ_{fr}——介质在管道内防止冻结停留时间，h；

t_{fr}——介质冻结温度，℃；

t_a——环境温度，取冬季历年极端最低温度平均值，℃；

ρ_L——介质线密度，kg/m；

ρ_{LP}——管道材料线密度，kg/m；

c——介质比热容，见附录 H 中表 H-3 或表 H-4，kJ/（kg·K）；

c_p——管道材料比热容，见附录 H 中表 H-5，kJ/（kg·K）。

7. 防止空气中湿气在管道外表面凝露的保温层厚度计算

防止空气中湿气在管道外表面凝露的保温层厚度按式（9-38）和式（9-39）计算

$$K_c=275\frac{\lambda}{D_0}\left(\frac{t_d-t}{t_a-t_d}\right)\qquad(9\text{-}38)$$

$$\delta=\frac{1}{2}(D_1-D_0)\qquad(9\text{-}39)$$

式中　t_d——露点温度，按历年室外最热月平均相对湿度与历年夏季空调室外计算干球温度相对应的露点温度取值，可按附录 H 的表 H-2 查取，℃；

t_a——环境温度，取历年夏季空气调节室外（干球）温度，℃；

K_c——凝露系数。

K_c 与 $\dfrac{D_1}{D_0}$ 的关系见表 9-4。

表 9-4　　　K_c 与 $\dfrac{D_1}{D_0}$ 的关系值表

K_c	$\dfrac{D_1}{D_0}$	K_c	$\dfrac{D_1}{D_0}$	K_c	$\dfrac{D_1}{D_0}$
0.0	1.000	0.6	1.997	1.2	2.741
0.1	1.210	0.7	2.130	1.3	2.841
0.2	1.393	0.8	2.259	1.4	2.965
0.3	1.559	0.9	2.384	1.5	3.075
0.4	1.713	1.0	2.506	1.8	3.390
0.5	1.853	1.1	2.625	2.0	3.600

8. 蒸汽伴热的燃油管道保温层厚度计算

蒸汽伴热的燃油管道保温结构见图 9-1，蒸汽伴热的燃油管道保温层厚度按式（9-40）计算

$$\ln\frac{D_0+2\delta}{D_0}=\frac{2\pi-\beta}{\beta}\cdot\frac{2000\lambda(t-t_a)}{\alpha_k D_0(t_k-t)}-\frac{2000\lambda}{\alpha(D_0+2\delta)}\tag{9-40}$$

式中　D_0——燃油管道外径，mm；

t——燃油温度，℃；

t_a——环境温度，取最低极端温度平均值，℃；

β——伴热保温壳夹角，按式（9-41）或式（9-45）计算，rad；

t_k——伴热保温壳内空气温度，按式（9-42）或式（9-46）计算，℃；

α_k——伴热保温壳内空气到燃油管道的换热系数，其值见表 9-5，W/（m²·K）。

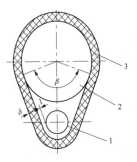

图 9-1　蒸汽伴热的燃油管道保温图
1—蒸汽伴热管；2—燃油管道；3—保温层

表 9-5　　　α_k 值

伴热管蒸汽温度（℃）	138	151	164	180
α_k [W/（m²·K）]	13.4	14.0	14.5	15.0

伴热保温壳夹角和壳内空气温度按下列规定计算。

1）伴热管为一根时

$$\beta=2\cos^{-1}\left(\frac{D_0-D_h-2l}{D_0+D_h+2l}\right)\tag{9-41}$$

$$t_k=\frac{\pi D_h\alpha_h t_h+\dfrac{\beta}{2}D_0\alpha_k t+K_r\dfrac{L_k}{R}t_a}{\pi D_h\alpha_h+\dfrac{\beta}{2}D_0\alpha_k+K_r\dfrac{L_k}{R}}\tag{9-42}$$

$$L_k=\frac{\beta}{2}(D_h+2l+2\delta)+2\sqrt{D_0(D_h+2l)}\tag{9-43}$$

$$R=\frac{1}{14}+\frac{\delta}{1000\lambda}+\frac{1}{\alpha}\tag{9-44}$$

2）伴热管为两根时，两根伴热管的中心距为 $1/2 D_0$，三根管道的中心为等腰三角形

$$\beta=2\tan^{-1}\frac{D_0}{2(D_0+D_h)}+2\tan^{-1}\sqrt{\frac{D_0^2+16(D_0-l)+(D_h+l)}{2(D_0-D_h-2l)}}\tag{9-45}$$

$$t_k=\frac{2\pi D_h\alpha_h t_h+\dfrac{\beta}{2}D_0\alpha_k t+K_r\dfrac{L_k}{R}t_a}{2\pi D_h\alpha_h+\dfrac{\beta}{2}D_0\alpha_k+K_r\dfrac{L_k}{R}}\tag{9-46}$$

$$L_k=\frac{\beta}{2}(D_h+2l+2\delta)+\frac{D_0}{2}+\frac{1}{2}\sqrt{D_0^2+16(D_0-l)(D_h+l)}\tag{9-47}$$

$$R=\frac{1}{14}+\frac{\delta}{1000\lambda}+\frac{1}{\alpha}\tag{9-48}$$

式中　L_k——由壳内空气经保温层到周围空气的散热长度，mm；

R——保温结构总热阻，（m²·K）/W；

D_h——伴热管外径，mm；

l——伴热管与燃油管及保温层内壁的间隙，宜为 10，mm；

t_h——伴热管内蒸汽温度，℃；

α_h——由伴热管到伴热保温壳内空气的换热系数，其值见表 9-6，W/（m²·K）。

表 9-6　　　α_h 值

伴热管外径（mm）	25	32	48	57
伴热管蒸汽温度（℃）	α_h [W/（m²·K）]			
120	18.4	17.8	17.1	16.6
138	19.8	19.1	18.4	18.0
150	20.8	20.4	19.5	19.1
164	22.1	21.5	20.7	20.4
180	23.7	23.1	22.4	21.9

9. 留置空气层的平面保温层厚度计算

留置空气层的平面保温结构见图 9-2。留置空气层指在带加固肋的平面（烟风道和风机等设备）的外

表面和保温层之间设置的空气隔离层。

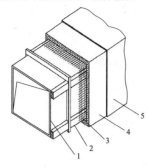

图 9-2　烟风道留置空气层保温结构

1—烟风道；2—空气层垫块（多孔硬质板材料）；

3—镀锌铁丝网；4—保温层；5—保护层

（1）当 $A_e=0$ 时，留置空气层的平面保温层厚度计算式为

$$\delta = \frac{\lambda_d}{\lambda_d - \lambda}\left[\frac{1000\lambda(t-t_s)}{\alpha(t_s-t_a)} - \frac{\lambda}{\lambda_d}b\right] \quad (9\text{-}49)$$

（2）当 $A_e>0$ 时，留置空气层的平面保温层厚度计算为

$$\delta = \frac{\lambda_d}{\lambda_d - \lambda}\left[1.897\sqrt{\frac{\lambda\tau P_h A_e(t-t_a)}{P_1 S}} - \frac{\lambda}{\lambda_d}b - \frac{1000\lambda}{\alpha}\right] \quad (9\text{-}50)$$

式中　A_e——介质烟质系数；

　　　　b——平面（烟风道）加固肋高，mm；

　　　　λ_d——留置空气层的当量热导率，按式（9-51）计算，W/（m·K）；

　　　　P_h——热价，元/GJ；

　　　　P_1——保温层单位造价，复合保温内层单位造价，元/m^3。

（3）留置空气层按有限空间放热计算，其当量热导率按式（9-51）计算，即

$$\lambda_d = \varepsilon_k\lambda_k \quad (9\text{-}51)$$

$$Gr = \beta_V\frac{g(b-\delta)^3}{\upsilon^2}(t-t_k)\times10^{-9} \quad (9\text{-}52)$$

$$\beta_V = \frac{1}{273+\dfrac{t_g+t_k}{2}} \quad (9\text{-}53)$$

其中：

当 $GrPr<10^3$ 时，$\varepsilon_k=1$；

当 $1\times10^3\leqslant GrPr<1\times10^6$ 时，$\varepsilon_k=0.105(GrPr)^{0.3}$；

当 $1\times10^6\leqslant GrPr<1\times10^{10}$ 时，$\varepsilon_k=0.4(GrPr)^{0.2}$。

式中　ε_k——对流系数；

　　　　λ_k——空气的热导率，见附录 H 中表 H-6，W/（m·K）；

　　　　Gr——葛拉晓夫数（Grashof）；

　　　　β_V——空气体积膨胀系数，K^{-1}；

g——重力加速度，m/s^3；

υ——空气运动黏度，见附录 H 中表 8-6，m^2/s；

t_k——空气层和保温层介面处温度，℃；

Pr——普朗特数（Prandtl），见附录 H 中表 H-6。

当保温层厚度计算值 $\delta>b$ 时，可不设留置空气层，将 $\lambda_d=10^9$ 代入式（9-49）或式（9-50）中重新计算保温层厚度。

（4）应对保温结构外表面温度、空气层和保温层界面处温度分别按式（9-54）、式（9-55）进行校核

$$t_s = \frac{\dfrac{b-\delta}{1000\lambda_d}t_a + \dfrac{\delta}{1000\lambda}t_a + \dfrac{1}{\alpha}t}{\dfrac{b-\delta}{1000\lambda_d} + \dfrac{\delta}{1000\lambda} + \dfrac{1}{\alpha}} \quad (9\text{-}54)$$

$$t_s = \frac{\dfrac{b-\delta}{1000\lambda_d}t_a + \dfrac{\delta}{1000\lambda}t + \dfrac{1}{\alpha}t}{\dfrac{b-\delta}{1000\lambda_d} + \dfrac{\delta}{1000\lambda} + \dfrac{1}{\alpha}} \quad (9\text{-}55)$$

留置空气层保温结构外表面散热密度按式（9-56）计算

$$q = \frac{t-t_a}{\dfrac{b-\delta}{1000\lambda_d} + \dfrac{\delta}{1000\lambda} + \dfrac{1}{\alpha}} \quad (9\text{-}56)$$

三、保温辅助计算

1. 保温结构外表面散热损失计算

保温结构外表面散热损失不得超过表 9-3 中给出的允许最大散热损失值。

（1）平面单层保温按式（9-57）计算，即

$$q = \frac{t-t_a}{\dfrac{\delta}{1000\lambda} + \dfrac{1}{\alpha}} \quad (9\text{-}57)$$

（2）管道单层保温按式（9-58）和式（9-59）计算，即

$$q = \frac{t-t_a}{\dfrac{D_1}{2000\lambda}\ln\dfrac{D_1}{D_0} + \dfrac{1}{\alpha}} \quad (9\text{-}58)$$

$$q_L = \frac{2\pi(t-t_a)}{\dfrac{1}{\lambda}\ln\dfrac{D_1}{D_0} + \dfrac{2000}{\alpha D_1}} \quad (9\text{-}59)$$

（3）平面复合保温按式（9-60）计算，即

$$q = \frac{t-t_a}{\dfrac{\delta_1}{1000\lambda_1} + \dfrac{\delta_2}{1000\lambda_2} + \dfrac{1}{\alpha}} \quad (9\text{-}60)$$

（4）管道复合保温按式（9-61）和式（9-62）计算，即

$$q = \frac{t-t_a}{\dfrac{D_2}{2000}\left(\dfrac{1}{\lambda_1}\ln\dfrac{D_1}{D_0} + \dfrac{1}{\lambda_2}\ln\dfrac{D_2}{D_1}\right) + \dfrac{1}{\alpha}} \quad (9\text{-}61)$$

$$q_{L} = \frac{2\pi(t - t_{a})}{\frac{1}{\lambda_{1}}\ln\frac{D_{1}}{D_{0}} + \frac{1}{\lambda_{2}}\ln\frac{D_{2}}{D_{1}} + \frac{2000}{\alpha D_{2}}} \quad (9\text{-}62)$$

式中 q——保温结构外表面散热损失，W/m^2；

q_{L}——保温结构线散热损失，W/m。

2. 保温结构外表面温度计算

保温结构外表面温度应符合第一节中的规定。

（1）平面单层保温按式（9-63）计算，即

$$t_{s} = \frac{\frac{\delta}{1000\lambda}t_{a} + \frac{1}{\alpha}t}{\frac{\delta}{1000\lambda} + \frac{1}{\alpha}} \quad (9\text{-}63)$$

（2）管道单层保温按式（9-64）计算，即

$$t_{s} = \frac{\frac{1}{\lambda}\ln\frac{D_{1}}{D_{0}} \cdot t_{a} + \frac{2000}{\alpha D_{1}}t}{\frac{1}{\lambda}\ln\frac{D_{1}}{D_{0}} + \frac{2000}{\alpha D_{1}}} \quad (9\text{-}64)$$

（3）平面复合保温按式（9-65）计算，即

$$t_{s} = \frac{\frac{\delta_{1}}{1000\lambda_{1}}t_{a} + \frac{\delta_{2}}{1000\lambda_{2}}t_{a} + \frac{1}{\alpha}t}{\frac{\delta_{1}}{1000\lambda_{1}} + \frac{\delta_{2}}{1000\lambda_{2}} + \frac{1}{\alpha}} \quad (9\text{-}65)$$

（4）管道复合保温按式（9-66）计算，即

$$t_{s} = \frac{\frac{1}{\lambda_{1}}\ln\frac{D_{1}}{D_{0}} \cdot t_{a} + \frac{1}{\lambda_{2}}\ln\frac{D_{2}}{D_{1}} \cdot t_{a} + \frac{2000}{\alpha D_{2}}t}{\frac{1}{\lambda_{1}}\ln\frac{D_{1}}{D_{0}} + \frac{1}{\lambda_{2}}\ln\frac{D_{2}}{D_{1}} + \frac{2000}{\alpha D_{2}}} \quad (9\text{-}66)$$

3. 复合保温内外层界面处温度计算

复合保温内外层界面处温度不应超过外层保温材料推荐使用温度的90%。

（1）平面按式（9-67）计算，即

$$t_{b} = \frac{\frac{\delta_{1}}{1000\lambda_{1}}t_{a} + \frac{\delta_{2}}{1000\lambda_{2}}t + \frac{1}{\alpha}t}{\frac{\delta_{1}}{1000\lambda_{1}} + \frac{\delta_{2}}{1000\lambda_{2}} + \frac{1}{\alpha}} \quad (9\text{-}67)$$

（2）管道按式（9-68）计算，即

$$t_{b} = \frac{\frac{1}{\lambda_{1}}\ln\frac{D_{1}}{D_{0}} \cdot t_{a} + \frac{1}{\lambda_{2}}\ln\frac{D_{2}}{D_{1}} \cdot t + \frac{2000}{\alpha D_{2}}t}{\frac{1}{\lambda_{1}}\ln\frac{D_{1}}{D_{0}} + \frac{1}{\lambda_{2}}\ln\frac{D_{2}}{D_{1}} + \frac{2000}{\alpha D_{2}}} \quad (9\text{-}68)$$

四、保温计算数据选取

（一）温度选取

1. 设备和管道外表面温度

无内衬的金属设备和管道，其外表面温度取设计温度；有内衬的金属设备和管道，应选取内衬厚度计算时所采用的金属外表面温度。

2. 环境温度

当合同有规定时，环境温度按合同选取，当合同无规定时，环境温度按如下规定选取：

室内布置的设备和管道在经济厚度及散热损失计算中环境温度可取20℃；室外布置的设备和管道的环境温度，常年运行的可取历年之年平均温度，供热管道可取历年供热期间日平均温度。

地沟内管道，环境温度应按表9-7取值。

表9-7 　　　　地沟内管道环境温度 　　　（℃）

介质温度	<80	80~110	>110
环境温度	20	30	40

防烫伤保温计算中，环境温度可取历年最热月平均温度。在防止介质冻结保温计算中，环境温度应取冬季历年极端最低温度平均值。

在校核有工艺要求的保温层厚度计算中，环境温度应按最不利的条件取值。

3. 保温材料内外表面温度平均值

保温材料内外表面温度平均值可按式（9-69）计算，即

$$t_{m} = \frac{1}{2}(t + t_{s}) \quad (9\text{-}69)$$

对复合保温其内外层材料的内外表面温度平均值可按式（9-70）和式（9-71）计算，即

$$t_{m1} = \frac{1}{2}(t + t_{b}) \quad (9\text{-}70)$$

$$t_{m2} = \frac{1}{2}(t_{b} + t_{s}) \quad (9\text{-}71)$$

式中 t_{m}——保温材料内外表面温度平均值，℃；

t_{m1}——复合保温内层的内外表面温度平均值，℃；

t_{m2}——复合保温外层的内外表面温度平均值，℃。

（二）保温材料热导率

常用保温材料热导率可按附录H表H-1取值。

（三）热价选取

热价应按下列规定选取：

热价应按当地实际情况取值。当缺乏资料时，热价可按式（9-72）计算，即

$$P_{h} = (1 + A_{i})P_{b} \quad (9\text{-}72)$$

式中 A_{i}——内部收益率（IRR），可取10%；

P_{b}——锅炉产热成本，元/GJ。

锅炉产热成本包括燃料费、锅炉设备折旧费、运行维护费及管理费等，可按式（9-73）计算，即

$$P_{b} = \frac{A_{b}P_{f}}{\eta Q_{net,ar}} \quad (9\text{-}73)$$

式中 P_f——实际燃料价格，元/t；

A_b——产热成本系数（考虑锅炉设备折旧费、运行维费及管理费等），可取 $1.05 \sim 1.20$（大容量锅炉取低值）；

η——锅炉效率；

$Q_{net,ar}$——燃料收到基低位发热量，MJ/kg。

（四）介质㶲质系数选取

介质㶲质系数是指介质做功能力相对于锅炉过热器出口过热蒸汽做功能力之比。介质㶲质系数可按表9-8取值或按式（9-74）计算，即

$$A_e = \frac{h - h_w - (t_w + 273)(s - s_w)}{h_{st} - h_w - (t_w + 273)(s_{st} - s_w)} \quad (9\text{-}74)$$

式中 h_w——冷却水比焓，kJ/kg；

h_{st}——锅炉出口过热蒸汽比焓，kJ/kg；

s_w——冷却水比熵，kJ/（kg·K）；

s_{st}——锅炉出口过热蒸汽比熵，kJ/（kg·K）；

t_w——冷却水温度，℃。

表 9-8　介质㶲质系数

设 备 及 管 道	介质㶲质系数
热风道、制粉管道、送粉管道；主蒸汽管道、再热蒸汽管道、高压给水管道；温度高于450℃的蒸汽管道；利用新蒸汽工作的设备和管道	1.0
三次风道、磨煤机密封管道；抽汽管道、厂用蒸汽管道、轴封供汽管道；辅助蒸汽管道及其他蒸汽管道；凝结水管道、中低压给水管道；凝结水泵、给水泵、除氧器、加热器等；利用调节或不调节抽汽工作的设备和管道；余热利用的烟道和管道	0.7
连续排污管道和设备；减温水管道、再循环水管道及其他水管道；疏水泵、补给水泵、冷却器、分离器等	0.5
烟道（余热利用的烟道除外）及除尘器、吸风机等；定期排污管道和设备；设备和管道的疏水、放气、排汽管道；至凝汽器或扩容器（通大气）的汽水管道	0

（五）保温层单位造价

保护层单位造价选取规定：

（1）保温层单位造价应计算材料费、安装费和保温材料损耗附加量及施工余量，可按式（9-75）计算

$$P_1[\text{或} P_2] = (1 + A_d)P_m + P_e \quad (9\text{-}75)$$

式中 P_1、P_2——保温层单位造价，元/m³；

P_m——保温材料费（包括包装费、运输费），元/m³；

P_e——保温材料的安装费（包括辅助材料费、施工管理费及其他费用），元/m³；

A_d——保温材料损耗附加量及施工余量，可按表9-10取值。

（2）保护层单位造价应计算保护层材料费和安装费及施工余量。保护层材料费和安装费应按工程实际情况取值。

（六）年运行时间

年运行时间应按工程实际情况取值。常年运行的可按8000h计，供热运行时间按工程实际情况取值。

（七）保温工程投资贷款年分摊率

保温工程投资贷款年分摊率应以复利计息，可按式（9-76）计算，即

$$S = \frac{i(1+i)^n}{(1+i)^n - 1} \quad (9\text{-}76)$$

式中 S——保温工程投资贷款年分摊率；

i——贷款年利率，%；

n——计息年数。

保温工程投资贷款年分摊率可取0.17（国外贷款项目可适当提高）。

（八）保温结构外表面传热系数 α

（1）室内的设备和管道保温结构外表面传热系数可按表9-9选取。

表 9-9　室内的设备及管道保温结构外表面传热系数

保温层外径（mm）	金属保护层 [W/（m²·K）]	抹面 [W/（m²·K）]
100	7.81	11.86
150	7.26	11.31
200	6.91	10.96
300	6.45	10.50
400	6.15	10.20
500	5.93	9.98
600	5.76	9.81
700	5.62	9.67
800	5.51	9.56
900	5.41	9.46
1000	5.32	9.37
1200	5.18	9.23
1500	5.04	9.08
平面	5.00	9.00

（2）室外的设备和管道保温结构外表面传热系数应为保护层材料的辐射传热系数 α_n 与对流传热系数 α_c 之和，按式（9-77）计算

$$\alpha = \alpha_n + \alpha_c \quad (9\text{-}77)$$

辐射换热系数 α_n 应按式（9-78）计算，即

$$\alpha_n = \frac{5.669\varepsilon}{t_s - t_a}\left[\left(\frac{273 + t_s}{100}\right)^4 - \left(\frac{273 + t_a}{100}\right)^4\right] \quad (9\text{-}78)$$

式中 α_n ——辐射换热系数，W/（m²·K）；

ε ——保护层材料黑度，参见附录 H 中表 8-7。

对流换热系数 α_c 应按式（9-79）～式（9-81）计算。

1）无风时，对流换热系数 α_c 应按式（9-79）计算，即

$$\alpha_c = \frac{26.4}{\sqrt{297 + 0.5(t_s + t_a)}} \left[\frac{1000(t_s - t_a)}{D_1} \right]^{0.25} \quad (9\text{-}79)$$

式中 α_c ——对流换热系数，W/（m²·K）；

D_1 ——保温层外径，当为双层时，应代入外层绝热层外径 D_2 的值，对矩形截面的保温结构，应代入其当量直径（下同）。

2）有风时，对流换热系数 α_c 应按式（9-80）和式（9-81）计算。

当 $wD_1 \leqslant 0.8\text{m}^2/\text{s}$ 时

$$\alpha_c = \frac{80}{D_1} + 4.2 \frac{w^{0.618}}{(D_1/1000)^{0.382}} \quad (9\text{-}80)$$

当 $wD_1 > 0.8\text{m}^2/\text{s}$ 时

$$\alpha_c = 4.53 \frac{w^{0.805}}{(D_1/1000)^{0.195}} \quad (9\text{-}81)$$

式中 w ——年平均风速（防冻计算时取冬季最多风向平均值），m/s。

（3）防烫伤保温厚度计算时，α 可取 8.14，W/（m²·K）。

（九）保温及保护层材料损耗附加量及施工余量

保温及保护层材料损耗附加量及施工余量可按表 9-10 取值。

表 9-10　保温及保护层材料损耗附加量及施工余量

保温及保护层材料	保温及保护层材料损耗附加量及施工余量
硅酸铝制品	5%
硅酸镁纤维毯	5%
岩棉、矿渣棉、玻璃棉制品	5%
多腔孔陶瓷复合绝热制品	5%
硅酸钙制品	10%
复合硅酸盐制品	5%
镀锌钢板	25%
铝合金板	25%
彩钢板	25%
玻璃丝布	25%
抹面	10%

第四节　保温结构

一、一般规定

（1）保温结构一般由保温层和保护层组成。对于地沟内管道以及处在潮湿环境中的低温设备和管道，在保温层外应增设防潮层。

（2）保温结构设计应满足下列要求：

1）保温结构在设计使用寿命内应能保持完整，在使用过程中不允许出现烧坏、腐烂、剥落等现象；

2）保温结构应有足够的机械强度，在自重、振动、风雪等附加荷载的作用下不致破坏；

3）保温结构应保温效果好，施工方便，防火、防水，整齐美观。

（3）设备、直管道等无需检修的部位应采用固定式保温结构。管道蠕变监察段、蠕变测点、流量测量装置、阀门、法兰、堵板、补偿器等部位的保温结构应易于拆卸，补偿器的保温不应影响其功能。当以上部件连接管道采用金属保护层时，宜采用可拆卸式保温结构。

（4）安全阀后对空排汽管道以及大风地区室外布置的设备和管道的保温结构应采取适当加固措施，如加密加粗支撑件、固定件和捆扎件。

（5）典型保温结构图见附录 H 的图 H-1～图 H-5。

二、保温层

1. 一般要求

（1）保温层厚度宜为 10mm 的整数倍。硬质保温制品最小厚度宜为 30mm。

（2）矩形大截面烟风道和转动机械可采用留置空气层或采用紧贴金属壁的保温层，加固肋与金属壁的保温厚度应一致。

（3）保温材料作为设备隔声措施时，宜由设备厂家进行设计。

2. 保温层支撑件设计要求

（1）立式设备和管道、水平夹角大于 45° 的斜管和卧式设备的底部，其保温层应设支撑件。对有加固肋的烟风道和设备，应利用其加固肋作为支撑件。

（2）支撑件的位置应避开阀门、法兰等管件。对设备和立管，支撑件应设在阀门、法兰等管件的上方，其位置不应影响螺栓的拆卸。

（3）支撑件所选用的材料应与介质的温度相适应。

（4）介质温度小于 430℃ 时，支撑件可采用焊接承重环；介质温度高于 430℃ 时，支撑件应采用紧箍承重环。当不允许直接焊于设备或管道上时，应采用

紧箍承重环。直接焊于不锈钢管上时，应加焊不锈钢垫板。

（5）采用软质保温材料及半硬质制品时，为了保证金属保护层外形整齐美观，应适当设置金属骨架以支撑金属保护层。

（6）凡施焊后须进行热处理的设备，其上的焊接支撑件宜在设备制造厂预焊。

（7）支撑件的承面宽度应比保温层厚度少 10～20mm。

（8）支撑件的间距：对设备或平壁，可为 1.5～2m；对管道，高温时可为 2～3m，中低温时可为 3～5m；管道采用软质毡、垫保温时，宜为 1m；卧式设备应在水平中心线处设支撑件。

3. 保温层固定件设计要求

（1）管道、平壁和圆筒设备的保温层，硬质材料保温时，宜用钩钉或销钉固定；软质材料保温时，宜用销钉和自锁垫片固定。

（2）保温层固定用的钩钉、销钉可选用 $\phi 3 \sim \phi 6$ 的镀锌铁丝或低碳圆钢制作。

（3）直接焊接于不锈钢设备或管道上的固定件，应采用不锈钢制作，当固定件采用碳钢制作时，应加焊不锈钢垫板。

（4）硬质或半硬质保温制品保温时，钩钉、销钉宜根据制品几何尺寸设在缝中作攀系保温层的桩柱之用，钉间距 300～610mm；软质材料保温时，钉之间距不应大于 350mm。每平方米面积上钉的个数：侧面不应少于 6 个，底部不应少于 8 个。

（5）凡施焊后须进行热处理的设备，其上的焊接固定件宜在设备制造厂预焊。

4. 保温层捆扎件设计要求

（1）保温层应采用镀锌铁丝或镀锌钢带捆扎，镀锌铁丝应用双股捆扎。捆扎件规格应符合表 9-11 的规定。

（2）捆扎间距：硬质保温制品不应大于 400mm，半硬质保温制品不应大于 300mm，软质保温材料不应大于 200mm。每块保温制品上至少要捆扎两道。

表 9-11　　捆 扎 件 规 格

管道保温层外径（mm）	捆扎件规格
≤300	$\phi 1.2$ 镀锌铁丝
>300～600	$\phi 2.0$ 镀锌铁丝
>600～1000	$\phi 2.5$ 镀锌铁丝或 12×0.5 镀锌钢带
>1000 的设备及管道	20×0.5 镀锌钢带

注　1. 镀锌铁丝应符合 YB/T 5294《一般用途低碳钢丝》的规定。

　　2. 镀锌钢带应符合 GB/T 2518《连续热镀锌钢板及钢带》的规定。

5. 伸缩缝设计要求

采用硬质保温制品的保温层应设置伸缩缝，伸缩缝设计应符合下列规定：

（1）伸缩缝应设置在支吊架、法兰、加固肋、支撑件或固定环等部位。

（2）伸缩缝间距：高温可为 3～4m，中低温可为 5～7m。伸缩缝宽度宜为 20～25mm，高温时取上限，低温时取下限，缝间应满塞软质保温材料。

（3）分层保温时各层伸缩缝应错开，错缝间距不应大于 100mm。

（4）高温管道的伸缩缝外应设置独立的保温结构。

6. 保温层间隙设计要求

（1）管道阀门、法兰连接处，保温层应留设拆卸螺栓的间隙，间隙中应满塞软质保温材料。

（2）高温蒸汽管道的蠕胀测点处，保温层应留设 200mm 的间隙，间隙中应满塞软质保温材料。

（3）补偿器和滑动支架附近的管道保温层应留设膨胀间隙。

（4）两根相互平行或交叉的管道，其膨胀方向或介质温度不相同时，两管道保护层之间应留间隙。

（5）采用硬质保温制品遇到焊缝时，应按焊缝宽度在硬质保温制品的内壁相应部位抠槽。

（6）保温结构与墙、梁、栏杆、平台、支撑等固定构件和管道所通过的孔洞之间应留设膨胀间隙。

保温层支撑件、固定件和捆扎件等辅助材料可按附录 H 计算用量。

三、保护层

（1）金属保护层的接缝可选用搭接、咬接、插接及嵌接的形式。保护层安装应紧贴保温层或防潮层。金属保护层纵向接缝可采用搭接或咬接；环向接缝可采用插接或搭接。室内的金属保护层宜采用搭接形式。

（2）金属保护层应有整体防水功能。露天、潮湿环境中的保温设备及管道，其金属保护层应嵌填密封剂或在接缝处包缠密封带。安装在室外的支吊架管部穿出金属保护层的地方，应在吊杆上加装防雨罩。

（3）管道金属保护层膨胀部位的环向接缝，静置设备及转动机械金属保护层的膨胀部位应采用活动接缝，接缝应满足热膨胀的要求，不得固定。

（4）当采用抹面保护层时，管道保温层外径小于 200mm 时，抹面层厚度宜为 15mm；保温层外径大于 200mm 时，抹面层厚度宜为 20mm；平面（平壁）保温时，抹面层厚度宜为 25mm。

露天的保温结构，不宜采用抹面保护层。如采用时，应在抹面层上包缠毡、箔或布类保护层，并应在包缠层表面涂敷防水、耐候性的涂料。

（5）外径小于 38mm 管道的保温层为紧密缠绕单层或多层（多层时应反向回绕，缝隙错开）纤维绳时，应在纤维绳外用 φ1.2 镀锌铁丝反向缠绕加固，再外包金属保护层。

（6）玻璃布保护层不应在室外使用。

（7）室外布置的大截面矩形烟风道的保护层顶部应设排水坡度，双面排水。

四、防潮层

（1）防潮层现场涂抹的结构为第一层胶泥、中间层玻璃纤维布或塑料网格布、第二层胶泥的形式，胶泥的厚度每层宜为 2～3mm。

（2）防潮层外不应再设镀锌铁丝或钢带等硬质捆扎件。

第五节 油漆与防腐

一、油漆

涂料俗称为油漆，是涂于物体表面能形成具有保护、装饰或特殊性能（如绝缘、防腐、标志等）固态薄膜的一类液体或固体材料的总称。早期涂料大多以植物油为主要原料，现在多以合成树脂为主要原料。本书所述油漆也指涂料。

1. 油漆设计的一般规定

（1）下列情况应按不同要求进行外部油漆：

1）不保温的设备、管道及其附件；

2）介质温度低于 120℃ 的保温设备、管道及其附件；

3）支吊架、平台扶梯等（现场制作部分）。

（2）设计温度超过 120℃ 的保温碳钢和低合金钢设备、管道及其附件外表面宜涂刷耐高温涂料。

（3）直径较大的循环水管道以及箱和罐等按不同的要求进行内部油漆。

2. 涂料的使用原则

设备、管道和附属钢结构在涂装前的表面预处理应根据钢材表面的锈蚀等级，按设计规定的除锈方法进行，并达到规定的预处理等级。涂料可选用醇酸树脂涂料、高氯化聚乙烯涂料、环氧树脂涂料、酚醛环氧涂料、丙烯酸涂料、聚氨酯涂料、有机硅涂料等。涂料应配套使用，涂层一般应由底漆、中间漆和面漆构成。涂装施工可采用刷涂、滚涂、空气喷涂和高压无气喷涂等方法。

（1）涂料的选择应符合下列规定：

1）涂料的性能应与腐蚀环境相适应；

2）涂料一般由底漆、中间漆和面漆构成，并且配套使用；

3）选用的底漆应与规定的钢材除锈等级相适应；

4）安全可靠，经济合理。

（2）涂层干膜厚度应符合下列规定：

1）与环境的腐蚀等级相适应；

2）与钢材表面预处理方法、除锈等级及其表面粗糙度相适应；

3）根据选用涂料品种的特性与使用环境，保证涂层能起保护作用的最低厚度；

4）需要加重防腐蚀部位及涂装困难部位，宜增加适当的厚度。

（3）大气腐蚀等级分类应符合 GB/T 30790.2《色漆和清漆　防护涂料体系对钢结构的防腐蚀保护　第 2 部分：环境分类》的有关规定，大气腐蚀性等级不宜低于 C4。

（4）涂层耐久性应符合 GB/T 30790.1《色漆和清漆　防护涂料体系对钢结构的防腐蚀保护　第 1 部分：总则》的有关规定，分为低等（L）、中等（M）和高等（H），涂层耐久性不宜低于中等（M），即 5～15 年。大气腐蚀等级、涂料耐久性和涂层干膜总厚度最低要求应符合表 9-12 的规定。

表 9-12　涂层干膜总厚度最低要求　（μm）

涂料耐久性	大气腐蚀等级						
	C2	C3		C4		C5-I、C5-M	
		其他	Zn（R）	其他	Zn（R）	其他	Zn（R）
低等（2～5 年）	80	120	—	200	160	200	—
中等（5～15 年）	120	160	—	240	200	300	240
高等（15 年以上）	160	200	160	280	240	320	320

注　1. Zn（R）为富锌底漆，其他表示非富锌底漆。
　　2. 大气腐蚀等级为 C5-M 时，涂料耐久性仅推荐中等和高等。

（5）设备、管道和附属钢结构的涂料和涂层干膜厚度应根据其所处的环境、涂料的性能以及要求的防腐蚀年限选用。常用涂层配套可按附录 H 表 H-14 的规定选用。

3. 油漆设计的具体规定

（1）不保温的设备和管道油漆设计宜符合下列规定：

1）室内布置的设备、管道和附属钢结构，可以选用醇酸涂料、环氧涂料、丙烯酸涂料、聚氨酯涂料、有机硅涂料等；室外布置的设备、管道和附属钢结构，可选用高氯化聚乙烯涂料、环氧涂料、丙烯酸涂料、聚氨酯涂料、有机硅涂料等。

2）燃油罐外壁可选用耐候性热反射隔热涂料，内壁应采用耐油导静电涂料；油箱内壁可选用环氧耐油涂料。

3）管沟中管道、循环水管道外壁、工业水管道、工业水箱外壁、直径较大的循环水管道内壁可选用高固体分改性环氧涂料、无溶剂环氧涂料或环氧沥青涂料。采用高固体分改性环氧涂料或无溶剂环氧涂料时，输送海水的循环水管道内壁总干膜厚度应不小于600μm。

4）排汽管道可选用聚氨酯耐热涂料、酚醛环氧涂料、有机硅耐热涂料等。

5）防腐原烟道可选用耐高温型玻璃鳞片树脂涂料，净烟道内表面可选用玻璃鳞片树脂涂料，干膜总厚度不应小于2mm。

6）凝结水补水箱内壁可采用弹性聚脲、酚醛环氧涂料或环氧耐浸泡树脂涂料，其中弹性聚脲干膜总厚度不应小于1.1mm。

7）制造厂供应的设备（如水泵、风机、容器等）和支吊架，如涂料损坏时，可涂刷1～2度颜色相同的面漆。

（2）保温的设备和管道的涂装设计宜符合下列规定：

1）设计温度不超过120℃时，设备和管道的外表面应涂刷环氧涂料，可只涂刷底漆或底漆和中间漆，涂层干膜总厚度约120μm。

2）当设计温度大于120℃时，设备和管道的外表面宜涂刷有机硅耐热涂料，涂层干膜总厚度为50～75μm。

3）温度不超过90℃的热水箱等设备内壁宜涂刷2度酚醛环氧涂料，其他设备和容器内壁的防腐方式根据工艺要求决定。

4. 涂装前钢材表面处理要求

涂装前钢材表面预处理及除锈等级应符合下列规定：

（1）预处理前，钢材表面应无可见的油污和污垢，同时钢材表面的毛刺、焊渣、飞溅物、积尘和疏松的氧化皮、铁锈、涂层等物应清除。

（2）金属表面锈蚀等级和除锈等级的评定应与GB/T 8923.1《涂覆涂料前钢材表面处理 表面清洁度的目视评定 第1部分：未涂覆过的钢材表面和全面清除原有涂层后的钢材表面的锈蚀等级和除锈等级》中典型样板照片对比确定。

（3）钢材涂装前的表面预处理应根据钢材表面的锈蚀等级，采用喷射除锈、手工除锈或动力工具除锈来达到设计要求的除锈等级。

（4）喷射除锈应满足以下要求：

1）喷射除锈是以压缩空气为动力，将磨料以一定的速度喷向被处理的钢材表面，以除去钢材表面的铁锈、氧化皮及其他污物，并使钢材表面获得一定的表面粗糙度的表面处理方法。喷射除锈分为喷砂和抛丸除锈，其中喷砂用的磨料可选石英砂或钢砂。

2）适用于干喷射方法除锈。除锈时，应在有防尘措施的场地进行，以防止粉尘飞扬。

3）喷射除锈时，使用的压缩空气应经过油、水分离处理。

4）喷射除锈合格后的钢材应及时涂刷底漆，间隔时间不应超过4h。如在涂漆前已返锈，需重新除锈。

5）喷射除锈后的钢材表面粗糙度，宜小于涂层总厚度的1/3。

（5）手工和动力工具除锈应满足以下要求：

1）手工除锈主要是用刮刀、手锤、钢丝刷和砂布等工具除锈。

2）动力工具除锈主要是以风动或电动砂轮、刷轮和除锈机等动力工具除锈。

3）钢材除锈后，应用刷子或无油、水的压缩空气清理，除去锈尘等污物，并应在当班涂完底漆。

（6）各类底漆对应的钢材表面最低除锈等级应符合表9-13的规定。

表9-13　　　各类底漆对应的钢材表面最低除锈等级

底层涂料种类	最低除锈等级
沥青底漆	St3 或 Sa2
醇酸树脂底漆	St3 或 Sa2
其他树脂类底漆	Sa2
各类富锌底漆	$Sa2\frac{1}{2}$

注　不易维修的重要部件的除锈等级不应低于 $Sa2\frac{1}{2}$。

5. 油漆颜色

设备、管道和附属钢结构的面漆颜色和色卡号宜符合表9-14的规定。

表9-14　　　面漆颜色和色卡号

序号	管道、设备和附属钢结构名称	面漆颜色	颜色编号
1	凝结水管道（不保温）	淡绿	G02
2	除盐水、化学补充水管道	淡绿	G02
3	循环水、工业水、射水、冲灰水管道	黑	—
4	消防水管道	大红	R03
5	油管道	深黄	Y08
6	冷风道	天蓝	PB09
7	原煤管道	天蓝	PB09
8	天然气、高炉煤气管道	淡蓝	PB07

续表

序号	管道、设备和附属钢结构名称	面漆颜色	颜色编号
9	空气管道	天蓝	PB09
10	氧气管道	淡蓝	PB07
11	氮气、二氧化碳管道	淡灰	B03
12	氢气管道	橘黄	YR04
13	排汽管道	银灰	B04
14	乙炔管道	白色	—
15	硫酸亚铁和硫酸铝管道	深棕黄	YR07
16	盐水管道	白色	—
17	氯气管道	深绿	G05
18	氨气管道	深黄	Y08
19	联氨	淡黄	Y06
20	酸液	大红	R03
21	碱液	中黄	Y07
22	磷酸三钠溶液	中绿	G04
23	石灰浆液	淡灰	B03
24	过滤水	天蓝	PB09
25	埋地管道	黑色	—
26	工业水箱	天蓝	PB09
27	除盐水箱、补水箱	浅绿	G02
28	支吊架	银灰	B04
29	平台扶梯	银灰	B04

注 面漆颜色和编号应符合 GB/T 3181《漆膜颜色标准》和 GSB 05-1626《漆膜颜色标准样卡》的有关规定。

6. 标识

为便于识别，管道的介质名称及介质流向箭头应符合下列规定：

（1）管道弯头、穿墙处及管道密集、难以辨别的部位，应涂刷介质名称及介质流向箭头。介质名称可用全称或化学符号标识。

（2）管道的介质名称和介质流向箭头的位置和形状如图 9-3 所示，图中的尺寸数值见表 9-15，介质流向箭头的尖角为 60°。

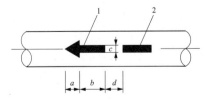

图 9-3 管道的介质名称和介质流向箭头的位置和形状
1—介质流向箭头；2—介质名称

表 9-15　　管道的介质名称和介质流向箭头尺寸　　（mm）

管道外径或保温层外径	a	b	c	d
≤100	40	60	30	100
101～200	60	90	45	100
201～300	80	120	60	150
301～500	100	150	75	150
>500	120	180	90	200

（3）当介质流向有两种可能时，应标出两个方向的流向箭头。

（4）介质名称和流向箭头可用黑色或白色油漆涂刷。

（5）对于外径小于 76mm 管道，当在管道上直接涂刷介质名称及介质流向箭头不易识别时，可在需要识别的部位挂设标牌。标牌上应标明介质名称，并使标牌的指向尖角指向介质流向。

7. 涂料耗量

（1）钢材的实际涂料耗量，应按涂膜厚度、理论涂布率和损耗系数计算。

（2）涂膜厚度分为干膜厚度和湿膜厚度，可按式（9-82）计算，即

$$\phi = \frac{100\theta_2}{\theta_1} \qquad (9-82)$$

式中　ϕ——涂料的体积固体含量，%；
　　　θ_1——涂料的湿膜厚度，μm；
　　　θ_2——涂料的干膜厚度，μm。

（3）理论涂布率由涂料厂家根据其产品体积固体含量给定，也可以按式（9-83）计算，即

$$M_1 = \frac{10\phi}{\theta_2} = \frac{1000}{\theta_1} \qquad (9-83)$$

式中　M_1——涂料的理论涂布率，m²/L。

（4）实际涂布率根据理论涂布率和损耗系数按式（9-84）确定，即

$$M_2 = M_1(1-\xi) \qquad (9-84)$$

式中　M_2——涂料的实际涂布率，m²/L；
　　　ξ——涂料的涂布损耗系数。

（5）涂料的涂布损耗系数根据涂装方法（刷涂、滚涂、空气喷涂和高压无气喷涂）和被涂底材的结构类型有关，最高实际涂布率宜取理论涂布率的 0.8 倍，额外涂料消耗量由工程根据涂装方法确定。

（6）稀释剂应根据油漆的品种和用量，按涂料厂家的要求确定。

（7）支吊架和平台扶梯的每度涂刷面积每吨钢材可按 38m² 计算。

8. 涂装施工

（1）钢材表面除锈等级应满足表 9-13 的规定。

（2）涂装施工的环境应符合的要求：

1）施工现场的环境温度宜为 10～30℃，环境湿度不宜大于 85%。钢材表面温度应高于露点温度 3℃。

2）在大风、雨、雾、雪天及强烈阳光照射下，不宜进行室外施工。

（3）涂装施工采用刷涂、滚涂、空气喷涂和高压无气喷涂等方法。宜根据涂装场所的条件、被涂物形状大小、涂料品种及设计要求等，选择合适的涂装方法。

（4）二次涂装的表面在进行下道涂漆前应清除表面的盐分、油、泥、灰尘等污物，再用钢丝绒等工具对原有漆膜进行打毛处理，最后按原涂装设计进行修补。

（5）涂装施工过程中，应遵守国家和行业的有关防火、防爆和防毒等规定。

（6）质量检查及验收。

1）涂层的外观：涂膜应光滑平整、颜色均匀一致，无泛锈、气泡、流挂及开裂、剥落等缺陷。

2）涂层表面应采用电火花检测，无针孔。

3）涂层厚度应均匀，涂层的干膜厚度按两个 85% 控制，即所测点的 85% 的干膜厚度应大于等于规定厚度，其余 15% 的测点的干膜厚度不应低于规定厚度的 85%。

4）涂层附着力应符合设计要求，可采用画圈法。

5）涂层应无漏涂、误涂现象。

6）涂装工程的验收，包括中间验收和交工验收。工程未经交工验收，不得交付使用。

二、防腐

1. 涂料防腐

埋地管道外壁可采用环氧煤沥青涂料、互穿网络防腐涂料、高固体分改性环氧涂料或其他防腐料防腐。

（1）埋地钢管所处的土壤腐蚀性评价符合 DL/T 5394《电力工程地下金属构筑物防腐技术导则》的有关规定。

（2）环氧煤沥青防腐层结构，应符合表 9-16 的规定。

表 9-16　　　环氧煤沥青防腐结构

防腐等级	防腐层结构	干膜总厚度（mm）
普通防腐	沥青底漆-沥青 3 层夹玻璃布 2 层	0.60
加强防腐	沥青底漆-沥青 4 层夹玻璃布 3 层	0.80
特强防腐	沥青底漆-沥青 5 层夹玻璃布 4 层	1.00

（3）互穿网络防腐层结构，应符合表 9-17 的规定。

表 9-17　　　互穿网络防腐结构

防腐等级	防腐层结构	干膜总厚度（mm）
普通防腐	底漆-面漆-面漆	0.20
加强防腐	底漆-面漆-玻璃布-面漆-面漆	0.40
特强防腐	底漆-面漆-玻璃布-面漆-玻璃布-面漆-面漆	0.60

（4）高固体分改性环氧防腐层结构，应符合表 9-18 的规定。

表 9-18　　　高固体分改性环氧防腐层结构

防腐等级	防腐层结构	干膜总厚度（mm）
普通防腐	防腐底漆-防腐面漆	0.40
加强防腐	防腐底漆-防腐面漆	0.50
特强防腐	防腐底漆-防腐面漆	0.60

（5）当埋地管道与水工构筑物、铁路、公路相交时，或在杂散电流作用地区的埋地管道应设特强等级的防腐结构。防腐蚀涂料体系与阴极保护措施相结合，可以获得更长的使用寿命。

2. 阴极保护

阴极保护是通过降低腐蚀电位，使管道的腐蚀速度显著减小而实现电化学保护的方法。阴极保护通常有强制电流保护和牺牲阳极保护两种方法。

（1）当金属管道敷设在电气化铁路附近时，应考虑发生电蚀的可能，必要时应采取阴极保护防腐措施。

（2）对于腐蚀性严重区域的地下钢管，或与海水接触的钢管应采取防腐涂层和阴极保护措施。

（3）阴极保护应遵循 GB/T 16166《滨海电厂海水冷却水系统牺牲阳极阴极保护》、GB/T 17005《滨海设施外加电流阴极保护系统》、GB/T 4948《铝-锌-铟系合金牺牲阳极》、GB/T 4949《铝-锌-铟系合金牺牲阳极化学分析方法》、GB/T 4950《锌-铝-镉合金牺牲阳极》。

（4）钢管采用牺牲阳极的阴极保护方式时，牺牲阳极块的设计保护年限应根据工程条件确定，对于循环水钢管内表面不宜少于 10 年，钢管外表面不宜少于 25 年。循环水钢管内表面不易检修时，牺牲阳极块设计保护年限可与钢管外表面一致。

（5）防腐蚀涂层是防止和减缓埋地钢质管道腐蚀的重要手段，如果和阴极保护联合使用，则防腐蚀效果更为显著。埋地管道单凭防腐蚀涂层保护，存在许多不安全因素。在实际工程中，管道防腐蚀涂层由于施工条件、经济性等诸多原因，不可能做到完整无缺、致密无孔，这样在破损处就形成阳极，大面积防腐层则成为阴极，形成小阳极和大阴极的不利局面，在腐蚀电流大小一定时，小阳极上的腐蚀电流密度远大于大阴极上的电流密度，造成破损部位穿孔，且破损面积越小，穿孔速度越快，也就是说防腐层加速局部破损处的腐蚀速度。而解决这一问题的有效办法就是在实施管道防腐蚀涂层的同时，加上阴极保护技术，保证管道长期安全、可靠运行。

第十章

平 台 扶 梯 设 计

第一节 适用范围及基本说明

一、适用范围

平台扶梯设计适用于工艺专业的附属机械、辅助设备、管道阀门及附件的检修、维护、操作的钢制平台、扶梯及栏杆的设计。

二、基本要求

平台、扶梯、栏杆的设计，需有足够的强度和刚度，造型美观、制造方便，并在材料使用上经济合理。平台安装在牢固的支撑结构上，与其固定连接，并有足够的稳定性，梯间平台不应悬挂在梯段上。对吊在土建结构下面的平台，必要时需增加支撑，避免晃动。对于难以设置固定式维护、检修平台的地方，可设置移动式升降平台。除特殊注明者外，平台扶梯钢结构均采用焊接连接。

三、平台扶梯材料选择

平台扶梯材料选择见表 10-1。

表 10-1　　平台扶梯材料选择表

钢种与标准号	钢号	允许的上下限温度（℃）
普通碳素钢，GB/T 700《碳素结构钢》	Q235-A	最低：−20　最高：140
	Q235-B	最低：−20　最高：140
	Q235-C	最低：−20　最高：140
	Q235-D	最低：−40　最高：140
低合金高强度结构钢，GB/T 1591《低合金高强度结构钢》	Q345-A	最低：−20　最高：140

续表

钢种与标准号	钢号	允许的上下限温度（℃）
低合金高强度结构钢，GB/T 1591《低合金高强度结构钢》	Q345-B	最低：−20　最高：140
	Q345-C	最低：−20　最高：140
	Q345-D	最低：−40　最高：140
	Q345-E	最低：−60　最高：140
优质碳素钢，GB/T 699《优质碳素结构钢》	10、20	最低：−20　最高：140

四、平台扶梯防腐要求

凡属制造厂随设备供货的平台、扶梯和栏杆，按其类型、承载能力，所用材料及强度、刚度的限制，在技术协议中明确。特殊部位（如锅炉汽包前平台，吹灰器或减温器平台、燃油操作平台、电气除尘器等），按实际需要在技术协议中提出明确要求。钢制平台扶梯应根据所处环境采取防腐措施。室内的平台扶梯，宜先涂刷 2 度防锈漆，再涂刷 1～2 度银灰色调和漆；室外的平台扶梯，宜先涂刷 2 度云母氧化铁酚醛底漆，再涂刷 2 度云母氧化铁面漆；海滨盐雾地区或有腐蚀性气体的环境，宜采用表面浸锌防腐。

第二节 平 台

制作平台时不应采用普通平滑钢板。用于特殊部位（如防爆门的顶部）平台、液体有可能从平台上漏下伤人的平台、燃油调节阀操作维护平台等，均应采用花纹钢板密实平台。易于积聚煤粉和灰尘的地方，以及露天锅炉和露天布置设备的平台，应采用格栅板平台。其余地方宜采用格栅板平台，也可采用花纹钢板平台。

通行平台宽度不宜小于 700mm，竖向净空不宜小于 1800mm；梯间平台宽度不应小于梯段宽度，行进方向的长度不应小于 850mm。

联络平台如支撑在锅炉或其他设备的平台上时，应取得厂家同意，或对原平台经强度和挠度核算符合规定，否则应在原平台连接处作相应补强。

一、平台的刚度

（一）格栅板的刚度

允许格栅板的纵向的最大弯曲挠度应为 $D_e \leqslant L/150$（L 为扁钢长度方向），且最大弯曲挠度不大于 20mm。宜采用工厂制造的标准格栅板，保证工艺质量和性能。

（二）花纹钢板的刚度

按等效均布荷载四边简支计算，允许最大弯曲挠度应为 $D_e \leqslant L/150$（L 为花纹钢管的纵向长度），花纹钢板的厚度应大于 4mm，宜采用 5mm。

（三）加强筋的允许最大挠度

为满足格栅板或花纹钢板挠度的要求，可沿框架长度方向设置角钢加强筋，加强筋的允许最大挠度应为 $D_e \leqslant L/250$（L 为加强筋的长度）。

框架的刚度：当平台长度为 L 时，框架的最大挠度应为 $D_e \leqslant L/250$。当平台跨度超过极限跨距时，应在其极限跨距内设置支吊架。

二、平台荷载

平台的结构，按承载能力极限状态和正常使用极限状态进行设计。按 GB/T 22395《锅炉钢结构设计规范》规定：

（1）按承载能力极限状态设计时，应考虑荷载效应的基本组合；按正常使用极限状态设计时，只考虑荷载短期效应组合。

（2）在计算构件的强度、稳定性及连接的强度时，荷载标准值乘以荷载分项系数。

（3）在计算正常使用极限状态的变形时，采用荷载标准值。平台的标准荷载按 GB 4053.3《固定式钢梯及平台安全要求　第 3 部分：工业防护栏杆及钢平台》的规定选取，荷载组合按 GB 50009《建筑结构荷载规范》的规定选取。平台的荷载由永久荷载（自重）和活荷载构成荷载组合值。

荷载组合值按式（10-1）、式（10-2）计算。

用于强度计算

$$L_s = 1.2G_k + \gamma_{\theta i}Q_{ik} \qquad (10-1)$$

用于挠度计算

$$L_d = G_k + Q_{ik} \qquad (10-2)$$

式中　L_s——强度计算荷载设计值，N/mm^2；

L_d——挠度计算荷载设计值，N/mm^2；

G_k——永久荷载标准值，对于花纹钢板及格栅板计算，为其本身自重，对于加强筋计算，为加强筋自重与板本身自重之和，对于平台边框计算，为整个平台自重，N/mm^2；

$\gamma_{\theta i}$——平台活荷载的荷载分项系数，当活荷载标准值小于 4kN/m^2 时取 1.4，当活荷载标准值为 4kN/m^2 时取 $\gamma_{\theta i} = 1.3$；

Q_{ik}——活荷载标准值，运行操作平台取 2，检修平台取 4，kN/m^2。

第三节　斜梯和直梯

斜梯由梯梁、踏板和扶手组成。

一、斜梯设计原则

在一般情况下，应使用典型设计的标准角度 45°、50°、60°。只有在上下端已定的特殊情况下，方可使用其他角度的斜梯；经常上下时，采用 45°或 50°斜梯；上下机会较少，不经常搬运材料，又受布置条件限制时，可采用 60°斜梯。当倾角大于 75°时，应采用直梯。

二、斜梯的宽度

斜梯的宽度，按下列原则确定：

（1）斜梯宽度最大不宜大于 1100mm，最小不应小于 600mm。

（2）对于需搬运材料或人员同时上下的斜梯，宜采用 800mm。

（3）只有上下机会较少，不经常搬运材料，又受布置条件限制时，方可采用 600mm。

三、斜梯的踏步高和踏板宽

不同角度 α 的斜梯，其踏步高 R、踏板宽 T 宜采用表 10-2 所列数值。

表 10-2　　　斜　梯　参　数　表

α	30°	35°	40°	45°	50°	55°	60°	65°	70°	75°
R（mm）	160	175	185	200	210	225	235	245	255	265
T（mm）	280	250	230	200	180	150	135	115	95	75

四、斜梯上部净空

斜梯高度不宜超过 5m，超过 5m 时，宜设梯间平台,分段设梯。

斜梯踏步上部垂直净空不直小于 2200mm,布置在斜梯上方的管道,其保温外表面至斜梯倾斜面的垂直距离不宜小于 h(mm),数值 h 见图 10-1。

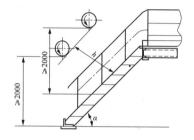

斜梯角度 α	45°	50°	60°
垂直距离 h	1800	1700	1500

图 10-1 斜梯垂直净空示意

五、斜梯的制作

斜梯踏板宜采用工厂生产的格栅梯踏板成品,少量订货时,宜用钢格板制作。没有钢格板时,可用 25×4 的扁钢条或基本厚度不小于 4mm 的花纹钢板制作。

六、直梯尺寸

直梯由梯梁、踏棍、支撑、扶手和护笼组成,直梯的宽度采用 500mm;攀登高度小于 5000mm 且受条件限制时可减小,但不得小于 300mm;直梯的梯段高度不宜大于 9000mm,超过 9000mm 时应设梯间平台。攀登高度在 15000mm 及以下时,梯间平台的间距为 5000~8000mm;高度超过 15000mm 时,每 5000mm 设一个梯间平台。梯间平台均应设置防护栏杆。直梯踏棍间距为 300mm,等距分布,上端踏棍与平台平齐,第一步作为调整步,间距宜小于等于 300mm。踏棍中心线与设备或建筑物外缘的净距离应不小于 150mm,但也不宜大于 250mm。直梯上端宜设置高度不低于 1200mm 的扶手。

七、直梯的制作

直梯梯梁采用不小于 60×8 的扁钢或 50×5 的等边角钢制作,其外侧至墙壁、设备等物件距离不小于 750mm。直梯踏棍采用不小于 φ20 的圆钢,长度为穿出两梯梁外侧 5mm。两端与梯梁点焊,但每隔 1500mm 以及第一级和末级须满焊。直梯采用不小于 75×6 的等边角钢作支撑与设备或预埋件焊牢。最下端一对支撑距地面(平台)300mm。支撑间距应小于 3000mm,并且不少于两对支撑;梯段高度超过 3000mm 时应设护笼,护笼下端距地面(平台)2200~

2400mm。护笼直径为 700mm。其圆心距踏棍中心线为 350mm。水平圈采用不小于 40×4 扁钢,间距为 450~750mm。在水平圈内侧均布焊接 5 根不小于 25×4 的垂直扁钢条。

钢直梯部件的组合,全部采用焊接连接。固定在地面(或平台)上的钢直梯,当其上部没有相对位移时,其支撑与平台梁或设备固定。固定在设备上的钢直梯,当有相对位移时,应设一个固定支撑,其余支撑均在梯梁上开设长圆孔,采用螺栓铰接。

八、斜梯的计算

1. 荷载计算

钢斜梯水平投影面上的活荷载取 3.5kN/m²;踏板中点集中活荷载取 1.5kN;扶手顶部水平活荷载取 0.5kN/m;特殊需要时,可按实际要求的活荷载设计,但不得小于上述标准值。

斜梯踏板荷载,按踏板中点受集中荷载计算

$$P_s = 1.2G_k + \gamma_{Qi}Q_{ik} \qquad (10-3)$$

$$P_d = G_k + Q_{ik} \qquad (10-4)$$

式中　P_s、P_d——强度和挠度验算时的踏板荷载,N;

　　　　Q_{ik}——踏板中点集中活荷载,按 GB 4053.2《固定式钢梯及平台安全要求　第 1 部分:钢直梯》取 1500,N;

　　　　G_k——永久荷载,按一个踏板的自重集中于中点。

2. 强度验算

强度验算按式(10-5)、式(10-6)计算

$$M \leqslant mfW \qquad (10-5)$$

$$M = P_s L/4 \qquad (10-6)$$

式中　m——工作条件系数,取 $m=1$;

　　　f——钢材抗拉、压弯强度设计值,N/mm²;

　　　W——踏板计算截面抵抗矩,mm³。

3. 挠度验算

挠度验算按式(10-7)计算

$$D_e \geqslant \frac{P_d C^3}{48EJ} \qquad (10-7)$$

其中　　　　$D_e = C/250$

式中　D_e——允许挠度,mm;

　　　C——踏板长度(相当于斜梯宽度),mm;

　　　E——弹性模量,N/mm²;

　　　J——截面惯性矩,mm⁴。

九、直梯的计算

1. 荷载计算

直梯梯梁按组合后其上端承受 2kN 集中活荷载计算,按高度确定支撑间距,并设置支撑,其长细比不

宜大于 200；踏棍按中点承受 1kN 集中活荷载计算，挠度应不大于踏棍长度的 1/250。直梯荷载按式（10-8）、式（10-9）计算

$$P_s = 1.2G_k + 1.4Q \qquad (10-8)$$

$$P_d = G_k + Q \qquad (10-9)$$

式中 G_k——永久荷载，对踏棍为每个踏棍自重，对梯梁为直梯自重；

Q——活荷载，对踏棍按踏棍中点承受 1kN 标准集中活荷载计算，对梯梁，按组焊后直梯上端承受 2kN 标准集中活荷载计算。

2. 强度验算

强度验算按式（10-10）、式（10-11）计算

$$M \leqslant mAW \qquad (10-10)$$

$$M = P_s B/4 \qquad (10-11)$$

式中 B——踏棍跨度，取与直梯宽度相同，mm。

3. 挠度验算

挠度验算按式（10-12）计算

$$D_e \geqslant P_d B^3/48E_J \qquad (10-12)$$

其中 $$D_e = B/250$$

4. 直梯梯梁

按上端轴向受压构件计算，高度按支撑间距定，无中间支撑时按两端固定点距离确定。

（1）强度验算。只要稳定性验算合格，强度必合格。

（2）稳定性验算按式（10-13）、式（10-14）计算

$$F_z \leqslant m\phi fW \qquad (10-13)$$

$$F_z = 0.5 \times P_s \qquad (10-14)$$

式中 F_z——边梯梁的轴向力，N；

m——工作条件系数，取 0.9；

ϕ——轴心受压构件的稳定系数。

第四节 防护栏杆

栏杆由立柱、扶手、横杆和挡板组成，斜梯的栏杆不设挡板。所有平台、人行通道、升降口且有跌落危险的场所，均应设置防护栏杆。只有离地面高度小于 1000mm 的平台可不设栏杆。斜梯两侧均应设置栏杆，只有在倾斜角度小于等于 50°，一侧又靠墙壁时，可仅在一侧设置栏杆。利用其他设施（如烟风道）作临时走道，当其离地面高度大于 1000mm 时应设置防护栏杆。钢制燃料油罐顶部应沿油罐一周设置栏杆，并在横杆以下至油罐顶之间设置活络铁丝网，铁丝网与栏杆之间应绑扎牢固。

一、荷载

防护栏杆安装后顶部栏杆应能承受水平方向和垂直向下方向不小于 890N 集中载荷和不小于 700N/m 均布载荷。在相邻立柱间的最大挠曲变形应不大于跨度的 1/250。水平和垂直载荷以及集中和均布载荷均不叠加。中间栏杆应能承受在中点圆周上施加不小于 700N 水平集中载荷，最大挠曲变形不大于 75mm。端部或末端立柱应能承受在立柱顶部施加的任何方向上 890N 的集中载荷。

二、栏杆的制作

栏杆高度不得低于 1000mm。离地面高度在 20m 以下的平台、人行通道、升降口及有跌落危险场所的栏杆高度宜为 1050mm；离地面高度大于等于 20m 时，栏杆高度不得低于 1200mm。斜梯的扶于高度宜为 1050mm。栏杆的立柱和扶手，宜采用 ϕ33.5×3.25 的钢管；横杆宜采用不小于 ϕ16 圆钢，挡板宜采用 120×3 扁钢。

栏杆的各部件连接均采用焊接。平台栏杆的立柱安装在平台外侧与平台垂直，立柱应均匀分布，其间距不大于 1000mm。拐角附近或端部均应设置立柱，或与建筑物牢固连接。

斜梯栏杆的立柱焊在梯梁上与地面垂直。第一个立柱设置宜使扶手端距地面（平台）约 900mm。各立柱间距不大于 1000mm。扶手应与立柱牢固焊接，焊后清除焊渣、毛刺，并经砂轮打磨光滑。拐角处应呈圆弧（火煨或热压弯头），平台扶手与斜梯扶手相接应圆滑过渡，斜梯扶手起端宜下弯与地面垂直。

平台栏杆设两条横杆，将栏杆高度等分，两根横杆从立柱中穿过后点焊。横杆与上、下构件的净间距不得大于 380mm。斜梯栏杆设一条横杆，居栏杆中部，并从立柱中穿过后点焊。横杆起于第一个立柱，终止于平台立柱，并与其焊牢。

挡板置于立柱内侧，并与主柱焊牢室内平台挡板下沿与平台面齐平，不留空隙；室外则比平台面高出 10～20mm。所有斜梯及离地面高度小于 1500mm 的平台，如无特殊要求，均可不设挡板。

第五节 平台扶梯组合安装

在需改变行进方向或高度超过 5m 的扶梯，应设置梯间平台。平台与平台、露台与平台连接时，在连接处需增加与连接平台槽钢规范相同的加强槽钢，并验算平台是否在极限跨距内，否则应在其下部增设立架。支柱与平台连接时，平台槽钢的形心轴应与支柱形心轴重合，支柱底板应置于混凝土的预埋钢板上，底板与预埋钢板焊接固定。平台扶梯组合安装焊接见图 10-2。

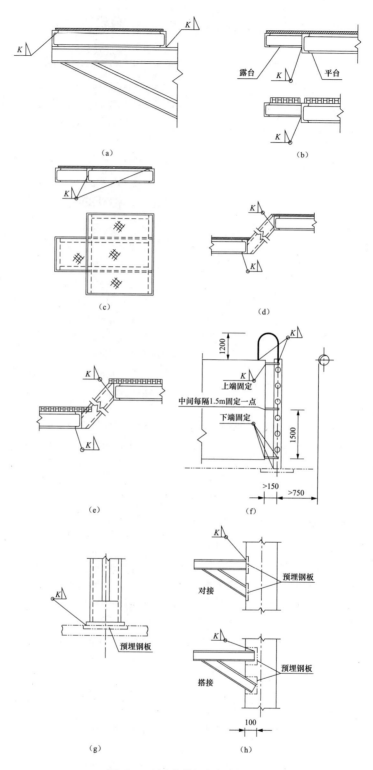

图 10-2　平台扶梯组合安装焊接

（a）平台与支架焊接；（b）平台与支柱焊接；（c）平台与露台焊接；（d）平台增设露台后增加槽钢焊接；

（e）扶梯与花纹钢板平台焊接；（f）扶梯与格栅板平台焊接；（g）爬梯安装焊接；

（h）栏杆扶手，横杆安装焊接

平台、斜梯、露台、支柱、支架、栏杆、挡板的组合安装示意见图10-3。

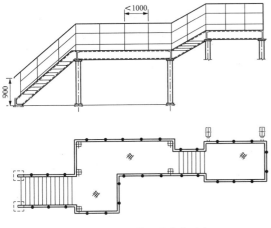

图 10-3 平台扶梯组合安装示意

第六节 焊 接

一、焊接一般规定

平台、支架、栏杆、扶梯等各类构件的连接，均采用焊接，碳素钢采用 E43 型（牌号 142）电焊条；Q345 钢采用 E50 型（牌号 J506、J507）电焊条。在有雨、雪、风环境下焊接时，需有适当的保护措施；在环境温度低于−20℃时，应对被焊件进行预热。焊接工艺按 DL/T 869《火力发电厂焊接技术规程》执行。

支架在立柱上可以正面焊接，也可以侧面焊接。侧面焊接的水平槽钢搭接长度采用 100mm。与已承重的钢柱和钢梁焊接时应注意：不允许因焊接的热量导致钢柱和钢梁变形，应缓慢而断续地施焊，减少焊接热量的影响。焊缝的强度应不低于被焊件的等效设计强度，焊缝高度宜等于被焊件最小厚度。可采用周焊、双面焊、单面焊或断续焊等方式。当焊缝长度不足时，可加补强板。

直梯踏棍与梯梁的焊接：除两端需全焊固定外，高度小于 3000mm 时，中间的一个踏棍需全焊；高度大于 3000mm 时，每 5 个梯级的第一个需全焊固定；其余梯级踏棍与梯梁可点焊固定。平台框架槽钢与槽钢、角钢与角钢、槽钢与角钢的连接，应按锁口尺寸进行焊接。

二、角钢的拼接规定

角钢的拼接按图 10-4 和表 10-3 的要求焊接。

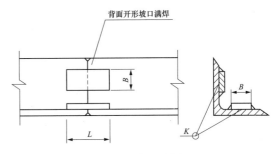

图 10-4 角钢拼接图

注：K 按厚度 δ 取。

表 10-3 角 钢 拼 接 数 据

角钢规格	加强板规格（mm）		
	δ	B	L
∠75×50×8	6	30	100
∠75×75×8	6	40	100
∠100×63×10	6	40	100
∠100×100×10	6	60	100
∠160×100×12	8	小边 60；大边 100	100
∠160×160×16	8	100	100

当角钢厚度小于 6mm 拼接时，可以不设加强钢板，但必须开焊缝坡口。

三、槽钢的拼接规定

槽钢拼接按图 10-5 和表 10-4 焊接。

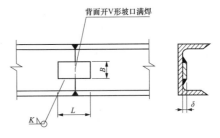

图 10-5 槽钢拼接图

注：K 按厚度 δ 取。

表 10-4 槽 钢 拼 接 数 据

槽钢号	加强板尺寸（mm）			焊缝高（mm）	备注
	L	B	δ	K	
[10	—	—	—	5	不需加强钢板，但必须开焊缝坡口
[12.6	—	—	—	5	

续表

槽钢号	加强板尺寸（mm）			焊缝高（mm）	备注
	L	B	δ	K	
[14	140	100	6	6	
[16	160	120	6	6	
[20	200	140	6	6	

四、钢板的拼接规定

钢板均采用直缝焊接，当平台宽度大于 1m 时允许有纵向拼接，拼接的宽度不小于 300mm。花纹钢板拼接时，花纹方向应一致、对齐，且每块不宜小于 1m。端部一块可以不小于 300mm。拼接焊缝宜设在加强角钢上面，否则花纹钢板应作 50/100 双面焊接或为拼接增设加强角钢。钢板拼接见图 10-6。

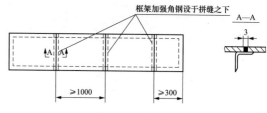

图 10-6　钢板拼接图

第十一章

检修起吊设施

第一节 检修起吊设施设置原则

一、主厂房区域检修场地设置

主厂房内各主、辅机应有必要的检修空间、安放场地、运输通道、运行和检修通道。主厂房底层的纵向运输通道宜贯穿直通，并应在其两端设置大门，应在汽机房零米检修场靠 A 列柱侧设置大门，并应与厂区道路相连通。

（一）汽机房检修场地的设置

（1）汽机房检修场地面积宜满足汽机发电机组在汽机房内检修的要求。

（2）汽机房的运转层应留有利用桥式起重机抽出发电机转子所需要的场地和空间。汽机房的底层应留有抽、装凝汽器冷却管的空间位置。

（3）当汽机房运转层采用大平台布置时，每 2 台机组宜设置 1 个 0m 安装检修场，其大小可按满足大件吊装及汽轮机翻缸的需要确定。

（4）当汽机房运转层采用岛式布置时，对于 200MW 及以下机组，每 2～4 台机组宜设置 1 个 0m 检修场；对于 300MW 及以上机组，每两台机组宜设置 1 个 0m 检修场。安装场地的设置应根据设备进入汽机房的位置确定，并应尽量与 0m 检修场统筹设计、合并考虑。

（二）锅炉房检修场地的设置

（1）磨煤机检修场地空间需满足磨煤机检修起吊的要求。

（2）锅炉房的布置应预留拆装空气预热器、省煤器的检修空间和运输通道。

（3）送风机、一次风机构架检修场地需满足送风机转子、一次风机转子检修起吊要求以及送风机电机、一次风机电机检修起吊要求。

（4）引风机构架检修场地需满足引风机转子、引风机电机检修起吊要求。

（5）在电气除尘器的顶部设置起吊设施（烟气出口侧），满足整流变压器等设备起吊用。

二、主厂房区域检修起吊设施设置

主厂房区域检修起吊设施的电动机应能满足电气防爆区域分类的要求，油泵房、制粉系统中使用的检修起吊设施应采用防爆电机。

检修起吊设施的设置应符合下列规定：

（1）起重量为 1t 及以上的设备、需要检修的管件和阀门应设置检修起吊设施。

（2）起重量为 3t 及以上并经常使用的设备宜设置电动起吊设施。

（3）起重量为 10t 及以上的设备应设置电动起吊设施。

（4）主厂房内，在不便设置固定维护检修平台的地方可设置移动升降检修设施。露天布置的设备可根据周围的条件设置移动或固定式起吊设施。

（一）汽机房区域检修起吊设施设置

（1）50MW 级以下容量机组的汽机房内，应设置 1 台电动桥式起重机。

（2）50MW 级机组装机在 4 台以上时，宜设置 2 台电动桥式起重机。

（3）125MW 级、200MW 级机组装机在 4 台及以上，300MW 级及以上机组装机在 2 台及以上时，可装设 2 台起重量相同的桥式起重机。

（4）桥式起重机的起重量应根据检修时起吊的最重件（不包括发电机定子）选择。

（5）可根据工程具体情况，经技术经济比较，采取加固桥式起重机的方法满足发电机静子起吊的要求。

（6）桥式起重机的安装标高应按所需起吊设备的最大起吊高度确定。

（7）起重机的起重量和轨顶标高应考虑规划连续扩建机组的容量。

（8）利用汽机房桥式起重机起吊受到限制的地方，如加热器、水泵、凝汽器端盖等设备和部件，应设置必要的检修起吊设施。

（二）锅炉房区域检修起吊设施设置

（1）锅炉房炉顶。电动起吊装置起重量宜为 1～3t，提升高度应从 0m 至炉顶平台。

（2）送风机、引风机、磨煤机、排粉风机、一次风机等转动设备的上方。

（3）煤仓间煤仓层。电动起吊装置的起重量宜为 1～3t。提升高度应从 0m 或运转层至煤仓层。

（三）检修起吊设施设置案例

以某 1000MW 一次再热超超临界发电机组检修起吊设施为例进行说明。

1. 主厂房检修起吊设施

根据 GB 50660《大中型火力发电厂设计规范》的规定，汽机房共设两台桥式起重机。检修时最大起重量约 220t，选择起重机的单台起重量为 130/32t。发电机定子质量约 400t，超过两台行车起吊能力，发电机定子安装按采用主梁加固、临时增设两台小车同时抬吊的方案考虑。

汽机房运转层采用大平台结构。检修时，主机、汽动给水泵及给水泵汽轮机零部件可以利用 130/32t 行车就近放在汽轮机周围平台上，运转层分两种载荷承重区域，分别是 $4t/m^2$ 和 $2t/m^2$，汽轮机两机之间设有检修场，检修人员可根据设备质量酌情处理。

两台机之间设有一个大件起吊孔，在其 0m 层设有大件检修场地，并在 A 列设有可以通行汽车的卷帘门，可进行汽轮机翻缸等检修工作，包括检修时大件、重件的转运。

为利用汽机房行车起吊底层或夹层的设备，在夹层和运转层楼板相应的位置设有活动盖板，以便于凝泵、汽轮机旁路阀、主油箱上各油泵、冷油器和控制油单元设备的检修起吊。检修时移开盖板，四周设临时围栏。

高、低压加热器检修。检修抽壳体时，高压加热器上有两个滚动支点和一个固定支点，正常运行时中间滚动支点基本不受力，高压加热器支撑面可高出楼面，检修时将活动工字钢轨横放在垫木上，利用垫木的高度使钢轨面略低于高压加热器滚轮底部，且具有一定的倾斜度。然后利用卷扬机拉加热器壳体，壳体可轻松地沿钢轨滑出。所有加热器抽壳体或整体更换所需空间及各层楼板承受载荷均在土建结构时予以考虑。

除行车作为汽机房主要的安装和检修起吊设施外，在汽机房和除氧间内下列各设备处，需设置必要的检修起吊设施和维护平台：

（1）开冷水电动滤水器、闭式循环冷却水泵、真空泵、凝汽器出口循环水管道上的收球网等处上方设有电动或手动起吊设施。布置在凝汽器喉部的 7、8 号低压加热器，其上方亦设有抽芯起吊设施。

（2）除氧间设有从除氧层至运转层的检修吊物孔，便于设备和阀门的检修和维护。

（3）凝结水泵坑设有固定式检修维护平台。

（4）主厂房内每台机组设有电动液压升降移动平台 1 套，以便检修布置在高位而未专设固定式平台的阀门、管件等。

2. 煤仓间、锅炉房及炉后检修起吊设施

每台炉的 6 台磨煤机上方设置一台 2×20t 的电动双梁过轨起重机，满足磨煤机检修起吊用。

送风机、一次风机、引风机及电动机上方设置电动起吊装置，能起吊相应的叶轮、电机等，并有适当的余量。送风机转子起吊采用 5t 电动单轨起重机，一次风机转子起吊采用 10t 电动单轨起重机，送风机、一次风机电动机起吊采用 25t 电动单轨起重机，引风机电动机起吊 45t 电动双轨起重机，引风机转子起吊采用 10t 电动单轨起重机。

每台锅炉设置一台 2t 的客货两用电梯，作为运行检修人员上下和运输检修工具及材料用。

在电气除尘器的顶部设置起吊设施（烟气出口侧），以满足整流变压器等设备起吊用。

第二节　桥式起重机

桥式起重机是指桥架两端通过运行装置直接支承在高架轨道上的桥架类起重机。桥式起重机的桥架由大车电动机驱动沿铺设在两侧高架上的轨道纵向运行，起重小车及提升机构由小车电动机驱动沿铺设在桥架上的轨道横向运行，构成一矩形的工作范围，在升降重物时起重电动机驱动作垂直上下运动，从而实现重物在垂直、横向、纵向三个方向的运动，满足车间内的空间吊运物品，不受地面设备的阻碍。

一、类型与结构

桥式起重机有不同的分类方法，根据结构的不同，可分为箱形结构、四桁架结构和腹板结构等，其中箱形结构是应用最广的一种；根据桥式起重机的取物装置，可分为吊钩桥式起重机、抓斗桥式起重机、电磁桥式起重机、电磁-吊钩两用桥式起重机、抓斗-吊钩两用桥式起重机和电磁-抓斗-吊钩三用桥式起重机；根据起重机的操纵方式，可分为司机室操纵、地面有线操纵、无线遥控操纵、多点操纵。

桥式起重机的结构示意见图 11-1，一般由桥架（又称大车）、大车移行机构、装有提升机构的小车、驾使室、小车导电装置（辅助滑线）、起重机总电源导电装置（主滑线）等部分组成。

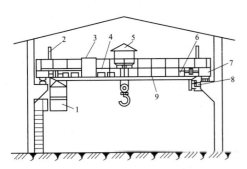

图 11-1 桥式起重机的结构示意（横截面）

1—驾驶室；2—辅助滑线架；3—交流磁力控制盘；4—电阻箱；

5—起重小车；6—大车拖动电动机与传动机构；

7—端梁；8—主滑线；9—主梁

1. 桥架

桥架是桥式起重机的基本构件，它由主梁、端梁、走台等部分组成。主梁跨架在跨间的上空，有箱形、桁架、腹板、圆管等结构形式。主梁两端联有端梁，端梁一般中间带有接头，两端装有车轮，用于支承桥架在高架上运行；在两主梁外侧设有走台，并设有安全栏杆，在一侧的走台上设置大车移行机构，在另一侧走台上设置往小车电气设备供电的装置，即辅助滑线；在主梁上方铺设导轨，供小车移动。整个桥式起重机在大车移行机构拖动下，沿车间长度方向的导轨移动，如图 11-2 所示。

2. 大车移行机构

大车移行机构由大车拖动电动机、传动轴、联轴节、减速器、车轮及制动器等部件构成。安装方式有集中驱动与分别驱动两种。集中驱动由一台电动机经减速机构驱动两个主动轮；分别驱动由两台电动机分别驱动两个主动轮。后者自重轻，安装调试方便，实践证明使用效果良好。目前我国生产的桥式起重机大多采用分别驱动。

3. 小车

小车安放在桥架导轨上，可沿车间宽度方向移动。小车主要由小车架以及其上的小车移行机构和提升机构等组成。小车移行机构由小车电动机、制动器、联轴节、减速器及车轮等组成。小车电动机经减速器驱动小车主动轮，拖动小车沿导轨移动，由于小车主动轮相距较近，故由一台电动机驱动。

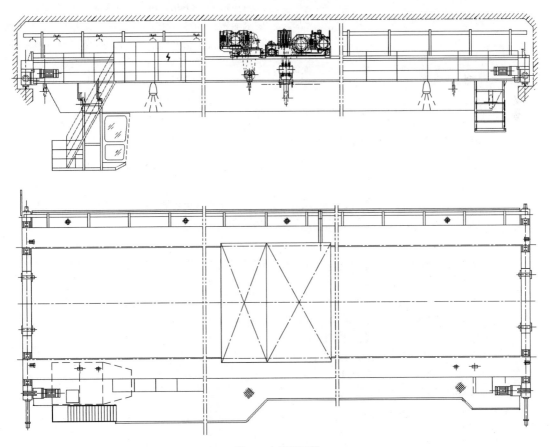

图 11-2 桥架示意

4. 提升机构

提升机构由提升电动机、减速器、卷筒、制动器、吊钩等组成。提升电动机经联轴节、制动轮与减速器连接，减速器的输出轴与缠绕钢丝绳的卷筒相连接，钢丝绳的另一端装有吊钩，当卷筒转动时，吊钩随钢丝绳在卷筒上的缠绕或放开而上升或下降。图11-3为小车与提升机构示意。起重量在15t及以上的起重机，应备有两套提升机构，即主钩与副钩。

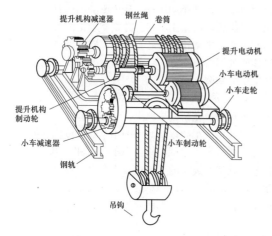

图 11-3　小车与提升机构示意

5. 操纵室

操纵室是操纵起重机的吊舱，又称驾驶室。操纵室内有大/小车移行机构控制装置、提升机构控制装置以及起重机的保护装置等。操纵室一般固定在主梁的一端，也有少数装在小车下方随小车移动。操纵室上方开有通向走台的舱口，供检修大车与小车机械及电气设备时人员上下用。

二、基本参数

桥式起重机的基本参数包括起重量、跨度和跨距、起升高度、工作速度、通电持续率、工作类别等。

1. 起重量

起重量又称额定起重量，是指起重机实际允许起吊的最大负荷量，单位为t。国产桥式起重机系列常见的起重量（单小车）有3.2、5、6.3、8、10、12.5、16、20、25、32、40、50、63、80、100、125、140、160、200、250、280、320t等。当设有主副起升机构时，起重量的匹配一般为3:1～5:1，并用分子分母形式表示，如80/20t、50/10t等。吊钩桥式起重机双小车、多小车的起重量限定方式应在合同中约定，起重量应符合单小车的起重量系列，总起重量不应超过320t。

2. 跨度和跨距

桥式起重机主梁两端车轮中心线间的距离，即大车轨道中心线间的距离称为跨度，用 L 表示，单位

为 m。国产桥式起重的跨度有 10.5、13.5、16.5、19.5、22.5、25.5、28.5、31.5、34.5、37.5、40.5m 等，每 3m 为一个等级。桥式起重机的小车运行轨道两条钢轨中心线之间的距离为小车轨距，用 t 表示，以 m 为单位，轨距依产房的尺寸而定。

3. 起升高度

桥式起重机吊具或抓取装置的上极限位置与下极限位置之间的距离，称为起提升高度，用 H 表示，单位为 m。下极限位置通常以工作场地的地面为准，上极限的位置，使用吊钩时以钩口中心为准，使用抓斗时以抓斗最低点为准。吊钩桥式起重机一般起升高度有 12、16、12/14、14/16、16/18、20/22、22/24m 等，加大起升高度有 24/26、30/32、32/34m 等，其中分子为主钩提升高度，分母为副钩提升高度。抓斗桥式起重机一般起升高度为 18～26m，加大起升高度为 30m。电磁桥式起重机一般起升高度为 16m。

4. 工作速度

起重机工作速度主要指小车和大车的运行速度，及主钩和副钩的起升速度。运行速度指桥式起重机拖动电动机额定转速下，运行机构的运动速度，用 v 表示，单位为 m/min。桥式起重机的运行速度依据工作要求而定：一般用途的桥式起重机采用中等运行速度，这样可以使驱动电机功率不致过大；安装工作有时要求很低的工作速度。小车额定运行速度一般不超过 60m/min，大车额定运行速度一般不超过 100m/min。

起升速度指起升机构的起升电动机以额定转速运行时，被取物的上升速度，用 v 表示，单位为 m/min。吊运轻件，要求提高生产效率，可取较高的工作速度；吊运重件，要求工作平稳，可取较低的工作速度。一般提升速度不超过 30m/min，由货物性质、质量、提升要求等决定。

吊钩起重机各机构工作速度应优先采用表 11-1 推荐的数值。

表 11-1　吊钩起重机推荐工作速度　　　（m/min）

起重量(t)	类别	工作级别	主钩起升速度	副钩起升速度	小车运行速度	起重机运行速度
≤50	高速	M7、M8	6.3～20	10～25	40～63	71～100
	中速	M4～M6	4～12.5	5～16	25～40	56～90
	低速	M1～M3	2.5～8	4～12.5	10～25	20～50
>50～125	高速	M6、M7	4～12.5	5～16	32～40	56～90
	中速	M4、M5	2.5～8	4～12.5	20～36	50～71
	低速	M1～M3	1.25～4	2.5～10	10～20	20～40
>125～320	高速	M6、M7	2.5～8	4～12.5	25～40	50～71
	中速	M4、M5	1.25～4	2.5～10	16～25	32～63
	低速	M1～M3	0.63～2	2～8	10～16	16～32

5. 工作类型

起重机按其载荷率和工作繁忙程度可分为轻级、中级、重级和特重级四种工作类型。

（1）轻级。工作速度低，使用次数少，满载机会少，通电持续率为 15%。用于不需紧张及繁重工作的场所，如在水电站、发电厂中用于安装检修的起重机。

（2）中级。经常在不同载荷下工作，速度中等，工作不太繁重，通电持续率为 25%，如一般机械加工车间和装配车间用的起重机。

（3）重级。工作繁重，经常在重载荷下工作，通电持续率为 40%，如冶金和铸造车间内使用的起重机。

（4）特重级。经常起吊额定负荷，工作特别繁忙，通电持续率为 60%，如冶金专用的桥式起重机。

三、主要技术规范

1. 电站汽机房桥式起重机（行车）的技术要求

（1）起重机的设计和制造应满足有关规范、标准的要求。起重机的配套设备不应为国家明令禁止生产或淘汰的设备。除易损件外，起重机的寿命应在 30 年以上。

（2）如果发电子定子就位考虑采用行车抬吊的方案，起重机大梁的荷载设计应采用加强型。发电机定子的抬吊一般采用临时小车，用 2 台行车的 4 个吊钩起吊。

（3）起重机主钩和副钩能同时工作，副钩应能协同主钩倾翻或翻转起吊构件，主副钩在侧视图上位于同一直线上。

（4）起重机的行走机构和起升机构应采用变频调速系统。

（5）大车、小车和起升机构应有可靠的制动系统及终点行程限位装置和缓冲装置。起重机起升机构一般采用液压推杆盘式制动，其制动安全系数不低于 1.75 倍。采用两台行车联动抬吊发电机定子时，主起升机构采用双液压制动。

（6）主钩具有全方位起吊的功能。主钩、副钩起升速度有微速特性，在任何载荷下升降平稳、就位准确。

（7）起重机最高处与行车轨顶标高之间的距离在满足正常工作条件下应尽可能小。

（8）起重机主钩和副钩均应设有测量起重量的装置，用于将起重量以数字形式实时反映至操作室。载荷传感器的误差不大于 2%。

（9）行车大小钩需配置点动装置，以便在吊装精密设备时精确控制起升、下降速度，提高吊装安全性。慢速点动控制时动作精度可达 1.5mm。

（10）行车刹车装置应缓冲良好，能保证刹车平稳性，防止刹车时产生晃动。

（11）两台行车并车后需能用一套手柄进行操作，且并车的电气接线调试流程应尽量简化，以保证顺利并车。

（12）行车大小钩的上下限位装置应保证安全可靠，大小钩钢丝绳应采用质量可靠的产品，保证不发生断丝等问题。

（13）行车防撞装置应保证长期使用不发生变形。

（14）行车左右侧电机启动、制动同步性应满足要求，能保证不出现卡轨故障。

2. 技术参数

以某 1000MW 超超临界火力发电厂汽机房桥式起重机为例，主要技术参数如下：

（1）起重机型号：QD130/30/10t-33m-35/40/31m。

（2）起重量：主钩 130t，副钩 30t，小副钩 10t。

（3）最大起升高度：主钩 35m，副钩 40m，小副钩 31m。

（4）行车跨度 33m，行车轨中心线分别距 A 排柱中心线 0.5m，距 B 排柱中心线 0.5m；发电机中心线距 A 排柱中心线 15m，距 B 排柱中心线 19m。行车吊钩中心距行车外形最大横向距离 4.6m。

（5）工作级别：A3。

（6）起升速度：大车运行，3.14～31.4m/min；小车运行，1.5～15m/min；主钩起升，0.16～1.6m/min（100t 及空载状态下速度加倍）；副钩起升，0.52～5.2m/min；起重机调速方式，变频调速，调速比 1:10。

（7）起重机功率：147.6kW。

（8）起重机质量：小车 28.941t；总质量 128.58t。

（9）起重机最大轮压（额定荷载及考虑吊装发电机定子）：55t。

第三节 过轨起重机

一、类型与结构

过轨起重机是火力发电厂磨煤机房专用起重机，主要用于磨煤机的维修及零部件吊运工作。过轨起重机应根据 GB/T 3811《起重机设计规范》设计制造。

过轨起重机大车可移动的单轨悬挂起重机、单根固定工字钢（或 H 型钢）轨道起重机、大车可移动的双梁悬挂起重机三种形式，这三种形式均可与在另一对工字钢轨道上运行的双梁起重机接轨，利用电动葫芦将所需起吊的物品从磨煤机中运转至双梁起重机上，再由双梁起重机将物品吊运至指定的位置。

过轨起重机按起重量分为 8、10、12.5、16、20、40t，按梁型分为单梁、双梁，按起升高度分为 6、9、12、14m 等多种。

过轨起重机主要由双梁起重机、磨煤机侧过轨起重机、电动葫芦小车、过轨装置、电气设备五大部分组成，各部件结构传动原理及整机工作过程如下。

1. 双梁起重机（大车）

双梁起重机由缓冲器、主车车体、葫芦小车、运行机构等组成。主梁通常用工字钢（或 H 型钢）制作或采用工字钢加焊槽钢的结构，走台焊在主梁的上侧部。横梁和车轮组均采用销轴连接。双梁起重机（大车）结构见图 11-4。

2. 磨煤机侧过轨起重机（小车）

磨煤机侧过轨起重机由副车车架、运行机构、缓冲器等组成，每台磨煤机两侧各一台，左右侧既可单独使用，也可组合使用。磨煤机侧过轨起重机（小车）结构见图 11-5。

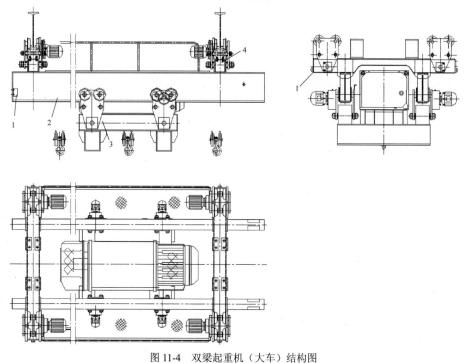

图 11-4　双梁起重机（大车）结构图

1—缓冲器；2—主车车体；3—葫芦小车；4—运行机构

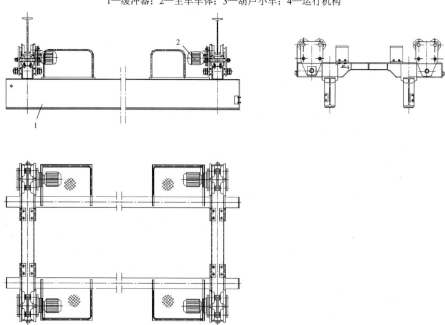

图 11-5　磨煤机侧过轨起重机（小车）结构图

1—副车车架；2—运行机构

3. 电动葫芦小车

通常电厂磨煤机房有高度尺寸限制，限高的厂房要达到一定的有效起升高度吊起检修物品，通常选用的起重机是电动环链葫芦，对于某些高度尺寸能满足设计要求的情况，可选择钢绳式电动葫芦小车，葫芦小车可采用变频。

4. 过轨装置

过轨起重机过轨主要是通过过轨对接装置实现的，过轨对接装置由电动推杆、挡板、缓冲器等组成。挡板与缓冲器在不过轨时处于垂直位置，当需要过轨时，过轨装置中的电动推杆开始作用，使电动推杆前伸，与定位拔叉相扣，使两起重机能稳固在一起。同时，也使挡板和缓冲器转为水平，使电动葫芦能够通过，达到过轨目的。过轨装置结构见图11-6。

电动双梁悬挂起重机（大车）与磨煤机侧行车的对轨方式应为电子对轨（应同时具备手动对轨功能）或手动对轨。

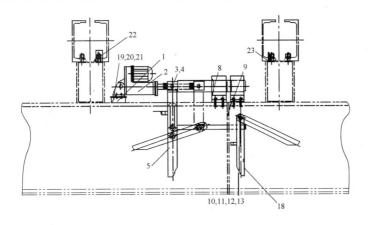

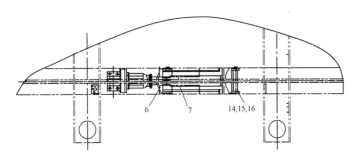

图 11-6　过轨装置结构图

1—底座；2—电动推杆；3—销轴；4—销；5—导向滑块；6—扁钢；7—定位轴；8—导向滑块；
9—垫板；10，19—螺栓；11—螺母；12，13，15，21—垫圈；14—挡块轴；
16—销；17—推架；18—挡块；20—螺母；22—接近开关；23—反射板

起重机的过轨装置是起重机的重要组成部分，其安装、使用、维护的好坏直接影响整机的使用性能，有手动过轨装置和电子自动过轨装置两种形式。

自动过轨装置主要由电动推杆、夹轨挡块、限位压板、行程开关Ⅰ、碰块、行程开关Ⅱ、检测板、接近开关、对轨销轴和定位座等组成。通常电动葫芦小车不过轨时，行程开关Ⅱ的触点处于断开状态，电动推杆不能启动推出。当需要过轨时，主车与副车轨道靠近，直到碰块与行程开关Ⅱ接触，红色信号灯亮，行程开关Ⅱ动作闭合，电动推杆处于待命状态，启动

自对对轨按钮，主车大车可双向移动，直到主车与副车对正（移动对正的原理是通过两个接近开关与检测板间的错位方向，将信号传到大车电控箱及手操作板，从而驱动电机正转或反转）。启动推杆顶出按钮，驱动限位压板转动至水平位置，此时主车上的行程开关Ⅰ和副车上行程开关Ⅱ动作，绿色信号灯亮，红色信号灯熄灭，主车与副车大车横梁电机锁定，电动葫芦小车可以从主车主梁上开至副车主梁上，也可从副车主梁开至主车上。

手动过轨装置的最大特点是快速接近，慢速对

轨，对工字钢轨道安装工艺精度要求不十分严格，无论负荷轻重、温差变化，均能灵活自如地对轨过轨。

5. 电气设备

电气设备由主车起重机部分和副起重机部分组成。主、副车均有 4 台运行电机、电控箱以及自动对轨装置组成固定双梁对双梁时，自动对轨装置（对轨仪及接近开关）安装在双梁桥架上两台推杆电机以及两套葫芦机构（根据需要，选用运行式环链葫芦和钢丝绳电动葫芦中的其中一种）。一台主电控箱及过轨联锁开关，以及主、副车起重机相对应的大车行走机构设有终点限位开关，主、副起重机分别由两套滑线供电。

二、主要技术规范

1. 电动双梁悬挂过轨起重机（大车）及电动葫芦小车的主要技术规范

（1）起重机的设计和制造应满足有关规范、标准的要求。起重机的配套设备不应为国家明令禁止生产或淘汰的设备。除易损件外，起重机的寿命应在 30 年以上。

（2）电动双梁悬挂过轨起重机（大车）既可遥控，也可采用操作板在地面手动操作。小车采用操作板在地面手动操作。

（3）大车左、右侧可分别悬挂 1 台电动葫芦小车，大车左、右侧既可单独使用，亦可组合使用（即由两块操作板同时操作）。

（4）磨煤机侧双梁悬挂过轨行车（小车）左右侧既可单独使用，亦可组合使用（即由两块操作板同时操作）。

（5）车轮组车轮的水平与垂直偏斜应严格控制在规定范围之内，不允许发生"啃轨"现象。

（6）大车、小车和起升机构应有可靠的制动系统及终点行程限位装置和缓冲装置。

（7）电气设备包括电动机及其控制设备，启动性能应与机械部分相匹配。

（8）电动双梁悬挂过轨起重机（大车）行走电机采用变频调速，且当变频器故障或损坏时，能切换到工频运行。

（9）电动葫芦小车运行机构采用变频调速，且当变频器故障或损坏时，能切换到工频运行。

（10）起升机构采用变频变速，且当变频器故障或损坏时，能切换到工频运行。

（11）电动葫芦小车、电动双梁悬挂过轨起重机（大车）、磨煤机侧双梁悬挂过轨行车（小车）结构要求。

（12）电动双梁悬挂起重机（大车）每侧可单独与磨煤机侧悬挂双梁对轨锁定，亦可左右侧同时对轨

锁定。只有当电动双梁悬挂起重机（大车）与磨煤机侧悬挂梁自动对轨锁定后，电动葫芦小车才可以在电动双梁悬挂起重机（大车）与磨煤机侧悬挂双梁间过轨行驶。

两台电动葫芦小车不论在电动双梁悬挂起重机（大车）上工作还是在磨煤机侧行车上工作，都既可单独操作，亦可联动操作（即由两块操作板同时操作）。

（13）当磨煤机的分离器或减速机需要吊出时，磨煤机左右侧的两台双梁悬挂过轨行车同时起吊，当电动双梁悬挂起重机（大车）与磨煤机侧两台双梁悬挂过轨行车自动对轨锁定后，才可以移动两台电动葫芦小车，两台电动葫芦小车同步起吊并通过过轨移动到电动双梁悬挂起重机（大车）上后，大车才可移动。

（14）电动双梁悬挂起重机（大车）的两台电动葫芦在其轨道两端应有可靠的保护装置，以保证在非对轨状态下任何位置小车均不会开出轨道。

（15）电动双梁悬挂起重机（大车）与磨煤机侧悬挂双梁的对轨方式应为电子对轨（并具有手动对轨功能）。

2. 过轨起重机基本技术参数

以某 1000MW 一次再热超超临界发电机组主厂房布置为例：

（1）双梁起重机（大车）基本技术参数。

起重量：2×20t；

两悬挂吊梁间距：4800mm；

大车行走速度：2～20m/min；

调速比：1:10；

大车行走距离（轨道长度）：约 90m；

运行电机功率：0.8kW；

操作方式：遥控与手动操作均可；

台数：2×4 台。

（2）磨煤机侧过轨起重机（小车）基本技术参数。

起重量：20t；

行车行走速度：10m/min；

行车行走范围：在两台磨煤机中心线间 10m 范围内移动；

运行电机功率：0.8kW；

操作方式：手动操作；

台数：4×14 台。

（3）电动葫芦小车。

起重量：20t（垂直力），4t（水平力）（静载）；

起升高度（吊钩起升高度要求）：14m（从地面 0m 算起）；

提升速度：0.35～3.5m/min；

行车速度：2～20m/min；

起升电机功率：2×18.5kW；

运行电机功率：4×2×0.8kW；

调速比：1:10；

操作方式：手动操作。

第四节 电动悬挂起重机

一、类型与结构

（一）类型

电动悬挂起重机根据桥架结构类型及悬挂支撑点数量的不同，可分为以下几种类型。

1. 电动单梁悬挂起重机

单主梁、支撑点为两个的悬挂起重机，如图11-7所示。

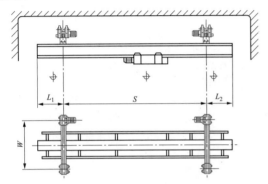

图11-7 电动单梁悬挂起重机

L_1—左侧电机距主梁左侧距离（m）；

L_2—右侧电机距主梁右侧距离（m）；S、W—电机间距（m）

2. 电动双梁悬挂起重机

双主梁、支撑点为两个的悬挂起重机，如图11-8所示。

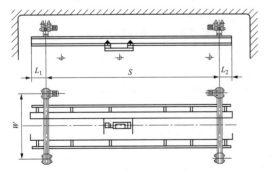

图11-8 电动双梁悬挂起重机

L_1—左侧电机距主梁左侧距离（m）；

L_2—右侧电机距主梁右侧距离（m）；S、W—电机间距（m）

3. 多支点电动单梁悬挂起重机

单主梁、支撑点多于两个的悬挂起重机，如图11-9所示。

4. 多支点电动双梁悬挂起重机

双主梁、支撑点多于两个的悬挂起重机，如图11-10所示。

（二）结构

电动悬挂起重机主要组成部分有桥架、电动悬挂起重机电动小车、从动小车等组成。

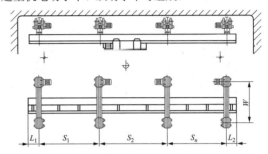

图11-9 多支点电动单梁悬挂起重机

L_1—左侧电机距主梁左侧距离（m）；

L_2—右侧电机距主梁右侧距离（m）；

S_1、S_2、S_n、W—电机间距（m）

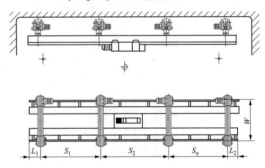

图11-10 多支点电动双梁悬挂起重机

1. 桥架钢结构

电动悬挂起重机桥架主要由主梁、横梁装置组成。主梁是葫芦式起重机的主要承载构件，其下翼缘是电动葫芦运行轨道。其结构为由钢板压延成的U形槽、斜盖板、筋板与工字钢组焊成实腹梁或工字钢、槽钢焊接组合梁。在主梁跨度位置设计有单孔铰接式连接板，采用数控切割机下料，镗孔加工而成，与端梁连接后达到各车轮组受力平衡的作用。电动悬挂起重机根据跨度不同一般设计有500、750、1000mm悬臂，电动葫芦满载运行至悬臂端时，对侧不允许出现负轮压。起重机主梁两端设计有小车运行车挡及缓冲器。主梁按要求制作成上拱形，上拱度 F 应为（1/1000～1.4/1000）S，最大上拱度应位于跨度中部 S/10范围内。当额定起重量和葫芦自重位于跨中时引起的下拱度不低于水平线，正常工作时无永久变形。

横梁装置位于主梁两端跨度位置正上方，通过单孔铰接式连接板与主梁连接，其结构主要由槽钢、加强板、连接板组焊成型。通过镗铣机床一次性加工两端连接运行小车的销轴孔，充分保证加工精度。两销轴孔各安装一个三角形平衡梁连接板，与电动小车连接。三根销轴与端梁采用卡板固定，简易便捷。横梁两端安装有橡胶缓冲器，可避免结构件因碰撞而损坏。主、端梁之间采用平衡轴连接结构，结构简单，安装方便，便于运输储存。该横梁具有结构轻巧、刚性好、外形美观和焊接工艺性能好等特点。

2. 电动悬挂起重机电动小车、从动小车

电动悬挂起重机主动车轮如图 11-11 所示，从动车轮如图 11-12 所示。

电动悬挂起重机小车运行机构的配置形式为两套主动运行小车、两套从动运行小车，通过墙板下的两根螺栓与端梁连接板相连。主动小车由运行电机、减速机、墙板、主/被动车轮组、扁螺母、螺栓、调整垫组成。

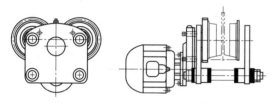

图 11-11　主动车轮

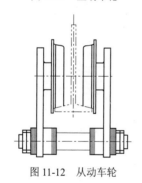

图 11-12　从动车轮

二、基本参数

悬挂起重机的主要基本参数包括工作级别、额定起升荷载、跨度、起升高度、起升速度、运行速度、悬臂长度、端梁基距、支撑点数等。新设计的悬挂起重机的基本参数，应优先采用 JB/T 2603《电动悬挂起重机》所规定的相应数值。

1. 工作级别

根据 GB/T 3811《起重机设计规范》的规定，悬挂起重机的工作级别见表 11-2。

2. 额定起升载荷

悬挂起重机的额定起升载荷应优先采用 0.5、1.0、1.6、2.0、2.5、3.2、4、5、6.3、8、10、12.5、16、20、25、32、40t。

3. 跨度

悬挂起重机的跨度应优先采用 3、4、5、6、7、8、9、10、11、12、13、14、15、16、17、18、19、20、21、22、23、24、25、26m。

4. 起升高度

悬挂起重机的起升高度应优先采用 3.2、4、5、6.3、8、10、12.5、16、20、25、32、40m。

5. 起升速度

悬挂起重机的起升速度应优先采用 0.32、0.5、0.8、1、1.25、1.6、2、2.5、3.2、4、5、6.3、8、10、12.5、16、20、25、32、40m/min，慢速推荐为正常工作速度的 1/10～1/2。

6. 运行速度

运行速度包括电动葫芦和起重机运行速度，应优先采用 3.2、4、5、6.3、8、10、12.5、16、20、25、32、40m/min，调速产品可与用户协商解决。

7. 悬臂长度

推荐采用 0.25、0.5、0.75、1、1.25、1.5m。

8. 端梁基距

推荐值为 $W=(1/8\sim1/5)S$（W 为基距，S 为跨度）。

9. 支撑点数

多支点悬挂起重机悬挂推荐采用支点数 n 为 3、4、5、6、7、8。

表 11-2　　　　　　　　　　　　悬挂起重机工作级别

载荷状态级别	载荷谱系数 K_p	使用等级									
		U_0	U_1	U_2	U_3	U_4	U_5	U_6	U_7	U_8	U_9
Q1	$K_p\leqslant0.125$	—	—	—	—	A3	A4	A5	A6	—	—
Q2	$0.125<K_p\leqslant0.250$	—	—	—	A3	A4	A5	A6	—	—	—
Q3	$0.250<K_p\leqslant0.500$	—	—	A3	A4	A5	A6	—	—	—	—
Q4	$0.500<K_p\leqslant1.000$	—	A3	A4	A5	A6	—	—	—	—	—

三、主要技术规范

（一）环境及使用要求

悬挂起重机的电源为三相交流，额定频率为 50Hz 或 60Hz，额定电压为 220～660V。电动机和电气控制设备上允许电压波动的上下限为 ±10%，起重机内部电压损失不大于 3%。电动机的运行条件应符合 GB/T 755《旋转电机　定额和性能》的规定。电气控制设备的正常使用、安装和运输条件应符合 GB/T 14048.1《低压开关设备和控制设备 第 1 部分：总则》的规定。

悬挂起重机一般在室内工作，工作环境温度为 $-20\sim+40$℃，空气相对湿度不大于 85%（环境温度为 +25℃时）。

悬挂起重机运行轨道的安装应符合 GB/T 10183《起重机 车轮及大车和小车轨道公差》的规定。

（二）基本要求

悬挂起重机的设计、制造应符合 GB/T 3811《起重机设计规范》和 JB/T 2603《电动悬挂起重机》的规定。

悬挂起重机配用的电动葫芦及葫芦运行小车，应符合 JB/T 9008.1《钢丝绳电动葫芦 第 1 部分：型式与基本参数、技术条件》或 JB/T 5317《环链电动葫芦》的规定。

（三）使用性能

应按起重机的使用等级和载荷状态级别，合理选用相应工作级别的悬挂起重机。

悬挂起重机在做静载试验时，应能承受 1.25 倍额定起升载荷的试验载荷；做动载试验时，应能承受 1.1 倍额定起升载荷的试验载荷。

悬挂起重机的静态刚性：电动葫芦位于主梁跨中位置时，由额定起升载荷及电动葫芦自重载荷在该处产生的垂直净挠度 f 与起重机跨度 S 的关系推荐为 $f\leqslant S/500$（低精度要求）、$f\leqslant S/750$（中等定位精度要求）、$f\leqslant S/1000$（高精度要求）。悬挂起重机的动态刚性一般不做要求，水平刚性规定为跨中在水平方向引起的变形不应大于 $S/2000$。

悬挂起重机运行速度的允许偏差为名义值的 $\pm15\%$。起升速度、电动葫芦运行速度和额定载荷下制动下滑量应符合 JB/T 9008.1《钢丝绳电动葫芦 第 1 部分：型式与基础参数、技术条件》或 JB/T 5317《环链电动葫芦》的规定。电动葫芦根据用户要求可采用非跟随操纵方式或跟随操纵方式。

当吊运额定载荷移动至主梁一段悬臂极限位置时，另一端车轮不允许有负轮压现象出现。悬挂起重机同跨两端同侧车轮组运行中超前滞后距离不大于 $S/60$。当对电动葫芦或起重小车要过轨要求时，电动葫芦应能顺利过轨，过轨装置应安全可靠。

主梁腹板的局部翘曲，腹板高度不大于 700mm 时，腹板受压区（$H/3$ 以内）不应大于 3.5mm，受拉区（$H/3$ 以外）不应大于 5mm；腹板高度大于 700mm 时，上述数据分别为 5.5mm 和 8mm。主梁最大上拱度应位于跨中部 $S/10$ 范围内，推荐值为（$1/1000\sim1.4/1000$）S。主梁的水平弯曲值不应大于 $S/2000$。主梁下翼缘板下表面的水平偏斜不大于 $B/200$（B 为主梁下翼缘板宽度）。以悬挂车轮组与端梁组装连接处作为测量基准点，桥架对角线差不大于 5mm。

双梁悬挂起重机两根运行小车悬挂轨道的轨距偏差为 ±3mm，同一截面两根运行小车悬挂轨道下表面高低差不大于 3mm（$K\leqslant2$m）或不大于 $0.0015K$（2m $<K\leqslant6.6$m）。

悬挂起重机跨度极限偏差为 ±4mm（$S\leqslant10$m）或 ±5mm（$10<S\leqslant26$m）。

第五节　电动葫芦及手动葫芦

一、电动葫芦

电动葫芦是一种轻小型起重设备，具有体积小、自重轻、操作简单、使用方便等特点，用于工矿企业、仓储码头等场所。电动葫芦由电动机、传动机构和卷筒或链轮组成，起重量一般为 $0.1\sim80$t，起升高度为 $3\sim30$m。

（一）分类

电动葫芦分为钢丝绳电动葫芦和环链电动葫芦两种。环链电动葫芦分为进口和国产，钢丝绳电动葫芦分为 CD_1 型、MD_1 型、微型电动葫芦、卷扬机、多功能提升机等。

本节主要介绍环链电动葫芦、微型电动葫芦、钢丝绳电动葫芦三种。

1. 环链电动葫芦

环链电动葫芦弥补了钢丝绳电动葫芦体积较大笨重的缺点。环链电动葫芦由电动机，传动机构和链轮组成，与钢丝绳电动葫芦最大的区别是将钢丝绳换成链条。起重量一般为 $0.24\sim35$t，起升高度为 $3\sim120$m。

环链电动葫芦的起重量为 240kg、300kg、500kg、1t、2t、3t、5t、10t、20t、25t、30t、35t；速度有双速、单速、变频启动、双速变频启动等形式；刹车有旁式刹车、锥型单刹车、双刹车（旁式刹车+机械刹车）等形式。

按吊装方式，环链电动葫芦分为正吊和反吊。

环链电动葫芦的特点：性能结构先进，体积小，质量轻，性能可靠，操作方便，适用范围广，便于起吊重物、装卸工作、维修设备、吊运货物，可安装在悬空工字梁、曲线轨道、旋臂吊导轨及固定吊点上吊运重物。

环链电动葫芦的接入电源为 $110\sim690$V（国内目前能达到的），标配一般是 380V。

环链电动葫芦的控制开关电压是 24/36V（控制开关如果未经过内置变压器变成 36V 安全电压会对人身造成伤害，所以大部分环链电动葫芦的控制电压是 24/36V）。

环链电动葫芦必须配置限位开关和相序断相保护器。

2. 微型电动葫芦

微型电动葫芦又称民用电动葫芦，使用 220V 电压，适用于各种场合，可提升 1000kg 以下的货物，尤其适用于高层楼房从楼下吊起较重的生活用品。微型电动葫芦结构简单、安装方便、小巧玲珑，且用单向电作为动力源。

微型电动葫芦在生产设计方面均达到国际标准，保证使用的安全性，电机散热片采用铸铁结构，提高了使用寿命。微型电动葫芦提升速度可以达到 10m/min，钢丝绳长初设计为 12m（加长可定做）。

3. 钢丝绳电动葫芦

钢丝绳电动葫芦的主要组成部分包括减速器、运行机构、卷筒装置、吊钩装置、联轴器、软缆电流引入器、限位器等。钢丝绳电动葫芦是工厂、矿山、港口、仓库、货场、商店等常用的起重设备。

钢丝绳电动葫芦提升速度是 8m/min，起重量为 0.5～20t，钢丝绳的长度可以根据要求进行定做。

钢丝绳电动葫芦的特点：质量轻、体积小、结构紧凑、品种规格多、运行平稳，操作简单，使用方便。可以在同一平面上做直的、弯曲的、循环的架空轨道上使用，也可以在以工字钢为轨道的电动单梁、手动单梁、桥式、悬挂、悬臂、龙门等起重机上使用。广泛应用在工厂、货栈、码头、电站、伐木场等场合。

钢丝绳电动葫芦起重量为 500kg、1t、2t、3t、5t、10t、16t、20t；起升高度为 6、9、12、18、24、30m。

由于钢丝绳电动葫芦产品应用最广泛，下面重点介绍 CD_1、MD_1 型钢丝绳电动葫芦的外形结构及工作原理。

CD_1、MD_1 型钢丝绳电动葫芦的外形结构如图 11-13～图 11-18 所示。

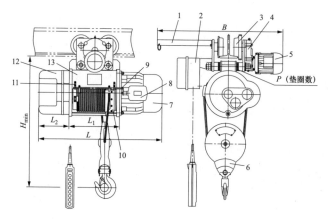

图 11-13 CD_1 型 0.5t、H=6～12m 及 1～5t、H=6～9m 电动葫芦外形结构图

1—软缆引入器架；2—电气控制箱；3—电动小车；4—运行减速器；5—运行电机；6—吊钩装置；7—起升电机；8—断火限位器；9—限位杆；10—导绳器装置；11—停止块；12—起升减速器；13—卷筒装置

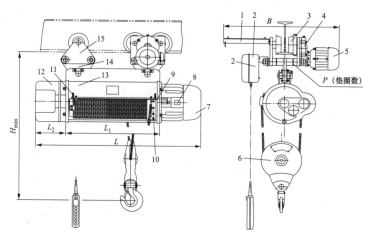

图 11-14 CD_1 型 1～5t、H=12～40m 电动葫芦外形结构图

1—软缆引入器架；2—电气控制箱；3—电动小车；4—运行减速器；5—运行电机；6—吊钩装置；7—起升电机；8—断火限位器；9—限位杆；10—导绳器装置；11—停止块；12—起升减速器；13—卷筒装置；14—小车平衡梁；15—双轮小车

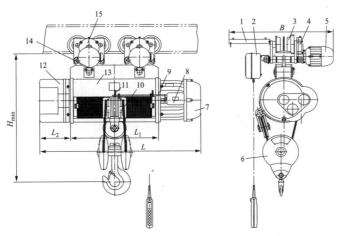

图 11-15 CD₁型 10t、H=9～40m 电动葫芦外形结构图

1—软缆引入器架；2—电气控制箱；3—电动小车；4—运行减速器；5—运行电机；6—吊钩装置；7—起升电机；8—断火限位器；
9—限位杆；10—导绳器装置；11—停止块；12—起升减速器；13—卷筒装置；14—小车平衡梁；15—双轮小车

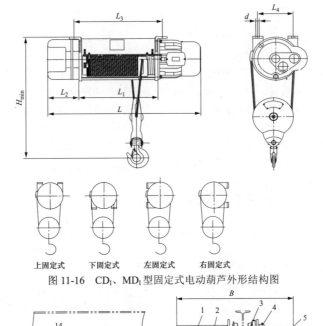

上固定式　　下固定式　　左固定式　　右固定式

图 11-16 CD₁、MD₁型固定式电动葫芦外形结构图

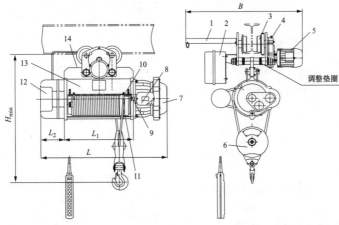

图 11-17 MD₁型 0.5t、H=6～12m 及 1～5t、H=6～9m 电动葫芦外形结构图

1—软缆引入器架；2—电气控制箱；3—电动小车；4—运行减速器；5—运行电机；6—吊钩装置；7—起升电机；8—断火限位器；
9—限位杆；10—导绳器装置；11—停止块；12—起升减速器；13—卷筒装置；14—慢速起升电机

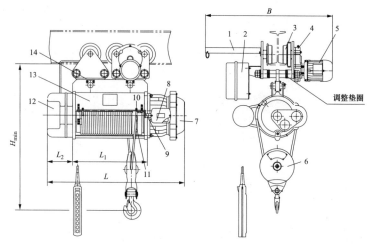

图 11-18 MD_I 型 10t、H=12～40m 电动葫芦外形结构图

1—软缆引入器架；2—电气控制箱；3—电动小车；4—运行减速器；5—运行电机；6—吊钩装置；7—起升电机；8—断火限位器；
9—限位杆；10—导绳器装置；11—停止块；12—起升减速器；13—卷筒装置；14—慢速起升电机

CD_I、MD_I 型钢丝绳电动葫芦主要由起升机构、运行机构（固定式无）和电气控制装置三部分组成。

MD_I 型钢丝绳电动葫芦是在 CD_I 型的机体上，将起升电机换成双电机组，具有常速、慢速两种起升速度，与 CD_I 型电动葫芦的区别在于起升电机和电气控制部分。

（1）起升机构。CD_I、MD_I 型钢丝绳电动葫芦的起升机构如图 11-19 所示。其工作原理为：起升电机通过弹性联轴器，经减速器的齿轮传动到空心轴，再驱动卷筒装置，使绕在卷筒上的钢丝绳带动吊钩装置上升或下降。

起升高度 H=6m 时用一个弹性联轴器，以连接电机轴和减速器的输入轴，该联轴器由一个高强度的夹布橡胶轮胎圈和两个带花键的半联轴器组成，能吸收冲击负荷、补偿安装误差。导绳器装置可防止钢丝绳乱绕。

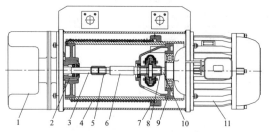

图 11-19 起升机构图（右端盖在 H>18m 时
应带支持架部分）

1—减速器；2—空心轴；3—减速器输入轴；4—卷筒；
5—刚性联轴器；6—中间轴；7—导绳器装置；
8—弹性联轴器；9—右端盖；10—电机轴；
11—起升电机

当 H>9m 时增加一中间轴和一刚性联轴器。

当 H>18m 时配一支持架（与右端盖做成一体），防止因中间轴太长，运转不平稳造成弯曲而损坏。

减速器（见图 11-20）采用三级外啮合斜齿轮传动机构。齿轮及传动轴采用合金钢制造，经渗碳淬火处理，强度高、耐磨性好。各传动轴均由滚动轴承支承，用机械油润滑，传动平稳，效率高。箱体与箱盖之间用 O 形耐油橡胶圈密封，防止漏油。

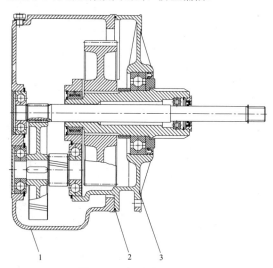

图 11-20 起升减速器结构

1—箱盖；2—O 形密封圈；3—箱体

CD_I 型电动葫芦的起升电机采用带制动装置的锥形转子电动机（见图 11-21、图 11-22），其锥形转子在通电后产生轴向磁拉力，磁拉力克服弹簧的压力，使风扇制动轮脱离后端盖，电机即正常运转。断电后，磁拉力即消失，在弹簧压力的作用下，风扇制动轮上的锥形制动环刹紧后端盖（或后端罩）因而制动。该

装置制动可靠，耐磨性好。风扇制动轮上的叶片，起着扇风散热的作用。

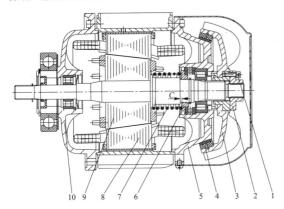

图 11-21　CD$_I$ 型 0.5～5t 电动葫芦起升电机结构

1—紧固螺钉；2—锁紧螺母；3—风扇制动轮；4—锥形制动环；

5—后端盖；6—支承圈；7—压力弹簧；8—定子；

9—转子；10—前端盖

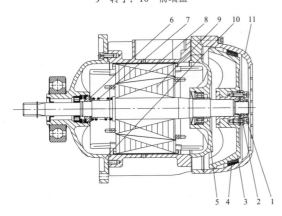

图 11-22　CD$_I$ 型 10t 电动葫芦起升电机结构

1—紧固螺钉；2—锁紧螺母；3—风扇制动轮；4—锥形制动环；

5—后端盖；6—支承圈；7—压力弹簧；8—定子；

9—转子；10—前端盖；11—端罩

MD$_I$ 型电动葫芦的起升电机采用 ZDS$_I$ 型双电机组。双电机组由慢速起升电机（简称小电机）、常速起升电机（简称大电机）、慢速驱动装置三部分组成，见图 11-23 和图 11-24，有些情况下 MD$_I$ 型 10t 电动葫芦采用图 11-25 所示结构。

MD$_I$ 型电动葫芦工作原理为：小电机通过慢速驱动装置和大电机连为一体，当小电机通电时，小电机上的制动器打开，并以 1380r/min 的转速转动，经过慢速驱动装置减速，带动大电机的风扇制动轮（与大电机转子连成一体）和转子一起转动。因而大电机的输出轴转速只有小电机转速的 $1/i$（一般为 1/10 左右）。当大电机通电时，电机的制动器被打开，大电机即以额定转速转动，小电机则处于制动状态。

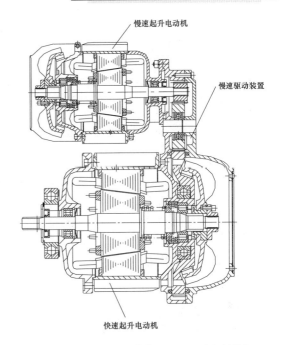

图 11-23　MD$_I$ 型电动葫芦 0.5～5t 双电机组结构

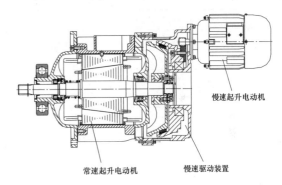

图 11-24　MD$_I$ 型电动葫芦 10t 双电机组结构（一）

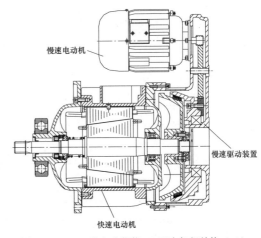

图 11-25　MD$_I$ 型电动葫芦 10t 双电机组结构（二）

在额定负荷下降时的制动下滑距离 S 应符合以下规定

$$S \leqslant L/100 \qquad (11\text{-}1)$$

式中　S——制动下滑量，m；

　　L——额定载荷下 1min 内稳定起升的距离，m。

如超过上述规定，应进行调整。

（2）运行机构。CD_I、MD_I 型悬挂式钢丝绳电动葫芦的运行机构由运行电机通过运行减速器带动小车的一对主动轮，使整个电动葫芦沿着工字钢轨道移动。运行电机也是带制动装置的锥形转子电动机，其制动部分为平面制动环制动，制动力矩较小，制动过程较缓慢，避免停车时所吊重物晃动。

（3）电气装置。CD_I、MD_I 型钢丝绳电动葫芦的电气装置由电气控制箱、控制按钮站及断火限位器组成。

电气控制箱采用控制箱连接架安装到电动小车上。固定式电动葫芦由用户自行安装。电气元件采用板前安装、板前配线、外接电缆接线座连接。电气控制及操作采用安全电压（常规产品为 36V）。

（二）基本参数

以下是电动葫芦基本参数，具体型号的基本参数可参照制造厂样本。

（1）型号。

（2）起重量（t）。

（3）起升高度（m）。

（4）工作级别。

（5）操作形式。

（6）小车运行速度（m/min）。

（7）小车运行电机（kW）。

（8）起升速度（m/min）。

（9）起升电机（kW）。

（10）小车供电。

（11）大车供电。

（12）最大轮压（kN）。

（13）单台质量（kg）。

（14）适应环境温度（℃）。

（15）电源：AC 380V、50Hz。

CD_I、MD_I 型钢丝绳电动葫芦的基本参数见表 11-3～表 11-6。

表 11-3　　　　　　　　　　CD_I 型 2～3t 电动葫芦主要参数及基本尺寸

型 号		CD_I2 -6D	CD_I2 -9D	CD_I2 -12D	CD_I2 -18D	CD_I2 -24D	CD_I2 -30D	CD_I2 -33D	CD_I2 -36D	CD_I3 -6D	CD_I3 -9D	CD_I3 -12D	CD_I3 -18D	CD_I3 -24D	CD_I3 -30D	CD_I3 -33D	CD_I3 -36D	CD_I3 -40D
起重量（t）		2								3								
起升高度（m）		6	9	12	18	24	30	33	36	9	9	12	18	24	30	33	36	40
起升速度（m/min）		8								8								
运行速度（m/min）		20（30）								20（30）								
钢丝绳	绳直径（mm）	11								13								
	绳总长（m）	15.4	21.4	27.4	39.4	51.4	63.4	69.4	75.4	15.85	21.85	27.85	39.85	51.85	63.85	69.85	75.85	83.85
	结构形式	D–6×37+1								D–6×37+1								
工字梁轨道型号		20a～32c								20a～32c								
轨道最小半径（m）		1.2	1.5	2	2.8	3.5	4.0	4.5		1.2	1.5	2.0	2.8	3.5	3.9	4.2	5.0	
起升电动机组	型号	ZD_I31-4								ZD_I32-4								
	功率（kW）	3								4.5								
	速度（r/min）	1380								1380								
	相数	3								3								
	电压（V）	380								380								
	电流（A）	7.6								11								
	频率（Hz）	50								50								
运行电动机组	型号	ZDY_I12-4								ZDY_I12-4								
	功率（kW）	0.4								0.4								
	速度（r/min）	1380								1380								
	相数	3								3								
	电压（V）	380								380								
	电流（A）	1.25								1.25								
	频率（Hz）	50								50								

续表

型号	CD₁2 -6D	CD₁2 -9D	CD₁2 -12D	CD₁2 -18D	CD₁2 -24D	CD₁2 -30D	CD₁2 -33D	CD₁2 -36D	CD₁3 -6D	CD₁3 -9D	CD₁3 -12D	CD₁3 -18D	CD₁3 -24D	CD₁3 -30D	CD₁3 -33D	CD₁3 -36D	CD₁3 -40D
启动次数（次/h）	120								120								
负载持续率（%）	25								25								
H_{min}（mm）	约840	约950							约954				约1058				
L_2（mm）	187								229								
L_1（mm）	352	452	552	752	952	1152	1252	1352	380	483	586	792	998	1204	1307	1410	1547
L（mm）	820	920	1020	1220	1420	1620	1720	1820	932	1035	1138	1344	1550	1756	1859	1962	2099
B（mm）	约930								约930								
L_3（mm）	418	518	618	818	1018	1218	1318	1418	448	551	654	860	1066	1272	1375	1478	1615
L_4（mm）	240								264								
d（mm）	25								25								
质量（kg）	221	232	285	309	332	353	373	393	281	297	354	390	420	451	472	493	516

注 1. 防护等级，绝缘等级在产品质量说明书中标注。

　　2. L_3、L_4、d 为固定式电动葫芦的尺寸。

表 11-4　　　　　　　CD₁型 5～10t 电动葫芦主要参数及基本尺寸

型号	CD₁5 -6D	CD₁5 -9D	CD₁5 -12D	CD₁5 -18D	CD₁5 -24D	CD₁5 -30D	CD₁5 -33D	CD₁5 -36D	CD₁5 -40D	CD₁10 -9D	CD₁10 -12D	CD₁10 -18D	CD₁10 -24D	CD₁10 -30D	CD₁10 -33D	CD₁10 -36D	CD₁10 -40D
起重量（t）	5									10							
起升高度（m）	6	9	12	18	24	30	33	36	40	9	12	18	24	30	33	36	40
起升速度（m/min）	8									7							
运行速度（m/min）	20（30）									20（30）							
钢丝绳 绳直径（mm）	15									15							
钢丝绳 绳总长（mm）	16.43	22.43	28.43	40.43	52.43	64.43	70.43	76.43	84.43	43	55	79	103	127	139	151	167
钢丝绳 结构形式	D–6×37+1									D–6×37+1							
工字梁轨道型号	25a～63c									32a～63c							
轨道最小半径（m）	1.5	2.0	2.5	3.0	4.0	5.0	5.5	6.0		3	3.5	4.5	6	7.2	7.5	8	9
起升电动机组 型号	ZD₁41-4									ZD₁51-4							
起升电动机组 功率（kW）	7.5									13							
起升电动机组 速度（r/min）	1400									1400							
起升电动机组 相数	3									3							
起升电动机组 电压（V）	380									380							
起升电动机组 电流（A）	18									30							
起升电动机组 频率（Hz）	50									50							
运行电动机组 型号	ZDY₁21-4									ZDY₁21-4							
运行电动机组 功率（kW）	0.8									2×0.8							
运行电动机组 速度（r/min）	1380									1380							
运行电动机组 相数	3									3							
运行电动机组 电压（V）	380									380							
运行电动机组 电流（A）	2.4									2.4							
运行电动机组 频率（Hz）	50									50							

续表

型号		CD_I5-6D	CD_I5-9D	CD_I5-12D	CD_I5-18D	CD_I5-24D	CD_I5-30D	CD_I5-33D	CD_I5-36D	CD_I5-40D	CD_I10-9D	CD_I10-12D	CD_I10-18D	CD_I10-24D	CD_I10-30D	CD_I10-33D	CD_I10-36D	CD_I10-40D
启动次数（次/h）		120									120							
负载持续率（%）		25									25							
基本尺寸	H_{min}（mm）	约 1120	约 1283								约 1350							
	L_2（mm）	267									301							
	L_1（mm）	415	536	625	835	1045	1255	1360	1465	1605	875	1056	1418	1780	2142	2325	2508	2752
	L（mm）	1047	1168	1257	1467	1677	1887	1992	2097	2237	1602	1783	2145	2507	2869	3052	3235	3479
	B（mm）	约 1055									约 1055							
	L_3（mm）	485	606	695	905	1115	1325	1430	1535	1655	949	1130	1492	1854	2216	2397	2582	2826
	L_4（mm）	320									376							
	d（mm）	31									37							
质量（kg）		473	495	597	646	696	726	748	770	800	1048	1098	1209	1310	1411	1462	1513	1585

注 1．防护等级，绝缘等级在产品质量说明书标注。

2．L_3、L_4、d 为固定式电动葫芦的尺寸。

表 11-5　　MD_I型 0.5～1t 电动葫芦主要参数及基本尺寸

型号		$MD_I0.5$-6D	$MD_I0.5$-9D	$MD_I0.5$-12D	MD_I1-6D	MD_I1-9D	MD_I1-12D	MD_I1--18D	MD_I1-24D	MD_I1-30D	MD_I1-33D	MD_I1-36D	MD_I1-40D
起重量（t）		0.5			1								
起升高度（m）		6	9	12	6	9	12	18	24	30	33	36	40
起升速度（m/min）		8/0.9			8/0.73								
运行速度（m/min）		20（30）			20（30）								
钢丝绳	绳直径（mm）	4.8			7.4								
	绳总长（m）	14.43	20.43	26.43	14.65	20.65	26.65	38.65	50.65	62.65	68.65	74.65	82.65
	结构形式	D–6×37+1			D–6×37+1								
工字梁轨道型号		16～28b			16～28b								
轨道最小半径（m）		1			1		1.2	1.8	2.5	3.2	3.6	4	4.5
起升电动机组	型号	ZDS_I21-4			ZDS_I22-4								
	功率（kW）	0.8/0.2			1.5/0.2								
	速度（r/min）	1380/157			1380/157								
	相数	3			3								
	电压（V）	380			380								
	电流（A）	2.4/0.72			4.3/0.72								
	频率（Hz）	50			50								
运行电动机组	型号	ZDY_I11-4			ZDY_I11-4								
	功率（kW）	0.2			0.2								
	速度（r/min）	1380			1380								
	相数	3			3								
	电压（V）	380			380								
	电流（A）	0.72			0.72								
	频率（Hz）	50			50								

续表

型　号	$MD_10.5$	$MD_10.5$	$MD_10.5$	MD_11	MD_11	MD_11	MD_11	MD_11	MD_11	MD_11	MD_11	MD_11
	$-6D$	$-9D$	$-12D$	$-6D$	$-9D$	$-12D$	$-18D$	$-24D$	$-30D$	$-33D$	$-36D$	$-40D$
启动次数（次/h）	120			120								
负载持续率（%）	25			25								
基本尺寸 H_{min}（mm）	约650			约667		约767						
L_2（mm）	125			158								
L_1（mm）	274	346	418	345	443	541	737	933	1129	1227	1325	1456
L（mm）	616	688	760	780	878	976	1172	1368	1564	1668	1760	1891
B（mm）	约884			约884								
L_3（mm）	318	390	462	401	499	597	793	989	1185	1283	1381	1512
L_4（mm）	190			196								
d（mm）	16.5			19								
质量（kg）	148	155	163	164	172	199	215	231	247	255	263	274

注　1. 防护等级、绝缘等级在产品质量说明书标注。

　　2. L_3、L_4、d 为固定式电动葫芦的尺寸。

表 11-6　　　　　　　　**MD_1型 2～3t 电动葫芦主要参数及基本尺寸**

型　号	MD_12	MD_12	MD_12	MD_12	MD_12	MD_12	MD_12	MD_12	MD_13	MD_13	MD_13	MD_13	MD_13	CD_13	CD_13	CD_13	CD_13
	$-6D$	$-9D$	$-12D$	$-18D$	$-24D$	$-30D$	$-33D$	$-36D$	$-6D$	$-9D$	$-12D$	$-18D$	$-24D$	$-30D$	$-33D$	$-36D$	$-40D$
起重量（t）	2								3								
起升高度（m）	6	9	12	18	24	30	33	36	9	9	12	18	24	30	33	36	40
起升速度（m/min）	8/0.73								8/0.73								
运行速度（m/min）	20（30）								20（30）								
钢丝绳 绳直径（mm）	11								13								
绳总长（m）	15.4	21.4	27.4	39.4	51.4	63.4	69.4	75.4	15.85	21.85	27.85	39.85	51.85	63.85	69.85	75.85	83.85
结构形式	$D-6×37+1$								$D-6×37+1$								
工字梁轨道型号	20a-32c								20a-32c								
轨道最小半径（m）	1.2	1.5	2	2.8	3.5	4	4.5		1.2	1.5	2	2.8	3.5	3.9	4.2	5	
起升电动机组 型号	ZDS_131-4								ZDS_132-4								
功率（kW）	3.0/0.4								4.5/0.4								
速度（r/min）	1380/127								1380/127								
相数	3								3								
电压（V）	380								380								
电流（A）	7.6/1.25								11/1.25								
频率（Hz）	50								50								
运行电动机组 型号	ZDY_112-4								ZDY_112-4								
功率（kW）	0.4								0.4								
速度（r/min）	1380								1380								
相数	3								3								
电压（V）	380								380								
电流（A）	1.25								1.25								
频率（Hz）	50								50								

续表

型　号	MD₁2	MD₁2	MD₁2	MD₁2	MD₁2	MD₁2	MD₁2	MD₁2	MD₁3	MD₁3	MD₁3	MD₁3	MD₁3	CD₁3	CD₁3	CD₁3	CD₁3
	-6D	-9D	-12D	-18D	-24D	-30D	-33D	-36D	-6D	-9D	-12D	-18D	-24D	-30D	-33D	-36D	-40D
启动次数（次/h）	120								120								
负载持续率（%）	25								25								
基本尺寸　H_{min}（mm）	约840		约950						约954			约1058					
L_2（mm）	187								229								
L_1（mm）	352	452	552	752	952	1152	1252	1352	380	483	586	792	998	1204	1307	1410	1547
L（mm）	808	908	1008	1208	1408	1608	1708	1808	915	1018	1125	1327	1533	1739	1820	1945	2082
B（mm）	约930								约930								
L_3（mm）	418	518	618	818	1018	1218	1318	1418	448	551	654	860	1066	1272	1375	1478	1615
L_4（mm）	240								264								
d（mm）	25								25								
质量（kg）	253	264	317	341	364	385	405	425	313	329	386	422	452	483	504	525	548

注　1. 防护等级，绝缘等级在产品质量说明书上标注。

　　2. L_3、L_4、d 为固定式电动葫芦的尺寸。

（三）主要技术规范

（1）电动葫芦额定电压 380V、50Hz，工作环境温度-25～+40℃。

（2）采用单层缠绕钢丝绳的电动葫芦应采用导绳器，吊钩空载下降时钢丝绳仍能从导绳器中排出；当起升、下降额定载荷时，钢丝绳对卷筒轴线垂直面的偏角为±3°。

（3）电动葫芦常温绝缘电阻不小于1.5MΩ，接地电阻不大于0.1MΩ。

（4）电动葫芦型号和参数应符合 JB/T 9008.1《钢丝绳电动葫芦　第1部分：型式与基本参数、技术条件》的规定。

（5）起升速度的允许偏差为名义值的±5%，横行速度的允许偏差为名义值的±15%，起升高度的允许偏差为名义值的-5%。

（6）起升机构做静载试验时，应该能承受1.5倍的额定载荷，起升机构做动载试验时，应该能承受1.25倍的额定载荷；试验后进行目测，各受力构件应无裂纹、永久变形和油漆剥落，各连接处应无松动；做200/1的爬坡试验应该无异常现象；下滑量 S 满足式（11-1）的要求。

（7）在额定载荷和电动机端电压为85%额定电压的条件下，电动机和制动器的工作应无异常现象；且电机必须有剩余磁拉力。

（8）限位器应安全可靠且应有错相保护功能。

（9）起升机构在额定载荷下工作时，噪声不得超过85dB；运行机构空载下运转时，噪声不得超过80dB。

（10）热控元件的动作温度为（160±10）℃或（170±10）℃。

（11）当带第二制动器时，其功能要求为：当第一制动器失灵时，第二制动器能可靠地支持住载荷。

（12）机械式超载限制器。①综合误差不大于8%；②动作载荷不大于1.15倍的额定载荷；③当达到动作载荷时能自动的切断起生电力回路。

（13）电子式超载限制器。①综合误差不大于5%；②带延时的动作载荷不大于1.1倍额定载荷，不带延时的动作载荷为1.25倍额定载荷；③当达到动作载荷时能自动的切断起升电力回路。

（14）吊钩应该符合 GB/T 10051.2《起重吊钩　第2部分：锻造吊钩技术条件》的规定。

（15）钢丝绳应该选用 GB/T 8918《重要用途钢丝绳》规定的绳 18×7 和绳 6×37；钢丝绳的公称抗拉强度不低于1570MPa。

（16）减速机不得有漏油现象。

（17）制作卷筒、卷筒外壳、小车墙板以及其他重要受力件的钢板和型材，当工作环境温度为-20～+40℃时，性能不低于 GB/T 700《碳素结构钢》中的 Q234A 或 Q235B；当工作环境温度为-25～-21℃时性能不低于 Q235B，且低温冲击功（AK）不得小于27J；用热轧或冷拔钢管作为卷筒毛坯时，其材料性能应不低于 GB/T 699《优质碳素结构钢》中的10钢。

（18）起升机构的齿轮材料，其性能不低于 GB/T 3077《合金结构钢》中的 20CrMnTi 和 40MnB；运行机构的齿轮材料，其性能不低于 GB/T 699《优质碳素结构钢》中的 45 钢。

（19）减速器箱体、箱盖、滑轮材料，其性能不低于 GB/T 9439《灰铸铁件》中的 HT200。

（20）导绳螺母、铸件车轮材料，其性能应不低于 GB/T 1438《锥柄麻花钻》中的 QT500-7。锻件车轮材料，其性能应不低于 GB/T 699《优质碳素结构钢》中的 45 钢。

（21）制动器的压缩弹簧应符合 GB/T 1239.2《冷卷圆柱螺旋弹簧技术条件 第 2 部分：压缩弹簧》的规定，其精度级别为 2 级。

（22）电动葫芦必须先喷底漆，后喷面漆。干燥后每层漆膜厚度不小于 25μm，漆膜层厚度不小于 75μm。表面应均匀、光亮、色泽一致，不得有漏气。

二、手动葫芦

手动葫芦（也称环链葫芦或倒链）是一种使用简单、携带方便的手动起重机械，适用于小型设备和货物的短距离吊运、临时挂置，及吊装大型组件时的调整等，起重量一般为 0.5~40t。手动葫芦具有安全可靠、维护简便、机械效率高、手链拉力小、自重较轻、便于携带、外形美观、尺寸较小、经久耐用的特点，适用于电厂、工厂、矿山、建筑工地、码头、船坞、仓库等，用于安装机器、起吊货物，尤其对于露天和无电源作业更具优越性。

手动葫芦可与各种手动单轨行车配套使用，组成手动起重运输小车，适用于单轨架空运输，多用于手动单梁桥式起重机和悬臂式起重机上。

（一）类型与结构

手动葫芦由链轮、手拉链、传动机械、起重链及上下吊钩等部分组成。其中，机械传动部分又可分为蜗轮式传动和齿轮式传动两种。由于蜗轮式传动的机械效率低，零件易磨损，现在很少使用。齿轮传动的手动葫芦分为片状手动葫芦和行星齿轮手动葫芦，前者起重量小，一般为 2.5~10kN，起重时提升速度为 0.65~2.24m/s；后者最大起重量可达 200kN。

齿轮传动的手动葫芦型号较多，其中 SH 型应用广泛；WA 型是 SH 型的改进型；SBL 采用新型机构传动，机械率高，但自重比 SH 型略重；HSZ 型是 HS 型的改进型，HSZ 型手动葫芦既有传统葫芦的优点，又具有结构新颖、简洁、外形美观等特点，其刚性好、强度高、结构紧凑、抗碰撞能力增强，可有效地保护内部零件。

按手动葫芦使用工况，工作级别分为：

（1）Z 级—重载，频繁使用；

（2）Q 级—轻载，不经常使用。

HSZ 型手动葫芦结构明细如图 11-26 所示。工作原理为：拉动手链条，手链轮转动，将摩擦片、棘轮、制动器座压成一体，带动 5 齿长轴旋转，5 齿长轴与片齿轮啮合，片齿轮与 4 齿短轴压成一体，4 齿短轴与花键孔齿轮啮合，花键孔齿轮与起重链轮以花键轮接，带动起重链条，提升重物。

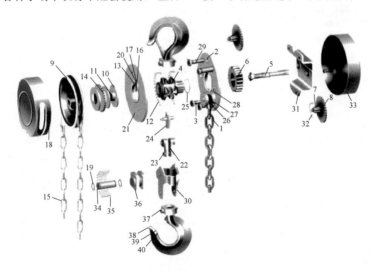

图 11-26　HSZ 型手动葫芦结构明细

1—起重链；2—右墙板；3—支撑杆甲；4—起重链轮；5—5 齿长轴；6—花键孔齿轮；7—4 齿短轴；8—片齿轮；9—手链轮；10—制动器座；11—摩擦片；12—滚柱；13—轴承外圈；14—棘轮；15—手链条；16—棘爪弹簧；17—棘爪；18—手链轮罩壳；19—弹簧挡圈；20—棘爪销；21—左墙板；22—吊链板；23—吊销；24—挡板；25—弹性挡圈；26—插销；27—导轮；28—缸套；29—支撑杆乙；30—下钩架；31—外墙板；32—滚柱；33—罩壳；34—油轮轴；35—滚针；36—游轮；37—吊钩梁；38—吊钩；39—卡索板；40—双弹簧

手动葫芦单轨小车（见图 11-27）分手推行车和手拉行车两种，手拉行车以手链驱动，手推行车以手推吊重物驱动，能自如地行走于工字钢轨的下翼缘上，而且车轮轮缘间距可以按工字钢轨道宽度要求调整，将手动葫芦悬挂在行车下方，可组成手动起重运输小车。手拉单轨行车以手链驱动，行走于工字钢的轨道下缘处，配以手拉葫芦便可组成桥式、单梁或悬臂式起重机。

手动葫芦单轨小车广泛用于工厂、矿山、码头、仓库、建筑工地等，可用于安装机器设备、吊运货物，尤其适用于无电源地点的作业。

（二）基本参数

手动葫芦基本参数应符合表 11-7 的规定，结构见图 11-28。

图 11-27 单轨小车示意

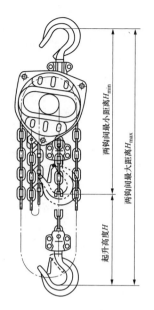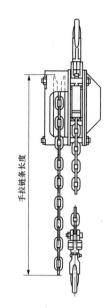

图 11-28 手动葫芦结构

注：1. 起升高度 H 是指下吊钩下极限工作位置与上极限工作位置之间的距离。
2. 两钩间最小距离 H_{min} 是指下吊钩上升至上极限工作位置时，上、下吊钩钩腔内缘的距离。
3. 两钩间最大距离 H_{max} 是指下吊钩下降至下极限工作位置时，上、下吊钩钩腔内缘的距离。
4. 手拉链条长度是指手链轮外圆上顶点到手拉链条下垂点的距离。

表 11-7 手 动 葫 芦 基 本 参 数

额定起重量（t）	工作级别	标准起升高度（m）	两钩间最小距离 H_{min}（mm）		标准手拉链条长度（m）	质量（kg）	
			Z 级	Q 级		Z 级	Q 级
0.5			≤330	≤350		≤11	≤14
1			≤360	≤400		≤14	≤17
1.6		2.5	≤430	≤460	2.5	≤19	≤23
2			≤500	≤530		≤25	≤30
2.5	Z 级 Q 级		≤530	≤600		≤33	≤37
3.2			≤580	≤700		≤38	≤45
5			≤700	≤850		≤50	≤70
8			≤850	≤1000		≤70	≤90
10		3	≤950	≤1200	3	≤95	≤130
16			≤1200	—		≤150	—
20	Z 级		≤1350	—		≤250	—
32			≤1600	—		≤400	—
40			≤2000	—		≤550	—

（三）主要技术规范

1. 性能

（1）无载动作。无载状态下，拉动手拉链条，各机构运转应灵活，不应有卡阻或时松时紧的现象。

（2）动载性能。做动载性能试验时，应按表 11-8 给出的试验荷载加载，并按表 11-9 给出的试验起升高度起升和下降各一次，应符合下列各项要求：

1）起重链条与起重链轮、游轮，手拉链条与手链轮啮合良好；

2）齿轮副运转平稳，无异常现象；

3）起升、下降过程中起重链条无扭结现象；

4）起升时手拉力无明显变化；

5）制动器工作可靠。

表 11-8　试验荷载

额定起重量（t）	0.5	1	1.6	2	2.5	3.2	5
试验载荷（kN）	6.3	12.5	20	25	32	40	63
额定起重量（t）	8	10	16	20	32	40	
试验载荷（kN）	100	125	200	250	400	500	

表 11-9　试验起升高度

起重链条行数	1	2	3	4	5	6	8
试验起升高度（mm）	500	250	170	130	100	85	65

注 起重链条行数是指一台机体上的起重链条行数。

（3）制动性能。按表 11-10 给出的试验荷载分别加载试验，把重物下降相当于起重链轮转一周以上的高度，然后静置 1h，重物不应自行下降。

表 11-10　试 验 荷 载

额定起重量（t）		0.5	1	1.6	2	2.5	3.2	5
试验载荷（kN）	1 次	1.25	2.5	4	5	6.3	8	12.5
	2 次	5	10	16	20	25	32	50
	3 次	6.3	12.5	20	25	32	40	63
额定起重量（t）		8	10	16	20	32	40	
试验载荷（kN）	1 次	20	25	40	50	80	100	
	2 次	80	100	160	200	320	400	
	3 次	100	125	200	250	400	500	

（4）整机效率。在起升额定荷载状态下，整机效率由式（11-2）计算，其计算值应符合表 11-11 的规定

$$\eta = \frac{Q_e D_W}{n D_h i F_h} \times 100 \qquad (11-2)$$

式中　η——整机效率，%；

Q_e——额定荷载（额定起重量时的作用力），kN；

D_W——起重链轮节圆直径，mm；

n——整机起重链条行数；

D_h——手链轮节圆直径，mm；

i——齿轮总减速比；

F_h——平均手拉力，kN。

表 11-11　整 机 效 率

起重链条行数		1	2	3	4	5	6	7	8
效率（%）	Z 级	≥75	≥72	≥69	≥67	≥64	≥62	≥59	≥57
	Q 级	≥60	≥56	≥53	≥50	≥48	—		

注 起重链条行数是指一台机体上的起重链条行数。

（5）连续动作性能。手拉葫芦按表 11-15 给出的试验荷载加载，试验的起升高度为 300mm，连续起升下降至表 11-12 给出的连续动作次数（起升、下降一个往复循环为一次），试验后的手拉葫芦各部位不应有异常现象。

表 11-12　连 续 动 作 次 数

起重链条行数		1	2	3	4	5	6	7	8
连续动作次数	Z 级	1000	500	330	250	200	170	140	125
	Q 级	500	250	170	125	100	—		

注 起重链条行数是指一台机体上的起重链条行数。

（6）整机限位强度。手拉葫芦空载且尾环限制装置处于工作状态下，在手拉链条的下降侧施加 2.5 倍额定手拉力时，整机应能可靠地承受，不应有破损现象。

注：额定手拉力是指起升额定质量所需的手拉力公称值。

（7）静载性能。手拉葫芦整机应能可靠地支持住 4 倍额定起重量的静拉伸荷载。

（8）起升高度。手拉葫芦起升高度不应小于样本、说明书、铭牌规定的值。起升高度一般不大于 12m，否则应与制造厂协商。

2. 主要零部件

（1）吊钩。吊钩应符合 JB/T 4207.1《手动起重设备用吊钩》的规定，应能在水平面上做 360°的回转，下吊钩应装设 JB/T 4207.2《手动起重设备用吊钩闭锁装置》规定的钩口闭锁装置。在型式试验时应进行吊钩钩口变形试验和超负荷试验。

（2）起重链条。起重链条应符合 GB/T 20946《起重用短环链　验收总则》和 GB/T 20947《起重用短环链　T 级（T、DAT 和 DT 型）高精度葫芦链》的规定，其等级与手拉葫芦工作级别关系应符合表 11-13 给出的规定。在型式试验时应测定破断力、总极限伸长率和环节距偏差，应进行起重链条链环的弯曲试验。

表 11-13　起重链条等级与手拉葫芦工作级别

手拉葫芦工作级别	起重链条等级（不低于）
Z 级	T
Q 级	M

（3）手拉链条。手拉链条机械性能应符合表 11-14 给出的规定。手拉链条的连接环允许不焊接，但在 1.2kN 拉力下不允许有影响使用的变形。

表 11-14　手 拉 链 条 机 械 性 能

公称直径（mm）	极限工作载荷（kN）	破断载荷（kN）
4	1.25	≥5
5	2	≥8
6	2.8	≥11

（4）尾环限制装置。手动葫芦应装设尾环限制装置。

（5）导链和挡链装置。手拉葫芦应配置合适的导链和挡链装置，对链条和链轮正确啮合起辅助作用，而且在手拉葫芦随意放置和晃动时，链条不应从链轮环槽中脱落。

（6）滚动轴承。Z 级手拉葫芦的起重链轮及游轮应装设合适的滚动轴承。

（7）制动器。由摩擦片、棘爪和棘轮组成的机械式制动器，当停止拉动手拉链条时，能可靠地支持住吊挂的荷载。摩擦片不应含有石棉成分。

（8）护罩。制动器、齿轮副都应该装设合适的护罩以防尘土。

第十二章

标 识 系 统

第一节　标 识 规 定

电厂标识系统是一种根据功能、型号和安装位置来明确标识发电厂中的系统、设备、组件和建构筑物的编码体系。

一、标识说明

1. 标识总体

（1）电厂标识系统编码应满足工程建设和运行维护的规定，每一个被标识对象的标识应符合全厂唯一的原则，并可从标识追溯其功能、逻辑位置、物理位置。

（2）电厂标识系统分为工艺相关标识、安装点标识和位置标识三种，其中工艺相关标识用于标识工艺的系统、设备、部件。

（3）工艺相关标识系统编码应包括下列内容：

1）确定标识对象及其编码。

2）在工程文件和图纸上对标识对象进行标注。

3）对系统、设备、部件进行编码，并将编码标注在设备铭牌上。

4）把标识对象的编码录入相关数据库。

（4）在对具体工程项目进行标识时，应根据工程项目的实际情况，编制工程项目的《工程约定与编码索引》。

（5）工艺相关标识工作应纳入工程项目管理。

（6）电厂标识工作机构应适时组织工艺相关标识系统知识培训。

2. 各阶段标识

（1）工艺相关标识分为可行性研究、初步设计、施工图设计、竣工图、数据移交和电厂生产运行等六个阶段。

（2）可行性研究阶段标识应符合下列要求：

1）应编制工程编码规划。

2）应确定工程的全厂码 G、主机设备及相关系统的系统分类码。

3）在主机合同谈判和签约时，应在技术协议中确定主机设备及相关系统的系统分类码。

（3）初步设计阶段标识应符合下列要求：

1）各工艺专业应编制主要的系统码。

2）各工艺专业应编制需采购招标的主要设备的设备分类码。

3）工艺专业主要设计人应确定黑匣子设备，并向供货厂家提出编码要求。

4）主要设备厂家应对所供设备进行编码。

5）电厂标识工作机构应编制《工程约定与编码索引》（初版），交业主批准后颁发给项目参与各方执行。

（4）施工图设计阶段标识应符合下列要求：

1）电厂标识工作机构应对《工程约定与编码索引》（初版）进行细化、调整和更新，经业主批准后升版颁发给项目参与各方执行。

2）各工艺专业人员应按照《工程约定与编码索引》（升版）对本专业的系统和设备进行编码。

3）辅机设备厂家应对所供的设备进行编码。

4）电厂标识工作机构向业主或运营单位提交需采购设备的编码，经审定后用于制作设备铭牌。

（5）竣工图阶段标识应符合下列要求：

1）对现场发生的设计变更、设备替换所影响到的编码进行更新。

2）电厂标识工作机构应按照工程竣工时的实际情况，对《工程约定与编码索引》（升版）进行调整，形成《电厂标识系统编码清单》。

（6）数据移交阶段，设计单位应向业主或运营单位移交《电厂标识系统编码清单》和相应的电子数据，业主或运营单位技术负责人应组织相关人员对其进行审查和验收。

3. 全厂码

（1）新建、在建、扩建电厂的机组和公用部分应采用全厂码 G 标识。

（2）全厂码 G 的分级序号应为 O 级，其取值应按表 12-1 确定。

表 12-1　　　　全厂码 G 的取值

G 的取值	涉及范围
1～9	1～9 号机组的系统
A、B、C、D、E、F、G	10～16 号机组的系统
J、K、L、M、N、P、Q、R	分别为 1、2 号机组，3、4 号机组，…，15、16 号机组的共用系统
S、T、U、V	3 台或 3 台以上机组共用的系统，S、T、U、V 所对应的共用范围可由各方约定
Y	按最终规划容量考虑，全厂公用的系统

注 1. 公用系统的范围需要从电厂整体规划考虑命名，某一期工程的公用系统应按照规划的最终公用范围命名。

2. 全厂码 G 的取值依次从固定端向扩建端方向由小到大递增。

3. H、W、X、Z 允许自由使用，用于处理特殊情况时由工程各方约定。

（3）在同一工程中，全厂码对工艺相关标识、安装点标识、位置标识等三种标识应具有相同的含义和功能。

4. 工艺相关标识系统通用规则

（1）工艺相关标识应采用 0 级、1 级、2 级、3 级等四级编码，其编码构成应符合表 12-2 的规定。

表 12-2　　工艺相关标识的编码构成

分级序号	0 级	1 级		2 级			3 级	
分级名称	全厂码	系统码		设备码			部件码	
编码构成	全厂码	前缀号	系统分类码	系统编号	设备分类码	设备编号	设备附加码	部件分类码	部件编号
字符类型	A 或 N	(N)	AAA	NN	AA	NNN	(A)	AA	NN

注 1. 字符类型 N 为阿拉伯数字，A 为大写的英文字母（禁用 I、O）。

2. 括号中的字符可以省略。

（2）系统码中的系统分类码应由 3 个大写英文字母组成，其编码字符应按表 12-4 选用。

（3）设备码中的设备分类码应由 2 个大写英文字母组成，其编码字符应按表 12-5 选用。

（4）部件码中的部件分类码应由 2 个大写英文字母组成，其编码字符应按表 12-6 选用。

5. 热机专业标识

（1）热机专业标识应包括以下部分：

1）燃料供应和汽、水、燃气循环系统。

2）锅炉、汽轮机、给水泵等主辅机设备和系统。

（2）热机专业标识的系统分类码主组 F_1 编码字符应为 E、G、H、L、M、P、Q、X。

（3）热机标识范围和约定应符合下列规定：

1）在项目可研阶段应确定锅炉、汽轮机的主要系统编码，并应明确与锅炉厂和汽轮机厂的编码分工。

2）在项目初步设计阶段应确定系统图、三维模型和布置图，以及需要标识的主要系统和设备，并应确定需招标采购的主辅机设备的系统分类码及分配的编号段。

3）在项目施工图设计阶段应确定各分册系统图、布置图、安装图和三维设计系统中的对象标识到设备或部件级，标识工作的深度应与设备明细和材料明细表的内容一致；标识的范围应包括各种机械装置、管道及其附件；在标识时，应在设备明细表、主要设备清册、材料明细表、管道安装图和辅机安装图中序号后增加"编码"一栏，并应由编码汇总人对编码进行汇总和校审。

（4）设备的编号方向宜从固定端向扩建端、汽轮机房往锅炉房、低往高的顺序方向进行编号，有特殊情况时可由工程各方约定编号方向。

（5）由设备供货厂家随设备配套提供的阀门及附件应按主设备的系统码由设备供货厂家标识。

（6）成套供货的组装设备应在系统图上标识系统码，设备码应由供货厂家标识。

（7）支吊架的设备分类标识字符应为 BQ，并应在设备码上标识。

（8）设计单位的热机专业与锅炉厂的主蒸汽、再热蒸汽、给水、减温水接口分界在分级 1 的编号划分应符合下列规定：

1）01～69 界限内的 69 个系统分支应由设计单位使用。

2）70～99 界限内的 30 个系统分支应由锅炉厂使用。

6. 工程约定与编码索引

（1）在初步设计前，设计单位应编制工程的《工程约定与编码索引》，经业主批准并正式出版后发给项目参与各方。

（2）设计单位应根据工程的进展对《工程约定与编码索引》进行修改、增删，并应采用版本制的方式适时升版。

（3）每个工程项目应正式出版统一的《工程约定与编码索引》。

（4）工程约定应规定本工程项目的编码工作原则、方案和技术细节，应包括以下内容：

1）对热机专业标识文件的管理、修改、升版的约定。

2）对热机专业标识范围的约定。

3）对热机专业标识深度的约定。

4）对工程文件标注的约定。

5）对全厂码 G 的约定。

6）对设备编号 A_N 的第一位约定，可由工程参与各方共同确定。

7）其他有必要的总体性约定。

二、分段原则

（1）工艺相关标识应采用四级编码，见图 12-1。

（2）系统码由系统码前缀号 F_0、系统分类码 $F_1/F_2/F_3$ 和系统编号 F_N 三部分组成，并应符合下列规定：

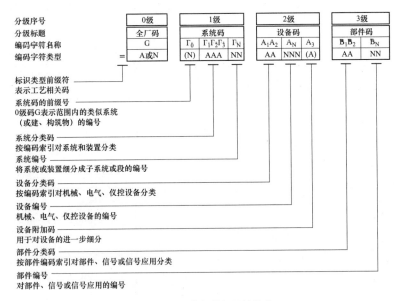

图 12-1　工艺相关标识的格式

注：若编码可保持唯一时，括号中的字符可以省略。

1）系统码前缀号 F_0 用于 0 级码 G 所表示的范围（如 1 号机组）中类似系统（由 $F_1 F_2 F_3$ 定义）的编号，由一位阿拉伯数字构成，可以是 0、1、2⋯9；如该系统唯一，$F_0=0$，当编码可保持唯一时，F_0 可省略；若有 2 个或 2 个以上类似系统，则需用 1、2、3⋯顺序编号。

2）系统分类码 F 为系统分类码的主组，F_2 和 F_3 分别是系统分类码的组和子组，用于对主组码 F_1 标识范围进一步细分，其编码字符和标识范围应符合表 12-4 的规定。

3）系统编号 F_N 用于将 $F_1/F_2/F_3$ 标识的系统或装置进一步细分，即细分成子系统或子装置；F_N 由两位阿拉伯数字构成，可以是 00、01、02、03⋯99；编号可以采用流水顺序，也可以按照十位递进，每位上的"0"必须写出。

（3）设备码由设备分类码 A_1/A_2、设备编号 A_N 和附加码 A_3 组成，应符合下列规定：

1）设备分类码 A_1 为设备分类码的主组，A_2 是设备分类码的子组，用于对主组码 A_1 标识范围进一步细分，其编码字符和标识范围应符合表 12-5

的规定。

2）设备编号 A_N 由三位数字构成，可以是 001、002⋯999，一般采用流水顺序，每位上的"0"必须写出。

3）设备附加码 A_3 用于对设备特殊细节的进一步细分，由一位字母组成，按 A、B、C⋯顺序选用。

4）设备附加码 A_3 的使用细节可由工程各方约定。

（4）部件码由部件分类码 B_1/B_2 和部件编号 B_N 两部分组成，并应符合下列规定：

1）B_1 为部件分类码的主组，B_2 是部件分类码的子组，用于对主组码 B_N 标识范围的进一步细分，其编码字符和标识范围应符合表 12-6 的规定。

2）部件编号 B_N 用于对机械零部件、电气和仪控信号及信号应用的编号。由两位阿拉伯数字构成，可以是 01、02⋯99，一般采用流水顺序，每位上的"0"必须写出。

3）部件编码的其他有关细节可由工程各方约定。

（5）阀门、管道的设备编号 A_N 约定应按表 12-3 确定。

（6）支吊架的设备编号宜与介质的流向一致。

表 12-3　阀门、管道的设备编号 A_N 约定

A_N 取值范围	阀门 AA×××	管道 BR×××
001～099	主管道上的阀门	主管道
101～189	控制阀/风门	主管道
191～199	安全阀	安全阀的吸入管线和压力释放管线
201～249	止回阀①	未用②
251～299	手控阀②	未用②
301～399	测量的隔离设备	测量用的压力管线
401～499	疏水和冲洗管上的阀门	疏水和冲洗管道，压力抑制管道
501～599	排汽（气）阀	排汽（气）管道
601～699	取样和加药阀门	取样和加药管道
701～799	内部控制阀	内部仪表管线
801～899	未用②	未用②
901～999	未用②	未用②

注　对其他设备的编号，由工程各方另作约定。

①　只用于主机（F_1=M）和重型机械（F_1=X）功能主组。

②　"未用"表示可约定使用。

第二节　标识编码索引

一、功能索引

热机专业常用功能索引应按表 12-4 确定。

表 12-4　热机专业常用功能索引

系统分类码	系统名称	标识范围
E	常规燃料供应和残余物处理	残余物主要指燃料中的杂物，如煤炭中的石子、燃油中的油渣等
EB	固体燃料的机械处理	包括对固体燃料进行粉碎、混合、干燥、气化等处理系统
EBB	混合系统	从（包括）燃料进入点至（不包括）接受系统
EBC	碎煤系统、磨煤系统	从（包括）燃料进入点至（不包括）接受系统
EBD	筛选系统	从（包括）燃料进入点至（不包括）接受系统
EBE	磁选分离系统及排放装置	从（包括）燃料进入点至（不包括）接受系统
EBF	粗煤粉的临时储存（碎煤后的煤粉）	从（包括）燃料进入点至（不包括）接受系统

续表

系统分类码	系统名称	标识范围
EBG	预干燥系统	从（包括）燃料进入点至（不包括）接受系统
EBH	主干燥系统	从（包括）接受点至（不包括）接受系统
EBJ	干煤运输系统，包括后冷却设备	从（包括）接受点至（不包括）接受系统
EBK	干煤临时储存系统	从（包括）接受点至（不包括）接受系统
EBL	气化物压缩机系统	用于 IGCC 电厂煤气化装置等
EBM	烟气、废气排放系统	从（包括）接受点至（不包括）进入其他系统
EBR	残余物去除系统	包括去除燃料中杂质（如石子煤等）、洗煤等系统
EBT	称重装置	由设计人员确定
EBU	取样装置	由设计人员确定
EBV	润滑剂供应系统	由设计人员确定
EBX	控制、保护设备的流体供应系统	由设计人员确定
EBY	控制、保护设备	由设计人员确定
EG	液体燃料的供应	
EGA	取卸油设施，包括油管线	从（包括）受料点至（不包括）储罐，包括泵从（包括）罐出口至（包括）出料点
EGB	油罐区系统	从（包括）罐入口至（不包括）罐出口
EGC	油泵系统	从（包括）泵系统吸入接口至（包括）泵系统排出接口
EGD	管道系统	从（不包括）罐出口至（不包括）临时储存系统或通往用户的支管
EGR	渣油排除系统	由设计人员确定
EGT	加热介质系统	包括用于液体燃料的预加热和伴热的加热介质
EGV	润滑剂供给系统	由设计人员确定
EGX	由设计人员确定	用于控制、保护设备的流体供应
EGY	控制与保护设备	由设计人员确定
EK	气体燃料的供应	
EKA	取气设施，包括管线	从（不包括）受料点至其他系统入口
EKB	水分分离系统	从（包括）除湿器入口至（包括）除湿器出口

系统分类码	系统名称	标识范围
EKC	燃气加热系统	从（包括）加热器入口至（包括）加热器出口
EKD	主减压站、膨胀涡轮	从（包括）主减压站进口、膨胀涡轮进口至（包括）主减压站出口、膨胀涡轮出口
EKE	机械清洗和洗涤	从（包括）机械清洗、洗涤系统的进口至（包括）机械清洗、洗涤系统的出口
EKF	储存系统	从（包括）储存系统入口至（包括）储存系统出口
EKG	管道系统	从（不包括）受料点接口至（不包括）分支
EKH	主增压系统	从（包括）泵系统吸入嘴至（包括）泵系统用户排出嘴
EKR	燃气残渣排放系统	由设计人员确定
EKT	加热介质系统	包括用于燃气的预加热和伴热的加热介质
EKX	控制与保护的流体供应系统	由设计人员确定
EKY	控制与保护设备	由设计人员确定
EN	其他燃料的供应系统（重油或原油）	
ENA	取卸油设施，包括管线	从（不包括）接受点至（不包括）接收容器，包括泵
ENB	油罐区	从（包括）容器进口至（包括）容器出口
ENC	油泵系统	从（包括）泵系统吸入管嘴至（包括）泵系统排出管嘴
END	管道系统	从（不包括）容器出口至（不包括）临时储存系统或分支用户
ENR	渣油排放系统	由设计人员确定
ENT	加热介质系统	从（不包括）供给系统的分支至（不包括）用户，从（不包括）用户到（不包括）其他系统进口
ENX	控制与保护设备的供油系统	由设计人员确定
ENY	控制与保护设备	由设计人员确定
EP	其他燃料的处理（重油或原油）	
EPC	油泵系统	从（包括）泵系统吸入管嘴至（包括）泵系统排出管嘴
EPG	轻燃油的物理处理	由设计人员确定

系统分类码	系统名称	标识范围
EPN	重燃油的物理处理	由设计人员确定
EPT	加热介质系统	从（不包括）供给系统的分支至（不包括）用户，从（不包括）用户至（不包括）其他系统进口
EPX	由设计人员确定	控制与保护设备的流体供应系统
EPY	控制与保护设备	由设计人员确定
ER	点火燃料供给	
ERA	煤粉供给系统	从（不包括）接受点至（不包括）锅炉支管或其他用户
ERB	供油系统	从（不包括）接受点至（不包括）锅炉支管或其他用户
ERC	燃气供应系统	从（不包括）接受点至（不包括）到锅炉分支或其他用户
ERY	控制与保护设备	由设计人员确定
G	**供水和水处理**	
GAA	取水、机械清理	从（包括）取水口至（包括）机械净化系统出口
GHD	水处理（其他）后的供水系统（备用供水）	至（不包括）其他系统入口
GMH	锅炉房中的排水系统	由设计人员确定
GMM	汽机房、凝结水精处理建（构）筑物的排水系统	由设计人员确定
H	**常规产热系统**	**锅炉及相关设备**
HA	压力系统、给水和蒸汽部分	
HAA	低压部分预热系统（烟气加热）从（包括）低压部分预热系统入口至（包括）低压部分预热系统出口	
HAB	高压部分加热系统（烟气加热）	从（包括）高压部分加热系统入口至（包括）高压部分加热系统出口
HAC	省煤器系统	从（包括）锅炉进口联箱至（不包括）蒸发器进口，包括控制和辅助传热面
HAD	蒸发器系统	从（包括）蒸汽发生器进口至（包括）蒸汽发生器出口及（不包括）汽包锅炉水、汽分离器和集水容器

续表

系统分类码	系统名称	标识范围
HAG	炉水循环系统（不用于自然循环锅炉，含炉水循环泵）	从（不包括）水、汽分离器或（不包括）汽包锅炉中的汽包至（不包括）受热面系统入口及（不包括）给水系统
HAH	高压过热器系统	从（不包括）蒸发器出口至（包括）锅炉出口联箱
HAJ	再热系统	从（包括）再热器进口联箱至（包括）再热器出口联箱
HAK	中间再热系统	从（包括）第二个再热器进口联箱至（包括）第二个再热器出口联箱
HAM	气-汽-汽三工质热交换器系统	从（包括）系统进口至（包括）系统出口
HAN	承压系统的疏水和放气系统	从（不包括）排出点至（包括）收集点；从（包括）最终疏水、排气阀收集点至（不包括）其他系统的进口
HAX	接制、保护设备的液体供应	由设计人员确定
HAY	控制、保护设备	F_N取值约定：设计院 01～69，锅炉厂 70～99
HB	钢架结构，围护结构，锅炉本体内部	F_N取值约定：设计院 01～39，锅炉厂 40～99
HBA	锅炉框架包括基础	由设计人员确定
HBB	护板、保温	由设计人员确定
HBC	炉墙，包括保温砖	由设计人员确定
HBD	平台扶梯	由锅炉厂负责编码
HBK	锅炉本体内部	从（不包括）炉膛至（不包括）排烟口。由锅炉厂负责编码
HC	炉边受热面清扫设备	
HCA	空气吹烟灰系统	从（不包括）供应系统出口分支起
HCB	蒸汽吹烟灰系统	从（不包括）供应系统出口分支起
HCC	水吹灰系统	从（不包括）供应系统出口分支起
HCD	水冲洗设备	从（不包括）供应系统出口分支起
HCE	振打装置	由设计人员确定
FICF	声波振荡除灰装置	由设计人员确定

续表

系统分类码	系统名称	标识范围
HCW	密封液体供应系统	由设计人员确定
HCY	控制、保护设备	F_N取值约定：设计院 01～69，锅炉厂 71～99
HF	储煤仓、给煤机、磨煤系统	
HFA	制粉系统煤斗（原煤斗或煤仓）	从（不包括）接受点至（不包括）出口
HFB	给煤机系统	从（不包括）原煤斗出口至（不包括）超大石子煤筛选井或制粉系统
HFC	制粉系统［包括磨煤机、给粉机、排粉机、输粉机、粗（细）粉分离器］	从（不包括）磨煤系统进口至（不包括）粉煤管线
HFD	烟气再循环系统	从（不包括）其他系统的出口至（不包括）磨煤系统
HFE	磨煤机空气系统、输送空气系统	从（包括）空气进口或（不包括）HLA 分支至（不包括）制粉系统
HFF	蒸汽、排气系统（磨煤蒸汽消防系统）	从（不包括）分离设备至（不包括）其他系统
HFG	集中制粉系统后的煤粉临时储存仓	从（不包括）制粉系统出口至临时储存仓出口
HFV	润滑油供应系统	由设计人员确定
HFW	密封风系统	由设计人员确定
HFX	控制、保护设备流体供应系统	由设计人员确定
HFY	控制、保护设备	由设计人员确定
HH	主燃烧系统（也可以是电点火）	
HHA	主燃烧器	从（包括）相应的燃料侧和空气侧燃烧器进口
HHB	延缓燃烧炉排	从（包括）延缓燃烧炉排入口至（不包括）其他系统入口
HHC	炉排燃烧系统	从（包括）燃料接收点或（包括）炉排燃烧入口至（不包括）其他系统入口
HHD	其他燃烧设备	包括废气（含碳氢化合物、飞灰可燃物）燃烧器
HHE	粉煤仓、煤粉传送、分配系统	从（不包括）制粉系统出口或（包括）集中制粉系统后的粉煤仓出口至（不包括）主燃烧器设备
HHF	油临时储存、泵、分配系统	从（不包括）主供应线的分支或（包括）临时储存箱至（不包括）主燃烧器设备

系统分类码	系统名称	标识范围
HHG	燃气减压、分配系统	从（不包括）主供应线的分支至（不包括）主燃烧器设备
HHH	其他燃料（流体）1 的暂存、输送与分配系统	由设计人员确定
HHJ	其他燃料（流体）2 的暂存、输送与分配系统	由设计人员确定
HHK	其他燃料（流体）3 的暂存、输送与分配系统	由设计人员确定
HHL	燃烧供风系统	从（包括）管道系统分支 HLA 至（不包括）用户
HHM	雾化器介质供应系统（蒸汽）	从（不包括）供应系统分支至（不包括）用户
HHN	雾化器介质供应系统（空气）	从（包括）供应系统分支至（包括）用户
HHP	冷却介质供应系统（蒸汽）	从（包括）供应系统分支至（包括）用户
HHQ	冷却介质供应系统（空气）	从（不包括）供气系统支管至（不包括）用户
HHR	吹扫介质供应系统（蒸汽）	从（不包括）供汽系统支管至（不包括）用户
HHS	吹扫介质供应系统（空气）	从（不包括）供气系统支管至（不包括）用户
HHT	加热介质供应系统（蒸汽）	从（不包括）供应系统分支至（不包括）用户，从（不包括）用户至（不包括）其他系统的入口
HHU	加热介质供应系统（热水）	从供应系统分支至用户
HHV	润滑剂供应系统	由设计人员确定
HHX	控制、保护设备的液体供应	由设计人员确定
HHY	控制、保护设备	由设计人员确定
HJ	点火系统（轻燃料油）	等离子体点火可参照此分类，HJF 用于产生电弧的系统
HJA	点火燃烧器	从（包括）相应燃料侧和空气侧燃烧器进口
HJE	煤粉仓、传送和分配系统	从（不包括）磨粉系统出口或（不包括）煤粉临时储存仓出口或（不包括）其他系统的出口至（不包括）点火燃烧的设备
HJF	油临时储存、泵和分配系统	从（不包括）主要供油支管或（包括）临时储存箱至（不包括）点火燃烧器设备

系统分类码	系统名称	标识范围
HJG	燃气减压、分配系统	从（不包括）主供应线分支至（不包括）点火燃烧器设备
HJL	燃烧空气供应系统	从管道系统分支或空气入口包括风扇至（不包括）用户
HJM	雾化器介质供应系统（蒸汽）	从（不包括）供汽系统支管至（不包括）用户
HJN	雾化器介质供应系统（空气）	从（不包括）供应系统分支至（不包括）用户
HJP	冷却介质供应系统（蒸汽）	从（不包括）供应系统分支至（不包括）用户
HJQ	冷却剂供应系统（空气）	从（不包括）分支供应系统至（不包括）用户
HJR	吹扫介质供应系统（蒸汽）	从（不包括）供汽系统支管至（不包括）用户
HJS	吹扫介质供应系统（空气）	从（不包括）供气系统支管至（不包括）用户
HJT	加热介质供应系统（蒸汽）	从（不包括）分支供应系统至（不包括）用户，从（不包括）用户至（不包括）其他系统的入口
HJU	加热介质供应系统（热水）	从供应系统分支至用户
HJX	控制、保护设备的液体供应	由设计人员确定
HJY	控制、保护设备	由设计人员确定
HL	燃烧空气系统	一次风系统和二次风系统
HLA	风道系统	从（包括）空气进口至（不包括）燃烧系统或磨煤机空气系统，从输送空气系统支管至（不包括）HFE，不包括风机系统、空气预热器系统
HLB	风机系统，一次风机、送风机系统	从（包括）风机系统进口至（不包括）风机系统出口
HLC	外部空气加热系统（不是烟气加热）如暖风器	从加热器入口至加热器出口
HLD	空气预热器（烟气加热系统）	从加热器进口至加热器出口
HLS	火焰监测器冷却系统	由设计人员确定
HLU	空气压力释放系统	由设计人员确定
HLX	由设计人员确定	控制与保护设备的介质供应系统
HLY	控制与保护设备	由设计人员确定
HM	烟气加热系统（用于闭式循环）	

续表

系统分类码	系统名称	标识范围
HMA	一级加热器（一级对流段）	从（包括）冷烟气入口联箱或（不包括）热交换器冷烟气出口至（包括）一级加热器出口或（不包括）混合联箱入口
HMB	辐射段	从（不包括）混合联箱入口至（包括）辐射段出口或（不包括）二级加热器入口联箱
HMC	二级加热器（二级对流段）	从（包括）入口联箱至（包括）热烟气出口联箱
HMD	再热系统	从（包括）再热器入口联箱至（包括）再热器出口联箱
HMY	控制与保护设备	由设计人员确定
HN	烟气排放（无烟气处理）	
HNA	烟道系统	从（不包括）锅炉出口或（不包括）其他系统出口至（不包括）烟囱，不包括空气预热器、烟气粉尘处理系统、引风机系统、烟气洗涤系统、化学烟气处理系统等
HNC	引风机系统	从（包括）吸风机系统进口至（包括）吸风机系统出口
HNE	烟囱系统	从（包括）烟气进口起至（包括）烟气排入大气出口
HNF	烟气再循环系统	从（不包括）主烟气排放系统分支至（不包括）其他系统入口，包括风机系统
HNU	烟气释压系统	由设计人员确定
HNV	润滑油供应系统	由设计人员确定
HNX	控制和保护设备的流体供应系统	由设计人员确定
HNY	控制、保护设备	由设计人员确定
HS	烟气脱硝系统	包括去除氮氧化物和所使用的催化工艺
HSA	HS中的烟道系统	从（不包括）HNA或（包括）脱湿器系统出口至（不包括）HNA入口
HSB	烟侧换热器、烟气加热器（不是HU）	从（包括）入口至（包括）出口
HSC	烟气风机系统	从（包括）入口至（包括）出口
HSD	反应器（还原）	从（包括）入口至（包括）出口

续表

系统分类码	系统名称	标识范围
HSE	转换器（氧化）	从（包括）入口至（包括）出口
HSF	反应器的烟侧清洁设备	从（不包括）供给系统分支
HSG	还原剂稀释系统	从（不包括）其他系统出口或从（包括）供给系统至（不包括）还原剂冲淡处理系统
HSH	（残余物）分离器	从（不包括）入口至（包括）出口
HSJ	还原剂供应系统，包括储存	由设计人员确定
HSK	还原剂处理和分配系统	从（不包括）还原剂供应至（包括）还原剂加入包括冷却剂入口
HSL	给排水系统	由设计人员确定
HSM	化学剂和添加剂供应系统	由设计人员确定
HSN	污水排放系统	包括污水I发集、处理、存储、再利用或达标排放
HSP	飞灰收集系统（包括过滤器）和排除系统	从（包括）分离器/过滤器或（不包括）烟道系统至（不包括）处理系统入口
HSQ	喷水系统，包括排水	入口至（不包括）其他系统入口
HSR	氧化剂处理和分配系统	从（不包括）转换器出口至（不包括）转换器入口
HSS	（残余物）输送、储存、装载系统	从（不包括）残余物分离器出口
HST	冲洗水系统，包括供水	任务：还原剂系统冲洗水
HSU	加热流体介质系统	从（不包括）加热介质供给至（不包括）蒸发器入口，从（不包括）蒸发器出口至（不包括）其他系统入口
HSW	密封液供应系统	由设计人员确定
HSX	控制和保护设备的流体供应系统	由设计人员确定
HSY	控制与保护设备	由设计人员确定
HT	烟气化学处理	包括残余物去除、吸收工艺（脱硫）
HTA	HT中的烟气管道系统	从（不包括）HNA至（不包括）HNA的入口
HTB	烟气热交换器、烟气加热器（不是HU）	从（包括）进口至（包括）出口
HTC	增压风机系统	从（包括）入口至（包括）出口

续表

系统分类码	系统名称	标识范围
HTD	吸收塔烟气洗涤、污染物分离	从（包括）烟气入口至（包括）湿气分离器出口
THE	烟气清洁和过滤系统	任务：HT范围内的附加清洁，不属于HP、TQ和HR
HTF	吸收剂循环系统	从（包括）入口至（包括）出口
HTG	氧化系统，包括供应系统	全（不包括）用户或除尘器
HTJ	石灰石供送及储存系统	至（不包括）破碎（HTK）
HTK	吸收剂制备和输送系统	从破碎、水化至用户或除尘器
HTL	石膏浆液固体物排放管道系统、旋流分离系统、滤液回收系统	包括水排除与返回，不包括浓缩、固体除水系统
HTM	石膏浆液浓缩和固体物脱水系统	从（包括）入口至（包括）出口
HTN	固体干燥、压实系统	由设计人员确定
HTP	石膏输送、储存和装车系统	由设计人员确定
HTQ	烟气脱硫装置给水系统	由设计人员确定
HTS	化学剂与添加剂供应系统	由设计人员确定
HTT	排水系统	任务：水收集、储存、返回
HTW	挡板门密封气、密封流体供应系统	由设计人员确定
HTX	控制、保护设备的液体供应	由设计人员确定
HTY	控制、保护设备	由设计人员确定
HU	烟气再热系统	
HUD	烟气加热系统	由设计人员确定
HUQ	烟气预热系统	由设计人员确定
HUW	密封液供应系统	由设计人员确定
HUY	控制和保护设备	由设计人员确定
L	**蒸汽、水、燃气循环**	
LA	给水系统	
LAA	储存、除氧，包括给水箱	从（包括）除氧器或水箱进口至（包括）水箱出口，包括预热设备和蒸发冷凝器
LAB	给水管道系统（不包括给水泵和给水加热系统）	从（不包括）给水箱出口至（不包括）锅炉进口联箱或热交换器

续表

系统分类码	系统名称	标识范围
LAC	给水泵系统	从（包括）泵系统入口至（包括）泵系统出口
LAD	高压给水加热系统	从（包括）给水加热器进口至（包括）给水加热器出口，包括减温器和冷却器
LAE	高压减温喷水（过热器减温水）系统	从（不包括）给水管道系统绕支管到（不包括）用户
LAF	中压减温喷水（再热器减温水）系统	从（不包括）泵系统出口接管或（不包括）其他系统的支管至（不包括）用户
LAH	启、停机管道系统	从（不包括）给水系统的出口或分支出口至（不包括）管道或其他系统的入口
LAJ	启、停机泵系统（含除氧器循环泵）	从（包括）泵系统入口接管至（包括）泵系统出口接管
LAR	事故给水管道系统，包括储存（不包括事故给水泵系统）	从（不包括）其他系统分支管至（不包括）给水管道系统进口给水管道系统进口
LAS	事故给水泵系统	从泵系统吸入口至泵系统排出口
LAT	备用事故给水系统	从（不包括）其他系统的分支至（不包括）给水管道系统进口
LAW	密封水供应系统	由设计人员确定
LAX	控制、保护设备的液体供应	由设计人员确定
LAY	控制、保护设备	由设计人员确定
LB	蒸汽系统	
LBA	主蒸汽管道系统	从（不包括）锅炉出口或（不包括）热交换器至（不包括）汽轮机主汽阀、高压减压站、旁路或其他系统
LBB	热再热管道系统	从（不包括）再热器或水分离器、再热器出口至（不包括）截止阀或汽轮机进口或汽轮机旁路或其他系统
LBC	冷再热管道系统	从（不包括）汽轮机出口或高压减压站至（不包括）再热器进口，不包括水分离器或其他系统
LBD	抽汽管道系统	从（不包括）连通管线支管至（不包括）用户（系统）
LBE	背压管道系统	从（不包括）汽轮机出口至（不包括）用户
LBF	高压减压站	由设计人员确定

续表

系统分类码	系统名称	标识范围
LBG	辅助蒸汽管道系统	从（不包括）其他系统的接收点至（不包括）用户（系统）
LBH	启动蒸汽系统（包括启动锅炉蒸汽系统），停机蒸汽系统	从（不包括）锅炉出口或（不包括）主蒸汽管线支管（包括启动凝汽器）或（不包括）其他系统出口至（不包括）其他系统进口
LBQ	用于高压给水加热的抽汽管道系统	从（不包括）汽轮机出口或其他系统的支管至（不包括）给水加热系统或用户（系统）
LBR	主蒸汽分支或给水泵汽轮机分支的管道系统	从（不包括）主蒸汽分支或（不包括）其他系统分支或（不包括）给水泵汽轮机出口至（不包括）给水泵汽轮机隔离阀或（不包括）其他系统入口
LBS	用于主凝结水加热的抽汽管道系统	从（不包括）汽轮机出口或其他系统的支管至（不包括）主凝结水加热系统或除氧器或用户（系统）
LBT	事故凝汽系统	从（不包括）蒸汽发生器出口或（不包括）主蒸汽系统（包括冷凝器）分支至（不包括）其他系统入口
LBU	公用排汽管	由设计人员确定
LBW	轴封蒸汽供应系统	由设计人员确定
LBX	控制、保护设备的液体供应	由设计人员确定
LBY	控制、保护设备	由设计人员确定
LC	凝结水系统	
LCA	主凝结水管道系统（不包括主凝结水泵系统、低压给水加热系统、凝结水精处理装置）	从（不包括）凝汽器出口至（不包括）除氧器进口，至（不包括）给水泵系统（无给水箱电厂）
LCB	主凝结水泵系统	从（包括）泵系统入口接管至（包括）泵系统出口接管
LCC	低压给水加热系统（低压加热器）	从（包括）加热器入口至（包括）加热器出口，包括减温器和冷却器
LCE	凝结水喷水减温系统	从（不包括）主凝结水管道系统支管或（不包括）给水泵汽轮机凝结水管道至（不包括）用户
LCF	给水泵汽轮机凝结水管道系统	从（不包括）凝汽器出口至（不包括）其他系统入口，不包括给水泵汽轮机凝结水泵系统

续表

系统分类码	系统名称	标识范围
LCG	给水泵汽轮机凝结水泵系统	从（包括）泵系统入口接管至（包括）泵系统出口接管
LCH	高压加热器疏水系统	从（不包括）加热器出口至（不包括）其他系统进口
LCJ	低压加热器疏水系统	从（不包括）加热器出口至（不包括）其他系统进口
LCL	锅炉疏水系统	从（不包括）承压系统支管或（不包括）启动扩容器至（不包括）其他系统进口
LCM	清洁疏水系统（收集和回水系统）	从（包括）收集水箱至（不包括）最终疏水阀或从（不包括）其他收集系统进口至（不包括）其他系统进口
LCN	辅助蒸汽凝结水系统（收集和回水）	从（不包括）蒸汽用户至（不包括）其他系统的入口
LCP	备用凝结水系统，包括储存箱泵	从（不包括）其他系统支管至（不包括）其他系统入口
LCQ	锅炉排污系统	从（不包括）锅炉出口或（包括）排污扩容器至（不包括）其他系统入口
LCR	备用凝结水分配系统	从（不包括）其他系统支管至（不包括）其他系统进口
LCS	再热器疏水系统（汽水分离器、再热器）	从（不包括）再热器至（不包括）其他系统入口
LCT	汽水分离器疏水系统（汽水分离器、再热器）	从（不包括）汽水分离器至（不包括）其他系统进口
LCW	密封和冷却的疏水系统	从（包括）凝结水支管至（不包括）用户，包括再循环
LCX	控制、保护设备的流体供应	由设计人员确定
LCY	控制、保护设备	由设计人员确定
LF	蒸汽、水和气循环的公共装置	由设计人员确定
LFC	公用疏水和放空系统	由设计人员确定
LFG	二次侧蒸汽发生器管板吹扫系统	从（不包括）一次冷却剂热交换器出口至（不包括）一次冷却剂热交换器入口
LFJ	锅炉停炉养护系统	
LFN	给水、凝结水系统的加药系统	包括锅炉、汽轮机区
LK	燃气系统（闭式循环）	

续表

系统分类码	系统名称	标识范围
LKA	储存系统	从（不包括）燃气供应系统接收点至（不包括）管道系统入口
LKB	管道系统	从（不包括）燃气加热器出口至（不包括）燃气加热器入口，不包括燃机、压缩机、预热器、冷却器
LKC	压气机系统（如与燃气轮机分开）	从（不包括）压缩机入口至（不包括）压缩机出口
LKD	预热系统	从（不包括）预热器入口至（不包括）预热器出口
LKE	预冷却系统	从（不包括）预冷却器入口至（不包括）预冷却器出口
LKF	中间冷却系统	从（不包括）中间冷却器入口至（不包括）中间冷却器出口
LKG	加压系统	从（不包括）压力系统入口至（不包括）管道系统排放出口
LKW	密封液供应系统	由设计人员确定
LKX	控制与保护设备的流体供应系统	由设计人员确定
LKY	控制与保护设备	由设计人员确定
LL	燃气清洁系统（只用于闭式循环）	由设计人员确定
LW	汽、水、气循环的密封介质供应系统	
M	**主机械装置**	
MA	汽轮机装置	汽轮机厂负责编码
MAA	高压缸	从（包括）进汽主汽阀或联合主汽阀至（包括）调节、非调节抽汽和排汽口以及（包括）与其他汽轮机内部系统的接口
MAB	中压缸	从（包括）连通管或（包括）中压联合调节阀至（包括）调节、非调节抽汽和排汽口以及（包括）与其他汽轮机内部系统的接口
MAC	低压缸	从连通管（含控制元件）或中压联合调节阀或蒸汽进口喷（无中压联合调节阀的再热系统）至自动、非自动抽汽和排汽喷嘴以及与其他汽轮机内部系统的接口
MAD	轴承	由设计人员确定

续表

系统分类码	系统名称	标识范围
MAG	凝汽系统（凝汽器及空冷凝汽器系统）	从（包括）凝汽器颈部或入口至（包括）凝汽器出口，包括与之相连的疏水扩容器和与凝汽器有关的仪表设备。空冷系统由设计院负责编码
MAJ	抽真空系统（含真空泵）	从（不包括）凝汽器出口至（不包括）大气入口
MAK	驱动和被驱动机械间动力传送装置	包括盘车
MAL	本体疏水和放气系统	从（包括）集水点或最终疏水至（不包括）排入其他系统
MAM	泄漏蒸汽系统	从（不包括）各级汽封系统分支（含阀杆漏汽）至（不包括）排入其他系统
MAN	汽轮机旁路站，包括喷水减温系统	从（包括）旁路阀和（包括）减温喷水阀至（包括）进入凝汽器的蒸汽入口
MAP	低压缸旁路	从（不包括）旁路阀和蒸汽支管至（不包括）凝汽器
MAQ	放空系统（在与MAL分开时适用）	从（包括）放气点至（不包括）其他系统排出口
MAU	汽轮机润滑油系统	从（包括）专用的润滑油箱或（包括）公用的润滑油和调节油箱或（不包括）润滑油供应系统分支至（不包括）用户
MAV	润滑剂供应系统（包括事故排油系统）	从（包括）专用润滑油箱或（包括）公用润滑油与调节油箱或（不包括）润滑剂供应系统分支管至（不包括）用户
MAW	轴封、加热和冷却蒸汽系统	从（不包括）分支管至（不包括）轴封蒸汽用户和漏汽联箱接口，至（不包括）凝汽器，至（不包括）轴封冷却器，至（不包括）加热、冷却系统用户
MAX	非电控制与保护设备	包括顶轴油泵系统和控制油供应系统
MAY	电气控制，保护设备	由设计人员确定
MB	燃气轮机设备	燃气轮机厂负责编码
MBA	压气机与燃机同罩壳的燃机	从（包括）压气机入口至（包括）压气机出口，从（包括）燃机入口至（包括）燃机出口包括排烟扩散段
MBB	燃气轮机的缸与转子	由设计人员确定
MBC	压气机的缸与转子	由设计人员确定

续表

系统分类码	系统名称	标识范围
MBD	轴承	由设计人员确定
MBH	冷却与密封气系统	从（包括）抽气点至（不包括）用户，从（不包括）用户（包括漏汽）至（包括）其他系统入口
MBJ	启动单元	由设计人员确定
MBK	驱动与被驱动之间的传动齿轮	包括盘车装置、传动装置
MBL	进气、冷燃气系统（开式循环）	从（包括）大气至（不包括）燃烧室或从（不包括）压缩机入口至（包括）排烟热交换器（不包括压缩机）
MBM	燃烧室（燃气加热、燃烧）	从（包括）冷气、燃气入口至（包括）热烟汽出口
MBN	液体燃料供应系统	从（不包括）主供应管线分支或（包括）临时罐（每日用量）至（不包括）燃烧室或（不包括）动力燃气发生装置（包括燃料返回系统）
MBP	气体燃料供应系统	从（不包括）主供应管线分支至（不包括）燃烧室或（不包括）动力燃气发生装置
MBQ	点火燃料供应系统（如果是分设的）	从（不包括）主供应管线分支或点火燃料储箱至（不包括）燃烧室或（不包括）动力燃气发生装置
MBR	烟气排放系统（开式循环）	从（不包括）燃烧室或（不包括）排烟扩散器至（不包括）排入大气出口（不包括汽轮机），至（不包括）其他系统入口（如燃烧空气系统）
MBS	储存系统	至（不包括）与主系统的接口
MBT	动力燃气发生器单元，包括燃烧室	从（包括）空气、燃料入口至（包括）动力燃气出口
MBU	添加剂系统	从（包括）供应点至（包括）注入点
MBV	润滑剂供应系统	从（包括）专用润滑油箱或（包括）公用润滑油和调节油油箱或（不包括）润滑油供应系统分支至（包括）用户
MBW	密封油供应系统	从（包括）专用密封油箱或（不包括）密封油泵入口管线至（不包括）用户
MBX	非电控制与保护设备	包括介质供应系统
MBY	电气控制与保护设备	由设计人员确定

续表

系统分类码	系统名称	标识范围
MBZ	润滑剂与控制介质处理系统	由设计人员确定
MK	发电机装置	发电机厂负责编码
MKA	发电机本体，包括定子、转子和所有内部冷却设备	至发电机出线套管
MKB	励磁机装置	仅用于 MKC 不够区分时
MKC	发电机励磁装置（包括电气制动系统）	F_N：10 辅助励磁、20 主励磁机组
MKD	轴承	由设计人员确定
MKF	定子、转子水冷却系统，包括冷却水供应系统	从（不包括）定子、转子出口至（不包括）定子、转子进口。任务：将定子、转子产生的热散发至冷却剂中
MKG	定子、转子气体冷却系统，包括冷却供应系统（氢冷、氢干燥）	从（不包括）定子、转子出口至（不包括）定子、转子进口
MKH	定子、转子氮气冷却系统，包括冷却剂供应系统	由设计人员确定
MKJ	定子、转子空气冷却系统，包括冷却剂供应系统	从（不包括）定子、转子出口至（不包括）定子、转子进口。任务：将定子、转子产生的热散发至冷却剂中
MKQ	排气系统（当与 MKG 及 MKH 分设时）	由设计人员确定
MKU	冷却油系统包括内部冷却回路	从（不包括）定子、转子出口至（不包括）定子、转子入口。任务：将从定子、转子传到冷却剂的热量散去
MKV	润滑剂供应系统（当发电机为分离油系统时）	
MKW	密封油系统，包括供应与处理	从（不包括）密封油供应系统分支至（不包括）定子入口；从（不包括）其他系统、闭式系统中的进口、定子出口至（不包括）其他系统入口、闭式系统，不包括定子出口，至（不包括）定子入口
MKX	控制与保护设备的流体供应系统	由设计人员确定
MKY	控制与保护设备	由设计人员确定
MP	主机装置的公用装置	

续表

系统分类码	系统名称	标识范围
MPA	基础	由设计人员确定
MPB	主机护套	由设计人员确定
MPG	框架支承结构	由设计人员确定
MPR	强迫冷却	由设计人员确定
MPS	干燥与停机养护系统	由设计人员确定
MWA	密封液体供应系统	由设计人员确定
MXA	抗燃油系统	由设计人员确定
P	**冷却水系统**	
PA	循环水（主冷却）系统	
PAA	直接冷却的取水口，机械清理	由设计人员确定
PAB	循环水（主冷却）管道系统	由设计人员确定
PAC	循环水（主冷却）泵系统	由设计人员确定
PCC	泵系统	从（包括）泵系统入口至（包括）泵系统出口
PCH	热交换器清洗系统	由设计人员确定
PCM	发电机、电动发动机冷却的工业水系统	从（不包括）PCB 的分支出口至（不包括）发电机冷却器，从（不包括）发电机冷却器至（不包括）PCB 或其他系统入口
PG	常规岛内的闭式冷却水系统	
PGA	常规岛内的闭式冷却水管道系统	由设计人员确定
PGB	闭式循环冷却水系统	由设计人员确定
PGC	闭式循环冷却水泵系统	由设计人员确定
PGD	闭式循环热交换器系统	由设计人员确定
PU	冷却水系统的公用设备	
PUE	抽空气系统	由设计人员确定
Q	**电厂辅助系统**	
QE	厂用检修压缩空气系统	
QEA	厂用检修压缩空气生产系统	由设计人员确定

续表

系统分类码	系统名称	标识范围
QEB	厂用检修压缩空气分配系统	由设计人员确定
QF	仪用空气供应系统	
QFA	集中控制空气产生系统	由设计人员确定
QFB	集中控制空气分配系统	由设计人员确定
QH	辅助蒸汽生产系统（启动锅炉）	
QHA	压力系统	由设计人员确定
QHB	支承结构、围护结构和锅炉本体内部	由设计人员确定
QHC	受热面火焰侧的清洁系统	由设计人员确定
QHD	除灰渣系统	由设计人员确定
QHE	排污、扩容疏水系统	由设计人员确定
QHF	煤仓、给煤、磨煤系统	由设计人员确定
QHG	炉水循环系统（包括电热锅炉）	由设计人员确定
QHH	主点火系统（包括电气加热）	由设计人员确定
QHJ	点火设备（若分开的话）	由设计人员确定
QHL	燃烧空气系统（一次风、二次风）	由设计人员确定
QHM	烟气加热系统（闭循环）	由设计人员确定
QHN	烟气排放（无烟气处理）	由设计人员确定
QHP	机械除尘系统	由设计人员确定
QHQ	静电除尘器	由设计人员确定
QHU	烟气再热系统	由设计人员确定
QHX	控制、保护设备的流体供应	由设计人员确定
QHY	控制与保护设备	由设计人员确定
QJ	中央气体供应，包括惰性气体	
QJA	氢气集中供气系统	由设计人员确定
QJB	氧气集中供气系统	由设计人员确定
QJC	乙炔集中供气系统	由设计人员确定

续表

系统分类码	系统名称	标识范围
QJD	二氧化碳集中供气系统	由设计人员确定
QJF	氮气集中供气系统（含充氮保护系统）	由设计人员确定
QL	辅助蒸汽生产和分配系统的供水、蒸汽、凝结水循环	
QLA	给水系统	由设计人员确定
QLB	蒸汽系统	由设计人员确定
QLC	凝结水系统	由设计人员确定
QLF	辅助蒸汽发生和分配系统的公用设备	由设计人员确定
QLX	控制与保护设备的流体供应系统	由设计人员确定
QLY	控制、保护设备	由设计人员确定
QS	集中润滑油供应和处理系统	指供应给多于 1 个主功能组（F1）的油系统
QSA	储油箱	由设计人员确定
QSB	润滑油输送管道	由设计人员确定
OSC	集中润滑油处理装置	由设计人员确定
QU	常规岛的取样系统	由设计人员确定
QUA	常规岛的取样系统	由设计人员确定
SC	固定的压缩空气系统	
SCA	压缩空气发生系统	由设计人员确定
SCB	压缩空气分配系统	由设计人员确定
SM	起重机、固定起吊和输送设备	
SMA-SMU	起重机、固定起吊和输送设备	由设计人员确定
X	**重型机械（不是主机装置）**	
XA	汽轮机设备	用于汽动给水泵
XAA	高压缸	从蒸汽入口（主截止阀）或联合截止阀和控制阀至自动、非自动抽汽和排汽接管，或其他汽轮机内部系统接口
XAB	中压缸	从连通管（包括控制元件）或中压调节阀至自动、非自动抽汽和排汽接管或其他汽轮机内部系统接口

续表

系统分类码	系统名称	标识范围
XAC	低压缸	从连通管（包括控制元件）或中压调节阀（或蒸汽入口接管）至自动、非自动抽汽和排汽接管或其他汽轮机内部系统接口
XAD	轴承	
XAG	凝汽器	从凝结器颈部或入口喷嘴至凝结器出口喷嘴，包括连接的护容箱、与凝结器相连的仪表设备
XAH	真空泵工作水系统若与 XAJ 分开时	从（不包括）其他系统的出口至（不包括）水力喷射器入口
XAJ	空气排除系统	从（不包括）冷凝器出口至（不包括）大气
XAK	原动机与被驱动机械，包括盘车之间的传送装置，包括盘车	由设计人员确定
XAL	疏水与排气系统	从收集点或最终疏水口至（不包括）其他系统的排出口
XAM	蒸汽泄漏系统	从（不包括）来自密封泄漏的支管至（不包括）其他系统排出口
XAN	汽轮机高压旁路，包括减温喷水系统	从旁路阀和减温喷水阀至凝结器的蒸汽进口
XAP	低压旁路	从（不包括）旁路阀和（不包括）蒸汽系统分支至（不包括）凝结器
XAQ	放空系统（当与 XAL 分设时）	从放空点至（不包括）其他系统排出口
XAV	润滑剂供应系统（包括事故排油系统）	从（包括）专门润滑剂箱或（包括）共用润滑剂箱和控制液箱或（不包括）润滑剂供给系统的支管至（不包括）用户
XAW	密封、加热和冷却蒸汽系统	从（不包括）支管至（不包括）蒸汽用户的汽缸接管和引漏管，至（不包括）冷凝器或至（包括）轴封蒸汽凝汽器或至（不包括）加热、冷却蒸汽用户
XAX	非电气控制和保护设备，包括流体供应系统	由设计人员确定
XAY	电气控制，保护设备	由设计人员确定

注 常规岛（区）内的系统，特指用于核电站的常规岛范围内，也适用于火力发电厂全厂区。

二、设备单元索引

设备索引应按表 12-5 确定。

表 12-5 设 备 索 引

A	机械设备	AV	燃烧室设备
AA	阀门、风阀门，包含自动、手动执行机构、爆破膜设备	**B**	**机械设备**
AB	隔离元件，气锁	BB	储存设备（箱、槽、罐、池、联箱等）
AC	换热器，传热面	BF	基础，机架
AE	转动、驱动、提升和旋转装置（及操作机构）	BN	喷射泵、喷射器，注入器
AF	连续传送设备，给料机（升降机）	BP	限流器，限制器，节流孔板（非测量用的孔板）
AG	发电机组	BQ	吊架、支架、托架、管道穿孔
AJ	破碎设备（如碎煤机、粉碎机、碎渣机等）	BR	管道、烟风道，沟槽
AK	压制和打包设备，仅作为工艺的一部分	BS	消声器
AM	混合器，搅拌器	BT	燃气催化剂转换模块
AN	空气压缩机组，风机	BU	保温层，护套
AP	泵组	**H**	**主要机械和重型机械的组件（只与主组 M、X 码连用）**
AS	调节和扣紧设备（仅适用于执行器本身作为其他设备一个组成部分时）	HA	机械壳体的组件
		HB	机械转动部分的组件
AU	刹车，齿轮箱，耦合设备，非电的转换器	HD	轴承组件

三、元件索引

元件索引应按表 12-6 确定。

表 12-6 元 件 索 引

K	机械部件	KV	燃烧器，炉排
KA	闸阀、球阀、调节风门、旋塞阀、爆破膜、节流孔板	KW	维修用的固定工具和处理机器
KB	大闸门、门、水坝插板闸门	**M**	**机械部件**
KC	换热器，冷却器	MB	制动装置
KD	流体系统的容器（箱、槽、罐、水池、调压箱）	MF	机架，基础
KE	转动、驱动、提升及旋转机构	MG	齿轮箱、变速箱，减速箱
KF	连续输送装置、给料机	MK	离合器、联轴节、轴
KJ	粉碎机	MM	发动机（旋转式，非电动的）
KK	压缩打包机	MR	管道部件、烟风道部件
KM	搅拌机	MS	定位装置（非电气的）
KN	空气压缩机、风机、鼓风机	MT	涡轮机
KP	泵	MU	变速箱（非电气的）换向器和增压器，不含联轴器和齿轮箱
KT	清洗机、干燥机、分离器、过滤器		

附 录

附录A 单 位 换 算

单位换算见表 A-1～表 A-11。

表 A-1 长 度 单 位 换 算 表

	米（m）	英寸（in）	英尺（ft）	码（yd）	英里（mile）	（国际）海里（n mile）
1 米（m）	1	39.3701	3.2808	1.0936	6.214×10^{-4}	5.40×10^{-4}
1 英寸（in）	0.0254	1	0.0833	0.0278	1.578×10^{-5}	1.371×10^{-5}
1 英尺（ft）	0.3048	12	1	0.3333	1.894×10^{-4}	1.646×10^{-4}
1 码（yd）	0.9144	36	3	1	5.682×10^{-4}	4.937×10^{-4}
1 英里（mile）	1609.344	63360	5280	1760	1	0.8690
1（国际）海里（n mile）	1852	72913.4	6076.12	2025.37	1.1508	1

注 表中数据摘自《计量单位及其换算》（杜荷聪、陈维新、张振威，中国计量出版社，1982 年）。

表 A-2 面 积 单 位 换 算 表

	平方米（m²）	市亩	公顷（hm²）	平方英寸（in²）	平方英尺（ft²）	平方码（yd²）	英亩（acre）	平方英里（mile²）
1 平方米（m²）	1	1.5×10^{-3}	1×10^{-4}	1550	10.7639	1.19599	2.471×10^{-4}	3.861×10^{-7}
1 市亩*	666.7	1	6.667×10^{-2}	1.033×10^{6}	7.176×10^{3}	797.3	0.1646	2.574×10^{-4}
1 公顷（hm²）	10000	15	1	1550.0×10^{4}	107639	11959.9	2.47105	3.8610×10^{-3}
1 平方英寸（in²）	6.4516×10^{-4}	9.677×10^{-7}	6.4516×10^{-8}	1	6.9444×10^{-4}	7.716×10^{-4}	1.594×10^{-7}	2.491×10^{-10}
1 平方英尺（ft²）	0.092903	1.394×10^{-4}	9.2903×10^{-6}	144	1	0.111111	2.296×10^{-5}	3.587×10^{-8}
1 平方码（yd²）	0.836127	1.254×10^{-3}	8.361×10^{-5}	1296	9	1	2.066×10^{-4}	3.228×10^{-7}
1 英亩（acre）	4046.86	6.073	0.404686	6272640	43560	4840	1	1.5625×10^{-3}
1 平方英里（mile²）	2.58999×10^{6}	3.885×10^{3}	258.999	4.01449×10^{9}	2.78784×10^{7}	3.0976×10^{6}	640	1

注 1. 除带*外，表中数据摘自《计量单位及其换算》（杜荷聪、陈维新、张振威，中国计量出版社，1982 年）。

2. "市亩"相关数值摘自《动力管道设计手册》（本书编制组，机械工业出版社，2006 年）。

表 A-3 体 积 单 位 换 算 表

	立方米（m³）	立方分米（升）[dm³（L）]	立方英寸（in³）	立方英尺（ft³）	立方码（yd³）	英加仑	美加仑
1 立方米（m³）	1	1000	61023.7	35.3147	1.30795	219.969	264.172
1 立方分米（升）[dm³（L）]	0.001	1	61.0237	0.0353147	1.30795×10^{-3}	0.219969	0.264172
1 立方英寸（in³）	1.63871×10^{-5}	1.63871×10^{-2}	1	5.78704×10^{-4}	2.14335×10^{-5}	3.60465×10^{-3}	4.32900×10^{-3}
1 立方英尺（ft³）	0.0283168	28.3168	1728	1	0.0370370	6.22883	7.48052
1 立方码（yd³）	0.764555	764.555	46656	27	1	168.2	202
英加仑	4.54609×10^{-3}	4.54609	277.420	0.160544	5.946×10^{-3}	1	1.20095
美加仑	3.78541×10^{-3}	3.78541	231	0.133681	4.951×10^{-3}	0.832674	1

注 表中数据摘自《计量单位及其换算》（杜荷聪、陈维新、张振威，中国计量出版社，1982 年）。

表 A-4 　　　　　　　　　　　密 度 的 单 位 换 算 表

	千克每立方米（kg/m³）	克每毫升（g/mL）	克每毫升[g/mL（1901）]	磅每立方英寸（lb/in³）	磅每立方英尺（lb/ft³）	英吨每立方码（UKton/yd³）	磅每英加仑（Lb/UKgal）	磅每美加仑（lb/USgal）
1 千克每立方米（kg/m³）	1	0.001	1.000028×10^{-3}	3.61273×10^{-5}	6.24280×10^{-2}	7.52480×10^{-4}	1.00224×10^{-2}	0.83454×10^{-2}
1 克每毫升（g/mL）	1000	1	1.000028	0.0361273	62.4280	0.752480	10.0224	8.34540
1 克每毫升[g/mL（1901）]	999.972	0.999972	1	0.0361263	62.4262	0.752459	10.0221	8.34517
1 磅每立方英寸（lb/in³）	27679.9	27.6799	27.6807	1	1728	20.8286	277.420	231
1 磅每立方英尺（lb/ft³）	16.0185	0.0160185	0.0160189	5.78704×10^{-4}	1	0.0120536	0.160544	0.133681
1 英吨每立方码（UKton/yd³）	1328.94	1.32894	1.32898	0.048011	82.9630	1	13.3192	11.0905
1 磅每英加仑（lb/UKgal）	99.7763	0.0997763	0.0997791	3.60465×10^{-3}	6.22883	0.0750797	1	0.832674
1 磅每美加仑（1b/USgal）	119.826	0.119826	0.119830	4.32900×10^{-3}	7.48052	0.0901670	1.20095	1

注　表中数据摘自《计量单位及其换算》（杜荷聪、陈维新、张振威，中国计量出版社，1982 年）。

表 A-5 　　　　　　　　　　　力 的 单 位 换 算 表

	牛顿（N）	千克力（kgf）	磅达（pdl）	磅力（lbf）	英吨力（tonf）	盎司力（ozf）
1 牛顿（N）	1	0.10197	7.2330	0.2248	1.004×10^{-4}	3.5969
1 千克力（kgf）	9.8067	1	70.9316	2.2046	9.842×10^{-4}	35.2740
1 磅达（pdl）	0.1383	0.0141	1	0.0311	1.388×10^{-5}	0.4973
1 磅力（lbf）	4.4482	0.4536	32.1740	1	4.464×10^{-4}	16
1 英吨力（tonf）	9964.02	1016.05	72069.9	2240	1	35840
1 盎司力（ozf）	0.2780	0.0283	2.0109	0.0625	2.790×10^{-5}	1

注　表中数据摘自《计量单位及其换算》（杜荷聪、陈维新、张振威，中国计量出版社，1982 年）。

表 A-6 　　　　　　　　　　　温 度 的 单 位 换 算 表

	开氏度 T（K）	摄氏度（℃）	华氏度 t（℉）	兰氏度 r（°R）
开氏度 T（K）	T	$T-273.15$	$\dfrac{5}{9}T-459.67$	$\dfrac{9}{5}T$
摄氏度 θ（℃）	$t+273.15$	t	$\dfrac{9}{5}t+32$	$\dfrac{9}{5}t+491.67$
华氏度（℉）	$\dfrac{5}{9}(t_F+459.67)$	$\dfrac{5}{9}(t_F-32)$	t_F	$t_F+459.67$
兰氏度（°R）	$\dfrac{5}{9}r$	$\dfrac{5}{9}(r-491.67)$	$r-459.67$	r
水的冰点*	273.15	0	32	491.67
水的沸腾（标准大气压下）*	373.15	100	212	671.67

注　1．除带*外，表中数据摘自《计量单位及其换算》（杜荷聪、陈维新、张振威，中国计量出版社，1982 年）。
　　2．T—以开尔文为单位的温度；t—以摄氏度为单位的温度；t_F—以华氏度为单位的温度；r—以兰氏度为单位的温度。

表 A-7　　　　　　　　　　　　　　　动力黏度的单位换算表

	帕斯卡秒 （Pa·s）	厘泊 （cP）	千克力秒 每平方米 （kgf·s/m²）	磅达秒 每平方英尺 （pdl·s/ft²）	磅力秒 每平方英尺 （lbf·s/ft²）	磅力小时 每平方英尺 （lbf·h/ft²）
1 帕斯卡秒（Pa·s）	1	1000	0.101972	0.671969	2.08854×10^{-2}	5.80151×10^{-6}
1 厘泊（cP）	0.001	1	1.01972×10^{-4}	6.71969×10^{-4}	2.08854×10^{-5}	5.80151×10^{-9}
1 千克力秒每平方米 （kgf·s/m²）	9.80665	9806.65	1	6.58976	0.204816	5.68934×10^{-5}
1 磅达秒每平方英尺 （pdl·s/ft²）	1.48816	1488.16	0.151750	1	0.0310810	8.63360×10^{-5}
1 磅力秒每平方英尺 （lbf·s/ft²）	47.8803	4.78803×10^{4}	4.88243	32.1740	1	2.77778×10^{-4}
1 磅力小时每平方英尺 （lbf·h/ft²）	1.72369×10^{5}	1.72369×10^{8}	1.75767×10^{4}	1.15827×10^{5}	3600	1

注　表中数据摘自《计量单位及其换算》（杜荷聪、陈维新、张振威，中国计量出版社，1982 年）。

表 A-8　　　　　　　　　　　　　　　运动黏度的单位换算表

	斯托克斯 （St）	厘斯托克斯 （cSt）	平方米每秒 （m²/s）	平方米每小时 （m²/h）	平方英尺每秒 （ft²/s）	平方英寸每秒 （in²/s）
1 斯托克斯（St）	1	100	1×10^{-4}	0.36	1.07639×10^{-3}	0.155000
1 厘斯托克斯（cSt）	0.01	1	1×10^{-6}	0.0036	1.07639×10^{-5}	1.55000×10^{-3}
1 平方米每秒（m²/s）	1×10^{4}	1×10^{6}	1	3600	10.7639	1.55000×10^{3}
1 平方米每小时（m²/h）	2.77778	277.778	2.77778×10^{-4}	1	2.98998×10^{-3}	0.430556
1 平方英尺每秒（ft²/s）	9.29030×10^{2}	9.29030×10^{4}	9.29030×10^{-2}	334.451	1	144
1 平方英寸每秒（in²/s）	6.4516	645.16	6.4516×10^{-4}	2.32258	6.94444×10^{-3}	1

注　1. 表中数据摘自《计量单位及其换算》（杜荷聪、陈维新、张振威，中国计量出版社，1982 年）。
　　2. 条件黏度（恩氏黏度）与运动黏度的换算：$\nu = 0.0731°E - 0.0631/°E$
　　　式中 ν—运动黏度，St；$°E$—恩式黏度（$°E$）。

表 A-9　　　　　　　　　　　　　　　压 强 的 单 位 换 算 表

	帕斯卡 [Pa（N/m²）]	巴 （bar）	工程大气压 [at（kgf/cm²）]	标准大气压 （atm）	磅力每平方英寸 （lbf/in²）	毫米水柱 （mmH₂O）	毫米汞柱 （mmHg）
1 帕斯卡 [Pa（N/m²）]	1	1×10^{-5}	1.0197×10^{-5}	9.869×10^{-6}	1.4504×10^{-4}	0.101972	7.5006×10^{-3}
1 巴（bar）	1×10^{5}	1	1.019716	0.986923	14.5038	1.01972×10^{4}	750.06
1 工程大气压 [at（kgf/cm²）]	9.8067×10^{4}	0.980665	1	0.9678	14.2233	1.00028×10^{4}	735.56
1 标准大气压 （atm）	1.01325×10^{5}	1.01325	1.0332	1	14.6959	1.03323×10^{4}	760.00
1 磅力每平方英寸 （lbf/in²）	6894.76	0.0689476	0.0703	0.0680	1	703.07	51.7149
1 毫米水柱 （mmH₂O）	9.8067	9.8067×10^{-5}	1.0000×10^{-4}	9.6784×10^{-5}	1.4223×10^{-3}	1	0.0736
1 毫米汞柱 （mmHg）	133.322	1.3332×10^{-3}	1.3595×10^{-3}	1.3158×10^{-3}	0.0193	13.5951	1

注　表中数据摘自《计量单位及其换算》（杜荷聪、陈维新、张振威，中国计量出版社，1982 年）。

表 A-10 　　　　　　　　　　　　　　　　功、能、热的单位换算表

	焦耳 （J）	千焦耳 （kJ）	千克力米 （kgf·m）	千卡 （kcal）	千瓦小时 （kWh）	英马力小时 （hph）	1英热单位 （Btu）
1焦耳（J）	1	1.0×10^{-3}	0.101972	2.388×10^{-4}	2.78×10^{-7}	3.725×10^{-7}	9.478×10^{-4}
1千焦耳（kJ）	1000	1	101.972	0.2388	2.78×10^{-4}	3.725×10^{-4}	0.9478
1千克力米（kgf·m）	9.8066	9.8066×10^{-3}	1	2.341×10^{-3}	2.724×10^{-6}	3.653×10^{-6}	9.291×10^{-3}
1千卡（kcal）	4186.8	4.1868	427.2	1	1.163×10^{-3}	1.55961×10^{-3}	3.96832
1千瓦小时（kWh）	3.6×10^{6}	3600	3.671×10^{5}	859.845	1	1.341	3412.14
1英马力小时（hp·h）	2.684×10^{6}	2684	2.737×10^{5}	641.186	0.7457	1	2544.43
1英热单位（Btu）	1055.06	1.05506	107.6	0.2520	2.931×10^{-4}	3.930×10^{-4}	1

注　表中数据摘自《计量单位及其换算》（杜荷聪、陈维新、张振威，中国计量出版社，1982年）。

表 A-11 　　　　　　　　　　　　　　　　功 率 的 单 位 换 算 表

	瓦特 （W）	千瓦 （kW）	千卡每小时 （kcal/h）	英热单位每小时 （But/h）	冷吨*	美国冷吨*	日本冷吨*
1瓦特（W）	1	0.001	0.8598	3.4121	0.258×10^{-3}	0.284×10^{-3}	0.267×10^{-3}
1千瓦（kW）	1000	1	859.8	3412.1	0.258	0.284	0.267
1千卡每小时 （kcal/h）	1.163	1.163×10^{-3}	1	3.9683	0.3×10^{-3}	0.33×10^{-3}	0.31×10^{-3}
1英热单位每小时 （But/h）	0.293071	2.931×10^{-4}	0.252	1	7.6×10^{-5}	8.3×10^{-5}	7.85×10^{-5}
1冷吨	3837.9	3.8379	3300	13100	1	1.0127	1.02167
1美国冷吨	3516.9	3.5169	3024	12000	0.91636	1	1.06810
1日本冷吨	3756.5	3.7565	3230	12820	0.97879	0.93620	1

注　带*相关数据摘自《动力管道设计手册》（本书编制组，机械工业出版社，2006年）。其他数据摘自《计量单位及其换算》（杜荷聪、陈维新、张振威，中国计量出版社，1982年）。

附录 B　热经济指标计算方法

一、总热效率

总热效率又称能源利用效率，或年平均全厂热效率。计算方法如下

总热效率＝（供热量＋发电量×3600kJ/kWh）/（燃料总消耗量×燃料单位低位发热量）×100%

对于燃煤机组，年平均热效率 η_a 可以用式（B-1）计算，即

$$\eta_a = \frac{0.0036W_a + Q_a}{29.308B_a} \times 100\% \qquad (B-1)$$

式中　η_a——年平均全厂热效率，%；

W_a——机组全年发电量，kWh/a；

Q_a——全年供热量，纯凝机组为 0，GJ/a；

B_a——全年标准煤总耗量，t/a。

对于燃气-蒸汽联合循环机组，年平均全厂热效率 η_a 可以用式（B-2）计算，即

$$\eta_a = \frac{0.0036W_a + Q_a}{N_s \times q_r} \times 100\% \qquad (B-2)$$

式中　η_a——年平均全厂热效率，%；

Q_a——全年供热量，纯凝机组为 0，GJ/a；

N_s——全年实际耗气（油）量，m³（标准工况）；

q_r——燃料低位发热量，GJ/m³（标准工况）。

二、设计热效率

（一）管道效率

管道效率是指汽轮机从锅炉得到的热量与锅炉输出的热量的百分比，按式（B-3）计算

$$\eta_{gd} = \frac{\Sigma Q_{sr}}{\Sigma Q_l} \times 100\% \qquad (B-3)$$

式中　η_{gd}——管道效率，%；

ΣQ_l——统计期内的锅炉输出热量，GJ；

ΣQ_{sr}——统计期内的汽轮机热耗量，GJ。

管道效率考虑的内容包括纯粹的管道损失、机组排污、汽水损失等未能被汽机有效利用的热量，计算设计效率时取 99%。

锅炉的输出热量是由燃料量、燃料低位发热量及锅炉热效率（保证值）计算得出。

（二）燃煤机组设计热效率

燃煤机组设计热效率是指组成发电系统的锅炉、汽轮机、发电机及其系统在发电及供热过程中热能的利用率，可分为毛效率和净效率。毛效率为不扣除厂用电情况下的热效率，净效率为扣除厂用电情况下的热效率。

设计热效率（毛效率）按式（B-4）计算

$$\eta_c = \left[\frac{\eta_g}{100} \frac{\eta_{gd}}{100} \frac{\eta_q}{100} + \frac{\alpha}{100} \frac{\eta_g}{100} \frac{\eta_{gd}}{100} \left(1 - \frac{\eta_q}{100} \right) \right] \times 100\% \quad (B-4)$$

式中　η_c——机组设计热效率（毛效率），%；

η_g——锅炉效率，取用锅炉设备技术协议中明确的锅炉效率保证值（按低位燃料发热量计），%；

η_q——纯凝汽机组的汽轮发电机组设计热效率，按式（B-7）计算，%；

η_{gd}——管道效率，取 99%；

α——供热比，纯凝机为 0。

设计热效率（净效率）按式（B-5）计算

$$\eta_{cn} = \eta_c \times \left(1 - \frac{e}{100} \right) \qquad (B-5)$$

式中　η_{cn}——设计热效率（净效率），%；

e——厂用电率，%。

（三）燃气-蒸汽联合循环机组设计热效率

燃气-蒸汽联合循环机组设计热效率也分为毛效率和净效率。设计热效率（毛效率）等于全年供热量与全年发电量之和，除以燃料总消耗量与燃料低位发热量的乘积，即

$$\eta_c = \frac{0.0036W + Q}{N \times q_r} \times 100\% \qquad (B-6)$$

式中　η_c——机组设计热效率（毛效率），%；

W——设计全年发电量，按式（B-9）计算，kWh；

Q——全年设计供热量，GJ；

N——全年设计耗气（油）量，m³（标准工况）；

q_r——燃料低位发热量，GJ/m³（标准工况）。

设计热效率（毛效率）按式（B-5）计算。

三、纯凝机组的汽轮发电机组热效率

纯凝机组的汽轮发电机组热效率是指汽轮发电机组每千瓦时发电量相当的热量占汽轮发电机组的热耗率的百分比，按式（B-7）计算

$$\eta_q = \frac{3600}{q} \times 100\% \qquad (B-7)$$

式中　q——纯凝汽机组的汽轮发电机组热耗率，当计算设计值时，取用汽轮机设备技术协议中明确的热耗率验收工况所对应的热耗率保证值，kJ/kWh。

四、热电比

热电比是指机组供热量与对应的发电量（折算成热量）的比值，按式（B-8）计算

$$\beta = \frac{Q_a}{0.036W_a} \times 100\% \qquad (B-8)$$

式中　β——热电比，%；

　　　Q_a——全年供热量，GJ/a；

　　　W_a——机组全年发电量，kWh/a。

五、年发电量

（一）纯凝机组

年发电量按式（B-9）计算，即

$$W_a = P \times t \qquad (B-9)$$

式中　W_a——机组年发电量，kWh；

　　　P——汽轮发电机组额定出力，对于燃气-蒸汽联合循环机组为燃气轮机发电机组出力和蒸汽轮机发电机组额定出力之和，kW；

　　　t——机组年利用小时，h。

通常，电厂全年发电量可采用机组额定出力×设备全年发电利用小时计算，但由于燃气轮机在各个工况的出力均不同，没有额定出力的准确概念，可采用（燃机在ISO工况的出力或年平均气温纯凝工况出力+汽轮机出力）×全年发电利用小时进行计算。

（二）热电联产机组

机组全年发电量等于供热期机组总出力×供热期运行小时+非供热期机组总出力×非供热期运行小时，即

$$W_a = P_1 \times t_1 + P_2 \times t_2 \qquad (B-10)$$

式中　W——全年发电量，kWh；

　　　P_1——供热期机组额定出力，对于燃气-蒸汽联合循环机组为燃气轮机发电机组出力和蒸汽轮机发电机组的额定出力之和，kW；

　　　P_2——非供热期机组额定出力，对于燃气-蒸汽联合循环机组为燃气轮机发电机组出力和蒸汽轮机发电机组的额定出力之和，kW；

　　　t_1——供热期运行小时，h；

　　　t_2——非供热期运行小时，根据全年发电利用小时及全年发电量，扣除供热期的发电量后，折算为非供热期发电量对应的运行小时，h。

六、供热量

供热量是指机组在统计期内用于供热的热量，按式（B-11）计算

$$\Sigma Q_{gr} = \Sigma Q_{gr1} + \Sigma Q_{gr2} \qquad (B-11)$$

式中　ΣQ_{gr}——统计期内的供热量，GJ；

　　　ΣQ_{gr1}——统计期内的直接供热量，GJ；

　　　ΣQ_{gr2}——统计期内的间接供热量，GJ。

直接供热量按式（B-12）计算

$$\Sigma Q_{gr1} = [\Sigma(D_i h_i) - \Sigma(D_j h_j) - \Sigma(D_k h_k)] \times 10^{-6} \qquad (B-12)$$

式中　D_i——统计期内的供汽（水）量，kg；

　　　h_i——统计期内的供汽（水）的焓值，kJ/kg；

　　　D_j——统计期内的回水量，kg；

　　　h_j——统计期内的回水的焓值，kJ/kg；

　　　D_k——统计期内用于供热的补充水量，kg；

　　　h_k——统计期内用于供热的补充水的焓值，kJ/kg。

间接（通过热网加热器供水）供热量按式（B-13）计算

$$\Sigma Q_{gr2} = \left[\frac{\Sigma(D_i h_i) - \Sigma(D_j h_j) - \Sigma(D_k h_k)}{\eta_{rw}} \right] \times 10^{-6} \qquad (B-13)$$

式中　η_{rw}——统计期内的热网加热器效率，%。

七、纯凝汽式机组设计标准煤耗率

纯凝汽式机组设计发电标准煤耗率按式（B-14）计算

$$b_{fd} = \frac{3600}{29271\eta_c} \qquad (B-14)$$

式中　b_{fd}——纯凝汽式机组设计发电标准煤耗率，kg/kWh；

　　　η_c——机组设计热效率（毛效率），%。

设计供电标准煤耗率按式（B-15）计算

$$b_{gd} = \frac{b_r}{1 - \dfrac{e}{100}} \qquad (B-15)$$

式中　b_{gd}——纯凝汽式机组设计供电标准煤耗率，kg/kWh；

　　　e——厂用电率，%。

八、燃气-蒸汽联合循环机组设计发电及供电气（油）耗率

燃气-蒸汽联合循环机组的设计发电气（油）耗率等于理论耗气（油）量减去［供热气（油）耗率×年供热量］，再除以机组额定出力，即

$$q_{fd}=(N-q_{gr}\times Q_{gr})/W_a \qquad (B-16)$$

式中　q_{fd}——设计发电气（油）耗率，单位发电量所需的理论耗气（油）量，m^3/kWh（标准工况）；

　　　N——理论耗气（油）量，m^3/a（标准工况）；

　　　q_{gr}——供热气（油）耗率，单位供热量所需的耗气（油）量，可按式（B-19）计算，m^3/GJ（标准工况）；

　　　Q_{gr}——全年供热量，GJ；

　　　W_a——全年发电量，kWh。

设计供电气（油）耗率率按式（B-17）计算

$$q_{gd} = \frac{q_{fd}}{1-\dfrac{e}{100}} \qquad (B-17)$$

式中　q_{gd}——设计供电气（油）耗率，m^3/kWh（标准工况）；

　　　e——厂用电率（不含单纯用于供热的厂用电），%。

九、供热设计标准煤耗率

供热式机组的设计供热标准煤耗率按式（B-18）计算

$$b_{gr} = \frac{34.16}{\eta_g\eta_{gd}\eta_{hs}}\times10^6 \qquad (B-18)$$

式中　b_{gr}——设计供热标准煤耗率，kg/GJ；

　　　η_g——锅炉效率，取用锅炉设备技术协议中明确的锅炉效率保证值（按燃料低位发热量计），%；

　　　η_{gd}——管道效率，取99%；

　　　η_{hs}——热网首站的换热效率，%。

十、燃气-蒸汽联合循环机组供热气（油）耗率

燃气-蒸汽联合循环机组供热气（油）耗率的计算方法没有统一的规定，从不同的角度考虑，可能采用不同的计算方法，实际上，由于供热抽汽来自汽轮机的抽汽，而且供热的效率和发电的效率不同，燃料的消耗无法严格区分多少比例用于供热，多少比例用于发电，因此，供热气（油）耗的计算只能简化进行。

工程中，可按照燃料燃烧产生的热量100%用于供热考虑，则供热气（油）耗率等于全厂供热量/燃料低位发热量，即

$$q_{gr}=1/q_r\times10^6 \qquad (B-19)$$

式中　q_{gr}——供热气（油）耗，单位供热量所需的耗燃料量，m^3/GJ（标准工况）；

　　　q_r——燃料低位发热量，kJ/m^3（标准工况）。

十一、燃气-蒸汽联合循环机组全年耗气（油）量

（一）理论耗气（油）量

机组全年理论耗气（油）量按式（B-20）计算

$$N=q_{fd}\times W_a+q_{gr}\times Q_{gr} \qquad (B-20)$$

式中　N——全年理论耗气（油）量，m^3（标准工况）；

　　　q_{fd}——设计发电气（油）耗率，单位发电量所需的理论耗气（油）量，m^3/kWh（标准工况）；

　　　W_a——机组年发电量，kWh；

　　　q_{gr}——供热气（油）耗，单位供热量所需的耗燃料量，m^3/GJ（标准工况）；

　　　Q_{gr}——全年供热量，GJ。

（二）实际耗气（油）量

由于理论耗气（油）量均以燃机额定出力计算，考虑到燃机老化及部分负荷工况效率的下降，实际耗气（油）量通常在理论耗气（油）量的基础上考虑一定的余量，即

$$N_s=\alpha_1\times q_{fd}\times W_a+\alpha_2\times q_{gr}\times Q_{gr} \qquad (B-21)$$

式中　N_s——全年实际耗气（油）量，m^3（标准工况）；

　　　α_1——发电实际耗气（油）量余量系数，可取1.1；

　　　α_2——供热实际耗气（油）量余量系数，可取1.05。

附录 C　气　体　的　特　性

一些常见气体的物理化学特性（0℃，0.101325MPa）见表 C-1。

一些常见气体的物理化学特性（0℃，0.101325MPa）

表 C-1

序号	名称	分子式	相对分子质量 M (kg/kmol)	摩尔容积 V_m (m³/kmol)	气体常数 R [J/(kg·K)]	密度 ρ (kg/m³)	临界温度 T_c (K)	临界压力 p_c (MPa)	高热值 H_s (MJ/m³)	低热值 H_i (MJ/m³)	爆炸极限（体积分数）(%) 下限 L_1	上限 L_1	动力黏度 $\mu\times10^6$ (Pa·s)	运动黏度 $\nu\times10^6$ (m²/s)	沸点 (℃)	定压体积热容 c_p [kJ/(m³·K)]	等熵指数 k	热导率 λ [W/(m·K)]	向空气的扩散系数 $D\times10^4$ (m²/s)	最低着火温度 (℃)	临界压缩因子 Z	无因次系数 C
1	甲烷	CH_4	16.043	22.362	518.75	0.7174	190.58	4.544	39.842	35.906	5.0	15.0	10.60	14.5	-161.49	1.545	1.309	0.03024	0.196	540	0.290	190
2	乙烷	C_2H_6	30.070	22.187	276.64	1.3553	305.42	4.816	70.351	64.397	2.9	13.0	8.77	6.41	-88.60	2.244	1.198	0.01861	0.108	515	0.285	287
3	乙烯	C_2H_4	28.054	22.257	296.56	1.2605	282.36	4.966	63.438	59.477	2.7	34.0	9.50	7.46	-103.68	1.888	1.258	0.0164	—	425	0.270	257
4	丙烷	C_3H_8	44.097	21.936	188.65	2.0102	369.82	4.194	101.266	93.24	2.1	9.5	7.65	3.81	-42.05	2.960	1.161	0.01512	0.088	450	0.277	324
5	丙烯	C_3H_6	42.081	21.990	197.77	1.9136	364.75	4.550	93.667	87.667	2.0	11.7	7.80	3.99	-47.72	2.675	1.170	—	—	460	0.274	322
6	正丁烷	$n\text{-}C_4H_{10}$	58.124	21.504	143.13	2.703	425.18	3.747	133.886	123.649	1.5	8.5	6.97	2.53	-0.500	3.710	1.44	0.01349	0.075	365	0.274	349
7	异丁烷	$i\text{-}C_4H_{10}$	58.124	21.598	143.13	2.6912	408.14	3.600	133.048	122.853	1.8	8.5	—	—	-11.72	—	1.144	—	—	460	0.283	—
8	丁烯	C_4H_5	56.108	21.607	148.33	2.5968	419.55	3.970	125.847	117.695	1.6	10.0	7.47	2.81	-6.25	—	1.146	—	—	385	—	—
9	正戊烷	C_5H_{12}	72.151	20.891	115.27	3.4537	469.65	3.325	169.377	156.733	1.4	8.3	6.48	1.85	36.06	—	1.121	—	—	260	0.269	—
10	氢	H_2	2.016	22.427	412.67	0.0898	33.25	1.280	12.745	10.786	4.0	75.9	8.52	93.00	-252.75	1.298	1.407	0.2163	0.611	400	0.304	90
11	一氧化碳	CO	28.101	22.398	297.14	1.2501	132.95	3.453	12.636	12.636	12.5	74.2	16.90	13.30	-191.48	1.302	1.403	0.0230	0.175	605	0.294	104
12	氧	O_2	31.999	22.392	259.97	1.4289	154.33	4.971	—	—	—	—	19.80	13.60	-182.98	1.315	1.400	0.0250	0.178	—	0.292	131

续表

序号	名称	分子式	相对分子质量 M (kg/kmol)	摩尔容积 V_m (m³/kmol)	气体常数 R [J/(kg·K)]	密度 ρ (kg/m³)	临界温度 T_c (K)	临界压力 p_c (MPa)	高热值 H_h (MJ/m³)	低热值 H_l (MJ/m³)	爆炸极限(体积分数)(%) * 下限 L_1	上限 L_1	动力黏度 $\mu\times10^6$ (Pa·s)	运动黏度 $\nu\times10^6$ (m²/s)	沸点 (℃)	定压体积热容 c_p [kJ/(m³·K)]	等熵指数 k	热导率 λ [W/(m·K)]	向空气的扩散系数 $D\times10^4$ (m²/s)	最低着火温度 (℃)	临界压缩因子 Z	无因次系数 C
13	氮	N_2	28.013	22.403	296.95	1.2507	125.97	3.349	—	—	—	—	17.00	13.30	−195.78	1.302	1.402	0.02489	—	—	0.297	112
14	二氧化碳	CO_2	44.010	22.260	189.04	1.9768	304.25	7.290	—	—	—	—	14.30	7.09	−78.02(升华)	1.620	1.304	0.01372	0.138	—	0.274	266
15	硫化氢	H_2S	34.076	22.180	244.17	1.5392	373.55	8.890	25.364	23.383	4.3	45.5	11.90	7.63	−60.20	1.557	1.320	0.01314	—	270	—	331
16	空气		28.966	22.400	287.24	1.2931	132.40	3.725	—	—	—	—	17.50	13.40	−192.00	1.306	1.401	0.0289	—	—	—	116
17	水蒸气	H_2O	18.015	21.629	461.76	0.833	647.00	21.830	—	—	—	—	8.60	10.12	—	1.491	1.335	0.01617	0.220	—	0.230	673
18	二氧化硫	SO_2	64.059	21.882	129.88	2.9275	—	—	—	—	—	—	12.30	4.14	−10.80	1.779	1.272	—	—	—	—	416

注　表中数据摘自《全国勘察设计注册公用设备工程师动力专业职业资格考试教材》（全国勘察设计注册工程师公用设备专业管理委员会秘书处，机械工业出版社，2014）。

* 在常压压力和293K条件下，可燃气体在空气中的体积分数（%）。

附录 D　国内部分城市常用的气象条件

国内部分城市常用的气象条件见表 D-1。

表 **D-1**　　　　　　　　　　　　　国内部分城市常用的气象条件

省份	城市	海拔 (m)	冬季通风计算温度	夏季通风计算温度	风压 (kN/m²)	雪压 (kN/m²)	冬季大气压力 (hPa)	夏季大气压力 (hPa)
北京（01）	北京	31.1	−3.6	29.7	0.45	0.40	1021.7	1000.2
天津（02）	天津	2.5	−3.5	29.8	0.50	0.40	1027.1	1005.2
	塘沽	2.8	−3.3	28.8	0.55	0.35	1026.3	1004.6
河北（03）	石家庄	81	−2.3	30.8	0.35	0.30	1017.2	995.8
	唐山	27.8	−5.1	29.2	0.40	0.35	1023.6	1002.4
	邢台	70.8	−1.6	31	0.30	0.35	1017.7	996.2
	保定	17.2	−3.2	30.4	0.40	0.35	1025.1	1002.9
	张家口	724.2	−8.3	27.8	0.55	0.25	939.5	925
	承德	377.2	−9.1	28.7	0.40	0.30	980.5	963.3
	秦皇岛	2.6	−4.8	27.5	0.45	0.25	1026.4	1005.6
	沧州	9.6	−8	30.1	0.40	0.30	1027	1004
山西（04）	太原	778.3	−5.5	27.8	0.40	0.35	933.5	919.8
	大同	1067.2	−10.6	26.4	0.55	0.25	899.9	899.1
	阳泉	741.9	−3.4	28.2	0.40	0.35	937.1	923.8
	运城	376	−0.9	31.3	0.45	0.25	982.7	962.7
	临汾	449.5	−2.7	30.6	0.45	0.25	972.5	954.2
内蒙古（05）	呼和浩特	1063.9	−11.6	26.5	0.55	0.40	901.2	889.6
	包头	1067.2	−11.5	27.4	0.55	0.25	901.2	889.1
	赤峰	568	−10.7	28	0.55	0.30	955.1	941.1
	通辽	178.5	−13.5	24.8	0.55	0.30	1002.6	984.4
	满洲里	661.7	−23.3	24.3	0.65	0.30	941.9	930.3
	海拉尔	610.2	−25.1	24.3	0.65	0.45	947.9	935.7
	临河	1039.3	−9.9	28.4	0.50	0.25	903.8	891.1
	集宁	1419.3	−13	23.8	0.60	0.35	860.2	853.7
	乌兰浩特	274.7	−15	27	0.55	0.30	989.1	973.3
	二连浩特	964.7	−18.1	27.9	0.65	0.25	910.5	998.3
	锡林浩特	989.5	−18.8	26	0.55	0.40	906.4	895.9
辽宁（06）	沈阳	44.7	−11	28.2	0.55	0.50	1020.8	1000.9
	大连	91.5	−3.9	26.3	0.65	0.40	1013.9	997.8
	鞍山	77.3	−8.6	28.2	0.50	0.45	1018.5	998.8

续表

省份	城市	海拔 （m）	冬季通风 计算温度	夏季通风 计算温度	风压 （kN/m²）	雪压 （kN/m²）	冬季大气压力 （hPa）	夏季大气压力 （hPa）
辽宁（06）	抚顺	118.5	−13.5	27.8	0.45	0.45	1011	992.4
	本溪	185.2	−11.5	27.4	0.45	0.55	1021.7	1000.2
	丹东	13.8	−7.4	26.8	0.55	0.40	1023.7	1005.2
	锦州	65.9	−7.9	27.9	0.60	0.40	1017.8	997.8
	营口	3.3	−8.5	27.7	0.65	0.40	1026.1	1005.5
	阜新	166.8	−10.6	28.4	0.60	0.40	1007	988.1
	开源	98.2	−18.4	27.5	0.45	0.45	1018.4	994.6
	朝阳	169.9	−9.7	28.9	0.55	0.45	1004.5	985.5
吉林（07）	长春	236.8	−15.1	26.6	0.65	0.45	994.4	978.4
	四平	183.4	−17.2	26.6	0.55	0.35	1001.9	984.8
	吉林	164.2	−13.5	27.2	0.50	0.45	1004.3	986.7
	通化	402.9	−14.2	26.3	0.50	0.80	974.7	961
	白城	155.2	−16.4	27.5	0.65	0.20	1004.6	986.9
	延吉	176.8	−13.6	26.7	0.50	0.55	1000.7	986.8
黑龙江（08）	哈尔滨	142.3	−18.4	26.8	0.55	0.45	1004.2	987.7
	齐齐哈尔	145.9	−18.6	26.7	0.45	0.40	1005	987.9
	鸡西	238.3	−16.4	26.3	0.55	0.65	991.9	979.7
	鹤岗	227.9	−17.2	25.5	0.40	0.65	991.3	979.5
	宜春	240.9	−22.5	25.7	0.35	0.65	991.8	978.5
	佳木斯	81.2	−18.5	26.6	0.65	0.85	1011.3	996.4
	牡丹江	241.4	−17.3	26.9	0.50	0.75	992.2	978.9
	绥化	179.6	−20.9	26.2	0.55	0.50	1000.4	984.9
	漠河	433	29.6	24.4	0.35	0.75	984.1	969.4
	加格达奇	371.7	−23.3	24.2	0.35	0.65	974.9	962.7
上海（09）	上海	2.6	4.2	31.2	0.55	0.20	1025.4	1005.4
江苏（10）	南京	8.9	2.4	31.2	0.40	0.65	1025.5	1004.3
	徐州	41	0.4	30.5	0.35	0.35	1022.1	1000.8
	南通	6.1	3.1	30.5	0.45	0.25	1025.9	1005.5
	连云港	2.3	−0.3	29.1	0.55	0.40	1026.3	1025.1
	常州	4.9	3.1	31.3	0.40	0.35	1026.1	1026.1
	盐城	2	1.1	29.7	0.45	0.35	1026	1026
浙江（11）	杭州	41.7	4.3	31.6	0.45	0.45	1021.1	1021.1
	温州	28.3	8	29.9	0.60	0.35	1023.7	1023.7
	金华	62.6	5.2	33.1	0.35	0.55	1017.9	998.6
	衡州	66.9	5.4	32.9	0.35	0.50	1017.1	997.8
	宁波	4.8	4.9	31.9	0.50	0.30	1025.7	1005.9
	丽水	60.8	6.6	34	0.30	0.45	1017.9	999.2

省份	城市	海拔（m）	冬季通风计算温度	夏季通风计算温度	风压（kN/m²）	雪压（kN/m²）	冬季大气压力（hPa）	夏季大气压力（hPa）
安徽（12）	合肥	27.9	2.6	31.4	0.35	0.60	1022.3	1001.2
	蚌埠	18.7	1.8	31.3	0.35	0.45	1024	1002.6
	安庆	19.8	4	31.8	0.40	0.35	1023.3	1002.3
	六安	60.5	2.6	31.4	0.35	0.55	1019.3	998.2
	亳州	37.7	0.6	31.1	0.45	0.40	1021.9	1000.4
	黄山	1840.4	−2.4	19	0.70	0.45	817.4	814.3
	巢湖	22.4	2.9	31.1	0.35	0.45	1023.8	1002.5
福建（13）	福州	84	10.9	33.1	0.70	—	1012.9	996.6
	厦门	139.4	12.5	31.3	0.80	—	1006.5	994.5
	南平	125.6	9.7	33.7	0.35	—	1008	991.5
	龙岩	342.3	11.6	32.1	0.35	—	981.1	968.1
江西（14）	南昌	46.7	5.3	32.7	0.45	0.45	1019.5	999.5
	景德镇	61.5	5.3	33	0.35	0.35	1017.9	998.5
	九江	36.1	4.5	32.7	0.35	0.40	1021.7	1000.7
	赣州	123.8	8.6	33.2	0.30	0.35	1008.7	991.2
	吉安	76.4	6.5	33.4	0.30	0.35	1015.4	996.3
	宜春	131.3	5.4	32.3	0.30	0.40	1009.4	990.4
山东（15）	济南	51.6	−0.4	30.9	0.45	0.30	1019.1	997.9
	青岛	76	−0.5	27.3	0.60	0.20	1017.4	1000.4
	淄博	34	−2.3	30.9	0.40	0.45	1023.7	1001.4
	烟台	46.7	−1.1	26.9	0.55	0.40	1021.1	1001.2
	潍坊	22.2	−2.9	30.2	0.40	0.35	1022.1	1000.9
	临沂	87.9	−0.7	29.7	0.40	0.40	1017	996.4
	德州	21.2	−2.4	30.6	0.45	0.35	1025.5	1002.8
	菏泽	49.7	−0.9	30.6	0.40	0.30	1021.5	999.4
	威海	65.4	−0.9	26.8	0.65	0.50	1020.9	1001.8
	泰安	128.8	−2.1	29.7	0.40	0.35	1011.2	990.5
河南（16）	郑州	110.4	0.1	30.9	0.45	0.40	1013.3	992.3
	开封	72.5	0	30.7	0.45	0.30	1018.2	996.8
	洛阳	137.1	0.8	31.8	0.40	0.35	1009	988.2
	新乡	72.7	−0.2	30.5	0.40	0.30	1017.9	996.6
	安阳	75.5	−0.9	31	0.45	0.40	1017.9	996.6
	三门峡	499.9	−0.3	30.3	0.40	0.20	927.6	959.3
	南阳	129.2	−1.4	30.5	0.35	0.45	1011.2	990.4
	商丘	50.1	−0.1	30.8	0.35	0.45	1020.8	999.4
	信阳	114.5	2.2	30.7	0.35	0.55	1014.3	993.4
	许昌	66.8	0.7	30.9	0.40	0.40	1018.6	997.2
	驻马店	82.7	1.3	30.9	0.40	0.45	1016.7	995.4

续表

省份	城市	海拔（m）	冬季通风计算温度	夏季通风计算温度	风压（kN/m²）	雪压（kN/m²）	冬季大气压力（hPa）	夏季大气压力（hPa）
湖北（17）	武汉	23.1	3.7	32	0.35	0.50	1023.5	1002.1
	黄石	19.6	4.5	32.5	0.35	0.35	1023.4	1002.5
	宜昌	133.1	4.9	31.8	0.30	0.30	1010.4	990
	恩施	457.1	5	31	0.30	0.20	970.3	954.6
	荆州	32.6	4.1	31.4	0.30	0.40	1022.4	1000.9
湖南（18）	长沙	44.9	4.6	32.9	0.35	0.45	1019.6	999.2
	常德	35	4.7	31.9	0.40	0.50	1022.3	1000.8
	衡阳	304.7	5.9	33.2	0.40	0.35	1012.6	993
	邵阳	248.6	5.2	31.9	0.30	0.30	995.1	976.9
	岳阳	53	4.8	31	0.40	0.55	1019.5	998.7
	郴州	184.9	6.2	32.9	0.30	0.30	1002.2	984.3
广东（19）	广州	41.7	13.6	31.8	0.50	—	1019	1004
	汕头	1.1	13.8	30.9	0.80	—	1020.2	1005.7
	韶关	60.7	10.2	33	0.35	—	1014.5	997.6
	阳江	23.3	15.1	30.7	0.75	—	1016.9	1002.6
	深圳	18.2	14.9	31.2	0.75	—	1016.6	1002.4
	梅州	87.8	12.4	32.7	0.30	—	1011.3	996.3
	汕尾	17.3	14.8	30.2	0.85	—	1019.3	1005.3
	河源	40.6	12.7	32.1	0.30	—	1016.3	100.9
广西（20）	南宁	73.1	12.9	31.8	0.35	—	1011	995.5
	柳州	96.8	10.4	32.4	0.30	—	1009	993.2
	桂林	164.4	7.9	31.7	0.30	—	1093	986.1
	梧州	114.8	11.9	32.5	0.30	—	1006.9	991.6
	北海	12.8	14.5	30.9	0.75	—	1017.3	1002.5
	百色	173.5	13.4	32.7	0.45	—	998.8	983.6
	玉林	81.8	13.1	31.7	0.30	—	1019.9	995
	贺州	108.8	9.3	32.6	0.30	—	1009	992.4
海南（21）	海口	13.9	17.7	32.2	0.75	—	1016.4	1002.8
	三亚	5.9	21.6	31.3	0.85	—	1016.2	1005.6
重庆（22）	重庆	351.1	7.2	31.7	0.40	—	980.6	963.8
	奉节	607.3	5.2	30.6	0.35	0.35	1018.7	997.5
四川（23）	成都	506.1	5.6	28.5	0.30	0.10	963.7	948
	康定	2615.7	−2.2	19.5	0.35	0.50	741.6	742.4
	宜宾	340.8	7.8	30.5	0.30	—	982.4	965.4
	南充	309.3	6.4	31.3	0.30	—	986.7	969.1
	西昌	1590.9	9.6	26.3	0.30	0.30	838.5	834.9
	遂宁	278.2	6.5	31.1	0.30	—	990	972

续表

省份	城市	海拔 （m）	冬季通风 计算温度	夏季通风 计算温度	风压 （kN/m²）	雪压 （kN/m²）	冬季大气压力 （hPa）	夏季大气压力 （hPa）
四川（23）	内江	347.1	7.2	30.4	0.40	—	980.9	963.9
	泸州	334.8	7.7	30.5	0.30	—	983	965.8
	绵阳	470.8	5.3	29.2	0.30	—	967.3	951.2
	雅安	637.6	6.3	28.6	0.30	0.20	949.7	935.4
	巴中	417.7	5.8	31.2	0.30	—	979.9	962.7
	资阳	357	6.6	30.2	0.30	—	980.3	962.9
贵州（24）	贵阳	1074.3	5	27.1	0.30	0.20	897.4	887.8
	遵义	843.9	4.5	28.8	0.30	0.15	924	911.8
	毕节	1510.6	2.7	25.7	0.30	0.25	850.9	844.2
	安顺	1392.9	4.3	24.8	0.30	0.30	863.1	856
	铜仁	279.7	5.5	32.2	0.30	0.30	991.3	973.1
云南（25）	昆明	1892.4	8.1	23	0.30	0.30	811.9	808.2
	保山	1653.5	8	24.2	0.30	—	835.7	830.3
	昭通	1949.5	2.2	23.5	0.35	0.25	805.3	802
	丽江	2392.4	6	22.3	0.30	0.30	762.6	761
	文山州	1271.6	11.1	26.2	0.30	—	875.4	868.2
	曲靖	1898.7	7.4	23.3	0.30	0.40	810.9	807.6
	玉溪	1636.7	8.9	24.5	0.30	—	837.2	823.1
	临沧	1502.4	11.2	25.2	0.30	—	851.2	845.4
	楚雄州	1772	8.7	24.6	0.35	—	823.3	818.8
	大理州	1990.5	8.2	23.3	0.65	—	802	798.7
西藏（26）	拉萨	3648.7	−1.6	19.2	0.30	0.15	650.6	652.9
	昌都	3306	−2.3	21.6	0.30	0.20	679.9	681.7
	那曲	4507	−12.6	13.3	0.45	0.40	583.9	589.1
	日喀则	3936	−3.2	18.9	0.30	0.15	636.1	638.5
	林芝	2991.8	0.5	19.9	0.35	0.15	706.5	706.2
陕西（27）	西安	397.5	−0.1	30.6	0.35	0.25	979.1	959.8
	延安	958.5	−5.5	28.1	0.35	0.25	913.8	900.7
	宝鸡	612.4	0.1	29.5	0.35	0.20	958.7	936.9
	汉中	509.5	2.4	28.5	0.30	0.20	964.3	947.8
	榆林	1057.5	−9.4	28	0.40	0.25	902.2	889.9
	安康	290.8	3.5	30.5	0.45	0.15	990.6	971.7
	铜川	978.9	−3	27.4	0.35	0.20	911.1	898.4
	商洲（商洛）	742.2	0.5	28.6	0.30	0.30	927.7	923.3
甘肃（28）	兰州	1517.2	−5.3	26.5	0.30	0.15	851.5	843.2
	酒泉	1477.2	−9	26.3	0.55	0.30	856.3	847.2
	平凉	1346.6	−4.6	25.6	0.30	0.25	870	860.8

续表

省份	城市	海拔（m）	冬季通风计算温度	夏季通风计算温度	风压（kN/m²）	雪压（kN/m²）	冬季大气压力（hPa）	夏季大气压力（hPa）
甘肃（28）	天水	1141.7	−2	26.9	0.35	0.20	892.4	881.2
	武都	1079.1	3.3	28.3	0.35	0.10	898	887.3
	张掖	1482.7	−9.3	26.9	0.50	0.10	855.5	846.5
	靖远（白银）	1398.2	−6.9	26.7	0.30	0.20	864.5	855
	定西	1886.6	−7	22.1	0.55	0.20	812.6	808.1
	武威	1530.9	−7.8	24.8	0.55	0.20	850.3	841.8
	临夏	1917	6.9	21.2	0.30	0.25	809.4	805.1
青海（29）	西宁	2295.2	−7.4	21.9	0.35	0.20	774.4	772.9
	玉树	3681.2	−7.6	17.3	0.30	0.20	647.5	651.5
	格尔木	2807.3	−9.1	21.6	0.40	0.20	723.5	724
	祁连	2787.4	−13.2	18.3	0.35	0.15	725.1	727.3
	民和	1813.9	−6.2	24.5	0.30	0.10	820.3	815
宁夏（30）	银川	1111.4	−7.8	27.6	0.65	0.20	896.1	883.9
	固原	1758	−8.1	23.2	0.35	0.40	826.8	821.1
	中卫	1225.7	−7.5	27.2	0.45	0.10	883	871.7
新疆（31）	乌鲁木齐	917.9	−12.7	27.5	0.60	0.90	924.6	911.2
	克拉玛依	449.5	−15.4	30.6	0.90	0.30	979	979
	吐鲁番	34.5	−7.6	36.2	0.85	0.20	1027.9	997.6
	哈密	737.2	−10.4	31.5	0.60	0.25	939.6	921
	和田	1374.5	−4.4	28.8	0.40	0.20	866.9	856.5
	阿勒泰	735.3	−15.5	25.5	0.70	1.65	941.1	925
	喀什	1288.7	−5.3	28.8	0.55	0.45	876.9	866
	伊宁	662.5	−8.8	27.2	0.60	1.40	947.4	934
	库尔勒	931.5	−7	30	0.45	0.20	917.6	902.3
	阿克苏	1103.8	−7.8	28.4	0.45	0.25	897.3	884.3
	乌恰	2175.7	−8.2	23.5	0.35	0.50	786.2	784.4

注　1. 基本雪压按当地空旷平坦地面上积雪自重的观测数据，经概率统计得出 50 年一遇最大值确定。

　　2. 基本风压按当地空旷平坦地面上 10m 高度处 10min 平均的风速观测数据，经概率统计得出 50 年一遇最大值确定的风速，再考虑相应的空气密度，按贝努力公式确定的风压。

附录 E　我国典型煤种的煤质分析

我国典型煤种的煤质分析见表 E-1～表 E-3。

表 E-1　　　　　　　　　　　　　　　山西能源基地代表性煤种分析资料

煤　　　种		晋北烟煤	晋中贫煤	晋中无烟煤	晋东南贫煤	晋东南无烟煤
（1）工业分析						
$Q_{net,ar}$	（MJ/kg）	22.44	23.87	24.99	24.38	25.63
	（kcal/kg）	5360±500	5702±400	5970±400	5825±400	6100±400
V_{daf}（%）		32.31±5	15.72±2	10.02±1	14.91±2	7.02±1
M_{ar}（%）		9.61±3	6.0±3	6.0±3	7.0±3	5.67±3
M_{ad}（%）		2.85	0.78	0.70	1.43	1.91
A_{ar}（%）		19.77±10	21.82±5	20.70±4	21.50±5	17.99±4
（2）元素分析						
C_{ar}（%）		58.56	64.99	65.93	64.09	69.12
H_{ar}（%）		3.36	2.83	2.99	3.04	2.80
O_{ar}（%）		7.28	2.40	1.99	3.10	3.11
N_{ar}（%）		0.79	0.98	1.07	0.92	0.97
S_{ar}（%）		0.63	1.08	1.32	0.35	0.34
（3）可磨性系数						
K_{VTI}		1.15	1.35	1.20	1.55	1.10
HGI		57.64				
（4）灰熔点						
t_1（℃）		1110	1330	1360	>1500	1300
t_2（℃）		1190	1500	1500	>1500	1500
t_3（℃）		1270	>1500	>1500	>1500	>1500
（5）参考性灰分析						
SiO_2（%）		50.41	49.00	50.00	49.03	47.98
Al_2O_3（%）		15.73	35.88	35.02	37.54	35.98
Fe_2O_3（%）		23.46	6.83	6.05	2.83	5.00
CaO（%）		3.93	2.14	2.69	4.99	5.16
MgO（%）		1.27	0.42	1.22	0.60	1.27
K_2O 及 Na_2O（%）		2.33	2.56	1.75	2.14	2.02
TiO_2（%）			1.46	1.46	1.02	0.44
SO_3（%）			1.08	1.29	1.22	1.20
其他（%）			0.63	0.52	0.66	0.65
（6）建议取样点		大同局	杨明峪矿	阳泉二矿	王庄矿	望云矿

表 E-2　　　　　　　　　　　　　　　神木东胜能源基地代表性煤种分析资料

煤　种	华能神木东胜煤				内蒙古东胜煤			
	设计煤种	校核煤种			设计煤种	校核煤种		
		石圪台	磁窑湾	大柳塔		达旗初设	呼市电厂	苏家沟
（1）工业分析								
$Q_{net,ar}$　（MJ/kg）	22.76	22.87	24.55	21.37	18.60	18.85	21.56	18.00
（kcal/kg）	5445	5470	5872	5113	4450	4510	5157	4305
V_{daf}（%）	36.44	30.85	38.40	38.32	35.86	37.22	39.72	39.01
M_{ar}（%）	14.00	16.45	15.59	15.32	20.07	24.81	16.36	29.66
M_{ad}（%）	8.49	10.25	8.59	6.23	10.64	14.80		
A_{ar}（%）	11.00	7.19	3.53	15.45	14.14	10.39	8.72	7.21
（2）元素分析								
C_{ar}（%）	60.33	61.74	64.60	55.85	50.86	52.20	57.79	49.59
H_{ar}（%）	3.62	3.35	4.06	3.44	2.68	2.47	3.06	2.65
O_{ar}（%）	9.94	9.65	11.01	8.93	10.86	8.42	12.98	8.73
N_{ar}（%）	0.70	0.69	0.81	0.70	0.61	0.98	0.60	0.83
S_{ar}（%）	0.41	0.63	0.40	0.31	0.82	0.73	0.49	1.33
（3）可磨性系数								
HGI	56	63	48	55	84	84	84	82
（4）灰熔点								
t_1（℃）	1130	1120	1200	1197	1130	1173	1108	1259
t_2（℃）	1160	1150	1210	1221	1177	1205	1113	1322
t_3（℃）	1210	1180	1250	1263	1197	1218	1117	1345
（5）参考性灰分析								
SiO_2（%）	36.71	44.99	23.00	39.25	23.04			
Al_2O_3（%）	13.99	18.07	7.28	14.48	2.24			
Fe_2O_3（%）	11.36	9.98	16.60	9.86	19.46			
CaO（%）	22.92	11.79	37.24	22.23	19.99			
MgO（%）	1.28	2.21	2.30	0.86	5.53			
Na_2O（%）	1.23	1.08	0.83	1.27	1.62			
K_2O（%）	0.73	1.02	0.30	0.68	0.39			
SO_3（%）	9.30	9.80	9.64	8.55	26.12			
（6）建议取样点	祁连塔矿或上湾矿				武家塔矿或昌汉沟一井			
	1～2 上层				5、17 层，14、15 层			

表 E-3   准格尔煤矿代表性煤种分析资料

煤 种		洗混中块	末 煤
（1）工业分析			
$Q_{net,ar}$	（MJ/kg）	20.48±0.42	17.79±0.63
	（kcal/kg）	4891±100	4250±150
V_{daf} （%）		41.00	30±5
M_{ar} （%）		12.00	14
M_{ad} （%）		6.39	5.5
A_{ar} （%）		18.30	25.56
（2）元素分析			
C_{ar} （%）		54.70	47.06
H_{ar} （%）		3.22	3.01
O_{ar} （%）		10.43	8.92
N_{ar} （%）		0.88	0.95
S_{ar} （%）		0.47	0.50
（3）可磨性系数			
HGI		60	57
（4）灰熔点			
t_1 （℃）		＞1500	＞1350
t_2 （℃）		＞1500	＞1350
t_3 （℃）		＞1500	＞1350
（5）参考性灰分析			
SiO_2 （%）		45.00	41.75
Al_2O_3 （%）		48.55	48.00
Fe_2O_3 （%）		2.50	3.50
CaO （%）		1.80	0.89
MgO （%）		0.42	0.30
SO_3 （%）		1.06	1.06
TiO_2 （%）		0.58（含 Na_2O、K_2O）	1.84
其他 （%）		—	2.66

附录 F 我国各主要气田的天然气组成

我国各主要气田的天然气组成见表 F-1～表 F-4。

表 F-1 我国主要天然气田组成 （摩尔分数，%）

气田名称		甲烷 CH₄	乙烷 C₂H₆	丙烷 C₃H₈	异丁烷 iC₄H₁₀	正丁烷 uC₄H₁₀	异戊烷 iC₅H₁₂	正戊烷 nC₅H₁₂	己烷 C₆H₁₄	二氧化碳 CO₂	硫化氢 H₂S	氢 H₂	氮 N₂	氦 He	氩 Ar
四川气田	卧龙河	92.44	1.01	0.56	0.36		0.22			0.27	4.48	0.09	0.1		
	相国寺	97.07	0.81	0.08						0.2	0.001	0.001	1.74	0.096	0.004
	中坝	90.97	5.62	1.66	0.36	0.37	0.131	0.096	0.128	0.41		0.008	0.23	0.017	0.003
	磨溪	95.22	0.19	1.3						0.13	1.61	0.003	1.53	0.003	0.01
	威远	86.8	0.11							4.446	1.091		7.26	0.236	
陕甘宁气田		95.942	0.324	0.045	0.002	0.002				3.037	0.319	0.011	0.291	0.028	
新疆气田	雅克拉	95.468	0.559	0.083	0.012	0.011	0.011	0.003		3.025	0.033	0.039	0.716		
	克拉 2	94.836	0.228	0.32						1.767			2.829		
	依南 2	90.15	4.955	1.3065	0.2635	0.2815	0.0955	0.075		1.6125			1.2205		
	牙哈	83.01	7.7767	2.4033	0.45	1.5633	0.1633	0.1267		1.4533			3.0534		
南海 （崖 13-1）		86.38	1.83	0.49	0.12	0.13	0.07	0.06	0.21	10.09			0.62		
东海平湖		82.462	6.834	3.841	1.083	0.864	0.322	0.188	0.151	3.569			0.686		

表 F-2 我国主要油田伴生气组成 （摩尔分数，%）

油田名称		甲烷 CH₄	乙烷 C₂H₄	丙烷 C₃H₈	异丁烷 iC₄H₁₀	正丁烷 nC₄H₁₀	异戊烷 iC₆H₁₂	正戊烷 nC₅H₁₂	己烷 C₆H₁₄	二氧化碳 CO₂	硫化氢 H₂S	氮 N₂	其他
大庆油田	1	79.75	1.9	7.6	5.62								5.13
	2	91.3	1.96	1.34	0.9					0.2		0.38	3.92
胜利油田	伴生气	86.6	4.2	3.5	0.7	1.9	0.6	0.5	0.3	0.6		1.1	
	气井气	90.7	2.6	2.8	0.6	0.1	0.5	0.5	0.2	1.3		0.7	
大港油田		76.29	11.0	6.0	4.0					1.36		0.71	0.64

表 F-3 我国主要输气干线外输商品天然气组成 （摩尔分数，%）

输气干线名称	甲烷 CH₄	乙烷 C₂H₆	丙烷 C₃H₈	异丁烷 iC₄H₁₀	正丁烷 nC₄H₁₀	异戊烷 iC₅H₁₂	二氧化碳 CO₂	硫化氢 H₂S	氮 N₂	水 H₂O
陕—京	95.9494	0.1075	0.1367				3.8	0.0002		0.0062
川—汉	97.037	0.713					1.277		0.969	0.004
涩—宁—兰	98.81	0.08	0.04						1.07	
崖 13-1 外输	86.38	4.52	2.21	1.09		0.22	4.50		1.08	
平湖—上海	88.303	6.495	0.183				3.932		1.088	

注 1. 硫化氢含量均符合外输商品天然气标准：小于等于 20mg/m³。

    2. 各干线起止城市：陕—京线为陕西靖边到北京市；川—汉线为重庆市的忠县到湖北武汉市；涩—宁—兰线为青海省涩北经西宁市到达甘肃省兰州市；崖 13-1 外输线为海南省三亚市到海口市；平湖—上海为由东海平湖气田经海底管线到达上海浦东。

表 F-4　　　　　　　　　　　　　　我国规划引进国外商品天然气组分　　　　　　　　　　（摩尔分数，%）

商品天然气	甲烷 CH_4	乙烷 C_2H_4	丙烷 C_3H_8	异丁烷 iC_4H_{10}	正丁烷 nC_4H_{10}	异戊烷 iC_5H_{12}	二氧化碳 CO_2	氧 H_2	氮 N_2	氦 He
俄罗斯	91.97	4.57	1.05	0.17	0.22	9.12	0.01	0.05	1.59	0.26
中亚三国	90.23	3.30	0.80	0.47		0.70	2.70		1.80	
液化天然气（LNG）	91.46	4.74	2.59	0.57	0.54	0.01			0.09	

注　1. 规划俄罗斯天然气将由东西伯利亚气田引入。

　　2. 中亚三国指土库曼斯坦、乌兹别克斯坦、哈萨克斯坦。

　　3. 液化天然气为广东引进的液化天然气项目推荐气种。

附录 G 管道设计及水力计算相关数据

一、常用材料性能数据

常用材料性能数据见表 G-1～表 G-9。(表 G-1、表 G-4 见文后插页)

表 G-2 常用国产钢材的弹性模量数据表

(GPa)

钢号	10	20.20G	15CrMoG	12Cr1MoVG	12Cr2MoWVTiB	12Cr2MoG	15Ni1MnMoNbCu	Q235	Q345	06Cr19Ni10	022Cr17Ni12Mo2
标准号	GB 3087—2008	GB 3087—2008、GB 5310—2008	GB 5310—2008	GB 5310—2008	GB 5310—2008	GB 5310—2008	GB 5310—2008	GB/T 3091—2015	GB/T 8163—2008	GB/T 14976—2002	GB/T 14976—2002
工作温度(℃)											
20	198	198	206	208	213	218	211	206	206	195	195
100	191	183	199	205	208	213	210 (50℃)	200	200	191	191
200	181	175	190	201	204	206	206 (100℃)	192	189	184	184
250	176	171	187	197	201		203 (150℃)	188	185	181	181
260	175	170	186	196	200		200 (200℃)	187	184		
280	173	168	183	194	199		196 (250℃)	186	183		
300	171	166	181	192	198	199	192	184	181	177	177
320	168	165	179	190	196				179		
340	166	163	177	188	194				177		
350	164	162	176	187	192		188		176	173	173
360	163	161	175	186	190				175		
380	160	159	173	183	188				173		
400	157	158	172	181	186	191	184		171	169	169
410	156	155	171	180	185						
420	155	153	170	178	184						
430	155	151	169	177	184						
440	154	148	168	175	183	179	179				
450	153	146	167	174	183				164	164	164

续表

钢号	10	20.20G	15CrMoG	12Cr1MoVG	12Cr2MoWVTiB	12Cr2MoG	15Ni1MnMoNbCu	Q235	Q345	06Cr19Ni10	022Cr17Ni12Mo2
标准号	GB 3087—2008	GB 3087—2008, GB 5310—2008	GB 5310—2008	GB 5310—2008	GB 5310—2008	GB 5310—2008	GB 5310—2008	GB/T 3091—2015	GB/T 8163—2008	GB/T 14976—2002	GB/T 14976—2002
工作温度 (℃) 460		144	166	172	182						
470		141	165	170	182						
480		129	164	168	181						
490			164	166	180					160	
500			163	165	179	181					160
510			162	163							
520			161	162							
530			160	160							
540			159	158							
550				157							
560				153							
570				153							
580				152		170					
590											
600											
650											

表 G-3
常用国产钢材的平均线膨胀系数表
（从 20℃ 至下列温度）　　　　　　　　　　　　　（10⁻⁶/℃）

钢号	10	20.20G	15CrMoG	12Cr1MoVG	12Cr2MoWVTiB	12Cr2MoG	15Ni1MnMoNbCu	Q235	Q345	06Cr19Ni10	022Cr17Ni12Mo2
标准号	GB 3087—2008	GB 3087—2008, GB 5310—2008	GB 5310—2008	GB 5310—2008	GB 5310—2008	GB 5310—2008	GB 5310—2008	GB/T 3091—2015	GB/T 8163—2008	GB/T 14976—2002	GB/T 14976—2002
工作温度 (℃) 20	—	—	—	—	—	—	—	—	—	—	—
50	—	—	—	—	—	—	11.8	—	—	16.54	16.54
100	11.9	11.16	11.9	13.6	11	12	12.2	12.2	8.31	16.84	16.84
150	—	—	—	—	—	—	12.5	—	—	17.06	17.06
200	12.6	12.12	12.6	13.7	11.9	13	12.9	13	10.99	17.25	17.25

续表

钢号 / 工作温度(℃)	10	20.20G	15CrMoG	12Cr1MoVG	12Cr2MoWVTiB	12Cr2MoG	15Ni1MnMoNbCu	Q235	Q345	06Cr19Ni10	022Cr17Ni12Mo2
标准号	GB 3087—2008	GB 3087—2008, GB 5310—2008	GB 5310—2008	GB 5310—2008	GB 5310—2008	GB 5310—2008	GB 5310—2008	GB/T 3091—2015	GB/T 8163—2008	GB/T 14976—2002	GB/T 14976—2002
250	12.7	12.45	12.9	13.85	12.4		13.2	13.23	11.6	17.42	17.42
260	12.72	12.52	12.96	13.88	12.5			13.27	11.78		
280	12.76	12.65	13.08	13.94	12.7			13.36	12.05		
300	12.8	12.78	13.2	14	12.9	13	13.4	13.45	12.31	17.61	17.61
320	12.84	12.99	13.3	14.04	12.96				12.49		
340	12.88	13.2	13.4	14.08	13.02				12.68		
350	12.9	13.31	13.45	14.1	13.05		13.7		12.77	17.79	17.79
360	12.92	13.41	13.5	14.12	13.08				12.86		
380	12.96	13.62	13.6	14.16	13.14				13.04		
400	13	13.83	13.7	14.2	13.2	14	14.0		13.22	17.99	17.99
410	13.1	13.84	13.73	14.23	13.23						
420	13.2	13.85	13.76	14.26	13.26						
430	13.3	13.86	13.79	14.29	13.29						
440	13.4	13.87	13.82	14.32	13.32						
450	13.5	13.88	13.85	14.35	13.35		14.1			18.19	18.19
460		13.89	13.88	14.38	13.38						
470		13.9	13.91	14.41	13.41						
480		13.91	13.94	14.44	13.44						
490			13.97	14.47	13.47						
500			14	14.5	13.5	14					
510			14.03	14.52							
520			14.06	14.54							
530			14.09	14.56							
540			14.12	14.58						18.34	18.34
550				14.6							
560				14.62							
570				14.64							

续表

钢号	10	20.20G	15CrMoG	12Cr1MoVG	12Cr2MoWVTiB	12Cr2MoG	15Ni1MnMoNbCu	Q235	Q345	06Cr19Ni10	022Cr17Ni12Mo2
标准号	GB 3087—2008	GB 3087—2008、GB 5310—2008	GB 5310—2008	GB 5310—2008	GB 5310—2008	GB 5310—2008	GB 5310—2008	GB/T 3091—2015	GB/T 8163—2008	GB/T 14976—2002	GB/T 14976—2002
工作温度(℃) 580											
590											
600				14.68							
650											

表 G-5　符合 EN 10216-2 标准的钢材的弹性模量数据表

(kN/mm²)

钢号	20℃	100℃	200℃	300℃	400℃	500℃	600℃	650℃
P265GH	212	205	200	192	183	175	166	
16Mo3	212	207	199	192	184	175	164	
13CrMo4-5	213	210	202	193	185	176	166	
10CrMo9-10	212	207	199	192	184	175	164	
14MoV6-3	213	210	202	193	185	176	166	
X20CrMoV11-1	218	213	206	198	189	179	166	
X10CrMoVNb9-1	218	213	206	198	190	180	167	
15NiCuMoNb5-6-4	211	206	200	192	184	175	164	
X10CrWMoVNb9-2	217	214	207	200	191	182	170	164
X11CrMoWVNb9-1-1	218	213	206	198	190	180	167	159

表 G-6　符合 EN 10216-2 标准的钢材的线膨胀系数表

（从 20℃ 至下列温度）

(10⁻⁶/℃)

钢号	100℃	200℃	300℃	400℃	500℃	600℃	650℃
P265GH	12.5	13.1	13.6	14.0	14.4	14.7	
16Mo3	12.1	12.7	13.2	13.6	14.0	14.4	
13CrMo4-5	12.5	13.1	13.6	14.0	14.4	14.7	
10CrMo9-10	12.1	12.7	13.2	13.6	14.0	14.4	
14MoV6-3	12.5	13.1	13.6	14.0	14.4	14.7	
X20CrMoV11-1	10.8	11.2	11.6	11.9	12.1	12.3	
X10CrMoVNb9-1	10.7	11.1	11.5	11.9	12.3	12.6	

续表

钢　号	100℃	200℃	300℃	400℃	500℃	600℃	650℃
15NiCuMoNb5-6-4	12.2	12.9	13.4	14.0	14.3	14.6	
X10CrWMoVNb9-2	10.7	11.1	11.4	11.7	12.0	12.3	12.5
X11CrMoWVNb9-1-1	10.7	11.1	11.5	11.9	12.3	12.6	12.7

表 G-7　符合 ASME B31.1—2016 的钢材许用应力表

标准号	材料	R_m^{20} (MPa)	R_{eL}^{20} (MPa)	在下列温度（℃）下的许用应力（MPa）																	
				-29~38	93	149	204	260	316	343	371	399	427	454	482	510	538	566	593	621	649
SA 106	B	413	241	117.8	117.8	117.8	117.8	117.8	117.8	117.8	107.4	89.5	74.4								
	C	482	275	137.8	137.8	137.8	137.8	137.8	137.8	136.4	126.0	101.9	82.6								
SA 335	P11	413	206	117.8	117.8	117.8	115.7	111.6	108.1	106.1	104.0	101.9	99.2	96.4	93.7	64.0	43.4	28.9	19.2		
	P12	413	220	117.8	115.7	113.6	113.6	113.6	112.3	110.2	108.8	106.8	105.4	102.6	99.9	77.8	49.6	31.0	19.2		
	P22	413	206	117.8	117.8	114.3	114.3	114.3	114.3	114.3	114.3	114.3	114.3	114.3	93.7	74.4	55.1	39.2	26.1		
	P91, $T\leqslant 76$mm	585	413	167.4	167.4	167.4	166.7	166.0	163.2	161.2	157.7	152.9	146.7	139.8	131.6	122.6	112.3	96.4	70.9	48.2	29.6
	P91, $T>76$mm	585	413	167.4	167.4	167.4	166.7	166.0	163.2	161.2	157.7	152.9	146.7	139.8	131.6	122.6	112.3	88.8	66.1	48.2	29.6
SA 672	B70CL32	482	261	137.8	137.8	137.8	137.8	137.8	133.6	129.5	124.7	101.9	82.6								
SA 691	1-1/4CrCL22**	413	241	117.8	117.8	117.8	117.8	117.8	117.8	117.8	117.8	117.8	115.7	113.0	94.3	64.0	43.4	28.9	19.2		
	1-1/4CrCL22***	516	310	147.4	147.4	147.4	147.4	147.4	147.4	147.4	147.4	147.4	147.4	139.1	94.3	64.0	43.4	28.9	19.2		
	2-1/4CrCL22**	413	206	117.8	117.8	114.3	114.3	114.3	114.3	114.3	114.3	114.3	114.3	114.3	93.7	74.4	55.1	39.2	26.1		
	2-1/4CrCL22***	516	310	147.4	147.4	144.0	141.9	141.2	140.5	139.1	137.8	135.7	132.9	128.8	108.8	78.5	53.7	35.1	22.0		
SA 213*	TP304H	516	206	137.8	137.8	130.2	126.0	120.5	114.3	111.6	108.8	106.8	104.7	102.6	100.5	98.5	96.4	85.4	67.5	53.0	42.0
				137.8	115.0	103.3	95.0	88.8	84.5	82.6	80.6	79.2	77.1	75.7	74.4	73.0	71.6	69.5	67.5	53.0	42.0
	TP316L	482	172	115.0	97.1	87.5	80.6	75.1	71.6	70.2	68.9	67.5	66.1	64.7	63.3	61.3	60.6	55.1	54.4	44.7	44.1
	TP316H	516	206	137.8	119.1	107.4	98.5	91.6	86.8	84.7	83.3	81.9	81.3	79.9	79.2	78.5	77.8	77.1	76.4	67.5	50.9
				115.0	115.0	110.2	107.4	101.9	96.4	95.0	93.0	90.9	89.5	87.5	85.4	82.6	81.9	74.4	70.2	60.6	50.9
	TP347H	516	206	137.8	137.8	129.5	122.6	117.8	116.4	115.7	115.7	115.7	115.7	115.7	115.0	114.3	113.0	111.6	97.1	72.3	54.4
				137.8	126.7	117.8	110.2	103.3	98.5	96.4	95.0	94.3	93.7	93.0	92.3	92.3	92.3	91.6	85.4	72.3	54.4

续表

在下列温度（℃）下的许用应力（MPa）

标准号	材料	R_m^{20}(MPa)	R_{eL}^{20}(MPa)	-29~38	93	149	204	260	316	343	371	399	427	454	482	510	538	566	593	621	649
SA 387	11	413	241	117.8	117.8	117.8	117.8	117.8	117.8	117.8	117.8	115.7	113.0	94.3	64.0	43.4	28.9	19.2			
	11	516	310	147.4	147.4	147.4	147.4	147.4	147.4	147.4	147.4	147.4	139.1	94.3	64.0	43.4	28.9	19.2			
	12	379	227	104.0	104.0	104.4	104.4	104.4	104.0	104.0	104.4	104.0	104.0	101.2	77.8	49.6	31.0	19.2			
	12	448	275	123.3	123.3	123.3	123.3	123.3	123.3	123.3	123.3	123.3	123.3	119.8	77.8	49.6	31.0	19.2			
	22	413	206	114.3	114.3	114.3	114.3	114.3	114.3	114.3	114.3	114.3	114.3	93.7	74.4	55.1	35.2	26.1	26.1		
	22	516	310	147.4	144.0	141.9	141.2	140.5	139.1	137.8	135.7	132.9	128.8	108.8	78.5	53.7	35.1	22.0	22.0		
	91	585	167.4	167.4	167.4	166.7	166.0	163.2	161.2	157.7	152.9	146.7	139.8	131.6	122.6	112.3	96.4	70.9	48.2	29.6	29.6
	91 (T≥76mm)	585	167.4	167.4	167.4	166.7	166.0	163.2	161.2	157.7	152.9	146.7	139.8	131.6	122.6	112.3	88.8	66.1	48.2	29.6	29.6
SA 182	F22CL1	413	206	117.8	117.8	114.3	114.3	114.3	114.3	114.3	114.3	114.3	114.3	114.3	93.7	74.4	55.1	39.2	26.1		
	F22CL3	516	310	147.4	147.4	144.0	141.9	141.2	140.5	139.1	137.8	135.7	132.9	128.8	108.8	78.5	53.7	35.4	22.0		
	F91	585	413	167.4	167.4	167.4	166.7	166.0	163.2	161.2	157.7	152.9	146.7	139.8	131.6	122.6	112.3	96.4	70.9	48.2	29.6

* 对每种材料均给出两种许用应力，对于较大的许用应力，这些许用应力值允许用于许可有较大变形的场合。这些许用应力值大于相应温度下屈服强度值的 67%，但不大于屈服强度值的 90%，采用这些应力可能会产生永久变引起的尺寸变化。这些应力不应该用于法兰或其他垫片法兰连接或能不正常的部件上。

** 这些许用应力适用于采用 ASTM Asme87 Class 1 退火状态板材制造的公称管。

*** 这些许用应力适用于采用 ASTM Asme87 Class 2 板材制造的公称管。

表 G-8　符合 ASME B31.1—2016 的钢材的弹性模量数据表

（GPa）

钢种		工作温度（℃）																
		-75	20	50	100	150	200	250	300	350	400	450	500	550	600	650	700	750
碳钢	含碳量≤0.30%	208	203	201	198	195	191	189	185	179	172	162	150	136	122	107		
	含碳量>0.30%	207	202	200	197	194	190	188	184	178	171	161	149	135	121	106		
铬钢	0.5Cr~2Cr	210	205	204	201	197	193	190	186	181	176	170	160	148	133			
	2.25Cr~3Cr	216	211	210	207	203	199	195	191	187	182	175	165	153	137			
	5Cr~9Cr	219	213	212	209	205	201	197	193	189	185	181	176	171	164	156	147	138

注：
1. 本表的弹性模量数据取自 ASME B31.1—2016 Power Piping 附录 C。
2. A106B 含碳量为 0.30%，A106C 含碳量为 0.35%。

表 G-9

符合 ASME B31.1—2016 的钢材的热膨胀系数数据表

(10⁻⁶/℃)

钢种	工作温度（从 20℃起至下列温度）（℃）①																																	
	-200	-100	-50	20	50	75	100	125	150	175	200	225	250	275	300	325	350	375	400	425	450	475	500	525	550	575	600	625	650	675	700	725	750	775
第 1 类碳钢和低合金钢	9.9	10.7	11.1	11.6	11.8	11.9	12.1	12.2	12.4	12.5	12.7	12.8	13.0	13.2	13.3	13.5	13.6	13.7	13.8	13.9	14.1	14.2	14.3	14.4	14.6	14.7	14.8	14.9	15.0	15.0	15.1	15.1	15.2	
第 2 类碳钢和低合金钢	10.8	11.7	12.0	12.5	12.7	12.9	13.1	13.3	13.4	13.5	13.6	13.7	13.8	13.9	14.0	14.1	14.2	14.3	14.4	14.5	14.6	14.6	14.7	14.8	14.8	14.9	14.9	15.0	15.1	15.1	15.2			
5Cr-1Mo 钢	10.1	10.8	11.2	11.6	11.8	12.0	12.1	12.2	12.4	12.5	12.6	12.7	12.7	12.7	12.8	12.9	13.0	13.1	13.1	13.2	13.2	13.3	13.4	13.5	13.5	13.6	13.6	13.7	13.8	13.8	13.9			
9Cr-1Mo 钢	9.0	9.8	10.1	10.4	10.6	10.7	10.8	10.9	11.1	11.2	11.3	11.4	11.5	11.6	11.7	11.8	11.8	11.9	12.0	12.1	12.2	12.2	12.3	12.4	12.5	12.6	12.6	12.7	12.8	12.8	12.9			

注：
1. 第 1 类合金（按公称化学成分）：
   碳钢（C、C-Si、C-Mn、C-Mn-Si）
   C-1/2Mo

1/2Cr-1/5Mo-V	1/2Ni-1/2Mo-V
1/2Cr-1/4Mo-Si	1/2Ni-1/2Cr-1/4Mo-V
1/2Cr-1/2Mo	3/4Ni-1/2Mo-Cr-V
1/2Cr-1/2Ni-1/4Mo	3/4Ni-1/2Mo-1/3Cr-V
3/4Cr-1/2Ni-Cu	3/4Ni-1/2Cu-Mo
3/4Cr-3/4Ni-Cu-Al	1/2Ni-1/2Cr-1/2Mo-V
1Cr-1/5Mo	3/4Ni-1Mo-3/4Cr
1Cr-1/5Mo-Si	1Ni-1/2Cr-1/2Mo
1Cr-1/2Mo	1-1/4Ni-1Cr-1/2Mo
1Cr-1/2Mo-V	1-3/4Ni-3/4Cr-1/4Mo
1-1/4Cr-1/2Mo	2Ni-3/4Cr-1/4Mo
1-1/4Cr-1/2Mo-Si	2Ni-3/4Cr-1/3Mo
1-3/4Cr-1/2Mo-Cu	2-1/2Ni
2Cr-1/2Mo	3-1/2Ni
2-1/4Cr-1Mo	2-1/2Ni-1-3/4Cr-1/2Mo-V
3Cr-1Mo	

2. 第 1 类合金（按公称化学成分）：

Mn-V	Mn-1/4Mo
Mn-1/2Mo	Mn-1/2Mo-1/4Ni
Mn-1/2Mo-1/2Ni	Mn-1/2Mo-3/4Ni

① 这些数据仅作为资料提供，并不意味着材料适用于所有的温度范围。

二、管道的尺寸偏差

符合 EN10216 标准的钢管尺寸偏差应符合表 G-10～表 G-14 的规定，其中热轧、热挤压、热拉方法制造的钢管尺寸偏差应符合表 G-10～表 G-13 的规定，冷轧或冷拔方法制造的钢管尺寸偏差应符合表 G-14 的规定。

表 G-10   外径允许偏差和壁厚允许偏差表   （mm）

外径 D	外径允许偏差	不同壁厚/外径比值下，壁厚允许偏差			
		≤0.025	>0.025～0.050	>0.050～0.1	>0.1
D≤219.1	±1%D 或±0.5，两者取最大值	±12.5%D 或±0.4mm，两者取最大值			
D>219.1		±20%D	±15%D	±12.5%D	±10%D[*]

* 外径 D>355.6mm，允许按 5%的壁厚局部提高外壁壁厚。

表 G-11   内径允许偏差和壁厚允许偏差表   （mm）

内径允许偏差		不同壁厚/外径比值下，壁厚允许偏差			
		≤0.03	>0.03～0.06	>0.06～0.12	>0.12
d	d_{min}				
±1%d 或±2mm，两者取最大值	+2%d 或+4，两者取最大值	±20%d	±15%d	±12.5%d	±10%d[*]

* 外径 D>355.6mm，允许按 5%的壁厚局部提高外壁壁厚。

表 G-12   外径允许偏差和最小壁厚允许偏差表   （mm）

外径 D（mm）	外径允许偏差	不同最小壁厚/外径比值下，最小壁厚允许偏差			
		≤0.02	>0.02～0.04	>0.04～0.09	>0.09
D≤219.1	±1%D 或±0.5，两者取最大值	+28%D 或+0.8，两者取最大值			
D>219.1		+50%D	+35%D	+28%D	+22%D[*]

* 对于外径 D>355.6mm，允许按 5%的壁厚局部提高外壁壁厚。

表 G-13   内径允许偏差和最小壁厚允许偏差表   （mm）

内径允许偏差	最小内径 d_{min}	不同最小壁厚/外径比值下，最小壁厚允许偏差		
d	d_{min}	≤0.05	>0.05～0.1	>0.1
±1%d 或±2，两者取最大值	+2%d 或+4，两者取最大值	+35%d	+28%d	+22%d[*]

* 外径 D>355.6mm，允许按 5%的壁厚局部提高外壁壁厚。

表 G-14   外径允许偏差和最小壁厚允许偏差表   （mm）

外径偏差	壁厚偏差
±0.5%D[*] 或±0.3，两者取最大值	±10%D 或±0.2，两者取最大值

* D 为钢管外径。

三、水和水蒸气的黏度

水和水蒸气的动力黏度见表 G-15。

表 G-15　　　　　　　　　　水和水蒸气的动力黏度　　　　　　　　　　（×10⁻⁶Pa·s）

温度 （℃）	压力（×10⁵Pa）																		
	1	10	25	50	100	150	200	250	300	350	400	450	500	550	600	650	700	750	800
0	1750	1750	1750	1750	1750	1740	1740	1740	1740	1730	1730	1730	1720	1720	1720	1720	1710	1710	1710
10	1300	1300	1300	1300	1300	1300	1300	1290	1290	1290	1290	1290	1280	1280	1280	1280	1280	1280	1280
20	1000	1000	1000	1000	1000	1000	999	990	998	997	997	996	996	995	994	994	993	992	992
30	797	797	797	797	797	797	797	797	797	797	797	797	796	796	796	796	796	796	796
40	651	651	652	652	652	652	653	653	653	653	654	654	654	654	655	655	655	656	656
50	544	544	544	545	545	546	546	547	547	548	548	549	549	550	550	551	551	552	552
60	463	463	463	464	464	465	466	467	467	468	469	469	470	471	471	472	473	473	474
70	400	401	401	401	402	403	404	404	405	406	407	408	408	409	410	411	412	412	413
80	351	351	351	352	353	354	355	355	356	357	358	359	360	361	362	362	363	364	365
90	311	311	312	312	313	314	315	316	317	318	319	320	321	322	323	324	325	326	326
100	12.11	279	279	280	281	282	283	284	285	286	287	288	289	290	291	292	293	294	295
110	12.52	252	253	253	254	255	256	257	258	259	260	262	263	264	265	266	267	268	269
120	12.92	230	230	231	232	233	234	235	236	237	238	239	241	242	243	244	245	246	247
130	13.33	211	212	212	213	214	215	216	218	219	220	221	222	223	224	225	226	227	228
140	13.74	195	195	196	197	198	199	200	201	203	204	205	206	207	208	209	210	211	213
150	14.15	181	182	182	183	184	185	187	188	189	190	191	192	193	194	196	197	198	199
160	14.55	169	169	170	171	172	173	175	176	177	178	179	180	181	183	184	185	186	187
170	14.96	159	159	160	161	162	163	164	165	166	168	169	170	171	172	173	174	176	177
180	15.37	14.96	150	150	151	153	154	155	156	157	158	159	161	162	163	164	165	166	168
190	15.77	15.40	141	142	143	144	145	147	148	149	150	151	153	151	155	156	157	158	160
200	16.18	15.85	134	135	136	137	138	139	141	142	143	144	145	146	148	149	150	151	152
210	16.59	16.29	127	128	129	130	132	133	134	135	136	138	139	140	141	142	143	145	146
220	16.99	16.74	122	122	123	124	126	127	128	129	130	132	133	134	135	136	138	139	140
230	17.40	17.18	16.79	117	118	119	120	122	123	124	125	126	128	129	130	131	132	134	134
240	17.81	17.61	17.28	112	113	114	115	117	118	119	120	121	123	124	125	126	128	129	130
250	18.22	18.05	17.77	107	109	110	111	112	113	115	116	117	118	119	121	122	123	124	126
260	18.62	18.49	18.26	103	104	106	107	108	109	111	112	113	114	115	117	118	119	120	122
270	19.03	18.92	18.74	18.38	101	102	103	104	105	107	108	109	110	112	113	114	115	117	118
280	19.44	19.35	19.22	18.95	97.0	98.2	99.4	101	102	103	104	106	107	108	109	111	112	113	114
290	19.84	19.78	19.69	19.51	93.6	94.9	96.1	97.4	98.6	99.9	101	102	104	105	106	107	109	110	111
300	20.25	20.22	20.16	20.06	90.5	91.7	93.0	94.3	95.5	96.8	98.1	99.3	101	102	103	104	106	107	108
310	20.7	20.7	20.6	20.6	86.6	88.3	89.4	91.1	92.4	93.8	94.9	96.1	97.5	98.4	99.7	101	102	103	105
320	21.1	21.1	21.1	21.1	21.6	84.5	85.9	87.7	89.2	90.6	92.0	92.9	94.3	95.5	96.6	97.8	99.0	100	102
330	21.4	21.5	21.6	21.7	22.4	80.4	82.1	84.1	85.8	87.5	88.8	90.0	91.1	92.4	93.5	94.8	96.0	97.2	98.3
340	21.9	21.9	22.0	22.2	23.0	76.0	78.2	80.2	82.1	84.0	85.5	86.9	88.0	89.2	90.5	91.8	93.1	94.3	95.5

温度 （℃）	压力（×10⁵Pa）																		
	1	10	25	50	100	150	200	250	300	350	400	450	500	550	600	650	700	750	800
350	22.3	22.3	22.4	22.7	23.6	25.4	73.0	75.9	78.5	80.2	82.1	83.6	84.8	86.2	87.5	88.9	90.2	91.4	92.6
360	22.7	22.8	22.9	23.2	24.1	25.7	66.8	70.6	73.7	76.3	78.3	80.3	81.5	83.2	84.7	86.2	87.4	88.7	90.0
370	23.1	23.2	23.4	23.7	24.6	26.0	29.6	64.3	68.5	72.0	74.2	76.7	78.3	80.2	81.9	83.5	84.9	86.2	87.5
380	23.5	23.6	23.8	24.2	25.0	26.3	28.8	53.7	63.2	67.5	70.6	73.0	75.1	77.3	79.1	80.9	82.3	83.7	84.9
390	23.9	24.0	24.2	24.6	25.4	26.6	28.6	34.9	56.1	63.0	67.0	69.9	72.3	74.3	76.3	78.2	79.7	81.2	82.6
400	24.3	24.4	24.6	25.0	25.8	26.9	28.6	32.1	45.7	57.3	62.8	66.5	69.3	71.7	73.7	75.5	77.3	79.0	80.3
410	24.7	24.8	25.0	25.4	26.1	27.2	28.7	31.3	38.1	50.4	58.1	62.8	66.2	68.9	71.1	73.1	74.9	76.4	77.9
420	25.1	25.3	25.4	25.7	26.5	27.5	28.8	31.0	35.2	44.1	52.8	58.7	62.8	65.9	68.5	70.7	72.6	74.3	75.9
430	25.5	25.7	25.8	26.1	26.9	27.8	29.1	30.9	32.2	39.4	47.8	54.4	59.2	62.8	65.7	68.2	70.3	72.1	73.8
440	26.0	26.1	26.2	26.5	27.2	28.1	29.3	30.9	32.0	37.4	43.9	50.3	55.5	59.6	62.9	65.6	67.9	69.9	71.8
450	26.4	26.5	26.6	26.9	27.6	28.5	29.6	31.0	32.0	36.3	41.2	46.9	52.1	56.4	60.0	63.0	65.5	67.7	69.7
460	26.8	26.9	27.0	27.3	28.0	28.9	29.8	31.2	32.0	35.6	39.4	44.2	49.1	53.5	57.2	60.4	63.1	65.5	67.6
470	27.2	27.3	27.4	27.7	28.4	29.2	30.1	31.4	32.1	35.2	38.3	42.3	46.6	50.8	54.6	57.9	60.8	63.3	65.4
480	27.6	27.7	27.8	28.1	28.8	29.5	30.5	31.6	32.3	35.0	37.6	40.9	44.7	48.6	52.2	55.6	58.5	61.1	63.4
490	28.0	28.1	28.2	28.5	29.2	29.9	30.8	31.9	32.5	34.9	37.1	39.9	43.3	46.8	50.2	53.4	56.4	59.1	61.5
500	28.4	28.5	28.7	28.9	29.5	30.3	31.1	32.1	32.7	34.9	36.9	39.3	42.2	45.3	48.5	51.6	54.5	57.2	59.6
510	28.8	28.9	29.1	29.3	29.9	30.6	31.4	32.4	33.0	35.0	36.7	38.9	41.4	44.2	47.1	50.0	52.8	55.5	57.9
520	29.2	29.3	29.5	29.7	30.3	31.0	31.8	32.7	33.2	35.1	36.7	38.6	40.8	43.3	46.0	48.7	51.4	53.9	56.3
530	29.6	29.7	29.9	30.1	30.7	31.4	32.1	33.0	33.5	35.3	36.7	38.4	40.4	42.7	45.1	47.6	50.1	52.5	54.9
540	30.0	30.1	30.3	30.5	31.1	31.7	32.5	33.3	33.8	35.4	36.8	38.4	40.2	42.2	44.4	46.7	49.1	51.4	53.6
550	30.4	30.5	30.7	30.9	31.5	32.1	32.8	33.6	34.1	35.7	36.9	38.3	40.0	41.9	43.9	46.0	48.2	50.4	52.5
560	30.8	30.9	31.1	31.3	31.9	32.5	33.2	34.0	34.4	35.9	37.1	38.4	39.9	41.6	43.5	45.5	47.5	49.6	51.6

四、管道及附件阻力系数

（一）管道等值粗糙度

苏联、美国、德国推荐的管子等值粗糙度见表 G-16～表 G-18。

表 G-16　　苏联推荐的管子等值粗糙度

管　子　类　型	等值粗糙度 ε（mm）
不锈钢无缝钢管和 不锈钢焊接钢管 （无垫环焊接）	0.1
无缝钢管	0.2
焊接钢管	0.2
高腐蚀运行条件下的钢管 （排汽管、溢放管）	0.55～0.65

表 G-17　　美国推荐的管子等值粗糙度

管　子　类　型	等值粗糙度 ε（mm）
冷拔钢管（新的、洁净的）	0.0015
普通钢管或熟铁管	0.0457
涂沥青铸铁管	0.1220
镀锌铸铁管	0.1524
普通铸铁管	0.2591
混凝土管	0.3050～3.0500
铆接钢管	0.9150～9.1500

表 G-18 德国推荐的管子等值粗糙度

管材	加工方式	管子状态、管壁特性	等值粗糙度 ε（mm）
钢	无缝轧制	新、常见典型轧制表皮 未酸洗 已酸洗 细管	0.02～0.06 0.02～0.06 0.03～0.04 <0.01
	焊接管有涂层	新、典型轧制表皮 新、普通镀锌 涂沥青 敷水泥	0.04～0.10 0.10～0.16 0～0.05 0～0.18
	旧钢管（参考值）	有均匀腐蚀坑 中度锈蚀至轻微起锈皮 中度起锈皮 严重起锈皮 长期使用后经过清理后涂沥青，沥青局部脱落 有锈点	0～0.15 0.20～0.50 0～1.50 2.00～4.00 0.15～0.20 0～0.10
	介质影响（使用一段时间后产生腐蚀坑所致）	水管、平均值 起锈皮，有腐蚀坑 蒸汽管、平均值 压缩空气管、平均值 焦炉煤气和城市煤气管道，有奈沉积物和起锈皮 天然气管道、平均值 高炉煤气管道	0.40～1.20 1.50～3.00 0.20～0.40 0.20～0.40 1.00～3.00 0.10～0.20 0.80～1.20
铸铁	-	新，典型铸铁表面，未涂沥青 涂沥青 旧，生锈 轻微至严重起锈皮 严重锈蚀 使用多年后经过清理 使用中的自来水管 城市下水道	0.10～0.15 0.50～1.00 1.50～3.00 4.5 0.50～1.50 1.5 1.50～3.00
板材	镀锌	风道和风机管道，光滑	0.07～1.20
混凝土	-	新，普通，涂有光滑漆 普通，中度粗糙 普通，粗糙 钢筋混凝土，经过真抹光 离心浇注混凝土，未抹灰 离心浇注混凝土，抹光 旧，抹光，在水内使用多年 无接头管段（平均值） 有接头管段（平均值）	0.30～0.80 1.00～2.00 2.00～3.00 0.10～0.15 0.20～0.80 0.10～0.15 0.20～0.30 0.2 2.0

（二）苏联推荐的管道附件的局部阻力系数

苏联推荐的各种管道附件的局部阻力系数可按下列规定。

1. 弯管和弯头的局部阻力系数

弯管和弯头的局部阻力系数可按表 G-19 的规定确定。

表 G-19 弯管和弯头的局部阻力系数表

弯管 弯头类型	DN	R/DN	不同弯曲角度弯管（弯头）的局部阻力系数				
			90°	60°	45°	30°	22°30′
弯管	—	>3.0	0.20	0.15	0.12	0.09	0.07
热压弯头	—	1.5	0.25	0.20	0.16	—	—
锻造弯头	—	1.0	0.60	—	—	—	—
焊接弯头	100	1.5	0.55	0.43	0.28	0.25	0.16

弯管 弯头类型	DN	R/DN	不同弯曲角度弯管（弯头）的局部阻力系数				
			90°	60°	45°	30°	22°30′
	125	1.5	0.48	0.37	0.24	0.22	0.14
	150	1.5	0.41	0.32	0.21	0.19	0.12
	200	1.5	0.35	0.27	0.18	0.16	0.10
	250～450	1.5	0.30	0.24	0.16	0.14	0.09
	500～1400	1.0	0.4	0.31	0.19	0.18	0.11

鹅型弯头（见图 G-1），当 $R_0/D_i=1$ 时，其局部阻力系数 $\xi=2.16$。

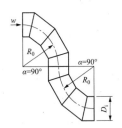

图 G-1　鹅型弯头

2. 三通的局部阻力系数

三通的局部阻力系数可按下列规定确定。

（1）三通的阻力系数 ξ_b 和 ξ_n 都相应于 c-c 断面主管流速 w_c，其中 ξ_b 为侧向支流的阻力系数，ξ_n 为直通部分的阻力系数。

（2）侧向汇流三通（见图 G-2）的阻力系数可按式（G-1）、式（G-2）计算

$$\xi_b=A\left[1+\left(\frac{q}{a}\right)^2+2(1-q)^2\right] \quad (G-1)$$

其中

$$a=\left(\frac{D_{bi}}{D_{ci}}\right)^2$$

$$q=\frac{q_{mb}}{q_{mc}}$$

$$\xi_n=q(1.55-q) \quad (G-2)$$

式中　ξ_b——为 b-c 截面间的阻力系数；

　　　A——系数，按表 G-20 取值；

　　　ξ_n——为 n-c 截面间阻力系数；

　D_{bi}、D_{ci}——侧向流通内径与主流通流内径；

　q_{mb}、q_{mc}——分流流量与主流流量。

表 G-20　　　系　数　A

a	0～0.2	0.3～0.4	0.6	0.8	1
A	1	0.8	0.7	0.65	0.6

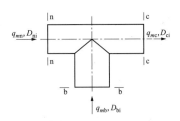

图 G-2　侧向汇流三通

（3）侧向汇流三通的阻力系数 ξ_b 和 ξ_n 也可按表 G-21 的规定来确定。

表 G-21　　　侧向汇流三通的阻力系数

q	当数值为 a 时的 ξ_b							ξ_n
	0.2	0.3	0.4	0.5	0.6	0.8	1.0	
0.2	0.7	0.1	0	−0.1	−0.1	−0.1	−0.2	0.27
0.3	2.3	0.7	0.4	0.3	0.2	0.1	0.07	0.38
0.4	4.3	1.5	1.0	0.7	0.5	0.4	0.26	0.46
0.5	6.7	2.4	1.5	1.1	0.8	0.6	0.46	0.53
0.6	9.7	3.5	2.2	1.5	1.2	0.8	0.62	0.57
0.7	13.0	4.7	2.9	2.0	1.5	1.0	0.78	0.59
0.8	17.0	5.9	3.7	2.5	1.9	1.2	0.94	0.60
0.9	21.2	7.3	4.6	3.1	2.2	1.5	1.08	0.59
1.0	26.0	8.9	5.4	3.6	2.7	1.7	1.20	0.55

（4）对向汇流三通（见图 G-3）的阻力系数可按式（G-3）计算

$$\xi_b=1+\frac{1}{a^2}+\frac{3}{a^2}(q^2-q) \quad (G-3)$$

当 $a=1$ 时，ξ_b 可由表 G-22 查取。

表 G-22　　对向回流三通的阻力系数表

q	0.5	0.6	0.7	0.8	0.9	1.0
ξ_b	1.25	1.28	1.37	1.52	1.73	2.0

（5）如图 G-4 所示的侧向分流三通的阻力系数可按式（G-4）、式（G-5）计算

$$\xi_b = A'\left[1 + \left(\frac{q}{a}\right)^2\right] \qquad (G\text{-}4)$$

$$\xi_n = 0.4q^2 \qquad (G\text{-}5)$$

式中　A'——系数，当 $q/a \leqslant 0.8$ 时取 1，当 $q/a > 0.8$ 时取 0.9。

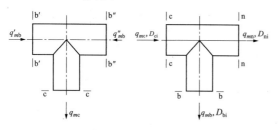

图 G-3　对向汇流　　　图 G-4　侧向分流

（6）侧向分流三通的阻力系数也可按表 G-23 的规定来确定。

表 G-23　　侧向分流三通的阻力系数表

q	ξ_b 在 a 为下值时的数值							ξ_n
	0.2	0.3	0.4	0.5	0.6	0.8	1.0	
0.2	1.8	1.4	1.3	1.2	1.1	1.0	1.0	0.02
0.3	2.9	1.8	1.6	1.4	1.2	1.1	1.1	0.04
0.4	4.5	2.5	1.8	1.6	1.4	1.25	1.2	0.06
0.5	6.5	3.4	2.3	1.8	1.5	1.4	1.3	0.10
0.6	9.0	4.5	2.9	2.2	1.8	1.6	1.4	0.14
0.7	—	5.8	3.7	2.7	2.1	1.6	1.5	0.20
0.8	—	7.3	4.5	3.2	2.5	1.8	1.6	0.26
0.9	—	9.0	5.5	3.8	2.9	2.0	1.6	0.32
1.0	—	—	6.5	4.5	3.4	2.3	1.8	0.40

（7）背向分流三通（见图 G-5）的阻力系数可按式（G-6）计算

$$\xi_b = 1 + 0.3\left(\frac{q}{a}\right)^2 \qquad (G\text{-}6)$$

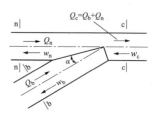

图 G-5　背向分流

（8）叉形三通（见图 G-6），当为汇流且 $\alpha = 45°$ 时，阻力系数可按式（G-7）计算

$$\xi_b = 5.6q + 0.5[q^4 + (1-q)^4] - 2q^2 - 1.8 \qquad (G\text{-}7)$$

（9）叉形三通（见图 G-6），α 为不同角度时的阻力系数可由表 G-24 的规定来确定。

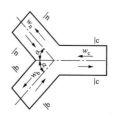

图 G-6　合流或分流式叉形三通

表 G-24　　合流叉形三通的阻力系数 ξ_b 值

α	q					
	0	0.10	0.20	0.30	0.40	0.50
15°	−2.56	−1.89	−1.30	−0.77	−0.30	+0.10
30°	−2.05	−1.51	−1.00	−0.53	−0.10	+0.28
45°	−1.30	−0.93	−0.55	−0.16	+0.20	0.56

α	q				
	0.60	0.70	0.80	0.90	1.0
15°	0.41	0.67	0.85	0.97	1.04
30°	0.69	0.91	1.09	1.37	1.55
45°	0.92	1.26	1.61	1.95	2.30

（10）分流叉形三通阻力系数 ξ_b 可按式（G-8）计算

$$\xi_b = 1 + \left(\frac{w_b}{w_c}\right)^2 - 2\frac{w_b}{w_c}\cos\alpha - \xi_b'\left(\frac{w_b}{w_c}\right)^2 \qquad (G\text{-}8)$$

式中　w_b——截面 b 处介质流速，m/s；

　　　w_c——截面 c 处介质流速，m/s；

　　　ξ_b'——系数，当 $\alpha = 15°$ 时，$\xi_b' = 0.04$；当 $\alpha = 30°$ 时，$\xi_b' = 0.16$；当 $\alpha = 45°$ 时，$\xi_b' = 0.36$。

（11）分流叉形三通的阻力系数，也可以由表 G-25 的规定来确定。

（12）斜三通（见图 G-7）的阻力系数，当为汇流三通时，阻力系数可按式（G-9）、式（G-10）计算

$$\xi_n = 1 - (1-q)^2 - (2q^2/a)\cos\alpha \qquad (G\text{-}9)$$

$$\xi_b = 1 + (q/a)^2 - 2(1-q)^2 - (2q^2/a)\cos\alpha \qquad (G\text{-}10)$$

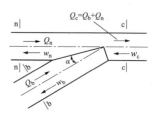

图 G-7　汇流或分流式斜三通的直通管或侧向支管

ξ_n 值可按表 G-26 的规定来确定，ξ_b 值可由表 G-27 的规定来确定。

表 G-25　　　　　　　　　　　　分流叉形三通阻力系数 K_b 值

α	ω_b/ω_c												
	0.10	0.20	0.30	0.40	0.50	0.60	0.80	1.00	1.20	1.40	1.60	1.80	2.00
15°	0.81	0.65	0.51	0.38	0.28	0.19	0.06	0.03	0.06	0.13	0.35	0.63	0.98
30°	0.84	0.69	0.56	0.44	0.34	0.26	0.16	0.11	0.13	0.23	0.37	0.60	0.89
45°	0.87	0.74	0.63	0.54	0.45	0.38	0.28	0.23	0.22	0.28	0.38	0.53	0.73

表 G-26　　　　　　　　　汇流式斜三通的直通管的阻力系数 ξ_n 值

q	a						
	0.1	0.2	0.3	0.4	0.6	0.8	1.0
$\alpha = 30°$							
0.0	0	0	0	0	0	0	0
0.1	+0.02	0.11	0.13	0.15	0.16	0.17	0.17
0.2	−0.33	+0.01	+0.13	0.19	0.24	0.27	0.29
0.3	−1.10	−0.25	−0.01	+0.10	0.22	0.30	0.35
0.4	−2.15	−0.75	−0.30	−0.05	+0.17	0.26	0.36
0.5	−3.60	−1.43	−0.70	−0.36	0.00	+0.21	0.32
0.6	−5.40	−2.35	−1.25	−0.70	−0.20	+0.06	0.25
0.7	−7.60	−3.40	−1.95	−1.20	−0.50	−0.15	+0.10
0.8	−10.10	−4.61	−2.74	−1.82	−0.90	−0.43	−0.15
0.9	−13.00	−6.02	−3.70	−2.55	−1.40	−0.80	−0.45
1.0	−16.30	−7.70	4.75	3.35	−1.19	−1.17	−0.75
$\alpha = 45°$							
0.0	0	0	0	0	0	0	0
0.1	+0.50	0.12	0.14	0.16	0.17	0.17	0.17
0.2	−0.20	+0.17	0.22	0.27	0.27	0.29	0.31
0.3	−0.76	−0.13	+0.08	0.20	0.28	0.32	0.40
0.4	−1.65	−0.50	−0.12	+0.80	0.26	0.36	0.41
0.5	−2.77	−1.00	−0.49	−0.13	+0.15	0.30	0.40
0.6	−4.30	−1.70	−0.87	−0.45	−0.40	+0.20	0.33
0.7	−6.05	−2.60	−1.40	−0.85	−0.25	+0.08	0.25
0.8	−8.10	−3.56	−2.10	−1.30	−0.55	−0.17	+0.06
0.9	−10.00	−4.75	−2.80	−1.90	−0.88	−0.40	−0.18
1.0	−13.20	−6.10	−3.70	−2.55	−1.35	−0.77	−0.42
$\alpha = 60°$							
0.0	0	0	0	0	0	0	0
0.1	+0.09	0.14	0.16	0.17	0.17	0.18	0.18
0.2	0.00	0.16	0.23	0.26	0.29	0.31	0.32
0.3	−0.40	+0.06	0.22	0.30	0.32	0.41	0.42
0.4	−1.00	−0.16	+0.11	0.24	0.37	0.44	0.48

q	a						
	0.1	0.2	0.3	0.4	0.6	0.8	1.0
0.5	−1.75	−0.50	−0.08	+0.13	0.33	0.44	0.50
0.6	−2.80	−0.95	−0.35	−0.10	0.25	0.40	0.48
0.7	−4.00	−1.55	−0.70	−0.30	+0.08	0.28	0.42
0.8	−5.44	−2.24	−1.17	−0.64	−0.11	+0.16	0.32
0.9	−7.20	−3.08	−1.70	−1.02	−0.38	−0.08	+0.18
1.0	−9.00	−4.00	−2.30	−1.50	−0.68	−0.28	0.00

表 G-27 汇流式斜三通侧向支管的阻力系数 ξ_b 值

q	a						
	0.1	0.2	0.3	0.4	0.6	0.8	1.0
$\alpha = 30°$							
0.0	−1.00	−1.00	−1.00	−1.00	−1.00	−1.00	−1.00
0.1	+0.21	−0.46	−0.57	−0.60	−0.62	−0.63	−0.63
0.2	3.10	+0.37	−0.06	−0.20	−0.28	−0.30	−0.35
0.3	7.60	1.50	+0.50	+0.20	+0.005	−0.08	−0.10
0.4	13.50	2.95	1.15	0.59	0.26	0.18	0.16
0.5	21.20	4.58	1.78	0.97	0.44	0.35	0.27
0.6	30.40	6.42	2.60	1.37	0.64	0.46	0.31
0.7	41.30	8.50	3.40	1.77	0.76	0.50	0.40
0.8	53.80	11.50	4.22	2.14	0.85	0.53	0.45
0.9	58.00	14.20	5.30	2.58	0.89	0.52	0.40
1.0	83.70	17.30	6.33	2.92	0.89	0.39	0.27
$\alpha = 45°$							
0.0	−1.00	−1.00	−1.00	−1.00	−1.00	−1.00	−1.00
0.1	+0.24	−0.45	−0.56	−0.59	−0.61	−0.62	−0.62
0.2	3.15	+0.54	−0.02	−0.17	−0.26	−0.28	−0.29
0.3	8.00	1.64	+0.60	+0.60	+0.08	0.00	−0.03
0.4	14.00	3.15	1.30	0.72	0.35	+0.25	+0.21
0.5	21.90	5.00	2.10	1.18	0.60	0.45	0.40
0.6	31.60	6.90	2.97	1.65	0.85	0.60	0.53
0.7	42.90	9.20	3.90	2.15	1.02	0.70	0.60
0.8	55.90	12.40	4.90	2.66	1.20	0.79	0.66
0.9	70.60	15.40	6.20	3.20	1.30	0.80	0.64
1.0	86.90	18.90	7.40	3.71	1.42	0.80	0.59
$\alpha = 60°$							
0.0	−1.00	−1.00	−1.00	−1.00	−1.00	−1.00	−1.00
0.1	+0.26	−0.42	−0.54	−0.58	−0.61	−0.62	−0.62
0.2	3.35	+0.55	+0.03	−0.13	−0.23	−0.26	−0.26
0.3	8.20	1.85	0.75	+0.40	+0.10	0.00	−0.01

q	a						
	0.1	0.2	0.3	0.4	0.6	0.8	1.0
0.4	14.70	3.50	1.55	0.92	0.45	+0.35	+0.28
0.5	23.00	5.50	2.40	1.44	0.78	0.58	0.50
0.6	33.10	7.90	3.50	2.05	1.08	0.80	0.68
0.7	44.90	10.00	4.60	2.70	1.40	0.98	0.84
0.8	58.50	13.70	5.80	3.32	1.64	1.12	0.92
0.9	73.00	17.20	7.65	4.05	1.92	1.20	0.99
1.0	91.00	21.00	9.70	4.70	2.11	1.35	1.00

（13）斜三通（见图 G-7）的阻力系数，当为分流三通时，阻力系数可按式（G-11）计算

$$\xi_n = 0.4\left(1 - \frac{w_n}{w_c}\right)^2 \qquad (G-11)$$

$$\xi_b = A'[1 + (q/a)^2 - (2q/a)\cos\alpha] \qquad (G-12)$$

式中　A'——系数，当 $q/a \leqslant 0.8$ 时，$A'=1$；当 $q/a>0.8$ 时，$A'=0.9$。

ξ_n 值也可由表 G-28 的规定来查取，ξ_b 值也可由表 G-29 规定来查取。

表 G-28　　　分流式斜三通的直通管
阻力系数 ξ_n 值（$\alpha=15°\sim90°$）

a	w_n/w_c								
	0	0.1	0.2	0.3	0.4	0.5	0.6	0.8	1.0
0~1.0	0.40	0.32	0.26	0.20	0.15	0.10	0.06	0.02	0.00

表 G-29　　分流式斜插三通的侧向支管
阻力系数 ξ_b 值

w_b/w_c	角　度　α		
	30°	45°	60°
0.0	1.00	1.00	1.00
0.1	0.94	0.97	0.98
0.2	0.70	0.75	0.84
0.4	0.46	0.60	0.76
0.6	0.31	0.50	0.65
0.8	0.25	0.51	0.80
1.0	0.27	0.58	1.00
1.2	0.36	0.74	1.23
1.4	0.70	0.98	1.54
1.6	0.80	1.30	1.98
2.0	1.52	2.16	3.00
2.6	3.23	4.10	5.15
3.0	7.40	7.80	8.10

续表

w_b/w_c	角　度　α		
	30°	45°	60°
4.0	14.20	14.80	15.00
5.0	23.50	23.80	24.00
6.00	34.50	35.00	35.00
8.00	62.70	63.00	63.00
10.00	98.30	98.60	99.00

3. 异径管的局部阻力系数

异径管的局部阻力系数可按下列规定来确定：

（1）异径管（见图 G-8）阻力系数可按表 G-30 的规定来确定，表中的 ϕ 为半锥角。

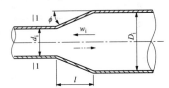

图 G-8　直径变小或变大的异径管

表 G-30　　　　异径管阻力系数 ξ 值

$\left(\dfrac{d_i}{D_i}\right)^2$	直径由大变小		直径由小变大	
	$\phi=12°$	$\phi=15°$	$\phi=12°$	$\phi=15°$
0.80	0.050	0.040	0.030	0.040
0.75	0.057	0.045	0.035	0.045
0.70	0.065	0.050	0.040	0.050
0.65	0.072	0.055	0.045	0.055
0.60	0.080	0.060	0.050	0.070
0.55	0.087	0.065	0.060	0.080
0.50	0.095	0.070	0.070	0.090

（2）突然变径，当为突然缩小时（见图 G-9），阻力系数可按式（G-13）计算

$$\xi = 0.5(1-a) \qquad\qquad (G-13)$$

（3）突然变径，当为突然扩大时（见图 G-9），阻力系数可按式（G-14）计算

$$\xi = (1-a)^2 \qquad\qquad (G-14)$$

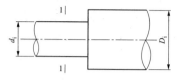

图 G-9　突然变径

4. 管道入口与出口的局部阻力系数

管道入口与出口的局部阻力系数可按下列规定确定。

（1）嵌进壁内的管子（见图 G-10）入口阻力系数 ξ 值可按表 G-31 选取。

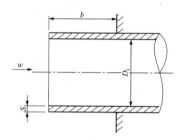

图 G-10　嵌进壁内的管子入口

表 G-31　管子嵌进壁内时入口的阻力系数 ξ 值

S/D_i	b/D_i							
	0.00	0.01	0.02	0.05	0.10	0.20	0.50	∞
0.00	0.50	0.68	0.73	0.80	0.86	0.92	1.00	1.00
0.02	0.50	0.52	0.53	0.55	0.60	0.66	0.72	0.72
0.03	0.50	0.51	0.52	0.52	0.54	0.57	0.61	0.61
0.04	0.50	0.51	0.51	0.51	0.51	0.52	0.54	0.54
∞	0.50	0.50	0.50	0.50	0.50	0.50	0.50	0.50

（2）其他类型管子入口或出口的阻力系数可按表 G-32 选取。

表 G-32　管道入口或出口的局部阻力系数 ξ 值

带锐角的入口	带圆角的入口	从管内自由流出
$\xi = 0.5$	$\xi = 0.05 \sim 0.25$	$\xi = 1.0$

5. 节流孔板的局部阻力系数

节流孔板的局部阻力系数可按下列规定确定。

（1）节流孔板（见图 G-11）的局部阻力系数，与管内介质的状态有关，当管内介质为水时，节流孔板的阻力系数可按式（G-15）计算

$$\xi_0 = 0.5a + \tau\sqrt{ac} + c^2 \qquad (G-15)$$

式中　ξ_0——相应于管径 d_0 的阻力系数；

a——系数，$a = 1 - \left(\dfrac{d_0}{d_1}\right)^2$；

c——系数，$c = 1 - \left(\dfrac{d_0}{d_2}\right)^2$；

τ——系数，取决于 $1/d_0$，可按表 G-33 查取。

当 $d_1 = d_2$ 时，$a = c$，式（G-15）可简化为

$$\xi_0 = 0.5a + \tau\sqrt{a} + a^2 \qquad (G-16)$$

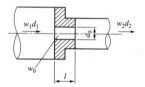

图 G-11　节流孔板

表 G-33　系数 τ 值表

$1/d_0$	0.10	0.15	0.20	0.25	0.30	0.40	0.60
τ	1.30	1.25	1.22	1.20	1.18	1.10	0.84
$1/d_0$	0.80	1.00	1.20	1.60	2.00	2.40	
τ	0.42	0.24	0.16	0.07	0.00	0.00	

（2）当管内介质为蒸气时（k=1.3），节流孔板的阻力系数 ξ 可查取（见图 G-12），图 G-12 中阻力系数是相应于孔板前内径和蒸汽参数，图中的线簇为相应于各孔板处压降 Δp_m 与孔板之前压力 p_1 之比，$\Delta p_m / p_1$ 按 0.4、0.3、0.2、0.1 和 0。该曲线只有当直管长度在节流孔板之前不小于 $5D_i$ 及孔板之后不小于 $10D_i$ 时才有效。

6. 阀门的局部阻力系数

阀门的局部阻力系数可按下列规定确定。

（1）闸阀的局部阻力系数 ξ 可按表 G-34 确定。

（2）截止阀的局部阻力系数 ξ 可按表 G-35 确定。

（3）调节阀的局部阻力系数 ξ 可按表 G-36 确定。

（4）其他阀门的阻力系数可按表 G-37 的规定确定。

7. 补偿器的阻力系数

补偿器的阻力系数可按表 G-38 的规定确定。

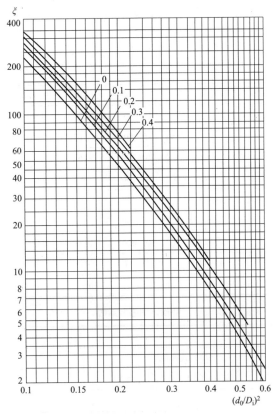

图 G-12　确定孔板流体动力阻力系数的曲线
（换算为蒸汽管通径，$k=1.3$）

表 G-34　　闸阀的局部阻力系数

序号	公称尺寸 DN	公称压力 PN 或工作参数（MPa/℃）	ζ	备注
1	100	14.0/170	0.6	
		18.5/215；23.0/230	1.07	
		25.5/565	0.2	
		38.0/280	0.6	
		10.0/540	1.07	
2	125	10.0/540	0.2	
3	150	10.0/540	0.7	
		18.5/215；23.0/230	0.7	
		24.0/570	0.3	
		25.5/565	0.48	
		38.0/280	1.5	
4	175	10.0/540	0.48	
		18.5/215；23.0/230	0.42	
		14.0/570	0.24	
5	200	25.5/565	0.4	
		38.0/280	0.46	
		14.0/570	0.38	
6	225	20.0/510	0.28	
		10.0/540	0.9	
		18.5/215；23.0/230	0.75	
7	250	10.0/540	0.5	
		14.0/570；23/230	0.24	
		18.5/215	1.85	

续表

序号	公称尺寸 DN	公称压力 PN 或工作参数（MPa/℃）	ζ	备注
7	250	4.0/570	0.46	
		38/280	0.9	
		29/510	1.16	
8	300	23/230	2.8	
		38/280	2.5	
		14.0/570	0.65	
9	400	4.0/570	0.3	
10	450	4.0/570	0.3	
	500	4.0/570	0.3	
		4.4/340	0.3	
11	600	4.4/340	0.25	
		4.0/570	0.25	
12	100		0.6	
	175	PN=40.0	0.66	
	225		0.4	
	250		0.75	
13	100		0.9	
	175		1.1	
	225	PN=25.0	0.6	
	250		1.4	
	300		2.3	
14	150		0.36	
	200		1.2	
	250		0.54	
	300	PN=100	1.22	
	400		1.6	
	450		1.05	
	550		0.83	
15	150		0.47	
	200		1.63	
	250	PN=100	0.55	
	300		1.63	
	350		1.6	

表 G-35　　截止阀的局部阻力系数

序号	公称尺寸 DN	公称压力 PN 或工作参数（MPa/℃）	ζ	备注
1	20	25.5/565		
		18.5/215		
		23.0/230	7.8	
		38.0/280		
		PN=6.4～100		
2	40～80	3.5/225	5.5～7.0	
		3.2/300	5.5～7.0	
3	40～200	38.5/225	5.5～6.0	
		2.3/425	5.5～6.0	
4	80～100	15.5/225	1.35～2.5	
		1.0/425	1.35～2.5	
5	100	0.3/50	1.22	
6	50		5.5	
	100	PN=100	5.2	
	150		5.0	
7	15～40	PN=63	4.8～7.2	
8	25～50	PN=16	4.5～5.0	
	70～200		5.2	

表 G-36　　　调节阀的局部阻力系数

序号	公称尺寸 DN	公称压力 PN 或工作参数（MPa/℃）	ξ	备注
1	20	18.4/250	71.4	
2	50	18.4/250	18.1	
3	50	23.0/230	41.6	
4	50	14.0/555	58.4	
5	100	18.4/250	57.6	
6	100	23.0/230	101.5	
7	100	36.0/280	104.7	
8	100	14.0/555	106.0	
9	150	10.0/540	79.2	
10	150	36.0/280	104.0	
11	175	18.4/250	310.0	
12	175	14.0/555	84.5	
13	200	36.0/280	173.4	
14	225	23.0/230	200.0	
15	250	23.0/230	390.0	
16	250	36.0/280	154.0	
17	100	PN=63	57.0	
18	150	PN=63	36.8	
19	200	PN=63	72.0	
20	250	PN=63	46.8	
21	300	PN=63	66.6	
22	80	PN=100	72.5	
23	100	PN=100	53.5	
24	150	PN=100	35.1	
25	200	PN=100	66.5	
26	250	PN=63	44.5	

表 G-37　　　其他阀门的阻力系数

名称	公称尺寸 DN（mm）	公称压力 PN（MPa）	ξ
楔形闸阀	50	63	0.7
平形闸阀	50～400	10	0.2～0.25
法兰式关闭截止阀	15～40	63	4.8～7.2
	25～50	16	4.5～5.0
	70～200	16	5.2
带内衬直流关闭截止阀	25～200	6	2.0～2.5
直流关闭截止阀	80～100	16	1.35～2.5
衬胶隔膜关闭截止阀	25～100	6	1.5～2.0
止回阀	50～600	10～16	0.8～9.4
多瓣止回阀	800～1000	10	1.8～1.9
升降式止回阀	100	10～16	5.4

表 G-38　　　补偿器的阻力系数

名　　称	ξ
填料式补偿器	0.2
多波纹的波纹式补偿器（无套管）	0.2
多波纹的波纹式补偿器（有套管）	0.1

（三）美国推荐的各种管道附件的阻力系数

美国推荐的各种管道附件的阻力系数可按下列规定确定。

1. 计算原则

美国管道附件的阻力系数给出的是当量长度值，其与阻力系数的关系为

$$\xi = L_{\mathrm{d}}\lambda \qquad\qquad （G-17）$$

式中　L_{d}——管件的当量长度；

λ——与管件连接管道的摩擦系数。

2. 各种弯头或弯管的阻力系数

各种弯头或弯管的阻力系数可按表 G-39 确定。

表 G-39　　　各种弯头或弯管的阻力系数

名　　称	图　形	阻力系数 ξ			
		r/d	ξ	r/d	ξ
90°弯管、弯头或焊接弯头		1	20λ	8	24λ
		1.5	14λ	10	30λ
		2	12λ	12	34λ
		3	12λ	14	38λ
		4	14λ	16	42λ
		6	17λ	20	50λ

非 90°弯头的阻力系数 ξ_{b} 计算式为

$$\xi_{\mathrm{b}} = (n-1)\left(0.25\pi\lambda\frac{r}{d} + 0.5\xi\right) + \xi$$

式中　n——非 90°弯头数量；

ξ——一个 90°弯头的阻力系数

名　称	图　形	阻力系数 ξ			
		弯管角度 α	ξ	弯管角度 α	ξ
折管弯头		0°	2λ	60°	25λ
		15°	4λ	75°	40λ
		30°	8λ		
		45°	15λ	90°	60λ
回转弯头		50λ			
90°标准弯头		30λ			
45°标准弯头		16λ			

3. 标准三通的阻力系数

标准三通的阻力系数可按下列规定取值：

（1）流经主管的阻力系数，$\xi = 20\lambda$；

（2）流经支管的阻力系数，$\xi = 60\lambda$。

4. 异径管的阻力系数

异径管（见图 G-13）的阻力系数可按下列规定计算：

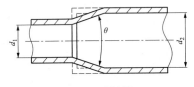

图 G-13　异径管

（1）对于突然或逐渐收缩管，阻力系数可按式（G-18）、式（G-19）计算：

当 $\theta \leqslant 45°$ 时

$$\xi_2 = \frac{0.8\sin\frac{\theta}{2}(1-\beta^2)}{\beta^4} \tag{G-18}$$

当 $45° < \theta \leqslant 180°$ 时

$$\xi_2 = \frac{0.5(1-\beta^2)\sqrt{\sin(\theta/2)}}{\beta^4} \tag{G-19}$$

（2）对于突然或逐渐扩大管，阻力系数可按式（G-20）、式（G-21）计算：

当 $\theta \leqslant 45°$ 时

$$\xi_2 = \frac{2.6\sin\frac{\theta}{2}(1-\beta^2)^2}{\beta^4} \tag{G-20}$$

当 $45° < \theta \leqslant 180°$ 时

$$\xi_2 = \frac{(1-\beta^2)^2}{\beta^4} \tag{G-21}$$

式中　ξ_2——相应于大管径的阻力系数；

β——较小直径与较大直径比，$\beta = \dfrac{d_1}{d_2}$。

（3）如求相应于小管径的阻力系数 ξ_1，可按式（G-22）折算

$$\xi_1 = \xi_2\beta^4 \tag{G-22}$$

5. 管道入口与出口的阻力系数

管道入口与出口的阻力系数可按表 G-40 的规定确定。

6. 阀门的局部阻力系数

阀门的局部阻力系数可按下列规定确定：

（1）阀门的局部阻力可系数可按表 G-41 的规定确定。

表 G-40 各种管道入口与出口的阻力系数

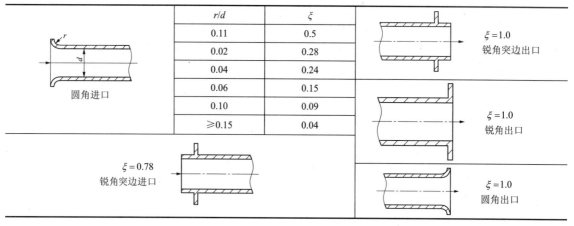

r/d	ξ
0.11	0.5
0.02	0.28
0.04	0.24
0.06	0.15
0.10	0.09
≥0.15	0.04

圆角进口

$\xi = 1.0$ 锐角突边出口

$\xi = 1.0$ 锐角出口

$\xi = 1.0$ 圆角出口

$\xi = 0.78$ 锐角突边进口

表 G-41 阀门的阻力系数

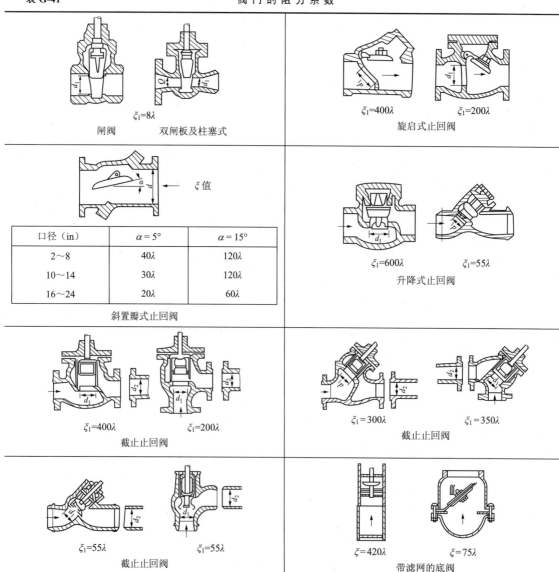

$\xi_1 = 8\lambda$

闸阀　　双闸板及柱塞式

$\xi_1 = 400\lambda$　　$\xi_1 = 200\lambda$
旋启式止回阀

ξ 值

口径（in）	$\alpha = 5°$	$\alpha = 15°$
2~8	40λ	120λ
10~14	30λ	120λ
16~24	20λ	60λ

斜置瓣式止回阀

$\xi_1 = 600\lambda$　　$\xi_1 = 55\lambda$
升降式止回阀

$\xi_1 = 400\lambda$　　$\xi_1 = 200\lambda$
截止止回阀

$\xi_1 = 300\lambda$　　$\xi_1 = 350\lambda$
截止止回阀

$\xi_1 = 55\lambda$　　$\xi_1 = 55\lambda$
截止止回阀

$\xi = 420\lambda$　　$\xi = 75\lambda$
带滤网的底阀

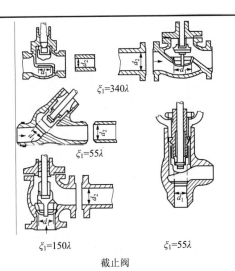

$\xi_1=340\lambda$

$\xi_1=55\lambda$

$\xi_1=150\lambda$　　　　$\xi_1=55\lambda$

截止阀

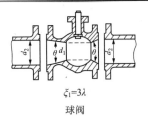

$\xi_1=3\lambda$

球阀

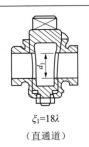

$\xi_1=18\lambda$

（直通道）

口径（in）	ξ
2～8	45λ
10～14	35λ
16～24	25λ

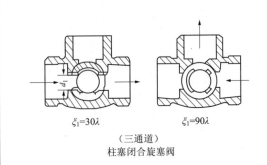

$\xi_1=30\lambda$　　　　$\xi_1=90\lambda$

（三通道）

柱塞闭合旋塞阀

注　阻力系数 ξ_1 为相当于阀门通径 d_1 的阻力系数。

（2）如果阀门的进、出口带有渐缩或渐扩管时，则阀门的阻力系数应加上渐缩或渐扩的阻力系数。

当 $\theta \leqslant 45°$ 时，ξ_2 可按式（G-23）计算

$$\xi_2 = \frac{\xi_1 + \sin\frac{\theta}{2}[0.8(1-\beta^2)+2.6(1-\beta^2)^2]}{\beta^4} \quad (G-23)$$

当 $45°<\theta\leqslant180°$ 时，ξ_2 可按式（G-24）计算

$$\xi_2 = \frac{\xi_1 + 0.5\sqrt{\sin\frac{\theta}{2}}(1-\beta^2)+2.6(1-\beta^2)^2}{\beta^4} \quad (G-24)$$

（四）德国推荐的管道附件的阻力

德国推荐的管道附件的阻力系数可按下列规定确定。

1. 各种弯头和弯管的局部阻力系数

各种弯头和弯管的局部阻力系数可按表 G-42 的规定确定。

2. 各种三通的局部阻力系数

各种三通的局部阻力系数可按表 G-43 的规定确定或查图 G-14。

表 G-42　　　　　　　　　弯头和弯管的局部阻力系数

弯　　管		弯曲角度 α	11.25°	22.5°	30°	45°	60°	90°
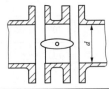	光滑	$R/d=1$	0.03	0.045	0.05	0.14	0.19	0.21
		$R/d=2$	0.03	0.045	0.05	0.09	0.12	0.14
		$R/d=4$	0.03	0.045	0.05	0.08	0.10	0.11
		$R/d=6$	0.03	0.045	0.045	0.075	0.09	0.09
		$R/d=10$	0.03	0.045	0.045	0.07	0.07	0.11

弯　　管	弯曲角度 α		11.25°	22.5°	30°	45°	60°	90°
	粗糙	$R/d=1$	0.07	0.13	0.22	0.30	0.38	0.51
		$R/d=2$	0.06	0.11	0.13	0.18	0.26	0.30
		$R/d=4$	0.05	0.09	0.10	0.17	0.21	0.23
		$R/d=6$	0.05	0.09	0.09	0.15	0.18	0.18
		$R/d=10$	0.05	0.08	0.08	0.13	0.15	0.20

焊接式扇形弯头

	弯曲角度 α	15°	22.5°	30°	45°	60°	90°
	环焊缝数目	1	1	2	2	3	3
	$a/d=1.5$	0.06	0.07	0.10	0.13	0.19	0.24
	$a/d=5$	0.06	0.08	0.10	0.15	0.20	0.26
	$a/d=4$	0.07	0.09	0.11	0.16	0.22	0.28
	$a/d=6$	0.07	0.09	0.11	0.17	0.23	0.29

肘形管（圆截面）

	弯曲角度 α	15°	22.5°	30°	45°	60°	90°
	光滑	0.04	0.07	0.11	0.24	0.47	1.13
	粗糙	0.06	0.11	0.17	0.32	0.68	1.27

多阶弯头

	a/d		1	1.5	2	3	4
	光滑		0.16	0.14	0.15	0.15	0.17
	粗糙		0.31	0.28	0.26	0.25	0.24
	光滑		0.17	0.16	0.15	0.15	0.16
	粗糙		0.32	0.29	0.27	0.25	0.25
	l/d	0.8	1.5	2	3	4	5	6
	光滑	0.45	0.28	0.30	0.36	0.38	0.39	0.40
	粗糙	0.47	0.38	0.40	0.43	0.44	0.44	0.45
	光滑	0.19	0.18	0.16	0.17	0.19	0.19	0.20
	粗糙	0.40	0.32	0.32	0.35	0.36	0.36	0.36

90°铸铁弯头

	公称直径	50	100	200	300	400	500
	ξ	1.3	1.5	1.8	2.1	2.2	2.2

弯　　管	弯曲角度 α	11.25°	22.5°	30°	45°	60°	90°

组合式（90°弯曲二次）ξ_{90} 为 90°弯头的阻力系数

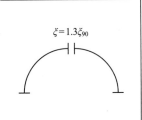

$\xi = 1.3\xi_{90}$

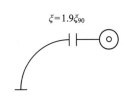

$\xi = 1.9\xi_{90}$

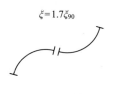

$\xi = 1.7\xi_{90}$

琴式弯头
光滑管 $\xi = 0.7$
波纹管 $\xi = 1.4$

90°波形弯头	组合式管段

$\xi = 0.4$

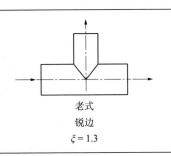

$\xi = 2.0\sim 2.5$

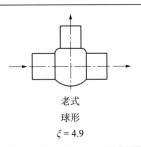

$\xi = 3$

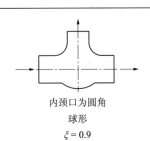

$\xi = 4\sim 5$

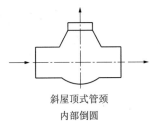

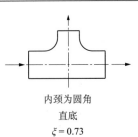

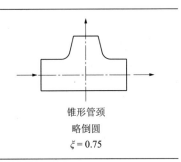

表 G-43　　　　　　　　　　　　　　三通的局部阻力系数

各种形状的三通（分流）

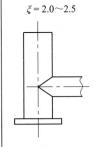

老式
锐边
$\xi = 1.3$

老式
球形
$\xi = 4.9$

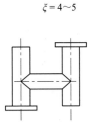

内颈口为圆角
球形
$\xi = 0.9$

斜屋顶式管颈
内部倒圆
$\xi = 0.82$

内颈为圆角
直底
$\xi = 0.73$

锥形管颈
略倒圆
$\xi = 0.75$

直线形裤叉管（ξ 值相当于进口速度 w）

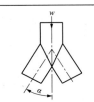

α	15°	22.5°	30°	45°	60°	90°
ξ	0.15	0.23	0.30	0.7	1.0	1.4

弯曲形裤叉管（ξ值相对于进口速度 w）					
R/d	0.5	0.75	1	1.5	2
ξ	1.1	0.6	0.4	0.25	0.2

3. 异径管的局部阻力系数

异径管的局部阻力系数可查图 G-15 确定。

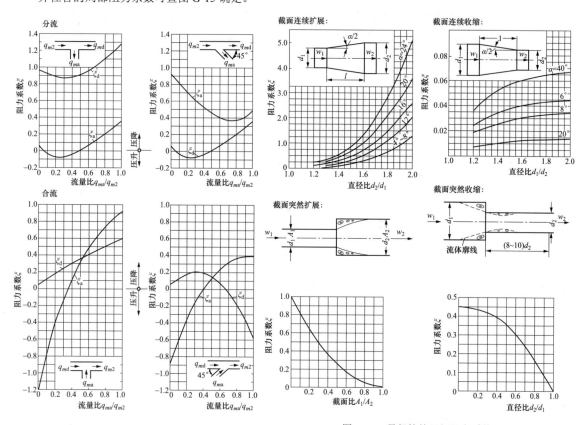

图 G-14　各种三通的阻力系数

图 G-15　异径管的局部阻力系数

d—截面直径（mm）；A—截面面积（mm²）；w—流速（m/s）

4. 各种管子入口的局部阻力系数

各种管子入口的局部阻力系数可按表 G-44 的规定确定。

表 G-44　管子入口的局部阻力系数

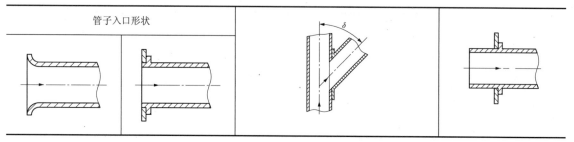

管子入口形状			

入口管壁弯成圆角形 $\xi = 0.005 \sim 0.006$ 按圆角和管壁的粗糙度 确定	边缘锋利 $\xi = 0.5$ 略倒角 $\xi = 0.25$	斜角，锐利 $\xi = 0.5 + 0.3\cos\delta + 0.2\cos^2\delta$					插入式 边缘伸出 锐利 $\xi = 3$ 倒角 $\xi = 0.6$
		δ	22.5°	30°	45°	60°	90°
		ξ	0.95	0.9	0.8	0.7	0.5

5. 测量孔板和短文丘里管的局部阻力系数

测量孔板和短文丘里管的局部阻力系数可查图 G-16 选取，图中的 m 为孔径比，计算公式为

$$m = \frac{d_B^2}{d_1^2} \tag{G-25}$$

测量孔板和短文丘里管喷嘴的阻力系数 ξ 与速度 w_1 有关。

6. 各种阀门的局部阻力系数

各种阀门的局部阻力系数可查图 G-17 选取，或按表 G-45～表 G-48 的规定确定，其中 ξ_v 表示阀门全开时的阻力系数。

7. 其他附件的局部阻力系数

其他附件的局部阻力系数按表 G-49 的规定确定。

五、风载荷和地震载荷的计算

（一）风荷载的计算

作用于管道上的风荷载为均布荷载，对于不等直径的管道，应按直径分段进行均布荷载的计算。垂直于露天管道表面上的风荷载标准值，应按式（G-26）计算

$$\omega_k = \beta_z \mu_s \mu_z \omega_0 \tag{G-26}$$

式中　ω_k ——风荷载标准值，kN/m^2；

　　　β_z ——高度 z 处的风振系数；

　　　μ_z ——风荷载高度变化系数；

　　　μ_s ——风荷载体型系数；

　　　ω_0 ——基本风荷载，kN/m^2。

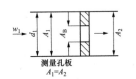
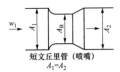

测量孔板
$A_1 = A_2$

短文丘里管（喷嘴）
$A_1 = A_2$

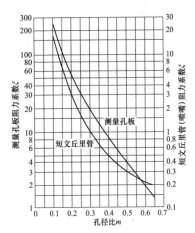

图 G-16　测量孔板和短文丘里管的局部阻力系数

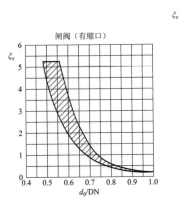

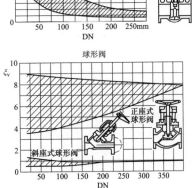

图 G-17　各种阀门的局部阻力系数

表 G-45 公称直径 DN100 的不同形状阀门的阻力系数

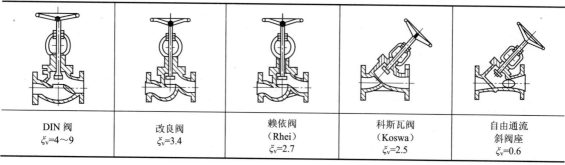

DIN 阀 $\xi_v=4\sim9$	改良阀 $\xi_v=3.4$	赖依阀（Rhei） $\xi_v=2.7$	科斯瓦阀（Koswa） $\xi_v=2.5$	自由通流斜阀座 $\xi_v=0.6$

表 G-46　角阀的阻力系数

公称直径（mm）	50	100	125	150	200
ξ_v	3.3	4.1	5.3	6.2	6.6

表 G-47　止回盖板阀的阻力系数

公称直径（mm）	50	100	125	150	200
ξ_v	1.4	1.2	1.0	1.0	1.0

表 G-48　止回阀的阻力系数

公称直径（mm）	50	100	125	150	200
ξ_v	5.5	4.6	4.8	4.8	4.8

表 G-49　其他附件的局部阻力系数表

吸阀网	软管（如压缩空气管）	环焊缝
带吸入阀 $\xi=2.2\sim2.5$	软管连接套管 $\xi=0.5\sim1.0$ 软管螺纹接头 $\xi=1.5\sim2.0$ 软管连接装置 带金属外套 $\xi=1.9\sim2.0$ 带橡胶垫圈 $\xi=2.0\sim3.0$	$\xi=0.02\sim0.05$

水分离器（值对应于进口速度）	补偿器（伸缩节）
入口轴向 $\xi=2.5$ 切向 $\xi=3$ 标准 $\xi=5\sim8$ 带撞击板 $\xi=4\sim7$	金属软管补偿器 有内螺纹 $\xi=0.5\sim1.0$ 无内螺纹 $\xi=1\sim2$ 波形补偿器 每个波 $\xi=0.2$

基本风荷载应为当地空旷平坦地面上离地 10m 高处，统计所得的 50 年一遇 10min 内的平均最大风速 v_0，按式（G-27）确定的风荷载值

$$\omega_0=v_0^2/1600 \qquad (\text{G-27})$$

工程中的基本风荷载可按表 G-50 给出的风荷载采用，但不应小于 0.3kN/m^2。

表 G-50　全国主要城市的基本风荷载　（kN/m²）

城市名	风荷载	城市名	风荷载
北京市	0.45	临汾市	0.40
天津市	0.50	长治县	0.50
塘沽	0.55	呼和浩特市	0.55
上海市	0.55	满洲里市	0.65
重庆	0.40	海拉尔	0.65
石家庄市	0.35	乌兰浩特市	0.55
邢台市	0.30	包头市	0.55
张家口市	0.55	集宁	0.60
承德市	0.40	通辽市	0.55
秦皇岛市	0.45	赤峰市	0.55
唐山市	0.40	沈阳市	0.55
保定市	0.40	阜新市	0.60
沧州市	0.40	锦州市	0.60
太原市	0.40	鞍山市	0.50
大同市	0.55	本溪市	0.45
阳泉市	0.55	抚顺市	0.45
营口市	0.60	景德镇市	0.35
丹东市	0.55	福州市	0.70
大连市	0.65	厦门市	0.80
长春市	0.65	西安市	0.35
四平市	0.55	榆林市	0.40

续表

城市名	风荷载	城市名	风荷载
吉林市	0.50	宝鸡市	0.35
通化市	0.50	兰州市	0.30
哈尔滨市	0.55	张掖市	0.50
齐齐哈尔市	0.45	酒泉市	0.55
绥化市	0.55	武威市	0.55
安达市	0.55	天水市	0.35
牡丹江市	0.50	银川市	0.65
济南市	0.45	中卫	0.45
德州市	0.45	西宁市	0.35
烟台市	0.55	格尔木市	0.40
威海市	0.65	乌鲁木齐市	0.60
淄博市张店	0.40	克拉玛依市	0.90
青岛市	0.60	库存尔勒市	0.45
兖州	0.40	喀什市	0.55
南京市	0.40	哈密	0.60
徐州市	0.35	郑州市	0.45
镇江	0.40	新乡市	0.40
无锡	0.45	洛阳市	0.40
泰州	0.40	许昌市	0.40
连云港	0.55	开封市	0.45
常州市	0.40	武汉市	0.35
杭州市	0.45	宜昌市	0.30
金华市	0.35	黄石市	0.35
宁波市	0.50	长沙市	0.35
衢州市	0.35	岳阳市	0.40
温州市	0.60	邵阳市	0.30
合肥市	0.35	衡阳市	0.40
宿县	0.40	广州市	0.50
蚌埠市	0.35	深圳市	0.75
安庆市	0.40	汕头市	0.80
南昌市	0.45	湛江市	0.80
赣州市	0.30	南宁市	0.35
桂林市	0.30	宜宾市	0.30
柳州市	0.30	西昌市	0.30
梧州市	0.30	内江市	0.40
北海市	0.75	泸州市	0.30
海口市	0.75	贵阳市	0.30
三亚市	0.85	遵义市	0.30
成都市	0.30	昆明市	0.30

对于平坦或稍有起伏的地形，风荷载高度变化系数 μ_z 应根据按表 G-51 确定的地面粗糙度类别给出的风荷载高度变化系数确定。

地面粗糙度可分为 A、B、C、D 四类。A 类指近海海面和海岛、海岸、湖岸及沙漠地区；B 类指田野、乡村、丛林、丘陵以及房屋比较稀疏的乡村和城市郊区；C 类指有密集建筑群的城市市区；D 类指有密集建筑群且房屋较高的城市市区。

表 G-51　　风荷载高度变化系数 μ_z

离地面或海平面高度（m）	地面粗糙度类别			
	A	B	C	D
5	1.17	1.00	0.74	0.62
10	1.38	1.00	0.74	0.62
15	1.52	1.14	0.74	0.62
20	1.63	1.25	0.84	0.62
30	1.80	1.42	1.00	0.62
40	1.92	1.56	1.13	0.73
50	2.03	1.67	1.25	0.84
60	2.12	1.77	1.35	0.93
70	2.20	1.86	1.45	1.02
80	2.27	1.95	1.54	1.11
90	2.34	2.02	1.62	1.19
100	2.40	2.09	1.70	1.27
150	2.64	2.38	2.03	1.61
200	2.83	2.61	2.30	1.92

由于地形差别的影响，风荷载高度变化系数还应乘以系数 η 进行修正，即

$$\mu_{zo} = \eta \mu_z \qquad (G\text{-}28)$$

η 按下述规定采用：

1）山间盆地、谷地等闭塞地形，$\eta=0.75 \sim 0.85$。

2）与大风方向一致的谷口、山口，$\eta=1.20 \sim 1.50$。

3）当远离海面或在海岛上时，按表 G-52 确定修正系数。

表 G-52　　远海海面和海岛的修正系数

距海岸距离（km）	η
<40	1.0
40~60	1.0~1.1
60~100	1.1~1.2

风荷载体型系数 μ_s 为风作用在管道表面上所引起的实际压力（或吸力）与来流风速度压的比值，可按表 G-53 的规定选取。

（二）地震荷载的计算

一般管道设计中，可不计入地震荷载，除非当地法令规定或厂址位于震级高的地区，或在合同中已有明确规定，才需要进行管道的地震验算。

1. 抗震设计计算的基本要求

（1）管道的设计分析应能反映出设计范围内预期地震发生时，随建筑结构的地震响应，管道内产生的最大应力和力矩，但不需要包括对地震所引起建筑结构间相互作用的分析。设计中抗震设防烈度可采用中国地震动参数区划图的地震基本烈度，对已编制抗震设防区划的地区，可按批准的抗震设防烈度或设计地震动参数进行计算。

（2）地震时地面的水平和垂直运动时同时存在，但认为水平地震力对管道的破坏起决定性作用，水平地震力的方向应取为使管道中应力水平最大的方向。对于地震烈度为8、9度的大跨度管道及9度时的高层管道，应计算竖向地震作用，竖向设计加速度峰值可采用水平向设计加速度峰值的2/3。

表 G-53　　　　　　　　　　　　风荷载体型系数 μ_s

序号	简　图	μ_s						
1	单管	$\mu_z w_0 D^2 \geqslant 0.015$ 时，$\mu_s = +1.2$ $\mu_z w_0 D^2 \leqslant 0.002$ 时，$\mu_s = +0.7$ 中间值按插值法计算；D 为管道外径						
2	上下双管	S/D	$\leqslant 0.25$	0.5	0.75	1.0	1.5	2.0	$\geqslant 3.0$
		μ_s	$+1.4$	$+1.05$	$+0.88$	$+0.82$	$+0.76$	$+0.73$	$+0.7$
3	前后双管	S/D	$\leqslant 0.5$	1.0	1.5	3.0	4.0	6.0	8.0	$\geqslant 10.0$
		μ_s	$+0.79$	$+1$	$+1.1$	$+1.15$	$+1.26$	$+1.30$	$+1.33$	$+1.40$
		μ_s 值为前后两管之和，其中前管为+0.7							
4	前后密排多管	$\mu_s = +1.65$ μ_s 为各管之总和，其中前管为+0.7						

注　1. 图表中符号→表示风向，+表示向管道中心，-表示向管道外部。

2. 序号2、3中，当两根管径不等时，取 $D = (D_1 + D_2)/2$，查表求 μ_s 值。

3. 序号4中，当管径不等时，按 $D = \Sigma D_i / m$ 查表求 μ_s 值（ΣD_i 为各管径总和，m 为管道根数）。

（3）抗震设计的计算模型应计入管道内液体以及附属部件等的质量，当附件的重心与管道中心线的距离大于管道直径1.5倍时应计入偏心的影响。

2. 地震荷载的计算方法

（1）静力法。地震荷载可简化采用静力法计算地震的动力学影响。静力法在地震运动的振动方向上使用单一的静力加速度值计算管道的受力和位移。静力加速度可按式（G-29）计算

$$a_{cq} = k_f \cdot S_a \qquad (G-29)$$

式中　k_f——频率修正系数，将管道近似为单自由系统处理时取1，当管道为多自由度系统时取1.5；

S_a——地震时计算楼层高度上质点运动的最大加速度，当没有地震时各楼层质点运动最大加速度资料时，取地震时地面的最大水平加速度。地震时地面的最大水平加速度与重力加速度的比值称为地震系数 k_a，按表 G-54 确定。

表 G-54　　地震系数 k_a 与地震烈度 I 的关系

烈度 I	6	7	8	9
地震系数 k_a	0.064	0.128	0.255	0.51

（2）反应谱法。反应谱法通过振型分解的方法，

由单质点体系的反应谱曲线得到质点在各震型下的地震荷载，再按均方根法对其进行组合，计算出管道的地震响应最大值。

从工程应用的角度，地震反应不超过 10%的管道高阶振型影响可略去不计，仅需计入自振频率较低的前 2～3 个振型。在求得管道上的分布惯性力后，应对管道和管道原件进行强度校核。

（3）时程分析法。对于罕遇地震，不能采用弹性加速度反应谱法设计，应采用管道进入弹塑性阶段后的非线性时程分析方法。时程分析法首先选定地面运动加速度曲线，通过数值积分求解基本动力方程，计算出每一时间分段处管道的位移、速度和加速度，从而描述出强震作用下，管道在弹性和非弹性阶段的地震响应。

附录 H 保温、油漆

一、常用保温材料性能

常用保温材料性能表详见表 H-1。

表 H-1　常用保温材料性能表

序号	保温材料		使用密度 (kg/m^3)	推荐使用温度 $(℃)$	抗压强度 (MPa)	热导率 λ_0 (70℃) $[W/(m \cdot K)]$	热导率参考方程	要求
1	硅酸钙制品（板、管壳）		170	≤550	0.40	0.055	$\lambda=0.0479+0.00010185t_m+9.65015×10^{-11}t_m^3$ $(t_m≤800℃)$	应提供满足 GB/T 10699—2015《硅酸钙绝热制品》5.3 中匀温灼烧性能要求的检测报告
			220		0.65	0.062	$\lambda=0.0564+0.00007786t_m+7.8571×10^{-8}t_m^2$ $(t_m≤500℃)$	
2	硅酸铝棉制品	毯、毡	96	≤800	—	0.056	$\lambda_L=\lambda_0+0.0002(t_m-70)$ $(t_m≤400℃)$ $\lambda_H=\lambda_L+0.00036(t_m-400)$ $(t_m>400℃)$（下式中 λ_L 取上式中 $t_m=400℃$ 时计算结果）	应提供产品 500℃ 时的导热系数和加热永久线变化，且应满足 GB/T 16400《绝热用硅酸铝及其制品》的有关规定
			128					
		板、管	160～200					
3	岩棉制品	棉	60～150	≤450	—	≤0.044	$\lambda=0.0337+0.000151t_m$ $(-20℃≤t_m≤100℃)$ $\lambda=0.0395+4.71×10^{-5}t_m+5.03×10^{-7}t_m^2$ $(100℃<t_m≤600℃)$	（1）岩棉制品的酸度系数不应低于 1.6；（2）岩棉制品的加热线收缩率不应超过 4%；（3）应提供高于使用温度至少 100℃ 的最高使用温度评估报告，且满足 GB/T 11835—2016《绝热用岩棉、矿渣棉及其制品》5.3.2 的要求；（4）缝毡、贴面毡制品的最高使用温度均指基材
		毡	60～100	≤300		≤0.044	$\lambda=0.0337+0.000151t_m$ $(-20℃≤t_m≤100℃)$ $\lambda=0.0395+4.71×10^{-5}t_m+5.03×10^{-7}t_m^2$ $(100℃<t_m≤600℃)$	
			101～150	≤400		≤0.043	$\lambda=0.0337+0.000128t_m$ $(-20℃≤t_m≤100℃)$ $\lambda=0.0407+2.52×10^{-5}t_m+3.34×10^{-7}t_m^2$ $(100℃<t_m≤600℃)$	
		板	60～100	≤400		≤0.044	$\lambda=0.0337+0.000151t_m$ $(-20℃≤t_m≤100℃)$ $\lambda=0.0395+4.71×10^{-5}t_m+5.03×10^{-7}t_m^2$ $(100℃<t_m≤600℃)$	
			101～150	≤450		≤0.043	$\lambda=0.0337+0.000128t_m$ $(-20℃≤t_m≤100℃)$ $\lambda=0.0407+2.52×10^{-5}t_m+3.34×10^{-7}t_m^2$ $(100℃<t_m≤600℃)$	
		管	80～150	≤350		≤0.044	$\lambda=0.0314+0.000174t_m$ $(-20℃≤t_m≤100℃)$ $\lambda=0.0384+7.13×10^{-5}t_m+3.51×10^{-7}t_m^2$ $(100℃<t_m≤600℃)$	

序号	保温材料		使用密度（kg/m³）	推荐使用温度（℃）	抗压强度（MPa）	热导率 λ_0（70℃）[W/(m·K)]	热导率参考方程	要求
4	矿渣棉制品	毡	80～100	≤300		≤0.044	$\lambda=0.0337+0.000151t_m$（$-20℃≤t_m≤100℃$） $\lambda=0.0395+4.71×10^{-5}t_m+5.03×10^{-7}t_m^2$（$100℃<t_m≤600℃$）	（1）矿渣棉制品的加热线收缩率不应超过4%； （2）应提供高于使用温度至少100℃的最高使用温度评估报告，且满足GB/T 11835—2016《绝热用岩棉、矿渣棉及其制品》5.3.2的要求； （3）缝毡、贴面毡制品的最高使用温度均指基材
			101～130	≤350		≤0.043	$\lambda=0.0337+0.000128t_m$（$-20℃≤t_m≤100℃$） $\lambda=0.0407+2.52×10^{-5}t_m+3.34×10^{-7}t_m^2$（$100℃<t_m≤600℃$）	
		板	80～100	≤300		≤0.044	$\lambda=0.0337+0.000151t_m$（$-20℃≤t_m≤100℃$） $\lambda=0.0395+4.71×10^{-5}t_m+5.03×10^{-7}t_m^2$（$100℃<t_m≤600℃$）	
			101～130	≤350		≤0.043	$\lambda=0.0337+0.000128t_m$（$-20℃≤t_m≤100℃$） $\lambda=0.0407+2.52×10^{-5}t_m+3.34×10^{-7}t_m^2$（$100℃<t_m≤600℃$）	
		管	80～150	≤300		≤0.044	$\lambda=0.0314+0.000174t_m$（$-20℃≤t_m≤100℃$） $\lambda=0.0384+7.13×10^{-5}t_m+3.51×10^{-7}t_m^2$（$100℃<t_m≤600℃$）	
5	玻璃棉制品	板	24	≤300		≤0.047	$\lambda=\lambda_0+0.00017(t_m-70)$（$-20℃<t_m≤220℃$）	应提供高于使用温度至少100℃的最高使用温度评估报告，且满足GB/T 13350—2017《绝热用玻璃棉及其制品》5.5.7的要求
			32	≤300		≤0.044		
			40	≤350		≤0.042		
			48	≤350		≤0.041		
			64	≤350		≤0.040		
		管	45～90	≤300	—	≤0.041		
		毡	24	≤300		≤0.046		
			32	≤300		≤0.046		
			40	≤350		≤0.046		
			48	≤350		≤0.041		
		毯	40	≤300		≤0.046		
			41～120	≤350		≤0.041		
6	复合硅酸盐涂料及其制品	涂料	180～200（干态）	≤500		0.065	$\lambda=\lambda_0+0.00017(t_m-70)$	应提供不含石棉的检测报告
		毡	60～80	≤450	—	≤0.050	$\lambda=\lambda_0+0.00015(t_m-70)$	
			81～110	≤500		≤0.050		
		管	80～130	≤500		≤0.055		
7	硅酸镁纤维毯		96	≤700	—	≤0.040	$\lambda=0.0397-2.741×10^{-6}t_m+4.526×10^{-7}t_m^2$（$t_m≤500℃$）	应提供产品500℃时的导热系数和加热永久线变化，加热永久线变化不大于2.5%
			128					

序号	保温材料		使用密度（kg/m³）	推荐使用温度（℃）	抗压强度（MPa）	热导率 λ_0（70℃）[W/（m·K）]	热导率参考方程	要求
8	多腔孔陶瓷复合绝热制品	浆料	≤175（干态）	≤350（A型）	—	≤0.041	$\lambda_L=\lambda_0+0.0000544(t_m-70)$（$-20℃\leq t_m\leq290℃$）$\lambda=\lambda_L+0.00021(t_m-290)$（$290℃<t_m\leq900℃$）（下式中 λ_L 取上式 $t_m=290℃$ 时计算结果）	—
				≤700（B型）				
		卷材	155～195	≤350（A型）	—	≤0.040		
				≤700（B型）		≤0.041		
		板	155～195	≤350（A型）	—	≤0.040		
				≤700（B型）		≤0.041		

注 1．除表中所列参数外，设计采用的各种保温材料的其他物理化学性能及数据应符合国家现行的产品标准规定。
2．表中密度为使用（安装）密度；t_m 指保温层内外表面温度平均值。

二、露点温度对照

露点温度对照见表 H-2。

表 H-2   **露 点 温 度 对 照 表**

φ（%）	30	35	40	45	50	55	60	65	70	75	80	85	90	95
t_a（℃）	露点 t_d（℃）													
10	−7.0	−5.0	−3.0	−1.3	0.0	1.5	2.5	3.6	4.8	5.3	6.7	7.6	8.4	9.2
11	−6.5	−4.0	−2.0	−0.5	1.0	2.5	3.5	4.8	5.8	6.7	7.7	8.6	9.4	10.2
12	−5.0	−3.0	−1.0	0.5	2.0	3.3	4.4	5.5	6.7	7.7	8.7	9.5	10.9	11.2
13	−4.5	−2.0	−0.2	1.4	2.8	4.1	5.3	6.6	7.7	8.7	9.6	10.5	11.4	12.2
14	−3.2	−1.0	0.7	2.2	3.5	5.1	6.4	7.5	8.6	9.6	10.6	11.5	12.4	13.2
15	−2.3	−0.3	1.5	3.1	4.6	6.0	7.3	8.4	9.6	10.6	11.6	12.5	13.4	14.2
16	−1.3	0.5	2.4	4.0	5.6	7.0	8.3	9.5	10.6	11.6	12.6	13.4	14.3	15.2
17	−0.5	1.5	3.2	5.0	6.5	8.0	9.2	10.2	11.5	12.5	13.5	14.5	15.3	16.2
18	0.2	2.3	4.0	5.8	7.4	9.0	10.2	11.3	12.5	13.5	14.5	15.4	16.4	17.2
19	1.0	3.2	5.0	6.8	8.4	9.8	11.0	12.2	13.4	14.5	15.4	16.5	17.3	18.2
20	2.0	4.0	6.0	7.8	9.4	10.7	12.0	13.2	14.4	15.4	16.5	17.4	18.3	19.2
21	2.8	5.0	7.0	8.6	10.2	11.7	12.9	14.2	15.3	16.4	17.4	18.4	19.3	20.2
22	3.5	5.8	7.8	9.5	11.0	12.5	13.8	15.2	16.3	17.3	18.4	19.4	20.3	21.2
23	4.4	6.8	8.7	10.4	12.0	13.5	14.8	16.2	17.3	18.4	19.4	20.4	21.3	22.2
24	5.3	7.7	9.7	11.4	13.0	14.5	15.8	17.0	18.2	19.3	20.4	21.4	22.3	23.1
25	6.2	8.6	10.5	12.3	14.0	15.4	16.8	18.0	19.1	20.3	21.3	22.3	23.2	23.9
26	7.0	9.4	11.4	13.2	14.8	16.3	17.7	19.0	20.1	21.2	22.3	23.3	24.2	25.1
27	8.0	10.3	12.2	14.0	15.8	17.3	18.7	19.9	21.1	22.2	23.2	24.3	25.2	26.1
28	8.8	11.2	13.2	15.0	16.7	18.1	19.6	20.9	22.0	23.1	24.2	25.2	26.2	27.1
29	9.7	12.0	14.0	15.9	17.6	19.2	20.6	21.8	23.0	24.1	25.2	26.2	27.2	28.1

φ（%）	30	35	40	45	50	55	60	65	70	75	80	85	90	95
t_a（℃）	露点 t_d（℃）													
30	10.5	12.9	15.0	16.8	18.5	20.0	21.4	22.8	23.9	25.1	26.2	27.2	28.2	29.1
31	11.4	13.7	15.9	17.8	19.4	20.9	22.4	23.7	24.8	26.0	26.9	28.2	29.2	30.1
32	12.2	14.7	16.8	18.6	20.3	21.9	23.3	24.6	25.8	27.0	28.1	29.2	30.1	31.1
33	13.0	15.6	17.6	19.6	21.3	22.9	24.2	25.6	26.8	28.0	29.0	30.1	31.1	32.1
34	13.9	16.5	18.6	20.5	22.2	23.8	25.2	26.5	27.7	29.0	29.9	31.1	32.1	33.1
35	14.9	17.4	19.5	21.4	23.1	24.6	26.2	27.5	28.7	29.9	31.0	32.1	33.1	34.1
36	15.7	18.1	20.3	22.2	24.0	25.7	27.0	28.4	29.7	30.9	32.0	33.1	34.1	35.2
37	16.6	19.2	21.2	23.2	24.9	26.5	27.9	29.5	30.7	31.8	33.0	34.1	35.2	36.2
38	17.5	19.9	22.0	23.9	25.8	27.4	28.9	30.3	31.5	32.7	33.9	35.1	36.0	37.0
39	18.1	20.8	23.0	24.9	26.6	28.3	29.8	31.2	32.5	33.8	34.9	36.2	36.8	—
40	19.2	21.6	23.8	25.8	27.6	29.2	30.7	32.1	33.5	34.7	35.8	36.8	—	—

注　表中防凝露环境温度（t_a）取夏季空调室外计算干球温度，相对湿度（φ）取最热月平均相对湿度。

三、物性数据

（1）饱和水比热容见表 H-3。

表 H-3　　饱 和 水 比 热 容

介质温度（℃）	0	10	20	30
比热容 [kJ/（kg·K）]	4.217	4.193	4.182	4.179
介质温度（℃）	40	50	60	70
比热容 [kJ/（kg·K）]	4.179	4.181	4.184	4.190
介质温度（℃）	80	90	100	110
比热容 [kJ/（kg·K）]	4.196	4.205	4.216	4.229
介质温度（℃）	120	130	140	150
比热容 [kJ/（kg·K）]	4.245	4.263	4.285	4.310

（2）常用油比热容见表 H-4。

表 H-4　　常 用 油 比 热 容

名称	原油	重油	轻柴油	润滑油	透平油
比热容 [kJ/（kg·K）]	2.093	1.633~2.093	1.740	1.796~2.307	1.800~2.118

（3）常用材料比热容见表 H-5。

表 H-5　　常 用 材 料 比 热 容

名称	钢	铁	铝	铜	不锈钢
比热容 [kJ/（kg·K）]	0.481	0.461	0.900	0.398	0.500

（4）干空气在压力 0.1MPa 下的物性数据见表 H-6。

表 H-6　　干空气在压力 0.1MPa 下的物性数据

温度 t（℃）	热导率 λ_k [W/（m·K）]	比热容 c [kJ/（kg·K）]	运动黏度 υ [×10⁻⁶ m²/s]	普朗特数 Pr
20	0.02603	1.007	15.13	0.703
40	0.02749	1.008	16.92	0.699
60	0.02894	1.009	18.88	0.696
80	0.03038	1.010	21.02	0.692
100	0.03181	1.012	23.15	0.688
120	0.03323	1.014	25.33	0.686
140	0.03466	1.017	27.53	0.684
160	0.03607	1.020	29.88	0.682
180	0.03749	1.023	32.43	0.681
200	0.03891	1.026	34.94	0.680
250	0.04243	1.035	41.18	0.677
300	0.04591	1.046	48.09	0.674
350	0.04931	1.057	55.33	0.676
400	0.05257	1.069	62.95	0.678
450	0.05564	1.081	70.64	0.680
500	0.05848	1.093	78.86	0.687

（5）保护层材料黑度见表 H-7。

表 H-7　保护层材料黑度

材料名称	表面状况	黑度 ε
镀锌钢板	有光泽	0.23～0.27
镀锌钢板	已氧化	0.28～0.32
氧化钢板	已生锈	0.80～0.90
铝合金板	已氧化	0.20～0.30
不锈钢板	—	0.20～0.40
彩钢板		0.70～0.80
水泥砂浆	光平	0.93
纤维织物		0.70～0.80
黑漆	无光泽	0.96
油漆	—	0.80～0.90

四、典型保温结构图

（1）管道软质材料保温结构见图 H-1。

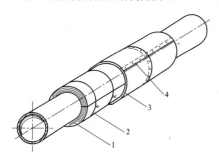

图 H-1　管道软质材料保温结构图

1—保温层；2—镀锌铁丝；3—金属保护层；4—自攻螺钉

（2）管道硬质材料保温结构见图 H-2。

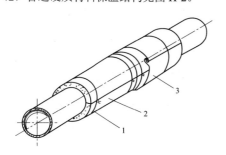

图 H-2　管道硬质材料保温结构图

1—保温层；2—金属保护层；3—镀锌铁丝

（3）烟风道留置空气层保温结构见图 H-3。

（4）金属保护层常用接缝形式见图 H-5。

五、保温结构辅助材料用量

（1）支撑件（焊接承重环）材料用量见表 H-8。

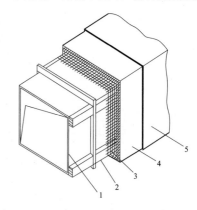

图 H-3　烟风道留置空气层保温结构

1—烟风道；2—空气层垫块（多孔硬质板材料）；
3—镀锌铁丝网；4—保温层；5—保护层

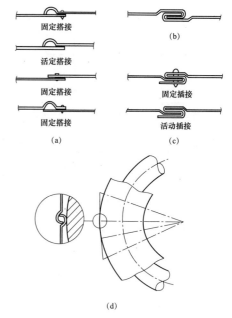

图 H-4　金属保护层常用接缝形式

（a）搭接接缝；（b）咬接接缝；（c）插接接缝；（d）嵌接接缝

表 H-8　　　　　　　　　　　　　　支撑件（焊接承重环）材料用量

管道外径(mm)	焊接承重环型号	厚度(mm)	钢板 保温层厚度(mm) 数量(m²/件)									角钢 规格	角钢 数量(m/件)
			40	60	80	100	120	140	160	180	200		
76	A	3	0.010	0.020	0.032	0.047	0.065	0.084	0.106	0.131	0.159	—	—
89			0.011	0.022	0.035	0.051	0.069	0.090	0.113	0.138	0.167		

管道外径（mm）	焊接承重环型号	厚度（mm）	钢板 保温层厚度（mm） 数量（m²/件）									角钢 规格	数量（m/件）
			40	60	80	100	120	140	160	180	200		
108	A	3	0.013	0.025	0.039	0.056	0.075	0.097	0.122	0.148	0.178		
133			0.015	0.029	0.045	0.063	0.084	0.108	0.133	0.162	0.193		
159			0.018	0.033	0.050	0.071	0.093	0.118	0.146	0.176	0.208		
219			0.023	0.042	0.064	0.087	0.114	0.143	0.174	0.208	0.244		
273			0.029	0.051	0.075	0.103	0.132	0.165	0.199	0.237	0.276		
325	B	3	—	0.013	0.041	0.072	0.105	0.140	0.180	0.218	0.262	∠50×50×5	1.335
377			—	0.015	0.046	0.080	0.116	0.155	0.196	0.240	0.286		1.499
426			—	0.016	0.051	0.087	0.127	0.169	0.213	0.260	0.309		1.653
480			—	0.018	0.056	0.096	0.139	0.184	0.232	0.282	0.335		1.822
530			—	0.019	0.060	0.104	0.150	0.198	0.249	0.302	0.358		1.979
630			—	0.023	0.070	0.119	0.172	0.226	0.283	0.343	0.405		2.293
720			—	0.025	0.078	0.134	0.191	0.252	0.315	0.380	0.448		2.576
820			—	0.029	0.088	0.149	0.213	0.280	0.349	0.421	0.495		2.890
920			—	0.032	0.097	0.165	0.235	0.308	0.384	0.461	0.542		3.205
1020	C	3	—	0.035	0.107	0.181	0.257	0.337	0.418	0.502	0.589	∠50×50×5	3.519
1220			—	0.041	0.125	0.212	0.301	0.393	0.487	0.584	0.683		4.147
1420			—	0.047	0.144	0.244	0.345	0.450	0.556	0.666	0.778		4.775
1620			—	0.054	0.163	0.275	0.389	0.506	0.626	0.747	0.872		5.404
1820			—	0.060	0.182	0.306	0.433	0.563	0.695	0.829	0.966		6.032
平面	D	4	数量（m²/m）									∠50×50×5	—
			—	0.02	0.06	0.10	0.14	0.18	0.22	0.26	0.30		

（2）支撑件（焊接承重环）材料用量见表 H-9。

表 H-9　　　　　　　　　　　支承件（紧箍承重环）材料用量

管道外径（mm）	紧箍承重环型号	厚度（mm）	钢板 保温层厚度（mm） 数量（m²/件）							角钢 规格	角钢 数量（m/件）	螺栓 规格	螺栓 数量（个/件）	螺母 规格	螺母 数量（个/件）	垫圈 规格	垫圈 数量（个/件）	肋板 规格	肋板 数量（个/件）
			60	100	140	180	220	260	300										
76	A	3	0.037	0.071	0.114	0.168	0.222	0.305	0.388	—	—	M8×25	2	M8	2	8	2	—	
89			0.041	0.076	0.121	0.176	0.231	0.316	0.402										
108			0.046	0.083	0.131	0.188	0.244	0.333	0.421										
133			0.052	0.093	0.144	0.205	0.260	0.356	0.446										
159			0.059	0.103	0.157	0.221	0.277	0.379	0.473										
219			0.075	0.127	0.188	0.260	0.317	0.433	0.534										
273			0.090	0.148	0.216	0.295	0.352	0.481	0.589										

续表

管道外径 (mm)	紧箍承重环型号	厚度 (mm)	钢板 保温层厚度 (mm) 数量 (m²/件)							角钢 规格	角钢 数量 (m/件)	螺栓 规格	螺栓 数量 (个/件)	螺母 规格	螺母 数量 (个/件)	垫圈 规格	垫圈 数量 (个/件)	肋板 规格	肋板 数量 (个/件)
			60	100	140	180	220	260	300										
325	B	3	0.013	0.072	0.140	0.219	0.307	0.406	0.514	∠50×50×5	1.335	M12×50	2	M12	2	12	2	40×40×8	4
377			0.015	0.080	0.155	0.240	0.335	0.440	0.555		1.499								
426	B	3	0.016	0.087	0.169	0.260	0.361	0.472	0.594		1.653								
480			0.018	0.096	0.184	0.282	0.390	0.508	0.636		1.822								
530			0.019	0.104	0.198	0.302	0.417	0.541	0.675		1.979								
630			0.023	0.119	0.226	0.343	0.470	0.607	0.754	∠50×50×5	2.293	M12×50	2	M12	2	12	2	40×40×8	4
720	B	3	0.025	0.134	0.252	0.380	0.518	0.666	0.825		2.576								
820			0.029	0.149	0.280	0.421	0.571	0.732	0.903		2.890								
920			0.032	0.165	0.308	0.462	0.625	0.798	0.982		3.205								
1020			0.035	0.181	0.337	0.502	0.678	0.864	1.060	∠50×50×5	3.519	M12×50	4	M12	4	12	4	40×40×8	8
1220			0.041	0.212	0.393	0.584	0.785	0.996	1.217		4.147								
1420	C	3	0.047	0.244	0.450	0.666	0.892	1.128	1.374		4.775								
1620			0.054	0.275	0.506	0.747	0.999	1.260	1.532		5.404								
1820			0.060	0.306	0.563	0.829	1.106	1.392	1.689		6.032								
平面	D	4	数量 (m²/m) 0.02	0.10	0.18	0.26	0.34	0.42	0.50	∠50×50×5	—	M12×50	—	M12	—	12	—	100×40×8	—

（3）固定件材料用量见表 H-10。

表 H-10　　固定件材料用量

固定件	规格	$D_0 > 630$ 管道 (kg/m)	平面 (kg/m²)
钩钉	$\phi 3 \sim \phi 6$	$4D_1(\delta+45)\times 10^{-6}$	$6(\delta+45)\times 10^{-4}$
销钉	$\phi 3 \sim \phi 6$	$4D_1(\delta+60)\times 10^{-6}$	$6(\delta+60)\times 10^{-4}$
弯钩	$\phi 8$	0.8	0.15
自锁垫片	$\delta=0.5$, $\phi 65$	0.5	0.06
自攻螺钉	M4×12	$0.006+18D_1\times 10^{-6}$	0.03
抽芯铆钉			

注　D_0 为管道外径 (mm)；D_1 为保温层外径 (mm)，对于复合保温层，D_1 为内层外径 (mm)；δ 为保温层厚度 (mm)。

（4）镀锌铁丝、镀锌钢带用量见表 H-11。

表 H-11　　镀锌铁丝、镀锌钢带用量　　(kg/m)

捆扎件	管道外径	≤108	133～159	219～273	325～426	530～720	>720	平面
镀锌铁丝	汽水管道	0.12	0.20	0.40	0.50	0.60	0.75	—
	煤粉管道	0.10	0.10	0.10	0.16	0.26	0.33	—
	烟风道	0.20	0.25	0.30	0.40	0.40	0.60	0.26

续表

捆扎件	管道外径	≤108	133～159	219～273	325～426	530～720	>720	平面
镀锌钢带	汽水管道	—	—	—	—	0.70	0.85	—
	煤粉管道	—	—	—	—	0.40	0.50	—
	烟风道	—	—	—	—	0.60	0.70	0.4

（5）可拆卸式金属保护罩材料用量见表 H-12。

表 H-12　　可拆卸式金属保护罩材料用量

管道外径 (mm)	阀门 (m²/个) 中低温	阀门 (m²/个) 高温	法兰 (m²/个)
57	0.39	0.47	0.22
89	0.57	0.69	0.41
108	0.59	0.71	0.44
159	0.88	1.08	0.46
219	1.2	1.5	0.68
273	1.8	2.2	0.81
325	2.2	2.6	0.96
377	2.7	3.2	1.2
426	3.0	3.6	1.3
480	3.4	4.2	1.4

六、常用涂层配套

常用涂层配套见表 H-13。

表 H-13　　　　　　　　　　　　　　　常 用 涂 层 配 套

涂料品种	涂 层 配 套		度数	每度涂层干膜厚度（μm）	涂层干膜总厚度（μm）	适用温度（℃）	适用环境类型
醇酸涂料	底漆	铁红醇酸底漆	1	40	160	−20～80	C3. 大气腐蚀，弱腐蚀环境
	中间漆	云铁醇酸防锈漆	1	40			
	面漆	醇酸面漆	2	40			
高氯化聚乙烯涂料	底漆	高氯化聚乙烯铁红底漆	2	30	200	−20～100	C3、C4：大气腐蚀，中等腐蚀环境
	中间漆	高氯化聚乙烯云铁中间漆	2	40			
	面漆	高氯化聚乙烯面漆	2	30			
环氧涂料	底漆	富锌底漆	1	60	220	−20～120	C3、C4：大气腐蚀，中等腐蚀环境
	中间漆	环氧云铁中间漆	1	80			
	面漆	环氧防腐面漆	2	40			
聚氨酯涂料	底漆	富锌底漆	1	60	240	−20～120	C4、C5：大气腐蚀，强腐蚀环境
	中间漆	环氧云铁中间漆	2（1）	50（100）			
	面漆	脂肪族聚氨酯面漆	2	40			
丙烯酸聚氨酯涂料	底漆	富锌底漆	1	60	240	−20～100	C4、C5：大气腐蚀，强腐蚀环境
	中间漆	环氧云铁中间漆	1	100			
	面漆	丙烯酸聚氨酯面漆	2	40			
聚氨酯耐热涂料	底漆	聚氨酯铝粉防腐漆（或富锌底漆）	2（1）	30（60）	90	≤150	大气腐蚀，耐温150℃以下的环境
	面漆	聚氨酯耐热防腐面漆	2	30			
酚醛环氧涂料	底漆	酚醛环氧底漆	1	125	250	≤90	浸泡环境，90℃以下热水箱内壁
	面漆	酚醛环氧面漆	1	125			
酚醛环氧涂料	底漆	酚醛环氧底漆	1	125	250	≤230	大气腐蚀，耐温230℃以下的环境
	面漆	酚醛环氧面漆	1	125			
有机硅耐热涂料	底漆	无机富锌底漆	1	50	100	≤400	大气腐蚀，耐温400℃以下的环境
	面漆	有机硅铝粉防腐漆	2	25			
	底漆	无机富锌底漆	1	50	75	≤400	保温设备、管道防腐，弱腐蚀环境
	中间漆	有机硅耐热中间漆	1	25			
	底漆	有机硅铝粉耐热漆	1	25	75	≤600	大气腐蚀，耐温600℃以下的环境
	面漆	有机硅铝粉耐热漆	2	25			
	底漆	有机硅铝粉耐底漆	2	25	50	≤600	保温设备、管道防腐，弱腐蚀环境
环氧沥青厚浆型涂料	底漆	环氧沥青厚浆型底漆	1	150	300	−20～90	水下或潮湿环境，油罐外壁板底板防腐蚀、循环水管道内壁防腐蚀
	面漆	环氧沥青厚浆型面漆	1	150			

涂料品种	涂层配套		度数	每度涂层干膜厚度（μm）	涂层干膜总厚度（μm）	适用温度（℃）	适用环境类型
高固体分改性环氧涂料	底漆	高固体分改性环氧涂料	1	250	500	−20～120	浸泡或土壤环境，循环水管道内、外壁长效防腐蚀
	面漆	高固体分改性环氧涂料	1	250			
无溶剂环氧涂料	底漆	无溶剂环氧涂料	1	250	500	−20～80	水下或潮湿环境设备及管道、循环水管道内外壁
	面漆	无溶剂环氧涂料	1	250			
环氧导静电防腐涂料	底漆	富锌底漆	1	60	260	−20～120	浸泡环境，油罐内表面防腐蚀
	中间漆	环氧导静电防腐中间漆	1	100			
	面漆	环氧导静电防腐面漆	1	100			
太阳热反射隔热涂料	底漆	太阳热反射隔热底漆	2	40	200	−20～120	大气腐蚀，不保温油罐的外壁隔热防腐
	中间漆	太阳热反射隔热中间漆	1	30			
	面漆	太阳热反射隔热面漆	3	30			

注 1. 以上富锌底漆可选择环氧富锌、无机硅酸盐富锌或无机磷酸盐富锌底漆。

2. 表中涂料适用于基材类型为碳钢和低合金钢。

3. 采用海水的循环水管道内壁总干膜厚度应不小于600μm。